energy science

principles, technologies, and impacts

fourth edition

John Andrews and Nick Jelley

에너지 과학

Energy Science

| 원리 · 기술 · 영향 |

PRINCIPLES, TECHNOLOGIES, AND IMPACTS

FOURTH EDITION

윤 린 · 김동규 · 오동욱 · 이동찬 · 이현진 · 전용석 공역

John Andrews & Nick Jelley

한티미디어

역자 소개

윤린	한밭대학교 기계공학과	서문, 1, 2장
김동규	중앙대학교 기계공학부	3, 4장
오동욱	조선대학교 기계공학과	9, 10장
이동찬	서울시립대학교 기계정보공학과	11, 12장
이현진	국민대학교 기계공학부	5, 8장
전용석	한국해양대학교 기계공학부	6, 7장

에너지 과학 4판

발 행 일 2023년 02월 20일 초판 1쇄
저 자 John Andrews · Nick Jelley
역 자 윤린 · 김동규 · 오동욱 · 이동찬 · 이현진 · 전용석
펴 낸 이 김준호
펴 낸 곳 한티미디어 | 서울시 마포구 동교로 23길 67 Y빌딩 3층
등 록 제15-571호 2006년 5월 15일
전 화 02) 332-7993~4 | **팩 스** 02) 332-7995
I S B N 979-89-6421-454-1 (93550)
가 격 30,000원

마 케 팅 노호근 박재인 최상욱 김원국 김택성
편 집 김은수 유채원
관 리 김지영 문지희
디 자 인 **내지** 유채원 **표지** 유채원

이 책에 대한 의견이나 잘못된 내용에 대한 수정정보는 아래의 홈페이지나 이메일로 알려 주십시오.
독자님의 의견을 충분히 반영하도록 늘 노력하겠습니다.

홈페이지 www.hanteemedia.co.kr | **이메일** hantee@hanteemedia.co.kr

---

저자 서문

지구의 에너지 자원을 이용하는 것은 고대로부터 기술 개발의 원천이 되었다. 에너지 발명품들은 우리 선조들을 거친 환경으로부터 문명사회로 전환시켰다. 그러나 화석연료의 의존성은 연소과정을 통해 누적된 이산화탄소로부터 유발된 환경변화를 가져오고, 수백만의 생명을 위험에 빠뜨리고 있다. 다행히 태양, 바람, 그리고 수력으로부터 발생한 에너지들은 이러한 파괴적인 결과를 가져오지는 않는다. 그리고 세계의 여러 부분에서 태양과 바람을 이용한 발전기들이 전력 생산에 있어서 가장 저렴한 에너지원이 되고 있다. 그러나 우리는 이러한 공급들의 변동 가능성을 다룰 수 있고, 신재생에너지가 세계적 에너지 요구량을 만족할 수 있을까? 화석연료로부터의 전환을 충분히 서둘러 이룰 수 있을까? 핵 발전과 대기로부터 이산화탄소를 포집하는 것이 정말 중요한 역할을 할 것인가? 다른 선택지들은 있는가?

반드시 이 질문들에 대한 답이 있어야 한다. 다음 몇 세기를 포함하여 현재 우리의 문명은 미래 세대의 삶과 지구의 운명에 얼마나 심각한 영향을 줄 것인가? 하나의 접근법으로 시장의 힘과 정부가 모든 문제를 해결해 줄 것이라고 가정하는 것이다. 그러나 에너지 분야는 비교적 정보가 풍부하고, 정치적인 동기, 상업적 이득에 의한 선택 사항들이 있다. 이 책은 과학과 이와 관련된 문제점들 그리고 다양한 기술이 사회와 환경에 미치는 영향에 대한 이해를 통해 자신만의 의견을 형성하는 것을 좋아하는 독자를 위한 것이다.

이 책의 생각들은 브리스틀과 옥스퍼드에서 저자들의 학부생을 위해 강의한 내용에서 얻었다. 이 책의 주요 관심사는 각 기술의 근본이 되는 물리적 원리들을 설명하고 이들의 환경적, 경제적, 사회적 영향을 토론하는 데 있다. 이 책은 에너지 과학의 핵심적인 모든 분야를 기술하고 있는데, 화석연료, 신재생에너지, 핵에너지를 포함하고, 태양과 바람에 의한 전력 비용의 극적인 비용 감소 효과를 포함한다. 이 책은 또한 지구온난화에서 야기된 기후변화가 무엇인지를 기술하고, 왜 즉각적인 행동이 필요하며, 어떤 도전과제가 있는지를 설명한다.

에너지는 전통 과학과 공학적인 법칙들의 경계를 넘나드는 매우 폭넓은 분야이다. 이 책을 활용하기 위해서 특별한 교육과정에 대한 배경을 갖는 것은 꼭 필요하지 않으며 고등학교 정도의 일반적인 과학과 수학이면 충분하다. 목적은 학생들과 전문가들, 그리고 일반 독자들로 하여금 정량적으로 예측하고 건전한 판단 기준을 형성하여 2050년까지 우리의 에너지 공급을 탈탄소화하는 것이 매우 중요하다는 인식을 갖게 하는 것이다. 책의 내용은 다양한 수준에서 이해될 수 있는 방식으로 제시되었다. 모든 중요한 결과들을 필요시 수치적 **예제**들을 보다 직접적인 수학적 방법을 사용하여 질적으로 기술하였다. 좀 더 어려운 수학적 **유도**들과 보조 정보들의 항목들은 **박스**에 담았다. 이들 박스와 유도는 매우 자세한 사항을 고려하고 싶지 않은 독자들은 건너뛸 수 있다. 학생들은 각 장의 마지막에 위치한 **문제**를 통해서 학습할 수 있도록 구성하였다. 이 문제들은 정보를 제공하고 사고를 촉진시킬 수 있도록 구성되었고, 보다 까다로운 요점들에 대해 깊은 이해를 얻고자 하는 학생들을 위해 각 장에 별표로 표시한 문제를 수록하였다.

1장은 에너지 기술의 간략한 역사, 현재 국제적 에너지 요구, 지구온난화의 증거, 탈탄소화의 필요성과 에너지원의 핵심적 특징들을 함께 제시하였다. 2장에서는 열물리의 핵심 사항들을 정리하였고, 이들을 온실효과, 열기관의 효율, 그리고 화학적 평형을 이해하는 데 적용하였다. 그리고 유체 기반 기기들의 적용을 설명하기 위한 기초 유체역학 내용을 제시하였다. 3장에서는 화석연료의 세계적 사용과 발전 플랜트에서의 연소, 그리고 화석연료 기반 발전 공정 중에서 이산화탄소의 포집 및 저장에 대한 전망을 살펴보았다. 4장에서는 개발도상국과 발전된 국가에서의 바이오매스의 사용을 기술하였고, 5장에서는 태양열 에너지, 히트펌프, 그리고 지열 발전에 대해서 논의하였다.

6장에서는 수력, 조력, 파력을 살펴보았고, 7장에서는 육상 및 해상 풍력에 대해서 다루었다. 8장은 태양광과 이들의 가격 하락의 영향에 대해서 나타냈다. 9장은 핵에너지를 다루었고, 특히 핵분열과 융합의 잠재성을 논의하였다. 10장은 발전과 송전, 다양한 신재생 발전의 증가에 따른 대응과 배터리와 가스(예를 들면, 전력의 수소화)를 이용한 전기에너지의 저장에 대해 살펴보았다. 11장에서는 건물과 산업 그리고 수송 분야에서의 에너지 요구를 알아보았다. 12장에서는 에너지가 사회에 미치는 주요 문제들에 대해서 강조하였고, 특히 2050년까지 위기의 환경 변화를 피하기 위한 화석연료를 신재생에너지로 변환해야 하는 중요성을 보였다.

모든 장들은 독립적이고 순서에 관계없이 읽을 수 있다. 2장은 단지 참조로도 사용될 수 있다.

4판에 새로운 내용

상당히 많은 새로운 자료가 기후 변화를 이해하는 데 추가되었고, 국제적 이산화탄소의 누적 배출량의 제한의 필요성, 화석연료의 의존성을 줄이는 도전 과제들, 그리고 에너지 공급에 있어 탈탄소화에 필요한 국제적 행동들도 추가되었다. 다른 추가적인 내용으로 히트펌프와 탈탄소 난방을 위한 전력–수소의 사용, 바이오매스의 제한, 해상 풍력발전 개발의 중요성, 태양광 발전, 배터리 기술, 분산 발전의 영향과 통합 신재생에너지에 대한 요구 반응에 관한 사항 등이 있다. 이번 판에는 일반적으로 관심을 끌 만한 세계에서 일어나는 에너지 프로젝트에 대한 더 많은 **사례 연구**들이 포함되었고, 학생들이 주제에 대한 이해도를 스스로 확인해 볼 수 있는 많은 **예제**들이 추가되었다.

온라인 자료

www.oup.com/he/andrews_jelley4e를 방문하면 학생과 교수자를 위한 더 많은 정보와 자료가 제공된다.

학생:

- 학생들의 이해도를 확인하기 위한 **객관식 문제**
- 각 장마다 유용한 외부 웹사이트

교수자:

- 전자책 형태의 **그림**과 **표**
- 각 장 문제의 **풀이**

역자 서문

산업화 이후 지금까지 0.7°C 정도의 온도 상승이 있었고, 지금처럼 화석연료를 사용한다면 2050년까지 4°C가 상승할 것으로 전문가들은 예측하고 있다. 고작 0.7°C의 상승에도 지구촌 곳곳에서 가뭄, 홍수, 빙하 축소, 해수면 상승, 태풍 등의 자연재해가 속출하고 있는데, 온도가 4°C 상승한다면 더 이상 인류가 살아갈 수 없는 지구 환경이 될 것이다. 이에 기존의 화석연료를 대체할 수 있는 태양광과 풍력 등 신재생에너지에 사회적 관심이 집중되고 있다.

국내에도 다양한 신재생에너지 관련 서적이 번역되거나 저술되고 있고, 각 출판물은 저마다 고유의 장점을 가지고 있다. Andrews와 Jelley의 「에너지 과학」은 부제에도 명시되어 있듯이 지구 기후변화의 원리 및 다양한 신재생에너지원의 특성, 이들을 활용한 기기들의 작동 원리를 기초 공학과 기초 과학 수준에서 충실하게 제공하고 있고, 최신 자료를 이용하여 세계 수준에서의 신재생에너지원들의 경제성과 환경적 영향 등 사회에 미치는 영향을 풍부하게 나타내고 있다. 지금까지 출판된 대부분의 신재생에너지 서적들이 공학적 원리에서 출발했다면, 이 책은 고등학교 수준의 기초 물리와 기초 화학에 상당부분 기반을 두고 있어서 보다 넓은 범위의 독자를 확보할 수 있을 것으로 판단된다.

수년간 이 책을 활용하여 강의한 경험을 바탕으로 학습방법을 추천하면, 첫 번째로 에너지 과학은 한 학과 혹은 한 학문에 한정된 영역이 아니기 때문에 개방된 마음으로 다양한 학문 분야를 탐색하고 탐구하기를 권장한다. 기본적으로 신재생에너지를 다루는 이 책은 힘과 운동, 화학반응, 역학적 에너지, 화학에너지, 반도체, 재료, 광합성, 전자기장, 핵물리를 기초적인 수준에서 망라하고 있기 때문에 다른 영역에 관해 관심을 기울이기를 바란다. 두 번째로는 책에 수록된 다양한 예제를 스스로 풀어 보면서 각 장의 주요 내용을 이해하는 데 활용하기 바란다. 예제의 수준은 크게 어렵지 않으면서 책의 내용만 읽었을 때는 이해하기 어려운 개념을 수치적으로 계산해 가는 방식으로 설명하고 있다.

끝으로 원저자의 내용을 충실히 반영하고자 최대한 노력을 기울여 준 모든 역자님들께 큰 감사를 드리고, 다소 번역이 미진한 부분에 대해서는 독자들의 너그러운 양해를 구하고 싶다.

한밭대학교 윤린

차례

1. 에너지 과학 소개 An Introduction to *Energy Science* 1

1.1 에너지 기술의 간략한 역사 2
1.2 국제 에너지 사용 10
1.3 지구온난화와 기후변화 15
박스 1.1 왜 빙하기는 다시 오는가? 18
1.4 사회에 미치는 영향 21
1.5 화석연료의 특성과 신재생에너지원 25
1.6 에너지 개념과 단위 31
1.7 차원 분석 33
요약 34
추천 문헌 34
문제 35

2. 열, 화학, 유체 에너지의 핵심 Essentials of Thermal, Chemical, and Fluid Energy 41

2.1 열과 온도 42
2.2 열전달 42
2.3 온실효과 47
박스 2.1 복사-대류 평형 50
2.4 열역학 법칙과 카르노 사이클의 효율 54
2.5 유용한 열역학적 물성 56
2.6 최대 가용 일: 엑서지 60
2.7 화학반응들: 기브스에너지와 즉각 반응들 61
2.8 유체의 기본 물리적 특성 67
2.9 유선과 유관 68
2.10 이상유체의 에너지 보존: 베르누이 방정식 69
2.11 점성 유체의 역학 70
2.12 양력과 순환 73
2.13 비행기 날개 주변의 흐름 74
2.14 비행기 날개에 작용하는 양력과 항력 76
요약 78
추천 문헌 78
문제 79

3. 화석연료 에너지 Energy from Fossil Fuels 85

박스 3.1 화석연료에 대한 간략한 역사 86
3.1 석탄 88
사례 연구 3.1 중국, 인도, 미국의 석탄 사용 89
3.2 석유 및 천연가스 91
3.3 비재래식 석유와 가스 92
사례 연구 3.2 미국에서의 파쇄법 93
3.4 화석연료의 생산 및 매장량 95
3.5 석유 및 화석연료의 가격 96
3.6 연소 97
3.7 탄소 포집 및 저장 99
사례 연구 3.3 이산화탄소의 지질학적 저장 101
3.8 탄소의 포집 및 저장 비용 102
3.9 증기 발전소의 열역학 102
3.10 증기 발전소에 대한 카르노 사이클의 단점 106
3.11 증기 발전소에 대한 랭킨 사이클의 적용 107
3.12 가스 터빈과 브레이턴 사이클 109
3.13 복합 사이클 가스 터빈 111
3.14 열전달 손실을 고려한 발전소의 효율 112
3.15 유동층 113
3.16 초임계 및 초초임계 플랜트 114
3.17 내연기관 114
3.18 환경에 대한 화석연료의 영향 115
3.19 화석연료의 경제성 116
3.20 화석연료의 전망 117
요약 117
추천 문헌 118
문제 118

4. 바이오에너지 Bioenergy 123

4.1 광합성과 곡물 생산 124
4.2 바이오매스 자원 128
박스 4.1 개선된 요리 기구(ICS) 129
4.3 열에너지와 전력 생산을 위한 바이오매스 132
박스 4.2 혐기성 소화의 생화학적 과정 133
사례 연구 4.1 생물 에너지 자원으로서의 CAM 식물 135

박스 4.3 스털링 엔진 138
박스 4.4 가스화의 열화학적 반응 139
4.4 액체 바이오연료 141
사례 연구 4.2 브라질 사탕수수로 얻어지는 바이오에탄올 143
박스 4.5 식물성 오일의 에스터 교환 반응 147
박스 4.6 식물의 에너지 저장 150
4.5 바이오매스가 환경에 미치는 영향 153
4.6 바이오매스의 잠재력과 경제성 154
4.7 전망 155
요약 156
추천 문헌 156
문제 157

5. 태양열과 지열 에너지 Solar Thermal and Geothermal Energy 161
5.1 태양열 에너지 162
5.2 지중열원 및 공기열원 히트펌프 165
5.3 집광형 태양열 발전소 168
박스 5.1 CSP 열역학 기초 169
5.4 열전 발전 175
5.5 태양 굴뚝 176
5.6 해양 온도차 발전(OTEC) 177
박스 5.2 해양 온도차 발전의 원리 177
5.7 지열 에너지 178
요약 185
추천 문헌 186
문제 186

6. 수력, 조력, 파력 Hydropower, Tidal Power, and Wave Power 191
6.1 수력 192
6.2 댐의 출력 193
사례 연구 6.1 이집트의 아스완 하이 댐 194
6.3 보를 이용한 체적 유량 측정 195
6.4 수력 터빈 196
6.5 초수력 201
6.6 양수 저장 수력(PSH) 201
6.7 수력의 환경적, 사회적 영향 202

6.8 수력 발전의 경제학 204
6.9 전 세계 수력 발전의 잠재력 205
6.10 현재 전 세계 수력 발전 용량 206
6.11 수력의 전망 207
6.12 조력 208
6.13 조석 공명 208
6.14 조력댐 209
6.15 조류석호 210
사례 연구 6.2 스완지 조류석호(tidal lagoon) 프로젝트 210
6.16 조력방조보 또는 석호로부터의 발전 211
6.17 조류 발전 시스템 212
사례 연구 6.3 펜틀랜드 해협 MeyGen 프로젝트 214
6.18 조력의 생태적, 환경적 영향 215
6.19 조수 자원 215
6.20 조력의 경제성 216
6.21 조력 발전의 전망 216
6.22 파도 에너지 217
6.23 파력 장치 219
6.24 파력에너지의 환경적 영향 224
6.25 파력에너지의 잠재적 자원 224
6.26 파력에너지의 경제성 225
6.27 파력에너지의 전망 225
요약 226
추천 문헌 226
문제 226

7. 풍력 발전 Wind Power 233

7.1 풍력 에너지원 234
7.2 지구 바람의 유형 234
박스 7.1 풍력의 역사 235
7.3 현대의 풍력 터빈들 237
7.4 바람의 운동에너지 239
7.5 수평축 터빈의 원리 239
7.6 풍력 터빈 날개 설계 242
7.7 최대 전력 추출을 위한 양항비(lift-to-drag ratio)에 대한 익단속도비(tip-speed ratio)의 의존성 247

7.8 익단속도비 λ에 대한 동력 계수 C_p의 의존성 248
7.9 현대의 수평축 풍력 터빈(HAWT)의 설계 249
박스 7.2 풍력 터빈의 피로 251
7.10 터빈 제어와 작동 254
7.11 바람의 특성 255
7.12 풍력 터빈의 평균 동력 출력 257
7.13 풍력 발전 단지 259
사례 연구 7.1 Horns Rev 2 해상 풍력 발전 단지 260
사례 연구 7.2 하이윈드(Hywind) 해상 풍력 발전 단지 262
7.14 풍력 기술의 발전 264
7.15 환경 영향과 공공의 수용 266
7.16 풍력 발전의 경제학 268
7.17 바람의 변동성 270
7.18 풍력 잠재력 271
7.19 풍력 발전의 전망 272
요약 274
추천 문헌 275
문제 276

8. 태양광 에너지 Photovoltaics 283
박스 8.1 태양전지의 역사 284
8.1 태양 복사 스펙트럼 285
8.2 태양전지 287
8.3 p-n 접합 288
8.4 실리콘 광전지 290
8.5 태양전지의 효율 292
8.6 상용 태양전지 294
박스 8.2 실리콘 전지의 제조 295
박스 8.3 박막에서의 광포획 300
8.7 다층 박막 태양전지 301
8.8 개발 중인 기술 302
8.9 태양광 모듈, 패널, 발전 단지 307
8.10 태양광 발전이 환경에 미치는 영향 313
8.11 태양광 발전의 경제성 315
8.12 전 세계 태양광 발전의 잠재력 317
8.13 태양광 발전의 전망 318

요약 319
추천 문헌 319
문제 320

9. 원자력 Nuclear Power 327

9.1 결합 에너지와 핵의 안정성 328
9.2 우라늄의 중성자 유도 핵분열 329
9.3 연쇄반응 330
9.4 열중성자로 332
박스 9.1 전환과 증식 340
박스 9.2 방사능 343
9.5 고속로 344
9.6 열원자로 설계 345
9.7 원자력 발전의 안전성 348
9.8 원자력의 경제성 349
9.9 원자력 발전에 따른 환경 영향 349
9.10 원자력 폐기물 처리 350
9.11 원자력의 전망 350
9.12 핵융합 에너지 351
9.13 D-T 핵융합 353
9.14 플라즈마 355
9.15 토카막 357
9.16 핵융합 제어의 전망 360
요약 362
추천 문헌 363
문제 364

10. 전기 및 에너지 저장 Electricity and Energy Storage 367

10.1 전기의 발전 367
박스 10.1 풍력 발전기 370
10.2 고전압 전력 송전 371
10.3 고전압 AC(HVAC) 송전 372
10.4 고전압 DC(HVDC) 송전 373
10.5 국가 전력망 374
10.6 신재생에너지 공급의 통합 374

10.7 수요반응과 스마트 그리드 377
10.8 신재생 발전의 경제 379
10.9 에너지 저장 381
10.10 배터리의 기본 원리 381
10.11 Pb, Na-S, NiMH, 그리고 액체금속 배터리 383
10.12 리튬이온 배터리 386
10.13 흐름 배터리 389
10.14 슈퍼커패시터 390
10.15 비에너지와 라곤(Ragone)도 391
10.16 수소의 에너지 저장 393
박스 10.2 물의 전기분해 393
10.17 양수 발전 장치 395
10.18 압축공기 에너지 저장(CAES) 397
10.19 열저장 399
10.20 플라이휠 401
10.21 초전도 자기에너지 저장 402
요약 402
추천 문헌 403
문제 403

11. 건축물, 산업, 운송에서의 에너지 수요
Energy Demand in Buildings, Industry, and Transport 407

11.1 건축물의 에너지 수요 408
박스 11.1 LED 409
박스 11.2 패시브 건축물(패시브 하우스) 설계 416
사례 연구 11.1 태국 Shinawatra대학교의 고효율 에너지 건물 418
사례 연구 11.2 H21 수소 프로젝트 421
11.2 산업에서의 에너지 수요 422
사례 연구 11.3 풍력 대 수소(Wind power-to-hydrogen) 426
사례 연구 11.4 전력 대 암모니아(Power-to-ammonia) 427
사례 연구 11.5 세계에서 가장 높은 목조 건물(노르웨이 브루문달) 432
11.3 운송에서의 에너지 수요 434
사례 연구 11.6 독일 프라이부르크의 운송 435
박스 11.3 직류 브러시리스 모터 437
박스 11.4 양성자 교환막(PEM) 연료전지 443
요약 445

추천 문헌 445
문제 446

12. 에너지와 사회: 화석연료에서 재생에너지로의 전환
Energy and Society: Making the Transition from Fossil Fuels to Renewables 451

12.1 지속적인 화석연료 배출에 의한 예측 가능한 영향 452
12.2 재생에너지 활성화를 위한 경제 정책 455
12.3 탄소 배출량에 가격을 매기는 방법 456
12.4 탄소 저감 정책 458
12.5 미래 이산화탄소 배출량 추정: 카야 항등식 461
12.6 에너지 수요 감소 464
12.7 세계 에너지 공급의 탈탄소화 466
12.8 글로벌 탈탄소 경제 471
12.9 적응 및 지구공학 475
12.10 현재 글로벌 상황 476
12.11 온도 상승을 억제하기 위해 필요한 조치 478
요약 482
추천 문헌 482
문제 483

찾아보기 487

1 에너지 과학 소개

An Introduction to *Energy Science*

주제 목록

- □ 에너지 기술의 간략한 역사
- □ 전 세계 에너지 사용
- □ 지구온난화와 기후변화
- □ 빙하기 생성 원인은?
- □ 사회에 미치는 영향
- □ 탈탄소화
- □ 지속 가능한 발전
- □ 화석연료의 특성과 신재생에너지원
- □ 에너지 단위와 개념
- □ 차원 분석

서론

지구의 생태계는 궁극적으로 햇빛에 의해 유지되며 수백만 년 동안 동식물은 지속적인 에너지 교환을 통해 공존했다. 그러나 원시 인류가 불을 만드는 방법을 발견했을 때, 이 과정은 비가역적으로 바뀌기 시작했다. 불을 이용하여 고기를 요리하고 포식자를 막고 금속을 도구와 치명적인 무기로 만드는 것이 가능하게 되었다. 지난 2세기 동안 인류는 열을 전기로 변환하는 방법을 발견했다. 전기는 가장 다양하게 사용 가능하고 편리한 형태의 에너지이다. 전기는 과학과 공학에서 놀라운 발전을 가능하게 했고, 문명을 변화시켰으며, 우리의 선조들보다 훨씬 더 삶을 편안하게 만들었다. 그러나 그 과정에서 전기 및 다른 형태의 에너지를 그 수요에 따라 사용할 수 있어야 하는 상품으로 취급하는 소비자 사회가 만들어졌다.

18세기 후반에 산업혁명이 시작된 이후 비교적 짧은 기간 동안, 수억 년에 걸쳐 생성된 지구의 화석 매장량의 상당부분이 두드러지게 고갈되었다. 매년 우리는 약 백만 년이 걸려 퇴적된 것을 소비한다. 이산화탄소(CO_2) 및 기타 연소 생성물의 배출은 현재 지구 기후에 중요한 영향을 미치고 있다.

이러한 배출에 기인한 향후 수십 년 동안의 삶에 대한 위협은, 인류가 지구상의 지배적인 종으로 출현한 이후 직면하게 된 가장 큰 도전에 대처하지 않는다면 대단히 심각할 수 있다. 지구온난화에 대응하기 위한 효과적인 전략은 화석연료 소비를 대폭 줄이고 화석연료 산업을 대체할 기술을 신속하게 발전시키는 것이다.

에너지 변환은 다른 주제이지만 기본적인 물리학적 원리를 적용하면 핵심 사항을 잘 이해할 수 있다. 동시에 에너지 변환에 대해 다양한 형태의 경제적, 사회적, 환경적 의미를 인식하는 것이 중요하다. 에너지 문제는 개방적이고 논쟁적인 경향이 있다. 독자적인 사고로 에너지 문제를 다루는 것은 보람되고 지적으로 흥미로운 연습이 될 수 있다. 객관적이고, 의견보다는 사실에 주의를 기울이고, 가정에 의문을 품고, 항상 건설적인 해결책을 찾는 것이 중요하다.

1.1 에너지 기술의 간략한 역사

역사를 통틀어 다양한 형태의 에너지를 활용하는 것은 커다란 지적 도전과제를 제시했고 많은 과학적 발견을 촉진시켰다. 오늘날의 에너지 기술은 수세기에 걸친 과학적 이해, 기술적 영감 및 엔지니어링 설계의 점진적 개선 발전의 결과이다. 로마제국 시대의 물 공학은 이미 잘 정립된 기술이다. 수천 년 전, 관개 시스템은 나일강 주변의 농경지를 크게 확장시켰고 고대 이집트의 번영을 가져왔다. 그림 1.1은 초기 엔지니어들의 독창성을 보여 주는 **아르키메데스(Archimedes)의 나선식 펌프**로, 강에서 물을 끌어올리고, 배의 화물창에서 곡물 쭉정이를 추출하고, 침수된 광산(예: 스페인의 리우틴투)에서 물을 배출하는 데 사용된 장치이다. 기존 기록에 따르면 이 장치는 바빌론의 공중정원(아르키메데스 탄생 이전)에 물을 공급하는 용도로 사용되었다. 그리고 오늘날에도 물관련 산업과 화학 산업에서 널리 사용되고 있다.

물을 끌어올리기 위해 아르키메데스의 나선식 펌프는 속이 빈 원통 안에 들어 있다. 한쪽 끝은 물에 잠겨 있고, 펌프의 구멍에 갇힌 물은 장치를 축을 중심으로 회전시켜 위쪽으로 운반된다(문제 1.6, 1.35 참조).

수차(6.1절 참조)는 고대 세계에도 존재했고, 1000년 무렵에는 서유럽 전역에서 널리 사용되었다. 초기 수차는 매우 비효율적이었지만 수 세기에 걸쳐 설계가 점차 개선되었다(그림 6.1 참조). 1827년 프랑스의 엔지니어 브누아 푸르네롱(Benoît Fourneyron)은 회전하는 러너의 날개 사이에 물을 흐르게 하려고 고정된 가이드 베인을 사용하는 터빈을 발명하면서 기술적인 발전을 이루었다. 베인과 블레이드의 설계로 인해 입사 흐름의 대부분의 운동에너지를 활용할 수 있었다. **푸르네롱 터빈**(6.1절 참조)은 현대 터빈의 개발을 주도하여 오늘날의 주요 전력 공급 업체 중 하나인 수력 발전의 출현을 이끌었다.

풍력은 또 다른 오래된 기술이다. 풍차는 10세기에 페르시아에 존재했으며(7.1절 참조), 항

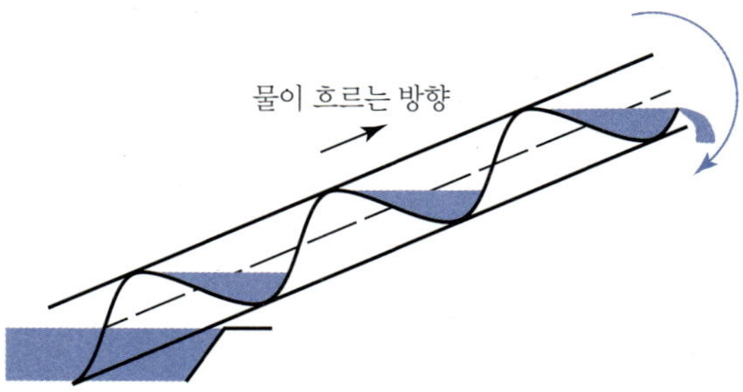

그림 1.1 아르키메데스의 나선식 펌프

그림 1.2 라틴 돛(©iStock.com/duncan1890)

해 선박은 5000년 전에 나일강에 존재했다. 초기 항해 배들은 정사각형 돛을 가진 하나의 돛대를 가지고 있었고, 돛의 방향과 같은 방향으로 바람이 불 때 돛에 의해 추진되었다. 그러나 이 배들은 바람을 타기 위해 돛을 기울임으로써 바람에 비스듬히 여행할 수도 있었다. 돛은 곡선으로 휘어졌고, 바람은 돛을 바람의 방향과 수직인 방향으로 밀어내는 압력차를 만들었다. 마치 비행기 날개 위로 흐르는 공기가 양력을 주는 것처럼 말이다. 로마의 트리에레스에서와 같이 초기 지중해 갤리선은 바이킹 선박과 마찬가지로 노와 돛을 결합했다. 그러나 대부분의 상선은 항해 선박이었다. 정사각형 돛보다 간단하고 저렴한 대안으로 발전했을지도 모르는 라틴 돛이라고 불리는 삼각형 돛은 5세기까지 잘 정립되었으며 선박의 기동성을 높이고 바람속으로 더 깊숙이 항해할 수 있었다(그림 1.2).

가장 초기에 기록된 **증기기관**은 1세기에 **알렉산드리아의 헤론**(Hero of Alexandria)이 발명한 장난감 장치였다(그림 1.3). 그것은 기본적으로 2개의 피벗에 의해 지지가 되는, 증기로 채워진 속이 빈 금속 구로 구성된다. 스팀은 2개의 구부러진 배출구를 통해 빠져나갈 수 있으며 스팀 제트의 운동량은 스파우트에서 반대방향으로 반동하여 구가 회전한다. 산업혁명은 증기 동력의 출현으로 가능하게 되었다. 그러나 최초의 상업용 증기엔진이 현장에 등장하기 전에 해

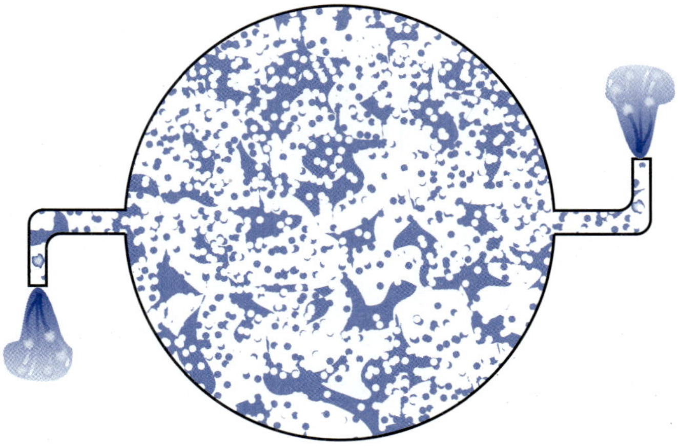

그림 1.3 헤론의 증기엔진

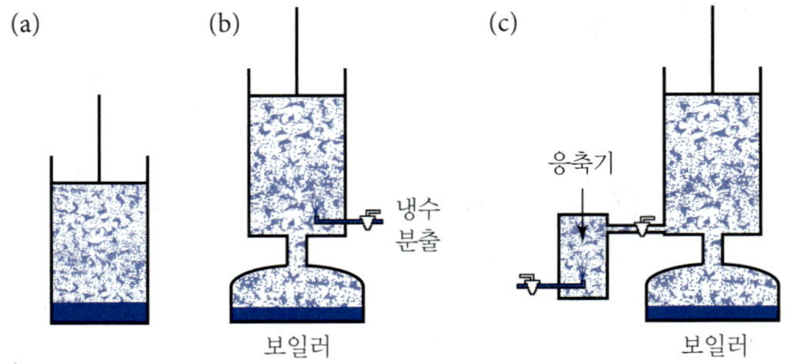

그림 1.4 초기 증기엔진 설계의 발전: (a) 파팽; (b) 뉴커먼; (c) 와트

결해야 할 진공 및 기압의 본질에 대한 심각한 오해가 있었다. 1644년에 갈릴레오(Galileo)의 추종자였던 **토리첼리**(Torricelli)는 수은 기압계를 발명했다. 그는 수은 기둥의 상승이 기둥 내부의 수은 위의 대기와 부분 진공 사이의 압력 차이로 인한 것임을 증명했다. 그다음의 중요한 돌파구는 1650년 **오토 폰 게리케**(Otto von Guericke)에 의해 피스톤 공기 펌프의 발명을 통해 이루어졌다. 한 장엄한 시험에서 그는 2개의 동일한 금속 반구—30년 전쟁 당시 게리케가 부르고마스터(burgomaster)이자 군사 기술자로 있던 마을 이름을 따서 '마그데부르크의 반구'로 알려짐—를 가져와서 완전한 구를 형성하도록 설치했다. 반구는 플랜지를 따라 접촉하고 있었지만 고정 방법은 없었다. 게리케는 구체 내부의 공기를 펌핑하고 반구를 분리하기 위해 여덟 마리의 말로 구성된 두 팀을 초청했다. 그들은 공기에 의한 힘이 너무 컸기 때문에 구의 분리에 실패했다(문제 1.4 참조).

1666년 파리에 과학아카데미(Académie des Sciences)가 설립되었고, 네덜란드 과학자 **크리스티안 하위헌스**(Christiaan Huygens)가 창립 멤버 중 한 명이었다. 하위헌스는 화약으로 실험을 수행하기 위해 게리케의 공기 펌프를 개조한 **고트프리트 라이프니츠**(Gottfried Leibniz)와 **드니 파팽**(Denis Papin) 두 젊은이를 조수로 임명했다. 단단히 맞는 피스톤이 들어 있는 원통형 챔버 내부에서 작은 화약이 폭발했다. 공기는 2개의 가죽 밸브를 통해 배출되었고, 그 결과 부분 진공이 생성되었다. 그런 다음 피스톤은 공기 압력의 불균형으로 인해 내려앉았으며 그 과정에서 유용한 작업이 수행되었다. 하위헌스는 새로운 형태의 운송에서부터 산업혁명을 일으킬 수 있는 강력한 엔진에 이르기까지 이 발견의 엄청난 잠재력을 깨달았다.

놀랄 것도 없이, 화약 폭발은 통제하기 너무 어려운 것으로 판명되었다. 라이프니츠의 도움을 받은 파팽은 화약 대신 물을 사용하여 증기로 전환할 때 원래 부피의 160배로 물이 팽창한다는 사실을 이용했다. 파팽은 피스톤 챔버 내부에 많은 양의 물을 넣고 화염에 의해 외부에서 가열했다. 증기의 압력은 공기의 압력에 대해 피스톤을 상승시켰다(그림 1.4*a*). 피스톤을 원래 위치로 되돌리기 위해 그는 증기가 다시 물로 응축되고 실린더 내부의 공간이 대기압 이하로 떨어지도록 실린더 외부에 찬물을 부었다.

파팽은 종교적 박해의 결과로 1685년에 프랑스를 떠나야만 했다. 그는 런던에 정착하여 왕립 학회에서 일하면서 **증기엔진**을 계속 개발했다. 1690년에 그는 상업용 증기엔진을 만드는 특허를 신청했지만 특허는 파팽의 아이디어에 크게 영향을 받은 군사 기술자인 **토머스 세이버리**(Thomas Savery)에게 수여되었다. 파팽과 라이프니츠의 우정은 그가 **아이작 뉴턴**(Isaac Newton)의 지지를 얻지 못했다는 것을 의미했다. 뉴턴은 그들 중 누가 미적분학의 창시자인지를 놓고 라이프니츠와 격렬한 논쟁을 벌이고 있었다. 파팽은 1712년에 가난한 삶을 마쳤다.

세이버리의 증기엔진은 엄청난 양의 석탄을 소비했으며 비경제적인 것으로 판명되었다. 최초의 성공적인 증기엔진은 1712년에 대장장이인 **토머스 뉴커먼**(Thomas Newcomen)에 의해 만들어졌다. 뉴커먼은 우연히 세이버리 증기엔진 내부의 증기가 차가운 물이 증기 챔버로 누출된 후 갑자기 응축되었음을 발견했다. 뉴커먼은 차가운 물을 증기 챔버에 직접 분사하는 파이프를 설치하여 이러한 효과를 구현했다(그림 1.4*b*). 뉴커먼 증기엔진은 피스톤의 상승과 하강과 함께 앞뒤로 흔들리는 긴 수평 빔이 있는 큰 구조였다. 1분에 약 5~6스트로크만 수행할 수 있었지만 침수된 광산에서 많은 양의 물을 들어 올릴 수 있었다. 초기 뉴커먼 엔진에서는 소년 보조원이 2개의 탭을 열고 닫았다. 하나는 증기를 실린더에 넣고 다른 하나는 차가운 물을 켜서 증기를 응축시킨다. 이것은 매우 단조로운 일이었지만, 어느 날 험프리 포터(Humphrey Potter)라는 젊은 청년이 반짝이는 생각을 하고 있었다. 그는 친구들과 놀고 싶어서, 각 탭과 빔을 줄로 연결해서 주기의 적절한 순간에 탭이 열리고 닫히도록 했다. 그것은 효과가 있었고, 그의 발명은 모든 뉴커먼 증기엔진에 적용되었다.

훨씬 더 효율적인 증기엔진은 1769년 **제임스 와트**(James Watt)에 의해 특허를 받았다. 와트는 악기 제작자였고 글래스고대학에서 증기의 잠열을 발견한 블랙 교수의 조수로 일하고 있었다(2.1절 참조). 와트는 증기엔진과 증기의 특성에 큰 관심을 보였다. 어느 날 뉴커먼 증기엔진의 오작동 모델을 수리하라는 요청을 받았을 때 그는 증기 실린더의 벽을 가열할 때 열의 약 80%가 손실되었다고 계산했다. 와트는 증기를 별도의 챔버(**응축기**라고 함)에서 응축시켜 피스톤 챔버의 벽 온도를 유지하여 열을 보존하는 것이 훨씬 낫다고 추론했다(그림 1.4*c*).

와트는 자신의 아이디어를 활용하기 위해 돈이 필요해서 부유한 철생산소 소유주인 **매슈 볼턴**(Matthew Boulton)과 파트너십을 맺었다. 이 파트너십을 통해 와트는 상업용 증기엔진을 개발하는 데 필요한 재정을 확보했지만 곧 주요 기술적 장애가 발생했다. 실린더 주조 과정에서 왜곡되어 너무 많은 증기가 빠져나갔다. 와트에게는 다행스럽게도 대포 제조에서의 돌파구가 그에게 필요한 해결책을 제공해 주었다. 대포는 두꺼운 벽으로 된 원통형 튜브로 제작되었지만 주조 공정의 불규칙성으로 인해 캐넌볼이 종종 목표물을 놓쳤다. 1775년에 존 윌킨슨(John Wilkinson)은 단단한 주철 블록을 만들었다. 이 블록에서 정확한 모양과 크기의 매끄러운 원통형 구멍을 보링하여 만들었다. 이것은 캐넌볼의 탄도를 향상시켰고 와트가 단단한 증기엔진을 만들 수 있게 했다. 최초의 볼턴 및 와트 증기엔진은 1776년에 판매되었으며, 1824년까지 1164대의 기계를 생산했다.

놀랍게도, 아마도 19세기 중반이 되어서야 열이 에너지의 한 형태라는 개념이 마침내 받아들여졌다. 열은 원래 뜨거운 물체에서 차가운 물체로 흐르는 것으로 간주되어 생성되거나 파괴될 수 없는 **칼로리**로 알려진 유체로 생각되었다. 칼로리 이론은 고대 그리스인들의 과학의 잔재였다. 고대 그리스인들은 모든 물질이 공기, 불, 흙, 물의 네 가지 기본 물질로 구성되어 있다고 믿었다. 칼로리 이론은 미국 독립전쟁 중 영국을 위해 간첩으로 일한 미국 과학자 **벤저민 럼퍼드**(Benjamin Rumford)에 의해 잘못된 것으로 나타났다. 럼퍼드는 유럽으로 피신하여 앙투안 라부아지에(Antoine Lavoisier, 산소의 공동 발견자, 1794년 프랑스혁명 기간에 처형됨)의 미망인과 결혼했다. 럼퍼드는 바바리아에서 직업을 갖고, 그곳에서 대포 제조를 개선하고, 신성로마제국의 백작이 되었다. 대포는 물속에서 보링했고, 보링 과정은 물을 끓게 만들었다. 럼퍼드는 보링 과정이 계속되는 한 물이 끓는 것을 관찰했다. 그는 칼로리가 만들어질 수 없다는 믿음과 모순되게 마찰로 생산되고 있는 것이 분명하다고 추론했다. 나중에 1840년대에 아마추어 과학자인 **제임스 줄**(James Joule)은 열과 기계적 에너지가 동등하다는 것을 보여 주었고 그 과정에서 그 **에너지는 보존되었다**.

1824년에 젊은 프랑스 과학자 **니콜라 카르노**(Nicholas Carnot)는 이상적인 열 엔진의 최대 효율은 작동하는 고온 및 저온의 값에만 의존한다는 것을 증명했다. 카르노는 그 결과가 작동유체의 성질과 무관하다는 것을 증명했지만, 그의 설명은 칼로리 이론의 타당성을 가정했다. 열의 원동력은 그것을 실현하기 위해 사용되는 작용제와 무관하다. 그것의 양은 오직 그 사이에 영향을 받는 물체들의 온도, 마지막으로 칼로리의 전달에 의해서만 고정된다.

증기 동력은 왕복 증기기관에 의해 구동되는 증기 기관차 및 선박의 개발로 19세기까지 계속 발전했다. 1884년에 **찰스 파슨스**(Charles Parsons)는 회전식 증기터빈을 발명했다. 그의 위대한 혁신은 압력이 한 단계가 아닌 터빈 블레이드 단을 가로질러 단계적으로 떨어지면 증기의 고압 제트의 힘이 보다 효율적으로 이용될 수 있다는 것을 깨달은 것이었다. 결과적으로 매우 작고 강력한 엔진이 되었다. 의심하는 영국 해군에 대해 발명의 우수성을 입증하기 위해 그는 자신의 배 터비니아호에 3개의 회전식 증기터빈을 장착했다. 그는 초대받지 않은 터비니아호와 함께 스핏헤드에 있는 빅토리아 여왕의 다이아몬드 주빌레를 위해 여왕의 함대에 나타나는 대담성을 가지고 있었다. 그는 해군에서 가장 빠른 순찰선에 쫓겼지만, 터비니아호에게는 상대가 되지 않았다. 파슨스는 자신의 주장을 밝혔고, 회전식 증기터빈은 받아들여졌다.

증기 동력의 개발과 동시에 전기와 자력의 본질을 이해하는 큰 진보가 이루어졌고, 그 결과 전기를 실제적인 현실로 만들고 오늘날 우리가 상상할 수 없었던 작업을 수행할 수 있게 해 주는 장치가 발명되었다. 그중 첫 번째는 1799년에 **알레산드로 볼타**(Alessandro Volta)가 발명한 **전기 배터리**였다. 이것은 구리와 아연이 황산을 함유한 전해질에 의해 분리된 2개의 전극으로 구성된 전기 화학 전지였으며 회로가 전선으로 완성되었을 때 전류가 흐르게 되었다. 이 장치의 원래 목적은 **루이지 갈바니**(Luigi Galvani)가 주장한 이론을 부정하는 것이었다. 갈바니는 죽은 개구리의 다리가 서로 다른 금속에 닿았을 때 경련을 일으킬 수 있다는 것을 발견했다. 갈바니는 이것이 '동물 전기'의 증거라고 주장하며 생명의 비밀이 전기라는 것을 증명한다고 생각했다. 비록 그 효과가 실제로 개구리 다리를 통한 전류의 흐름 때문이라는 것을 볼타가 증명했지만, 갈바니의 아이디어는 18세의 메리 셸리(Mary Shelley)가 프랑켄슈타인 괴물에 대한 고딕 소설을 쓰도록 고무시켰고 대중의 상상력을 자극했다. 소설에서 불운한 생물은 큰 전류를 시체에 통과시켜 생명을 불어넣었다!

19세기에 독학한 과학자 **마이클 패러데이**(Michael Faraday)는 전자기학에서 위대한 발견을 했다. 패러데이는 열두 살에 제본업자 경력을 쌓기 시작했다. 이것은 그에게 과학에 관한 책을 읽을 기회를 주었고, 그는 결국 **험프리 데이비**(Humphry Davy) 경에 의해 런던 왕립연구소의 조수로 임명되었다. 1820년대에 패러데이는 두 가지 최근 발견에 흥미를 느꼈다. 하나는 **에르스텟**(Oersted)에 의해 나침반의 바늘은 전선의 전류 흐름 방향에 직각으로 편향되었고, 다른 하나는 **암페어**(Ampère)에 의해 2개의 전류 운반 와이어가 서로 힘을 가한다는 것이다. 패러데이는 1831년에 **전자기 유도 법칙**을 발표했다. 전자기 유도 법칙은 변화하는 자기장에 의해 닫힌회로에 전류가 형성되고 고정된 자기장을 통과할 때 와이어 루프에 전류가 형성된다는 자신의 발견에 근거한다.

패러데이는 또한 강한 자석의 극 사이에 회전하는 구리 디스크를 가로질러 일정한 전류가 유도된다는 것을 보여 주었다(그림 1.5). 이 결과는 전기 조명의 도입을 도운 **모리츠 폰 자코비**(Moritz von Jacobi)와 **발전기**의 **전기모터**의 발명으로 이어졌다. 초기 발전기는 매우 뾰족한 형상의 출력을 생성했다. 평활 전류를 생성하는 첫 번째 장치는 회전하는 철제 링 주위를 감싸는 와이어의 연속 루프를 사용하는 **그람**(Gramme) 발전기였다. 전기 전신 및 전기 도금은 전기의 첫 번째 유용한 응용 분야 중 두 가지였고, 공공 서비스를 위한 아크 조명이 뒤따랐다. 백열등에 대한 최초의 특허는 1879년 미국의 발명가이자 기업가인 **토머스 에디슨**(Thomas Edison)에게 수여되었다. 그는 40시간 이상 진공상태에서 빛나는 탄화된 면사 루프를 사용했다. 1860년에 영국의 **조지프 스완**(Joseph Swan)은 세계 최초의 **전구**로 특허를 냈지만, 전구의 수명은 짧고 비효율적이었다. 1870년대에 스완은 전구 내부의 진공을 개선하고 1881년에 스완 전기 조명 회사를 설립했다. 에디슨과 스완은 백열램프 개발에 있어 경쟁자였고 결국 에디-스

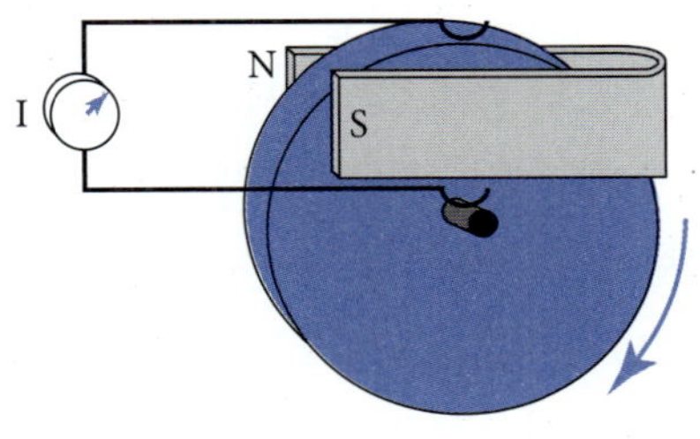

그림 1.5 패러데이의 회전 디스크

완 컴퍼니로 영국에서 합병되었다.

백열등 발명을 활용하기 위해 에디슨은 1880년에 전기 분배 시스템에 특허를 취득했다. 1881년 그는 런던의 홀본 바이어덕트에 세계 최초의 **발전소**를 건설했는데, 이 발전소는 조명과 전기모터를 위한 160 kW의 전력을 생산했다. 다음 해 그는 월스트리트와 은행 공동체를 위한 전기 조명을 제공하기 위해 뉴욕시에 비슷한 발전소를 건설했다. 토머스 에디슨의 직류 시스템과 **조지 웨스팅하우스**(George Westinghouse)가 개척한 교류를 사용하는 시스템, 업계에서 발전된 전기를 이용한 AC 유도 모터를 발명한 **니콜라 테슬라**(Nikola Tesla) 사이에는 치열한 경쟁이 있었다. 에디슨은 개, 고양이, 심지어 살아 있는 코끼리를 감전시키며 교류의 위험을 강조하기 위해 공개 행사를 개최했다. 그러나 현재의 교류 시스템은 전 세계적으로 일반적으로 채택되는 시스템이 되었다.

19세기 후반에는 1876년 **니콜라우스 오토**(Nikolaus Otto)가 최초로 실용적인 4행정 스파크 점화 **내연기관**을 발명했으며, 1886년 **카를 벤츠**(Karl Benz)가 제작한 최초의 현대 자동차와 1903년 최초의 제어 가능한 동력비행기의 **라이트 형제**(Wright brothers)에 이른다. 약 1870년에서 1914년까지의 기간은 전기, 자동차, 철강, 전신 및 대량 생산의 도입을 보았던 **두 번째 산업혁명**이라고 불렸다.

최초의 대규모 **수력 발전소**는 1895년 푸르네롱 터빈을 사용하여 미국 쪽 나이아가라 폭포에 건설되었다. 20세기 전반에는 석탄 화력 발전소와 수력 발전소의 대규모 건설 계획과 발전소에서 인구 중심지로 전력을 전송하기 위한 대규모 전력망의 건설이 진행되었다. 전력의 중요성은 20세기 정치인들에 의해 국가 번영과 경제 성장에 필수적인 것으로 인식되었다. (구소련에서 레닌은 공산주의를 '소비에트 권력과 국가의 전기화'로 정의하기도 했다.) 1990년대 초, 전 세계 주택의 60% 이상이 전기를 공급받고 있었다.

20세기 후반에는 **원자력** 발전이 이루어졌다. 핵분열 원자로에서 전기를 생산한다는 아이디어는 제2차 세계대전 당시 연합군이 핵폭탄을 제조하는 비밀 군사 기업인 맨해튼 프로젝트의 후속 조치였다. 초기 핵분열 원자로는 핵무기 재료를 생산하는 데 사용되었다. 전기 발전만을 위한 원자로는 1950년대 후반까지 나타나지 않았다. 원자력의 초창기는 값싸고 무한하며 안전한 전기의 새로운 시대로 예고되었다. 1970년대에 선진국들은 1973년 아랍-이스라엘 전쟁 이후 유가가 크게 급등하여 원자력에 더 의존하게 되었다. 가장 인상적인 사례는 프랑스인데, 정부는 국가 에너지 안보를 위해 원자력 발전을 전기 생산의 주요 수단으로 삼기로 결정한 것이다. 현재 프랑스 전력의 75%가 원자력 발전소에서 생산된다.

세계적으로 관심을 끈 여러 원자력 발전소에서 발생한 사고와 핵폐기물 처리에 대한 대중의 우려가 커지면서 1970년대 후반에서 1980년대 사이에 원자력에 대한 대중의 신뢰가 약화되었다. 최악의 사건은 1979년 **스리마일아일랜드**(미국)에서 가압 경수로가 부분적으로 붕괴된 것과, 1986년 **체르노빌**(우크라이나)에서 RBMK 원자로가 완전히 붕괴된 것이었다. 인적 오류와 설계 결함이 두 경우 모두에서 유의한 요인으로 나타났다. 그 결과 전 세계적으로 원자력 안전 표준이 전반적으로 개선되었고, 민간 원자력 시설의 효과적인 규제에 대한 국제적인 지원이 확대되었다. 그러나 이들 사고의 영향으로 새로운 원자로 건설이 상당히 지연되었다. 2011년 **후쿠시마**(일본)에서 발생한 사고는 순간 규모 9.0의 대규모 해저 지진에 따른 일련의 쓰나미의 결과로 일부 OECD 국가와 다른 국가들에서 원자력의 배치를 지연시켰다. 그러나 다른 나라들, 예를 들어 중국에서는 여전히 지구 온난화와 싸우는 데 중요한 역할을 할 것으로 예상된다.

대체에너지는 **1970년대 유가 충격 전**까지는 소홀한 분야였다. 서구 정부는 석유 의존도를 줄이기 위해 다양한 대체에너지 기술에 관한 연구 프로그램을 후원하기 시작했다. 그러나 자금 지원은 원자력 발전보다 훨씬 적은 규모였다. **풍력**은 낮은 자본 비용과 세금 감면 혜택을 받고 항공기 산업에서 블레이드 설계에 대한 지식을 바탕으로 상업적으로 실행 가능한 최초의 대체에너지 기술이었다. 소형 풍력 터빈은 관개를 위해 물을 펌핑하고 전기를 생산하기 위해 1930년대에 미국에서 이미 널리 설치되었지만, 1970년대와 1980년대에 대형 풍력 터빈의 개발은 석유 가격으로 약화되었다. 그러나 2000년 이후 풍력 발전은 급속도로 성장했으며 2019년에는 세계 전력의 5%를 생산하고 있다.

파력 발전도 1970년대에 많은 관심을 끌었지만 자본 비용이 많이 들고 대부분의 장치가 심한 폭풍을 견딜 수 없다는 것이 곧 인식되었다. 그럼에도 불구하고 몇 가지 장치, 특히 해저에 잠기고 묶여 있는 장치들은 여전히 개발 중에 있다. **조력**과 **지열 발전**에 대한 새로운 관심도 있었다.

태양전지 효과는 1837년 에드몽 베크렐(Edmond Becquerel)에 의해 발견되었지만, 1883년이 되어서야 태양전지가 매우 낮은 효율로 생산되었다. 효율적인 태양전지는 1940년 러셀 올(Russell Ohl)이 실리콘 태양전지 장치를 우연히 발견한 후 1954년에 벨연구소에서 6% 효율적인 **실리콘 태양전지**가 생산되었다. 그러나 높은 비용으로 인해 틈새 응용 프로그램, 예를 들면 컴퓨팅 및 우주 프로그램으로 제한되었다. 지난 수십 년 동안 대량 생산 방법은 비용을 엄청나게 절감했고, 이제 태양에너지 팜은 상업적으로 실행 가능하며 전 세계적으로 크게 이바지할 것으로 기대된다. 상대 동력 척도는 표 1.1을 참조하라.

다른 측면에서 볼 때, 20세기 말의 **바이오매스** 산업의 성장—유기물로부터의 전기 생성 및 바이오연료 생산—은 이산화탄소 배출 및 식량 생산과의 충돌에 대한 우려로 지난 10년 동안 둔화했다. 그러나 그것은 개발도상국에서 중요한 에너지원이며, 그 장점은 물질을 연소시켜 생성된 이산화탄소가 새로운 작물에 의해 연속적으로 재흡수된다는 점에서 잠재적으로 저탄소라는 것이다.

재생 가능한 발전이 성장함과 동시에, 이미 21세기의 에너지 현장에 영향을 미치고 있는 많은 에너지 관련 장치가 등장했다. 이 중 하나가 1980년대와 1990년대에 개발된 **충전식 리튬이온 배터리**로, 랩톱이나 휴대전화와 같은 휴대용 전자 장치에 사용된다. 스탠리 휘팅엄, 존 구디너

표 1.1 동력 척도

설비	동력(kW)
수차(AD 0)	0.2
프랑스 일주 경륜 주자(오르막길)	0.5
튼튼한 말	0.7
뉴커먼 증기엔진(1712)	4
푸르네롱 수력 터빈(1832)	37
파슨스 증기 터빈(1900)	10^3
스미스-퍼트넘 풍력 터빈(1942)	1.3×10^3
사이즈웰 B 원자력 발전소(1992)	1.2×10^6
드랙스 석탄 발전소(1986)	3.9×10^6
대형 태양광 발전소(2019)	0.5×10^6
대형 풍력 발전소(2019)	0.5×10^6

프, 요시노 아키라는 리튬이온 배터리에 대한 선구적인 연구로 2019년 노벨 화학상을 받았다.

리튬이온 배터리는 또한 미래의 **전기 자동차**에 엄청난 잠재력을 가지고 있으며, **스마트 전력망 시스템**에 에너지 저장을 제공할 수 있다. 다른 장치로는 **절연 게이트 바이폴라 트랜지스터**가 있다. 이 트랜지스터는 현대 가전제품, 전기 자동차와 기차, 전력망 시스템, **LED**에서 스위칭을 위한 고전력 반도체 장치로 빠르게 자리 잡고 있다. LED는 매우 효율적이고 오랫동안 사용 가능하여 전 세계적으로 조명을 변형시켰다. 재생 가능하게 생성된 전기를 사용하여 전기분해하여 생산된 **수소**를 청정 열을 제공하고 중장비 차량이나 선박뿐만 아니라 에너지 저장을 위한 연료 전지에 사용하는 것도 시작되었다.

이 간단한 역사적 개요를 완성하기 위해 표 1.1은 고대부터 현재까지의 에너지 관련 몇 가지 선택된 장치의 관련된 동력 척도를 비교한다. 그것은 사회의 이익을 위해 과학 지식을 적용하는 인류의 업적에 대한 찬사이지만, 현대 문명이 편안한 생활 방식을 유지하기 위해 엄청난 양의 에너지를 소비하는 데 의존하게 되었음을 보여 준다.

1.2 국제 에너지 사용

우리는 모바일로 전화를 걸거나, 주전자에 물을 끓이거나, 차를 운전하는 등 일상생활에서 항상 에너지를 사용한다. 에너지는 좋은 삶의 질—난방과 냉방 제공, 식품 생산, 기술 발전—을 위해 필수적이다. 지난 200년 동안 우리는 그림 1.6이 보여 주듯이 화석연료에 점점 더 의존해 왔다.

이 기간 동안 세계 인구는 엄청나게 증가했다(1805년 1억; 1928년 2억; 1975년 40억; 1999년 60억; 2019년 77억). 세계 1인당 국내총생산(GDP)으로 측정한 평균적인 사람의 재산도 지난 50년간 3배 가까이 증가했다. 이것은 **인간개발지수(HDI)**, 즉 교육 달성, 기대수명, 소득 지

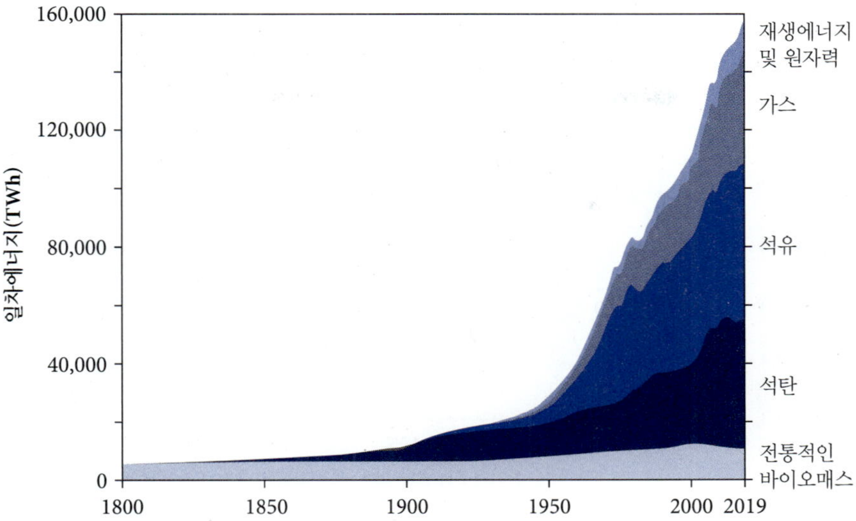

그림 1.6 세계 일차에너지 소비량(1800~2019)(OurWorld)

표를 결합한 수량을 사용하여 측정할 수 있는 생활 수준의 현저한 향상을 나타낸다. 그것은 불평등이나 자연 자본의 척도를 포함하지는 않지만, 개발은 단지 경제 성장에 관한 것이 아니라는 것을 강조한다.

그림 1.7은 한 국가의 낮은 HDI의 값과 에너지 사용에 대한 양호한 상관관계를 나타낸다. 그러나 1인당 에너지 소비 간의 큰 차이점을 다른 고도로 발달된 국가들 사이에서 볼 수 있다. 이 중 일부는 기후의 차이를 반영하지만, 생활 방식의 효율성과 변화를 개선하여 소비를 줄이기 위해서도 상당한 범위가 존재한다. 저개발국은 평균 에너지 사용을 늘림으로써 생활 수준을 향상하려고 노력할 것이다. 특히 2018년에는 10억 명(전 세계 인구의 13%) 미만의 사람들이 여전히 전기가 공급되지 않았다. 1인당 소량의 전기조차도 휴대전화, 컴퓨터, 웹, 조명, TV 및 냉장에 접근할 수 있게 한다. 에너지 비용은 사회 경제에서 중요한 요소이며, 최근까지 수십 년 동안 이것은 화석연료가 종종 선호되는 선택이었음을 의미한다. 그러나 석탄, 석유 및 천연가스를 연소시켜 에너지를 공급하고 엄청난 양의 이산화탄소(CO_2)를 대기 중으로 배출하며 유해한 오염물질을 생성하여 건강과 환경을 손상시킨다. 현재 상태로 유지하는 것은 편할 것이고, 수백 년 동안 지속할 수 있는 화석연료 매장량도 있다. 그러나 이미 우리의 기후를 심각하게 교란시키기 시작한 대기 중 이산화탄소의 수준은 지구 온난화로 인해 금세기가 끝나기 전에 위험한 기후변화를 일으키고 수백만 명의 생명을 위험에 빠뜨릴 것이다. 지금 당장에도 대기오염은 이미 매년 7백만 명의 조기 사망을 초래하고 있다.

1.2.1 청정에너지: 신재생에너지

다행히도 우리가 사용하는 에너지 중 일부는 이러한 해로운 결과가 없는, 특히 태양열, 풍력 및

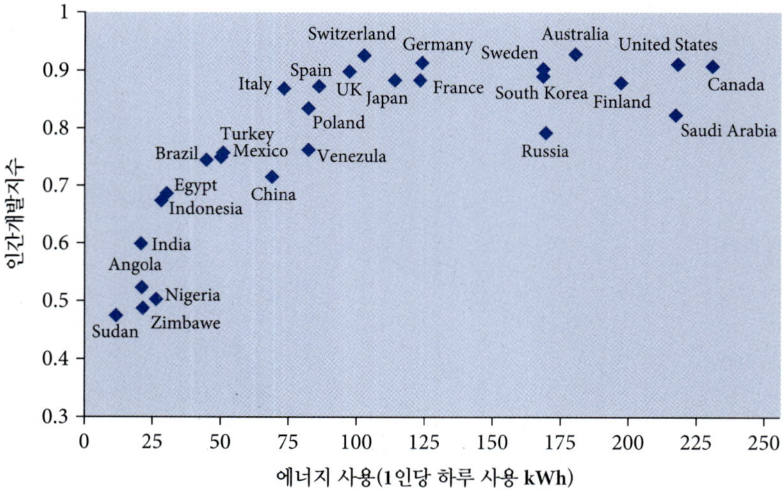

그림 1.7 2013년 일차에너지 사용에 대한 인간개발지수(HDI)의 의존성(UNDP, WB). 에너지 사용은 주로 건물, 산업, 운송 분야에서 국가의 평균 전력 소비량을 인구로 나눈 값이다.

수력 발전에 의해 생성되는 에너지가 있다. 그리고 세계의 많은 지역에서 태양열 발전기와 풍력 발전기는 가장 저렴한 전력 공급원이 되고 있으며, 화석연료에 대한 실행 가능한 대안이 되고 있다. 더구나 이러한 에너지원은 며칠에서 수십 년 안에 자연적으로 보충되기 때문에 재생 가능하다. **재생에너지**에 의해 생산된 에너지가 저렴하고 그 생산이 환경이나 사람들에게 해(예: 바이오에너지 농장을 위해 삼림이 훼손되는 경우)를 끼치지 않을 때 재생가능 에너지의 공급은 **지속 가능하다**. 이러한 지속 가능한 에너지는 많은 즉각적인 이익을 제공할 수 있다. 그것은 오늘날 많은 도시를 괴롭히는 대기오염을 줄이고, 더 저렴한 에너지와 많은 새로운 일자리를 제공하며, 저렴한 비용으로 수백만 명에게 에너지 보안을 제공할 수 있다.

불과 몇 년 전만 해도 지구온난화에 대처하기 위해 화석연료에 대한 의존을 포기하는 것은 매우 어려웠을 것이다. 우리 사회가 화석연료에 너무 얽매여 있고, 어떤 대안도 매우 고가였기 때문이다. 또한 기후변화는 감정적인 반응과 즉각적인 행동을 촉구하지 않는 점진적이고 먼 위협일 뿐이므로 많은 정부와 개인들은 행동을 꺼려했다. 그러나 이제 그 위협은 훨씬 더 가까워졌고, 화석연료에서 재생에너지로 옮겨 가는 것이 필수적으로 되었다.

1.2.2 현재의 에너지 수요

연간 세계 에너지 수요는 엄청난 숫자의 kWh이며, TWh(테라와트시)로 더 쉽게 파악할 수 있다. 여기서 TWh는 10억 kWh와 같다. 1800년의 세계 수요는 약 10억 인구에 대해 약 6000 TWh였다. 초기에는 모두 전통적인 바이오매스에 의해 제공되었다. 2018년에는 76억 명으로 25배(157,000 TWh)나 늘었다. 그림 1.6은 주요 에너지원이 제공하는 전 세계 총 **일차에너지**

소비에 대한 기여도를 보여 주며, 이 중 약 86%는 2018년 기준 화석연료에서 나온 것이다. 재생에너지에는 수력, 풍력, 태양열, 바이오연료 및 지열 발전이 포함되며 지난 10년간 풍력 및 태양열 발전소에서 가장 빠른 성장세를 보였다. 전통적인 바이오매스는 개발도상국에서 열을 공급하기 위해 사용되는 바이오매스를 말한다.

전체 에너지 소비량의 약 3분의 1은 주로 화석연료를 전기로 전환하고 연료와 제품을 정제하는 데 사용된다. 나머지는 **최종에너지 수요**라고 불리며 사용자가 소비하는 에너지이다. 서비스를 제공하는 에너지로 연간 약 10만 TWh, 플라스틱 및 아스팔트와 같은 제품(비에너지라고 함)으로 약 10,000 TWh이다. 개발도상국의 에너지 중 약 10%는 전통적인 바이오매스의 열, 22%의 전기, 화석연료로부터의 38%의 열, 30%의 수송이다. 열과 전기는 모두 산업과 건물에서 주로 사용된다. 가솔린(휘발유)과 디젤은 운송에 사용되는 거의 모든 연료를 제공한다. 화석연료의 주요 기여를 35%로 줄임으로써 추정되는 2018년 최종에너지 수요의 대략적인 구분은 그림 1.8과 같다.

우리는 열을 공급하는 것이 전기만큼이나 중요하다는 것을 안다. 둘 다 kWh로 측정할 수 있지만 전기오븐에서와 같이 전기가 완전히 열로 바뀔 수 있지만 열 형태의 에너지 중 일부만이 전기에너지로 변환될 수 있다. 일부는 반드시 주변으로 손실되기 때문이다. 화력 발전소에서, 화석연료에 내재하는 화학에너지는 연료가 열에너지로 연소됨에 따라 전환된다. 이것은 증기를 발생시키기 위해 물을 가열하는데, 증기는 발전기를 돌리는 터빈 블레이드를 가로질러 팽창한다. 열의 일부만 전기로 변환된다. 나머지는 응축되어 사이클을 완료할 때 폐열로 주변으로 전달된다. 변환된 비율은 고압 증기의 온도를 높임으로써 증가하지만, 이는 고온의 보일러 관의 강도에 의해 제한된다. 현대의 열 증기 발전소에서 전기로 변환되는 열의 일반적인 비율은 약 40%이다. 고온에서 작동하는 CCGT(복합 사이클 가스 터빈) 플랜트의 경우 백분율은

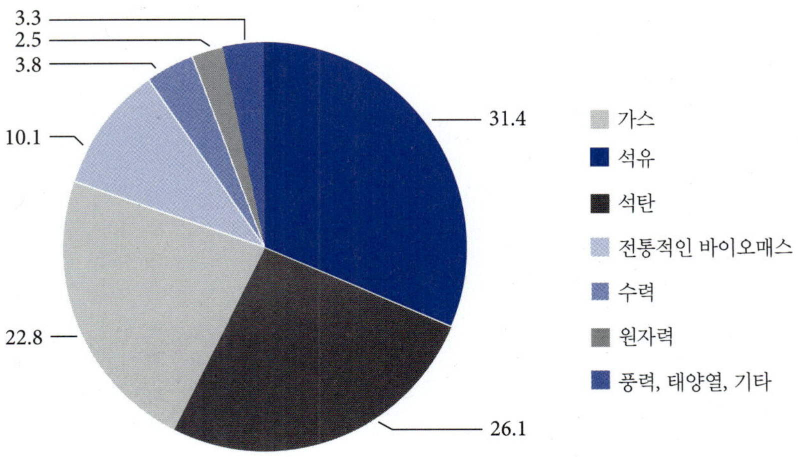

그림 1.8 2018년 자료 기준 ~110,000 TWh에 해당하는 국제 최종에너지 요구량의 대략적인 비율(OurWorld)

60%까지 커질 수 있다.

마찬가지로 내연기관에서 발생하는 열의 일부만이 차량의 이동에너지(운동에너지)로 변환될 수 있다. 일반적인 평균 효율은 가솔린의 경우 25%, 디젤 연료 자동차의 경우 35%이며, 디젤 트럭 및 버스의 경우 효율성은 약 45%이다. 반면에 전기모터는 약 90%의 효율을 가지므로 전기 운송은 에너지 소비를 크게 줄인다. 이는 세계가 필요로 하는 에너지를 공급하는 데 도움이 될 향상된 효율성과 재생에너지 사이의 시너지 효과를 보여 주는 사례이다.

2018년 연료 유형별 발전 비중이 그림 1.9에 도시되어 있다. 수력 외 재생에너지 비율은 2008년 2.8%에서 9.8%로 증가했으며, 풍력은 1.1%에서 4.8%로, 태양열은 0.06%에서 2.1%로 증가했다. 원자력 발전의 비율은 13.6%에서 10.1%로 떨어졌지만, 수력 발전은 거의 비슷한 수준을 유지하고 있다. 화석연료 기여도는 67%에서 64%로 약간 감소했다.

중국 경제는 지난 20년 동안 급속도로 성장해 왔으며 석탄 연소가 많은 양으로 증가했다. 석탄 에너지 수요는 인도와 다른 개발도상국의 소비 증가에 부분적으로 균형을 이루면서 향후 20년 동안 감소할 것으로 예상된다. 석탄의 오염 효과와 높은 탄소 강도는 석탄을 가스 및 재생에너지로 대체하기 때문이다. 셰일오일은 미국이 자급자족할 수 있는 석유를 만들고 있지만 아시아는 석유 수입에 대한 의존도가 높아지고 있다. 셰일가스는 아시아 지역을 중심으로 핵과 수력 발전과 함께 성장이 예상된다. 그러나 전 세계적으로 재생에너지에서 가장 큰 성장이 예상된다.

화석연료 연소와 관련된 CO_2 배출량의 증가는 지난 10년 동안 둔화되었으며 2014~2016년에는 거의 일정했지만 2018년에는 2.7%, 2019년에는 36.8 $GtCO_2$로 0.6% 증가했다. 이는 세계가 서서히 배출과 경제 성장을 분리하기 시작했다는 것을 나타낸다. 이는 연료 전환을 통해 에너지 단위당 이산화탄소 배출량이 낮은 공급원(가스는 석탄의 약 절반, 표 1.2 참조), 특히 풍력 및 태양열 PV에서 재생에너지의 지속적인 증가 및 에너지 절감을 통해 발생한다. 그러나 이러한 CO_2 배출을 계속하면 지구온난화로 인해 세계가 매우 심각한 기후변화의 위험에 처하게 될 것이며 세계는 화석연료 연소를 신속하게 줄여야 한다.

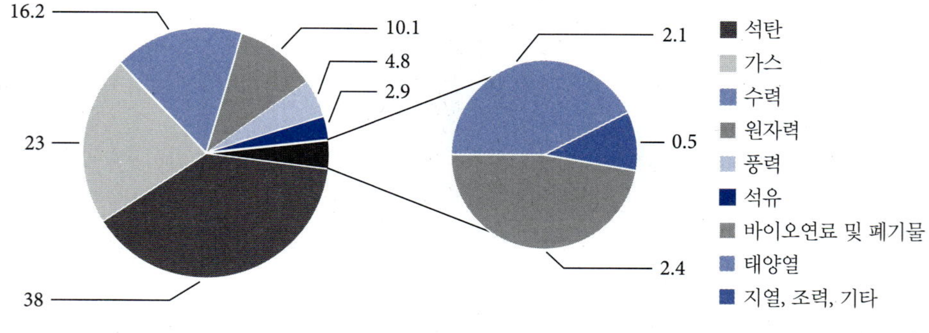

그림 1.9 2018년 연료별 전력 생산 비율(%): 26,730 TWh(IEAelec)

1.3 지구온난화와 기후변화

산업혁명 이후 화석연료의 연소가 급격히 증가했다. 이것은 이산화탄소가 **온실가스**라고 불리기 때문에 지구 기후에 중요하다. 대기 중 주요 온실가스는 수증기, CO_2 및 메탄이다. 이 기체들은 적외선 복사를 흡수하며, 이것은 지구 표면의 온도에 상당한 영향을 미친다. 우리는 모든 복사에 완전히 투명한 대기를 가진 지구의 온도를 먼저 고려함으로써 왜 이것이 일어나는지 알 수 있다. 그러면 태양의 복사는 10% 정도 반사되고 나머지는 흡수되어 지구 표면에 직접 도달하게 된다. 이것은 약 −1°C의 온도가 될 때까지 표면을 가열할 것이고, 그 온도에서 태양으로부터 받은 것과 같은 속도로 다시 우주로 에너지를 방출할 것이다.

이제는 주로 가시광선에 있지만 적외선에서 상당히 흡수되는 태양 복사에 대략 투명한 대기를 추가하는 효과를 고려해 보자. 태양 복사의 약 30%가 반사되고 나머지는 지구 표면에 흡수된다. 실온 근처의 표면에서 방출되는 복사는 주로 적외선에 있으므로 지상 근처의 대기는 지구의 복사를 흡수하고 가열된다. 결과적으로 대기는 적외선 복사를 위쪽으로 방사하고 지구 표면으로 다시 방사한다. 이 복사는 이제 완전히 투명한 대기보다 더 많은 복사에너지를 받고 더 뜨거워진다. 지면 근처의 따뜻한 공기는 밀도가 낮기 때문에 상승하고 기압이 고도에 따라 떨어지기 때문에 팽창하고 냉각된다. 다른 공기는 하강하고 이 대류 열전달은 약 10 km 높이까지 거의 일정한 온도 하강을 유지한다. 대기와 지면의 온난화는 복사가 우주로 빠져나갈 수 있는 높이의 온도가 약 ~28°C가 될 때까지 계속되는데, 이 온도에서 대기는 지구가 받는 것과 같은 비율로 에너지를 방출한다. 그 후, 지상 온도는 약 15°C이다.

이것은 우리의 대기에서 일어나는 일을 단순화한 것이지만, 주요 과정을 보여 준다. 적외선 복사의 갇힘과 그에 따른 온도 상승을 **온실효과**라고 한다. 그것은 실제로 대류 감소로 인한 온실의 온도 상승의 작은 부분일 뿐이지만 그 이름은 지속되었다. 1827년 프랑스의 위대한 수학자 장 푸리에(Jean Fourier)는 대기가 온실처럼 작용한다는 것을 최초로 깨달은 과학자였다. 그러나 1856년에 이르러 미국에서 **유니스 푸트**(Eunice Foote)가 CO_2의 열 트랩 특성을 처음으로 확인하였고, 대기 농도를 높이면 지구 온도가 상승할 것으로 추측했다. 이것은 아일랜드 과학자 **존 틴들**(John Tyndall)이 적외선 복사를 흡수하는 대기의 주요 가스로 수증기, 이산화탄소 및 메탄을 확인하기 3년 전이었다. 특히, 그는 온실효과가 없다면 "태양은 서리에 단단히 쌓여 있는 섬 위로 떠오를 것이다"라는 것을 깨달았다. 주요 온실가스는 이산화탄소이며, 화석연료를 태우기 전의 양은 CO_2를 제거하는 광합성과 CO_2를 생성하는 호흡 및 분해를 포함하는 자연적 과정에 의해 거의 일정한 수준으로 유지되었다.

1.3.1 지구온난화와 이산화탄소 배출

온실효과는 약 15°C의 온도 상승을 일으키므로 지구 온도를 결정하고 유지하는 데 매우 중요하다. 그러나 화석연료를 연소시켜 온실가스의 농도를 증가시키면, 적외선이 빠져나갈 수 있을 정도로 공기층이 얇은 유효 방출 높이(복사 수준) 또한 증가한다. 그곳의 온도는 더 낮아서 방출되는 복사량은 지구가 받는 양보다 적다(이 차이를 **복사강제력**이라고 함). 표면과 대기의 온도는 유효 방출 높이의 온도가 다시 약 ~28°C가 될 때까지 상승하여 평형을 회복한다. 또는 다른 방법으로 말하면, 흡수가 일어나는 고도가 낮은 대기(단열 담요)의 두께가 증가하고, 결과적으로 지구의 표면온도가 상승한다. (우리는 2장의 박스 2.1에서 대기의 단순 복사 대류 모델에서의 온실효과에 대해 논의한다.)

매우 중요한 온실가스는 수증기(및 물방울)이며 구름이 없는 밤에는 육지가 훨씬 빨리 냉각되는 이유이다. 그러나 그것은 지구의 온도를 조절하지 않는다. 오히려 그 양은 본질적으로 지구의 온도에 의해 결정되며, 대기의 1°C 온도 증가당 약 7%씩 증가한다. 대기 중에 이산화탄소, 메탄, CFC, 그리고 다른 온실가스를 더하는 효과는 지구 온도를 상승시켜 대기 중 수증기의 양을 증가시키고 온도를 더욱 상승시키는 것이다. CO_2의 양을 2배로 늘리면 약 1.2°C의 온난화, 하지만 그에 상응하는 증가는 수증기가 대략 2배 정도 약 3°C로 상승하게 한다. 그래서 수증기 피드백 효과는 매우 중요하다.

산업혁명 직전인 1750년에는 CO_2 농도는 약 280 ppmv 증가했고, 2018년에는 407 ppmv로 증가했다. 초과 수증기가 대기에서 사라지는 것은 특성 시간척도로 며칠이지만, 다른 온실가스와 해양과 대기 사이의 상호작용에 대한 반응에 대해서는 특성 시간척도는 일반적으로 10~1000년이다. 화석연료의 연소로 발생하는 것과 같은 에어로졸(예: 산성비를 발생시키는 SO_2 에어로졸)은 기후에 냉각효과를 갖는 경향이 있으며, 현재 수준에서는 메탄과 같은 비-CO_2 온실가스의 온난화효과를 거의 상쇄한다. 최종 결과는 CO_2 등가 가스(CO_2eq)의 수준이 CO_2 단독의 수준에 가깝다는 것이다.

대기에 추가되는 이산화탄소의 수명은 대부분 흡수되기까지 약 200년이다. 다른 비-CO_2 온실가스의 배출량은 메탄이 가장 많은 전체의 약 4분의 1을 차지하지만 메탄의 수명은 약 10년으로 훨씬 짧다. 이는 이산화탄소보다 훨씬 강력한 온실가스이지만 지구 평균 표면 온난화를 결정하는 것은 이산화탄소의 배출량이다. 좋은 근사치로, 지구 평균 표면온도 상승을 결정하는 것은 비율이 아니라 **이산화탄소의 누적 배출량**이다. 온난화를 일으키는 대기 중 증가된 이산화탄소의 효과를 감소시키는 것은 복사강제력이 그 농도의 대수(로그)에 의존하기 때문이며, 이산화탄소와 추가된 이산화탄소로 인한 추가 복사열을 흡수하는 해양의 능력 감소 효과에 의해 상쇄된다(2.3.3절 참조).

1.3.2 지구 표면온도의 상승

그림 1.10에 20세기 중반 이후의 지구 평균 표면온도의 변화를 이산화탄소 농도가 산업화 이전 수준에 가까웠던 기간인 1850~1879년에 비교하여 나타냈다. 산업화 이전 시대(~1750) 이후, 특히 지난 50년 동안 발생한 지구 평균 표면온도의 현저한 상승을 **지구온난화**라고 한다. 그것

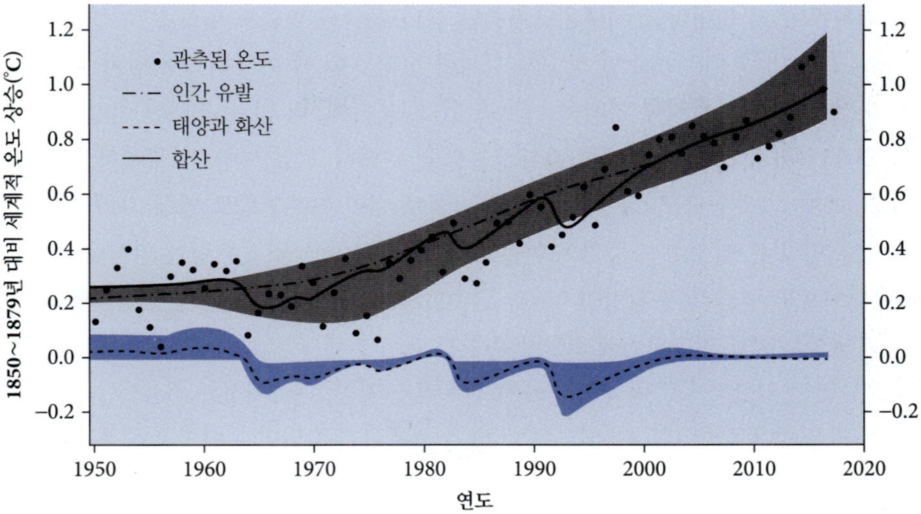

그림 1.10 관측된 세계적 표면 온도 상승(HadCRUT4 데이터)과 태양과 화산 그리고 인간에 의한 온도 상승과의 비교. 구간들은 5~95% 신뢰 구간임.(GWI)

은 인간의 활동으로 인한 온실가스(GHG), 특히 CO_2의 배출을 고려한 지구 온도의 물리적 모델에 의해 설명되었으며, IPCC(기후변화에 관한 정부 간 협의체)는 이것이 인간에 의해 유발된 온실가스 배출에 의해 주로 발생했을 가능성이 매우 높다고 결론지었다. 이러한 **인위적** 배출을 포함하면 연구기간(1950~2017년) 동안의 관측과 잘 일치한다. 1970~2017년에 자연적 원인(태양과 화산)만 포함되었다면 온도는 1970년대와 거의 같을 것으로 예상했을 것이다. 상대적으로 수명이 짧은 하강은 화산 폭발로 인한 에어로졸에 의해 발생하며, 1950년까지 약 0.2°C 상승은 그때까지 누적된 전 세계 이산화탄소 배출량을 반영한다. 1960년대와 1970년대에 매우 약간의 냉각이 관찰되었고 화석연료 연소로 인한 에어로졸의 증가와 자연강제력의 약간 감소와 관련이 있다.

2003~2013년에 측정된 온도는 대략 일정했지만, 1990~2017년의 관측치는 온실가스의 증가로 인한 지구온난화에 의해 예측된 온도의 지속적인 상승과 일치한다. 몇 년에 한 번씩 발생하는 태평양 바다 표면의 온난화 또는 냉각인 엘니뇨 또는 라니냐와 같은 자연적인 원인으로 인한 변동은 온도의 지속적인 상승을 숨길 수 있는 편차를 유발한다. 지난 수천 년 동안 지구 기온의 변화에 관한 연구는 자연적인 원인으로 인한 변동성과 지구의 기후가 과거에는 자연적인 사건으로 인한 작은 온도 변화에 어떻게 민감하게 반응하는지에 대한 귀중한 정보를 제공했다. 그러나 지금 지구 온도의 변화는 인간의 활동으로 인해 발생하기 시작했다(박스 1.1).

1.3.3 기후변화

온실가스, 특히 CO_2의 배출은 주로 화석연료의 연소뿐만 아니라 토지 이용 변화(예: 산림을 작물로 대체)로부터 일어나고 지구온난화뿐만 아니라 다른 변화도 일으킨다. 빙하와 그린란드 및 남극 빙상의 용융은 해수면 상승에 기여하며(따뜻할 때 바다의 열팽창과 마찬가지로), 얼음의 손실은 동물 서식지에 영향을 미치고 있다. 동시에, 더 많은 용해된 이산화탄소를 통해 바다의 산성화가 조개류와 다른 바다생물들을 위협하고 있으며, 전 세계적으로 많은 양의 산호를 죽게 하고 있다. 많은 종이 지구온난화로 인한 기후변화로 인해 지리적 위치를 변경했다. 온도의 작은 상승이 가뭄의 위험을 높일 수 있으며 작물 수확량에 영향을 줄 수 있다. 1°C의 온난화로도 평균 밀 수확량이 약 6% 감소한다. 주요 온실가스가 대기 전체에 섞이기 때문에, 기후변화는 공유 천연자원에 영향을 미치기 때문에 세계적인 문제이다.

지구온난화는 일반적으로 바다보다 육지에서 더 크지만, 북극에서는 얼음이 녹으면 얼음보다 반사가 적은 많은 물이 더 노출되므로 더 많은 햇빛이 흡수되어 온난화를 증폭시킨다. 이 지역은 현재 1970년대보다 2°C 이상 더 뜨겁고 북극의 중요한 지역은 결과적으로 얼음이 없다. 극지방에서의 이 같은 증폭은 2018년 여름 유럽에서 경험한 것과 같은 극한의 열파를 방지하는 고압 패턴을 차단할 가능성을 높인다. 그것은 또한 제트기류의 변화 위험을 증가시키며, 예를 들어 차가운 북극 공기가 이동하여 매우 추운 날씨를 더 남쪽으로 가져올 수 있다. 지구온난

박스 1.1 왜 빙하기는 다시 오는가?

빙하기의 발생은 19세기 전반기에 루이 아가시(Louis Agassiz)에 의해 제안되었다. 그것은 현존하는 빙하의 남쪽에 있는 빙퇴석의 형성을 설명했다. (이제는 지난 50만 년 동안 여러 번의 빙하 주기가 있었던 것으로 이해된다.) 수십 년 후 제임스 크롤(James Croll)은 태양, 달, 행성의 중력이 주기적으로 지구의 움직임과 방향에 어떻게 약간씩 영향을 미치는지 보여 주었다. 이것은 지구상의 햇빛 분포(태양강제력)를 바꿀 수 있고 북반구의 겨울철 햇빛의 양을 줄일 수 있다. 그는 눈이 많이 쌓이면 바람과 걸프 스트림이 바뀌고 빙하기가 될 수 있다고 생각했지만 그의 주장은 널리 받아들여지지 않았다.

밀란코비치(Milankovitch)는 1920년대와 1930년대에 계산을 다듬었고, 지구 운동의 약간의 주기적인 변화는 그의 이름을 따서 명명되었다. 변화에 대한 세 가지 주요 구성요소가 있다. 가장 긴 것은 ~100,000년의 주기로 지구 궤도의 이심률의 변화에 기인하고, 다음으로 긴 것은 ~40,000년의 주기로 지구 축이 궤도의 평면에 대해 기울어진 각도(현재 ~23.5°)의 변화에 기인하며, 가장 짧은 것은 ~26,000년의 주기로 지구 축의 세차 운동에서 발생한다.

밀란코비치는 햇빛이 충분히 약해지면 눈과 얼음이 여름에 녹지 않고 축적되어 더 많은 햇빛을 반사하여 냉각을 증폭시킬 것이라고 제안했다. 그러나 태양강제력의 변화로 인한 영향은 빙하기를 설명하기에는 너무 작은 것으로 나타났다. 1980년대 중반까지 얼

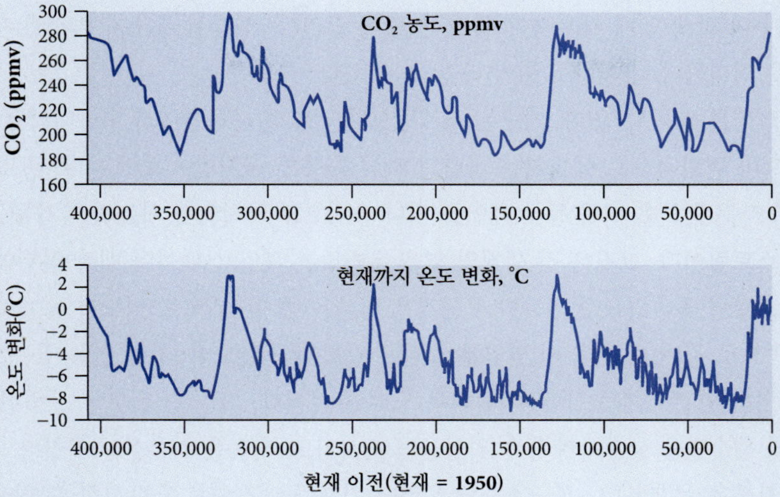

그림 1.11 지난 400,000년 이후 CO_2 농도와 온도 변화(Vostok)

음 코어의 분석에서 이산화탄소의 수준이 따뜻한 빙하기보다 빙하기의 추운 시기에 훨씬 낮다는 것이 발견되었을 때 그 메커니즘이 발견되었다. 온도가 낮아짐에 따라 이산화탄소는 대양에 흡수되어 온실효과가 감소함에 따라 냉각을 증가시켜 양의 피드백을 제공했고(그림 1.11 참조), 그 반대의 경우도 마찬가지이다. 메탄 수치도 오르락내리락하는 것으로 나타났다. 이 온실가스 피드백은 또한 북반구에서의 태양강제력의 변화가 왜 전 세계적으로 영향을 주었는지 설명할 것이다. 예를 들어, 마지막 빙하기의 끝은 캐나다와 유럽을 덮고 있는 거대한 빙상이 녹은 밀란코비치 주기와 관련된 온도 상승으로 인한 것으로 생각된다. 결과적으로 북대서양으로의 담수의 흐름은 북반구 위도와 남반구 위도로의 열 흐름을 방해하여 남극이 온난화를 가속화하고 이산화탄소를 방출하게 했다.

기후 모델은 이제 CO_2 및 CH_4 변화에 의해 야기된 빙하 주기 및 온도 변화를 재현할 수 있다. 특히 CO_2 농도가 2배로 증가하여 약 3°C 상승을 일으킨다. 이 기후 민감도는 우리의 현재 기후에 대해 예측된 것과 같은 범위에 있다. 우리는 약 ±5°C의 변화가 과거에 엄청난 기후변화를 일으켰다는 것을 알 수 있다. (지구 온도와 대기 중 이산화탄소 농도 사이의 상관관계가 존재한다는 것은 어느 것이 다른 것을 야기했는지, 아니면 실제로 둘 다 다른 효과의 결과인지 여부를 나타내지 않는다는 점에 유의해야 한다.) 과거의 온도 변화는 태양강제력의 자연적인 변화 때문에 촉발되었지만, 현재 인간이 유발한 온실가스 배출량의 전례 없는 증가는 현재의 지구온난화를 주도하고 있다. 그리고 이것들이 다음 빙하기를 지연시키고 있지만, 우리가 배출량을 급격히 줄이지 않는다면 온난화는 훨씬 빨리 재앙적인 기후변화를 일으킬 수 있다.

화로 인해 대기가 일반적으로 더 뜨겁기 때문에, 구름은 더 많은 수증기를 가질 수 있다. 이것은 심한 폭풍이 발생할 때 강우량이 훨씬 더 많을 수 있고 심각한 홍수가 발생할 가능성이 더 크다는 것을 의미한다. 강설량도 훨씬 더 많을 수 있다.

해류도 영향을 받을 수 있다. 지구는 극지방보다 적도의 수평면에서 평방미터당 더 많은 복사열을 받으며 결과적으로 에너지는 바람과 해류를 통해 극지방으로 흐른다. 주요 흐름은 멕시코만에서 따뜻한 물을 미국 동부 해안을 지나 유럽으로 가져와서 서유럽 국가들을 따뜻하게 하는 **걸프 스트림**이다. 그것은 전 세계의 열을 운반하는 해양 컨베이어 벨트 일부이다. 북대서양의 걸프 스트림에서 지표수의 증발과 동결은 염분을 증가시키므로 밀도가 높아지고 물은 가라앉고 남쪽으로 깊이 흐른다. 이 **열염분** 순환은 약화되어 왔으며 더 큰 얼음이 녹는 것으로부터 북부 해역의 염분이 감소함에 따라 더욱 느려질 것이다. 더 느린 걸프 스트림은 미국 동부 해안을 따라 해수면을 상승시켜 홍수 위험을 증가시키고 더 높은 기온을 초래한다.

따라서 지구온난화의 1°C 정도조차도 우리의 기후를 심각하게 혼란시킬 수 있으며 극심한 기상 현상과 야생(산림) 화재의 빈도를 높이 증가시킬 수 있다. 2°C 이상의 지구온난화의 영향은 세계의 많은 지역에서 치명적일 수 있다. 그것은 안데스산맥과 중국 서부의 빙하가 녹는 것을 가속화할 수 있으며, 빙하가 제공하는 계절적 저장(겨울에 물을 담아 여름에 방출하는 것)이 없어지면서 수백만 명 사람들에의 물 공급을 위협할 수 있다. 해수면 상승은 몰디브와 같은 저지대 섬과 침수된 해안선을 범람시킬 것이다. 방글라데시와 미국 동부 해안의 일부 지역에서 대규모 인구 이동이 발생했다. 또한 특히 열대 및 아열대 지역에서 더 높은 온도로 인해 인체 건강에 대한 위협이 증가할 것이다. 생물 다양성 또한 식물과 동물 종의 상당부분이 멸종될 가능성이 있어 돌이킬 수 없게 변경될 가능성이 있다(그림 1.12). 아이러니하게도 기후변화에 가장 적은 기여를 한 가장 가난한 나라들이 기후변화의 영향을 가장 많이 받을 것이다. 토착민들과 그 땅에서 일하는 수백만 명의 생계가 이미 극심한 가뭄, 홍수, 불규칙한 계절의 영향을 받고 있다. 그리고 그러한 극단적인 날씨는 이주를 촉진하고 있다.

(a)

(b)

그림 1.12 (a) 북극곰 서식지(©iStock/Howard Perry); (b) 아시아 지역 홍수(Editorial credit: 1000 Words/Shutterstock.com)

1.4 사회에 미치는 영향

세계가 주로 화석연료에서 생산된 에너지를 계속 사용한다면, 2100년까지의 온도 상승이 너무 높을 위험이 커서 파괴적인 영향을 피할 수 없다. **IPCC(기후변화에 관한 정부 간 협의체)**는 다섯 번째 평가에서, 세계가 BAU(business-as-usual) 시나리오, 즉 21세기 말까지 주로 화석연료에서 생산된 에너지로 계속된다면, 1861~1880년의 평균에 비해 2100년까지 온도가 약 4°C 상승할 가능성이 있음을 발견했다. 결과적으로 과학계와 정치인들 사이에서 탄소 배출량을 줄이기 위한 결정적인 조치가 취해져야 한다는 압도적인 합의가 이루어졌다. 2015년 **파리협약**에서 국가들은 지구온난화를 2°C로 제한하고 가능하면 1.5°C로 제한하기로 합의했다. 트럼프 대통령이 2017년에 미국을 협정에서 철회하겠다고 발표했지만 2021년 바이든 대통령에 의해 결정이 번복되었고 미국의 많은 주, 특히 캘리포니아는 배출량을 줄이기 위해 노력하고 있다. 이와 함께 바이든 대통령은 2030년까지 배출량을 2005년 수준에서 최소 50% 줄이겠다고 약속했다.

IPCC가 2018년에 발표한 추가 보고서에 따르면 지구온난화의 위험은 2°C가 아닌 1.5°C에서 현저히 낮았다. 1.5°C로 상승을 제한하면 2050년까지 수억 명의 사람들이 기후 관련 재해로부터 보호되고 생물 다양성의 손실을 크게 줄일 수 있다. 세계의 장기적인 지속가능성을 위해 행동이 분명히 중요하고 시급하지만, 온난화가 이미 ~1.1°C이므로, 배출 제한은 지역사회의 삶의 질에 많은 즉각적인 이익을 가지고 있으며, 특히 이것들이 사람들을 화석연료에서 깨끗한 형태의 에너지, 특히 풍력 및 태양 에너지로 이동하도록 동기를 부여하고 있다.

1.3.1절에서 설명한 바와 같이, 대기 중 CO_2의 수명은 약 200년이며, 주로 지구온난화의 양을 결정하는 것은 **CO_2의 누적 배출량**이다. 산업시대 이전부터 2017년까지 배출된 양은 약 2200기가톤의 이산화탄소로, 약 1.1°C의 온도 상승을 일으켰다. 비-CO_2 효과를 고려할 때, 우리는 지구온난화를 약 1.5°C로 제한하기 위해 CO_2의 추가 배출량을 580 Gt으로 제한해야 한다. 이것은 화석연료에 대한 의존도를 빠르게 줄이는 것을 의미한다. 우리가 현재대로 화석연료에서 연간 약 37 Gt의 이산화탄소를 배출한다면, 우리는 2035년까지 그 온도를 초과할 것이다. **2050년경에는 탄소중립에 도달해야 한다.**

중요한 것은 에너지 관련 배출뿐만 아니라 토지 이용 변화의 결과로 배출되는 CO_2(예: 삼림 벌채)도 주요 관심사이다. 2010년 CO_2eq의 다른 인위적 온실가스 배출에 대한 CO_2 및 다른 가스의 다른 출처로부터의 기여도는 그림 1.13*a* 및 그림의 다른 산업 분야에서 1.13*b*, 여기서 전기 생산의 기여도(상대적으로 적은 양의 열병합, CHP)가 별도로 표시된다. (화석연료의 일차에너지 소비 비율은 2019년에도 2010년과 마찬가지로 86%였다.)

그림 1.13*b*에서 볼 수 있듯이 전력 생산과 농업, 임업 및 토지 이용 변화가 각각 총 배출량의 4분의 1을 차지하며 건물의 열 생산과 석유 파생 연료(가솔린 및 디젤)의 연소가 또 다른 5분의 1을 차지한다. 산업계의 열 생산 및 공정과 관련된 배출은 추가로 5분의 1을 발생시킨다. 이것으로부터 우리는 탈탄화 열이 탈탄화 전기와 마찬가지로 중요하다는 것을 알 수 있다. 관련 배

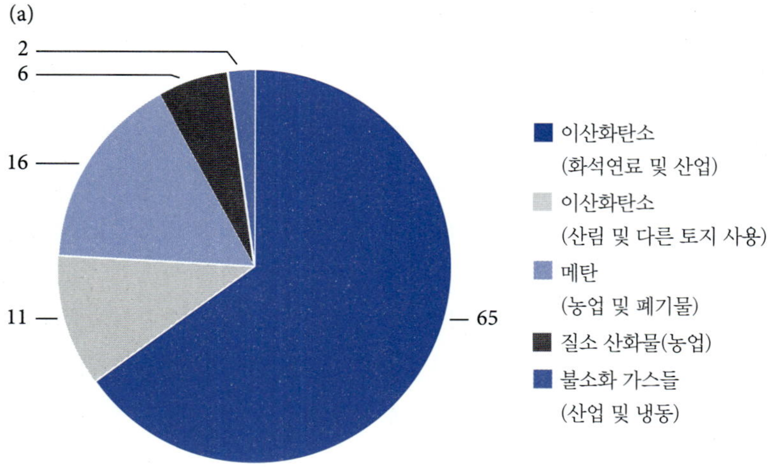

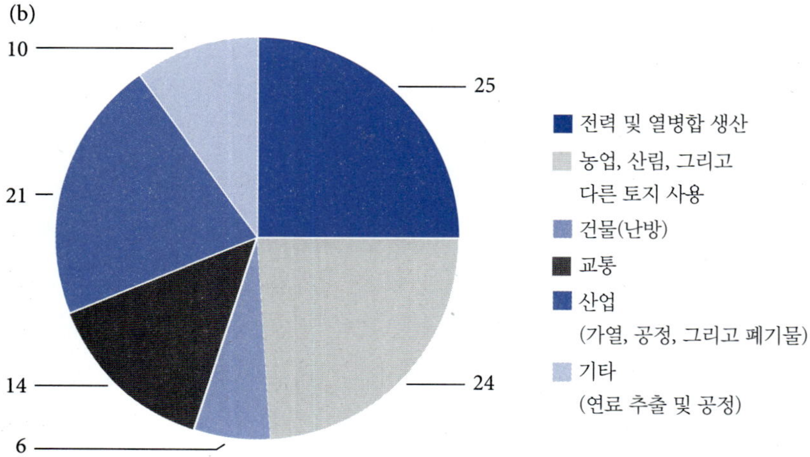

그림 1.13 2010년 인간 활동에 의한 등가 이산화탄소 기준 온실가스 배출 백분율: (a) 이산화탄소와 다른 가스들의 이용처별; (b) 산업 분야별(출처: 박스 3.2와 IPCC의 다섯 번째 평가보고서의 그림 1)

출량은 거의 동일하고 탈탄화 운송이 근접하게 뒤따른다. 운송 및 건물 난방의 전기화는 효율성을 향상시키고 에너지 수요를 낮추는 데 도움이 된다. 전력 공급을 탈탄시키는 데 필요한 비율을 줄이기 때문에 소비와 에너지 수요를 줄이는 방법은 반드시 필요하다. 토지 개간으로 인한 배출도 중단되어야 하며, 상당한 재조림이 이루어져야 한다.

1.4.1 탈탄소화

세계가 직면한 과제는 에너지 사회가 생활 수준을 높이는 동시에 화석연료에 대한 의존도를 크게 줄이는 데 필요한 에너지를 제공하는 것이다. 우리는 재생에너지, 특히 전기 공급을 매우 크게 늘려야 하며, 이미 세계의 많은 지역에서 사용되고 있는 태양열, 풍력 및 수력 발전 등 재생 가능한 에너지 비용은 화석연료로부터의 에너지보다 낮아야 한다.

전기와 거의 같은 수요가 있는 탈탄화 열은 특히 어렵다. 바이오매스는 그러한 열을 제공할 수 있지만 현재 약 27억 명의 사람들이 가스(CO)와 미립자 오염물질을 방출하는 스토브에서 전통적인 바이오매스로 요리함으로써 건강을 위험에 빠뜨린다. 이 문제는 4.2.2절에서 논의한다. 재생 가능하게 생산된 전기는 직접 또는 열펌프를 통해 또는 가연성 연료를 만들기 위해 전기가 사용되는 전력 대 가스를 통해 깨끗한 열을 제공할 수 있다.

현재 우리 에너지의 80%가 화석연료에서 나오기 때문에 이것은 에너지 공급을 신속하게 탈탄소화시킬 수 있다는 것을 의미한다. (결과적인 온도 상승은 언제 시작했는지보다 배출되는 탄소의 양에만 의존하기 때문에, 감소 속도는 더 빨리 시작될수록 늦춰진다.) 이 과정은 초기에 에너지 단위당 탄소 배출량이 적은 연료로의 **연료 전환**을 의미한다. 석탄에서 가스 또는 재생에너지로, 그리고 2050년까지 재생가능, 원자력 및 탄소 포집 플랜트에서 우리의 에너지 요구사항을 충족시키는 것을 목표로 한다.

이 목표를 달성하기 위해서는 에너지에 대한 세계적인 수요를 줄여야 하지만 에너지와 관련된 사회에 대한 이점을 부정하지 않아야 한다(그림 1.7). 이러한 조건을 충족시키는 에너지 수요의 현저한 감소는 **효율성**을 향상(예: 건물과 산업 기술의 변화, 그리고 운송의 변화)시킴으로써 이루어질 수 있다. 건물과 산업은 각각 에너지 관련 전 세계 CO_2 배출량의 약 28%와 39%를 차지하며 단열재 개선, 구동 장치의 손실 감소, 히트펌프 및 LED 사용을 통해 이를 크게 줄일 수 있다. 운송은 에너지 관련 배출량의 약 22%를 차지하며 전기 자동차 및 연료 전지 구동 트럭 및 열차의 도입을 통해 상당한 비용 절감이 이루어질 것이다. 또 다른 중요한 척도는 행동의 변화(예: 온도 낮추기, 불 끄기, 자동차보다는 대중교통 이용)를 통해 이루어지는 **에너지 절약**이다.

모든 활동과 관련된 배출량(**탄소 발자국**)을 줄이는 것이 중요하다. 활동의 탄소 발자국은 진행 중인 연간 활동과 관련된 이산화탄소(CO_2) 또는 CO_2eq 배출량이다. 예를 들어 영국 가정의 평균 탄소 발자국은 연간 26 t CO_2eq로 추정된다. 이 중 약 1/3은 공간 난방, 운전 및 온수 등 직접 배출물이다. 이 중 2/3는 간접 또는 내부에 잠재된 방출로, 예를 들면 생활용품의 생산과 운송에서 발생하는 것들이다. (탄소 발자국의 일부 추정치는 내부에 잠재된 배출량을 생략한다.) 효율 개선, 에너지 절약 및 에너지 절약의 다른 측면을 통해 가능한 감소는 11장과 12장에서 더 자세히 논의한다.

이 문제의 규모를 고려할 때 성공할 가능성을 갖기 위해서는 광범위한 국제적 약속이 필요하다. 2015년 파리협약은 고무적이었지만 INDC(제안된 국가별 기여도)는 2100년까지 지구온난화를 3.2°C로 제한하는 것으로 추정된다. 할 일이 많으며, 충분한 저렴한 저탄소 에너지를 제공하고 에너지 수요를 줄이려는 노력은 계속되어야 한다. 세계가 **COVID-19**의 영향에 적응함에 따라, 정부는 모든 국가가 필요로 하는 청정에너지를 제공할 뿐만 아니라, 고용과 에너지 안보를 제공할 수 있는 재생에너지에 대한 충분한 투자와 지원이 있도록 해야 한다. 그러나 이러한 원천은 지속 가능한 것이어야 한다.

1.4.2 지속 가능한 발전

에너지원 또는 발전소의 선택은 비용과 발생하는 이익에 크게 의존하며 **지속 가능한 개발**과 일치해야 한다. 이 목표는 현재 세대를 위해 제공하는 정책이나 행동을 필요로 하는 것으로, 미래 세대의 요구라는 것으로 절충될 수 없다. 예를 들어, 화석연료 발전소보다 좋은 햇빛 지역에서 태양광 발전(PV) 단지를 건설하여 **균등화 발전 비용(LCOE)**이 경제적으로 경쟁력 있는 전기를 생산할 수 있다. 이 조치는 지구온난화를 악화시키고 일반적으로 미래의 기후 조건을 악화시키는 현재 지역사회에, 경쟁력 있는 비용으로 에너지를 공급하는 방법을 통한 CO_2 배출을 피할 수 있을 것이다.

LCOE는 하나의 핵심 구성요소이지만 공급원이 가변적일 때 관련 비용과 전송 비용이 있다. 또한 **외부효과**가 있는데, 이는 에너지 생성이 환경에 미치는 영향(예: 화석연료 연소로 인한 오염 및 바이오연료 농장에서의 삼림 벌채)으로 인해 발생하는 비용이다. 이들은 **환경영향평가(EIA)**에서 고려된다. **생애주기분석**(life-cycle analysis, LCA)은 이산화탄소 배출량을 제공할 것이며, 배출량은 탄소 가격을 통해 가격이 매겨질 것이다. 이 혜택으로는 의료 비용을 줄이는 깨끗한 공기가 될 수 있다. 또한 복지 비용을 줄일 수 있는 일자리가 창출될 수 있다.

에너지 안보에 대한 고려사항도 있다. 이것은 공급이 위협받을 때도 해당 지역 내의 자원 또는 통제하에 있는 국가 또는 지역이 자체 에너지 수요를 충족시킬 수 있는 능력이다. 위협에는 악천후, 공장 고장, 산업 분쟁 또는 테러가 포함된다. 일반적으로 강한 바람이나 높은 태양 일사량과 같은 좋은 천연 에너지 자원을 보유한 국가는 대륙 횡단 파이프라인을 통한 가스와 같이 수입에 의존하는 국가보다 에너지 보안이 우수하다. 즉, 에너지 보안, 모든 사람을 위한 저렴한 에너지, 환경 지속 가능성의 세 가지 요구사항인 **에너지 트릴렘마**를 충족시키는 데 어려움이 있다.

사회에 필수적인 물, 음식, 에너지에 대한 상호 연관된 요구를 통해 발생하는 문제도 해결해야 한다. 예를 들면, 댐은 관개를 위해 수력 발전과 물 저장을 제공할 수 있지만, 하류의 농업에 영향을 미치고 사람들은 이주할 수 있다. 바이오에너지 작물은 전기를 생산하고 고용을 제공하지만 식량 생산을 줄일 수 있다. 이러한 문제의 분석은 경쟁 요구와 제한된 자원을 보다 지속 가능하게 사용하는 것 사이의 더 나은 절충 방안을 얻는 데 도움이 될 수 있다.

비용과 편익을 평가하는 비용편익분석(CBA)은 주어진 프로젝트에 착수할지 여부를 결정할 때 사용되는 기본적인 방법이며, 프로젝트에 위험 평가가 포함될 때 이를 위험비용편익분석(RCBA)이라고 한다. 예를 들어 원자력 발전소의 부지 선정에서 지역 주민은 현장에서 사고로 인한 위험이 가장 크지만 훨씬 더 큰 그룹은 생산된 전력으로 이익을 얻는다. 광범위한 협의와 결과적으로 느린 의사결정 과정, 그리고 훨씬 더 빠른 결정을 내릴 수 있는 작은 검토 패널 사이에 균형이 있어야 한다. 예를 들어 후자는 국가 에너지 안보와 지구온난화 문제를 다루는 국제 문제에 대한 정부의 계획을 돕지만, 전자는 대중의 신뢰를 얻을 가능성이 더 크다.

위험에 대한 대중의 인식은 종종 사고의 확률에 초점을 맞추는 경향이 있는 전문가의 인식과 다르다. 위험은 비자발적이고, 통제할 수 없으며, 잠재적으로 재앙적일 때 더 큰 것으로 인식된다. 이러한 우려는 소위 **두려움 요인**이라고 불릴 수 있다. 반대로 위험은 자발적이고, 통제 가능하며, 제한적인 경우 더 수용 가능하다. 원자력은 높은 두려움 요인을 가진 산업의 한 예이다. 원자력으로 인한 연간 사망자 수는 치명적인 자동차 충돌사고 같은 훨씬 더 친숙한 사건에 비해 적다.

공공 참여와 관련된 전력회사 및 정부기관에 대한 신뢰는 프로젝트 승인을 가속화하는 데 도움이 되는 핵심 요소이다. 대중이 프로젝트가 그들과 다른 사람들에게 가져다줄 이익을 인식하는 것이 중요하다. 또한 일반 대중이 기술적 주장을 이해할 수 없다고 가정하지 않는 것이 중요하다. 프로젝트가 안전하다고 믿는다면 왜 그렇게 생각하는지 설명할 수 있어야 한다. 이것은 어떻게 시스템을 신뢰할 수 있고 안전하게 만드는지에 대한 의문을 제기한다. 한 가지 방법은 **이중설계**를 도입하여 한 구성요소가 실패하면 다른 구성요소가 독립적으로 인계되도록 하는 것이다. 이상적인 시스템은 고장이 발생할 경우, 예를 들어 과열 시 운전자의 개입 없이 기계를 끄는 열 감지 스위치와 같이 **페일 세이프**(fail-safe)가 될 것이다. 안전을 향상시키는 데는 비용이 소요되며 안전과 수익성 간의 충돌 가능성을 처리하는 한 가지 방법은 **규제기관**을 임명하는 것이다. 안전 요구 사항, 유지 보수 일정 및 검사를 시행할 수 있는 독립적인 기관이다. 이제 다른 에너지원의 특성을 살펴보자.

1.5 화석연료의 특성과 신재생에너지원

표 1.2는 화석연료와 재생 가능한 발전의 몇 가지 중요한 원천의 특성을 제공한다. 화석연료 발전소의 경우 일반적인 용량은 ~1 GWe(전기 출력을 의미하는 경우)이며 대형 풍력 및 태양광 발전소는 현재 일반적으로 ~500 MWe이다. 특히 중요한 것은 배출되는 온실가스의 양이며, 그 분석을 생애주기분석(LCA)이라고 한다. 다른 중요한 요소는 전력밀도(MW km^{-2})와 균등화 발전 비용(LCOE)에 의해 결정되는 설비이용률 및 필요한 육지 또는 바다 면적이다.

1.5.1 생애주기분석(LCA)과 외부 비용

특정 에너지원으로부터 에너지를 생산하는 데 관련된 모든 배출량을 설명하는 것을 **생애주기 분석**이라고 한다. 그것은 생산된 에너지의 kWh당 CO_2(및 기타 가스 배출량)의 양을 계산한다. 화석연료의 경우 석탄에서 kWh당 ~980 g, 천연가스 복합 사이클 가스 터빈(CCGT) 발전소에서 kWh당 ~480 g이며, 화력 발전소에서 농업 폐기물을 태우면 kWh당 30 g 미만이다.

표 1.2 화석연료와 저탄소 발전원의 설비이용률, 소요 면적, 생애주기분석, 균등화 발전 비용(USA)(OpenEL, Lazard 2019)

에너지원	설비이용률(%)	연간 1 TWh에 필요한 면적(km^2)	생애주기분석 (단위 kWh당 gCO_2)	균등화 발전 비용 (MWh당 $)
석탄	~60	~0.2	979	66–152
가스(CCGT)	~50	~0.2	477	44–68
원자력	~90	~0.2	12	118–192
태양광 PV	~10–25	~7.5–20	44	32–44
육상 풍력	~35	~50–90	11	28–54
해상 풍력	~50	~30–50	11	~89

LCA는 프로세스의 모든 단계를 포함해야 한다. 즉, 바이오매스의 경우를 예로 들면, 토지 변화, 비료, 트랙터 및 가공과 관련된 배출량을 포함해야 한다. 발전소에서의 도시 고형 폐기물(MSW)의 연소[**폐기물로부터의 에너지**(energy from waste, EfW)라고도 함]에서 연료는 주로 유기물이지만 연소는 탄소중립적이지 않다. 왜냐하면 일부 물질은 화석연료(일반적으로 20~40%)를 포함하고, kWh당 ~360 g을 제공한다. 여러 에너지원에 대한 일반적인 값은 표 1.2에 나와 있다. 이 양을 기술 또는 연료의 **탄소 강도**라고 한다.

원자력, 풍력 및 태양열 발전을 위해 생성된 전기 kWh당 CO_2 배출량은 석탄 및 가스 화력 발전소보다 훨씬 적다. 이러한 화석연료 발전소의 배출량을 현저하게 줄일 수 있는 기술이 개발 중이다. 이를 **탄소 포집**이라고 한다. 탄소 포집에서, 연료의 연소에서 방출된 이산화탄소는 화학적으로 포획되고 이후에 방출되거나 저장된다(탄소 포집 및 저장, CCS). 혹은 연료 또는 다른 화학 물질을 만드는 데 이용된다(탄소 포집 및 이용, CCU). 이 기술은 이미 이용할 수 있지만 자본 비용이 매우 많이 들며 장기적인 포집의 실행 가능성에 대한 우려가 있다. 자본 요구량의 증가로 인해 전기 비용이 크게 증가했으며 유효한 탄소 가격이나 장기적인 수익 보장이 부족하고 장기적인 미래에 대한 불확실성으로 인해 현재까지 거의 진전이 없다(2019년 기준). 3.7절에서 CCS와 CCU에 관해 설명한다.

재생가능 에너지는 상당한 환경적 이점을 가지고 있으며, 이는 절감한 이산화탄소의 양과 산성비를 유발하는 SO_2와 같은 다른 배출물로부터 금전적 가치를 부여받을 수 있다. 석탄 연소 발전의 외부 비용(주로 환경)은 kWh당 4센트(유로센트)로 추정되고, 풍력 에너지의 경우 kWh당 0.2센트 정도이다. 이 외부 비용이 포함된다면, 석탄으로부터 유럽의 전기 가격은 대략 2배가 될 것이다.

LCA와 관련된 개념은 에너지 투입 비율(ERoEI)에 반환되는 에너지이며, 에너지 투입 및 산출은 등가 화석연료 에너지 값이다. 남유럽의 PV 설치의 경우 ~30의 ERoEI이고, T = 30년 수명이 일반적이므로 EPBT = T/ERoEI에 의해 제공되는 에너지 회수 시간(EPBT)은 ~1 yr이다.

1.5.2 설비이용률

서로 다른 에너지원을 사용하는 발전소의 출력을 비교할 때, **최대 설비 이용**이라 불리는 최대 연속적인, 즉 정격 출력이 일반적으로 발전소에 대해 사용된다는 점에 유의해야 한다. 일반적인 화석연료 발전소의 경우 발전소의 **설비이용률** 또는 **부하 계수**라고 하는 정격 동력 대비 연평균 출력 동력은 ~55%이며, 원자력 발전소의 경우 ~90%이다. 풍력 및 태양광 팜의 경우 설비이용률은 풍력의 경우 ~35~50%, 태양광의 경우 ~12~25%로 낮다. 원자력 발전소는 기저부하 발전기로 대부분 시간을 작동하는 경향이 있기 때문에 원자력 발전의 설비이용률은 높다. 왜냐하면 출력을 변화시키는 것이 다른 유형의 발전소보다 덜 간단하기 때문이다. 석탄과 가스의 가치는 공급과 수요의 균형과 가격에 미치는 영향을 반영하는 반면, 바람과 태양의 가치는 공급이 가변적인 성격을 반영한다. 예를 들어 태양광 에너지를 태양전지의 전기에너지로 변환하는 것(PV의 효율)과 같은 변환 효율은 전기에너지로 변환되는 입사광 에너지의 양을 의미하며 태양이 떠 있는 시간을 고려하지 않는다는 것에 주의해야 한다. 이 시간은 설비이용률 또는 부하 계수에 의해 고려된다. 발전소의 MWh 전기의 연간 생산량은 MW의 정격 동력과 설비이용률과 1년(8760)의 시간 곱이다.

1.5.3 면적 요구

바람의 전력밀도는 1년에 1 TWh의 전기를 생산하기 위해 육지에서 ~50~90 km^{2}가 필요하다. 이 지역의 대부분은 농지로 이용할 수 있지만 영국과 같이 인구밀도가 높은 일부 국가에서는 풍력 발전소의 시각적 영향으로 계획 허가를 얻기가 어려울 수 있으며 영국에서는 해외 개발이 증가하게 되었다. 해상 설비이용률은 더 높고 연간 1 TWh에 필요한 해역은 ~30~50 km^{2}이다. TWh당 70 km^{2}에서 2019년의 발전량 324 TWh를 생산하는 데 필요한 영국 육지 면적의 비율은 영국 육지 면적의 9%만 차지할 것이다. 영국의 해안선(50 km 자를 사용하면)은 3400 km이므로 TWh당 40 km^{2}에서 해안선의 50 km 이내에 바다 면적의 8%만 필요로 한다. 영국의 총 최종에너지 수요는 1700 TWh에 가깝기 때문에 다양한 저탄소원이 필요하다.

저탄소원들 간의 필요한 혼합은 위치에 따라 다르다. 높은 태양광 강도를 가진 인도에서는 태양전지가 최종 수요의 상당부분을 공급할 수 있으며 연간 1 TWh를 생성하는 데 필요한 공간은 약 15 km^{2}이다. 양호한 HDI에 필요한 1인당 최종에너지 수요(현재 주 에너지의 ~2/3)는 1인당 하루 ~60 kWh이다. 인구는 13억 5천만 명이고 면적은 330만 km^{2}이며 총 수요를 충족시키기 위해서는 토지의 약 14%가 필요하다. 아프리카에서는 12억 2천만 km^{2}와 3천만 km^{2}로 단지 2%에 불과하다.

1.5.4 다양한 에너지원

그러나 미래에 재생 가능한 발전의 두 가지 주요 형태인 태양에너지와 풍력은 모두 생산량이

다양하며 항상 사용할 수 있는 것은 아니다. 바람과 태양열은 서로를 보완할 수 있지만, 일반적으로 여름보다 겨울에 풍속이 더 높고, 태양열의 경우 그 반대이다. 가용성에는 여전히 상당한 차이가 있을 수 있다. 재생에너지의 활용(즉, 생성된 전기의 비율)이 증가하면 이 변동성이 더욱 심각해진다. 예를 들어, 저녁에서 낮으로 전력 수요를 이동시키고, 국가 간 연결 기기를 사용하여 넓은 지역이나 여러 국가에 걸쳐 사용할 수 있는 발전기를 배치함으로써 에너지 수요를 관리하는 것과 같이, 에너지 저장을 하는 것은 이러한 문제를 완화하는 데 도움이 될 것이다. 현재로서는 때때로 재생 가능한 발전 일부를 축소시키지만, 경험에 따르면 재생 가능한 발전에 의해 생성된 전기의 높은 사용 비율로 처리될 수 있다. 10.6절에서 재생에너지의 변동성이 어떻게 다루어지고 있는지를 논의할 것이다.

1.5.5 자원 잠재력

재생에너지를 사용하여 모든 전력 요구 사항을 쉽게 제공할 수 있는 충분한 지역이 세계에 있으며, 개발도상국에서는 태양과 바람이 지역에 전기의 분산 발전을 제공하는데, 전기 그리드의 필요성을 피하고 수억 명의 사람들에게 전기 활용 권한을 부여한다. 얼마의 양으로 전기(또는 열)를 특정 기술이 공급할 수 있는지를 잠재력이라고 정의하고, 몇 가지 서로 다른 정의가 있다.

기술적 잠재력은 (얼음으로 덮인 곳과 같은) 활용할 수 없는 영역이 제외된 후의 총 잠재력의 일부분이다. 또한 환경적, 사회적 한계로 인해 가용 면적이 더욱 줄어들게 된다. 에너지 공급에 대한 두 가지 추가 추정치가 종종 활용되지만, 잠재력의 정의는 다양하다는 점에 유의해야 한다. 하나는 **경제적 잠재력** 즉 경제적으로 경쟁력이 있는 기술적 잠재력의 일부분이고, 다른 하나는 **이용가능 잠재력** 즉 특정 시간에 의해 활용될 수 있는 기술적 잠재력의 양이다. 재생에너지 및 원자력 발전의 경우 특정 시간에 활용 가능성을 고려한 연간 TWh의 발전량 측면에서 이용가능 잠재력을 부여할 수 있다.

이용가능 잠재력의 경우 대체 공급의 비용과 특히 정책들, 예를 들어 탄소세, 경쟁 토지 이용의 영향, 계획 허가, 공급망의 제한, 신규 발전기 건설 속도, 특히 균등화 발전 비용(LCOE)에 영향을 받는다.

1.5.6 균등화 발전 비용(LCOE)

균등화 발전 비용은 발전소를 건설하는 데 필요한 자본 $C_{capital}$에 대한 이자율 R을 고려하여 에너지를 생산하는 데 필요한 비용, 일반적으로 전기를 kWh당 센트 단위로 생산하는 비용이다. 운영 및 유지보수 비용(O&M), 모든 연료 비용 등이 포함된다. 발전기가 순 이익 창출을 위해 발전소의 수명 동안 가져와야 하는 수익은 다음과 같이 충분해야 한다.

- 자본 대출과 공장을 운영하는 동안 자본이 얻은 모든 이자를 상환한다.
- 공장의 연간 유지보수 및 운영 비용과 모든 연료 비용을 지급한다.

LCOE는 다음과 같다.

$$\mathrm{LCOE} = (CRF \times C_{\mathrm{capital}} + \mathrm{O\&M_f})/(8760 \times CF) + \mathrm{O\&M_v} + \mathrm{Fuel} \tag{1.1}$$

여기서 CF는 설비이용률(예: 풍력 발전소의 경우 0.5), 8760은 1년의 시간이며, C_{capital}은 kW당 달러의 자본 비용이다. 고정 운영 및 유지보수 비용($\mathrm{O\&M_f}$)은 자본 비용의 일부로 간주되는 반면, 연료 비용(Fuel) 및 가변 운영 및 유지보수 비용($\mathrm{O\&M_v}$)은 전기량에 따라 다르다. 자본회수율(CRF)은 자본 대출을 상환하는 데 필요한 연간 수익에 모든 이자를 더한 연간 자본 비용의 일부이며, 이자율이 무시할 수 있는 경우 CRF는 가동 연수 N에 대해 식 (1.2)와 같다. 예를 들어, 수명이 30년인 발전소의 경우 연간 매출(O&M 및 연료 비용 제외)에서 매년 1/30의 자본을 상환해야 한다. 그러나 6%의 일반적인 이자율(때로는 **할인율**이라고도 함)의 경우 CRF는 2배 이상 크다.

$$CRF = R/[1-(1+R)^{-N}] \tag{1.2}$$

(이 장의 끝에서 유도 1.1을 참조하라.)

연료 비용이 없고 매년 4%의 고정 O&M만 있는 재생에너지의 경우 LCOE는 다음과 같이 주어진다.

$$\mathrm{LCOE} = 1.29C_{\mathrm{capital}}(1000\text{달러/kW})/CF \quad \text{센트/kWh} \tag{1.3}$$

우리는 이것을 사용하여 태양열 PV와 바람의 전기 가격을 대략적으로 추정할 수 있다. 예를 들어, 일조량이 높아 설비이용률이 0.25이고 용량 kW당 비용이 ~800달러(2019)인 태양열 PV의 경우 LCOE는 kWh당 4.2센트로 추정되며 화석연료 생산량을 줄인다(표 1.2 참조).

그러나 10%의 할인율로는 가격은 kWh당 5.3센트가 될 것이며 이는 상당한 증가이다. 따라서 할인율 또는 **자본 비용**이라고 하는 것은 LCOE를 결정할 때 특히 중요하다. 이 비율은 많은 요인, 특히 시간과 비용에 따라 구축되는 프로젝트에 대한 신뢰와 시장 금리에 달려 있다.

예제 1.1

200 MW 풍력 발전소에 3억 달러가 들었다. 이자율과 운영 기간은 8%와 30년이고, 설비이용률은 35%, 매년 운영 및 유지보수 비용은 자본 비용의 4%이다. LCOE를 계산하라.

자본 비용은 kW당 1500달러이며 식 (1.2)에서 CRF는 0.089이다. 따라서 식 (1.1)로부터

$$\mathrm{LCOE} = (CRF + 0.04)\ C_{\mathrm{capital}}/(8760 \times 0.35) = 0.129 \times 1500/3066 = 0.063\text{달러/kWh}$$

이다. 이는 63달러/MWh 혹은 6.3센트/kWh에 해당한다.

1.5.7 학습곡선 예측

생산이 증가함에 따라 비용이 감소하는 것은 대부분 광범위한 기술의 일반적인 현상이다. 특히 로그/로그 규모로 나타낼 때 누적 생산량에 따라 비용이 대략 선형적으로 감소한다. 기술에 대한 **학습률**은 누적 생산량을 2배로 늘리는 데 드는 비용의 백분율 감소이다. 일반적으로 학습률은 산업 제품의 경우 10%에서 30% 사이이며 개발 단계에서 더 커지는 경향이 있다. 중요한 것은 특정 국가의 생산량이 아니라 전 세계 누적 생산량이다. 다소 단순해 보이지만 학습곡선은 좋은 미래 비용 추정치를 제공하는 것으로 나타난다. 이 기술은 1930년대 항공기 건설에서 처음 언급되었다. 기술이 성숙해짐에 따라 학습곡선의 기울기가 시간이 지남에 따라 감소하는 경향은 미래를 예측할 때 고려되어야 한다. 비용이 특정값으로 내려가는 시간을 계산하려면 생산 속도에 대한 가정이 필요하다. 그것이 센트당 g의 복합 연간 성장률(CAGR)에 의해 기술되고 학습 속도가 센트당 r인 경우, 비용이 현재의 $1/x$이 되기 전의 연수 $n(x)$는 다음과 같이 주어진다.

$$n(x) \approx 6930 \ln(x)/rg \tag{1.4}$$

따라서 학습률과 CAGR이 모두 20%라면 비용이 절반으로 떨어지는 데 약 19년이 걸릴 것이다.

학습은 **규모의 경제**에서 볼 수 있는데, 이는 생산되는 제품의 수 또는 크기가 증가할 때 제조 비용이 감소하는 것이다. 생산량이 많을수록 생산된 수와 관계없이 기계 설치와 같은 고정 비용이 있을 때 비용이 절감된다. 제품의 규모를 늘리면 조립 비용이 동일하게 유지될 때 경제적일 수 있다. 대규모 생산은 운영 효율성을 향상시킬 수 있다.

학습곡선의 예로서 그림 1.14와 같은 육지 풍력 터빈 균등화 발전 비용을 볼 수 있다. 1985년에서 2014년 사이의 학습률은 19%였다. 2004년에 터빈 가격이 상승한 것은 주로 재료 비용 증가와 제조 능력 부족을 반영한 급증한 수요 때문이다. 공급 과잉은 또한 학습곡선을 왜곡시켜 일시적으로 가격을 떨어뜨릴 수 있다. 학습곡선의 또 다른 예는 8장의 태양전지 패널 생산

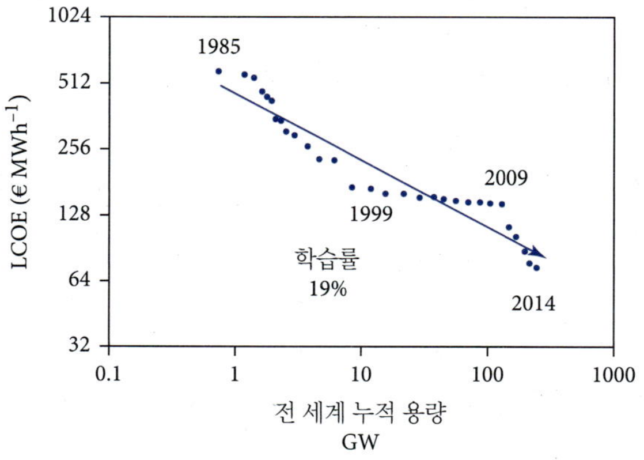

그림 1.14 전 세계 육지 풍력 발전의 학습곡선. 직선은 19%의 학습률을 보여 준다.(출처: Bloomberg)

에 대해 제시되어 있다(그림 8.19 참조).

지난 10년 동안 PV의 급격한 하락은 PV가 세계의 많은 지역에서 그리드 패리티(grid parity)를 달성했다는 것을 의미한다. 논의된 바와 같이(Goodall 2016), 이 상황은 화석연료에서 PV로의 매우 중요한 전환을 나타낼 수 있다. 2015년 말에 설치된 PV 용량은 242 GW였고 2050년까지 25%에서 3% 이상으로 선형적으로 감소하는 연간 성장률을 취하면 2050년에 전 세계 전력 수요에 40,000 TWh를 공급할 수 있는 용량 ~25,000 GW의 세계 설치 용량을 제공할 수 있다.

PV 패널의 학습률은 지난 6년간 유틸리티 규모 PV에서 1980년에서 2015년 사이에 ~19%, LCOE에서 ~15%였다. 2015년에 kWh당 6센트를 비용으로 사용하면 학습률이 15%인 2050년의 비용은 kWh당 2센트에 불과하다. (25,000 GW의 세계 용량은 2015년보다 $2^{6.7}$배 더 크기 때문에 가격은 $(0.85)^{6.7} = 0.33$배 더 작을 것이다.) 실리콘 태양전지에 페로브스카이트 층(perovskite layer)을 결합하고 ~30%의 효율을 얻는 것과 같은 기술 혁신과 제조 혁신은 학습률을 유지하는 데 도움이 될 것이다.

1.6 에너지 개념과 단위

에너지는 바람과 회전축의 에너지에서와 같이 물체의 속도에서 오는 **운동에너지**, 가열된 유체의 **열에너지**, 댐에서와 같이 올려진 물 질량의 **위치에너지**, 가솔린이나 천연가스와 같은 연료의 화학 결합의 **화학에너지**, 원자핵의 **핵에너지** 등이 있다. 우리는 발전소에서 화석연료를 태우고 연료의 화학에너지를 전기로 바꿀 때와 같이 에너지를 한 형태에서 다른 형태로 전환하는 기술을 사용한다. 이 에너지는 건물과 산업에 전달될 수 있다. 화석연료로부터 생성된 모든 열이 전기로 변환되는 것은 아니며 배출된 열은 일차에너지 수요와 최종에너지 수요 간의 차이의 상당부분을 차지한다. 일반적으로 에너지가 변환되면 그중 일부는 덜 유용한 형태로 손실된다. 에너지는 파괴되거나 생성될 수 없다. 우리는 이제 에너지와 에너지 및 동력과 관련된 가장 중요한 단위를 정의한다.

에너지는 일을 할 수 있는 능력이다. 힘의 방향으로 거리 s를 움직이는 데 일정한 힘 F에 의해 수행되는 일은 Fs이다. 각도 θ를 통해 축을 회전시킬 때 일정한 토크 τ에 의해 수행되는 일은 $\tau\theta$(τ와 θ는 모두 동일한 축을 중심으로 함)이며, 동력은 수행된 일의 속도이다. 일정한 힘의 경우 파워는 Fu이다. 여기서 $u = \mathrm{d}s/\mathrm{d}t$는 속도이고 F는 u 방향이다. 일정한 토크 τ의 경우, 동력은 $\tau\omega$이고, 여기서 ω는 축의 각속도이다. 전력은 전류를 구동하는 전압 V와 전류 I의 곱, 즉 VI에 의해 주어진다.

물리량의 크기를 파악하고 비교와 추정을 할 수 있으려면 물리적 단위를 제대로 파악하는 것이 필요하다. 단위의 SI 시스템은 이 책 전체에서 사용되지만 많은 다른 단위가 에너지와 동력에도 사용된다. 전체적인 단위 목록은 SI와 영국 단위 체계로의 전환과 함께 책 뒷면지에서

표 1.3 에너지 관련 단위와 변환

물리량	단위	정의
힘	newton (N)	1 kg을 1 m/s²으로 가속하는 데 필요한 힘
	pound-force	(lbf) 1파운드의 무게 ≈ 4.45 N
에너지	joule (J)	1 N의 힘으로 1 kg을 1 m 이동시키는 데 사용된 일
	kilowatt-hour (kWh)	$10^3 \times 60 \times 60 = 3.6 \times 10^6$ joules = 3.6 MJ ≈ 3412 Btu
	EJ	10^{18} joules ≈ 278 TWh ≈ 23.9 Mtoe
	calorie	1 g의 물을 1°C 가열하는 데 필요한 에너지 ≈ 4.2 J
	Btu	1파운드의 물을 1°F 가열하는 데 필요한 에너지 ≈ 1.055 kJ
동력	watt ($W = J\ s^{-1}$)	초당 줄 = 1볼트-암페어
	horsepower	550 ft lb per second ≈ 0.746 kW
등가 연료	tonne oil equivalent (toe)	41.868 GJ = 11.63 MWh ≈ 1.5톤의 갈탄
	barrel oil equivalent (boe)	42 US 갤런 ≈ 159리터의 오일 ≈ 6 GJ

찾을 수 있다. 표 1.3은 에너지 및 동력과 관련된 주요 물리량을 정의하고 몇 가지 유용한 변환을 제공한다.

우리는 종종 수량값의 변화를 고려하며, 변화의 부호가 일관성이 있는 것이 중요하다. 예를 들어, 고압 증기가 터빈을 통해 팽창하면 터빈에 에너지를 전달하여 터빈이 발전기를 회전시켜 일을 수행할 수 있게 한다. 이 과정에서 증기의 엔탈피 H라고 불리는 양이 감소한다. 우리는 수량값의 변화를 **최종값에서 초깃값을 뺀 값**으로 정의한다. 따라서 이 예제에서 엔탈피 ΔH의 변화는 음수이다.

일과 열에너지는 모두 에너지의 형태이며 에너지 전달에서 발생한다. 열은 열에너지를 전달하고 일은 운동에 대한 잠재력과 같은 다른 유형의 에너지를 전달하는 것이다. 열은 열전달이라고도 하며 더 뜨거운 물질에서 더 차가운 물질로 발생한다. 앞서 언급했듯이 열에너지를 완전히 일로 변환할 수 없다는 것을 깨닫는 것이 중요하다. 변환된 비율은 열이 흡수되고 배출되는 온도에 따라 다르다. 열과 열에너지는 종종 상호 교환적으로 사용되지만 차이점에 유의해야 한다.

열은 중요하지만 전기는 쉽게 전달되어 다른 유용한 형태로 변환될 수 있으므로 더 유용하다. 예를 들어, 전기 자동차에 동력을 공급하는 데 사용할 수 있으며, 전기 공급이 탈탄화가 되면 전기모터가 내연기관(ICE)보다 훨씬 효율적이기 때문에 운송 배출량 및 에너지를 크게 감소시킬 수 있다. 그리고 5.2절에서 살펴보겠지만, 열펌프를 고려할 때 전기에너지 E의 양은 난방 시 외부에서 건물 내부로, 또는 냉방 시 그 반대로 E의 몇 배의 열의 양으로 이동시키는 데 사용될 수 있다.

에너지 과학의 원리를 이해하고 기술이 제공할 수 있는 에너지의 양을 정량화할 수 있는 것이 중요하다. 이를 위해 일부 수학적 방법을 이해하는 것이 유용하다. 매우 일반적인 방법은 단위의 충분한 지식에서 간단한 대수를 사용하여 물리적 표현을 유도할 수 있는 **차원 분석**의 방법이며, 이는 다음 절에서 설명된다. 다른 방법에 대해서는 본문 내의 유도의 형태로 혹은 각

장의 맨 끝에 세부 사항을 포함시켰다.

1.7 차원 분석

차원 분석은 (i) 물리적 표현이 대수적으로 일관성이 있는지 확인하고, (ii) 물리적 공식의 대수적 형태를 도출하는 데 매우 유용한 도구이다. 방정식의 각 변에 있는 기본 단위가 동일해야 한다는 사실을 이용한다. 각 변수는 질량 M, 길이 L, 시간 T, …의 기본 단위로 표현되며, 임의의 지수 α, β, γ, …를 활용한다. 알 수 없는 지수 α, β, γ, …는 같은 단위의 지수를 동일하게 놓고 간단한 대수를 사용하여 결정된다. 관련 물리적 변수를 선택할 때 주의가 필요하며 때로는 특정 문제에 대한 하나 이상의 해를 얻을 수도 있다. 따라서 결과를 확인하는 독립적인 방법을 갖는 것이 바람직하다.

예를 들어, 압력 p의 단위와 표현식 ρgh가 동일한지 확인하라. 개별 기호를 기본 물리적 단위로 표현하면 다음과 같다.

$$[p] = [\text{Force/area}] = \text{MLT}^{-2}/\text{L}^2 = \text{ML}^{-1}\text{T}^{-2},$$
$$[\rho gh] = (\text{ML}^{-3})(\text{LT}^{-2})(\text{L}) = \text{ML}^{-1}\text{T}^{-2}$$

예제 1.2

밀도 ρ, 진폭 a, 중력 g에 의한 가속도의 관점에서 지표수 파동의 파면–선단 V의 단위 폭당 단위 파장당 위치에너지에 대한 대수식을 도출하라.

$V = k\rho^\alpha a^\beta g^\gamma$ 형식의 대수 표현식을 가정한다. 여기서 k는 무차원 상수이다. 그러면

$$\frac{[\text{potential energy}]}{[\text{wavelength}]\times[\text{width}]} = \frac{[\text{force}]\times[\text{distance}]}{[\text{length}]^2} = \frac{\text{ML}^2\text{T}^{-2}}{\text{L}^2} = \text{MT}^{-2}$$

따라서

$$\text{MT}^{-2} = (\text{ML}^{-3})^\alpha \text{L}^\beta (\text{LT}^{-2})^\gamma = \text{M}^\alpha \text{L}^{-3\alpha+\beta+\gamma}\text{T}^{-2\gamma}$$

지수를 동일하게 놓으면 우리는 $\alpha = 1$, $-3\alpha + \beta + \gamma = 0$, $-2\gamma = -2$, $\alpha = 1$, $\beta = 2$, $\gamma = 1$을 산출한다. 따라서 $V = k\rho a^2 g$이다. k의 형태를 유도하기 위해서는 유체역학에 대한 지식이 필요하다(2장 참조). 따라서 파동 진폭을 3배로 하면 파면의 위치에너지가 9배가 된다.

예제 1.3

풍속 u, 풍력터빈의 블레이드 A에 의해 쓸리는 면적 및 공기밀도 θ의 관점에서 바람의 힘 P에 대한 대수 공식을 도출하라.

k가 무차원 상수인 $P = ku^\alpha A^\beta \rho^\gamma$ 형식의 대수 표현식을 가정하면 다음과 같다.

$$[\text{power}] = \frac{[\text{energy}]}{[\text{time}]} = \frac{ML^2T^{-2}}{T} = ML^2T^{-3} = (LT^{-1})^{\alpha}(L^2)^{\beta}(ML^{-3})^{\gamma} = L^{\alpha+2\beta-3\gamma}T^{-\alpha}M^{\gamma}$$

양측의 지수를 같다고 하면 $\alpha + 2\beta - 3\gamma = 2$; $-\alpha = -3$; $\gamma = 1$, 따라서 $\alpha = 3$; $\beta = 1$; $\gamma = 1$ 이다. 따라서

$$P = kA\rho u^3$$

이것은 동력이 u^3에 의존하기 때문에 풍속이 좋은 위치를 찾는 것이 중요하다는 것을 보여 준다.

요약

- 온실효과는 대기에 의한 태양 복사의 흡수로 인해 지구 표면의 온도가 약 15°C 상승하는 자연 현상이다.
- 주요 온실가스는 수증기, 이산화탄소, 메탄이며, 수증기의 양은 지구의 온도에 의해 결정된다.
- 대기 중의 과도한 양의 수증기가 사라지는 특징적인 시간척도는 며칠이지만, 다른 온실가스 및 해양과 대기 사이의 상호작용에 대한 반응에 대해서는 특징적인 시간척도는 일반적으로 10~1000년이다.
- 이산화탄소 농도는 1750년에 약 280 ppmv에서 2018년에 약 407 ppmv로 증가했다.
- (산업시대 이전과 비교하여) 온도 상승을 1.5°C로 제한하기 위해서는 ~2050년까지 순 이산화탄소 배출량이 0으로 떨어질 필요가 있다.
- 우리의 에너지를 화석연료에 주로 의존하는 것(BAU 시나리오)을 계속하는 것은 2100년까지 ~4°C의 온도 상승을 초래하고 세계를 매우 위험한 기후변화의 위험에 처하게 할 수 있다.
- 에너지 절약과 함께 우리의 전기 및 에너지(열 포함) 공급을 탈탄소화하는 것은 기후변화에 대처하기 위해 필수적이다.
- 비용, 필요한 면적 및 저탄소 공급원의 가용성이 특히 중요하며 에너지 저장, 상호 에너지 연결망 및 수요 관리를 통한 가변 공급 장치의 취급이 점점 더 필요하게 될 것이다.
- 차원 분석은 물리량 간의 대수 관계를 유도하고 확인하는 데 유용한 기술이다.

추천 문헌

Bloomberg New Energy Finance. (2017). *Learning curve for onshore wind* (Bloomberg).

Botkin, D.B. and Keller, E.A. (2014). *Environmental science*. Wiley, New York. Good discussion of issues about energy and the environment.

Coopersmith, J. (2010). *Energy: the subtle concept*. Oxford University Press, Oxford. Excellent history of how the concept of energy evolved.

Goodall, C. (2016). *The switch*. Profile Books, London. Stimulating argument for the case that photovoltaic cells are now cheap enough for the world to switch from fossil fuels to solar PV.

Jelley, N. (2017). *A dictionary of energy science*. Oxford University Press, Oxford. On Oxford Reference: *www.oxfordreference.com*. Provides descriptions of important terms used in all aspects of energy science.

Jelley, N. (2020). *Renewable Energy: A Very Short Introduction*. Oxford University Press, Oxford. Describes the main renewable sources, emphasizing their importance in tackling climate change.

MacKay, D.J.C. (2009). *Sustainable energy: without the hot air*. UIT, Cambridge. Very readable introduction to alternative energy and energy policy (but dated on solar PV and wind power).

Maslin, M.A. *Climate Change—a very short introduction*, 3rd edn (Oxford University Press, 2014) Very useful overview.

Richie, H. and Roser, M. Our World in Data, *ourworldindata.org/energy* (OurWorld).

Uglow, J. (2002). *The lunar men*. Faber, London. Interesting account of the friends who launched the Industrial Revolution.

data.worldbank.org/indicator/ World Bank (WB).

en.openei.org/apps/LCA/ Life-cycle analysis data (OpenEI).

hdr.undp.org/en/data Human development reports (UNDP).

history.aip.org/climate/index.htm History of the understanding of global warming.

www.iea.org/reports/electricity-information-overview (IEAelec).

www.ipcc.ch/report/ar5/ IPCC fifth assessment report (IPCC 2014).

www.lazard.com Levelized cost of energy (Lazard).

www.nature.com/nature/journal/v399/n6735/full/399429a0.html Petit, J.R. et al. (1999). Climate and atmospheric history of the past 420,000 years from the Vostok ice core in Antarctica. *Nature* 399, 429 (Vostok).

www.nature.com/scientificreports A real-time global warming index (GWI).

www.tsp-data-portal.org Energy and climate data (TSP).

www.wikipedia.org Online encyclopaedia, articles on energy-related topics.

www.worldenergy.org World Energy Council, neutral overview of global energy scene (WEC).

www.wri.org World Resources Institute, environmental think-tank.

? 문제

1.1 지구온난화는 에너지 절약만으로 대처할 수 있을까?

1.2 그린란드와 남극의 만년설 부피가 각각 2.85×10^6 km^3, 25.7×10^6 km^3, 지구 반지름은 6378 km, 지구 표면의 70%가 바다로 덮여 있다고 가정했을 때, 두 만년설이 모두 완전히 녹는다면 해수면은 얼마나 상승하는가?

1.3 증기기관의 발전에 관해 기술하라.

1.4 게리케의 반구에 가해지는 대기압의 힘을 추정하라. 지름 51 cm, 기압 = 10^5 N m^{-2}라고 가정한다.

1.5 전기가 없는 사회의 삶의 질은 더 좋은가, 나쁜가?

1.6 작은 조각 재료를 사용하여 아르키메데스의 나선식 펌프 모델을 제작하라.

1.7 현대 용어로 카르노의 진술을 다시 써 보라: "열로부터의 동력은 그것을 실현하기 위해 사용된 장치와 무관하다. 그 양은 칼로리 전달에 영향을 미치는 물체의 온도에 의해서만 결정된다."

1.8 파팽 증기엔진 사이클의 두 번째 단계에서 실린더의 외부 표면이 냉각되어 증기가 응축되어 피스톤이 원래 위치로 되돌아간다. 차원 분석을 사용하여 열전도도 k, 밀도 ρ, 비열용량 c, 벽 두께 d 측면에서 실린더의 내부 표면이 상당히 냉각되는 시간척도에 대한 관계를 유도하라. 이 설계의 엔진은 왜 매우 비효율적인가?

1.9 15세 미만 아동 수는 2012년에 약 20억 명이었고, 2072년에도 같을 것으로 예상한다. 2012년 세계 인구는 70억 명이었다. 2072년 세계 인구를 추정하라.

1.10 일차에너지 소비와 최종에너지 수요와의 차이점과 재생에너지로 전환하는 것이 에너지 수요를 줄이는 데 도움이 되는 이유를 설명하라.

1.11 지난 50년 동안 발생한 온실효과에 대한 증거에 대해 논의하라.

1.12 빙하기의 원인에 관한 연구는 현재의 기후변화를 이해하는 데 어떤 도움이 되는가?

1.13* A 영역은 평균 25°C 및 표준 편차 5°C의 가우시안 분포로 설명할 수 있는 온도 변화가 있다. 온도가 40.5°C 이상일 확률은 1000분의 1이다. 40°C 이상의 온도에 장시간 노출되면 건강에 위험할 수 있다. 이 영역의 평균 온도가 (a) 2°C, (b) 4°C 상승하고 표준 편차가 동일하게 유지되면 온도가 40.5°C 이상일 가능성을 계산하라. 계산 결과가 지구온난화와 관련이 있는지 논의하라.

1.14 전 지구 평균 온도 상승은 누적 CO_2 배출량에 비례하며 1000 $GtCO_2$당 ~0.5°C 상승한다. (a) 2100년까지 현재 수준에서 배출량을 유지하거나, (b) 2100년까지 꾸준히 0으로 줄이면 온도 상승이 어떻게 될지 추정하라.

1.15 발전소의 선택을 고려할 때 어떤 요소가 중요한지 논의하라.

1.16 남아메리카와 이탈리아의 태양광 발전소에서 1인당 하루 60 kWh를 공급하려면 토지의 몇 퍼센트가 필요할까?

1.17 PV 팜의 설비이용률은 매우 맑은 지역에서도 일반적으로 ~0.3 미만인 이유는 무엇인가?

1.18 풍력터빈 또는 태양전지의 변환 효율을 향상시키는 것이 (a) 설비이용률, (b) 전력밀도, (c) 균등화 발전 비용에 어떻게 영향을 미치는가?

1.19 설비이용률이 0.15인 지역에서 PV 발전이 가스(CCGT) 발전과 비용 경쟁력을 갖도록 하려면 kW당 자본 비용이 얼마가 필요한지 추정하라.

1.20* 자본 합계 $C_{capital}$가 다음 F 인자에 의해 증가함을 보여라. $F = (1 + R)[(1 + R)^N - 1]/NR$, 여기서 R은 할인율이며, 건설 시간은 N년이 소요된다.

1.21 1 GW_e 원자력 발전소 건설 비용은 2억 5천만 달러이다. 이 공장의 설비이용률은 85%이고 수명은 30년이다. 10%의 할인율과 연간 연료 비용 및 MWh당 5달러 및 MWh당 10달러의 $O\&M_v$를 각각 가정한다. 건설 기간이 (a) 5년, (b) 10년일 때 전기 비용을 계산하라.

1.22 문제 1.21에 설명된 공장을 해체하는 데는 1억 달러가 소요된다. 40년 후에 1억 달러의 가치를 갖기 위해서는 연간 지불액이 필요하다. 따라서 폐로 비용을 고려한 전기 비용을 계산하라.

1.23 I%의 인플레이션이 할인율을 R%에서 $(R - I)$%로 낮추는 이유를 설명하라.

1.24 수명 30년, 자본 비용 kW당 800달러, 할인율 8%, 설비이용률 0.3 및 O&M_f 비용으로 연간 kW당 10달러의 농장에서 태양광 발전에 대한 LCOE에 미치는 영향을 계산하라. (a) 할인율을 8%에서 6%로, (b) kW당 비용을 800달러에서 600달러로, (c) 설비이용률을 0.3에서 0.375로, (d) 수명을 37.5년으로. 이러한 변화의 상대적 중요성에 대해 논하라.

1.25 모든 사람이 좋은 생활 수준을 유지하면서 위험한 기후변화의 위험에 처하지 않도록 에너지를 제공하는 데 필요한 조치를 설명하라.

1.26* 한 제품의 비용 $C(P)$는 글로벌 생산 P가 증가함에 따라 감소하고 $C(P) = aP^b$에 의해 주어진다. 생산이 $b = \ln(1 - r)/\ln 2$에 의해 2배가 될 때 b가 비용의 분수 감소 r과 관련이 있음을 보여라. n년 이후의 생산이 초기 누적 생산 P_0와 $P_n = (1 + g)^n P_0$에 의해 관계될 때, 여기서 g는 복합 연간 성장률이며, 초기 비용 C_0가 인자 x만큼 감소하는 연수는 $n(x) = -\ln 2 \ln x/[\ln(1 - r) \ln(1 + g)]$임을 보여라. 작은 r과 g 값에 대해서, $n(x) \approx 0.693 \ln(x)/rg$임을 보여라.

1.27 식 (1.4) 및 그림 1.14와 7.21을 사용하여 육지 바람으로부터의 LCOE가 다음과 같을 때 연수를 추정하라: (a) 현재 가치의 1/2 및 (b) 현재 가치의 1/3.

1.28 $\frac{1}{2}mu^2$의 물리적 치수가 일의 물리적 치수와 일치함을 보여라.

1.29 (a) 1 MJ를 Btu로 변환하고, (b) 연간 800 kg의 오일을 kW로, (c) EJ을 TWh로 변환하라.

1.30 차원 분석은 속도 u로 이동하는 비행기의 공기역학 항력 F_D가 $\rho A u^2$에 비례함을 보여 준다. 여기서 ρ는 공기의 밀도이고 A는 비행기의 정면 면적이다. 항력은 비행기의 고도에 어떻게 의존하는가?

1.31 중량 1500 kg의 자동차는 108 km h^{-1}로 주행하며 $\frac{1}{2}C_D \rho A v^2$(여기서 $C_D = 0.4$, $\rho = 1.2$ kg m^{-3}는 공기 밀도, $A = 2.5$ m^2는 전방 면적, v는 m s^{-1}의 자동차의 속도)의 항력을 받고 무게의 1%의 회전 저항을 받는다. (a) 여정이 평지에 있을 때, (b) 여정의 10%가 5% 경사 언덕을 오르내릴 때, (c) 여정 중에 차가 멈추고 다섯 번 출발할 때, 100 km 여정에 필요한 에너지를 추정하라. 결과에 대해 논하라.

1.32 유체에서 점성효과가 소멸되는 데 걸리는 특성시간을 거리 x(L), 밀도 $\rho(ML^{-3})$, 점도 계수 $\mu(ML^{-1}T^{-1})$로 표현하라.

1.33 비열 $c(L^2T^{-2}\theta^{-1})$, 점성 계수 $\mu(ML^{-1}T^{-1})$, 열전도도 $k(MLT^{-3}\theta^{-1})$에 기초하여 무차원 변수를 도출하라. 여기서 θ는 절대온도의 단위를 나타낸다.

1.34 표 1.4는 1979년에서 2005년까지의 연평균 지구 표면 근처 온도와 대기 중 이산화탄소 농도의 상승을 보여 준다. 두 데이터 집합 간에 통계적 상관관계가 있는지 분석하라.

1.35 반지름 a의 원통 주위에 감긴 파장 λ의 나선형 관으로 구성된 아르키메데스의 나사를 고

려하라. 장치가 물을 올릴 수 있는 실린더 축의 고도 각도 θ가 $\tan\theta \leq \frac{2\pi a}{\lambda}$임을 보여라.

표 1.4 1979~2005년 동안 이산화탄소 농도[1]와 세계적 온도 변화[2] ΔT(°C)

	1979	1980	1981	1982	1983	1984	1985	1986	1987
CO_2	336.53	338.34	339.96	341.09	342.07	344.04	345.10	346.85	347.75
ΔT	0.06	0.10	0.13	0.12	0.19	−0.01	−0.02	0.02	0.17
	1988	1989	1990	1991	1992	1993	1994	1995	1996
CO_2	350.68	352.84	354.22	355.51	356.39	356.98	358.19	359.82	361.82
ΔT	0.16	0.10	0.25	0.20	0.06	0.11	0.17	0.27	0.13
	1997	1998	1999	2000	2001	2002	2003	2004	2005
CO_2	362.98	364.90	367.87	369.22	370.44	372.31	374.75	376.95	378.55
ΔT	0.36	0.52	0.27	0.24	0.40	0.45	0.45	0.44	0.47

[1] 출처: Hadley Centre for Climate Prediction and Research (Crown copyright)
[2] 출처: Mauna Loa Observatory, NOAA (temperature difference with respect to the average temperature over the period 1961~1990)

유도 1.1 균등화 발전 비용

오늘 투자한 Q파운드의 금액은 이자(할인)율이 R이면 n년 후에 $Q(1+R)^n$파운드의 가치가 될 것이다. 따라서 A파운드가 n년 후에 받는다면 현재 가치는 $A/(1+R)^n$이다. 예를 들어, 오늘 5% 이자로 투자한 100파운드는 2년 후에 110.25파운드의 가치가 될 것이다. 반대로 2년 후 수익의 110.25파운드의 가치는 100파운드의 현재 가치를 가질 것이다.

따라서 N년 동안 일련의 연간 지불액 A의 현재가치 V_P는 다음과 같다.

$$V_P = A/(1+R) + A/(1+R)^2 + A/(1+R)^3 + \cdots + A/(1+R)^N$$

V_P는 $1/(1+R)$과 같은 공통 비율을 갖는 유한기하급수의 합이며 다음과 같이 주어진다.

$$V_P = A[1-(1+R)^{-N}]/R$$

우리는 이제 발전소가 에너지를 생산하는 비용과 그것을 건설하기 위해 투자한 자본의 수익률을 계산할 수 있게 되었다. 수익의 현재가치에서 자본 비용을 빼면 순 현재가치 V_{NP}를 얻는다.

$$V_{NP} = V_P - C_{capital} \tag{1.5}$$

반환율 R_{return}은 다음 식과 함께 $V_{NP} = 0$, 즉 다음과 같은 할인율 R_{return}을 찾음으로써 얻을 수 있다.

$$C_{capital} = A[1-(1+R_{return})^{-N}]/R_{return} \tag{1.6}$$

일반적으로 투자 요구 사항으로 R_{return}이 할인율보다 크다는 것이다.

주어진 할인율 R에서 연간 수익 비용이 V_{NP}를 0으로 만드는 것을 통해 균등화 발전 비용 LCOE를 계산할 수 있다. 이 수익 A_{cost}는 다음과 같이 주어진다.

$$C_{capital} = A_{cost}[1-(1+R)^{-N}]/R \quad (1.7)$$

매년 회수되는 자본 비율은 다음과 같다.

$$CRF = A_{cost}/C_{capital} = R/[1-(1+R)^{-N}]$$

운영 및 유지보수 및 연료 비용이 없는 경우, 균등화 발전 비용 LCOE는 A_{cost}를 연간 E로 생산된 에너지로 나눔으로써 얻어진다.

$$LCOE = A_{cost}/E \equiv (CRF \times C_{capital})/(8760 \times CF) \quad (1.1)$$

여기서 CF는 설비이용률, 8760은 1년의 시간, $C_{capital}$은 kW당 달러의 자본 비용이다.

아래 사이트를 방문하면 더 많은 정보와 자료를 볼 수 있습니다.
www.oup.com/he/andrews_jelley4e

2 열, 화학, 유체 에너지의 핵심

Essentials of Thermal, Chemical, and Fluid Energy

주제 목록

- □ 열과 온도
- □ 전도, 대류, 복사
- □ 온실효과와 지구온난화
- □ 열역학 법칙
- □ 카르노 사이클의 효율성
- □ 유용한 열역학적 물성
- □ 엑서지
- □ 화학반응
- □ 연소
- □ 베르누이 방정식
- □ 점성 유체의 역학
- □ 층류 및 난류 유동
- □ 양력과 순환
- □ 비행기 날개 위의 흐름

서론

열에너지는 가정과 산업 과정 모두에서 현대 문명생활을 위해 중요한 역할을 한다. 특히 열에너지는 원자로, 바이오매스 변환기, 태양열 집열기 및 지열에너지와 같은 화석연료 및 기타 열원을 전기에너지로 전환하는 데 중요한 역할을 하고, 산업 공정 및 난방에 직접적으로 사용되기도 한다.

이 장에서는 열에너지와 열전달의 개념에서 시작하여 열물리학의 기초를 설명하고, 어떻게 난방 시스템에 적용될 수 있는지, 그리고 지구에서 삶의 다양성을 유지하는 데 필수적인 온실효과에서 지구온난화까지 설명한다. 그다음으로 열역학의 법칙이 발전 사이클과 어떻게 관련되어 있는지, 발전소나 자동차에서처럼 열을 일로 변환하는 효율에 근본적인 제한을 가하는지 설명한다. 우리는 또한 특정 에너지 장치가 어떻게 기능하는지 설명하고, 화학반응에서 에너지 변화를 설명하는 데 유용한 다양한 열역학적 양을, 특히 연료의 연소와 배터리의 에너지 저장을 포함하여 설명한다.

그런 다음 유체의 기본적인 물리적 특성에 대해 간략히 요약한다. 이런 특징은 에너지 장치에 활용되는데, 예를 들어 열에너지를 열 엔진에 전달하거나 풍력 및 수력 터빈에 운동에너지를 전달하는 데 사용된다. 우리는 점성효과가 무시되는 유체(이상적 또는 비점성 유체라고 함)에 대한 질량 및 에너지의 보존 법칙을 유도하고, 실제 관심 있는 상황에 적용하여 흐름에 대한 유용한 정보를 도출하는 방법을 보여 준다. 또한, 비행기 날개 주위의 유체의 운동에 대한 점도의 영향을 설명하고, 바람의 작용에 대한 기본적인 지식으로써 흐름이 비행기 날개에 작용하는 힘을 어떻게 결정하는지 그리고 특정 유형의 수차에 작용하는 힘을 어떻게 결정하는지를 보여 준다.

2.1 열과 온도

온도는 분자의 내부 운동으로 인한 물체의 열에너지의 특성이다. 상호 열 접촉하는 두 물체가 둘 다 같은 온도에 있으면 열평형 상태에 있다고 한다. 온도는 원래 물의 어는점과 끓는점의 관점에서 정의되었지만, 현대의 온도 정의는 카르노 사이클(Carnot cycle, 2.4절 참조)에서 작동하는 이상적인 유체의 효율에 기초하며, 어떤 특정 물질의 성질과는 무관하다.

일반적으로, 재료가 상이 변화할 때(예: 고체에서 액체로)를 제외하고, 열을 흡수함에 따라 모든 물질의 온도가 증가한다. 물질의 단위 질량의 온도를 ΔT만큼 올리는 데 필요한 **열** ΔQ는 다음과 같이 주어진다.

$$\Delta Q = c\Delta T \tag{2.1}$$

계수 c는 온도와 대략 독립적이며 물질의 **비열**이라고 한다. 열에너지의 원래 단위는 1그램의 액체 물의 온도를 섭씨 1도 올리는 데 필요한 에너지로 정의된 **칼로리**(calorie)였지만 열에너지는 이제 보통 줄 단위로 측정된다. 두 단위의 에너지 등가성은 다음과 같이 주어진다.

$$1\ \text{calorie} \approx 4.18\ \text{joule} \tag{2.2}$$

물질의 상변화 중에 열이 흡수되고 온도는 일정하게 유지된다. 물질의 단위 질량의 상을 변화시키는 데 필요한 열 ΔQ를 **잠열** L이라고 한다. 따라서

$$\Delta Q = L \tag{2.3}$$

증발 잠열(액체에서 기체로)은 전형적으로 **융합 잠열**(고체에서 액체로)보다 약 한 자릿수 정도 더 크다(물의 경우 2260 대비 334 J g^{-1}).

2.2 열전달

열전달에는 **전도**, **대류**, **복사**의 세 가지 기본 형태가 있다. 이것들은 화력 발전소의 핵심인 열교환기를 설명하고 태양광 조사와 지구의 에너지 균형을 이해하고 온실효과가 어떻게 발생하는지 이해하는 데 매우 중요하다.

2.2.1 전도

전도는 분자의 무작위 운동으로 인해 물체 내에서 열에너지가 전달되는 것이다. 분자의 평균 에너지는 온도에 비례한다. 길이 d 및 단면적 A의 막대를 고려하자. 한쪽 끝은 고정 온도 T_1이고 다른 쪽 끝은 고정 온도 T_2이다. 여기서 $T_1 > T_2$이다. 뜨거운 끝에서 더 활발한 분자는 차

가운 끝에서 덜 활동성이 있는 분자로 운동에너지를 전달한다. **정상상태**에서 열의 흐름 속도 $\dot{Q}$는 막대의 길이를 따라 일정하며 **푸리에 열전도 법칙**에 의해 주어진다.

$$\dot{Q} = kA\frac{(T_1 - T_2)}{d} \tag{2.4}$$

여기서 k는 **열전도율**이라고 한다.

식 (2.4)는 정상 상태에서만 적용된다는 점에 유의해야 한다. 실제로, 고체가 정상 상태의 온도 분포를 확립하는 데는 시간이 걸린다. **비정상 열전도**의 경우, 정상 상태를 확립하는 시간척도는 등온선이 거리 x를 확산하는 특성 시간 t에 의해 결정되며, **열 확산성**을 갖는 물질의 경우 $\kappa = k/\rho c(\mathrm{m^2\,s^{-1}})$, 여기서 k는 열전도도, c는 비열, ρ는 밀도이고 다음과 같이 주어진다.

$$t = \frac{x^2}{\kappa} \tag{2.5}$$

식 (2.5)의 대수적 형태는 차원분석에 의해 쉽게 유도되며(문제 2.1 참조), 막대를 따라 열이 확산되는 방법은 문제 2.2에서 다룬다.

2.2.2 대류

화력 발전소의 많은 공정은 유체를 분리하는 벽체를 통한 전도와 유체를 통한 열전달에 의해 두 유체 사이의 열전달을 포함한다. 유체의 열전달은 유체를 통한 전도와 일반적으로 지배적인 유체의 큰 운동을 통한 열전달을 모두 포함한다. 이것을 **대류 열전달**이라고 한다.

정지한 차가운 유체가 뜨거운 표면 위에 접촉하고 있을 때, 벽에 인접한 유체층은 열전도에 의해 가열된다. 이 층의 뜨거운 유체는 주변의 차가운 유체보다 밀도가 낮으므로 부력을 통해 상승할 것이며, 상승하는 열전달(**자연 대류**)이 있다.

강제 대류에서는 차가운 유체가 뜨거운 표면 위로 흐르고 표면에서 유체로의 열전달률은 정지된 유체의 열전달률보다 크다. 처음에는 벽에 인접한 유체층이 열전도에 의해 가열되고 이 뜨거운 유체는 표면에서 떨어진 유체의 흐름 속으로 이동한다. 결과적으로 유체의 흐름 속으로의 순 열전달은 자연 대류보다 크며 일반적으로 열전도 단독보다 훨씬 크다.

자연 대류와 **강제 대류** 모두에서 단위 면적당 열전달률은 일반적으로 다음과 같은 형태로 표현된다.

$$\frac{\dot{Q}}{A} = Nu\frac{k(T_\mathrm{s} - T_\mathrm{f})}{D} = h\Delta T \tag{2.6}$$

여기서 T_s는 뜨거운 표면의 온도이고, T_f는 차가운 유체의 온도이며, $\Delta T = T_\mathrm{s} - T_\mathrm{f}$이고, Nu는 **누셀트수**(Nusselt number, 전도에 의한 열유속에 대한 대류의 비율)로 알려진 무차원 매개변수이고, $h = Nuk/D$는 **열전달계수**이며, 여기서 D는 **수력 직경**이라고 하는 특성 길이이다. D의 선택은 기하학적 설정에 달려 있는데, 예를 들면 파이프로부터의 열전달을 위해 D를 파이프의 직경으로 취하는 것이 적절하다. 비-원통형 모양 $D = 4A_d/P_d$의 경우, 여기서 A_d는 덕트의 단면적이고 P_d는 젖음둘레이다.

차원 분석에 따르면 강제 대류에 대한 누셀트수는 다른 두 무차원 변수의 함수로 표현될 수 있다: **프란틀수**(Prandtl number) $Pr = c\mu/k = \nu/\kappa$ 및 **레이놀즈수**(Reynolds number) $Re = \rho uD/\mu = uD/\nu$. 여기서 ν는 운동량 확산 정도라고도 불리는 동점성계수($\nu = \mu/\rho$, 여기서 μ는 점성계수, 2.11절 참조)이고, κ는 열 확산도($\kappa = k/c\rho$), u는 유체의 속도이다. Pr은 물질의 특성에만 의존하며 열 및 점성 경계층의 상대적 크기를 나타낸다.

주어진 Pr과 Re에 대한 강제 대류에서의 누셀트수의 수치는 일반적으로 경험적 상관관계로부터 얻어진다. 이들은 종종 $Nu \propto Re^a Pr^b$와 같은 형태로 표현된다. 지수의 크기 a와 b는 서로 다른 대류에 미치는 인자들의 상대적 중요성을 나타낸다(예제 2.1 참조).

예제 2.1

물은 35°C에서 165°C까지 발전소 보일러의 이코노마이저(3.10절 참조)에서 가열된다. 튜브 벽은 360°C이고 직경 D는 50 mm이다.

아래 상관식을 이용하여 유속이 1 m s^{-1}일 때 필요한 튜브의 길이 L을 계산하라.

$$Nu = \frac{0.04Re^{3/4}Pr}{1+2Re^{-1/8}(Pr-1)}$$

평균 온도는 100°C이고, 여기서 ρ = 961 kg m^{-3}, ν = 2.93 × 10^{-7} m^2 s^{-1}, Pr = 1.74, k = 0.68 W m^{-1} °C^{-1}, c = 4216 J kg^{-1} °C^{-1}이다.

$$Re = 1\times 0.05/(2.93\times 10^{-7}) = 1.71\times 10^5, \text{ 그래서 흐름은 난류이다.}$$
$$Nu = 441, \text{ 따라서 } h = Nuk/D = 5998 \text{ W m}^{-2}\ °C^{-1}$$

열 공급률 h × (표면적) × ΔT는 물의 현열률 u × ρ × 단면적 × c × 온도 증가와 같아야 한다.

$$h\times \pi D\times L\times(360-100) = u\times\rho\times(\pi D^2/4)\times c\times(165-35), \text{ 따라서}$$
$$L = 1\times 961\times 0.05\times 4216\times 130/(4\times 5998\times 260) = 4.22 \text{ m}$$

보일러 및 열 회수 장치와 같이 열에너지 전달에 널리 사용되는 **열교환기**에서 뜨거운 유체는 유체를 분리하는 얇은 두께 d 및 열전도도 k의 얇은 벽을 통해 차가운 유체로 열을 전달한다. 총괄 열전달 계수 h는 뜨거운 유체에서 벽으로의 대류 h_i, 벽을 통한 전도 k/d 및 차가운 유체로의 대류 h_o에 따라 달라진다. 고온 및 저온 유체 그리고 고온 및 저온 벽 표면의 온도가 각각 T_i, T_o, T_h, T_c인 경우, 식 (2.4)와 (2.6)으로부터 (열유속 $F = \dot{Q}/A$가 고온 유체에서 저온 유체로 일정하기 때문에) 다음 식들을 도출할 수 있다.

$$h_i(T_i - T_h) = (k/d)(T_h - T_c) = h_o(T_c - T_o) = h(T_i - T_o) = F$$
$$T_i - T_h = F/h_i;\quad T_h - T_c = F/(k/d);\quad T_c - T_o = F/h_o;\quad T_i - T_o = F/h$$
$$F/h_i + F/(k/d) + F/h_o = T_i - T_o = F/h$$

$$\text{따라서}\quad h = \left(\frac{1}{h_i} + \frac{1}{h_o} + \frac{d}{k}\right)^{-1} \tag{2.7}$$

우리는 대향류 열교환기의 성능을 살펴보는 문제 2.6에서 이 식들을 사용할 것이다.

표면을 통해 액체로의 열전달은 증기 기포를 형성하는 **상변화**에서 많은 양의 열(잠열)을 흡수함에 따라 표면온도가 비등점을 지날 때 향상된다. 표면온도가 끓는점(과열)보다 약간 높을 때 기포 형성 속도도 급격히 증가한다. 핵비등이라고 불리는 이 과정은 일정한 작은 온도 차이에 대해 매우 높은 열전달을 제공한다. 마찬가지로 증기 응축 시 큰 열전달이 이루어진다. 이러한 조건은 열엔진에 이상적이며 히트파이프를 사용하여 가열 및 냉각 장치에 매우 높고 효과적인 열전도도를 제공한다.

히트파이프의 일반적인 디자인은 소량의 액체가 밀봉된 다공성 물질(윅)이 정렬된 튜브이다. 한쪽 끝은 열원에 부착되고 다른 끝은 히트싱크에 부착된다. 뜨거운 끝에서 액체는 열을 흡수하고 기화한다. 증기는 튜브를 따라 차가운 끝으로 빠르게 이동하여 응축되어 잠열을 히트싱크로 배출한다. 생성된 액체는 모세관 작용에 의해 윅을 따라 고온 끝단으로 다시 운반되어 열전달을 계속한다. 전도보다 더 높은 크기의 효과적인 열전도도가 달성될 수 있다(문제 2.8* 참조). 히트파이프는 예를 들어 냉각 전자 부품 및 태양열 장치에 사용된다(5.1절 참조).

2.2.3 복사 열전달

복사 열전달은 전자기파에 의한 에너지의 전달이다. 전도 및 대류와 달리 진공 상태에서 복사에 의해 열이 전달될 수 있다. 불투명한 물질은 복사에너지를 흡수, 반사 및 방사하는 반면 유리와 같은 투명한 물질은 또한 투과한다. 검은색 표면은 가시광선을 흡수하고, 모든 파장의 모든 입사된 복사를 흡수하는 것을 **흑체**라고 한다.

흑체에 대한 좋은 실용적인 근사는 외부 환경과 연결되는 작은 바늘구멍이 있는 공동이다. 바늘구멍으로 들어가는 복사의 거의 대부분은 바늘구멍 밖으로 다시 빠져나오기 전에 공동구 내부의 표면에 의해 흡수되기 때문에 흡수율 α는 1에 매우 가깝고 바늘구멍에 의해 방출되는 복사의 에너지 분포는 공동구 내부의 표면온도에 의해 실질적으로 결정된다.

초당 단위 면적당 방사되는 에너지의 양(즉, 온도 T에서 표면으로부터의 단위 면적당 에너지율)은 **슈테판–볼츠만 법칙**(Stefan-Boltzmann law)에 의해 주어진다.

$$\mathcal{P}_e = \varepsilon\sigma T^4 \tag{2.8}$$

여기서 $\sigma \approx 5.67 \times 10^{-8}$ W m^{-2} K^{-4}는 슈테판–볼츠만 상수이고, ε은 표면의 **방사율**이며, 표면의 성질에 따라 0에서 1 사이에서 변하는 무차원수이며, 흑체는 $\varepsilon = \alpha = 1$이다.

흑체에서 방출된 빛의 파장 분포는 절대온도에만 의존하며 플랑크 함수(Planck function)에 의해 주어진다(문제 2.12 참조). 그림 2.1은 6000 K, 288 K(15°C), 473 K(200°C)의 세 가지 온도에 대한 흑체 스펙트럼을 보여 준다. 처음 2개는 각각 태양과 지구가 방출하는 스펙트럼에 가깝고, 세 번째는 200°C의 표면에서 나온 것으로, 모두 동일한 강도 기준으로 정규화했다. 강도가 최대인 파장은 절대온도(빈의 법칙, Wien's law)에 반비례하며 T = 6000 K의 가시광선과 T = 288 K 및 473 K의 적외선 영역에 있다(문제 2.12 참조).

표면(또는 물질)의 방사율과 흡수율은 동일한 온도에서 흑체에 의해 방출되는 파장의 범위에서 스펙트럼 방사율 ε_λ 및 흡수율 α_λ에 의존한다. ε_λ와 α_λ는 일반적으로 온도와 파장의 함수이며 다음 조건을 만족한다.

$$\alpha_\lambda = \varepsilon_\lambda$$

즉, 표면에 의해 흡수된 파장 λ의 입사 복사의 분율은 파장 λ로 방출된 흑체 복사의 분율과 동일하다. 예를 들어, 실온에서 흰색 페인트의 표면의 α_λ(= ε_λ)는 가시광선에서는 0에 매우 가깝지만 적외선에서는 1에 매우 가깝다. 반대로, 태양 복사의 흡수가 최대가 되도록 설계된 표면은 가시광선(즉, 이는 검게 보일 것이다)에서 1에 가까운 α_λ(= ε_λ)를 가질 것이다. 그리고 복사 손실을 최소화하기 위해서 적외선 영역에서는 α_λ(= ε_λ)는 0의 값을 가질 것이다. 200°C까지 가열된 표면으로부터 방출된 복사의 피크값(그림 2.1)은 적외선에 놓여 있다(문제 2.10 참조).

유리는 가시광선을 잘 투과하지만 적외선을 흡수하기 때문에 선택적인 재료이다. 이 특성은 건물과 온실에서 태양광선을 증가시키는 것이다. 유리가 태양빛에 의해 가열된 내부 표면에서 방출되는 적외선 복사를 흡수하기 때문이다. 유리의 온도는 일반적으로 주변과 매우 유사하기

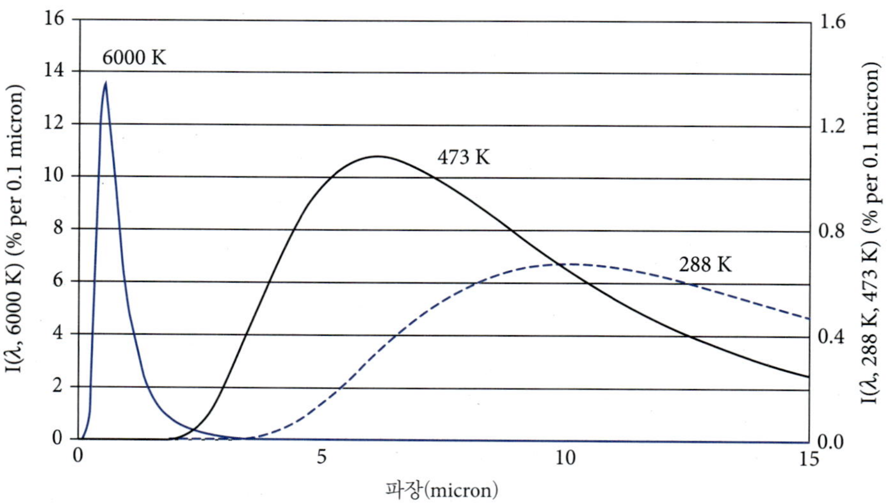

그림 2.1 T = 6000 K, 473 K, 288 K에서 흑체의 스펙트럼

때문에 내부 및 외부로 방출되는 재방사된 복사는 T^4에 따라 낮은 강도를 갖는다. 유리창은 또한 대류 손실을 줄여 주는데, 그렇지 않으면 일반적으로 대류에 의한 손실이 클 것이다.

온도 T에서 불투명한 표면은 방사뿐만 아니라 온도 T_0에 있는 환경으로부터의 복사에너지를 흡수한다. T_0에서의 표면의 방사율 ε_0는 T_0에서의 흑체 복사에 대한 흡수율과 같다. T에서의 흡수율이 T_0에서와 동일하다고 가정하면, 즉 ε_0이고, 주위로부터의 복사를 흑체 복사로 근사하면 초당 단위 면적당 순 방사력은 다음과 같이 주어진다.

$$\mathcal{P} = \mathcal{P}_e - \mathcal{P}_a = \varepsilon\sigma T^4 - \varepsilon_0 \sigma T_0^4 \tag{2.9}$$

여기서 ε은 T에서 표면의 방사율이다.

태양의 외부 표면의 온도는 지구의 상층 대기에 입사하는 복사열 유속을 결정한다(예제 2.2와 8.1절 참조). 또한 복사는 화석연료 발전소의 용광로에서 열전달의 지배적인 방식이다(3.6절 참조).

예제 2.2

적도에서 발생하는 제곱미터당 태양 방사력을 추정하라. 태양의 표면온도가 5830 K, 방사율이 1이고, 태양의 반지름이 6.96×10^8 m, 태양에서 지구까지의 거리가 1.52×10^8 km라고 가정한다.

태양에 의해 방출되는 총 방사력은 식 (2.8)과 같이 초당 단위 면적당 동력으로 계산되고, 표면적을 곱하면, 즉

$$P_s = \sigma T^4 \times 4\pi r_s^2 \approx (5.67 \times 10^{-8}) \times (5.83 \times 10^3)^4 \times 4 \times \pi \times (6.96 \times 10^8)^2 \approx 3.99 \times 10^{26}\ \text{W}$$

적도에서 1 m^2에 입사하는 방사력의 비율은 태양으로부터의 입체각과 같으며

$$\Omega = \frac{1}{4\pi d^2} \approx \frac{1}{4 \times \pi \times (1.52 \times 10^{11})^2} \approx 3.44 \times 10^{-24}$$

여기서 d는 지구에서 태양까지의 거리이다. 따라서 적도에서 단위 면적당 입사 태양 방사력은 $P_s\Omega \approx (3.99 \times 10^{26}) \times (3.44 \times 10^{-24}) \approx 1.37\ \text{kW m}^{-2}$이다.

2.3 온실효과

대기가 복사에너지 전달에 미치는 영향은 지구 표면의 온도를 결정하는 데 매우 중요하다. 1.3절에서 정성적으로 논의된 바와 같이, 대기에 의한 적외선 복사의 흡수는 지구의 표면온도를 약 15℃ 상승시키는 **온실효과**를 일으킨다.

예제 2.2에서 추정한 바와 같이, 지구의 상층 대기에 입사하는 태양 복사는 S = 1.37 kW

m^{-2}의 강도를 가지며, 이 수치는 **태양 상수**로 알려져 있다. 이 복사는 **알베도**(albedo)라고 불리는 복사 비율로 대기의 구름과 지구 표면에 의해 다시 우주로 반사된다. 알베도 A는 30%에 가깝다. 나머지 복사에너지는 지구 표면의 영역 $(1 - A)\pi R^2$에 의해 흡수된다. $(1 - A)$에 태양을 향한 단면적을 곱한 것으로, 여기서 R은 지구의 반지름이다. 알베도의 효과는 태양의 강도가 태양을 향한 지구 (πR^2)의 전체 단면적에 걸쳐 $(1 - A)S$인 것처럼 작용한다. 결과적으로 지구의 표면은 받는 만큼의 복사에너지를 방출할 때까지 가열된다. 상온의 표면에서 방출되는 복사는 적외선 영역에 있다. 우리는 지구 표면의 지열로부터의 열유속을 무시하는데, 이는 입사 태양 복사 열유속보다 훨씬 작다.

먼저 지구의 대기가 (주로 스펙트럼의 가시광선 영역에 있는) 입사 태양 복사나 지구 표면의 적외선 복사를 흡수하지 않으면 어떤 일이 일어날지 생각해 보자. 이러한 조건에서 A_0를 알베도의 값으로, S를 입사 태양 강도로 하고, 지구 표면의 방사율이 1이라고 가정한다(즉, 흑체처럼 작용). 평형상태에서 지구의 표면이 온도 T에 있을 때 우리는 아래 식을 얻을 수 있다.

$$(1-A_0)S\pi R^2 = 4\pi R^2 \sigma T^4$$

복사에너지가 지구 표면 전체(면적 = $4\pi R^2$)에 의해 방출된다는 것을 주목하라. 대기에서 구름으로부터 반사되지 않고, 지구로부터의 나머지 반사는 $A_0 \approx 0.1$을 제공한다. S = 1.37 kW m^{-2}를 가하면 T = 272 K = −1°C가 된다. 즉, 우리가 관찰한 것보다 15°C 정도 더 차갑다. (A_0를 ~0.3으로 취하면 온도는 ~255 K이 된다.)

이제 입사 태양 복사의 대기에 의한 적은 흡수를 무시하지만, 지구에서 방출되는 대부분의 적외선 복사의 흡수를 포함하는 보다 현실적인 설명을 고려한다. 지구의 표면은 복사에 의해 에너지를 잃지만, 물의 증발과 대기 및 열전달에 의한 잠열의 방출에 의해서도 에너지를 잃는다. 대류 및 표면 적외선 복사의 대부분은 상층 대기보다 낮은 대기에서 흡수되므로 온도는 표면 근처에서 더 높다. 이는 아래로 향하는 복사에너지가 위로 향하는 복사에너지보다 높다는 것을 의미한다(그림 2.2 참조).

우리는 (a) 표면 손실이 cS_E이고, S_E는 지구에 의해 방출되는 적외선 복사를 나타내며, c는 대류 손실을 설명하기 위해 1보다 크다고 가정하고, (b) 대기에 의해 아래쪽으로 방사되는 열유속이 gS_a이고, S_a는 대기에 의해 위쪽으로 방출되는 열유속이며, 낮은 대기가 더 가열되는 것을 설명하기 위해 g는 1보다 크다고 가정할 것이다. 이러한 조건에서 대기는 다시 우주로 방사되는 에너지와 지구에 의해 방사되는 적외선 복사의 투과 및 반사된 입사 태양 복사의 비율이 받은 복사에너지와 동일하도록 온도 T_a까지 가열될 것이다. 즉,

$$S_a 4\pi R^2 + tS_E 4\pi R^2 + AS\pi R^2 = S\pi R^2 \tag{2.10}$$

지구에 의한 에너지 손실은 지구상에 입사하는 태양에너지와 대기에 의해 아래쪽으로 방사되는 적외선 복사의 합과 같다. 즉,

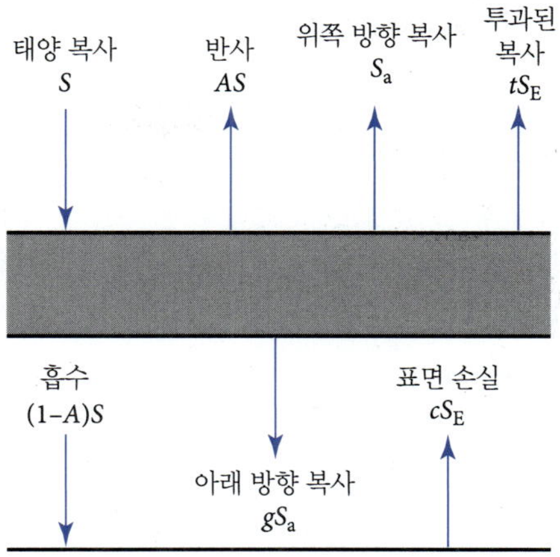

그림 2.2 온실효과

$$cS_E 4\pi R^2 = (1-A)S\pi R^2 + gS_a 4\pi R^2 \tag{2.11}$$

첫 번째 방정식에 g를 곱하고 더하면 다음과 같다.

$$4(gt+c)S_E = (1+g)(1-A)S$$

지구의 방사율이 1.0이라고 가정하면 $S_E = \sigma T_E^4$. 이 식을 대입하면 다음과 같다.

$$T_E^4 = \frac{(1+g)(1-A)S}{4(gt+c)\sigma} \tag{2.12}$$

매개변수 t, g, c에 대한 대략적인 값은 $t = 0.1$, $g = 1.33$, $c = 1.3$이다. $t < c$로서, 우리는 이 표현으로부터 대기에 의해 방출되는 하향 적외선 복사가 증가함에 따라, 즉 g는 CO_2 수준이 상승함에 따라 증가하고, 지구의 표면온도 T_E는 증가한다. $A = 0.3$을 취하면 지구 표면의 평균 온도는 288 K이다.

대기로부터의 상향 복사는 다음과 같다.

$$S_a = \frac{(c-t)(1-A)S}{4(c+gt)} \tag{2.13}$$

이 표현식에서, 증가하는 CO_2에 해당하는 g가 증가하면 S_a에 영향을 미치고 T_a가 감소한다. 지구의 표면온도 T_E의 증가는 더 많은 적외선 복사가 대기 창을 통해 전송된다는 것을 의미한다. 결과적으로 성층권의 온도는 그 수준의 복사와 균형을 이룰 수 있도록 떨어뜨려야 한다. 성층권 온도의 이 작은 하락은 관찰되었으며 T_E와 T_a가 모두 증가하게 하는 더 큰 입사 태양 복사보다는 더 증가된 CO_2와 일치한다. (성층권 내 더 많은 이산화탄소의 오존에 대한 영향은 또한 비슷한 크기로 T_a를 낮춘다.)

추가 온실가스의 인위적 방출로부터 적외선 복사의 흡수 증가로 인한 표면온도의 상승을 지

구온난화라고 한다. 이 모델은 단순화이지만 온실가스의 농도를 증가시키면 지구의 표면온도가 상승한다는 것을 보여 준다.

대기의 낮은 층인 대류권은 지구의 표면에 매우 가깝게 지구 대기의 일부로써 강하게 열적으로 결합하고 있어, 대류권 혹은 지구 표면 중 한쪽의 여분의 가열(또는 냉각)과 함께 따뜻해진다(또는 냉각된다). 대류권은 대기 질량의 80%를 포함하며 일반적으로 적도 근처에서 약 20 km, 극 근처에서 10 km 떨어져 있다. 대류권 내에서 열의 전달은 대류와 복사에 의해 이루어지며 온도는 높이에 따라 대략 선형으로 떨어진다. 이 **기온 감률**은 대류에 의해 결정된다(박스 2.1 참조).

박스 2.1 복사–대류 평형

지구 표면은 파장에 따라 대기에 의해 더 많거나 적게 흡수되는 적외선 복사를 방출한다. 우리는 공기의 밀도가 충분히 낮아서 모든 적외선 복사가 우주로 빠져나가는 대기의 평균 깊이를 취함으로써 이 흡수를 근사화할 수 있다. 들어오는 태양 복사의 흡수가 없다고 가정하면 이 모델에서 **유효 복사 레벨**(ERL)의 온도는, ~5~10 km 높이로 ~255 K이 된다. 이 온도에서 들어오고 나가는 복사열유속은 평형 상태에 있을 때 지구의 알베도를 0.3으로 취한다.

이 높이 아래에서 대류와 복사는 대기 내의 열전달 방법으로서 전도를 능가하며 대류는 온도 형상을 결정한다. 전도 및 복사에 의해 가열되는 지면과 접촉하는 작은 공기의 '덩어리'는 밀도가 주변 공기의 밀도보다 낮기 때문에 상승할 것이고, 따라서 복사에 의해 가열되는 대기에서 더 높은 공기의 덩어리가 될 것이다. 공기의 덩어리가 상승함에 따라 그것은 팽창하고(압력이 떨어지기 때문에) 대기를 밀어내는 작용을 한다. 대류에 의한 열전달이 훨씬 빠르기 때문에 전도 또는 복사에 의한 심각한 열손실은 없다. 따라서 운동은 거의 단열적이며 내부에너지와 따라서 공기의 온도는 모두 떨어진다. 건조한 대기의 경우, 높이에 따른 온도 변화율인 **기온 감률**은 $dT/dz = -g/c_p$로 주어지며, 여기서 c_p는 일정한 압력에서의 비열이고 g는 지구의 중력 가속도이다(문제 2.16* 참조). STP(0°C 및 1 bar인 표준 온도 및 압력)에서 공기에 대한 c_p 값을 대입하면 ~10°C km^{-1}의 기온 감률이 나타난다. 대기는 일반적으로 습기가 있으며 전형적인 기온 감률은 ~5°C km^{-1}이다. 더 작은 비율은 공기의 덩어리가 상승하며 냉각될 때 수분이 응축됨에 따라 방출되는 잠열에 의해 발생한다.

대기 중 온실가스(GHG) 수준을 증가시키는 효과는 대기의 ERL을 상승시키는 것이다. 이것의 결과는 그림 2.3에 도시된 바와 같이 변화율이 동일하게 유지됨에 따라 표면온도를 높이는 것이다.

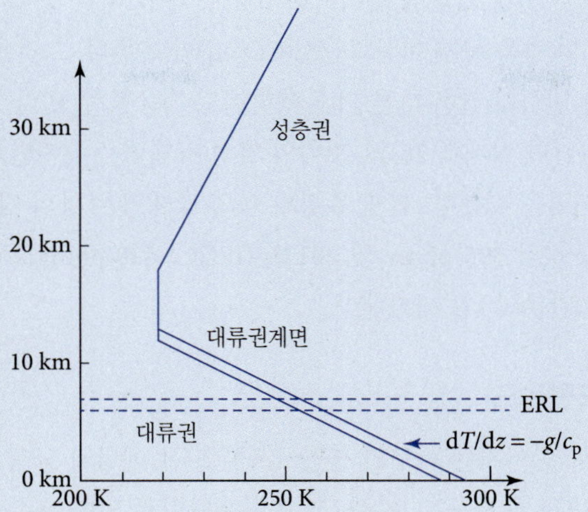

그림 2.3 온실가스 농도의 변화로 인한 대기의 유효 복사 레벨(ERL) 높이의 변화의 영향을 보여 주는 높이에 따른 대기 온도의 변화에 대한 개략도

대기 중 온실가스의 농도를 증가시키면 모든 적외선이 효과적으로 우주로 빠져나가 흡수가 충분히 낮아지는 대기의 높이가 높아진다. 이 유효 복사 레벨(ERL)의 온도가 고정됨에 따라(즉, 들어오고 나가는 복사에너지의 균형을 맞추기 위해) 지구 표면의 온도는 상승하는데, 이는 그림 2.3과 같이 기온 감률이 동일하게 유지되기 때문이다.

2.3.1 복사강제력

지구온난화를 일으키는 복사강제력은 온실가스 농도, 태양 복사 또는 에어로졸과 같은 다른 기후 영향의 변화로 인한 대류권(대류권계면) 상단의 단위 면적당 흡수와 방사된 에너지(W m^{-2})의 차이로 정의된다. IPCC는 산업화 이전 조건(1750)에 대한 복사강제력을 추정한다. CO_2 농도 증가에 따른 2011년 복사강제력은 1.4～2.2 W m^{-2} 범위로 추정되었으며, 에어로졸 0～−2 W m^{-2}의 영향으로 총 1.1～3.3 W m^{-2} 범위로 나타났다.

대략적으로 말하자면, 나가는 장파장 복사(OLR)의 약 절반은 수증기에서 나오고 절반은 표면, 구름 및 기타 방사원에서 유래한다. CO_2의 증가는 초기에 OLR을 감소시키고 ERL의 높이가 충분히 상승할 때까지 표면온도가 상승하여 온도와 방사가 이전과 동일하다. 그러나 온도 상승으로 인해 더 많은 물이 증발하여 ERL 이상의 흡수가 증가하므로 표면온도가 더 상승해야 한다. 좋은 근사치로 상대 습도는 대기 중에 일정하게 유지된다. 즉, ERL 위의 수증기 질량에 의한 흡수는 ERL의 온도의 함수일 뿐이므로 원래의 값에 비해서 증가한다. 표면온도 상승은 수증기 증가로 인한 OLR의 감소를 보상하기 위해 2배가 되어야 한다. 결과적으로 강제력의 크기당 온도 상승, 즉 기후 민감도는 양의 수증기 피드백 때문에 2배가 된다.

다른 온실가스의 경우 일정 기간(일반적으로 100년) 동안 대기 중 흡수된 적외선 복사에 동일한 변화를 주는 CO_2의 양을 등가 이산화탄소(CO_2eq)라고 한다. 그것은 온실가스뿐만 아니라 에어로졸 및 토지 이용 변화와 같은 다른 기후 영향에도 적용될 수 있다. 예를 들어 메탄은 동일한 질량의 CO_2(지구온난화 잠재력 28)의 28배의 양의 강제력을 갖지만, 에어로졸은 CO_2eq 양을 뺌으로써 음의 강제력을 갖는다. 현재 추정된 음의 강제력은 양의 강제력을 거의 상쇄하여 CO_2 및 CO_2eq 농도를 각각 395 ppmv 및 2012년(IPCC) 430 ppmv로 유사하게 만든다. 여기서 ppmv는 체적당 100만분의 1을 나타낸다.

2.3.2 글로벌 평균 표면온도

복사강제력 F의 결과로 얻어지는 지구의 평균 표면온도는 에너지 균형 $F = N + R$에 의해 결정된다. 여기서 R은 ΔT만큼 지구 표면온도의 지구온난화로 인한 우주공간에 대한 추가 외부 복사이며, $R = \alpha\Delta T$에 의해 ΔT와 선형적으로 관련된다. 여기서 α는 기후 피드백 매개변수이다. N은 지구 평균 알짜 하향 복사량으로 기후 시스템의 열함량 변화율과 같으며 평형에 도달하면 0이다. 좋은 근삿값으로, N은 해양으로의 열 흐름이고, 하향 열유속의 90%를 차지한다. 우리는 CO_2의 증가로 인한 복사강제력을 대략적으로 추정할 것이며, 장기 평형에 도달했을 때 표면 온난화를 먼저 고려할 것이다. 즉, $N = 0$이다.

$N = 0$일 때, 복사강제력 $F = R = \alpha\Delta T$는 $\Delta T_E = F/\alpha = \lambda F$의 관계를 통해 지구 표면온도의 평형 변화 ΔT_E를 추정하는 데 사용될 수 있으며, 여기서 $\lambda(= 1/\alpha)$는 기후 민감도 매개변수라고 하며, ~0.8 $kW^{-1}\ m^2$이다. 그러나 이러한 온난화는 긴 해양 시간 상수 때문에 수 세기 후에야 완전히 실현된다. 추가적인 이산화탄소는 대류권에서 몇 주 만에 빠르게 혼합되지만, 이산화탄소와 해양의 온도가 평형을 이루는 시간은 표면층의 경우는 수십 년, 깊은 바다의 경우는 수 세기로, 훨씬 더 길다. 대양의 표층은 바람에 의해 잘 섞여 있지만, 표층수와 수심이 깊은 곳에서는 천천히 교환되며, 완전히 섞이는 데는 수 세기가 걸린다. 환경, 기후, 에너지 정책에 중요한 것은 향후 100년 동안 지표 온난화가 어떻게 되는가 하는 것이다.

2.3.3 이산화탄소 배출 누적에 비례하는 지표 온난화

배출에 대한 일시적인 기후 반응(transient climate response to emissions, TCRE)은 해양의 얕은 혼합층이 증가된 복사강제력과 평형에 접근할 수 있게 해 주는 시간 규모에 따른 누적 배출에 대한 지표 온난화의 비율이다. 이것은 약 100년의 기간이다. 기후 모델은 TCRE가 광범위한 배출 시나리오에 대한 좋은 근사치에 대한 상수임을 알 수 있다. 지구온난화가 누적 배출량에 비례한다는 것은 현재 지구 배출량의 목표를 설정하는 데 사용되고 있다. 그리고 지구온난화를 결정하는 것은 이산화탄소의 누적 배출량이다. 왜냐하면 이산화탄소의 양과 약 200년이라는 긴 수명 때문이다.

이 결과는 온도 상승을 지배하는 세 가지 주요 효과 사이의 상호 관계에서 발생한다. 하나는 대기 중의 CO_2 양에 의해 온도가 결정되는 방법이고, 두 번째는 이 양이 누적 배출량에 어떻게 의존하는지, 세 번째는 해양의 열 흡수가 어떻게 변하는지이다. CO_2의 양의 변화는 복사강제력을 설정하며, 이는 다음과 같이 주어진 표면온도의 상승을 초래한다.

$$F = R + N = \alpha\,\Delta T + N \tag{2.14}$$

표층수가 가열되고 성층화됨에 따라 순 하향 열 흐름 N은 시간이 지남에 따라 떨어지므로 시간이 지남에 따라 강제력의 변화당 ΔT도 증가한다. 이것은 $N = k\Delta T$를 허용함으로써 모델링될 수 있으며, k는 배출량이 증가함에 따라 감소한다. 강제력은 대기 중의 CO_2가 다음을 통해 증가한 요인 a에 따라 달라진다(문제 2.17 참조).

$$F = s\ln a \equiv s\ln(1 + \varphi\,\Sigma C/C_a) \tag{2.15}$$

여기서 φ는 누적 이산화탄소 배출량 ΣC의 공기 분율이고 C_a는 대기 중 이산화탄소의 초기 양이다. 작은 ΣC에 대한 강제력 $F \approx \varphi s\Sigma C/C_a$는 ΣC가 증가함에 따라 s를 감소시킴으로써 정확하게 나타낼 수 있다. 그런 다음 표면 온난화를 누적 배출량 ΣC로 나눈 TCRE는 다음과 같이 표시된다.

$$TCRE = (\varphi\,s/C_a)/(\alpha + k) \tag{2.16}$$

배출량이 지속되고 CO_2 수준이 상승하는 동안 TCRE는 거의 일정하다. 이는 s의 감소 값이 ΣC가 증가함에 따라 k의 감소 값에 의해 보상되고 성층화가 이산화탄소의 해양 흡수를 느리게 함에 따라 공기 분율 φ에 의해 보상되기 때문에 발생한다. 더욱이 이 보상은 다양한 배출 시나리오에 적용된다. 바이오매스가 육지뿐만 아니라 해양 및 기타 온실가스에 흡수되는 영향을 고려해야 하지만 장기 온난화는 CO_2의 누적 배출량에 의해 크게 결정된다.

배출이 중단되면 어떤 일이 일어나는지에 대한 시뮬레이션은 냉각을 제공하는 해양에 의한 CO_2의 느린 흡수가 해양에 의한 열 흡수의 지속적인 감소로 인한 온난화로 상쇄되기 때문에 수십 년에서 수 세기 동안 온난화가 거의 일정하게 유지된다는 것을 보여 준다. 수천 년이 지난 후에야 표면과 해양 심층수의 느린 혼합을 통해 평형이 회복될 때, 배출된 CO_2의 상당 부분이 바다에 있을 것이다.

해양에 의해 흡수되는 CO_2의 양은 $CO_2(aq) + H_2O \leftrightarrow H_2CO_3 \leftrightarrow H^+ + HCO_3^-$를 통해 중탄산염 이온이 형성되기 때문에 일반 물에 의한 분율보다 많다. 수소 이온 중 일부는 바다의 탄산염 이온과 $H^+ + CO_3^= \leftrightarrow HCO_3^-$와 같이 상호작용한다. 최종 결과는 산도가 약간 증가하고 탄산염 이온이 감소하며, **해양 산성화**라고 불리는 이러한 변화는 예를 들어 껍질 형성에 영향을 줌으로써 해양 생물에 악영향을 미친다. (이것은 중탄산염 이온을 첨가하여 알칼리도를 증가시킴으로써 상쇄될 수 있으며, 이는 해양에서 탄소를 격리시킬 것이다.)

또한 용존 무기 탄소(DIC = $CO_2(aq) + CO_3^= + HCO_3^-$)의 증가가 있다. DIC의 용존 이산화

탄소(대기 CO_2와 동일)의 비율 증가는 르벨(Revelle) 인자 $R(\approx \mathrm{DIC}/CO_3^=)$로 알려져 있으며 약 10이다. 더 큰 R은 해양에 의해 흡수될 수 있는 CO_2가 적음을 의미한다. 산업혁명이 시작된 이래 배출된 CO_2의 절반은 해양에 흡수되었으며, 현재 연간 CO_2 배출량의 약 4분의 1이 토지 식물과 나무에 의해 흡수되고 나머지 절반은 대기에 추가된다.

2.4 열역학 법칙과 카르노 사이클의 효율

화력 발전소의 가능한 최대 효율은 발전소의 다양한 단계와 관련된 유체 흐름 및 열전달 과정의 세부 사항을 고려할 필요 없이 열역학 법칙으로부터 얻을 수 있다.

열역학 제1법칙은 열에너지를 고려한 에너지 보존이다. 그림 2.4에 표시된 제어 체적 V로 둘러싸인 시스템을 고려하라. 에너지 보존에 의해, 시스템 Q에 대한 열 입력과 시스템 W에서 수행된 일의 합은 시스템의 내부에너지 ΔU의 변화와 같다. 즉,

$$Q + W = \Delta U \tag{2.17}$$

증기 발전소에서 열을 유용한 일로 변환하기 위해, 작동 유체는 **닫힌 사이클**(즉, 작동 유체는 다시 사용된다)에서 서로 다른 과정에서 상변화를 겪는다. 작동 유체는 액체 물에서 물과 증

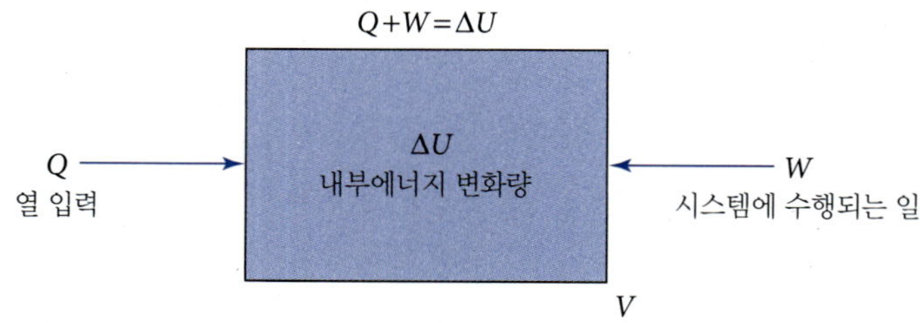

그림 2.4 열역학 제1법칙(열 입력 및 시스템에 수행되는 일은 플러스의 양이라는 것에 유의하라.)

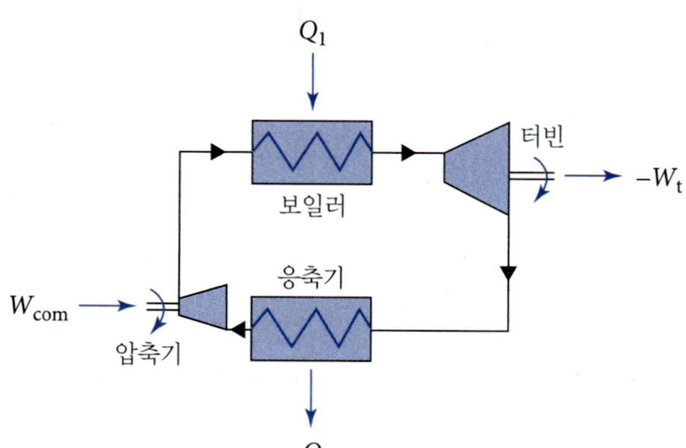

그림 2.5 화력 발전소의 배치

기의 2상 혼합물, 건조 증기 및 액체 물로 다시 바뀐다(그림 2.5). 사이클의 주요 단계는 다음과 같다.

1. 압축기	(**보일러 급수 펌프**라고도 함) W_{com}이 대기압 이하에서 고압으로 차가운 물을 압축하기 위해 시스템에서 수행한 작업
2. 보일러	냉수를 증기로 전환하기 위해 시스템에 추가된 열 Q_1
3. 터빈	터빈 블레이드에서 시스템(즉, 증기에 의해)에 의해 수행되는 W_t
4. 응축기	증기를 다시 차가운 물로 변환할 때 시스템에서 주변으로 손실되는 열 $-Q_2$

각각의 완전한 사이클 후에, 작동 유체는 동일한 내부에너지 U를 가지므로, 내부에너지의 순 변화는 0 또는 $\Delta U = 0$이다. 열역학 제1법칙(식 2.17)에 의해

$$(Q_1 + Q_2) + \left(W_{com} + W_t\right) = 0$$

따라서 과정의 효율성은 다음과 같다.

$$\eta = \frac{[\text{알짜 일}]}{[\text{열 입력}]} = \frac{-W_t - W_{com}}{Q_1} = \frac{Q_1 + Q_2}{Q_1} = 1 - \frac{(-Q_2)}{Q_1} = 1 - \frac{|Q_2|}{|Q_1|} \tag{2.18}$$

따라서 효율은 1에서 응축기의 열 출력 $|Q_2|$와 보일러의 열 입력 $|Q_1|$의 비율을 뺀 값이다. 완벽한 시스템의 경우 응축기에 열손실이 없으며 보일러에 공급되는 모든 열은 유용한 작업을 수행하는 데 사용된다. 그러나 공급된 열은 에너지의 분산 즉 무질서도(**엔트로피**, 2.8절 참조)를 증가시킨다. 증기가 터빈을 통과하면서 일할 때 엔트로피는 변경되지 않는 것이 최선이다. 결과적으로 응축기 내 작동 유체에 의해 일부 열이 주변으로 손실되어야 하므로 유체 분자의 무질서도(즉, 엔트로피)는 다시 감소되어 원래 값으로 되돌아간다. 단, 그 양은 응축기의 온도에 의존한다. 따라서 $|Q_2| > 0$ 및 $\eta < 1$이다. 따라서 화력 발전소의 효율에는 상한선이 있으며 배출되는 열에너지는 외부 환경에 열을 제공한다.

열역학적 관점에서 볼 때, 시스템이 100% 효율보다 낮다는 사실은 **열역학 제2법칙**의 결과이다. 닫힌 사이클에서 작동하는 시스템은 열 저장소에서 흡수된 모든 열을 동일한 양의 일로 변환할 수 없다. 카르노는 2개의 열 저장소 사이의 닫힌 사이클에서 작동하는 열 엔진의 최대 가능한 효율은 저장소의 절대온도의 비율에만 의존한다는 것을 증명했다.

$$\text{카르노 사이클에서 } \frac{-Q_2}{Q_1} = \frac{|Q_2|}{|Q_1|} = \frac{T_2}{T_1}\text{이므로, } \eta_C = 1 - \frac{T_2}{T_1} \tag{2.19}$$

여기서 T_1과 T_2는 각각 켈빈으로 측정된 상부 및 하부 저장소의 절대온도이다.

이 결과는 상태 $pV = nRT$의 방정식을 갖는 이상기체를 고려한 것으로부터(문제 2.20 참조) 얻어진다. 여기서 n은 기체의 몰수이고, 그림 2.6에 도시된 닫힌 사이클 *abcda*점에서 작동한다. 과정 *ab* 및 *cd*는 각각 T_1 및 T_2에서 등온선이다. *bc* 및 *da*는 가역 단열(즉, 주변과의 열전달이 없음)로 닫힌 사이클을 **카르노 사이클**(Carnot cycle)이라고 한다.

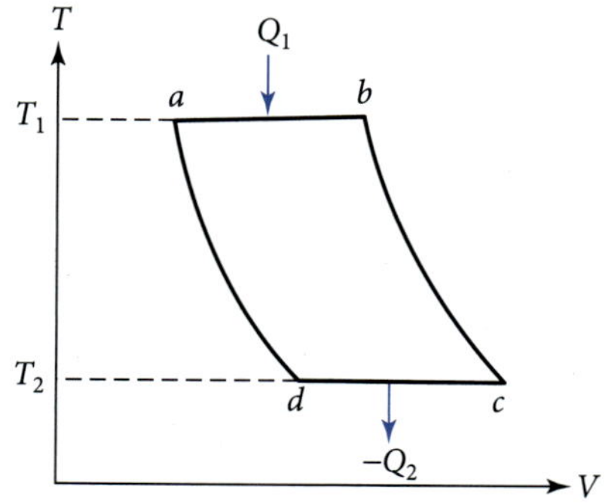

그림 2.6 이상기체에 대한 카르노 사이클

2.5 유용한 열역학적 물성

화력 발전소의 열역학을 설명하는 데 유용한 여섯 가지 주요 물성이 있다: 온도 T, 압력 p, 비체적 v(단위 질량당 체적, 즉 밀도의 역수), 비내부에너지 u, 비엔탈피 h, 비엔트로피 s. 일반적으로 시스템의 열역학적 상태를 완전히 지정하려면 2개의 열역학적 물성만 필요하다.

참고: 달리 명시하지 않는 한 u, h, s는 모두 단위 질량당이고 소문자 기호를 사용하고 비내부에너지 등에서 접두사 '비'를 생략한다고 가정한다.

한편 기브스에너지(Gibbs energy) G(때로는 기브스자유에너지라고도 함)는 화학반응이 자발적으로 일어나는 조건과 가능한 최대 일을 결정하는 데 매우 중요하다. 배터리에서 화학적 변화의 경우, 몰당 기브스에너지가 일반적으로 사용된다.

2.5.1 내부에너지

내부에너지 U의 개념은 열역학 제1법칙인 식 (2.17)에서 소개되었다.

$$\Delta U = Q + W$$

시스템의 내부에너지의 증가 또는 변화가 시스템으로의 열 흐름과 시스템에서 가해진 일을 더한 것과 같다고 명시한다. 그것은 에너지 보존에 대한 진술이다. 이상기체의 내부에너지는 온도의 함수일 뿐이다.

2.5.2 엔탈피

엔탈피는 아래와 같이 정의되며

$$h = u + pv \tag{2.20}$$

다음을 설명하는 데 유용하다(유도 2.1 참조).

(i) 일정한 압력에서의 열전달(예: 보일러 및 응축기에서) 또는 주변으로부터 일정한 압력

조건에서 화학반응에 의해 흡수된 열, 이 경우 엔탈피($h_2 - h_1$)의 변화는 열 입력 Q와 동일하다.

$$h_2 - h_1 = Q$$

예를 들어 탄소의 연소는 발열반응이며, 주어진 열량은 엔탈피의 감소인 $-\Delta H$와 같다.

$$C(graphite) + O_2(g) \rightarrow CO_2(g) \quad \Delta H = -393\ kJ\ mol^{-1}$$

(ii) 단열($Q = 0$) 압축 또는 팽창(예: 압축기 및 터빈에서) 시스템에서 수행된 알짜 일이 엔탈피의 변화와 동일한 이상적인 유체 흐름에서, 유체의 운동에너지 및 위치에너지의 변화가 무시될 수 있는 경우.

$$W = h_2 - h_1$$

(iii) 엔탈피가 일정하도록 아무런 작업도 수행되지 않는 팽창 밸브를 통한 유체의 통과.

$$h_1 = h_2$$

화학반응에서 특히 유용한데 일정 압력(일반적이고 실제적인 조건)에서 엔탈피 변화는 흡수된 열을 나타내기 때문이다. 엔탈피의 변화는 내부에너지 변화와 일정한 압력에서의 체적 변화(팽창 작업이라고 함)에 필연적으로 발생하는 일 에너지 변화를 모두 고려하기 때문이다.

유도 2.1

(a) 일정한 압력에서 기체에 의한 열의 흡수

일정한 외부 압력 p에서 피스톤 실린더에 포함된 단위 질량의 가스를 고려하자(그림 2.7). 열은 가스에 공급되거나(실린더의 외부를 가열함으로써) 화학반응을 통해 내부적으로 생성된다. 흡수되거나 발생된 열은 기체의 내부에너지를 변화시키며 팽창 작업을 수행한다.

체적을 $v + dv$에서 확장하려면 기본적 양인 열 $đQ$가 필요하다고 가정하자. 가스에 대한 일은 $đW = -pdv$이다. (일정한 압력에 대해 팽창하는 갇혀 있지 않은 가스에 대해서도 동일한 일이 수행된다.) 열역학 제1법칙(식 2.17)에 의해 내부에너지의 변화는 $du = đQ - pdv$에 의해

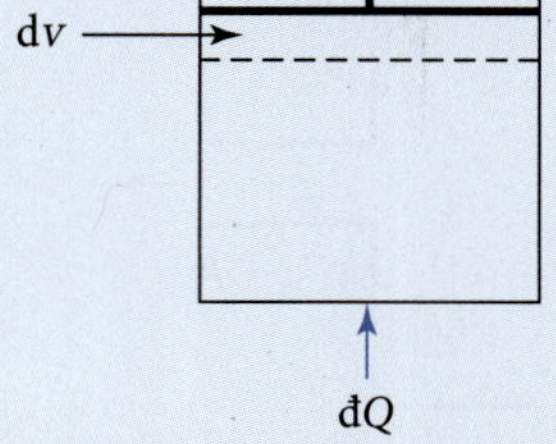

그림 2.7 실린더의 가스에 의한 열 흡수로 피스톤이 움직인다.

주어진다. p는 상수이므로 $p\mathrm{d}v = \mathrm{d}(pv)$를 넣고 $đQ$를 다음과 같은 형식으로 다시 쓸 수 있다.

$$đQ = \mathrm{d}u + \mathrm{d}(pv) = \mathrm{d}h$$

양변을 적분하면 일정한 압력에서 흡수된 총 열량이 엔탈피의 변화와 같음을 알 수 있다.

$$Q = h_2 - h_1$$

(b) 흐르는 유체의 단열 압축 또는 팽창

그림 2.8a는 유입구 A에서 유출구 B로 유체가 이동하고, 유체에 잠긴 터빈축을 회전시켜 유체에 대한 일이 이루어지는 과정을 나타낸다. (우리는 유체의 운동 및 위치 에너지의 변화를 무시한다.) 압력이 A에서 p_1이고 B에서 p_2라고 가정한다. A에서 체적 v_1을 통해 유체의 단위 질량을 이동시키는 일은 p_1v_1이고 B에서 체적 v_2를 통해 $-p_2v_2$이다. 따라서 유체에서 수행되는 알짜 일은 $(p_1v_1 - p_2v_2)$이다. 터빈이 압축하여 유체에 가하는 일이 W_t인 경우 시스템에서 수행되는 총 일은 다음과 같다.

$$W = W_t + (p_1v_1 - p_2v_2)$$

열역학 제1법칙(식 2.17)에서 $Q = -W + \Delta u$이다. 여기서 Q는 시스템으로의 열 흐름이다. 단열 과정의 경우 $Q = 0$이므로 $W_t = (p_2v_2 - p_1v_1) + u_2 - u_1 = \Delta h$, 또는

$$W_t = h_2 - h_1$$

단열적으로 물을 압축할 때($\Delta s = 0$) 그 부피는 거의 변하지 않으며 온도와 내부에너지는 매우 적은 양만 변하므로 좋은 근사로 $v_1 = v_2$ 및 $u_1 = u_2$가 된다. 압축 일은 다음과 같이 주어진다.

$$W_t = (p_2 - p_1)v_2$$

팽창 밸브가 터빈으로 대체된 경우, 압력이 떨어지지만 일은 수행되지 않고, 이상적으로 열 흐름이 없을 것이다(그림 2.8b 참조). 위에서 $\Delta h = 0$이므로 이 단열 확장의 경우

$$h_1 = h_2$$

이다.

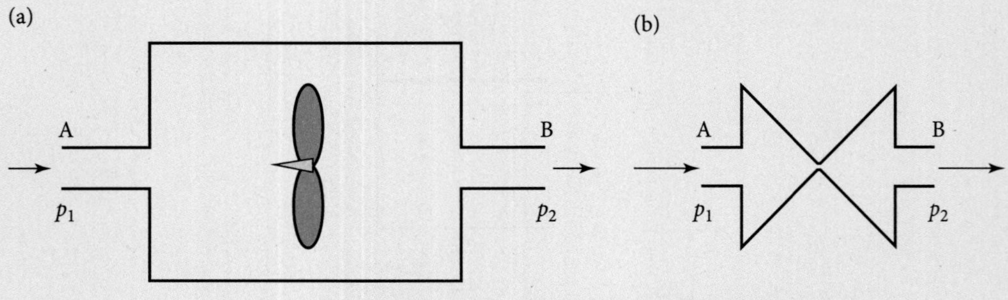

그림 2.8 (a) 터빈을 지나는 유체의 흐름; (b) 팽창 밸브를 통한 흐름

2.5.3 엔트로피

엔트로피의 개념은 열역학 제2법칙에서 비롯된다. 그것은 에너지가 시스템에 얼마나 잘 분포되어 있는지를 측정하고 시스템이 어떻게 진행할 것인지를 결정한다. 본질적으로 시스템이 한 상태에서 다른 상태로 변경될 수 있는 두 가지 유형의 과정이 있다. 즉, **가역 과정**과 **비가역 과정**이다. 가역 과정에서 시스템과 주변 환경 모두 원래 상태를 회복할 수 있으며 시스템을 매우 천천히 변경하여 과정 전체에서 준-정적 열평형 상태를 유지함으로써 이를 달성할 수 있다. 그러나 비가역 과정에서 시스템과 주변 환경은 원래 상태로 돌아갈 수 없는 방식으로 변경된다(예: 스크램블 에그). 온도 T에서 열이 시스템으로 유입되면 시스템의 에너지가 증가하고 더 분산된다. 엔트로피의 변화는 다음과 같이 주어진다.

$$\Delta S = \frac{\Delta Q_{\text{rev}}}{T} \tag{2.21}$$

여기서 ΔQ_{rev}는 절대온도 T에서 시스템에 가역적으로 공급되는 열이다. 따라서 가역 단열 과정에서 엔트로피에는 변화가 없다.

가역 과정에서 시스템과 그 주변의 엔트로피의 총 변화는 0이다. 반면에 비가역 과정에서 엔트로피의 순 증가가 있다. 제2법칙은 다음과 같이 나타낼 수 있다.

$$\Delta S \geq 0$$

완전한 카르노 사이클에 대한 엔트로피의 변화는 없으므로 T_1에서의 열 흡수는 Q_1/T_1의 엔트로피 증가를 유발하여 열 방출로부터 엔트로피 $-Q_2/T_2$(주의: Q_2는 음수임)의 감소와 동일하다. 그러므로

$$-Q_2/Q_1 = |Q_2|/|Q_1| = T_2/T_1$$

이다. 이로부터 식 (2.18)을 사용하여 **카르노 효율**(Carnot efficiency)을 $\eta_C = 1 - |Q_2|/|Q_1| = 1 - T_2/T_1$과 같이 얻는다. 가역성의 개념은 실제로 달성할 수 없는 이상화라는 것에 주의해야 한다.

마이크로 수준에서 용기 내 기체 분자는 띄엄띄엄한 에너지 준위를 갖는 양자역학적 상태(마이크로 상태)를 차지한다. 가스의 엔트로피는 입자의 에너지가 볼츠만 관계에 의해 다른 마이크로 상태에 할당될 수 있는 방법의 수에 의해 결정된다. (여기서 k는 볼츠만 상수로 k_B라고도 표시된다.)

$$S = k \ln W \tag{2.22}$$

시스템의 내부에너지는 $U = \sum_i n_i \varepsilon_i$이고, 여기서 n_i는 에너지 ε_i에 있는 상태의 입자 수이다. U의 변화는 다음 식으로 주어진다.

$$dU = \sum_i \varepsilon_i dn_i + \sum_i n_i d\varepsilon_i$$

여기서 첫 번째 항은 $đQ = TdS$이고 두 번째 항은 $đW$에 해당한다. 엔트로피는 열이 가해질 때 n_i가 변함에 따라 증가하지만, 일이 추가될 때는 n_i가 일정하기 때문에 변하지 않는다. 메탄이 공기 중에서 연소되면 반응에서 방출되는 에너지가 열로 이산화탄소와 물 분자로 전달되므로 엔트로피가 증가한다. 엔트로피 증가의 다른 예로는 얼음이 녹거나 화학물질이 물에 녹는 경우이다. 우리는 기브스(Gibbs) 함수를 통해 엔트로피와 엔탈피의 변화를 결합하는 것이 화학 반응을 설명하는 데 매우 유용하다는 것을 알게 될 것이다(2.7절 참조). 그 전에 먼저 열역학적 과정에서 사용할 수 있는 최대 일과 이것이 엔트로피 생성과 어떻게 관련되어 있는지 고려할 것이다.

2.6 최대 가용 일: 엑서지

임의의 가역 등온 과정에서 유체 및 열원과 열싱크의 온도는 동일하다. 실제로 이 조건은 열 흐름(따라서 출력)이 매우 작을 때만 근사된다. 실질적으로 유용한 열 흐름은 상당한 온도차를 필요로 하며 이러한 온도 차이는 수행할 수 있는 일을 감소시킨다. 사용 가능한 최대 일량을 **엑서지**(exergy) X라고 하는데, 이는 시스템과 그 주변 환경 모두의 속성이다.

온도차 $(T_1 - T_2)$를 가로지르는 열 Q의 전달에서 초기 엑서지는 카르노 효율에 의해 다음과 같이 주어진다.

$$X = Q(1 - T_a / T_1) \tag{2.23}$$

주변 온도가 T_a일 때 수행할 수 있는 최대 일이다. 마찬가지로 최종 엑서지는 $Q(1 - T_a/T_2)$이다. 이 열전달에서 엑서지의 감소는 $T_a(Q/T_2 - Q/T_1)$이다. 이 과정에서 엔트로피 생성은 $\Delta S = (Q/T_2 - Q/T_1)$에 의해 주어지므로 감소는 $T_a\Delta S$와 같다.

일반적으로 엑서지의 감소는 엔트로피의 생성과 관련이 있다. 가능한 최대 일에 대한 실제 일의 비율은 엑서지 효율이다. 시스템과 그 주변을 구성하는 프로세스의 엑서지 효율을 분석하면 열역학적 손실이 가장 큰 곳을 파악 할 수 있다. 예를 들어 전기 저항 공간 히터를 생각해 보자.

입력 엑서지는 전기에너지가 전적으로 (원칙적으로) 일로 변환될 수 있기 때문에 히터에서 소산되는 전기에너지 E_h와 동일하다. 출력은 주변 온도(T_a)보다 약 30°(T_{heated}) 차이로 가열된 공기이다. 에너지 효율은 100%에 가깝지만 거의 모든 전기에너지가 가열된 공기의 열에너지로 변환되기 때문에 엑서지 효율은 훨씬 작다.

일을 수행하기 위해 따뜻한 공기에서 열을 추출하면 공기의 온도가 떨어진다. 공기가 온도 T를 가질 때 소량의 열 δq에서 최대 일은 카르노 효율에 의해 $\delta q(1 - T_a/T)$로 주어진다. 유도 2.2에서 볼 수 있듯이 E_h가 추출된 후 얻을 수 있는 총 일은 $E_h(1 - T_a/T_{ln})$이며, 여기서 T_{ln}은 대수 평균 온도이고 $\sim 0.05E_h$이므로 엑서지 효율은 ~5%에 불과하다.

유도 2.2 가열된 공기의 엑서지

초기에 T_i에서 그리고 마지막으로 주변 온도 T_a의 공기로부터 추출할 수 있는 총 일량은 T_i에서 T_a까지의 $\delta q(1 - T_a/T)$의 적분에 의해 주어진다. 추출된 열 $đq = -c\mathrm{d}T$ 및 $E_h = c(T_i - T_a)$임에 유의하라. 여기서 c는 공기의 비열(가상 상수)이다. 그래서

$$W = -\int_{T_i}^{T_a} c\left(1 - \frac{T_a}{T}\right)\mathrm{d}T = c\left(T_i - T_a\right) + cT_a \ln\left(\frac{T_a}{T_i}\right)$$

따라서

$$W = E_h\left(1 - \frac{T_a}{T_{ln}}\right), \text{여기서 } T_{ln} = (T_i - T_a)/(\ln T_i - \ln T_a)$$

T_i = 318 K(45°C) 및 T_a = 288 K(15°C)의 경우, T_{ln} = 302.8 K 및 $W = 0.049E_h$이다.

열역학적으로 공간 가열은 이상적인 공정에 대해 100% 엑서지 효율로 달성될 수 있으며, 이는 이상적인 히트펌프(5.2절 참조)와 함께 이루어질 것이다. 실제로 히트펌프는 30도 온도 차이에 대해 이상적인 열기관의 50%에 근접한 성능, 즉 50%의 엑서지 효율을 가질 수 있다. 우리는 엑서지 효율이 에너지 효율보다 훨씬 더 유용한 척도가 될 수 있다는 것을 안다.

또 다른 예로, 주변 온도가 288 K인 850 K과 300 K 사이에서 작동하는 열 증기 발전소를 고려하자. 발전소의 전체 에너지 효율은 ~33%이며 손실된 열에너지의 대부분은 300 K 응축기에서 주변으로 배출된다. 이것은 전체 연료 열에너지 입력의 상당부분이지만, 열이 주변 온도에 가깝게 전달되기 때문에 작은 엑서지 값만 갖는다. 엑서지의 가장 큰 손실은 보일러로의 열전달과 화석연료의 연소에서 발생하며, 화석연료의 경우 약 1300 K의 온도에서 발생한다.

엑서지 효율은 중요하지만 실제 상황에서는 비용도 고려해야 한다. 예를 들어 화력 발전소에서는 합리적인 양의 열 흐름에 대해 온도 차이가 필요하므로 동일한 출력 전력을 유지하면서 엑서지 효율을 향상시키기 위해서는 더 큰 열전달 면적, 즉 더 크고 더 비싼 열교환기가 필요하다. 따라서 연료와 열교환기의 상대 비용에 따라 달라지는 열교환기의 크기에 대한 절충안이 있다. 연료 비용이 비교적 적을 때 화력 발전소는 최대 전력을 위해 최적화되는 경향이 있다(3.14절 참조).

2.7 화학반응들: 기브스에너지와 즉각 반응들

열역학 제2법칙의 진술은 모든 실제 과정이 총 엔트로피를 증가시키는 방식으로 진행된다는 것을 의미한다. 화학 공정에서 총 엔트로피의 변화 ΔS_t는 반응 시스템의 엔트로피의 변화 ΔS와

주변의 엔트로피 ΔS_s의 합과 동일하며, 이 값이 증가할 경우 반응이 일어난다는 것을 의미한다.

$$\Delta S_t = \Delta S + \Delta S_s > 0 \tag{2.24}$$

일정한 압력에서 주변으로부터 반응 시스템에 의해 흡수되는 열은 반응에서 엔탈피 ΔH의 변화이다. 이 열의 흐름은 주변의 엔트로피를 $\Delta S_s = -\Delta H/T$로 변화시킨다. 여기서 T는 시스템 및 주변 환경의 온도이다. 따라서 식 (2.24)로 표현된 조건은 다음과 같다.

$$T\Delta S - \Delta H > 0 \tag{2.25}$$

즉, 반응 시스템($T\Delta S$)의 엔트로피 변화에 의해 시스템에서 생성된 열은 주변으로부터 흡수된 열보다 적어야 한다. 시스템의 **기브스에너지** G는 다음과 같이 정의된다.

$$G = H - TS \tag{2.26}$$

따라서 일정한 압력과 온도 조건에서 반응이 자발적으로 일어나는 조건은 다음과 같다(T가 절대온도로 양수이기 때문에).

$$\Delta G = \Delta H - T\Delta S < 0 \tag{2.27}$$

반응이 발열($\Delta H < 0$)이고 생성물의 엔트로피가 반응물($\Delta S > 0$)보다 높으면 반응은 항상 자발적이지만 반응이 흡열되고 엔트로피가 감소할 때 자발적이지 않다. ΔH와 ΔS가 양수이거나 둘 다 음수인 경우 반응이 진행될지는 주변에서 흡수된 열의 상대적 크기와 반응의 엔트로피 변화 때문에 생성된 열에 따라 달라진다.

예를 들어 1 bar의 압력과 298 K의 온도에서 액체에서 기체로의 물의 상변화를 고려하자. 액체상에서 물 분자를 함께 유지하는 결합을 분해하는 데 에너지가 필요하며, 이 증발 잠열은 엔탈피의 변화에 의해 주어진다: 1 bar 및 298 K, $\Delta H^0 = 44.1\ \text{kJ mol}^{-1}$. 엔트로피 변화는 물이 액상보다 기상에서 더 무질서하고 $\Delta S^0 = 0.119\ \text{kJ K}^{-1}\ \text{mol}^{-1}$이지만 $T\Delta S^0$가 ΔH^0보다 클 정도로 충분하지 않기 때문에, 기브스에너지 ΔG^0의 변화가 8.64 kJ mol^{-1}의 양의 값을 갖는다. 따라서 1 bar와 298 K에서 물은 액체에서 기상으로 자발적으로 변하지 않는다. (표준상태 기호 ^{0}는 표준조건, 즉 1 bar 압력을 의미하지만, 특정지어져야 하는 온도 또는 상에 대해서는 아무것도 의미하지 않는다.)

2.7.1 평형상태에서의 반응과 르샤틀리에 원리

우리는 물(증기)-가스 이동반응에서 순반응과 역반응률이 동등할 때, 즉 ΔH^0 및 ΔS^0의 온도에 따른 변화를 무시하고 동일한 양의 반응물 및 생성물에 대해 평형상태에 있다고 한다. 이때 1 bar일 때의 온도를 추정할 수 있다.

$$CO + H_2O \leftrightarrow CO_2 + H_2 \tag{2.28}$$

즉, $\Delta G = \Delta H^0 - T\Delta S^0 = 0$이 되도록 T를 찾는다. 1 bar 및 298 K에서 $\Delta H^0 = -41.1\ \text{kJ mol}^{-1}$

및 $\Delta S^0 = -0.042$ kJ mol^{-1}이므로, 이것은 관찰된 온도 ~1080 K에 가까운 $T = 980$ K을 예상한다. 이 온도 이상에서 반응은 CO 및 H_2O의 생성이 증가할 것이고, 이에 상당한 H_2 및 CO_2의 양은 감소할 것이다. 이로 인해 기체의 농도 변화가 $\Delta G = 0$에 해당하고 평형에 도달할 때까지 ΔG가 감소하게 된다.

따라서 평형상태의 발열반응 시 일정한 압력에서 온도가 상승하면 반응물이 유리하다. 이것은 열역학 제2법칙에 의해 주어진 기브스에너지의 변화에 대한 위의 논의에서 나온 중요한 규칙(르샤틀리에 원리, Le Chatelier's principle)의 한 예이며, "평형상태의 반응이 교란되면 평형은 교란을 감소시키는 방향으로 변경된다".

2.7.2 화학반응에서의 최대 일

화학반응에서 기브스에너지 $-\Delta G$의 감소는 또한 반응에서 얻을 수 있는 최대량의 비팽창 일을 제공한다(유도 2.3 참조). 수소 연료 전지(11.4.3절 참조)에서 전반적인 반응은 다음과 같다.

$$H_2 + \frac{1}{2}O_2 \rightarrow H_2O, \quad \Delta H^0 = -285.8 \text{ kJ mol}^{-1} \tag{2.29}$$

몰수가 감소하고 생성물이 액체이기 때문에 가스의 엔트로피는 이 과정에서 감소한다. 가역 과정에서 전체 시스템, 반응물 및 주변 환경의 엔트로피는 일정하게 유지된다. 결과적으로 1 bar 압력에서 $-T\Delta S^0$와 동일한 열이 주변으로 전달되며, 여기서 ΔS^0는 가스의 비엔트로피 변화, 즉 주변 엔트로피는 시스템의 엔트로피가 감소하는 것과 같은 양만큼 증가한다. 전기에너지로 사용할 수 있는 에너지의 양은 기브스에너지 $-\Delta G^0$의 감소이다. 여기서

$$\Delta G^0 = \Delta H^0 - T\Delta S^0 = (-258.8 + 48.7) = -237.1 \text{ kJ mol}^{-1} \tag{2.30}$$

따라서 기브스에너지는 화학반응에서 이용 가능한 최대 작업량과 반응이 자발적으로 발생하는 조건을 결정하기 때문에 매우 중요한 양이다.

유도 2.3 반응에서 팽창이 없는 최대 일

우리는 일정한 온도와 압력에서 일어나는 화학반응을 고려할 것이다. 예를 들어 기브스에너지 dG의 변화는 다음과 같이 주어진다.

$$\begin{aligned} dG &= dH - d(TS) \\ &= dU + d(pV) - d(TS) \\ &= dQ + đW + pdV - TdS \end{aligned}$$

p와 T는 일정하다. 반응은 가역적이기 때문에 $đQ = TdS$ 및 $đW = -pdV + đW_{add}$, 여기서 $đW$는 팽창 일과 전기에 의한 일과 같은 추가 일로 구성된다. $đQ$ 및 $đW$를 대체하면 다음을 얻을

수 있다.

$$dG = đW_{\text{add}}$$

따라서 시스템에서 가해지는 추가 일은 기브스에너지의 증가 또는 변화이며, 이는 일정한 p 및 T에서의 반응으로부터 얻을 수 있는 최대 일이 기브스에너지 $-\Delta G$의 감소라는 진술과 동일하다.

2.7.3 기브스에너지의 농도에의 의존

부피 V의 용액에서 화합물의 경우 상이한 분자의 분압 p_i는 $p_i = (n_i/V)RT = c_i RT$에 의한 농도 c_i와 관련이 있다. 반응에서 농도, 따라서 분압이 변한다. 우리는 $pV = nRT$인 이상 기체의 팽창을 고려하여 기브스에너지의 변화에 대한 표현을 찾을 수 있다. 이상기체 n몰이 일정한 온도에서 p_1에서 p_2로 압력을 변화시킬 때 기브스 함수의 변화는 다음과 같이 주어진다.

$$\Delta G = \int_{p_1}^{p_2} \frac{nRT}{p} \mathrm{d}p = nRT \ln\left(\frac{p_2}{p_1}\right)$$

이것은 가스에 대한 $\mathrm{d}G = V\mathrm{d}p - S\mathrm{d}T$에서 따른다. p_1을 표준 압력 p^0로 1 bar로 사용하면 다음과 같다.

$$G_2 = G^0 + nRT \ln(p_2/p^0)$$

용액에서 다른 분자의 분압 p_i는 농도 c_i에 비례하기 때문에 각 화합물의 기브스에너지는 다음과 같이 유추할 수 있다.

$$G_i = G_i^0 + nRT \ln(c_i/c^0)$$

여기서 표준상태 c^0의 농도는 종종 1몰로 취해진다. 몰당 기브스에너지는 화학 포텐셜 μ이므로 용액에서 화합물의 화학 포텐셜은 다음과 같다.

$$\mu_i = \mu_i^0 + RT \ln(c_i/c^0) \tag{2.31}$$

주의: 이것은 이상기체에서처럼 용액 내 분자들 사이의 상호작용이 무시될 수 있는 충분히 낮은 농도에서만 유지된다. 단, 이 식은 활동도라고 불리는 유효 농도에서는 적용되지 않는다.

아래 화학반응을 고려해 보자.

$$\mathrm{A} + 2\mathrm{B} \leftrightarrow 2\mathrm{C} + \mathrm{D} \tag{2.32}$$

이것은 $\sum_i \nu_i \mathrm{N}_i = 0$ 형식으로 쓸 수 있다. 여기서 $\nu_\mathrm{A} = -1$, $\nu_\mathrm{B} = -2$, $\nu_\mathrm{C} = 2$, $\nu_\mathrm{D} = 1$이다. 1몰의 A와 2몰의 B가 반응할 때, 반응물 1몰당 기브스자유에너지의 결과 변화 ΔG는

$$\Delta G = \sum_i \nu_i \mu_i \tag{2.33}$$

초기 농도 c_i가 c_A, c_B, c_C, c_D인 경우, 식 (2.31)을 사용하여 변화 ΔG는 다음과 같이 주어진다.

$$\Delta G = \sum_i \nu_i [\mu_i^0 + RT\ln(c_i/c^0)] = \sum_i [\nu_i \mu_i^0 + RT\ln(c_i/c^0)^{\nu_i}] \tag{2.34}$$

이것은 다음과 같이 다시 표현될 수 있다.

$$\Delta G = \Delta G^0 + RT\ln Q \tag{2.35}$$

여기서 반응지수 Q는 $Q = \dfrac{a_C^2 a_D}{a_A a_B^2}$에 의해 식 (2.32)에 대해 주어지며, 여기서 충분히 낮은 농도에 대한 활동도는 $a_x = c_x/c^0$이고, 그리고 ΔG^0에 의해

$$\Delta G^0 = -RT\ln K \tag{2.36}$$

여기서 평형상수인 K는 반응이 평형상태에 있을 때 반응지수 Q의 값이다.

2.7.4 화학반응률과 촉매

기브스에너지의 변화가 음수이면 일정한 압력과 온도의 조건에서 화학반응이 자발적으로 발생한다. 그러나 반응속도는 반응물의 온도와 압력 및 반응 메커니즘에 따라 달라진다. 간단한 메커니즘을 가진 반응 예는 다음과 같다.

$$NO_2 + CO \leftrightarrow NO + CO_2$$

순방향 반응의 경우, NO_2와 CO 분자가 충돌할 확률은 농도 $[NO_2][CO]$의 곱에 비례한다. NO_2와 CO 분자가 가까워짐에 따라 이들 사이의 상호작용은 처음에는 척력이 작용하고 그런 다음 인력이 작용한다. 반응이 일어나기 위해 극복해야 할 잠재적 장벽이 있다. 이 장벽의 높이를 전방 활성화 에너지 E_{fA}라고 한다. 분자가 상호작용할 확률에 대한 추정치는 장벽을 극복하기에 충분한 운동에너지를 가질 확률이며, 이는 가스의 온도에 따라 $\exp(-E_{fA}/k_B T)$로 결정된다. 여기서 k_B는 볼츠만 상수이다. 전체 순방향 반응속도 dR_f/dt는 다음과 같이 주어진다.

$$dR_f/dt = k[NO_2][CO]$$

여기서 k는 **속도 상수**이고 이 모델에서 $k = A\exp(-E_{fA}/k_B T)$에 의해 주어지며, A는 분자의 직경과 상대속도에 의해 결정되며 $T^{1/2}$에 비례한다. 과도상태 모델에서 반응은 활성화 에너지 E_{fA}(즉, 포텐셜 장벽의 꼭대기에 있음)에서 일시적인 상태를 형성하는 두 분자에 의해 진행된다. NO_2 + CO를 형성하는 NO + CO_2의 역반응 E_{rA}에 대한 활성화 에너지는 더 높으며, 그 차이는 반응의 엔탈피 변화 $E_{fA} - E_{rA} = \Delta H$와 같다.

촉매를 사용하여 반응물을 모으고 더 낮은 활성화 에너지를 갖는 경로를 제공함으로써 반응을 가속화할 수 있다. 예를 들어 반응을 통해 메탄올의 형성을 촉진하기 위해 구리와 같은 금속을 사용하는 것이다.

$$3H_2 + CO_2 \rightarrow CH_3OH + H_2O$$

촉매 표면의 수소 분자와 금속 원자의 상호작용은 금속 원자에 결합된 수소 원자 H_2 + 2Cu → 2Cu-H를 발생시킨다. 이 반응성 수소 원자는 표면의 인접한 금속 원자에 결합하여 (일련의 중간 반응을 통해) 메탄올을 형성하는 이산화탄소 분자와 결합한다.

둘 다 촉매에 결합될 때 수소와 이산화탄소의 반응에서 활성화 에너지는 분리된 수소와 이산화탄소 분자가 상호작용할 때보다 낮다. 촉매는 낮은 활성화 에너지로 반응이 일어나기 위한 대안적인 경로를 제공한다. 촉매는 공정에서 소비되거나 화학적으로 변하지 않는다.

2.7.5 연소

화석연료의 경우 중요한 화학반응은 **연소**의 화학반응이다. 이것은 물질과 산소의 반응이며, 내연기관, 가스터빈 및 화석연료 또는 바이오연료 연소 발전소에서와 같이 많은 열 엔진에 에너지를 제공한다. 예를 들어 천연가스의 주성분인 메탄의 연소가 있다.

$$CH_4 + 2O_2 \rightarrow CO_2 + 2H_2O(\ell) \quad \Delta H^0 = -889 \text{ kJ mol}^{-1} \tag{2.37}$$

반응은 발열반응이며 표준 조건(1 bar, 298 K)에서 H_2O는 액체이다. 연소열은 $-\Delta H^\circ$이며 고위발열량(higher heating value, HHV)이라고 한다. 많은 실제 응용에서 연소의 가스 생성물은 100°C 이상이고 H_2O는 증기이며, 이러한 조건에서 방출되는 에너지는 본질적으로 물의 증발 잠열에 의해 작다(방출된 현열이 작기 때문에). 이 낮은 값을 저위발열량(lower heating value, LHV)이라고 하며 다음과 같이 HHV와 관련이 있다.

$$\text{HHV} = \text{LHV} + n \times 44 \text{ kJ mol}^{-1} \tag{2.38}$$

여기서 n은 1몰의 연료의 연소에서 응축된 물의 몰수이다.

식 (2.37)의 메탄의 연소에서 원자의 결합은 메탄의 4개의 C—H 결합과 산소의 2개의 이중 O=O 결합에서 이산화탄소의 2개의 이중 C=O 결합과 물의 4개의 O—H 결합으로 바뀌었다. 결합의 수(이중결합을 2개의 결합으로 계산)는 연소 전후에 동일하며 방출된 에너지(연소열)는 이러한 결합에너지의 차이에서 비롯된다.

O=O의 결합에너지는 C=O의 결합에너지보다 306 kJ mol^{-1}만큼 작고, 2개의 C—H 결합은 H_2O의 2개의 O—H 결합보다 110 kJ mol^{-1}만큼 작다. 이것은 메탄에 대해 약 832 kJ mol^{-1}의 추정치를 제공할 것이며, 889 kJ mol^{-1}의 실제 값에 상당히 가깝고, 연소열에 대한 주요 기여는 산소의 상대적으로 약한 이중결합에서 비롯되며 나머지는 연료의 C—H 결합에 비해 물의 강한 O—H 결합에서 비롯된다는 것을 보여 준다.

이 모델은 일반적인 유기 화합물 $C_cH_hO_o$의 연소열을 예측하기 위해 일반화될 수 있다. HHV의 공식은 다음과 같다.

$$\text{HHV} = -418(c + 0.3h - 0.5o) \text{kJ mol}^{-1} \tag{2.39}$$

많은 유기 화합물(표준 편차 3.1%)에 대해 좋은 예측값을 제공한다. 418을 곱하는 괄호 안의 인자는 대략 연료 분자당 연소되는 O_2 분자의 수이다.

비슷한 분석에 따르면 이 공식은 탄소, 수소, 산소뿐만 아니라 질소를 포함하는 화합물에도 적용될 때 좋은 근사치임을 보여 준다. 예를 들어 암모니아의 연소에서,

$$4NH_3 + 3O_2 \rightarrow 2N_2 + 6H_2O \quad \Delta H^0 = -1531\,kJ \tag{2.40}$$

식 (2.39)를 적용하면 실험값의 2% 이내에서 ΔH^0 = −1505 kJ(주의: 방정식의 왼쪽에 4개의 NH_3 분자가 있음)을 예측한다.

예제 2.3

휘발유(가솔린)의 주성분인 옥탄의 LHV와 옥탄 1 kg이 연소할 때 생성되는 이산화탄소의 질량을 추정하라.

옥탄의 연소는 다음의 반응으로 표현된다.

$$C_8H_{18} + 12.5O_2 \rightarrow 8CO_2 + 9H_2O$$

식 (2.41)로부터 HHV = −418(8 + 18 × 0.3) = 5601 kJ mol^{-1}이다. LHV는 식 (2.40)에 의해 HHV − 44 × 9 = 5205 kJ mol^{-1}로 주어진다. 옥탄의 분자량은 (8 × 12 + 18) = 114 g이다. 따라서 LHV = 45.7 MJ kg^{-1}은 측정값 44.4 MJ kg^{-1}과 유사하다. 즉, 3% 오차를 보인다.

연소를 설명하는 방정식에서 114 kg의 옥탄은 (8 × 44) = 352 kg의 CO_2를 생성하므로, 1 kg은 3.09 kg의 CO_2 또는 0.84 kg의 탄소를 생성한다. (주의: C와 CO_2 배출량 사이의 인자 3.67에 유의하라.)

2.8 유체의 기본 물리적 특성

2.4, 2.5, 2.6절에서는 각 장치와 관련된 유체 흐름에 대한 자세한 지식 없이 기본 열역학 원리를 사용하여 보일러, 응축기, 터빈의 에너지 전달 과정을 설명할 수 있음을 보였다. 그러나 수력, 파력, 풍력 등에서의 에너지 변환 과정을 이해하기 위해서는 유체역학에 대한 기본적인 지식이 필수적이다.

2.8.1 유체의 거시적 물리적 특성

밀도(ρ). 유체의 단위 부피당 질량. 달리 명시되지 않는 한 책 전체에서 유체의 밀도가 일정하다고 가정한다(**비압축성 흐름**이라고 함). 유체 운동으로 인한 압력의 변화(예제 2.6 참조)는 대기압과 비교하여 작다. 밀도의 단위는 kg m^{-3}이다(T = 20°C, p = 1 atm에서 $\rho_{water} \approx 10^3$ kg m^{-3} 및 $\rho_{air} \approx 1.2$ kg m^{-3}).

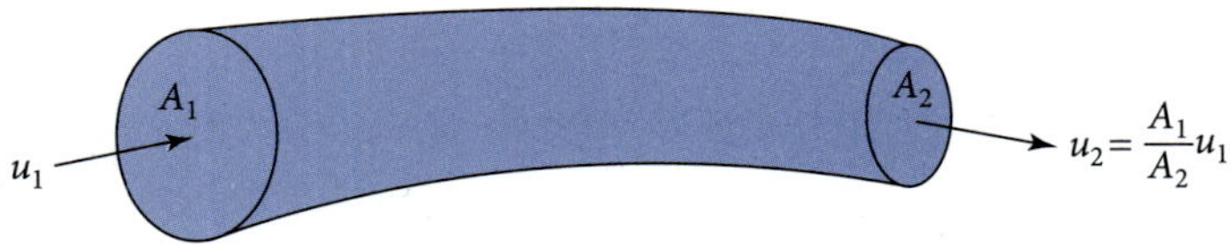

그림 2.9 유관(ρ는 일정)

압력(p). 유체의 단위 면적당 힘. 압력은 유체에 잠긴 몸체의 표면에 수직인 방향으로 작용한다. 압력의 단위는 파스칼(Pa)이다(1 Pa = 1 N m^{-2}; 1 atm ≈ 1 bar = 10^5 Pa).

점성. 유체 내의 인접한 요소들 사이의 상대 운동으로부터 발생하는 유체 내의 내부 마찰로 인한 단위 면적당 힘. 점성력은 흐름에 잠긴 몸체의 표면에 접선 방향으로 작용한다(2.11절 참조).

2.9 유선과 유관

속도장을 시각화하는 데 유용한 개념은 유체의 모든 지점에서 운동 방향에 평행한 **유선**(streamline) 집합을 상상하는 것이다. 유체 내의 모든 질량 요소는 인접한 유선에 의해 경계지어지는 개념적인 **유관**(stream-tube)을 따라 흐른다(그림. 2.9 참조). 실제로 유체에 작은 입자를 주입하여 유선을 시각화할 수 있다. 예를 들어 연기는 **풍동**(wind tunnel)에서 날개, 터빈 블레이드, 자동차, 건물 등의 흐름을 조사하는 데 사용될 수 있다.

2.9.1 질량 보존

유체역학의 기본 법칙 중 하나는 **질량 보존**(**질량 연속성**이라고도 함)이다. 일정한 속도장에서 유관을 따라 흐르는 흐름을 고려하자. 임의의 지점에서 유체 속도와 유관의 단면적이 각각 u와 A라고 가정하자. 정의상 흐름의 방향은 유관의 경계와 평행하므로 유체는 유관에 국한되고 초당 질량 흐름은 유관을 따라 일정하다. 그러므로

$$\rho u A = \text{일정} \tag{2.41}$$

따라서 유체의 속도는 유관의 단면적에 반비례한다(예제 2.4 참조).

예제 2.4 유선상의 유동

비압축성 이상유체가 직경 0.1 m의 수축관이 삽입된 직경 1 m의 파이프를 통해 1 m s^{-1}의 속도로 흐른다. 수축관 내부의 유체의 속도는 얼마인가?

$\rho_1 = \rho_2$를 넣고 식 (2.39)를 사용하면 $u_1 A_1 = u_2 A_2$ 또는

$$u_2 = u_1 \frac{A_1}{A_2} = \left(1\,\text{m s}^{-1}\right) \times \left(\frac{1}{0.1}\right)^2 = 100\,\text{m s}^{-1}$$

2.10 이상유체의 에너지 보존: 베르누이 방정식

많은 실제 상황에서 점성효과는 유동장의 대부분 영역에 걸쳐 작용하는 중력 및 압력 구배로 인한 효과보다 훨씬 작다. 우리는 이 영역에 대해서는 좋은 근사치로 점도를 무시하고 유체에서 **에너지 보존**에 대한 **베르누이 방정식**(또는 **베르누이의 정리**)으로 알려진 방정식을 유도할 수 있다. 일정한 흐름에 대해 베르누이 방정식은 다음과 같다(베르누이 방정식의 증명은 유도 2.4 참조).

$$\frac{p}{\rho}+gz+\frac{1}{2}u^2=\text{일정} \tag{2.42}$$

정지 유체의 경우 유체의 모든 곳에서 $u = 0$이며 식 (2.42)는 다음과 같이 단순화할 수 있다.

$$\frac{p}{\rho}+gz=\text{일정} \tag{2.43}$$

식 (2.43)은 정적 수압에 대한 방정식이다. 주어진 깊이 z의 유체가 모두 동일한 압력 p에 있음을 보여 준다(예제 2.5 참조).

예제 2.5 수압

호수 표면의 대기압이 10^5 N m^{-2}이다. 물이 정지해 있다고 가정하면, 수심 10 m에서의 압력은 얼마인가? ($\rho_{\text{water}} = 10^3$ kg m^{-3}, $g = 10$ m s^{-2}라고 가정한다.)

식 (2.43)에서 우리는 $p_1/\rho + gz_1 = p_2/\rho + gz_2$임을 알고 있다. $z_1 = 0$에서 $p_1 = 10^5$ N m^{-2}, $z_2 = -10$ m에서 $p_2 = p_1 - \rho g(z_2 - z_1) = 10^5 - (10^3)(10)(-10) = 2 \times 10^5$ N m^{-2}를 갖는다.

베르누이 방정식의 중요성은 속도가 증가함에 따라 움직이는 유체의 압력이 감소한다는 것을 보여 준다. 이 효과의 실질적인 중요성은 예제 2.6 및 문제 2.32~2.34에 설명되어 있다.

예제 2.6 공기 압력에 미치는 바람의 영향

고정된 공기의 압력이 10^5 N m^{-2}라고 가정하고, 20 m s^{-1}의 바람에 의한 압력의 백분율 변화를 계산하라. $\rho_{\text{air}} \approx 1.2$ kg m^{-3}이라고 가정한다.

식 (2.42)로부터 $p_1/\rho+\frac{1}{2}u_1^2=p_2/\rho+\frac{1}{2}u_2^2$와 같다. 압력의 변화는 $p_2-p_1=\frac{1}{2}\rho(u_1^2-u_2^2)=-\frac{1}{2}(1.2)(20)^2=-2.4\times10^2$ N m^{-2}로 주어진다. 따라서 백분율 변화 압력은 $-(2.4\times10^2)/(10^5)\times100\approx-0.24\%$이다.

유도 2.4 정상 유동에서의 베르누이 방정식

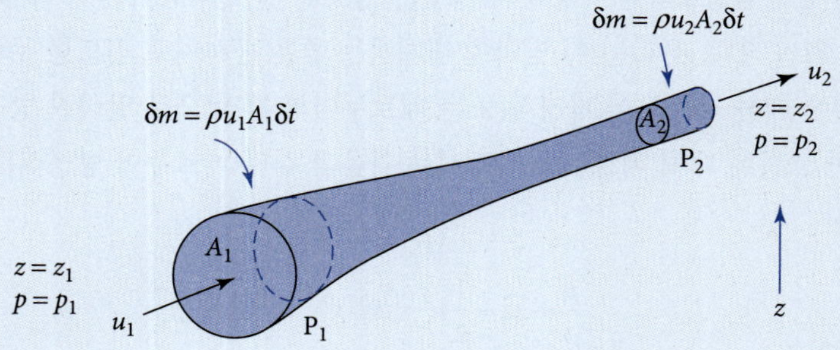

그림 2.10 베르누이 방정식의 제어 체적

그림 2.10에 도시된 제어 체적에서 이상적인 유체의 정상 흐름을 생각해 보자.

임의의 지점에서의 높이, 단면적, 속도, 압력은 각각 z, A, u, p로 표시된다. z_1과 z_2 사이의 유체 질량 δm의 중력에 의한 위치에너지의 증가는 $\delta mg(z_2 - z_1)$이다. 작은 시간간격 δt에서 P_1에서 제어 체적으로 들어가는 유체의 질량은 $\delta m = \rho u_1 A_1 \delta t$이고, P_2를 떠나는 질량은 $\delta m = \rho u_2 A_2 \delta t$이다.

유체가 제어 체적으로 들어가기 위해서는 유체에 의해 가해지는 압력 p_1을 극복하기 위한 일을 수행해야 한다. P_1에서 미소 질량 δm을 작은 거리 $\delta s_1 = u_1 \delta t$로 밀 때 수행된 일은 $\delta W_1 = p_1 A_1 \delta s_1 = p_1 A_1 u_1 \delta t$이다. 마찬가지로, P_2에서 미소 질량을 제어 체적 밖으로 밀어내는 일은 $\delta W_2 = -p_2 A_2 \delta s_2 = -p_2 A_2 u_2 \delta t$(양수와 음수 변화에 유의)이다. 수행된 순 일은 $\delta W_1 + \delta W_2 = p_1 A_1 u_1 \delta t - p_2 A_2 u_2 \delta t$이다. 에너지 보존으로, 이것은 위치에너지 증가와 운동에너지 증가의 합과 같다. 따라서

$$p_1 A_1 u_1 \delta t - p_2 A_2 u_2 \delta t = \delta mg(z_2 - z_1) + \frac{1}{2}\delta m(u_2^2 - u_1^2)$$

$\delta m = \rho u_1 A_1 \delta t = \rho u_2 A_2 \delta t$를 넣고 정리하면 다음과 같은 결과를 얻을 수 있다.

$$\frac{p_1}{\rho} + gz_1 + \frac{1}{2}u_1^2 = \frac{p_2}{\rho} + gz_2 + \frac{1}{2}u_2^2$$

마지막으로 점 P_1과 P_2는 임의적이므로 유관을 따라 모든 곳에서 다음과 같다.

$$\frac{p}{\rho} + gz + \frac{1}{2}u^2 = \text{일정}$$

2.11 점성 유체의 역학

일반적으로 점성 유체의 움직임은 비점성 유체의 움직임보다 복잡하다. 평평한 표면 위로 흐르

는 유체를 고려하자. 유체와 표면 사이의 강한 인력으로 인해 표면 옆의 유체가 정지한다. 속도 u는 큰 속도 구배를 포함하는 얇은 경계층에서 유체 흐름으로 거리 y에 따라 증가하여 주 흐름의 속도에 도달한다. 유체 내의 단위 면적당 점성 전단력은 속도 구배에 비례한다.

$$\frac{F}{A} = -\mu \frac{\mathrm{d}u}{\mathrm{d}y} \tag{2.44}$$

여기서 μ는 **점성계수**로 알려져 있다. 항력은 지표면에서의 전단력에 의해 주어진다.

점성 유체는 **층류**와 **난류**의 두 가지 종류의 유동 분류를 나타낼 수 있다. 층류 흐름의 경계층에 대해서는(그림 2.11*a*), 유체는 각각의 유관을 따라 흐르기 때문에 주로 안정하지만, 난류에서는 운동이 무질서하고 불안정하며(그림 2.11*b*), 속도 구배는 더 크다. 이것은 층류보다 더 큰 마찰을 주지만 표면과 유체 온도가 다른 경우 열전달은 더 향상된다.

주어진 상황에서의 특정 흐름의 분류는 관성력과 점성력의 비율에 따라 달라진다. 이 비율의 일반적인 크기는 이전에 다음과 같이 정의된 **레이놀즈수**에 의해 주어진다.

$$Re = \frac{\rho UL}{\mu} = \frac{UL}{\nu} \tag{2.45}$$

여기서 U, L 및 $\nu = \mu/\rho$는 각각 유체의 특성 속도, 특성 길이 및 동점도이다. 표면 위의 흐름에 대해 L은 경계층의 두께이고, U는 유체 주 흐름 속도이다. Re는 파이프의 흐름에 대한 선구적인 실험을 수행한 오즈본 레이놀즈(Osborne Reynolds)의 이름을 따서 명명되었다. 그는 작은 Re의 흐름이 주로 층류인 반면 큰 Re의 흐름은 난기류 영역을 포함한다는 것을 발견했다.

파이프의 유체 흐름의 경우, 흐름은 주로 $Re < 2300$일 때 층류이며, $Re > 4000$의 난류이고 중간값에 대해 과도기적이다. 압력 강하 Δp는 다르시-바이스바흐(Darcy-Weisbach) 경험 방정식에 의한 평균 유속과 관련이 있다.

$$\Delta p = f_{\mathrm{D}} \frac{\rho l v^2}{4b} \tag{2.46}$$

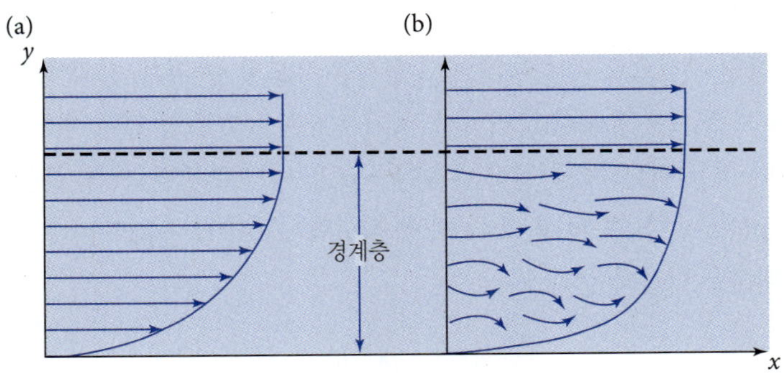

그림 2.11 (a) 층류 및 (b) 난류에서 점성 경계층의 속도 변화

여기서 l은 파이프 길이, b는 반경, ρ는 유체의 밀도, f_D는 다르시 마찰계수이다. 흐름 v의 평균 속도는 흐름 Q의 체적 유량을 파이프의 단면적으로 나눈 값이며, f_D는 레이놀즈수와 파이프의 표면 거칠기(둘 다 무차원 양)의 함수이다. 파이프가 매끄럽고 유동이 층류일 때 $f_D = 64/Re$이지만, 난류 유동에 대해서는 f_D가 더 크고 경험적 관계를 사용하여 평가된다. 층류의 경우 식 (2.46)을 Q로 다시 정리하여 푸아죄유 방정식을 얻을 수 있다.

$$Q = \pi \frac{\Delta p b^4}{8\mu l} \tag{2.47}$$

예제 2.7 레이놀즈수

다음의 경우에 대해 레이놀즈수를 계산하라.

(a) 평판을 가로지르는 시럽($\nu = 10^{-1}\ \text{m}^2\ \text{s}^{-1}$, $U = 10^{-2}\ \text{m s}^{-1}$, $L = 10^{-2}$ m)

(b) 제트 항공기 주위를 흐르는 공기($\nu = 1.5 \times 10^{-5}\ \text{m}^2\ \text{s}^{-1}$, $U = 3 \times 10^2\ \text{m s}^{-1}$, $L = 10$ m)

각 경우의 레이놀즈수는 다음과 같이 주어진다.

(a) $Re = \dfrac{UL}{\nu} \approx \dfrac{10^{-2} \times 10^{-2}}{10^{-1}} \ll 10^3$

(b) $Re = \dfrac{UL}{\nu} \approx \dfrac{3 \times 10^{-2} \times 10^{1}}{1.5 \times 10^{-5}} \gg 10^3$

따라서 (a) 흐름은 주로 층류이지만 (b) 흐름은 난류 영역을 포함한다.

레이놀즈수의 또 다른 중요한 측면은 동일한 레이놀즈수를 갖는 2개의 서로 다른 흐름은 기하학적으로 유사한 특성을 보인다. 즉,

$$Re = \frac{\rho_1 U_1 L_1}{\mu_1} = \frac{\rho_2 U_2 L_2}{\mu_2}$$

이것은 작은 규모의 실험에서 얻은 결과가 동일한 레이놀즈수를 가진 실제 크기의 모델에 적용될 수 있음을 의미하기 때문에 중요한 엔지니어링 응용 분야를 가지고 있다(문제 2.40 참조).

다음과 같은 차원 분석으로부터 Re의 대수 형식을 유도할 수 있다. L^2의 차원을 갖는 단면적 A를 통해 속도 U로 흐르는 유체를 고려하자. 여기서 L은 일부 특성 길이(예: 실린더 주위의 유동의 경우 실린더 직경)이다. 초당 질량 유량은 $\sim\rho UL^2$이므로 관성력(즉, 운동량의 변화율)은 $\sim\rho UL^2 \times U = \rho U^2 L^2$이다. 또한 식 (2.44)에서 점성력 $\sim\mu AU/L \sim \mu UL$이다. 따라서 점성력에 대한 관성력의 비율은 다음과 같다.

$$Re = \frac{[\text{관성력}]}{[\text{점성력}]} \approx \frac{\rho U^2 L^2}{\mu UL} = \frac{\rho UL}{\mu} = \frac{UL}{\nu} \tag{2.48}$$

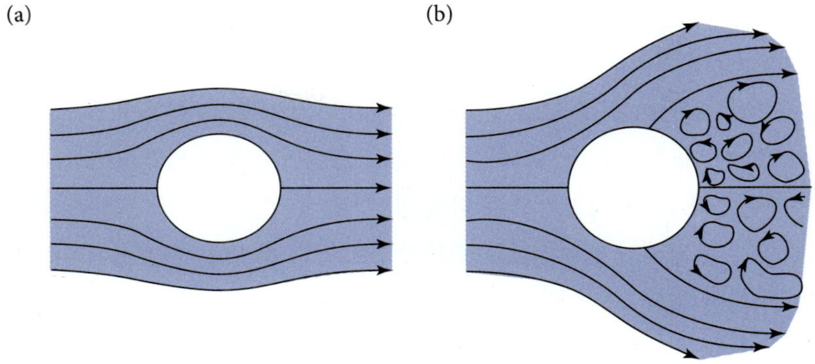

그림 2.12 실린더 주위의 흐름: (a) 비점성 유체; (b) 점성 유체

실제 유체에서 점성효과는 물체 주변의 흐름을 결정하는 데 중요하다. 그림 2.12는 (a) 비점성 유체 및 (b) 점성 유체에 대한 실린더 주위의 흐름을 나타낸다. 비점성 유동의 경우 상류 및 하류 영역의 속도장이 대칭이다. 따라서 해당 상류 및 하류 압력 분포도 대칭이므로 실린더에 유체가 가하는 순 힘은 0이다. 이 놀라운 결과는 일반적인 경험과 모순되며, **달랑베르의 역설**(d'Alembert's paradox)의 한 예이다.

점성 유체에 잠긴 물체의 경우 유체 표면에 접하는 속도 성분은 물체 표면의 모든 점에서 0이다. 큰 레이놀즈수($Re > 4 \times 10^3$)에서 점성력은 유체의 대부분에서 무시할 수 있지만, 물체 표면에 가까운 **점성 경계층**(viscous boundary layer)에서는 매우 중요하다. **와도**(vorticity)로 알려진 유동의 회전 성분은 경계층 내에서 생성된다. **분리 지점**(separation point)으로 알려진 특정 지점에서 경계층은 표면에서 분리되고 와도는 유체 흐름으로 배출된다. 실린더 하류의 **후류**(wake) 속으로 와도를 운반한다. 결과적으로 점성 유체의 경우 실린더의 상류 측과 하류 측의 압력 분포가 대칭이 아니므로 실린더는 **항력**(drag force)으로 알려진 운동 방향으로 순 힘을 경험한다.

경계층의 흐름이 층류가 아닌 난류일 때, 표면에 가까운 영역에서의 높은 속도로 인해 분리가 나중에 발생하고 난류 후류의 와류 정도가 적고 항력도 줄어든다. (이것이 골프공에 딤플이 있어 경계층을 난류로 만드는 이유이다.) 실린더 위아래의 속도장의 대칭성 때문에 실린더를 지나는 흐름의 방향에 수직인 힘의 성분은 없다. 그러나 회전하는 실린더의 경우, 순환하는 기류로 인해 흐름 방향에 직각으로 힘(**양력**이라고 함)이 발생한다.

2.12 양력과 순환

순환(circulation)의 개념을 도입하여 비점성 유체 역학을 사용하여 **양력**(lift force)을 설명할 수 있다. 순환을 이해하기 위해서는 회전하는 공이 공기 중을 날아갈 때 옆으로 휘는 이유를 알아보는 것으로 시작하는 것이 도움이 되는데 이는 골퍼에게 잘 알려진 효과이다. 회전은 볼의 양쪽에 압력의 불균형을 일으키고 운동 방향에 직각으로 순 힘을 생성한다. 이를 **매그너스 효과**(Magnus effect)라고 하며, 그림 2.13에 도시되어 있다.

우리는 회전하는 실린더 위로 흐르는 것이 아니라 고정된 실린더를 통과하고 회전하는 비점성 유체를 고려한다. 둘 다 동일한 효과를 나타내고 고정된 비행기 날개(aerofoil) 위의 흐름과 더 비슷하기 때문이다. 그림 2.13*a*는 실린더에 입사되는 균일한 유동 흐름을 나타낸다. 속도 분포는 상부 및 하부 표면에서 대칭이므로 결과적으로 압력 분포도 대칭이며 실린더에 총 옆으로 작용하는 순 힘이 없다. 그림 2.13*b*는 실린더의 중심으로부터 거리 r에 반비례하여 변화하는 원주 속도 u_θ를 갖는 실린더 주위를 회전하는 비점성 유체를 나타낸다.

$$u_\theta = \frac{\Gamma}{2\pi r} \tag{2.49}$$

여기서 Γ는 **순환**(circulation)이라 불리는 상수이다(그림 2.13*b* 참조). 반시계방향으로 순환하는 경우 순환이 양수이다. 그림에 표시된 속도 분포를 중첩한다. 그림 2.13*a* 및 *b*는 유체가 하측보다 상측에서 더 빠르게 이동하는 속도장을 생성한다(그림 2.13*c* 참조). 베르누이 방정식(식 2.42)에 따르면 압력은 아래쪽보다 위쪽에서 더 작으므로 입사 흐름에 직각으로 실린더에 순 상향 힘이 가해진다. 실린더의 단위 길이당 크기는 $\mathcal{L}^* = -\rho U \Gamma$이다(문제 2.46* 참조).

2.13 비행기 날개 주변의 흐름

그림 2.13에 도시된 흐름에서의 순환은 실린더가 회전하고 있으므로 발생하며, 그림 2.14의 비행기 날개에서도 유사한 흐름 패턴이 발생한다. 이 흐름은 비행기 날개 위의 균일한 흐름과 시계방향 순환 흐름으로 설명할 수 있다. 순환이 Γ이면 위쪽 방향의 단위 길이당 양력은 **쿠타-쥬코스키**(Kutta-Joukowski) **양력 정리**에 의해 주어진다.

$$\mathcal{L}^* = -\rho U \Gamma \tag{2.50}$$

이 표현은 비점성 이론이 유체가 물체의 표면 위로 미끄러지는 것을 고려하지만 실험적 관찰과 정확하게 일치한다. 식 (2.50)은 또한 회전 실린더에 작용하는 양력을 설명한다.

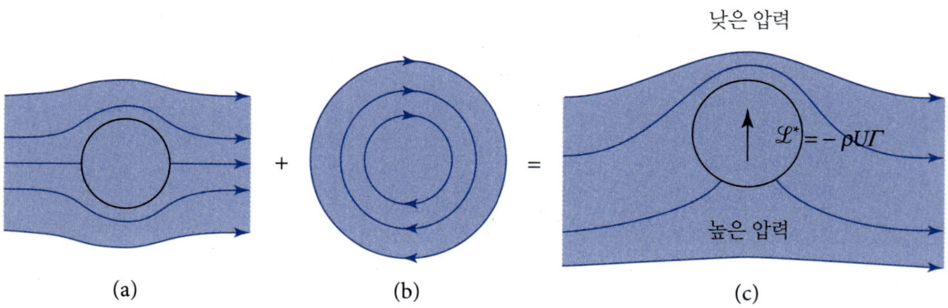

그림 2.13 매그너스 효과: (a) 실린더 주위의 균일한 흐름; (b) 실린더 주위의 회전 흐름; (c) (a)와 (b)의 중첩

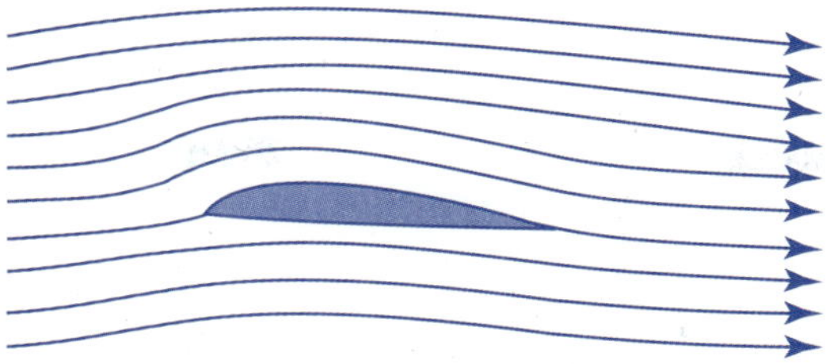

그림 2.14 2차원 비행기 날개 위의 흐름

비행기 날개 주변의 순환 개념에 대한 물리적 정당성은 비행기 날개가 정지상태에서 움직이기 시작할 때 와류가 생성되는 방식에서 발생한다. 초기 단계에서 와류는 선단 가장자리 주위에서 생성되며, 후미 가장자리 쪽으로 휩쓸려 하류로 흘러나와 비행기 날개 주위에 동일하고 반대의 회전 흐름을 후류에 남긴다. 이것이 항공기가 이전 항공기에 의해 생성되어 떨어져 나간 와류가 분산되는 시간을 허용하기 위해 활주로에서 기다려야 하는 이유이다. 따라서 점도의 영향은 순환을 생성하는 것이고, 비행기 날개에 대한 양력은 비점성 이론으로부터 도출될 수 있다.

무한히 긴 (2D) 비행기 날개의 경우 무한 거리의 하류에서 공기 흐름의 순 한쪽 치우침은 없지만 유한 길이 (3D) 비행기 날개의 경우 비행기 날개 위아래의 h만큼의(그림 2.15 참조) 공기가 유한 범위로만 포함되어 있어서 한쪽 치우침이 존재한다. 이것은 항공기 날개 위의 흐름에 대한 상황이며, 균일하게 간격을 둔 2D 비행기 날개의 무한 스택에 대한 흐름을 고려하여 모델링할 수 있다.

그림 2.15와 같이 $A_1A_2B_2B_1A_1$으로 둘러싸는 단위 길이의 단일 비행기 날개의 제어 체적을 고려하자. 유선형 Ψ_1 및 Ψ_2는 인접한 비행기 날개를 통과하는 흐름을 일정한 수직 거리 h 간격으로 분리한다. 수직 평면들(A_1A_2 및 B_1B_2)은 대략 균일한 흐름의 영역들에 있도록 선택된다. 유선을 가로지르는 질량 흐름이 없으므로 $u = U$이다. 여기서 U는 상류의 수평 속도이고 u는 하류의 수평 성분이다. 또한 유선 Ψ_1 및 Ψ_2를 가로지르는 운동량 전달이 없으며 대칭에 의해 유선 Ψ_1 및 Ψ_2의 수직 방향으로 압력 구배가 없다.

아래쪽으로 흐름이 있으며, 이 방향으로 유체의 운동량 변화율(뉴턴의 세 번째 법칙에 의해)

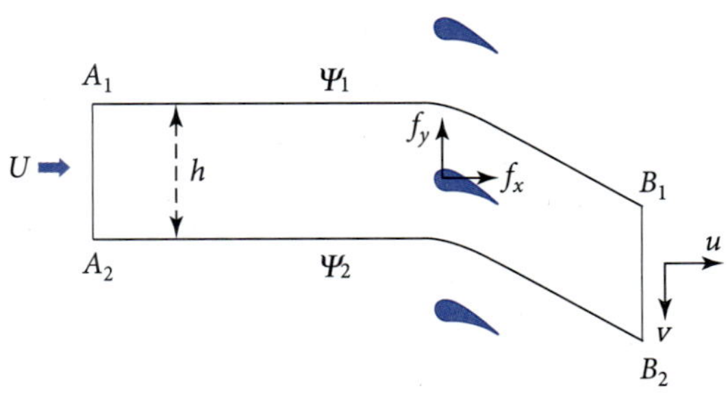

그림 2.15 비행기 날개 캐스케이드를 통한 2차원 흐름

은 비행기 날개에서 위쪽으로 반력을 발생시킨다. 우리는 f_y를 비행기 날개의 단위 길이에 작용하는 힘으로 정의한다. 그림 2.15에 나타낸 대로 B_1B_2를 가로지르는 초당 질량 흐름은 ρUh이므로 f_y는 다음과 같이 주어진다.

$$f_y = \rho Uhv \tag{2.51}$$

순환 Γ는 폐적분 $\Gamma = \oint_C u.ds$에 의해 주어진다. 여기서 C는 폐곡선, $C = A_1A_2B_2B_1A_1$으로 간주된다. A_1A_2에 따른 기여도가 0이고, 유선형 Ψ_1 및 Ψ_2에 따른 기여도가 서로 상쇄된다는 점에 주목하면, 0이 아닌 기여도는 B_2B_1에 따라 다음과 같이 주어진다.

$$\Gamma = -hv \tag{2.52}$$

그러므로

$$f_y = -\rho U\Gamma \tag{2.53}$$

우리는 이 양력이 **쿠타-쥬코스키 양력 정리**(식 2.50)에 의해 주어진 것과 같다는 것을 알 수 있다. 따라서 양력은 수직 운동량과 뉴턴의 제3법칙의 변화율 및 순환 측면에서도 설명될 수 있다.

2.14 비행기 날개에 작용하는 양력과 항력

비행기 날개는 아래 방향 속도 성분 v를 전달하기 때문에 흐름의 운동에너지가 증가한다. 따라서 F_DU와 동일한 동력이 공급되어야 하며, 여기서 F_D는 유도 항력이라고 하고 다음과 같이 주어진다.

$$F_DU = \frac{1}{2}\rho Uhsv^2 \tag{2.54}$$

위 식에서 ρUhs는 속도 v로 아래쪽으로 휩쓸리는 공기의 질량이다. 날개에 의해 영향을 받는 공기의 유효 면적은 직경 s의 원과 같으므로 $hs = \pi s^2/4$이다. 길이 s의 비행기 날개에 대한 총 힘은 비행기 mg의 무게와 같으므로 $f_ys = mg$이다. 이러한 관계와 식 (2.51)을 식 (2.54)와 결합하면 다음과 같다.

$$F_D = \frac{2(mg)^2}{\rho\pi s^2U^2} \tag{2.55}$$

항공기의 총 항력은 유도 항력과 점도의 영향으로 발생하는 정상 항력 $\mathcal{D}$의 합이다. 유체 U에서 물체의 정상 항력은 유체 밀도, 동점도, 정면 영역 A 및 유체를 통한 물체의 상대속도에 따라 달라진다. 충돌하는 공기가 본질적으로 정지하는 무딘 물체의 경우 유체의 운동량 변화율은 ρAU^2이며 물체의 항력 $\mathcal{D}$의 크기가 된다. 차원 분석을 사용하여 항력은 다음과 같이 나타낼 수 있다.

$$\mathcal{D} = \frac{1}{2} C_{\mathrm{D}} \rho A U^2 \tag{2.56}$$

여기서 항력계수 C_{D}는 무차원이며 레이놀즈수 Re와 물체의 모양 및 표면 질감에 따라 달라진다. 큰 Re에서 무딘 물체의 경우 C_{D}는 대략 1이고 점도에 거의 의존하지 않으나, 반면 유선형 물체의 경우 점도는 중요하고 Re에 의존한다. 마찬가지로 차원 분석은 비행기 날개의 항력이

$$\mathcal{L} = \frac{1}{2} C_{\mathrm{L}} \rho A U^2 \tag{2.57}$$

여기서 항력계수 C_{L}은 Re의 무차원 함수이다. 식 (2.56)에서 정상 항력은 U^2에 의존하고 유도 항력은 U^{-2}에 의존하므로 총 항력이 최소일 때 최적의 속도가 있으며 이는 여객기가 비행하는 속도를 결정한다(문제 2.44 참조).

비점성 유동 이론에 따르면, 뾰족한 후단 모서리(예: Acheson 1990 참조)와 받음각 α를 갖는 비행기 날개 위의 유동에 대해, 속도가 모든 지점에서 유한하도록 하는 순환의 값이 하나뿐이고, 다음과 같이 주어진다.

$$\Gamma = -\pi U c \sin\alpha \tag{2.58}$$

여기서 c는 비행기 날개의 폭(또는 코드)이다. 식 (2.53)과 (2.58)을 결합하면 길이 s의 단일 비행기 날개에 양력을 다음과 같은 형태로 쓸 수 있다.

$$\mathcal{L} = f_y s = -\rho U s \Gamma = \pi \rho U^2 s c \sin\alpha \tag{2.59}$$

여기서 $\mathcal{L} = \mathcal{L}^* s$이다. 식 (2.59)는 간단한 차원 분석에서 얻은 식 (2.57)과 동일한 대수 형식이다. 본질적인 차이점은 식 (2.59)는 무차원 양력 계수에 대한 명시적인 표현식을 제공한다는 것이다. $C_{\mathrm{L}} = (2\pi sc/A)\sin\alpha = 2\pi \sin\alpha$이다. 이것은 C_{L}이 9°의 받음각에서 1과 같음을 예측하고, 실제 관찰된 값에 가깝다(그림 2.16 참조).

새들은 날개의 모양, 깃털의 주름, 날개의 받음 각도를 접근하는 유체 흐름에 비례하여 변경하여 양력과 항력을 제어할 수 있다. 인류는 항공기 날개 및 터빈 블레이드용 비행기 날개 모양을 설계하는 데 자연을 모사했다. 작은 받음각(수평에 대한 날개 기울기)의 경우, 비행기 날개의 상부 표면의 압력 분포는 하부 표면의 압력 분포보다 현저히 낮아 비행기 날개의 수직 양력이 발생한다.

그림 2.16은 또한 전형적인 비행기 날개에 대한 받음각에 따른 양력 및 항력 계수 C_{L} 및 C_{D}의 변화를 보여 준다. (주의: 시각화의 용이성을 위해 항력계수를 5배 크게 했다.) 양력 및 항력 계수 C_{L} 및 C_{D}는 레이놀즈수 Re, 몸체의 모양 및 표면 거칠기와 같은 무차원 매개변수에 의존하기 때문에 차원 분석으로 결정될 수 없다. 실제로 C_{L} 및 C_{D}는 모델 형상에 대한 풍동 시험 또는 유동의 수치 모델로부터 얻어진다.

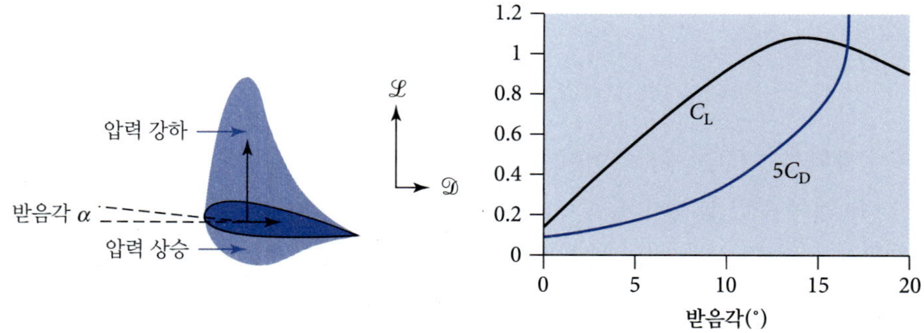

그림 2.16 비행기 날개에 대한 양력과 항력 계수 및 압력 분포

요약

- 열전달을 지배하는 방정식이 설명되어 있다. 특히 단위 면적의 표면으로부터 복사에너지 방사력은 슈테판–볼츠만 법칙 $\mathcal{P}_e = \varepsilon\sigma T^4$에 의해 주어진다.
- 열역학 제1법칙과 제2법칙을 설명하고 카르노 효율 $\eta_c = 1 - T_2/T_1$을 정의하였다.
- 엔트로피, 엑서지, 엔탈피 및 기브스에너지의 개념을 이해하는 과정으로 이들 개념의 사용에 대해 논의하였다.
- 유체의 기본적인 물리적 특성이 설명되어 있으며 베르누이 방정식($p/\rho + gz + \frac{1}{2}u^2$ = 일정)을 유도하였다.
- 비행기 날개에 작용하는 양력과 쿠타–쥬코스키 정리가 설명되었다.

추천 문헌

Acheson, D.J. (1990). *Elementary fluid dynamics*. Clarendon Press, Oxford. Good mathematical introduction to fluid mechanics.

Blundell, S. and Blundell, K. (2006). *Concepts in thermal physics*. Oxford University Press, Oxford. Very good textbook on thermal physics.

Cengel, Y. and Boles, M. (2014). *Thermodynamics: An engineering approach*, 8th edn. McGraw Hill. Provides a large number of engineering examples.

Douglas, J.F., Gasiorek, J.M., and Swaffield, J.A. (2001). *Fluid mechanics*. Prentice-Hall, Englewood Cliffs, NJ. Textbook on fluid mechanics; good discussion of dimensional analysis and of turbines.

Ingram, W. (2010). *A very simple model for water vapour feedback on climate change*. Q. J. R. Meteorol. Soc. 136: 30–40. Clear explanation for the general size of water vapour feedback.

Jaffe, R. and Taylor, W. *The Physics of Energy*, Cambridge University Press, Cambridge (2018). Detailed and clear discussion of the background physics.

Taylor, F.W. (2005). *Elementary climate physics*. Oxford University Press, Oxford. Good introduction.

http://pubs.acs.org/doi/10.1021/acs.jchemed.5b00333 Good explanation of why combustions are always exothermic, yielding about 418 kJ per mole of O_2.

www.chem1.com/acad/webtext/thermeq/index.html Useful introduction to the thermodynamics of chemical equilibrium.

문제

2.1 차원 분석을 사용하여 식 (2.5)의 형태를 도출하라. 두께 1 cm(ρ = 5 × 10^3 kg m^{-3}, $k \approx 10^{-1}$ W m^{-1} °C^{-1}, $c \approx 10^3$ J kg^{-1} °C^{-1})의 열 차폐를 통해 열이 전도되는 특성 시간 척도를 추정하라.

2.2* 초기 온도 $T = 0$인 균일한 막대 $x \geq 0$을 고려하라. 여기서 ρ, c, k는 재료의 온도, 밀도, 비열 및 열전도도이다. $x = 0$의 온도가 $t \geq 0$의 시간 동안 $T = T_0$로 상승한다고 가정하자. 좋은 근삿값으로 우리는 거리 $x \geq s(t)$에 대해 온도가 0이라고 가정할 수 있으며, $x = 0$과 $x = s(t)$ 사이의 온도 분포에 대해 $T(x,t) = T_0\left[1-\dfrac{x}{s(t)}\right]^2$의 간단한 2차 함수를 가정할 수 있다. 여기서 $\kappa = \dfrac{k}{\rho c}$가 확산도인 $s(t) = \sqrt{12\kappa t}$라고 가정하면, (a) $x = s(t)$에서 열유속 $-k\dfrac{\partial T}{\partial x}$가 0이고, (b) $x = 0$에서 열유속 $-k\dfrac{\partial T}{\partial x}$가 $x = 0$에서 $x = s(t)$ 사이의 막대에서 저장된 열의 증가율 $\rho c \displaystyle\int_0^{s(t)} \dfrac{\partial T}{\partial t}$와 같다는 것을 알 수 있다. 어느 지점 x의 온도가 $\dfrac{1}{2}T_0$에 도달하는 데 시간은 얼마나 걸리는가? 정확한 해 $T(x,t) = \mathrm{erfc}\left(\dfrac{x}{2\sqrt{\kappa t}}\right)$의 답과 비교하라. 여기서 erfc는 카운터 에러 함수이다.

2.3* 계절에 따른 온도 변화가 10%로 감소할 수 있는 공간은 지구 표면 아래 어느 정도에 위치해야 하는지 알아보라. 지구의 표면온도가 $T = A\cos\omega t + T_0$로 변화한다고 가정하여 여름-겨울 온도 변화를 모델링하고, $T = A\exp(-\beta x)\cos(\beta x - \omega t) + T_0$ 형태로 하여 열전도 방정식 $\dfrac{\partial T}{\partial t} = \kappa\dfrac{\partial^2 T}{\partial x^2}$, 여기서 $\kappa = \dfrac{k}{\rho c}$에 대한 해를 시도하라. 토양의 비열 $c \approx 1000$ J K^{-1} kg^{-1}, 열전도도 $k \approx 1$ W m^{-1} K^{-1}, 밀도 $\rho \approx 1600$ kg m^{-3}이다.

2.4 직경이 10 mm인 튜브에 대해 예제 2.1의 계산을 다시 수행하라. 나머지 데이터는 같다.

2.5 파이프의 난류 흐름에 대한 경험적 상관관계를 사용하여 $Nu = \dfrac{0.5f\,Re\,Pr}{1+2Re^{-1/8}(Pr-1)}$, 여기서 $f \approx 0.08Re^{-1/4}$, 프란틀수 $Pr = 3.5$인 유체에 대해 $Nu = 100$의 누셀트수를 갖는 데 필요한 레이놀즈수를 계산하라.

2.6 대향류 열교환기는 벽 두께 $d = 0.5$ mm 및 길이 1.5 m, 직경 15 mm 및 21 mm의 2개의 동심 구리 튜브로 구성된다. 내부 튜브를 통과하는 온수 흐름과 내부 튜브와 외부 튜브 사이의 환상 공간에서 반대로 흐르는 냉수 흐름은 모두 시간당 2리터이며 입구 온도는 각각 80°C, 20°C이다. 열평형이 수립되었을 때 출구 온도를 계산하라. 외부 튜브는 잘 단열되어 있다고 가정한다. 일정한 열전달률과 물의 흐름이 층류일 때의 누셀트수는 4.36과 같다. 물과 구리의 열전도도는 각각 0.58과 400 W m^{-1} K^{-1}이다. 물의 비열이 4180 J kg^{-1}

K^{-1}이다.

2.7 55°C와 45°C 사이에서 작동하는 물로 채워진 구리 히트파이프의 원리를 설명하라.

2.8* 길이 L = 300 mm, 직경 10 mm 히트파이프에는 물이 들어 있으며 단면적 A = 50 mm^2의 윅이 배열되어 있다. 다르시의 법칙은 압력강하가 Δp일 때 $\dot{V} = KA\Delta p/\mu L$로서 윅을 통과하는 체적 유량 $\dot{V}$을 제공하며, 여기서 윅의 투과성 K = 1.5 × 10^{-10} m^2 및 물 점도 μ = 55 × 10^{-4} Pa s이다. 열전달량 및 체적 유량은 $\dot{Q} = \rho\lambda\dot{V}$에 의해 관련되며, 여기서 ρ = 1000 kg m^{-3} 및 잠열 λ = 2380 kJ kg^{-1}이다. 최대 모세관 압력 $\Delta p = 2\sigma/r$, 여기서 표면장력 σ = 69 × 10^{-3} N m^{-1} 및 윅의 기공 반경 r = 20미크론이다. 모세관 현상에 의해 허용되는 최대 열 흐름을 추정하고, ΔT = 10 °C, k = 393 W m^{-1} K^{-1}인 고체 구리봉과 비교하라.

2.9 온도 1000°C에서 표면적 1 cm^2의 흑체로부터 방사되는 방사력을 추정하라.

2.10 태양열 밥솥에서 400 W의 햇빛이 0.04 m^2 면적의 열판 밑면에 집중된다. 열판의 수용 표면은 2 μm 미만의 파장을 갖는 방사선에 대해 0.95의 방사율을 갖고, 2 μm 초과의 파장에 대해서는 0.05의 방사율을 갖는다. 열판의 온도가 200°C인 경우 순 복사 입력을 추정하고 0.95의 일정한 방사율을 갖는 표면과 비교하라.

2.11 온도 T에서 물체에 의해 방사되는 단위 면적당 복사율에 대한 슈테판-볼츠만 법칙의 물리적 차원을 구하라.

$$\frac{P}{A} = \frac{2\pi^5 k^4 T^4}{15h^3c^2}$$

2.12* 흑체에서 방출되는 방사선의 단위 파장당 단위 입체각당 단위 면적당 복사율은 플랑크 법칙에 따라 주어진다. 방사력이 최대인 파장 λ_m이 빈의 변위 법칙 $\lambda_m T$ = const.를 만족한다는 것을 보여라.

$$u(\lambda, T) = \frac{2hc^2}{\lambda^5}\frac{1}{\exp(hc/\lambda kT) - 1}$$

2.13 '온실효과'가 무엇인지 질적으로 설명하라. 대기 중 CO_2 농도가 증가하면 왜 온실효과가 증가하며, 수증기의 역할은 무엇인지 설명하라. 또, 증가된 대기 중 온실가스 농도로 인해 발생하는 지구 기후에 대한 주요 관심사는 무엇인가?

2.14* 대기가 포함된 지구상으로 입사되는 태양 복사를 설명하기 위해 다음 간단한 모델을 고려하자. 입사 태양 열유속의 분율 f는 대기에 흡수되고 분율 A는 반사되고 나머지는 지구에 흡수된다. 지구에서 대기로의 유일한 열전달은 복사에 의한 것이고 f는 0.25이고 A는 0.3이라고 가정하자. 복사 평형을 위해 지구 표면의 온도 T_E를 찾아라.

2.15 대기의 상단에서 바깥쪽으로 방사에 대한 유도 방정식(식 2.13)을 사용하여 그 중요성을 설명하라.

2.16* 단위 면적 및 두께 δz의 대기 제어 체적과 무게 $\rho g\delta z$와 압력 차이 $-\delta$p에서 발생하는 힘의 균형을 맞추면 $dp/dz = -\rho g$와 같은 대기의 압력 변화가 발생한다. $d(pV) = Vdp +$

pdV, $\rho = M/V$, $C_p = C_v + R$ 및 $dU = C_v dT$(이상기체의 경우)는 열전도를 무시할 수 있는 대기에서 높이 z에 따른 온도의 변화가 $dT/dz = -g/c_p$임을 보여라. 여기서 c_p는 정압 비열(건공기의 경우 ~1000 J kg^{-1} K^{-1})이다.

2.17* 대기 중 유효 복사 레벨(ERL)의 높이 z_{ERL} 위의 CO_2의 질량을 $\rho_0 \exp(-z_{ERL}/b)$에 비례하여 고려하라. 여기서 ρ_0는 지면에서의 CO_2 농도이고 b는 상수이다. 온도 T = 200~300 K에 대한 ERL의 높이에서 방출되는 흑체 방사선의 강도는 T에 대략 비례한다. CO_2 농도가 a의 인자만큼 증가할 때 ERL의 높이의 이동이 ln a에 비례한다는 것을 보여라. 일정한 기온 감소를 가정할 때, 복사강제력 F도 ln a에 비례한다는 것을 보여라.

2.18 지구 표면의 온난화가 이산화탄소의 누적 배출량에 비례하는 이유를 정성적으로 설명하라.

2.19 칼로리 이론이 (a) 푸리에의 열전도 법칙 및 (b) 열역학 제1법칙과 일치하는지 논의하라.

2.20 이상기체의 경우 $pV = nRT$이며, 여기서 n은 기체의 몰수이다. 열역학 제1법칙(식 2.17)에 의해 $đQ = dU - đW = nC_v dT + pdV$이다. 여기서 C_v는 일정한 부피에서 몰당 열용량이다. 그림 2.6에 나타낸 카르노 사이클에 대해, 등온선 ab 및 cd에서 $dT = 0$이고, 단열선 da 및 bc에서 $đQ = 0$이다. $-Q_2/Q_1 = T_2/T_1$ 및 카르노 사이클 $\eta_C = 1 - T_2/T_1$가 효율을 나타냄을 보여라.

2.21 열엔진에서 작은 온도 차이에서 높은 열전달률을 갖는 것이 중요한 이유는 무엇이며, 어떻게 얻을 수 있는가?

2.22* 2개의 시스템이 열 접촉 상태에 있다. 에너지(열)는 열평형 상태에 있을 때까지 하나에서 다른 것으로 흐를 것이다. 같은 온도에서 복합계의 엔트로피 S가 최대가 되는 조건은 $\partial S_1/\partial U_1 = \partial S_2/\partial U_2 = 1/T$로 주어짐을 보여라. 여기서 T는 평형 온도이고 $S = S_1 + S_2$, $U = U_1 + U_2$이다. 따라서 $\Delta Q = T\Delta S$를 보이고 카르노 사이클에서 $Q_1/T_1 = -Q_2/T_2$도 추론하라.

2.23 온도 T에서 상자 안의 분자가 이용할 수 있는 상태의 수는 상자의 부피 V에 비례한다. V_1에서 V_2까지의 등온 팽창에서, $\Delta S = k\ln(W_2/W_1)$을 사용하여 $T\Delta S = nkT\ln(V_2/V_1)$임을 보여라. 여기서 n은 분자의 수이며, 이는 가스의 팽창으로 수행된 작업과 동일하다.

2.24 대기 온도 15°C에서 온도 100°C까지 공기를 가열하는 전기 히터의 엑서지 효율을 계산하라.

2.25 주변 온도가 20°C일 때 700°C에서 650°C의 온도 차이에서 50 J의 열전달이 발생할 때 엑서지 손실은 얼마인가?

2.26 흡열반응의 경우 온도가 증가한다. 이 온도 상승은 어떤 방향으로 반응을 변화시킬 것인가?

2.27 $\Delta S^0 = 0.119$ kJ K^{-1} mol^{-1} 및 $\Delta H^0 = 44.1$ kJ mol^{-1}의 값이 온도에 따라 크게 변하지 않는다고 가정하여 물의 비등점을 추정하라. 왜 기화가 끓는점 이상에서 자발적으로 일어나는지를 정성적으로 설명하라.

2.28 물 전이반응 $CO(g) + H_2O(g) \leftrightarrow CO_2(g) + H_2(g)$는 평형상태에 있다. (a) 촉매를 첨가하

면 (b) CO 농도가 증가하면 (c) 온도가 증가하면 H_2의 농도가 증가할 것인가?

2.29 에탄올의 고위발열량과 저위발열량을 추정하여 측정값과 비교하라.

2.30 조성이 $C_{18}H_{34}O_2$인 올레산의 연소열을 추정하라.

2.31 차들 사이의 간격이 일정하게 유지된다고 가정했을 때, 느리게 움직이는 두 차선이 한 차선으로 모이면 차들의 속도는 어떻게 될까?

2.32 공기가 출입구를 통해 불 때 열린 문이 쾅 닫히는 이유는 무엇인가?

2.33 피토 튜브는 물 압력계를 사용하여 2개의 튜브에서 압력을 측정한다. 하나는 열린 끝이 유체(p_s)의 흐름을 향하고 다른 하나는 열린 끝이 흐름(p_0)에 수직이다. 유량 U의 속도가 $U = [2(p_s - p_0)/\rho]^{1/2}$로 주어짐을 보이고, 압력계 사이의 높이 차이로 인한 속도를 계산하라. 유체의 밀도는 ρ이다.

2.34 벤투리미터에서 이상적인 유체는 단면적 A_1의 수평 파이프를 통해 체적 유량 Q 및 압력 p_1으로 흐른다. 단면적 A_2로 축소된 단면이 파이프에 삽입되고 수축 내부의 압력은 p_2이다. 벤투리미터를 통과하는 용적 유량이 다음과 같이 주어지는지 확인하라.

$$Q = A_1 u_1 = A\left[\frac{2(p_1 - p_2)}{\rho}\right]^{\frac{1}{2}}, \text{ 여기서 } A = A_1 A_2 (A_1^2 - A_2^2)^{-\frac{1}{2}}$$

2.35 레이놀즈수가 무차원 변수인지 확인하라.

2.36 특성 길이 L = 10 mm, U = 1 m s^{-1}, ρ = 1.3 kg m^{-3}, ν = 10^{-6} m^2 s^{-1}에 대한 공기 흐름 내의 물체에 대한 레이놀즈수 Re를 추정하라.

2.37 베르누이 방정식(식 2.42)에 나타나는 모든 항이 L^2T^{-2} 형태의 물리적 차원을 가지고 있는지 확인하라.

2.38 분수는 속도 u_0로 수직으로 위쪽으로 올라간다. 차원 분석을 사용하여 최대 높이 h에 대한 표현식을 u_0 및 g로 유도하라.

2.39 물제트는 수면 아래의 깊이 h에서 댐의 오리피스에서 나온다. 베르누이 방정식과 댐과 제트의 물의 표면이 모두 대기압에 있다는 사실을 이용하면 오리피스를 떠날 때의 제트의 속도는 $u = \sqrt{2gh}$에 의해 주어짐을 보여라.

2.40 공기 대신 물을 사용하여 모형 풍력 터빈의 흐름을 조사하는 것이 바람직하다. 공기와 물의 동점도($\nu = \mu/\rho$)가 각각 1.5 × 10^{-5} m^2 s^{-1} 및 10^{-6} m^2 s^{-1}이라 가정하고 모형이 실제 터빈 크기보다 100배 작다고 가정하면 물의 속도와 공기의 속도의 비율은 얼마인가? 레이놀즈수는 두 경우 모두 동일한가?

2.41* 점성 유체는 압력 구배 dp/dx = const.의 작용하에 y = 0 및 y = b에서 평행 판 사이의 x 방향으로 흐른다. 유체에 대한 운동량 방정식이 $\mu\dfrac{d^2u}{dy^2} = -\dfrac{dp}{dx}$인 경우 속도 분포가 $u(y) = -\dfrac{1}{2\mu}\dfrac{dp}{dx}y(y-b)$로 주어진다는 것을 보여라.

2.42 흐르는 물의 흐름에서 회전하는 실린더에 미치는 매그너스 효과의 영향을 시험하기 위한 실험 장치를 설계하라. 이 실험은 실린더의 각속도와 흐름의 속도에 따라 옆방향으로의

힘이 어떻게 변하는지 조사하기 위함이다.

2.43 날개 길이 s = 10 m, 날개 폭 c = 2 m, α = 1°, 900 m s^{-1}의 속도에서 비행하는 항공기의 양력을 추정하라. 단, ρ = 1 kg m^{-3}이라고 가정한다.

2.44 항공기의 공기역학 및 유도항력을 고려하여 최적의 속도는 다음과 같음을 보여라.

$$u_o = \left[\frac{4(mg)^2}{AC_D \pi s^2 \rho^2} \right]^{\frac{1}{4}}$$

여기서 m은 질량, s는 날개 길이, C_D는 항력계수, A는 비행기의 정면 단면적, ρ는 공기 밀도, g는 중력에 의한 가속도이다.

공기 밀도가 0.41 kg m^{-3}인 고도 10 km에서 이동하는 질량 325톤의 여객기에 대한 최적 속도를 구하라. 이 여객기는 항력계수 C_D = 0.06, 정면 단면적 A = 110 m^2, 날개 길이 s = 70 m를 가지고 있다.

2.45 유체에서 일정한 속도 u로 움직이는 구에 대해서 항력 $\mathcal{D}$에 대한 식을 구의 반지름 r, 유체의 밀도 ρ, 점성계수 μ로 도출하라.

2.46* 그림 2.13a에 표시된 속도 U인 균일한 흐름에서 실린더 표면의 원주 방향 속도 성분은 $u_\theta = -2U \sin\theta$이다. 즉, 그것은 상단과 하단에서 $2U$이고 축상의 점에서 0이다. (주의: θ는 반시계방향으로 증가한다.) 그림 2.13b에 표시된 순환 흐름에 대해 $u_\theta = \Gamma/2\pi a$)이고, 여기서 Γ는 순환이고 a는 실린더의 반경이다. 이러한 흐름의 중첩을 통해 그림 2.13c에 표시된 $u_\theta = -2U \sin\theta + \Gamma/2\pi a$이다.

베르누이 정리로부터, 표면에 가해지는 압력은 $p = k - \frac{1}{2}\rho u_\theta^2$에 의해 주어지고, 여기서 k는 상수이다. 단위 길이당 양력이 다음과 같이 주어진다는 것을 보여라.

$$\mathcal{L}^* = -\int_0^{2\pi} pa \sin\theta d\theta = -\rho U \Gamma$$

2.47 "점성이 없으면 새는 날지 못하고 물고기는 헤엄치지 못한다"는 내용의 글을 유명 과학잡지에 기고한다고 생각하고 원고를 작성하라. (주의: 독자들은 수학이나 유체역학에 대한 지식이 없다고 가정한다.)

아래 사이트를 방문하면 더 많은 정보와 자료를 볼 수 있습니다.
www.oup.com/he/andrews_jelley4e

3 화석연료 에너지
Energy from Fossil Fuels

주제 목록

- □ 화석연료의 역사
- □ 석탄, 석유, 천연가스
- □ 중국, 인도, 미국의 석탄 사용
- □ 비재래식 화석연료
- □ 화석연료의 생산 및 매장량
- □ 석유 가격
- □ 연소
- □ 탄소 포집 및 저장
- □ 증기 발전소의 열역학
- □ 랭킨 사이클
- □ 가스 터빈과 브레이턴 사이클
- □ 복합 사이클 가스 터빈
- □ 실제 발전소의 효율
- □ 유동층
- □ 내연기관
- □ 환경적 영향
- □ 화석연료의 경제성
- □ 화석연료의 전망

서론

석탄, 석유, 천연가스와 같은 주요 화석연료는 수백만 년에 걸쳐 죽은 식물과 생물의 잔해에서 유래한 탄화수소이다. 이들은 탄소 함량이 높으며 여전히 전 세계에서 지배적인 일차에너지 공급원이 되고 있다(2018년 기준 86% 이상).

석탄, 석유, 천연가스 등 모든 화석연료의 전 세계적인 소비량은 1965년 약 40,000 TWh에서 2018년 135,000 TWh로 수십 년 동안 증가하고 있다(그림 3.1 참조). 화석연료를 연소하는 과정에서 발생되는 이산화탄소는 지구온난화의 주요 원인이며, 이산화탄소의 배출을 줄이거나 대기에서 탄소를 제거하는 것은 엄청난 도전 과제이다.

화석연료의 연소로 인한 전 세계의 이산화탄소 배출량은 2014~2016년 기간 동안 35.6 $GtCO_2\ y^{-1}$로 정체되어, 세계는 이 문제를 해결하기 시작했다는 희망을 가지게 되었다. 그러나 2018년까지 다시 2.7%의 이산화탄소의 배출량이 증가되었다. 2019년에는 다시 배출량이 둔화되었지만, 지구온난화로 인해 세계가 매우 심각한 기후변화의 위험에 처하지 않으려면 앞으로 수십 년 내에 대기 중의 이산화탄소량을 급격히 감소시켜야 한다.

이 장에서는 화석연료의 간략한 역사를 설명한 후에(박스 3.1 참조) 다양한 형태의 화석연료, 가용성, 연소 및 화석연료 발전소에서 사용되는 다양한 열역학적 사이클에 대해 설명할 것이다. 또한 배출량을 줄이기 위해 개발 중인 다양한 탄소 포집 및 저장 기술에 대해서도 설명할 것이다.

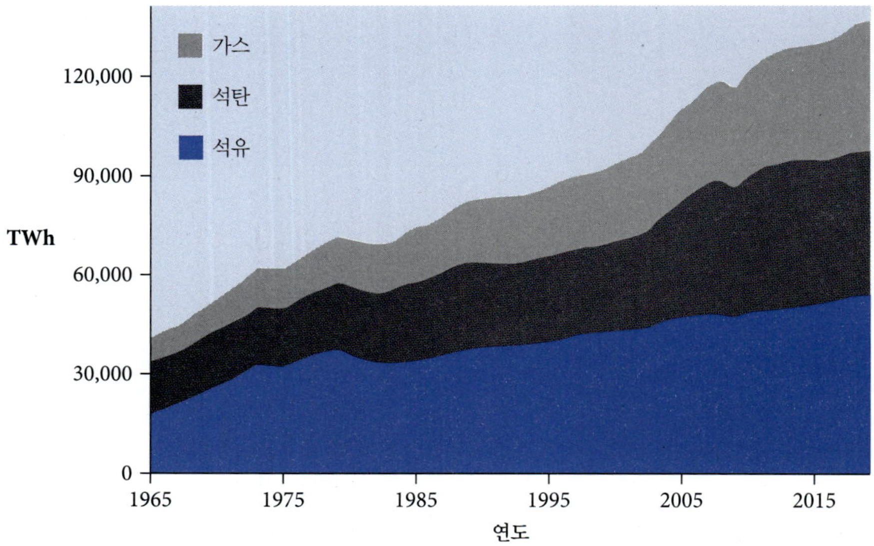

그림 3.1 전 세계 화석연료 소비량(1965~2019)(OurWorld)

박스 3.1 화석연료에 대한 간략한 역사

화석연료는 사회를 변화시키고, 전 세계적으로 방대한 규모의 고용을 제공했다. 수천 년 동안 풍부한 숲은 주택을 짓고 산업을 육성하는 데 필요한 목재와 바이오매스를 제공해 왔다. 비록 석탄, 이탄 및 석유는 열과 빛을 제공하는 데 사용되었지만 사회에서의 기여도는 크지 않았고, 연료를 쉽게 얻을 수 있는 지역에서만 이용되어 왔다. 영국에서 산업혁명이 일어나기 전 수 세기 동안 런던과 같은 도시는 목재 부족에 시달렸으며, 철 제련에서 석탄이 주로 이용됨에 따라 석탄 연소로 인한 오염이 증가하고 있었다.

와트 증기기관의 발명은 석탄 수요를 크게 증가시켰고, 대서양 양쪽에 산업 도시가 생기게 하였다. 석탄은 높은 에너지밀도로 인해 19세기 초 증기기관차의 연료로 사용되었으며, 이로 인해 사람과 상품은 더 먼 거리를 빠르게 이동할 수 있게 되었고, 결국 마차를 대체하게 되었다. 또한 많은 노동력과 바람의 힘으로 움직이던 배를, 석탄을 이용하여 더 적은 인력으로도 안정적으로 운행하게 하는 등 해운 산업에 혁명을 일으켰다. 석탄은 또한 20세기 전반에 걸쳐 유럽과 북미에 건설된 수많은 발전소의 주된 연료였으며, 20세기 후반에는 중국 경제의 거대한 팽창을 견인했다. 석탄 화력 발전소는 경제 발전이 시급한 과제로 여겨지는 동남아의 개발도상국들에서 여전히 지배적으로 이용되고 있다.

석유는 수천 년 동안 사용되어 왔지만, 19세기 중반이 되어서야 가로등용 윤활유, 파라핀 왁스, 등유 등을 만들기 위한 산업적 용도로 사용되기 시작했다. 최초의 정유 공장은 스코틀랜드, 루마니아, 캐나다 및 미국에 건설되었지만, 현대 석유 산업의 시작은 일반적으로 에드윈 드레이크(Edwin Drake)에 의해 이루어졌다고 본다. 그는 암반 아래까지 관을 설치하여 드릴 구멍의 측면이 무너지지 않도록 보호하는 법을 고안했다. 이 기술을 이용하여 1859년 펜실베이니아에서 21 m 깊이의 석유를 파헤쳐 하루에 20~40배럴을 생산했다. 1870년에는 존 데이비슨 록펠러(John Davison Rockefeller)가 스탠더드 오일을 설립하여 세상에서 가장 부유한 사람이 되었으며, 19세기 후반 내연기관 자동차 및 기계의 개발과 함께 석유의 수요가 더욱 증가하였다.

2차 세계대전 이후 석유의 생산은 석유 매장량의 대부분을 보유하고 있던 중동에서 주로 이루어졌다. 1960년 이란, 이라크, 쿠웨이트, 사우디아라비아, 베네수엘라 등 산유국들은 석유수출국기구(Organization of the Petroleum Exporting Countries, OPEC)를 결성하고 유가를 인상하여 서구 경제를 혼란에 빠뜨렸다. 그러나 1980년대에 이르러 OPEC 내의 정치적 긴장과 석유 과잉생산으로 인해 OPEC의 영향력이 약화되기 시작하면서 유가가 불안정해지기 시작했다.

가스는 19세기 초 석탄의 가스화에 의해 상업적으로 처음 생산되기 시작했고, 처음에는 가로등을 밝히는 용도로 사용되었다. 19세기 말 전기 조명의 도입으로 인해 석탄가스는 요리와 난방에 사용되었다. 유전에서 나오는 천연가스도 사용되기 시작했으며, 20세기 후반에는 석탄가스를 완전히 대체했다. 천연가스는 현재 발전소에서 전기를 생산할 때 사용되고 있으며, 석탄가스에 비해 환경오염을 줄일 수 있다.

천연가스의 주요 매장량은 중동, 러시아 및 미국에 있다. 2000년 이후 러시아는 유럽의 천연가스 주요 수출국이 되었다. 최근 몇 년 동안 미국은 세계 최대의 석유 및 가스 생산국이 되었으며 이는 석유 등의 에너지 패권을 중동에서 멀어지게 하였다. 캐나다, 중국, 아르헨티나 등 세계 여러 나라 또한 그들 자신의 셰일 오일 및 가스 매장량을 개발할 수 있는 방법을 찾고 있다. 그러나 석유의 과잉생산으로 인해 원유 가격이 크게 변동하고 있으며, 일부 나라에서는 자국의 석유 이익을 보호하기 위해 공격적인 조치를 취하고 있다. 베네수엘라는 이러한 적자생존의 장에서의 가장 큰 패배자이다.

지난 200년 동안 화석연료는 전 세계를 변화시켰다. 석탄 화력이나 엔진 연소로 얻을 수 있는 유연한 동력의 생산은 사람들의 평균 생활수준을 매우 크게 높였다. 그러나 세계 인구의 엄청난 증가와 재화에 대한 끊임없는 수요로 인한 에너지 사용량의 증가는 이미 심각한 지구온난화와 기후변화를 일으킨 막대한 양의 이산화탄소를 생성하였다.

이산화탄소 배출을 피하기 위해 재생에너지의 개발이 증가함에 따라 화석연료를 중심으로 한 세계 질서는 점점 더 흔들리고 있다. 화석연료의 시대는 더 친환경적이고 지속 가능한 시대로 대체되어야 한다. 다양한 분야의 기술 개발로 인해 재생에너지는 이제 어느 정도 가격 경쟁력을 갖추었지만, 화석연료는 이미 세계 사회 전반에 걸쳐 사용되고 있기 때문에, 재생에너지로의 전환은 어려운 과제이다.

3.1 석탄

석탄은 수억 년 전 광대한 습지 산림과 늪에서 시작된 탄소가 풍부한 고체이다. 늪의 바닥에 쌓인 식물성 물질의 잔해는 토탄으로 변하고, 압력과 약간의 열의 영향으로 인해 석탄으로 변한다. 지구 지열의 온도 구배(5.7절 참조)는 복잡한 유기 분자를 부수고 휘발성 성분을 몰아내는 열을 제공하기 때문이다. 석탄은 탄소 함량에 따라 등급이 매겨진다. 갈탄의 경우 60~75%, 역청탄의 경우 75~90%이다. 석탄은 또한 수소와 황을 포함한 다른 가연성 요소와 물, 화산재와 같은 불연성 물질을 포함한다. 이러한 석탄은 2018년 일차에너지의 약 27%, 발전용 에너지의 38.5% 정도 사용되고 있다(출처: IEA).

석탄을 발전소에서 태우려면 먼저 석탄을 미세한 가루로 분쇄해야 한다. 갈탄 및 역청탄의 경우, 연소 전에 수분과 일부 오염물질을 제거하여 탄소 함량을 농축시키는데, 이 과정에서 전기 생산 비용이 추가된다.

석탄 화력 발전소는 대기 중으로 방출되는 이산화탄소로 인한 지구온난화와 산성비로 인한 건물 부식 등과 관련된 문제를 일으킨다. 또한 폐암, 중금속 중독, 비산재로 인한 방사선 노출을 비롯한 심각한 건강 문제를 일으키기도 한다. 세계보건기구(World Health Organization, WHO)는 난방과 요리를 위해 나무, 숯, 석탄을 태울 때 나오는 연기로 인해 연간 약 400만 명이 사망하는 것으로 추정하고 있다.

전 세계 석탄 생산량은 지난 10년 동안 증가하지 않았지만, 그림 3.2에서 보여 주듯, 주로 중국을 중심으로 아시아 태평양 지역의 생산량은 2000~2010년 급격히 증가하였다.

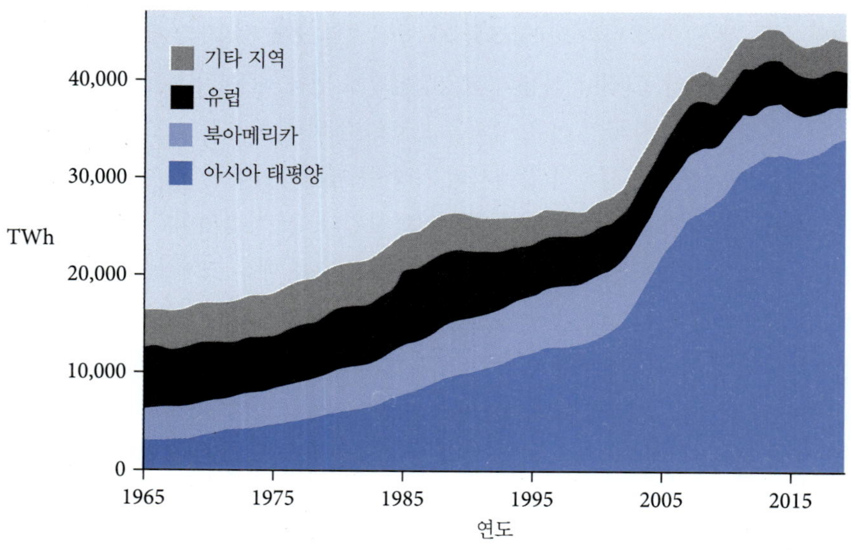

그림 3.2 지역별 석탄 생산량(1965~2019년). 2000~2010년에 걸쳐 주로 중국에서 급격한 증가세를 보였고, 인도와 호주에서는 생산량이 줄었다.

2018년 세계 석탄 소비의 71%를 차지하는 세 나라는 중국(51%), 인도(12%), 미국(8%)이다(사례 연구 3.1 참조). 대부분의 선진국은 석탄 소비를 줄이는 반면, 동남아시아의 일부 신흥 개발도상국(예: 베트남, 인도네시아)에서는 석탄 소비를 늘리고 있다. 중요한 것은 중국, 인도, 미국이 지구온난화를 방지하기 위해 2020년대까지 석탄 배출량을 어느 정도 줄일 수 있을 것인가 하는 것이다.

사례 연구 3.1 중국, 인도, 미국의 석탄 사용

중국

석탄은 최근 수십 년 동안 중국의 경제 호황을 뒷받침하는 주요 에너지원이며, 중국은 세계 석탄의 절반 정도를 소비하고 있다. 중국은 미국, 러시아, 호주에 이어 네 번째로 많은 석탄 매장량을 보유하고 있지만, 점점 더 수입 석탄에 의존하고 있다. 중국 내 석탄 수입량은 2019년에 9개월 동안 10% 정도 증가했다(로이터). 하지만 중국의 총 에너지 소비에서 석탄이 차지하는 비중은 2009년 72%에서 2018년 59%로 지난 10년 동안 크게 감소했다. COVID-19로 인해 중국 내 전력 수요가 줄었으며 기존 석탄 화력 발전만으로 전력 수요를 감당할 수 있게 되었기 때문이다. 하지만 이는 새로운 석탄 화력 발전소 건설의 필요를 줄임과 동시에, 재생에너지 개발 프로젝트도 동시에 줄이는 결과를 가져왔다.

2020년 중국의 국가 에너지법 초안에서는 재생에너지의 개발이 우선순위로 되어 있지만, 이는 기존 재생에너지의 용량만을 늘리는 것을 의미한다. 주된 내용으로는 전기 자동차 및 수소 생산과 같은 재생에너지의 활용을 확장하는 것이다. 석탄 화력 발전소는 설비 용량이 낮고 많은 사람들에게 피해를 입힘에도 불구하고 높은 신뢰성으로 인해 아직까지 지방에서는 석탄 화력 발전소의 설치가 계속되고 있다. 중국은 2060년까지 탄소중립을 약속하고 기후변화의 완화에 있어 세계적인 리더가 되는 것을 목표로 하고 있으며, 재생에너지와 원자력에 막대한 투자를 해 오고 있다. 이를 위해 2020년까지 풍력은 210 GW, 원자력은 58 GW의 전력을 생산할 것으로 계획하고 있다. 또한 중국은 현재 태양광 발전 기술의 최대 제조업체로 2018년까지 총 175 GW를 설치하였다. 현재 매일 전 세계적으로 약 500,000개의 태양전지 패널이 설치되며 대부분 중국에서 생산되고 있다.

중국의 화석연료 사용 감축은 특히 재생에너지의 비용, 그리드 용량, 해외 무역 관세 및 중국의 재생에너지 보조금에 달려 있다. 또 다른 요인은 지구 온도가 상승하고 화석연료의 연소와 지구온난화 사이의 연관성이 더 널리 받아들여짐에 따른 석탄 화력 발전소를 줄이라는 서방 국가들의 압력이다. 비록 2020년 9월 중국이 2060년까지 탄소중립에 대한 목표를 발표했지만 이를 달성하는 것은 쉽지 않을 것이다.

인도

석탄은 지난 20년간 인도의 급속한 경제 성장을 뒷받침하는 주요 에너지원이었다. 인도 경제는 2020년대까지 8% 성장할 것으로 예상되지만, 여전히 외딴 시골까지 전기를 공급하는 그리드 인프라는 열악한 실정이다. 특히 전압이 떨어지는 경향이 있는 피크 수요시간에 전력 공급의 신뢰성을 향상시킬 필요가 있다. 그리드에 연결된 도심 지역에서도 여전히 하루 4~16시간 동안 정전이 발생하기 때문이다. 인도는 세계에서 다섯 번째로 큰 석탄 매장량을 보유하고 있지만, 대부분이 인도 북동쪽에 위치하고 있으며 필요한 곳까지 석탄을 운송하는 데 드는 비용이 상당하다. 또한 세계에서 가장 오염된 도시 열 곳 중 일곱 곳이 인도에 위치하는 등, 석탄 연소로 인한 심각한 대기오염이 발생하고 있다. 인도는 또한 지난 10년 동안 더 길고 더 강렬한 여름 폭염을 겪고 있으며, 수천 명의 사망자를 내고 있다.

석탄은 적어도 향후 10년 동안 주요 에너지 연료로 사용되겠지만, 태양열 발전과 풍력 발전 등의 개발로 인해 새로운 석탄 발전소 건설은 줄어들 것으로 예상된다. 포브스 인터내셔널에 따르면 2018년에 신규 풍력 및 태양광 발전소로 인해 기존 석탄 발전소의 65%가 축소되었으며, 신규 석탄 발전소 건설을 위한 은행 및 보험사의 지원을 받는 것이 점점 더 어려워지고 있다고 한다. 그러나 인도의 열악한 송전망으로 인해 재생에너지로 인한 생성 전력의 분배가 어려워 재생에너지의 변동성을 완화하기가 어렵다. 이로 인해 광산과 가까운 곳의 전력 공급을 위해서 석탄 화력 발전소는 여전히 선호될 수밖에 없다. 하지만 배터리 비용의 하락으로 인해 저장 장치가 있는 재생에너지 발전이 개발됨에 따라 상황은 점차 변하게 될 것이다. 또한 지난 몇 년 동안 석탄 화력 발전소의 과도한 확장과 석탄 화력 발전소를 위한 정부 지원이 상당히 줄었다. 인도가 석탄 화력 발전소를 없애는 것은 상당한 도전이 될 것이지만, 중국과 마찬가지로 인도도 지구온난화에 맞서기 위해 더욱 과감한 조치를 취하지 않는다면 서방 정부의 제재에 직면할 수 있다.

미국

석탄 소비는 미국에서 매우 논쟁의 여지가 있는 문제이다. 트럼프 대통령은 석탄 산업을 부활시켜 러스트 벨트(rust belt)에서 일자리를 창출하겠다고 약속하고 2015년 파리 기후변화 협정에서 탈퇴했다. 이 결정은 2021년 바이든 대통령에 의해 번복되었다. 이러한 미국 내 정세 혼란 속에서도 미국 24개 주가 파리협약을 준수하기 위해 미국 기후변화 동맹에 가입했다. 또한 2010~2019년 기간 동안 석탄 화력 발전은 40% 감소하고 천연가스 비중은 23%에서 37%로 증가했다. 이러한 변화에는 풍력과 태양광도 상당한 기여를 하고 있다.

오바마 행정부의 청정 전력 계획(Clean Power Plan)은 2030년까지 이산화탄소 배출량을 크게 줄이고자 했다. 이 계획은 화석연료 경제와 관련된 일자리를 감소시킨다는 트럼프 행정부의 공격을 받았지만, 전력 부문의 발전은 대개 시장의 요구를 따르므로, 석탄 화력 발전은 장기적으로 감소될 것으로 보인다. 특히 2030년까지 온실가스 배출량을 2005년 수준과 비교하여 50% 이상 줄이겠다는 바이든 대통령의 2021년 공약을 볼 때 석탄 화력 발전은 감소될 것이 확실할 것이다.

3.2 석유 및 천연가스

석유는 약 6500만에서 1억 4000만 년 전 고대 바다(예: 멕시코만이 된 테티스해)에서 플랑크톤 유기체가 부패하면서 형성된 탄화수소가 풍부한 액체이다. 이 유기체는 해저에 정착하여 모래와 진흙층 아래에 묻힌 조밀한 슬러지를 형성했다. 슬러지는 오랜 시간 동안 수 킬로미터 깊이에서 압력과 열(100~150°C)을 받으며 원유로 전환되었다.

석유에는 두 가지 유형이 있다. **경질성 원유**는 유황이 없어 경제적인 반면, **중질성 경유**는 유황이 포함되어 있어 이를 제거해야 한다. 석유는 휘발유, 항공유, 경유, 연료유, 아스팔트, 윤활유, 등유로 정제되며 플라스틱, 비료, 화장품, 식품 등 현대 사회에서 쓰이는 많은 제품의 제조에 사용된다. 플라스틱은 많은 장점이 있지만, 안전하게 폐기하는 것이 어렵다.

석유는 에너지밀도가 높아서 적은 양만으로도 많은 양의 전기를 생산할 수 있으며, 에너지 저장에도 이용될 수 있다. 또한 운송이 간편하고 널리 보급되어 재생에너지로 대체하기 어렵다. 하지만 석유 파생 연료의 연소는 지구온난화에 크게 기여한다. 2018년 일차에너지 소비의 34%를 차지했는데, 이는 석탄(27%) 및 천연가스(24%)보다 많은 양이다.

천연가스는 주로 박테리아 유기물의 화석화된 잔해를 포함하는 유기물이 풍부한 암석층에서 형성되었는데 이곳의 온도는 유기물을 분해하여 천연가스를 생성할 수 있을 만큼 충분히 높다. 생성된 가스의 대부분은 가스 수화물로 저장되고, 일부는 발생된 암석에서 저수지로 이동했다. 나머지 부분은 비재래식 화석연료를 구성하는 데에 사용된다(3.3절 참조). 19세기와 20세기 초에 천연가스는 유전에서 폐기물로 간주되어 소각되기도 했다.

천연가스는 지금은 귀중한 자원으로 간주되며 전력 생산, 특히 피크 부하의 수요 충족, 건물의 공간 난방, 운송 및 수많은 산업 공정에서 사용되고 있다. 천연가스는 메탄(CH_4)과 소량의 에탄(C_2H_6) 및 기타 탄화수소와 수증기, 이산화탄소 및 다양한 불순물의 혼합물이다. 그래서 천연가스의 연소는 일반적으로 석탄보다 50~60% 적은 이산화탄소를 배출한다. 그럼에도 불구하고 천연가스는 2012년에 일차에너지 소비의 21.3%를 차지하여 지구온난화에 크게 기여하였다. 또한 천연가스를 얻기 위한 파쇄 현장 및 연결 배관은 훨씬 더 강력한 온실가스인 메탄을 누출시켜, 석탄에서 천연가스로 전환하는 장점의 일부를 약화시키기도 한다.

복합 사이클 가스 터빈(combined cycle gas turbine, CCGT) 발전소의 탄소 집약도는 ~450 $kgCO_2eq\ MWh_e^{-1}$로 석탄 화력 발전소의 약 절반이다. 그림 3.3은 ~57.5%의 복합 사이클 효율을 가지는 독일의 Trainel Kraftwerk Hamm CCGT 발전소를 보여 준다.

그림 3.3 독일의 Trainel Kraftwerk Hamm 800 MW CCGT 발전소

3.3 비재래식 석유와 가스

기존의 석유 및 가스 자원은 불투수성 암석 아래에 갇혀 있던 축적된 물질에서 발생하며, 이를 추출하여 사용한다. 비재래식 자원은 석유와 가스가 원천 암석(**셰일 오일** 및 **셰일 가스**)에 남아 있거나 **타르 샌드**(역청사)로 생분해되기 때문에 자연적으로 표면에서 흐르지 않는 자원을 의미한다. 이러한 자원은 널리 퍼져 있지만 추출하기가 더 어렵다. 고유가 기간(예: 1970년대의 유가 충격)을 제외하고는 비재래식 석유들은 비경제적인 것으로 간주되어 왔다. 그러나 지난 20년 동안 일부 에너지원들은 경제성을 가지게 되었고, 현재 많은 양이 사용되고 있다.

셰일 오일은 **오일 셰일**(**케로겐**이라고 하는 높은 비율의 유성 물질을 가지는 퇴적암) 및 기타 투과성이 낮은 **단단한 암석층**에서 파생된 오일이다. 가장 일반적인 공정은 오일 셰일을 표면으로 가져와 파쇄하여 표면적을 증가시킨 다음 무산소 환경에서 장시간 가열하여 가스를 분리한 뒤 응축시켜 **셰일 오일**과 가연성인 비응축성 **셰일 가스**를 형성하는 것이다. 셰일 가스는 오일 셰일층의 수압 균열법(또는 **파쇄법**)을 통해 현장에서 추출할 수 있다. 하지만 일부 전문가는 이 기술이 지진의 잠재적인 원인이라고 지목하기도 한다. 또한 비재래식 오일 및 가스와 관련된 심각한 환경 문제, 특히 폐기물의 독성 요소에 의한 지하수 오염, 부패물 처리, 막대한 물 사용량 및 기존 화석연료에 비해 많은 온실가스 배출량 등은 시급히 해결되어야 하는 문제이다(사례 연구 3.2 참조).

또 다른 주요 비재래식 에너지원은 **타르 샌드**인데, 이는 다공성 모래와 점토가 역청으로 포화된 혼합물로, 높은 점성의 오일 퇴적물이다. 이러한 퇴적물은 주로 표면 또는 표면 근처로 누출되어 매우 얕은 저수지에 축적되어 있다. 이곳에서 분자의 짧은 사슬을 우선적으로 대사하는 박테리아에 의해 분해되어, 더 높은 밀도와 점도를 갖는 분자 구성을 가지게 된다. 캐나다와 베네수엘라에서 대규모 광산이 발견됨에 따라 일부 환경에 대한 우려가 있음에도 불구하고 캐나다 앨버타에서는 타르 샌드를 이용하여 석유가 추출되고 있다. 석유를 추출하기 위해서는 타르 샌드를 가열해야 하므로 많은 양의 에너지가 필요하다. 약 6 GJ 열량의 석유를 생산하는 데 약 1 GJ의 에너지가 필요하다. 만약 기존 석유의 배럴당 가격이 약 50달러 이하로 떨어진다면, 타르 샌드에서 석유를 추출하는 것은 비경제적이게 된다. 이 두 곳의 추정 석유 매장량은 각각 약 2000억 배럴로, 세계 석유 매장량의 약 30%를 차지한다.

다른 비재래식 가스 자원에는 **가스 수화물**이 있다. 이는 영구 동토층 내부 또는 아래에서 대기압하에 형성될 수 있는 가벼운 가스로 구성된 얼음과 같은 물질이다. 메탄이 풍부한 수화물은 대륙붕과 영구 동토층에서 발견된다. 그 양은 매우 불확실하지만 적어도 1000 Gt 정도가 될 것이며, 이는 연간 전 세계 에너지 소비량의 약 150배에 해당한다. 알래스카, 캐나다(육상), 일본(해상)에서 수화물로부터 가스를 생산하려는 시도가 있으나, 자원 밀도가 낮고 추출이 어렵다. 가스를 생산하기 위해서는 온도를 높이거나, 많은 양의 물을 생산하지 않은 채로 압력을 낮출 필요가 있기 때문이다. 지구온난화가 이미 일부 수화물을 녹여 버려서, 대량의 메탄을 방출할 수 있는지에 대한 우려도 있다. 그러나 소수 지역에서 대기 중으로 상당한 양의 메탄을 방출할 가능성이 있는 지역은 거의 없는 것으로 보인다.

사례 연구 3.2 미국에서의 파쇄법

파쇄법은 암석층에서 오일과 가스를 고압으로 추출하는 방법으로, 미국의 산업을 급성장시키고 석유 및 가스 생산 측면에서 글로벌 초강대국으로 탈바꿈시켰다. 미국 에너지 정보국(Energy Information Administration, EIA)에 따르면, 미국의 재래식 석유 생산량은 1970년대 초 하루 약 940만 배럴에서 2008년 5배럴로 감소하였다. 이러한 경향은 셰일에서 석유를 추출하면서 시작되었다. 2018년 미국은 세계 최대의 석유 및 가스 생산국이 되어 수천 개의 일자리를 창출하고 중동에서 수입되는 석유로부터 독립할 수 있었다. 그러나 셰일 오일 및 가스 매장량에 대한 불확실성과 파쇄 공정의 환경적 악영향으로 인해 산업의 추가 확장에 대한 대중의 반대가 거세졌다. 더구나 파쇄법은 가격 경쟁력을 저하하는 값비싼 공정이다. 이러한 이유들로 인해 미국 파쇄 산업의 성장은 점차 둔화되고 있고, 파쇄법을 이용한 새로운 유정에 대한 시추는 더 이상 자본 조달이 어려워졌다. 새로운 투자를 망설이게 하는 또 한 가지 요인은 파쇄를 통해 시추한 새로운 유정의 생산량은 첫해에 70%까지 떨어지는 데 반해, 기존의 유정은 5%만 감소한다는 것이다.

상업적으로 성공한 최초의 파쇄 절차는 1949년 Halliburton Oil Well Cementing

Company가 오클라호마와 텍사스의 유정에 고압수를 주입한 것이다. 1952년에 한 러시아인은 파쇄 유체에 파쇄를 지속시킬 수 있는 **추진제**를 넣어 이 공정을 개선시켰다. 또한, **수평 시추 기술**이 개발되어 가스 함유 퇴적물의 접촉 면적을 넓히고, 유체의 특성을 변경할 수 있는 **슬릭 워터**라는 화학 첨가제를 사용하기 시작했으며, 더 많은 물을 이용하는 **대규모 수력학 기술** 등을 결합하여 더 큰 발전을 이루었다. 미국의 토지 소유자는 다른 국가와는 달리 지하의 석유 및 가스 자원에 대한 권리를 가지고 있다. 이것은 필요한 기술 및 지질학적 노하우, 미국 주식시장에서 막대한 자본을 조달할 수 있는 조건과 함께 토지 소유자에게 자신의 땅에 매장되어 있는 자원을 개발할 큰 동기를 부여하였다.

그러나 파쇄 공정은 대규모 수압 파쇄에 막대한 물이 사용되고, 파쇄 공정에 사용되는 화학 물질에 의해 지하수 및 대기의 오염 위험이 있으며, 유수의 유출 및 지진 등을 유발할 수도 있다. 또한 파쇄 공정은 아직은 비교적 젊은 산업이므로 모든 당사자가 수용할 수 있는 규제를 수립하기 위해 신뢰할 수 있는 데이터가 부족하다. 지금은 산업이 예전보다 더 엄격하게 규제되고 있지만, 주마다 상당한 차이가 있으며, 업계는 경쟁 업체가 사용할 수도 있는 상업적으로 민감한 정보를 공개하는 것을 꺼리고 있다.

미국의 석유 및 가스 생산량의 급격한 증가는 세계 에너지 시장에 상당한 영향을 미쳤다. 2014~2016년, 석유가 과잉 생산되어 석유 가격이 하락하고 일부 파쇄업체가 폐업하게 되었다. 낮은 석유 가격은 또한 석유와 가스 생산이 주요 수입원인 국가의 경제에도 매우 부정적인 영향을 끼쳤다. 로이터(2019)에 따르면, 투자 부족으로 인해 셰일 회사들은 영업 수익만으로 회사를 영위하게 되었고, 그 결과 2018년에는 29개의 셰일 회사 중 일곱 개 회사만이 순이익을 낼 수 있었다고 한다.

미국은 값싼 석유와 가스가 풍부하여 석탄 의존도를 낮출 수 있었고, 대기 중으로 배출되는 이산화탄소를 크게 감소시켜서 미국이 기후변화 협정에 더욱 적극적으로 참여할 수 있게 하였다. 또한 미국의 셰일 가스 매장은 지리적으로 넓게 퍼져 있어, 지역별 가스 생산으로 인해 장거리 가스 운송을 피할 수 있으므로, 소비자가 저렴하게 가스를 이용할 수 있다.

지구온난화의 관점에서 볼 때, 셰일 오일과 가스의 풍부함이 향후 10년 동안 미국 경제에 단기적인 경제적 이익을 약속하겠지만, 그 성공은 지구 기후에 위험을 초래하고 저탄소 기술 개발에 대한 인센티브를 감소시킨다.

표 3.1 2019년 석유, 가스, 석탄의 매장량 및 R/P 값(BP 2020)

연료	단위	입증된 매장량	연간 생산량	R/P(연간)
석유	Gt	244.6	4.90	49.9
석탄	Gt	1069.6	8.10	132
천연가스	Tm^3	198.8	3.99	49.8

3.4 화석연료의 생산 및 매장량

2019년 말 석유, 천연가스, 석탄의 입증된 매장량과 연간 생산량에 대한 R/P 비율을 표 3.1에 나타냈다. 여기서 입증된 매장량이란 '지질학적 및 공학적 정보를 통해 현재의 경제 및 운영 조건 하에서 주어진 매장지에서 미래에 회수할 수 있는 합리적인 연료의 양'을 의미한다(BP 2020). R/P 비율은 입증된 매장량을 기준으로 연료의 생산이 현재 속도로 유지될 수 있는 기간의 추정치를 제공한다. 새로운 자원을 찾고 자원을 매장량으로 전환하는 데 상당한 노력과 자본이 지속적으로 사용되기 때문에(2010년대 중반 석유 및 가스의 경우 연간 약 6000억 달러 소모), 이것은 가용성의 최솟값이며, '남은 양'의 척도는 아니다. 2019년 입증된 기존 매장량(석유, 가스, 석탄)의 비율은 북미(14.1, 7.6, 24.1), 독립국가 연합(8.4, 32.3, 17.8), 중동(48.1, 38.0, 0.1), 아프리카(7.2, 7.5, 1.4), 아시아 태평양(2.6, 8.9, 42.7)이다.

석유, 가스, 석탄의 연간 생산량을 감안하면 전 세계 이산화탄소 배출량을 추정할 수 있다.

예제 3.1

(a) 생산된 석유의 ~75%가 연소된다고 가정하고(운송 시에는 ~70%), 연료 kg당 석유, 가스, 석탄의 이산화탄소 배출량은 3.1, 2.7, 2.1 $kgCO_2\ fuel^{-1}$이며, 천연가스의 밀도는 0.8 $kg\ m^{-3}$이다. 전 세계의 이산화탄소 배출량을 계산하라. (b) 입증된 화석연료 매장량이 모두 연소된 경우, 방출되는 이산화탄소의 양을 추정하라.

(a) 모든 석탄과 가스가 연소된다고 가정하면, 총 배출량은 $4.90 \times 3.1 \times 0.75 + 3.99 \times 2.7 \times 0.8 + 8.1 \times 2.1 = 37.0$ Gt이다. 이 추정치의 가장 큰 불확실성은 석탄의 특정 탄소 배출량의 상당한 변동에서 비롯된다. 값 2.1은 미국 석탄의 평균이다. 2019년에 약 36.8 Gt의 이산화탄소가 배출되었으며, 이는 2016년에 비해 4% 증가한 값이다.

(b) 표 3.1에 주어진 총 입증 매장량에 특정 탄소 배출량을 대입하면 총 3244 $GtCO_2$를 얻을 수 있는데, 이는 자체적으로 지구온난화를 2°C 이내로 제한하기 위해 설정한 누적 탄소 배출량(이산화탄소의 3/11) 제한값과 비슷하다. 누적 배출량이 이미 2200 $GtCO_2$를 넘어섰고 많은 양의 비재래식 자원(그림 3.4 참조)과 미개발 자원을 감안할 때, **화석연료는 자원량이 아닌 배출량에 의해 제한되어야 한다**.

허버트의 피크 이론에 따르면 화석연료의 생산 속도는 상승하다가 유전 내의 퇴적물이 부족해지기 시작하고, 새로운 광산이 발견되거나, 추출 기술이 향상되지 못한다면, 생산 속도는 하락하고 가격은 급등한다. 1956년 미국의 지질학자 킹 허버트(M. King Hubbert)가 미국의 석유 생산에 대해, 추출된 석유의 양은 대략 S자형 곡선을 따를 것이라고 주장했으며, 미국의 석유 생산량의 피크는 그림 3.4와 같이 1970년대 초반에 발생할 것이라고 하였다.

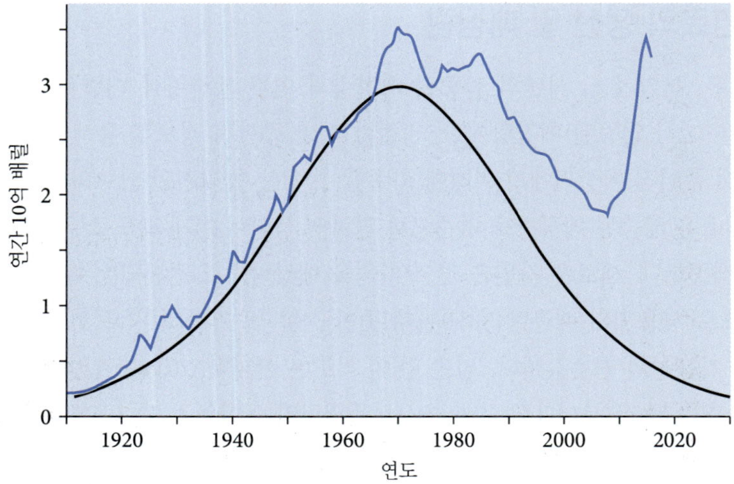

그림 3.4 허버트의 재래식 석유에 대한 피크 예측 대 미국의 실제 석유 생산량(연간 10억 배럴)(OurWorld)

허버트의 예측은 기존의 석유 축적을 기반으로는 타당할 수 있지만, 셰일 오일의 생산은 1970년대부터 시작될 수 있던 생산 속도의 감소를 막았다. 셰일 오일에서 생산되는 석유는 2030년 기존 유전에서 생산되던 석유의 50% 이상을 대체할 수 있으며, 세계는 결국 계속 증가하는 생산 비용에 의해 비재래식 석유 공급원에 의존하게 될 것이다. 또한 자원 매장량은 기술이 향상됨에 따라 확장되며, 비용과 접근성에 따라 달라질 수도 있다. 비재래식 석유의 추정량은 전 세계 석유 매장량을 약 2배 정도 증가시킨다. 32개국에 대한 평가에서 IEA는 셰일 가스 매장량이 기존의 천연가스 공급원의 입증된 매장량인 ~200 Tm^3와 유사하다고 추정했다.

3.5 석유 및 화석연료의 가격

화석연료의 가격은 수요-공급의 경제 법칙뿐만 아니라 정치적 영향도 받는다. 1973년의 유가 위기는 욤키푸르 전쟁에서 미국이 이스라엘을 지원한 후 OPEC이 금수조치(1973년 10월~1974년 3월)를 선언한 후 발생했다. 그 후의 유가는 그림 3.5와 같이 이전보다 높아졌다. OPEC은 공정한 가격과 정기적인 공급을 목표로 회원국 간의 석유 정책을 조정하기 위해 1960년에 설립되었다. 그러나 1973년 OPEC의 석유 금수 조치 이후, 목표는 대부분 수익을 극대화하는 것에 치중되었다. 회원국은 이란, 이라크, 쿠웨이트, 사우디아라비아, 베네수엘라, 카타르, 인도네시아, 리비아, 아랍에미리트, 알제리, 나이지리아, 에콰도르, 앙골라, 가봉이다.

1979~1980년 이란-이라크 전쟁으로 또 한 번의 유가 상승이 일어났고, 1973년 위기 이후 10년 반 동안 전 세계적으로 대체에너지원에 대한 연구 개발이 활발해졌다. 그러나 1986년까지 유가는 이전 수준으로 거의 회복되었고, 대체에너지에 대한 자금과 관심은 감소하였다. 최근에는 지구온난화에 대한 인식이 높아지고 유가가 다시 상승하면서 저탄소 에너지원을 개발

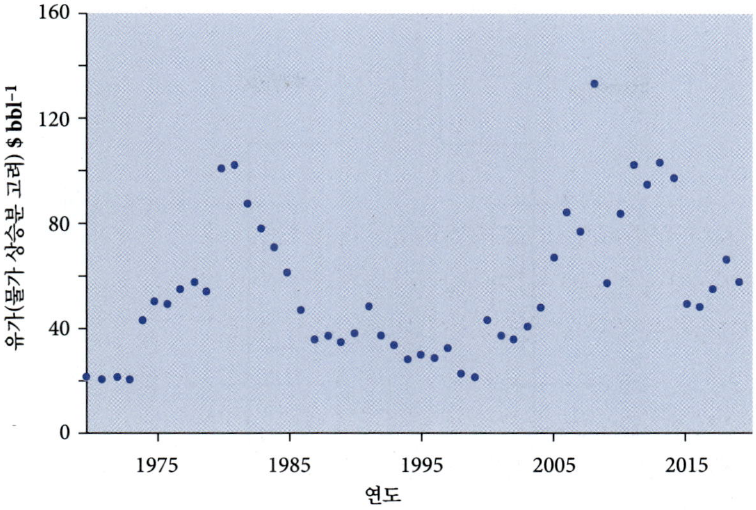

그림 3.5 1970~2019년 동안의 석유 가격 변동(출처: Oil-price)

하려는 노력이 다시 관심을 받고 있다. 다른 화석연료의 경우, 가스 비용은 석유 비용을 따르는 경향이 있는 반면, 석탄 비용은 역사적으로 안정적이었다.

3.6 연소

천연가스에 존재하는 메탄의 연소는 발열반응이다.

$$CH_4 + 2O_2 \rightarrow CO_2 + 2H_2O \tag{3.1}$$

메탄은 1 kg당 55 MJ의 열을 생산한다. H, C, O의 원자량비는 1:12:16이므로, 16 kg의 메탄이 반응하면 44 kg의 이산화탄소가 생성된다.

석유 내의 탄화수소가 연소하면 메탄과 유사한 발열반응을 나타낸다. 예를 들면, 펜탄 72 kg의 연소를 통해

$$C_5H_{12} + 8O_2 \rightarrow 5CO_2 + 6H_2O \tag{3.2}$$

220 kg의 이산화탄소가 생성된다.

일반적인 500 MW급 석탄 화력 발전소는 한 시간에 250톤 정도의 석탄을 소비한다. 석탄은 연소 전에 미세한 분말 형태가 되어야 한다. 석탄 덩어리들은 큰 석탄 분쇄기에서 미분탄 형태가 되고 이 석탄 분말이 노즐을 통해 연소실로 주입되어 큰 화염을 이루며 연소된다(그림 3.6). 가연성의 재료는 산소와 함께 발열반응을 일으키고 부상하는 탄소와 재들은 복사에너지를 흡수 및 방사한다. 화염은 광학적으로 두꺼우며 화염 내부에 생성된 광자들은 화로의 벽에 도달하기 전에 화염에 재흡수된다. 화염의 가장 바깥 표면은 거의 흑체와 흡사하며 연소실의 내벽

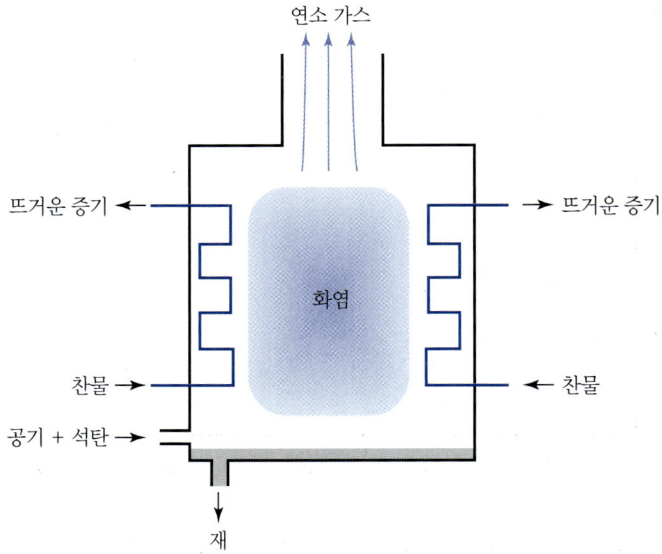

그림 3.6 석탄 연소실

을 싸고 있는 보일러 튜브로 복사열 전달을 일으킨다. 보일러 튜브로 입사된 복사열은 튜브 벽을 통해 전도되고 관 내부에 흐르는 물을 가열한다. 오랜 시간 동안 용재 침전물의 고체 형태의 층이 보일러 튜브 바깥쪽 표면에 생성되고 이것이 열전달을 감소시킨다. 이 용재는 보수를 위한 발전소 정지 기간 동안 제거된다.

석탄의 연소는 다음과 같은 복잡한 과정을 포함한다.

- 석탄 내부에 함유된 물의 증발(연료의 에너지 일부가 사용됨)
- 석탄 분해로부터 가연성 기체(특히 메탄과 일산화탄소)가 생성되고, 이것이 산소와 반응하여 열이 발생
- 고체 탄소의 연소($C + O_2 \rightarrow CO_2$)의 결과로 탄소 12 kg은 44 kg의 이산화탄소를 배출

탄소의 불완전 연소는 일산화탄소를 생성한다.

$$2C + O_2 \rightarrow 2CO \tag{3.3}$$

일산화탄소는 유독성이므로, 일산화탄소의 생성을 최소화하고 효율을 증가시키기 위해 충분한 공기가 화로 내부로 주입되어야 한다. 환경적으로 유해한 가스의 생성을 줄일 수 있는 고효율 석탄 연소로를 디자인하는 것은 석탄 기술에서 아주 중요한 분야이다.

화석연료 발전소로부터 이산화황의 배출을 줄이는 것은 또한 **산성비**(3.18절 참조)와 관련하여 중요한 과제이다. 이 문제를 해결하기 위해 다음과 같은 여러 가지 방법들을 이용할 수 있다.

- 석탄 세척과 기름 탈황을 통해 연소 이전에 유황 제거
- 물과 증기와 함께 압력을 가하여 석탄을 기체로 만들고, 이를 연소하여 전기를 생산

• 연소 가스 탈황 처리(여기서 배기가스는 석회석 등 화학적 흡수 물질에 의해 정화됨)

이러한 과정들이 환경적으로는 도움을 주지만, 전체 전기 생산 비용의 약 10%를 차지한다. 따라서 에너지 생산 기업들이 이러한 수단을 도입하도록 요구하거나 또는 장려하는 정책이 뒷받침되어야 한다.

3.7 탄소 포집 및 저장

이산화탄소가 지구 온도에 미치는 영향을 줄이기 위한 한 가지 방안은 **탄소 포집 및 저장**(carbon capture and storage, CCS) 기술을 개발하는 것이다. 또 다른 방안은 **탄소 포집 및 활용**(carbon capture and utilization, CCU)으로, 이산화탄소를 탄산마그네슘으로 전환하여 건축 자재 및 연료 생산, 식물 성장 촉진, 또는 화학 및 음료 산업에서 사용하도록 하는 것이다. 그러나 전 세계적으로 CCS 또는 CCU(총칭하여 CCUS)를 구현하는 것은 엄청난 기술적, 경제적, 정치적 난제가 있다.

이산화탄소는 주로 화석연료를 이용하는 발전소와 산업에서 발생한다. 대기 중 이산화탄소의 농도는 발생원에서 멀어질수록 급격히 감소하므로 가스를 포집할 수 있는 가장 좋은 장소는 발생원 근처이다. 현재 고려되고 있는 세 가지 주요 포집 방법은 다음과 같다.

- **연소 후 포집**: 연소실에서 나오는 배기가스에서 이산화탄소를 제거
- **연소 전 포집**: 연소 전에 연료를 이산화탄소가 풍부한 가스와 수소의 혼합물로 전환
- **순 산소 포집**: 공기가 아닌 산소로 연료를 연소시켜 이산화탄소가 풍부한 가스 흐름을 생성

연소 후 포집을 위해 제안된 하나의 공정은 질소 및 기타 가스로 구성된 배기가스를 이산화탄소가 용해되는 아민 용액에 통과시키는 것이다. 아민 용액이 포화되면 배기가스는 다른 아민 탱크를 흐른다. 아민 탱크는 가열되어 용해된 이산화탄소를 방출하고, 이산화탄소는 압축되어 액화된다. 액화 이산화탄소는 지하 대수층 등의 저장될 곳으로 이동한다. 이 기술을 사용하는 노르웨이 Mongstad 공장은 2012년에 문을 열었지만 아민 사용에 따른 건강상의 우려로 2013년에 문을 닫았다.

연소 전 포집을 위한 대표적인 기술은 통합 가스화 복합 사이클(integrated gasification combined cycle, IGCC)이다. 이 과정에서는 분쇄된 석탄-물 슬러리를 액체 산소를 사용하는 극저온 공기 분리 장치에서 산소와 합성 가스(syngas) 또는 일산화탄소와 수소의 혼합물인 합성 가스를 생성한 다음 전환 변환기를 통과시킨다. 합성 가스는 촉매에서 과열 증기와 반응하여 수소와 이산화탄소를 생성한다. 이때의 주요 반응은 다음과 같다.

$$3C + O_2 + H_2O \rightarrow 3CO + H_2 \quad \text{합성가스 생산}$$

$$CO + H_2O \rightarrow H_2 + CO_2 \quad \text{전환 반응}$$

기존 IGCC 발전소에서 합성 가스는 복합 사이클 가스 터빈(combined cycle gas turbine, CCGT)으로 보내진다. 시프트 컨버터(shift converter)를 추가하면 포집할 수 있는 수소와 순수한 이산화탄소 흐름을 생성하지만 공정이 복잡해지고 비용이 많이 든다. 또한 수소를 연료로 사용할 때의 효율도 감소하는데, 생성된 열의 약 20%가 연소 과정에서 생성된 증기에 의해 제거되기 때문이다. IGCC-CCS의 최종 효율은 약 35%로, 양호하게 연소된 후 CCS 발전소의 효율과 유사하게 된다.

순 산소에 대한 것은 아직 연구 개발 단계에 머물러 있다. 이 발전소는 공기 연소 미분탄 보일러와 비슷하지만, 산소를 사용하며, 생성된 배기가스의 일부를 재활용해야 한다. 잔여물에는 남은 이산화탄소가 많으며, 다시 이산화탄소가 포집되어야 한다.

세 가지 공정 모두 상당한 에너지가 필요하다. 이러한 이른바 에너지 페널티는 생성된 전기 비용에 15~40%를 추가한다. 포집된 이산화탄소는 탈황, 탈수, 압축 처리된 후, 파이프나 선박을 통해 저장 위치로 보내진다.

이산화탄소의 장기 저장 방법은 **탄소를 격리**시키는 것이다. 주된 방법은 **지리적으로 격리**하는 것으로, 지하 지층에 액체 이산화탄소를 직접 주입하는 것이다. 저장되는 곳은 다음과 같다.

- 천연가스 지층 및 석유 유전(사례 연구 3.3 참조)
- 석유 회수 증진법(enhanced oil recovery, EOR)을 적용한 중유전—이산화탄소를 순환시켜 석유의 점도를 줄여 오일이 유출되도록 함
- 채광할 수 없는 석탄층—석탄에 갇힌 메탄을 대체함
- 염분 저장고

향후 500년 동안 미국에서 생성된 모든 이산화탄소를 저장하기에 적합한 지질학적 저장 장소가 IPCC에 의해 확인되었지만, 모든 국가에 그러한 장소가 있는 것은 아니다.

기체 이산화탄소를 해양으로 직접 주입하는 방법은, 해저에서 이산화탄소가 액화되어 '호수'를 형성하는 3000 m 이상 또는 이산화탄소가 용해되어 탄산을 형성하는 1000~3000 m 사이에 두는 것이다. 그러나 이러한 방법은 현재 런던 의정서 및 북동 대서양 해양 환경 보호 협약과 대치되는 것이다. 화학 흡수제, 바이오매스를 사용하거나, 이산화탄소와 중탄산염을 형성하는 광물과의 자연적인 반응을 가속화하는 여타의 이산화탄소 포집 방법을 12.7.1절에서 설명한다.

위에서 설명한 CCS 기술은 특히 포집 과정에서 비용이 많이 들며, 널리 사용되기 전에 탄소 가격에 대한 국제적으로 구속력 있는 합의가 필요하다. 또한 지하 저장 장소에서의 이산화탄소 누출이나 바다 산성화 등의 기술과 관련된 심각한 환경 문제도 있다. 2019년에 51개의 대규모 CCS 프로젝트가 있었다. 19개는 현재 운영 중이고, 28개는 개발 중이며, 4개는 건설 중이다. 지역적으로는 미주 24개, 유럽 12개, 아시아 태평양 12개, 중동에 3개가 있으며, 이 중 2개는 17개의 프로젝트를 수주하였다. 2019년에 포집된 양은 연간 4천만 톤의 총 포집 용량 중 2

천 5백만 톤으로 현재 전 세계 배출량의 약 0.1%이다. 그러나 이러한 프로젝트 중 많은 부분이 포집된 이산화탄소를 사용하여 유정에서 오일을 순환하므로 지구온난화 측면에서 도움이 될지에 대해서는 의구심이 든다(사례 연구 3.3 참조).

사례 연구 3.3 이산화탄소의 지질학적 저장

2019년 8월, 호주 서부 해안의 배로우 아일랜드에 있는 고르곤 천연가스 처리 공장에서 이산화탄소 주입이 시작되었다. 완전히 가동되면 연간 400만 톤의 이산화탄소를 저장하는 세계 최대의 전용 지질 저장소가 될 것이다. 세계 최초의 이산화탄소 전용 저장소는 1996년에 노르웨이에서 시작된 Sleipner 탄소 포집 및 저장 프로젝트로 연간 약 100만 톤의 이산화탄소를 격리하여 저장한다. 1974년에 발견된 Sleipner 가스전은 노르웨이 해안에서 약 250 km 떨어진 북해에 위치하고 있다. 여기서는 해수면 아래 약 3 km의 사암 구조에서 천연가스 및 경유 응축물을 생산한다. 생성되는 가스의 약 10%는 천연가스에서 분리해야 하는 이산화탄소이다.

이산화탄소는 대기 중으로 방출되어 지구온난화에 기여하는 대신 Utsira Sand로 알려진 해수면에서 약 3000 m 아래의 다공성 암석층에 액체 형태로 주입된다. Utsira Sand의 액체 이산화탄소 분포는 내진 굴절 분석에 의해 정기적으로 관측되며, 이는 셰일층 사이에 갇힌 독특한 이산화탄소 액체 기둥을 보여 준다. 이 프로젝트는 이산화탄소의 장기 저장을 위해 기술 검토를 통해 적절한 지층을 선택하고 이산화탄소를 저장하였다. 이것이 현실화된다면, Utsira Sand의 1%만 사용하더라도 석탄 화력 500 MW 발전소 20개에서 50년 동안 배출되는 이산화탄소를 흡수할 수 있다.

2014년에 건설되어 캐나다 서스캐처원주에 위치한 바운더리댐 탄소 포집 프로젝트는 노후한 140 MW 석탄 화력 발전소를 개조한 연소 후 포집 기술이 적용되었다. 제거된 이산화탄소는 석유를 회수하기 위해 인근 유전으로 이동된다. 이 발전소에서는 생산되는 이산화탄소의 90%를 제거할 것으로 기대되었는데 이는 연간 약 100만 톤의 이산화탄소에 해당한다. 그런데 실제로는 발전소에서 발생하는 이산화탄소의 약 50%만 제거되었으며 텍사스 휴스턴의 페트라 노바와 기타 CCS 공장에서도 실망스러운 성능이 보고되고 있다.

세계 석탄 협회는 지구온난화를 줄이는 데 크게 기여할 수 있는 '청정 석탄 기술'을 개발하기 위해 석탄 화력 발전 공정상의 탄소 포집 기술 개발을 장려하고 있다. 현재까지의 낮은 성과를 감안할 때, 석탄 산업을 유지하기 위해 CCS 기술에 투자할 재정적 동기는 많이 줄어든 것으로 보인다. 특히 재생에너지를 통한 전력 생산이 석탄 화력 발전소의 전력보다 저렴하다는 점을 고려하면 더욱 그러하다.

3.8 탄소의 포집 및 저장 비용

탄소 포집의 주요 도전과제는 가스 화력 발전소 및 산업 플랜트에서 배출되는 비교적 낮은 농도의 이산화탄소의 포집 비용을 줄이는 것이다. 전력 생산의 경우, CCS 비용은 이산화탄소 톤당 60~100달러로 추정되며 탄소 포집 비용은 총 전력 생산 비용의 50~80%가 된다. 가스 화력 발전소의 경우, 연소 후 포집이 가장 저렴한 방법이다.

이산화탄소 배출량은 가스 복합 발전소의 경우 ~0.35 ton MWh^{-1}이며 추가 비용은 MWh당 20~35달러이다. 석탄 화력 발전소의 경우 ~0.85 ton MWh^{-1}이며 해당 추가 비용은 50~85달러이다. 이것들을 그림 3.16의 LCOE 추정치에 추가하면 CCS가 화석연료를 이용한 발전에서 상당한 비용을 차지한다는 것을 알 수 있다.

3.8.1 탄소 포집 및 저장에 대한 전망

2015년까지 CCS의 발전은 기술적인 어려움, 적합한 부지의 부족, 경제적 인센티브를 제공하려는 정부의 추진력 부족, 대중의 반대 등으로 개발 속도가 더뎠다. 그러나 최근 특히 미국의 진전은 CCS가 지구온난화 퇴치에 어느 정도 기여할 수 있을 것이라는 믿음을 심어 주게 되었다. IEA는 2050년까지 연간 6 $GtCO_2$의 포집 및 저장을 장려했지만 효과적인 탄소 가격 선정과 투자를 유치할 수 있는 장기적인 정책 지원을 통해 2.5 $GtCO_2$까지는 가능할 것으로 보인다. 또한 CCU 기술은 11.2.3절에 나와 있는 것과 같이 일부 효과적인 완화를 제공하고 저장 문제를 방지할 수 있다.

비록 이산화탄소 배출량을 2050년까지 10% 이상 감소시키지 못하더라도, 탄소 포집 기술은 일부 공정, 특히 일부 산업에서 탈탄소를 도와주는 가장 경제적인 방법이 될 수 있다(11.2.3절 참조). 이에 대한 연구 및 개발에 초점을 맞추는 것은 재생에너지의 경쟁력을 높이는 것보다 더 좋은 정책이 될 수 있다. 우리는 이를 통해 10,000 TWh의 무탄소 열에너지를 얻을 수도 있을 것이다. 12장에서 이러한 문제에 대해 더 논의할 것이며, 지구온난화에 대한 완화 전략으로 공기로부터 직접 이산화탄소를 포집하는 공기 포집의 가능성도 고려할 것이다.

3.9 증기 발전소의 열역학

기존의 화력 발전소에서 작동 유체는 물이며, 사이클의 각 단계에서 물은 물-증기 2상 혼합물, 건조 증기, 그리고 다시 물로 상변화가 일어난다. 상변화는 높은 열전달률을 제공한다(2.2.2절 참조). 열역학에 대한 약간의 지식과 물과 증기의 열적 특성을 통해 사이클에서의 출력을 계산할 수 있다.

일반적으로 화력 발전에 대한 열역학적 사이클을 가장 편리하게 설명하기 위해 사용되는 변수는 온도 T와 엔트로피 s이다. 물과 증기의 T-s 다이어그램을 그림 3.7에 나타냈다.

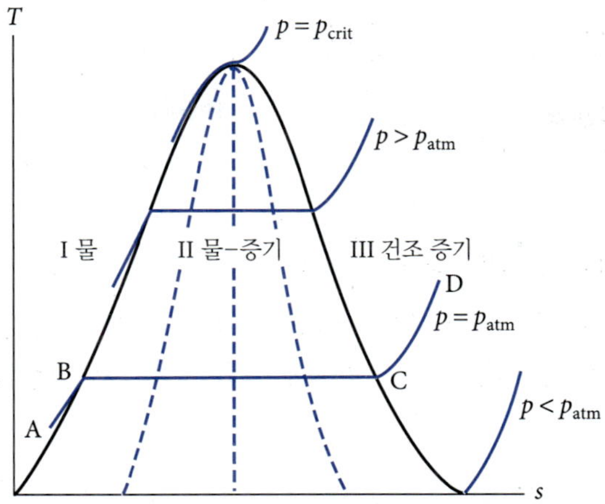

그림 3.7 물과 증기의 *T-s* 다이어그램(임의 척도)

여기에는 총 세 가지 구역이 존재한다.

I 물
II 물–증기 2상 혼합물
III 건조 증기

종 모양의 곡선은 **상 경계**를 의미한다. 실선은 **등압선**을 나타내고, 영역 II에서의 점선은 일정한 **증기 건도** x를 나타낸다. 즉, 아래 식 (3.5)와 같이, 물–증기 2상 혼합물에서 증기의 질량 분율을 나타내는 것이다.

T-s 다이어그램을 설명하기 위해 주전자에서 물이 끓는 과정을 생각해 보자. 대기압에서 가열 과정은 압력 1 bar인 ABCD 등압선을 따라간다. AB를 따라 물은 저온에서 100℃까지 가열된다. 물은 B점에서 끓기 시작하지만 BC를 따라 증발 잠열을 흡수하므로 온도는 여전히 100℃를 유지한다. C점에서 모든 물은 건조 증기로 바뀐다. (실제로는 C 이후 약간의 물방울들이 남아 있을 수 있다.) CD선은 증기의 온도가 끓는점보다 크므로 **과열** 유체를 나타내며, 일정 압력에서 건조 증기의 온도는 더 많은 열이 공급되면 온도는 계속 증가하게 된다.

물(영역 I)과 증기(영역 III)의 물성값은 **증기표**에서 바로 얻을 수 있다. 그러나 **2상 영역**(영역 II)에서는 그 값을 바로 얻을 수 없다. B에서 물의 질량 m이 C에서 같은 질량의 건조 증기로 바뀐다고 생각해 보자. 등압선 BC 위의 임의의 점에서 물–증기 2상 혼합물은 물의 질량 m_f와 증기의 질량 m_g를 가진다. [여기서 아래첨자는 각각 액체(fluid)와 기체(gas)를 나타낸다.] 2상 혼합물의 총 질량은 $m = m_f + m_g$가 된다. v_f를 B점에서 물의 비체적이라고 하고 v_g를 C점에서 증기의 비체적이라고 하면, 2상 혼합물의 총 부피는 $V = V_f + V_g = m_f v_f + m_g v_g$가 된다. 따라서 물–증기 2상 혼합물의 비체적 v는 다음과 같다.

$$v = \frac{V}{m} = \frac{m_f v_f + m_g v_g}{m} = \frac{(m - m_g)v_f}{m} + \frac{m_g}{m}v_g = \left(1 - \frac{m_g}{m}\right)v_f + \frac{m_g}{m}v_g \tag{3.4}$$

이때 질량비 x는 아래와 같이 정의된다.

$$x = m_g / m \tag{3.5}$$

이 x는 혼합물에서 증기의 질량 분율이며, 건도라고 한다. $(1 - x)$는 혼합물에서 물의 질량 분율을 나타낸다. 따라서 B에서는 모두 물이므로 건도는 0, C에서는 모두 증기이므로 건도는 1이 된다. 식 (3.5)의 x를 식 (3.4)에 대입하면 혼합물의 비체적을 구할 수 있다.

$$v = (1 - x)v_f + xv_g \tag{3.6}$$

v_f와 v_g의 값은 증기표에서 얻을 수 있다. 식 (3.6)은 임의의 특정 증기의 건도 x에 대해 그 혼합물의 비체적을 구하는 데 사용될 수 있다.

같은 방법으로 혼합물의 u, h, s에 대해서도 적용할 수 있다.

$$u = (1 - x)u_f + xu_g \tag{3.7}$$

$$h = (1 - x)h_f + xh_g \tag{3.8}$$

$$s = (1 - x)s_f + xs_g \tag{3.9}$$

u_f, u_g, h_f, h_g, s_f, s_g의 값들은 증기표에서 얻을 수 있다.

T-s 다이어그램을 사용하여 실제 문제를 푸는 과정을 이해하기 위해 카르노 사이클(Carnot cycle)로 작동하는 증기 발전소에 대한 예제를 풀어 보자.

예제 3.2 카르노 사이클에서 작동하는 증기 발전소

증기 발전소는 그림 3.8과 같이 카르노 사이클에서 작동한다. 보일러에서 온도 T_1 = 352°C, 압력 p = 170 bar이고, 응축기의 온도 T_2는 30°C, 압력 p는 0.04 bar이다. 아래 증기표 데이터를 이용하여 (a) 사이클의 효율, (b) 보일러로 공급되는 열, (c) 터빈이 한 일, (d) 응축기에서 빠져나가는 열, (e) 하나의 완전 순환 사이클에서 사용된 열의 분율을 구하라.

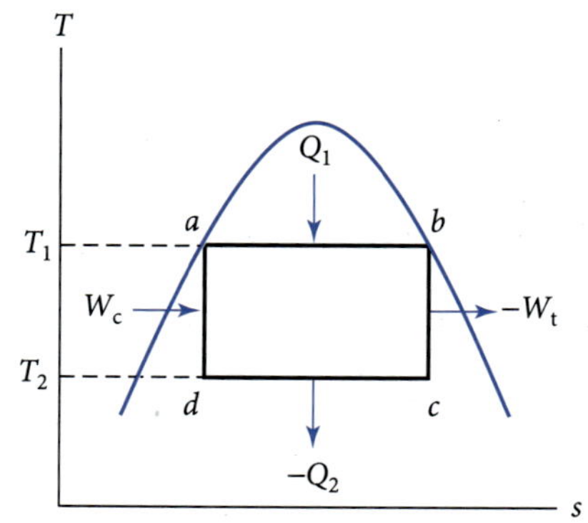

그림 3.8 카르노 사이클에서 작동하는 증기 발전소의 T-s 다이어그램

증기표 데이터

T (°C)	p (bar)	h (kJ kg^{-1})		s (kJ kg^{-1} K^{-1})	
		h_f	h_g	s_f	s_g
30	0.04	126	2556	0.436	8.452
352	170	1690	2548	3.808	5.181

열과 일은 입력 시 양수이고, 출력 시 음수라는 규칙을 유의하라(2.4절 참조).

(a) 식 (2.17)로부터 사이클의 효율은 다음과 같다.

$$\eta_c = 1 - \frac{T_2}{T_1} = 1 - \left(\frac{273+30}{273+352}\right) \approx 0.52$$

(b) 보일러에서 압력이 일정하므로 2.5.2절의 (i)를 이용하여 ab 구간의 엔탈피 변화량을 통해 공급된 열 Q_1을 구할 수 있다.

$$Q_1 = h_b - h_a = 2548 - 1690 = 858 \text{ kJ kg}^{-1}$$

(c) bc 구간은 카르노 사이클의 단열 과정이므로 터빈이 한 일 $-W_t$는 2.5.2절의 (ii)를 이용하여 구할 수 있다.

$$-W_t = h_b - h_c = 2548 - h_c$$

h_c를 구하기 위해 식 (3.8)을 이용하면, $h_c = (1 - x_c)h_f + x_c h_g$이며 x_c는 c에서의 건도를 나타낸다. x_c를 구하기 위해 터빈의 팽창이 단열인 것을 이용한다. b와 c의 엔트로피 값을 같다고 두면, $s_c = s_b = 5.181$ kJ kg^{-1} K^{-1}이 된다. 식 (3.9)를 이용하여 아래와 같이 x_c를 구할 수 있는 식을 얻을 수 있다.

$$s_c = (1 - x_c)s_f + x_c s_g = 5.181$$

증기표로부터 $p = 0.04$ bar일 때, $s_f = 0.436$ kJ kg^{-1} K^{-1}과 $s_g = 8.452$ kJ kg^{-1} K^{-1}임을 알 수 있다. 따라서

$$0.436\,(1 - x_c) + 8.452x_c = 5.181$$

이를 통해 $x_c \approx 0.59$를 얻을 수 있다. 추가로, c에서의 엔탈피 값을 구하기 위한 식은 아래와 같다.

$$h_c = (1 - x_c)h_f + x_c h_g \approx (1 - 0.59)(126) + (0.59)(2556) \approx 1560 \text{ kJ kg}^{-1}$$

따라서 터빈이 한 일은 다음과 같이 구해진다.

$$-W_t = h_b - h_c = 2548 - 1560 = 988 \text{ kJ kg}^{-1}$$

(d) 점 a는 상의 경계 위에 있고, 여기서 비엔트로피는 $s_a = 3.808$ kJ kg^{-1} K^{-1}이다. 압축기에서 엔트로피의 변화량은 0이므로 d와 a에서 엔트로피는 동일하다. 따라서 $s_d = 3.808$ kJ

kg^{-1} K^{-1}이다. 식 (3.9)로부터 d에서의 건도는 다음과 같다.

$$(1 - x_d)s_f + x_d s_g = 3.808$$

증기표로부터 p = 0.04 bar인 등압선 위에서 엔트로피 값이 각각 s_f = 0.436 kJ kg^{-1} K^{-1}과 s_g = 8.452 kJ kg^{-1} K^{-1}이므로

$$0.436(1 - x_d) + 8.452x_d = 3.808$$

이를 통해 $x_d \approx 0.42$를 얻을 수 있다. 또한,

$$h_d = (1 - x_d)h_f + x_d h_g = (1 - 0.42)(126) + (0.42)(2556) = 1147 \text{ kJ kg}^{-1}$$

응축기의 압력이 일정하므로 주변으로 빠져나가는 열의 양은 엔탈피의 변화량과 같다.

$$-Q_2 = -(h_d - h_c) = h_c - h_d = 1560 - 1147 = 413 \text{ kJ kg}^{-1}$$

(e) 하나의 순환 사이클에서 사용된 열의 분율은 다음과 같다.

$$1 - \frac{(-Q_2)}{Q_1} = 1 - \frac{413}{858} \approx 0.52$$

즉, 이는 (a)에서 설명한 카르노 효율과 같다.

3.10 증기 발전소에 대한 카르노 사이클의 단점

밀폐 사이클에서 작동하는 증기 발전소에서는 카르노 사이클이 가능한 최대 효율을 나타내지만, 물과 같은 작동 유체를 사용하는 실제 작동 사이클에 적용하기에는 몇 가지 수정되어야 할 점들이 있다.

우선 카르노 사이클은 고온 열원의 온도 T_1이 일정해야 한다. 그러나 이것은 그림 3.7의 물-증기의 T-s 다이어그램을 보면 오직 영역 II에서 등압선을 따라 보일러를 작동할 때만 가능하다. 이 조건은 건조 증기 구역에서 보일러를 작동시키는 것이 불가능하다는 뜻이며, 그 이유는 영역 III에서 등압선을 따라 온도가 증가하기 때문이다. 따라서 사이클의 상한 온도 T_1은 2상 경계의 최대 온도에 의해 제한된다.

또 다른 문제는 터빈이다. 카르노 사이클에서 터빈은 물-증기 2상 혼합물 영역인 영역 II에서 작동하게 된다. 2상 혼합물에서는 빠르게 움직이는 액적들의 운동량이 터빈 날개를 손상시키며, 결국 터빈의 수명을 단축시킨다. 비슷하게 압축기에서도 물-증기 2상 혼합물을 높은 압력의 물로 압축하는 상황이 되는데, 혼합물의 액적들이 압축기 날개들을 손상시킨다.

마지막으로 혼합물의 증기 부피가 매우 크다. 이것은 압축기의 용량이 매우 커져야 하며, 비용이 비싸진다는 것을 의미한다. 이러한 요소들의 복합적인 영향으로 인해 증기 발전소에서 카르노 사이클을 그대로 적용하는 것은 비현실적이다.

3.11 증기 발전소에 대한 랭킨 사이클의 적용

다행히도 앞서 설명한 카르노 사이클의 문제점들이 발생하지 않는 열역학 사이클이 있다. 이는 열역학의 선구자 중 한 사람인 토머스 랭킨(Thomas Rankine)의 이름을 딴 **랭킨 사이클**이다. 재가열이 없는 가장 단순한 랭킨 사이클 모델을 분석해 보자.

3.11.1 재가열이 없는 랭킨 사이클

재가열이 없는 랭킨 사이클이 그림 3.9에 나타나 있다. 카르노 사이클과 달리 랭킨 사이클의 모든 증기는 압축기에 들어가기 전에 응축기(*de*)에서 물로 전환된다. 압축기는 보일러로 들어가기 전의 물의 압력을 단열적으로 높인다(*ei*). 현재 증기 발전소에서 보일러들은 보통 3개의 서로 다른 구간을 가열하기 위해 제작되며, 각각 다른 등급의 철을 이용한다. 즉, 저온 구간은 값싼 철, 고온 구간은 비싼 철이 사용된다. **급수 가열기** 구간(*ia*)에서 물은 높은 압력에서 끓는점까지 가열된다. **기화기** 구간(*ab*)에서 물–증기 2상 혼합물은 일정 압력에서 모든 물이 건조 증기로 전환할 때까지 가열된다. 그 후 건조 증기는 보일러의 **과열기** 구간(*bc*)에서 일정 압력으로 가열된다. 건조 증기는 높은 압력에서 터빈으로 들어가고 터빈 날개를 통해 일을 하게 된다(*cd*). 터빈을 나가면서 습증기는 대기압보다 낮은 압력으로 응축기로 들어가고, 외부로부터 유입된 차가운 물이 흐르는 관군의 응축기 튜브 외부의 저온 표면에서 응축된다. 이것은 실제 발전소의 상황을 단순화한 것이다. 실제에서는 더 많은 복잡한 상황이 존재하는데, 예를 들면 유동 마찰 손실에 따른 보일러에서의 압력 강하, 자연 순환을 이용하기 위한 급수 가열부에서의 재순환 루프의 혼합, 그리고 2상 경계점들에서의 불안전성 등이 있다.

고온 열원의 온도가 일정하지 않기 때문에 재가열이 없는 랭킨 사이클의 효율을 구하는 데 카르노 사이클 공식 (2.19)를 사용할 수 없다. 랭킨 사이클의 고온 평균 온도는 급수 가열기에서의 최저 온도와 과열기에서의 최고 온도 사이에 존재한다. 사이클의 각 단계에서 열전달 과정의 계산 방법과 효율 계산은 예제 3.3에서 볼 수 있다.

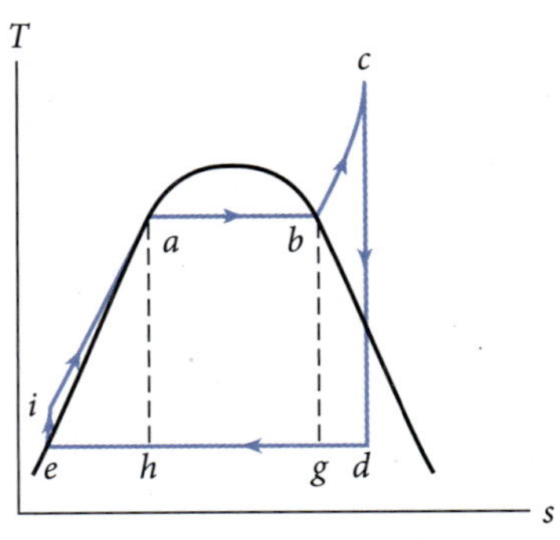

그림 3.9 재가열이 없는 랭킨 사이클에 대한 T-s 다이어그램(*abcdeia*). *abgha*는 동일한 낮은 온도의 카르노 사이클을 나타낸다.

예제 3.3 재가열 없는 랭킨 사이클로 운영되는 화력 발전소

재가열이 없는 랭킨 사이클에서 작동하는 증기 발전소를 그림 3.9에서 볼 수 있다. 보일러와 응축기의 압력은 각각 170 bar와 0.04 bar이다. 기화기의 온도는 352°C이며, 과열기의 최대 온도는 600°C이고, 응축기의 온도는 30°C이다. (a) 압축기가 한 일, (b) 보일러로 들어온 열, (c) 터빈이 한 일, (d) 응축기에서 나가는 열, (e) 재가열이 없는 랭킨 사이클의 효율, (f) 열원의 온도가 각각 352°C와 30°C에서 작동하는 카르노 사이클의 효율을 계산하라.

증기표 데이터

		h (kJ kg^{-1})		s (kJ kg^{-1}K^{-1})	
T (°C)	p (bar)	h_f	h_g	s_f	s_g
30	0.04	126	2556	0.436	8.452
352	170	1690	2548	3.808	5.181
600	170		3564		6.603

(a) 물이 비압축성이라고 가정하면, 물의 단위 질량당 압축기가 한 일은 $W_{com} = v_f(p_i - p_e)$이다. $v_f = 10^{-3}$ m^3 kg^{-1}, $p_i - p_e = (170 - 0.04) \times 10^5$ N m^{-2}을 대입하면 $W_{com} \approx 17$ kJ kg^{-1}을 얻을 수 있다.

(b) 먼저 보일러의 입구(i)의 엔탈피 값을 구하자. 압축기가 단열이라고 가정할 때 엔탈피의 변화량이 압축기가 한 일이다. 즉, $W_{com} = h_i - h_e$, 또는 $h_i = W_{com} + h_e \approx 17 + 126 = 143$ kJ kg^{-1}이다.

보일러는 등압 조건에서 작동하므로 열은 $Q_1 = h_c - h_i = 3564 - 143 \approx 3421$ kJ kg^{-1}로 주어진다.

(c) 터빈이 한 일은 $-W_t = h_c - h_d = 3564 - h_d$이며, 여기서 h_d는 $h_d = h_f(1 - x_d) + h_g x_d = 126(1 - x_d) + 2556x_d$이다. x_d를 구하기 위해 터빈에서 팽창 과정이 단열이라는 것을 이용하면, $s_d = s_c = 6.603$이다.

따라서 $0.436(1 - x_d) + 8.452x_d = 6.603$이고, $x_d \approx 0.77$이다.

$h_d = 126(1 - 0.77) + 2556(0.77) \approx 1997$ kJ kg^{-1},

$-W_t = 3564 - 1997 = 1567$ kJ kg^{-1}이다.

(d) 응축기에서 나가는 열은, $-Q_2 = h_d - h_e = 1997 - 126 \approx 1871$ kJ kg^{-1}이다.

(e) 사이클의 효율은 다음과 같다.

$$\eta_R = \frac{-W_t - W_c}{Q_{in}} = \frac{1567 - 17}{3421} \approx 0.45$$

(f) 카르노 사이클의 효율은 다음과 같다.

$$\eta_c = 1 - \frac{T_2}{T_1} = 1 - \left(\frac{273 + 30}{273 + 352}\right) \approx 0.52$$

3.11.2 재가열 랭킨 사이클

재가열이 없는 랭킨 사이클은 터빈의 날개를 손상시키는 고운동량의 액적 생성을 완벽하게 줄일 수 없다. 이 문제를 해결하기 위해 최근 증기 발전소들은 증기가 응축기로 들어가기 전에 여러 번 재열 과정을 겪는 **재가열 랭킨 사이클**을 사용한다. 그림 3.10은 세 번의 재가열 과정을 가진 T-s 다이어그램을 나타낸다. 증기는 높은 압력의 터빈에서 중간 압력의 터빈으로 들어가기 전에 재가열되고 중간 압력과 낮은 압력의 터빈 사이에서도 재가열된다. 그 결과 재가열이 없는 랭킨 사이클보다 효율도 높고 액적의 생성도 감소시킬 수 있다.

증기 발전소의 효율을 극대화하기 위해서는 과열기가 가능한 한 높은 온도에서 작동되어야 한다. 그러나 650°C 이상에서는 보일러 튜브 벽이 견뎌야 하는 고온과 고압에 의해 **금속의 피로**가 다양한 형태로 나타난다. 물의 화학적 작용 또한 **침식**과 **부식**을 불러와 금속의 수명을 단축시키는 요소로 작용한다. 보일러 튜브의 교체는 상당한 기간 동안 발전소의 작동을 멈추게 하는 주요한 원인이다. 효율의 증가로 인한 이득이 교체 비용이나 정전 비용보다 더 높으므로, 결국 증기 발전소에서 사용할 수 있는 최대 온도는 결론적으로 약 650°C이다. 재가열 랭킨 사이클을 사용하는 최근 발전소의 전체 효율은 약 40~45%이다.

3.12 가스 터빈과 브레이턴 사이클

3.11.2절에서 설명했듯이, 과도한 터빈의 손상을 피하기 위해 증기 발전소의 최대 온도는 약 650°C 미만으로 유지되어야 한다. 그러나 **가스 터빈**에서 연소 가스의 온도는 일반적으로 약 1300°C이다. 고온 가스가 금속 표면과 직접 접촉하는 것을 피하기 위해 가스 터빈 날개는 열전도율이 낮은 세라믹 코팅으로 피복되어 있다. 추가로 날개 몸체를 금속학적 한계점 아래에서 작동시키기 위해 물로 냉각시킨다.

전기 생산용 가스 터빈은 일반적으로 **제트 터빈 엔진**이 사용된다. 제트 엔진에서 추력은 기체 연료의 연소와 배기가스의 팽창에서 얻는다. 작동 유체가 상변화를 겪지 않으므로 응축기는 이 과정에 포함되지 않으며 결국 가스 터빈 발전소의 전체 크기와 비용은 증기 발전소에 비해 적다. 그림 3.11에 **브레이턴 사이클**(Brayton cycle)[또는 **줄 사이클**(Joule cycle)]에서 작동하는

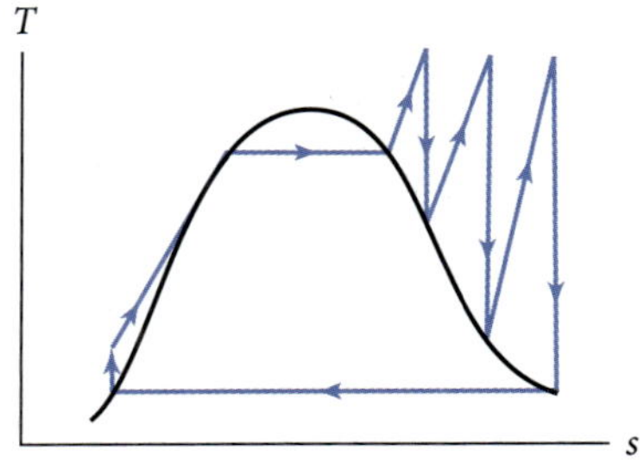

그림 3.10 재가열 랭킨 사이클의 T-s 다이어그램

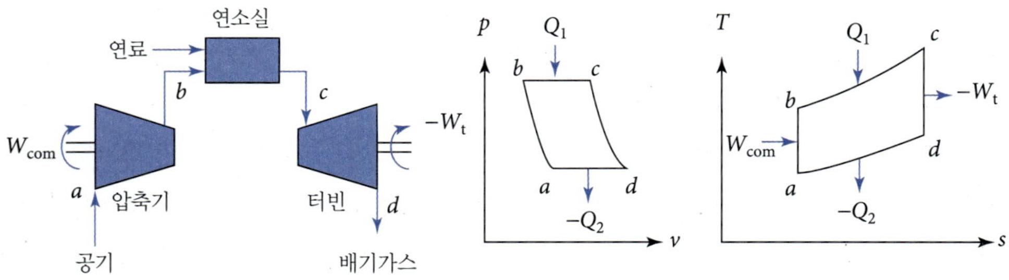

그림 3.11 브레이턴(또는 줄) 사이클

가스 터빈을 나타냈다. 이것은 **개방 사이클**이지만, 대기가 연소실로 흡입되는 공기를 냉각시키는 열 교환기의 역할을 하므로, 이러한 관점에서 밀폐 사이클과 같다고 할 수 있다.

대기압에서 공기는 **압축기**(ab)로 들어가고, 10~20 bar로 압축된다. 그 후 **연소실**(bc)에서 연료와 혼합되고, 고온 연소 가스를 생산하여 **터빈**(cd)에서 일을 한다. 배기가스는 대기(da)로 빠져나가게 된다. $abcda$ 사이클에서 내부에너지 ΔU의 변화는 0이므로 열역학 제1법칙은 $\Delta W + \Delta Q = 0$이다. 여기서 $-\Delta W$는 시스템이 수행한 일이고, ΔQ는 시스템에 추가된 열이다.

압축기와 터빈의 과정이 단열 과정이라고 가정한다면($\Delta Q = 0$), 열전달은 등압 과정인 bc와 da에서만 발생하고, $\Delta Q = Q_1 + Q_2 = c_p(T_c - T_b) - c_p(T_d - T_a)$이다. 이때 c_p는 일정 압력에서의 비열이다. 그러므로 사이클의 효율은 다음과 같다.

$$\eta = \frac{-\Delta W}{Q_1} = \frac{\Delta Q}{Q_1} = \frac{(T_c - T_b) - (T_d - T_a)}{T_c - T_b} \tag{3.10}$$

가스 터빈의 효율에 대해 좀 더 유용한 표현은 다음과 같다.

$$\eta = 1 - r^{-\left(\frac{\gamma-1}{\gamma}\right)} \tag{3.11}$$

여기서 r은 **압력비**이며, 다음과 같이 표현된다.

$$r = \frac{p_b}{p_a} = \frac{p_c}{p_d} \tag{3.12}$$

그리고 $\gamma = c_p/c_v$이며, 정압 비열과 정적 비열의 비를 나타낸다(문제 3.14 참조).

가스 터빈은 상대적으로 낮은 자본 비용의 장치이며 빠른 시동이 가능하고, 갑작스러운 전력 수요의 증대에도 대응할 수 있다. 간단한 가스 터빈의 효율은 40% 정도까지 올라간다.

예제 3.4 가스 터빈

$T = Ap^{(\gamma-1)/\gamma}$의 관계를 가지고 있으며, A는 상수이다(문제 3.14 참조). 압력비 r이 8일 때, 최고 온도가 1300 K에서 작동하는 이상적인 가스 터빈의 배기가스의 온도와 효율을 구하라.

$\gamma = 1.4$로 가정한다.

$T = Ap^{(\gamma-1)/\gamma}$로부터 배기가스 온도 T_d는 다음과 같다.

$$T_d = T_c r^{-\left(\frac{\gamma-1}{\gamma}\right)} = 1300 \times 8^{-\left(\frac{1.4-1}{1.4}\right)} \approx 718\ \mathrm{K}$$

식 (3.11)로부터 효율은 다음과 같다.

$$\eta = 1 - r^{-\left(\frac{\gamma-1}{\gamma}\right)} = 1 - 8^{-\left(\frac{1.4-1}{1.4}\right)} \approx 0.45$$

3.13 복합 사이클 가스 터빈

가스 터빈의 전체 효율은 배기가스의 열을 증기 발전소에서 다시 사용하면서 증가될 수 있다. 브레이턴 사이클과 랭킨 사이클의 조합을 **복합 사이클 가스 터빈**(combined cycle gas turbine, CCGT)이라고 하며, 이를 그림 3.12에 나타냈다. 순 효과는 고온 열원의 브레이턴 사이클의 온도와 저온 열원의 랭킨 사이클의 온도 사이에서 작동하는 단일 사이클과 같다. 일반적으로 CCGT의 효율은 최대 64%에 달한다.

열병합 발전(combined heat and power, CHP) 사이클에서는 더 큰 효율을 얻을 수 있다. CHP 발전소에서 증기 발전 사이클의 응축기는 일반적인 증기 발전소보다 더 높은 온도에서 작동하며, 응축기에서 빠져나가는 열은 인근의 **지역난방 열**로 사용된다. 일반적으로 CHP의

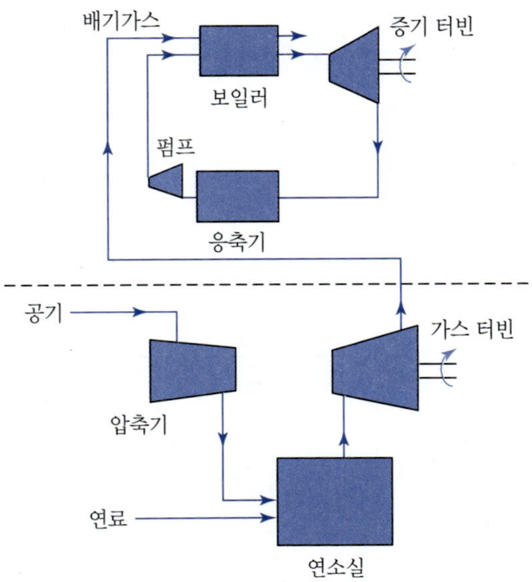

그림 3.12 복합 사이클 가스 터빈

총 효율은 약 80%이다. 그러나 파이프와 다른 공공 기반시설의 높은 설치 비용으로 CHP는 산업 단지 및 인구가 밀집한 도시에 한정되어 적용된다.

3.14 열전달 손실을 고려한 발전소의 효율

외부 에너지원에 의해 가열되는 시스템에서 효율에 영향을 미치는 가장 중요한 열역학적 손실은 열전달 손실이다. 이는 열원에서 작동 유체로, 작동 유체에서 방열판으로 열을 전달하는 과정에서 생성된 엔트로피로 인한 것이다. 전체 플랜트의 비용을 최적화하기 위해서는 사이클의 효율성과 크기 사이의 균형이 필요하다.

플랜트 최적화는 공급되는 열의 온도인 고온 T와 방출되는 열의 온도인 저온 T_a 사이에서 작동하는 이상적인 엔진을 가지는 발전소를 이용하여 모델링할 수 있다. 이 엔진의 최대 출력은 그림 3.13에 나타낸 것과 같이, 가해지는 열 $\dot{Q}_{in}$과 내부 가역 사이클의 효율 $1-\frac{T_c}{T_h}$ 간의 관계에 따라 결정된다.

열전달이 온도 차이에 따라 선형적으로 이루어진다면, 사이클에 T_h의 온도로 들어가고, T_c의 온도로 나가는 열전달량은 다음과 같이 얻어진다.

$$\dot{Q}_{in} = C(T - T_h),\ \dot{Q}_{out} = C(T_c - T)$$

여기서 열전도도 C는 고온 및 저온 열교환기에서 모두 같은 값을 가지며, 크기에 비례한다. 사이클이 내부 가역적이므로, 열교환을 제외한 모든 열역학적 비가역성을 무시할 수 있다고 가정하면, 사이클의 열효율 η_{th}는 고온 T_h와 저온 T_c 사이의 카르노 효율과 같다. 즉, $\eta_{th} = 1 - \tau$,

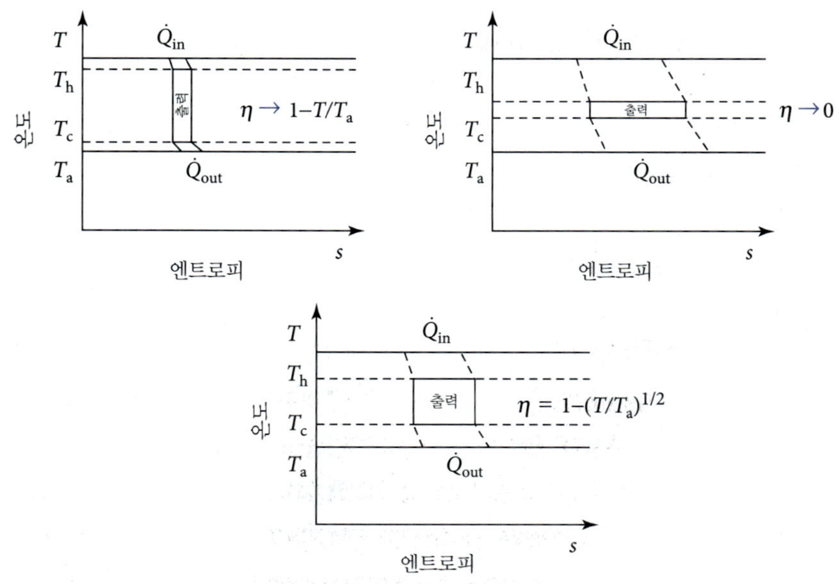

그림 3.13 열기관의 최대 출력

여기서 $\tau = T_c/T_h$이다. $Q_{in} = Q_1$과 $Q_{out} = -Q_2$로 식 (2.19)를 시간에 따라 미분하면, $\dot{Q}_{in}/\dot{Q}_{out} = T_h/T_c$이고, 출력은 다음과 같다.

$$P = \dot{Q}_{in} - \dot{Q}_{out} = \frac{1}{2}C\left(T - \frac{T_a}{\tau}\right)(1-\tau) \tag{3.13}$$

P를 최대화하는 τ의 값은 $\tau_{max} = \sqrt{\frac{T_a}{T}}$ 이므로, 최대 출력에서의 열효율은 다음과 같다.

$$\eta_{max} = 1 - \tau_{max} = 1 - \sqrt{\frac{T_a}{T}} \tag{3.14}$$

이것은 Chambadal-Novikov-Curzon-Ahlborn 값이라 한다. 이 값을 통해 실제 발전소에 대한 적절한 효율값을 얻을 수 있다.

3.15 유동층

그림 3.14에 나타낸 유동층은 석탄, 바이오매스, 또는 생활 폐기물의 연소 시 발생하는 유해 가스의 배출 문제를 해결할 수 있는 대체 수단이다. 유동층은 다양한 종류의 연소물에서 나오는 배출 가스를 처리할 수 있고, 장치가 단순하다는 장점이 있다. 유동층에서 연료는 위쪽 분출 공기 내에 부유하는 미세한 고체 입자 형태이다. 공기와 연료 입자들의 난류 혼합으로 기존의 연소실에 비해 좀 더 완전한 화학반응이 일어나게 된다. 석탄에 있는 유황은 석회석이나 백운석을 사용하여 제거한다. 또한 베드의 온도가 낮으므로, NO_x 가스의 배출도 줄어든다. 열은 유동층에 잠긴 보일러 튜브에 의해 회수되고, 생성된 증기는 증기 터빈을 구동하는 데 사용된다. 유동층은 또한 여러 촉매 공정에서 반응물을 고체 촉매와 혼합하는 외부 연소로 사용된다.

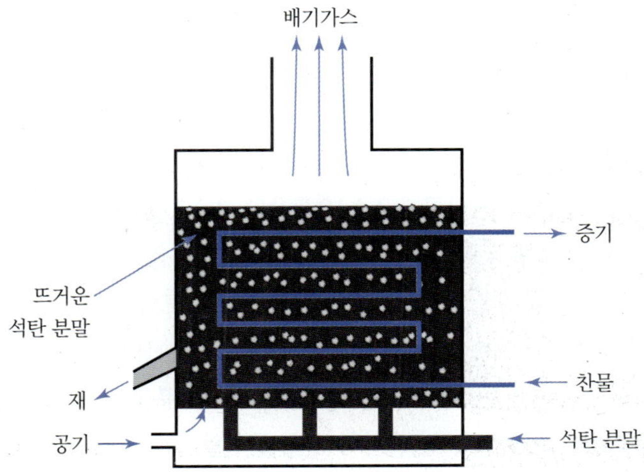

그림 3.14 유동층

이 기술은 초기에 입자와 가스에 의한 침식-부식 과정으로 인해 관로에 손상을 입히는 결점을 가지고 있었다. 후기 설계에서는 가압 시스템을 사용하여 흡착제와 배기가스의 접촉을 증가시켜 이러한 문제를 어느 정도 해결하였다. 또한, 석탄 기화기를 통합하여 연료 가스를 생성시켜 복합 사이클 시스템의 효율성을 크게 향상시켰다.

3.16 초임계 및 초초임계 플랜트

기존의 플랜트는 약 170 bar에서 작동하며 이는 임계 압력인 220 bar보다 낮은 압력에서 작동하게 된다. 임계 압력 이상에서는 물과 증기의 구분이 없는데, 임계 압력 이상에서 작동하는 플랜트로는 약 240 bar에서 작동하는 **초임계 플랜트**(supercritical plant, SCP)와 250~300 bar 사이에서 작동하는 **초초임계 플랜트**(ultrasupercritical plant, USCP)가 있다. 더 높은 작동 온도에서 플랜트의 효율은 증가하기 때문에, 538°C에서 작동하는 기존 발전소의 효율은 최대 38%이고, 566°C에서 작동하는 SCP의 효율은 40~42% 정도이며, 600°C에서 작동하는 USCP는 43~46%이다. 각 발전소가 작동함에 따라 이에 상응하는 kWh당 이산화탄소 배출이 되지만, CCS 기술을 통해 효과적인 이산화탄소 저감이 가능하다. 특히 SCP와 USCP의 경우 높은 효율성으로 인해 기존 발전소에 비해 CCS 비용이 적다. 하지만 이들 플랜트는 매우 높은 온도를 견딜 수 있는 NiCrMoV강과 같은 재료가 필요하며, 더 높은 온도에서 작동할 수 있는 니켈계 합금 및 고붕소강 등과 같은 새로운 재료에 대한 연구 개발이 진행 중이다.

작동 유체가 이산화탄소인 초임계 이산화탄소 플랜트가 개발 중이다. 이 플랜트는 브레이턴 사이클로 작동되며 사이클 주변의 이산화탄소 밀도가 높기 때문에 냉매 순환 시 발생하는 손실이 적다. 또한 증기 랭킨 사이클에서와 같이 상변화 손실이 적고, 일반적인 재료를 사용할 수 있는 적당한 온도에서 높은 효율을 얻을 수 있다. 초임계 이산화탄소 플랜트는 소형이고 저렴하다.

3.17 내연기관

생산된 석유의 약 60%는 운송에 사용되며, 이들 대부분이 내연기관(internal combustion engine, ICE)에서 사용된다. 1876년 **니콜라우스 오토**(Nikolaus Otto)는 현재 가솔린 자동차에 사용되는 최초의 실용적인 4행정 불꽃 점화 내연 피스톤 엔진을 개발했다. 널리 사용되는 또 다른 ICE로는 디젤 엔진이 있는데, 이는 더 큰 토크를 생성하므로 주로 트럭에 동력을 공급하는 데 이용된다. 디젤 엔진은 1897년 **루돌프 디젤**(Rudolf Diesel)에 의해 최초로 시연되었다. 1900년 파리에서 땅콩기름을 이용하여 엔진을 작동시켰지만, 분자당 13~16개의 탄소 원자를 가진 탄화수소를 함유한 디젤 연료가 더 적합하고 쉽게 구할 수 있기 때문에 나중에는 사용 연료가 바뀌었다.

가솔린 엔진과 마찬가지로 디젤 엔진은 흡입, 압축, 팽창, 배기의 4행정 사이클로 이루어져 있다. 디젤 엔진의 경우 공기만 흡입하여 압축하는 반면, 가솔린 엔진은 연료-공기 혼합물을 압축한다. 이로 인해, 가솔린 엔진의 압축비는 9:1이고 디젤 엔진은 20:1로, 가솔린 엔진보다 디젤 엔진의 압축비가 훨씬 더 높다. 왜냐하면 가솔린 엔진의 경우 연료-공기 혼합물이 압축되면서 온도가 상승하면 자가 점화가 일어나 폭발이 아닌 단지 빠른 연소만이 일어날 수 있기 때문이다. 결과적으로 최대 온도와 압력은 가솔린 엔진보다 디젤 엔진에서 더 높기 때문에 이론적인 열역학적 카르노 효율($1 - T_{min}/T_{max}$)은 디젤 엔진이 더 높다.

최근의 디젤 엔진에서는 실린더로 유입되는 공기를 미리 압축시켜 최대 압력을 더욱 높이고 있다. 이러한 산소의 증가는 더 많은 연료를 주입할 수 있게 되어, 더 많은 동력을 얻을 수 있게 한다. 이를 **터보차저**라고 하는데, 디젤 엔진의 성능을 가솔린 엔진보다 높게 하는 데 도움을 준다. 결국 가솔린 엔진의 효율은 25%인 데 비해, 일반 디젤 엔진의 경우 효율은 35% 정도이고, 대형 디젤 엔진의 경우 효율이 45%까지 상승할 수 있다. 그러나 디젤 자동차에서 배출되는 미립자 및 NO_x의 배출로 인해 건강과 환경에 미치는 영향에 대한 우려 또한 커지고 있다.

3.18 환경에 대한 화석연료의 영향

화석연료의 연소는 지구온난화 가스의 배출(2019년 36.8 $GtCO_2$, 예제 3.1 참조) 이외에도 **산성비**, 미립자 등의 배출을 통해 환경을 오염시킨다. 산성비는 화석연료의 연소 시 배출되는 이산화황과 산화질소에 의해 발생하는 황산과 질산을 다량 함유한 구름 속 물방울이다. 산성 성분은 눈, 안개 및 건조한 먼지로 들어가 사람과 동물의 호흡기 질환을 유발할 수 있다. 산성비는 또한 나무나 강, 호수에 심각한 피해를 입히고 건축 자재의 침식을 가속화할 수도 있다. 이러한 배출은 심각한 도시 스모그를 유발하기도 한다. 그림 3.15는 석탄 사용의 증가로 인한 중국의 환경오염을 보여 준다. 자동차와 트럭 등에서의 배기가스 배출을 줄이기 위해, 일산화탄소와 불완전 연소된 탄화수소를 산화시키는 **촉매 변환기**를 사용하여 이산화탄소와 물을 생성하고, 질소 산화물(NO_x)을 줄인다. 이때 사용되는 촉매는 일반적으로 백금과 기타 귀금속의 혼합물이다.

기존에 사용되던 재래식 석유는 점점 구하기 어려워지고 있으며, 심해 시추로 인한 대규모 오일 유출의 위험이 증가하고 있다. 예를 들면, 2010년 멕시코만에서 발생한 Deepwater Horizon의 플랫폼 폭발로 인해 약 500만 배럴의 기름이 누출되어 물고기와 새들의 서식지에 막대한 피해를 입혔다. 셰일 가스와 셰일 오일의 추출 역시 환경에 중대한 영향을 미칠 수 있으며, 모든 화석연료와 마찬가지로 연소 시 이산화탄소를 생성할 수 있다.

석탄 채굴 작업, 특히 노천 채굴의 경우 환경에 심각한 피해를 줄 수 있다. 노천 채굴은 때로 석탄층을 확보하기 위해 산 정상을 폭파시켜 흙과 암석층을 제거하기도 한다. 이것은 더 적은 인력으로 효율적으로 석탄을 확보할 수 있기 때문에 지하 채굴보다 선호되며 모든 탄광의

그림 3.15 중국 지난의 스모그

약 40%를 차지한다. 하지만 이 방법은 자연 경관을 해치며, 미네랄과 중금속의 방출을 통해 물과 토양을 오염시킬 수 있다. 대부분의 국가에서는 이를 방지하기 위해 부지의 매립을 요구하지만, 이는 느리고 비효율적이다. 2000년 이전 미국에서는 70년 동안 240만 헥타르의 산림이 탄광으로 변했으며, 중국에서는 2004년까지 320만 헥타르의 탄광이 생겨났다. 지하 채광은 시각적 영향이 덜하지만 많은 양의 폐기물을 생성하고 상당한 침하를 일으키며 지하수와 하천에 영향을 줄 수 있다. 탄광업은 또한 강력한 지구온난화 가스인 메탄을 방출하며 그 외의 다양한 오염 기체도 발생시킨다. 또한 탄광 사고 및 관련 질병으로 많은 사망자를 내기도 한다.

3.19 화석연료의 경제성

그림 3.16은 미국에서 보조금을 받지 않은 화석연료와 비화석연료의 **균등화 발전 비용**(levelized cost of energy, LCOE)을 비교한 것이다. 육상 풍력 및 대형 발전 시설급 태양광 PV의 비용은 현재 화석연료를 이용한 발전보다 훨씬 저렴하지만, 이 비교에서는 가변성, 낮은 전력밀도, 환경 비용 등으로 인한 추가 비용은 고려하지 않았다. 또한, 피크 수요를 충족하기 위해 보조 플랜트에서 제공하는 전력은 기저부하를 제공하는 전력보다 훨씬 더 비싼 것으로 하였다. 일부 국가에서는 현재 태양광 발전과 풍력 발전 비용이 석탄의 한계 비용에 가까운 것으로 나타났다.

포브스에 따르면 2018년에는 전 세계 석탄 화력 발전 설비의 42%가 이미 수익성이 없는 것으로 드러났다. 이는 수십 년 동안 세계가 저탄소 경제로 전환됨에 따라 1~4조 달러 규모의 화석연료 산업과 화석연료 매장량의 상당부분이 더 이상의 효용이 없어질 것이라는 가능성을 높인다. 이를 **탄소 거품**이라고도 한다. 한 가지 예로, 2017년 GE는 가스 터빈 주문의 급격한 하락으로 그 해 수익의 2/3를 잃었다. 또 하나의 예는 호주 퀸즐랜드에서 제기된 Adani 탄광의 위기이다. 광산에서 석탄을 수출할 준비를 했지만, 더 이상 동남아 시장 등이 없을 수도 있기

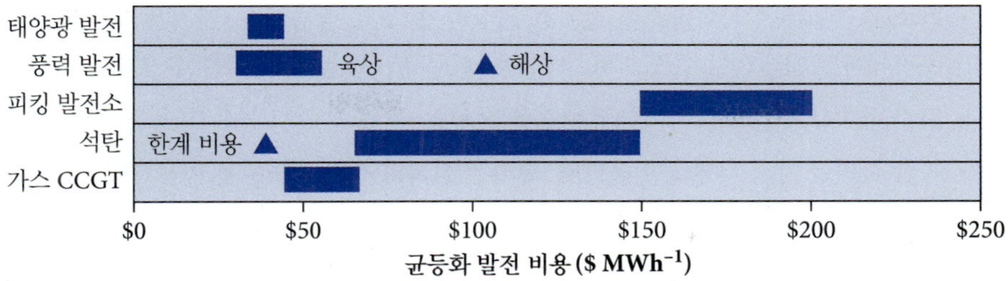

그림 3.16 2019년 미국의 LCOE(Lazard)

때문이다. 또한, 호주 정부는 석탄 산업에 대한 지원을 선언했지만, 2024년까지 전기의 50%, 2032년까지는 전기의 100%를 재생에너지로 생산하는 것을 목표로 하고 있다.

탄소 거품의 갑작스러운 붕괴는 치명적인 글로벌 경기 침체를 불러올 수 있으며, 이러한 가능성을 피하기 위해 많은 경제학자들은 화석연료의 전체 환경 비용을 고려한 탄소 가격의 점진적인 도입 정책을 제안하고 있다.

3.20 화석연료의 전망

중국과 인도는 현재 전 세계 석탄 소비의 50% 이상을 차지한다. 그러나 환경오염과 지구온난화에 대한 우려, 경제 성장 둔화 및 재생에너지의 역할 증가로 인해 향후 10년 동안 석탄에 대한 의존도를 줄일 필요가 있다. 비 OECD 국가에서는 증가하는 에너지 수요에 화석연료가 사용되는 것을 줄이기 위해 재생에너지의 사용을 크게 늘려야 한다. 이러한 측면에서 원자력도 도움이 될 수 있다. 미국에서 이미 일어나고 있는 것처럼, 석탄 화력 발전소에서 가스 화력 발전소로 전환하게 되면, 약 절반 정도로 이산화탄소의 발생량을 줄일 수 있다. 그러나 IPCC의 권장 사항에 따라 지구온난화를 억제하기 위해서는 강력한 CCS 기술의 개발, 특히 발전기, 운송 및 산업 플랜트에서 화석연료를 재생에너지로 대체하기 위한 기술에 대한 인센티브 등을 통한 훨씬 더 강력한 억제가 필요하다.

요약

- 풍력 및 대형 발전 시설급 태양광은 2020년 기준, 석탄 화력 발전의 한계 비용을 포함한 발전용 화석연료 비용보다 저렴하다. 이러한 석탄 화력 발전의 경쟁력 부족은 비싼 환경 비용과 함께 일부 화석연료를 더욱더 좌초 자산(stranded asset)으로 만들고 있다.
- 주요 석탄 소비 국가들은 지구온난화로 인한 영향을 줄이기 위해 향후 10년 동안 비화석 에너지원으로의 전환을 서둘러야 한다.
- 비재래식 석유 및 셰일 가스의 매장량은 전 세계 석유 및 가스 매장량의 약 2배 정도이지만, 추출할 수 있는 비율은 매장량이 아니라 배출 가스 양에 의해 제한된다.

- 탄소 격리법은 이산화탄소를 장기간 저장할 수 있는 방법이다. 가격은 비싸지만 특정 산업 공정에서는 경제적일 수 있으며, 지구온난화를 감소하는 데 기여할 수 있다.
- 랭킨 사이클은 카르노 사이클의 단점을 극복할 수 있으며, 더 높은 효율을 보여 준다.
- 복합 사이클 가스 터빈을 이용하면, 증기 발전소의 랭킨 사이클을 이용하여 브레이턴 사이클에서 버려진 열을 사용하므로 더 높은 효율을 얻을 수 있다.
- 유동층은 다양한 연료에 사용 가능하며, 기존의 연소실보다 환경적 유해 가스를 더 적게 배출할 수 있는 기술로, 현재 상업적으로도 이용이 가능하다.

추천 문헌

Berkowitz, N. (1997). *Fossil hydrocarbons: chemistry and technology.* Academic Press, San Diego. Comprehensive treatment of fossil hydrocarbons.

Hove, A. (2020). *Current direction for renewable energy in China.* The Oxford Institute for Energy Studies. Interesting analysis of current policy in China.

IEA (2015). *Carbon Capture and Storage: The solution for deep emissions reductions.*

Rackley, S. (2009). *Carbon capture and storage.* Butterworth-Heinemann, Oxford. Comprehensive overview of a wide range of technologies involved in CO_2 capture and sequestration.

Richie, H. and Roser, M. Our World in Data, *ourworldindata.org/energy* (OurWorld).

Rogers, G. and Mayhew, Y. (1992). *Engineering thermodynamics,* 4th edn. Longman, Harlow. Engineering approach to thermodynamics with many practical examples.

Rogers, G. and Mayhew, Y. (1995). *Thermodynamic and transport properties of fluids*, 5th edn. Blackwell, Oxford. Steam table data.

en.wikipedia.org/wiki/Hydraulic_fracturing_in_the_United_States Fracking in the USA

www.bp.com BP Statistical Review of World Energy (2020) (BP2020).

www.carboncommentary.com Chris Goodall newsletter on options to move off fossil fuels.

www.globalccsinstitute.com/resources/global-status-report/ Global CCS Status 2019 (GCC).

www.lazard.com Levelized cost of energy version 13 (Lazard).

www.macrotrends.net/1369/crude-oil-price-history-chart (Oil-price).

There are many websites that quote steam table data for specific thermal conditions.

문제

3.1 오일 매장량에 한계가 있다는 개념에 대해 논하라. 해당 의견은 석탄과 가스에도 적용될 수 있는가?

3.2 석탄, 석유, 가스의 매장량 대비 생산(R/P) 비율 추정치는 각각 132년, 50년, 50년이다. 생산량이 10년마다 15%씩 선형적으로 증가한다면, 현재의 매장량으로 사용 가능한 기간을 구하라. 표 3.1의 EJ과 TWy를 이용하여 매장량을 추정하라.

3.3 천연가스의 밀도가 0.8 kg m^{-1}일 때 석유, 가스, 석탄의 단위 사용량당 이산화탄소 배출량이 3.1, 2.7, 2.1 $kgCO_2$ $fuel^{-1}$이라는 것을 보여라. 이산화탄소 배출의 10%를 포집하는 것은 10,000 TWh y^{-1}의 무탄소 열에너지 생산 효과가 있다는 것은 합리적인가?

3.4 셰일 오일 및 셰일 가스 개발이 총 탄소 배출량에 미치는 영향을 설명하라.

3.5 재생에너지 기술에 대한 투자와 석유 가격 간의 관계를 그림 3.4를 참조하여 설명하라.

3.6 CCS 기술이 직면한 과제와 CCS 기술을 통한 허용 가능한 화석연료의 사용량에 대해 논의하라.

3.7 널리 사용되고 있는 CCU 기술에 대해 조사하고, 이산화탄소 배출 감소에 대한 기여도를 분석하라.

3.8 단열 압축기는 물의 압력을 0.04 bar에서 150 bar로 증가시킨다. 물은 비압축성이라고 할 때, 물의 단위 질량당 한 일을 계산하라.

3.9 아래의 증기표를 이용하여, 터빈으로 들어가는 증기의 압력이 200 bar이고 온도가 600°C, 터빈에서 나가는 증기의 압력이 1 bar이고 온도가 100°C일 때 증기 1 kg이 단열 터빈에 한 일을 구하라.

증기표 데이터

T (°C)	p (bar)	h (kJ kg^{-1})
100	1	2676
600	200	3537

3.10 2상 혼합물의 내부에너지 u, 엔탈피 h, 엔트로피 s가 다음과 같이 표현되도록 증명하라.

$$u = (1-x)u_f + xu_g$$
$$h = (1-x)h_f + xh_g$$
$$s = (1-x)s_f + xs_g$$

3.11 온도 400°C, 압력이 180 bar인 고온 열원과 온도가 20°C, 압력이 0.02 bar인 저온 열원 사이에서 카르노 사이클로 작동되는 증기 발전소가 있다. 아래에 있는 증기표를 사용하여 (a) 사이클의 효율, (b) 보일러로 들어가는 열, (c) 응축기에서 나가는 열, (d) 터빈이 한 일을 구하라.

증기표 데이터

		h (kJ kg^{-1})		s (kJ kg^{-1} K^{-1})	
T (°C)	p (bar)	h_f	h_g	s_f	s_g
20	0.02	84	2538	0.296	8.666
400	180	1732	2510	3.872	5.108

3.12 어느 발전소는 재가열이 없는 랭킨 사이클에서 작동하며 (i) 단열 압축기, (ii) 200 bar에서 작동하는 3단계 보일러, (iii) 단열 터빈, (iv) 압력이 0.02 bar이고 온도가 20°C인 응축기로

구성되어 있다. 보일러의 최대 온도는 700°C이다. 아래 표를 사용하여 다음을 구하라.

i. 압축기에서 단위 질량당 한 일

ii. 보일러에서 단위 질량당 공급되는 열

iii. 터빈에서 얻을 수 있는 단위 질량당 일

iv. 사이클의 효율

증기표 데이터

			h (kJ kg^{-1})		s (kJ kg^{-1}K)	
	T (°C)	p (bar)	h_f	h_g	s_f	s_g
물-증기 혼합	20	0.02	84	2454	0.296	8.666
건조 증기	700	200		3806		6.796

3.13 압력비 r = 9일 때 최고 온도 1600 K에서 움직이는 이상기체 터빈의 배출 온도와 효율을 구하라(γ = 1.4라고 가정).

3.14* 이상기체의 단열 팽창의 경우, $du + pdv = 0$, $c_v dT + pdv = 0$을 따른다. 이는 $pv = RT$, $pdv + vdp = RdT$에서 유도된다. $R = c_p - c_v$, $v = RT/p$인 것을 이용하여 dv를 없애면, $\frac{dT}{T} = \left(\frac{\gamma-1}{\gamma}\right)\frac{dp}{p}$, 즉 $T = Ap^{(\gamma-1)/\gamma}$인 것을 보여라. 여기서 $\gamma = c_p/c_v$이며, A는 상수이다. 이 결과를 이용하여 브레이턴 사이클의 효율이 $\eta = 1 - r^{(\gamma-1)/(\gamma)}$인 것을 보여라. 이때 r은 압력비로, $r = \frac{p_b}{p_a} = \frac{p_c}{p_d}$이다.

3.15* 식 (3.14)에 주어진 τ에 대한 전력 P를 최대화할 때, 열기관의 효율은 식 (3.15)를 이용하여 구할 수 있다.

$$\eta_{max} = 1 - \tau_{max} = 1 - \sqrt{\frac{T_a}{T}}$$

이상적인 열기관에서 $Q_1(1 - T_a/T)$ 값과 열교환기의 유한한 온도차로 인해 작업을 수행하는 데 사용할 수 있는 에너지가 얼마나 감소했는가?

$\tau = T_a/T$이고 효율이 카르노 사이클과 같을 때 전력이 0인 이유를 설명하라.

식 (1.1)을 이용하여, 균등화 발전 비용에 있어 연료 비용을 포함할 때 최대 전력 미만으로 작동하는 것이 더 경제적인 이유를 설명하라(O&M 비용은 무시). 이때 발전소의 비용은 열교환기의 크기, 즉 컨덕턴스 C에 비례한다고 가정하라.

3.16 아임계, 초임계, 초초임계를 포함한 발전소의 효율을 Chambadal-Novikov-Curzon-Ahlborn 값(식 3.15)과 비교하라.

3.17 초임계 이산화탄소 발전소의 장점은 무엇인가?

3.18 디젤 엔진이 가솔린 엔진보다 아산화질소 배출이 더 나쁜 이유는 무엇인가?

3.19 이산화탄소 배출 이외에 화석연료의 사용이 환경에 미치는 영향은 무엇인가?

3.20 두 가지 다른 전기 공급원의 사용을 비교할 때 균등화 발전 비용 외에 고려해야 할 비용은 무엇인가?

3.21 화석연료의 사용량이 매장량이 아니라 배출량에 의해 결정되어야 하는 이유는 무엇인가?

3.22 좌초 자산(stranded asset)이란 무엇이며 화석연료 회사가 취해야 할 조치는 무엇인가?

3.23 이산화탄소 배출량을 줄이기 위해 중국과 인도가 해결해야 할 과제에 대해 논의하고, 석탄에서 재생에너지로 전환하는 것이 어떠한 이익이 되는지 논하라.

아래 사이트를 방문하면 더 많은 정보와 자료를 볼 수 있습니다.
www.oup.com/he/andrews_jelley4e

4 바이오에너지
Bioenergy

주제 목록

- □ 광합성과 곡물 생산
- □ 바이오매스 자원
- □ 요리와 난방을 위한 바이오매스
- □ 혐기성 소화
- □ 연소와 가스화
- □ 도시 고체 폐기물
- □ 바이오에탄올
- □ 바이오디젤
- □ 액체 바이오연료 생산
- □ 환경에 미치는 영향
- □ 잠재력과 경제성
- □ 전망

서론

바이오에너지는 식물과 동물로부터 파생된 에너지의 한 형태이다. 바이오에너지는 목재, 사탕수수, 옥수수, 야자유, 산림 잔류물 등 다양한 재료를 통해 생산된다. **바이오매스** 또는 바이오매스에서 파생된 연료의 연소는 현재 세계에서 가장 큰 재생에너지원으로 2017년 에너지 수요의 약 12.4%(46 EJ)를 차지한다. 여기에 수력 발전(3.6%), 풍력 및 태양열(2%)을 더하면 재생에너지를 통한 에너지 공급의 비율은 총 18%에 달한다. 그중 목재, 목탄, 배설물 및 잔여 농작물 등의 전통적인 바이오매스는 약 7.4%(27.5 EJ)를 차지하며, 현대의 바이오매스는 5%(18.4 EJ)를 차지한다. 현대 바이오에너지는 전 세계에서 난방용으로 7%(13.3 EJ), 운송용으로 3%(3.5 EJ), 전 세계의 전력 공급용으로 2%(1.6 EJ) 사용되고 있다(그림 4.1 참조).

식물을 이용한 바이오에너지는 **태양**과의 **광합성**을 통해 식물에 화학에너지의 형태로 저장된다. 전통적인 바이오매스는 수천 년 동안 식사와 난방을 위해 연소가 되는 형태로 사용되었으며, 여전히 개발도상국에서 널리 사용되고 있다. 그러나 전통적인 조리용 화로는 매우 비효율적이며 심각한 건강상의 위험을 초래하기도 한다.

다음으로 많이 사용되는 바이오매스는 열과 발전소의 에너지 공급원으로 사용되는 산림 및 잔여 농작물 등 에너지가 풍부한 작물들이다. 이렇게 에너지가 풍부한 작물은 브라질과 미국 등 일부 지역에서 대규모로 재배되고 있으며, 주로 운송을 위한 액체 및 기체 **바이오연료**로 사용된다. 이러한 작물들은 엄청난 면적의 토지를 필요로 하며, 토지 개간, 식재, 비료, 수확 및 운송 과정에서 이산화탄소가 발생하지 않도록 주의해야 한다. 이러한 경우에는 바이오매스가 저

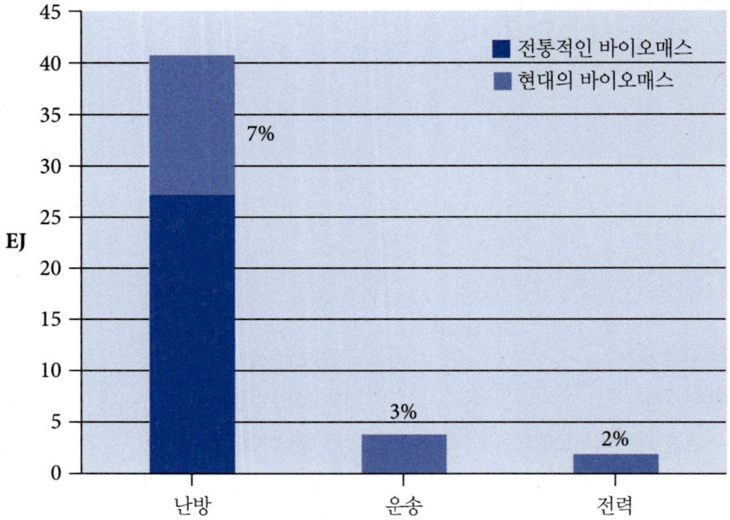

그림 4.1 2017년 바이오매스의 소비량과 현대의 바이오에너지가 공급하는 전 세계 에너지 수요의 비율(REN 2019)

탄소 에너지원이 될 수 있다.

이 장에서는 광합성을 통한 태양에너지의 흡수 과정에 대해 이해하고, **작물 수확량**을 대략적으로 계산해 볼 것이다. 또한 바이오매스나 액체 바이오연료를 통한 에너지의 생산이 가솔린이나 디젤 같은 화석연료를 대체할 수 있는지에 대해 잠재성을 토론해 보려고 한다.

4.1 광합성과 곡물 생산

광합성에서 식물은 태양에너지를 이용하여 이산화탄소와 물을 산소와 탄수화물(당)으로 전환한다.

$$CO_2 + H_2O + h\nu \rightarrow O_2 + [CH_2O]$$

여기서 $h\nu$는 광자의 에너지를 의미하고, CH_2O는 탄수화물을 의미한다. 생성물은 탄소 원자 1개당 5 eV 정도의 에너지를 생성하는데, 이는 약 16 MJ kg^{-1}의 순수 탄화수소화물에 해당하는 값이다. 단위 질량당 에너지의 양은 탄소의 산화 정도에 따라 결정된다. 탄수화물의 에너지는 약 16 MJ kg^{-1}이며, CH_4로 완전히 환원되면 55 MJ kg^{-1} 정도의 에너지를 갖는다.

가시스펙트럼(λ ~400~740 nm)의 파란색과 빨간색 영역에서의 광자는 식물 잎의 엽록소 색소에 흡수된다. 녹색 빛은 안료 및 다른 색에 의해 흡수되지 않으므로, 잎 내에서 백색광의 난반사 후에 우선적으로 나타나며 이것이 잎이 녹색으로 보이는 이유이다.

대부분의 식물에서 이산화탄소는 **캘빈(C3) 사이클**을 통해 탄수화물로 전환하여 저장된다. 이 과정 동안 이산화탄소는 RuBisCo 효소에 의해 촉매 반응을 일으키고, 3탄소 분자(C3) 기반의 중간 생성물을 만든다. 일부 열대 식물에서는 이산화탄소의 흡수를 통해 4탄소 분자

(**C4**)를 생성하는데, 이 분자는 이산화탄소를 잎 내부에 별도로 저장한다. 이러한 C4 과정을 **CAM(crassulacean acid metabolism)**이라고 하는데, 건조한 조건에 적합한 과정이다. 이 과정에서는 잎에서 증발을 줄이기 위해 밤에만 잎의 기공을 열어 이산화탄소를 포집한다.

C4 과정은 대기 중의 산소 농도가 높을 때 적합하다. C3 식물은 온대 지역에서 더 큰 효율을 보이는 데 반해, C4 식물은 햇볕이 잘 들고 덥고 건조한 지역에서 전환 효율이 더 높다. C3 식물의 한 종류인 **조류** 또한 높은 전환 효율을 가지므로 잠재적으로 좋은 바이오연료가 될 수 있다. 그러나 대량으로 재배할 때 효율성이 높고 경제성 있는 다른 조류를 찾는 것이 필요하다.

식물 종의 약 3% 정도가 C4 식물에 해당하지만, 주로 C4 식물은 넓은 면적에서 재배되므로, 전체 식물의 약 20% 정도를 차지한다. 옥수수와 사탕수수 같은 일상생활에서 쉽게 찾을 수 있는 작물도 C4 식물이다. 예를 들어 **사탕수수**는 약 100 t ha^{-1} y^{-1}를 생산할 수 있지만, 70% 정도는 물이고 설탕의 생산량은 보통 10 t ha^{-1} y^{-1}이다.

식물이 성장하는 데 필요한 에너지는 **세포 호흡**을 통해 얻는다. 호흡은 광합성의 역반응으로, 탄화수소와 산소가 반응하여 이산화탄소와 물로 변환되는 효소 촉매 반응에 의해 진행되며, 탄소 원자당 약 5 eV를 방출한다. 세포 호흡은 인간에게 항상 발생하며 주요 에너지원이 된다. 식물에서 호흡은 주로 밤에 이루어지지만 물이 부족한 경우 낮에도 발생한다. 이러한 조건에서는 숲은 이산화탄소의 배출원으로 작동할 수도 있다. 광합성으로 인한 에너지 생성 대비 호흡으로 인한 손실의 비율은 주요 작물 기준 30~60% 정도로 매우 다양하다.

4.1.1 광합성 효율

태양에너지를 바이오매스 에너지로 변환할 때 효율은 여러 가지 요인에 따라 달라진다. 그중 가장 중요한 것은 광합성의 활성 영역(400~740 nm)에 속하는 햇빛의 스펙트럼 비율(49%)이다. 입사되는 태양빛의 약 10%가 나뭇잎에서 반사된다. 흡수된 빛 중 약 16%는 엽록소의 활성 상태로 이완되어 열로 손실된다. 그림 4.2는 에너지 **변환 효율**을 최대화하기 위한 과정을 나타낸 것이다.

C3 식물에서 4.8 eV의 에너지를 저장하는 탄수화물에서 하나의 산소 분자와 하나의 탄소 분자를 생성하기 위해서는 1.8 eV의 에너지를 갖는 광자가 최소 8개가 필요하다. 그러나 C4 식물의 탄수화물 합성의 경우는 이산화탄소를 수송하는 ADP를 만들기 위해 추가로 4개의 광자가 더 필요하다.

C3 식물에서는 광합성과 경쟁하는 **광호흡** 과정도 발생한다. 산소는 RuBisCo 촉매에서 탄수화물을 산화시켜 이산화탄소를 방출하기도 하는데, 이 광호흡은 온도와 산소 농도에 따라 증가하여, 광합성에 의해 생성된 에너지의 일부를 사용한다. 물이 적으면 증발량을 줄이기 위해 식물의 기공이 닫힌다. 산소는 꾸준히 생성되지만 이산화탄소의 농도는 줄어들므로, 광합성은 감소하고 광호흡은 증가하게 된다. C4 및 CAM 식물에서 RuBisCo는 대기 중의 산소와 격리

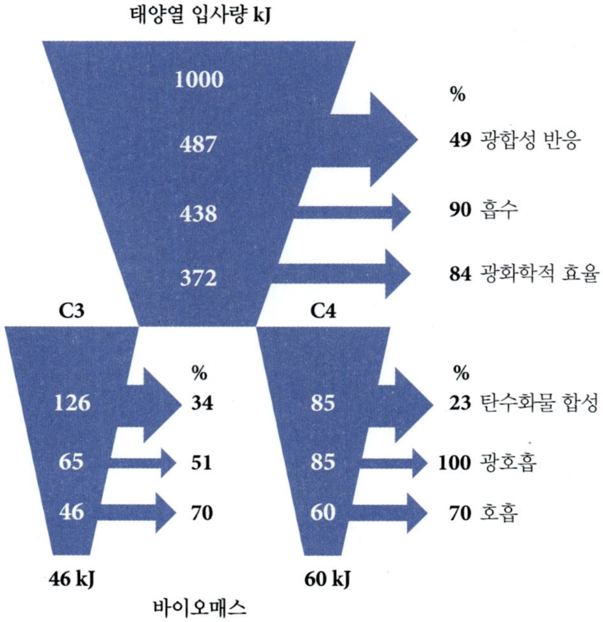

그림 4.2 30°C, 380 ppm CO_2에서 광합성 최대 변환 효율

되므로, 광호흡 손실이 상당히 줄어들거나 중단된다. 이는 C4 식물의 효소 주변의 이산화탄소 농도가 C3 식물의 농도보다 약 열 배 높다는 것을 의미하며, C4 식물이 덥고 건조한 기후에 훨씬 더 잘 적응한다는 것을 알려 준다.

C3 식물의 광호흡으로 인한 손실은 30°C, 380 ppmv CO_2에서 49%이지만, C4 식물에서의 손실은 없다. 광합성에 대한 호흡의 최소 비율을 30%라고 할 때, C3의 경우 4.6%, C4의 경우 6.0%의 최대 효율을 얻을 수 있다. 광호흡 속도는 온도에 따라 감소하며, 약 22°C 이하에서는 C3 식물과 C4 식물의 효율이 같다.

마지막으로 고려해야 할 요소는 광도와 이산화탄소의 농도이다. 광합성이 광호흡을 포함한 전체 호흡과 균형을 이루는 광도를 **보상점**이라고 한다. 식물에 의한 에너지의 순 동화량은 광합성을 통한 이득에서 호흡을 통한 손실을 뺀 값과 같다.

포화는 대부분의 엽록소 분자가 빛을 흡수하며 발생하는데, 조도가 증가함에 따라 순 동화율이 더 이상 조도에 비례하지 않고 포화되는 지점이 나타난다. 높은 빛에너지를 통한 에너지 흡입량은 탄수화물 생산 시 사용된 에너지보다 많으며 초과량은 버려진다. 더 많은 산소가 생성됨에 따라 증가하는 광호흡 손실로 인해 C4 식물의 순 동화율은 C3 식물보다 더 낮은 곳에서 포화된다. 대기 중의 이산화탄소 농도가 높으면 C3 식물의 광호흡이 감소하는데, 특히 30°C, 650 ppm 이상인 경우, C3 식물의 탄수화물의 합성 효율이 C4 식물의 효율보다 높게 나타난다.

특정 식물에서, 충분히 해당 식물이 무르익고, 38 MJ kg^{-1} 이상의 고밀도 에너지의 오일을 채취할 수 있는 경우, 식물 내의 탄수화물은 오일로 추가 저장되기도 한다(박스 4.6 참조).

4.1.2 바이오매스 수확량

포화는 식물의 변환 효율을 최댓값보다 훨씬 아래로 떨어뜨린다. 최대 광도 세기의 25% 미만에서는 광합성이 광도에 따라 선형으로 증가하지만, 25% 이상에서는 약 50% 떨어져서 포화상태가 된다. 성장기 상태의 C3 및 C4 식물의 최대 변환 효율은 각각 2.4% 및 3.7%이다. 최적의 성장 환경이 주어지기 어려우므로, 일반적으로 관찰된 변환 효율(ε_c)은 1%에 가까우며, C3의 경우 평균 0.7%, C4의 경우 1.2%이다.

작물 Y의 헥타르당 연간 생산량은 잎에 의해 차단된 햇빛의 비율(ε_i), 성장기의 태양 복사의 비율(f), 수확된 바이오매스의 비율(η), 변환 효율(ε_c) 및 헥타르당 연간 태양에너지양(S)에 비례한다. **총 수확량**은 위 값들의 곱으로 나타난다.

$$Y = S \times f \times \varepsilon_\mathrm{i} \times \varepsilon_\mathrm{c} \times \eta \tag{4.1}$$

맑은 날의 경우 S는 ~2000 kWh m^{-2} 또는 72 TJ ha^{-1}이다. 재배 시기와 수확 비율은 다양하므로 0.5를 이용한다. 주변 잎에 의해 햇빛이 차단되는 비율은 $\varepsilon_i \approx 0.9$이다. $\varepsilon_c = 1\%$라고 가정하면, $Y \approx 160$ GJ ha^{-1}이다. 따라서 바이오매스 16 GJ t^{-1}이 필요한 경우, 이를 생산하기 위한 사탕수수의 수확량은 아래와 같다.

$$\text{바이오매스 수확량} \approx 10\ \mathrm{t\ ha^{-1}y^{-1}} \cong 160\ \mathrm{GJ\ ha^{-1}y^{-1}} \cong 5\ \mathrm{kW_{th}\ ha^{-1}} \equiv 0.5\ \mathrm{MW_{th}\ km^{-2}} \tag{4.2}$$

발전소의 열효율은 40% 정도이므로, 0.5 MW$_{th}$의 열에너지를 이용하여 0.2 MW$_e$의 전력을 생산할 수 있다.

수확량과 에너지양은 식물의 종류와 성장 환경에 따라 결정되거나, 건조 바이오매스의 수확량을 이용하여 대략적인 추정치만 구할 수 있다. 하지만 얻고자 하는 전력을 위해 바이오매스를 생산하는 데 필요한 토지 면적은 계산할 수 있다. 다음 예제는 토지 면적이 얼마나 필요한지를 보여 준다.

예제 4.1

2 GW 규모의 바이오매스 화력 발전소에 연료를 공급하기 위해 필요한 토지 면적을 계산하라. 이 값을 태양광 발전에 필요한 토지 면적과 비교하라. 용량 계수는 60%로 한다.

식 (4.2)는 5 kW ha^{-1} 또는 0.5 MW km^{-2}당 추정치를 나타낸다. 용량 계수가 60%에서 평균 전력 출력은 1200 MWe이다. 40% 효율의 화력 발전소에서는 3000 MWe의 열에너지가 필요하고, 6000 km^{2}의 토지가 필요하다.

이는 **연간 1 TWh의 전력을 위해 600 km^2**에 해당하는 값이며, 태양광 PV의 경우 약 15 km^{2}에 해당한다(표 1.2 참조).

4.2 바이오매스 자원

육지에 있는 바이오매스의 1차 순 생산량(net primary production, NPP)은 연간 약 125 Gt이고, 살아 있는 바이오매스의 총 질량은 약 1000 Gt이다. 에너지원으로 18 MJ kg^{-1}, 연간 약 2300 EJ 또는 630,000 TWh의 바이오매스가 생산되며, 이는 세계 최종에너지 수요의 약 여섯 배에 해당한다. 해양에서도 매년 육지의 바이오매스와 비슷한 양의 바이오매스가 생산되지만, 평균 수명이 훨씬 짧기 때문에 살아 있는 양은 육지의 약 1~2%에 불과하다. 어류로 인한 바이오매스는 음식으로 사용되어 총 칼로리의 약 3%를 제공하지만, 접근이 어려우므로 사실상 해양의 바이오매스는 에너지로 사용되지 않고 있다.

현재 전 세계 육지 면적 13.4 Gha의 약 12%인 1.5 Gha는 경작지, 26%는 방목지, 30%는 산림, 2%는 도시 지역, 30%는 사람이 살 수 없는 땅이다. 인간이 사용하는 230 EJ y^{-1} 규모의 바이오매스 중 일부는 재료로 사용되고, 일부는 46 EJ y^{-1}만큼의 에너지를 제공할 때 사용되고, 일부는 수확되지 않고 폐기되며, 일부는 130 EJ y^{-1}만큼의 식품으로 가공될 때 사용된다.

4.2.1 식품용 바이오매스

130 EJ y^{-1} 상당의 식품용 바이오매스 중 약 20%가 음식으로 사용된다. 채소의 생산 효율은 약 67%인 반면, 육류의 생산 효율은 4%에 불과하며, 이 중 소고기, 돼지고기, 닭고기가 전체의 90% 이상을 차지한다. 육류는 음식 소비량의 약 15%만을 차지하지만 경작지의 약 1/3이 가축의 사료 생산에 이용된다. 소고기를 먹기 위해 추가적으로 필요한 공급 원료의 양은 36~1.6%인 반면, 돼지고기와 닭고기의 경우는 그보다 훨씬 적다. 이는 되새김 동물이 돼지와 가금류에 비해 번식력과 상대적 성장률이 훨씬 낮기 때문이다. 소는 전체 가축의 15%를 차지하고, 연간 배출되는 장내 메탄 가스의 대부분을 차지하며, 이는 에너지 관련 배출량의 약 5.5%에 해당하는 값이다.

되새김 동물은 섭취하는 음식의 약 절반을 방목에서, 나머지 절반은 경작지를 통해 얻는다. 예를 들어, 브라질 삼림 벌채 토지 중 약 70%가 방목용으로 사용되며, 나머지 대부분은 사료용으로 재배되는 콩밭이다. 현재 많은 경작지가 되새김 동물을 위한 사료를 만들기 위해 사용되고 있다. 이것은 증가하는 세계 인구를 먹여 살리기 위한 채소와 육류의 생산 증가와, 이산화탄소 흡수원, 셀룰로오스 작물 재배 및 생물 다양성을 보존하거나 복원하기 위한 식물 재배 간의 경쟁이 생길 수 있다는 것을 의미한다.

4.2.2 요리와 난방을 위한 전통적인 바이오매스

매년 약 25 EJ 또는 7000 TWh가 전통적인 바이오매스를 이용한 열에너지의 형태로 공급된다. 개발도상국의 약 26억 명의 사람들은 깨끗한 환경에서 요리를 할 수 없으며 대신 전통적인 바이오매스, 석탄 또는 등유 등을 이용하여 요리를 한다. 이것들은 또한 공간 난방을 위해 사용되기도 한다. 이러한 원시적인 형태의 요리 및 난방과 관련된 대기 오염은 건강에 매우 해로우며, 이로 인해 연간 약 400만 명이 사망한다. 특히 여성과 어린이가 가장 큰 영향을 받는다. 오염은 연료의 불완전 연소와 폐 깊숙이 침수하는 PM 2.5 정도의 미세한 오염 입자로 인해 발생한다.

지난 30년 동안 전 세계적으로 개선된 요리 기구(improved cooking stove, ICS)를 도입하려는 시도가 있었다. 1980년대와 1990년대 초 중국은 1억 3천만 개의 ICS를 도입하였다. 특히 2030년 이후 청정 ICS에 대한 국제기구가 설립되었다. 그러나 ICS는 전통적인 요리 기구보다 더 효율이 높아 요리를 하는 데 드는 돈과 시간을 절약하지만, 대부분 불완전 연소가 일어나기 때문에 건강상의 이점은 그리 개선되지 않았다. 일부 개선된 것들이 있지만 가격 경쟁력이 떨어진다(박스 4.1 참조).

박스 4.1 개선된 요리 기구(ICS)

나무를 이용한 전통적인 난로는 요리 이외에도 빛과 열을 제공하는 데 사용되며, 사용하기도 쉽고 저렴하게 만들 수 있다. 연기는 음식을 보존하는 데 사용될 수 있고, 모기와 파리를 억제하고 초가지붕을 보호하는 데도 사용된다. 그러나 연기는 건강에 매우 해로우며, 불완전 연소는 효율성을 10~15% 정도 떨어뜨린다. 굴뚝을 설치하면 도움이 되지만, 지역 사회의 대기 오염을 야기하고 비용이 많이 든다. 숯을 이용한 가열 기구는 단순한 금속 상자와 철제 구조물을 이용한다. 나무를 이용한 가열 기구에 비해 온도가 높고 조리 냄비와의 거리가 가까워 약 20%만큼의 효율을 높일 수 있지만, 연소가 불완전하고 일산화탄소의 농도가 높을 수 있다.

이러한 문제를 피하기 위한 세 가지 유형의 ICS를 그림 4.3에 나타냈다.

장작을 효과적으로 태우기 위해 고안된 **로켓형** 가열기는 단열된 짧은 굴뚝을 가지고 있어 통풍을 원활히 하여 연료의 연소를 개선하고 뜨거운 배기가스를 조리 냄비 주위로 유도하여 열전달을 크게 개선하였다. 이를 이용하면 연료의 사용과 배기가스의 배출량을 최대 50%까지 크게 줄일 수 있다.

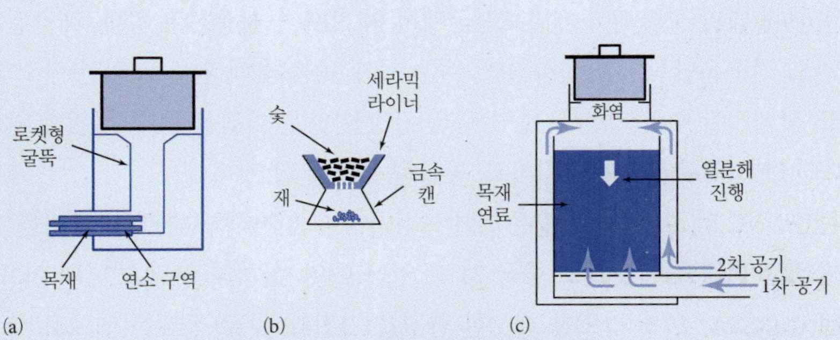

그림 4.3 (a) 로켓형 가열기; (b) 케냐 세라믹 가열기; (c) 가스레인지

숯을 원료로 이용하는 경우, **케냐 세라믹 가열기**(Kenyan Ceramic Jiko, KCJ) 디자인이 저렴하며 널리 쓰이고 있다. 단열을 개선하고 연소 효율을 높이기 위해 재를 원활히 통과시킬 수 있도록 구멍이 있는 상단의 절반 정도는 세라믹 라이너가 있는 모래시계 모양을 가지고 있다. 연료의 소비량은 기존의 숯을 이용한 가열기에 비해 30~50% 향상되고, 미립자 물질 및 독성 가스의 배출이 감소한다. 그러나 로켓형 가열기와 KCJ의 건강상의 이점은 제한적이므로, 더 나은 바이오매스 가열기가 필요하다.

깨끗한 바이오매스 가열기의 예는 그림 4.3*c*에 나타낸 **가스레인지**이다. 여기서 바이오매스는 먼저 열분해에 의해 가스로 전환되어 **차**(char)라는 탄소 물질을 생성한다. 방출된 가스는 가열된 2차 공기와 혼합되어 연소된다. 1차 공기 공급은 차를 태우거나 보존하기 위해 제어한다. 요리용 가스레인지는 특히 팬을 추가하면 매우 효율적이고 깨끗하게 사용할 수 있지만, 여전히 고가이며, 시장에서 널리 사용하고 있지 않다.

비용은 종종 깨끗한 요리 환경을 조성하는 데 큰 걸림돌이며, 오래된 습관을 바꾸는 것을 꺼리는 것이 큰 장애가 되기도 있다. 일부 지역에서는 도난에 대한 두려움으로 인해 새로운 기술에 대한 투자가 지연될 수도 있다. 휴대전화를 사용하는 간단한 신용 제도의 도입으로 저소득층 사람들이 좋은 가열기를 사용하도록 장려할 수도 있다.

규제되지 않은 벌목은 그림 4.4의 도미니카 공화국의 보존림과 아이티의 삼림 파괴의 예에서 볼 수 있듯이 환경 파괴를 일으킬 수 있다. 하지만 요리를 위한 불을 피우기 위해 벌목하는 것은 삼림의 지속성에 큰 영향이 없는 것으로 밝혀졌다.

이는 ICS가 이산화탄소의 배출량 저감과는 큰 상관이 없다는 것을 의미하며, 탄소 상쇄를 통한 자금 지원은 받기 어렵다.

2018년 Global Alliance for Clean Cookstoves는 추가 연구와 대량 생산을 통해 청정 바이오연료 가열기의 비용을 낮추려고 하였다. 하지만 LPG나 프로판을 사용하는 것이 저렴한 청정 요리 환경을 가장 잘 달성할 수 있다는 것을 알게 되었다. 깨끗하게 연료를 연소시킬 수 있는 가열기는 현재 널리 보급되어 개발도상국에서 약 30%가 사용하고 있다. 배출된 이산화탄소로 인해 약간의 지구온난화가 발생하지만, 이는 목재 또는 숯의 연소로 인한 탄소의 감소로 인해 어느 정도 상쇄시킬 수 있기 때문에, 사람의 건강상 많은 이점을 준다. 하지만 앞으로 탄소세가 도입된다면 LPG의 비용을 증가시키고, 공급을 어렵게 할 것이다.

깨끗한 요리를 할 수 있는 환경은 개발도상국마다 현저하게 다르다. 요리를 위해 바이오매스를 이용하는 나라를 기준으로 중국 71%, 인도 49%, 사하라 사막 이남의 아프리카(Sub-Saharan Africa, SSA) 17% 정도가 깨끗한 환경을 가진다. 주로 목재를 연료로 사용하는 비위생적인 환경에서 요리를 하는 사람들의 비율이 2010~2017년 동안 43%에서 39%로 점진적으로

그림 4.4 아이티–도미니카 공화국 국경

감소했지만, SSA 지역의 상황은 악화되고 있다. SSA의 도시 지역에서는 목탄 등이 매우 널리 사용되고 있다. LPG의 사용이 장려되고 있지만, 소형화, 사용의 용이성, 다소 깨끗한 연소 환경으로 인해 여전히 목재가 선호되고 있다.

궁극적으로는 오염이나 지구온난화 가스 배출이 없는 난방이 필요하다. 바이오매스를 이용한 팬을 설치한 가스레인지 외에도, 유기물의 혐기성 소화를 통해 생성된 바이오가스를 사용한 조리도 위생적이다. 그러나 이는 LCOE는 낮지만 장치는 고가이므로, 세계 시장의 약 1.5%만을 차지하고 있으며, 주로 중국, 인도와 라틴아메리카 등지에서 사용되고 있다. 중국은 현재 바이오가스 발전소의 구축을 준비하고 있다. 바이오가스 발전소는 공급 원료를 쉽게 구할 수 있는 농업 지역에 설치되는 것이 적합하지만, 문화적으로 항상 허용되지는 않는다. SSA 지역에서는 자원이 가까이에 있지 않기 때문에 너무 비싸고, 노동 집약적이다.

태양에너지도 깨끗하지만 낮 동안에만 요리할 수 있으므로 편리하지 않고, 에너지를 간단히 저장할 수 없다. 결과적으로 사용률은 0.1% 정도로 매우 낮다. 큰 규모의 태양에너지 장치를 설치하는 경우, 약간의 열에너지를 저장할 수 있는 증기 또는 뜨거운 기름을 생산할 수 있다. 인도에서는 요리에 사용되기도 하지만, 가정에서 쓰기에는 너무 비싸다. 그러나 전기 밥솥은 점점 더 매력적인 대안이 되었으며, 개발도상국의 5% 정도의 도시 가정에서 사용되고 있다.

2017년 전 세계의 전기화율은 89%에 도달했으며 옥상 태양광 PV 및 그리드 확장을 통해 농촌 지역에까지 빠르게 확장되고 있다. 인덕션 요리 기구는 효율이 90% 정도로 상대적으로 저렴하며, 태양광 패널도 점점 더 저렴해지고 있다. 주요 장벽은 배터리 저장 비용인데, 이 역시도

빠르게 가격이 떨어지고 있다. 전기를 이용한 요리는 가장 지속 가능한 장기적인 대안이지만 시간을 벌기 위해 LPG 또는 바이오가스를 사용한 요리 환경이 임시적인 대안이 될 수 있다.

4.3 열에너지와 전력 생산을 위한 바이오매스

산업을 위한 열, 전력 및 연료를 제공하기 위한 바이오매스의 사용량은 증대되고 있다. 2017년 바이오매스를 통해 제공되는 에너지의 양은 18.4 EJ 정도이다. 그림 4.5는 바이오매스 원료를 이용하여 열, 전력 및 연료로 전환하는 과정을 보여 준다.

현대 바이오매스의 주요 용도는 열 생산이며, 가장 효율적인 활용 방법은 **열병합 발전**(combined heat and power, CHP)으로 효율이 80%에 달할 수 있다. CHP 발전소는 바이오매스가 가까이 있는 그리드가 연결되지 않은 지역에서 효과적이다. 더 높은 효율을 가진 유동층 연소 발전소 기술의 개발을 통해 바이오매스 및 폐기물을 이용한 열 및 전력 생산이 확대되었다. 바이오매스를 통해 산업에서 필요한 열을 제공하는 것은 바이오매스를 이용할 수 있는 주된 용도이며, 상당한 잠재력을 가지고 있다. 하지만 낮은 에너지밀도로 인해 바이오매스는 운송 비용이 상대적으로 높은 편이다. 그러므로 현지에서 생산된 바이오매스 원료를 활용할 수 있는 소규모 발전소가 유리하다.

열과 전력의 경우 두 가지 주요 바이오매스 공급원—농업 및 도시 쓰레기에서 나오는 것과 에너지 작물에서 나오는 것—이 있다. 이것은 화석연료에 비해 kg당 훨씬 낮은 에너지를 가지며, 상대적으로 낮은 밀도로 인해 부피를 크게 만들고, 운송비를 증가시킨다. 따라서 생산한 에너지를 경제적으로 사용하기 위해서는 일반적으로 쉽게 접할 수 있는 폐기물이나 잔여 농작물 같은 바이오매스를 사용하는 것이 좋다. 이러한 이유로 바이오매스를 통한 에너지 생산은 최근 종종 작물 생산지와 결합하거나, 도시 폐기물과 농업에서 유기 폐기물을 처리하는 과정과 결합

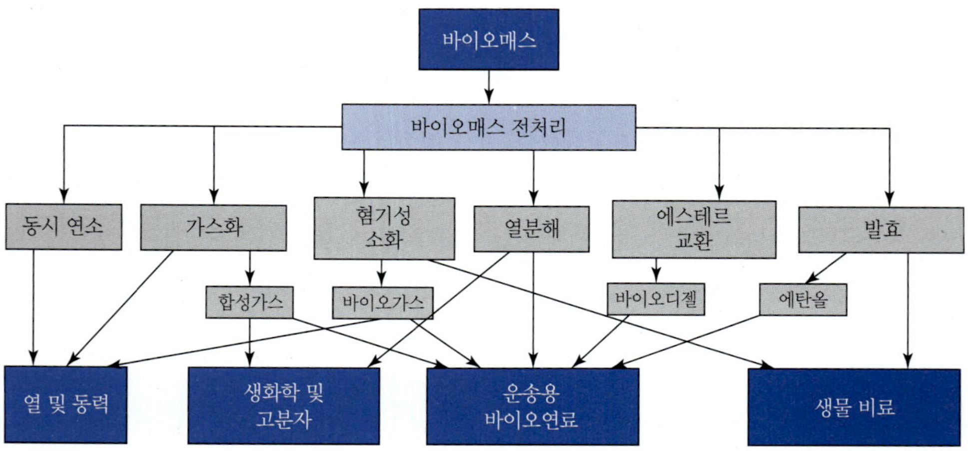

그림 4.5 에너지 전환 과정(출처: 유럽의 바이오매스 산업 협회: 바이오매스 처리 기술)

되고 있다. 바이오매스를 이용하여 더 많은 열이나 전력을 생산하기 위해서는 버드나무나 고삼 식물 등의 특화된 에너지 작물을 키우는 것이 중요해질 수 있다.

바이오매스는 전통적으로 연소를 이용하여 에너지를 얻지만, 혐기성 박테리아를 통한 유기 폐기물의 자연 분해를 이용하여 메탄 가스를 얻는 방법도 널리 사용되고 있다. **바이오가스**는 개발도상국에서는 요리 및 난방을 위해 사용되고, 선진국에서는 소규모 동력 장치에 사용된다.

4.3.1 혐기성 소화와 바이오가스

혐기성 소화는 무산소 조건에서 박테리아를 이용하여 유기물을 부패시키는 것을 말한다. 이때 박테리아는 유기물을 분해하여 65% 정도의 메탄과 35% 정도의 이산화탄소, 그리고 기타 다른 가스들을 생성한다. 발생된 가스는 STP 조건하에서 17~25 MJ m^{-3}의 발열량을 가지며, 전환 효율은 40~60% 정도이다. 사용되는 적절한 바이오매스는 생활 하수, 산업 슬러지, 폐수, 동물 분뇨 및 에너지 작물이다. 생활 폐기물의 경우 폐기물 중 유기물 부분을 분리해야 사용이 가능하다. 관련된 생화학적 과정이 박스 4.2에 설명되어 있다.

박스 4.2 혐기성 소화의 생화학적 과정

혐기성 반응은 유기 물질이 혐기성 박테리아에 의해 주로 메탄, 이산화탄소 및 **폐기물** 또는 **바이오 고형물** 등의 잔여물로 구성된 가스로 변환되는 몇몇 반응으로 이루어진다. 혐기성 소화 과정 동안에 소량의 열만이 발생하므로 상당한 양의 바이오매스 에너지가 메탄에 저장될 수 있다. 위 과정에서 복합 단백질인 효소가 촉매 작용을 하게 되며, 복합 단백질의 분자 구조에 따라 다양한 반응이 일어날 수 있다. 이러한 효소들은 화학반응을 하는 데 필요한 에너지인 활성화 에너지를 낮춤으로써 반응속도를 증가시킨다.

혐기성 반응은 가수 분해, 산성화, 메탄 생성의 3단계로 이루어진다. 유기물의 큰 분자들은 물이 첨가될 때 분자가 분해되는 반응인 가수 분해에 의해 처음 분해된다. 예를 들면, AB + HOH → A-OH + H-B이다. 셀룰로오스와 단백질의 가수 분해는 지방산, 아미노산, 포도당을 생성한다. 이것들은 후에 산성과 초산성 박테리아를 통해 아세트산과 부탄산 등의 유기산으로 변환되고, 수소와 이산화탄소도 생성된다.

$$C_6H_{12}O_6(\text{글루코오스}) + 2H_2O \rightarrow 4H_2 + 2CH_3COOH(\text{아세트산}) + 2CO_2 \qquad (4.3)$$

마지막 단계에서 박테리아는 산성화 단계에서 생성된 물질을 소화하고 다음과 같은 반응을 통해 메탄을 생성한다.

$$CH_3COOH \rightarrow CH_4 + CO_2; \quad 4H_2 + CO_2 \rightarrow CH_4 + 2H_2O. \qquad (4.4)$$

산성화와 메탄 생성의 단계는 공생 관계를 이룬다. 이는 수소와 초산이 박테리아가 메탄을 생성하는 것을 억제하기 때문이다. 따라서 메탄을 생성하는 박테리아로 인한 반응은 유익하다고 할 수 있다. 만약 생산이 완료되면 전체 과정은 다음과 같아진다.

$$C_6H_{12}O_6 \rightarrow 3CH_4 + 3CO_2 \tag{4.5}$$

위 반응은 전환 효율이 아주 높아서 포도당의 약 90%의 에너지가 메탄에 저장된다. 이렇게 생성된 메탄은 연소되어 열을 제공하거나 증기와 반응하여 일산화탄소와 수소로 이루어진 **합성 가스**를 생성하는 증기 개질 공정으로 전환될 수 있다.

$$CH_4 + H_2O \rightarrow CO + 3H_2 \tag{4.6}$$

합성 가스는 Fischer-Tropsch 공정에 의해 긴 사슬을 가진 탄화수소로 전환될 수 있으며 (4.4.2절 참조), 이들은 연료 또는 화학 물질의 공급 원료로 사용될 수 있다.

예제 4.2

혐기성 반응에서 탄수화물이 메탄으로 전환하는 에너지 효율을 구하라.

포도당의 분자량과 메탄의 분자량은 각각 180과 16이므로, 혐기성 반응에서 180 kg의 포도당이 48 kg의 메탄으로 변한다. 포도당의 연소열은 약 16 MJ kg^{-1}, 메탄의 연소열은 약 55 MJ kg^{-1}이다. 그러므로 180 kg의 포도당에 저장된 에너지는 약 2880 MJ인 반면, 48 kg의 메탄에 저장된 에너지는 약 2640 MJ이다. 따라서 전환 효율은 다음과 같다.

$$\varepsilon_{AD} \approx 2640/2880 \approx 92\%$$

혐기성 소화는 퇴비 더미 등에서 자연적으로 발생하고, **습지 가스**의 원인이 되기도 한다. 이 가스는 주로 쓰레기 매립지에서 수년에 걸쳐 발생하며, 일반적으로 10년 정도가 걸려 메탄의 생산량이 최고가 된다. 30~60°C 정도의 더 높은 온도에서 작동하는 특수 소화기에서는 몇 주 밖에 걸리지 않기도 한다. 이 소화조에서 발생하는 잔여물은 비료로 사용할 수 있다. 유기물이 이산화탄소, 물 및 잔여물로 전환되는 호기성 소화와 비교하면, 혐기성 소화는 상당한 양의 가스를 생산할 수 있을 뿐만 아니라 잔여물도 5~10배 적게 생성할 수 있다. 혐기성 소화는 소에서도 발생하는데 상당한 양의 메탄이 대기 중으로 방출된다. 소 및 기타 되새김 동물들을 통한 메탄 생산량은 **지구온난화 가스 배출량의 5.5%**를 차지하는 것으로 추정된다.

혐기성 소화는 바이오가스가 난방 및 요리를 위해 사용되는 아시아 등지에서 널리 이용되고 있다. 약 절반이 중국에서 사용되고 있으며, 약 10%의 가정에서 바이오가스를 보유하고 있다. 다른 곳에서는 대규모 혐기성 소화 기술이 잘 발달되어 있다.

혐기성 소화기는 공급 원료의 고정, 혼합 시스템의 소화기, 바이오가스와 잔여물의 재생조로 구성된다. 북부 유럽에서는 박테리아가 바이오가스를 생산하는 최적 온도인 30~60°C를 유

그림 4.6 음식물 쓰레기를 전기로 전환하는 웨일스에 있는 1 MW급 혐기성 소화 플랜트(Biogen, UK)

지하기 위해 열교환기를 함께 사용한다. 소형 소화조는 주로 열 생산에 사용되고, 큰 소화조는 약 1 MW의 전력 생산에 사용된다(그림 4.6 참조).

EU에서는 폐기물 매립지에 생분해성 쓰레기를 버리는 일이 점점 감소하고 있다. 비록 메탄이 에너지를 생산하는 데 이용될 수 있다 하더라도, 재생되는 에너지는 보통 사용된 물질의 50% 정도밖에 되지 않기 때문이다. 또 메탄은 이산화탄소의 28배나 되는 온실가스의 주된 원인 물질이므로, 그 배출량을 줄이는 것이 매우 중요하다. 또한 폐기물 매립지에서 생기는 생분해성 폐기물의 침출수로 인한 오염이 발생할 수도 있다.

2018년에는 전 세계의 바이오가스 및 바이오메탄의 생산을 통해 약 1.5 EJ의 에너지가 생산되었으며, 추정된 잠재력은 30~45 EJ 정도(IEA 전망 2020—세계 바이오가스 협회 2019)로, 전 세계 지구온난화 가스의 배출량을 약 10% 정도 감소시킬 수 있다. 따라서 바이오가스의 사용은 탄소 사용량을 줄이고, 폐기물 관리를 개선하는 데 도움을 줄 수 있으며, 요리 및 난방을 위한 전통적인 바이오매스에 대한 의존도를 낮추고, 잔여물을 비료로 쓸 수 있으며, 삼림의 벌채도 감소시킬 수 있다. CAM 식물의 사용 사례를 통해 확인할 수 있듯이, 저등급 목초지로 사용할 때 더욱 큰 이점을 확보할 수 있다.

사례 연구 4.1 생물 에너지 자원으로서의 CAM 식물

CAM 식물은 C4 식물보다 약 5배, C3 식물보다는 약 10배 적은 물을 필요로 하며 상당한 양의 물을 저장할 수도 있다. 이러한 효율적인 물 사용 특성으로 인해 강우량이 부족한 반건조한 토지에서 번성할 수 있다. 전 세계적으로 20억~50억 ha의 반건조한 토지가 있는 것으로 추정되며, 개발도상국과 선진국 모두에 널리 퍼져 있다. 이 중 적은 곳에서만 에너지를 얻을 수 있을 것이다. 수확량이 10 t ha^{-1} y^{-1}이고 변환 효율이 50%일 때, 이 지역의 10%에서 16~40 EJ y^{-1}의 에너지를 생산할 수 있을 것이다.

CAM 식물은 혐기성 소화를 저해하는 리그닌의 함량이 낮기 때문에 바이오가스 생산에도 사용될 수 있으며, 이는 바이오에탄올을 생산하는 것보다 훨씬 덜 정교한 기술로도 가능하다. 그림 4.7에 있는 **오푼티아 선인장**(Opuntia ficus-indica)과 **청산호**(Euphorbia tirucalli)는 대표적인 CAM 식물로 수확량이 좋고, 가뭄에 대해 높은 내성이 있으며, 물에 대한 건조 질량의 비율이 높다. 두 식물 모두 빨리 자라며 기계를 이용한 수확이 가능하다. 높은 수분 함량으로 인해 혐기성 소화로 얻어지는 잔여물에는 헥타르당 100톤의 풍부한 물이 포함되어 있으며, 이는 토지의 생산성을 높이는 데 이용될 수 있다.

오푼티아 선인장은 사료용으로 광범위하게 사용되며, 325 L kg^{-1} 정도의 바이오메탄으로 빠르게 전환된다. 청산호는 정보가 부족하지만, 260 L kg^{-1}의 바이오메탄이 생산되는 것으로 알려져 있다. 이때 혐기성 소화 효율은 각각 64%와 52%이고, 작물의 에너지밀도는 약 18 MJ kg^{-1}이다.

사용 가능한 전 세계의 반건조 토지의 면적을 25억 헥타르라고 가정하면, 이 면적의 10%에서 생산할 수 있는 전기에너지의 양은 매년 천연가스를 통해 생산하는 에너지양인 5 PWh에 가깝다. 표 4.1에 이 두 CAM 식물을 사용하는 AD로부터의 에너지의 잠재력을 요약하여 나타냈다.

전 세계 반건조 토지의 상당부분은 지형적으로 험준하거나, 전력 등의 기반 시설이 없거나, 생태계 보존의 필요성으로 인해 사용에 적합하지 않다. 가장 적합한 토지의 대부분

그림 4.7 오푼티아 선인장(Opuntia ficus-indica)

표 4.1 CAM 작물의 AD로 인한 에너지 잠재력

기여분	오푼티아 선인장	청산호
건조 질량(tons ha^{-1} $year^{-1}$)	12	20
등가 열에너지(W m^{-2})	0.68	1.14
가스 생산량(바이오메탄 L kg^{-1})	325	260
에너지 생산량(MJ kg^{-1})	11.59	9.28
AD 효율	64%	52%
바이오메탄에서 전기로의 변환 효율	41%	41%
전력(W m^{-2})	0.18	0.24
10% 반건조 토지의 PWh(2.5×10^8 ha)	3.9	5.2

은 이미 가축을 방목해서 키우는 데 이용되고 있지만, SSA의 8개 아프리카 국가에 대한 최근 연구에 따르면 반건조 토지의 약 10%에서 에너지 작물의 이용이 가능한 것으로 밝혀졌다. 표 4.1에서 확인할 수 있듯이, 이 토지를 이용하면 개발도상국에서 필요한 전력을 공급할 수 있다. 바이오메탄을 이용하여 요리와 난방뿐 아니라, 압축 가스 실린더를 이용하여 청정 에너지를 제공할 수 있을 것이다.

바이오가스의 생산을 위해 반건조 토지에서 CAM 식물을 재배하는 것은 기계를 이용할 수 있으므로 노동력이 많이 필요하지 않으며, 식용 작물을 재배할 수 없는 토지에서 이루어진다. 수확한 작물이나 바이오메탄을 저장할 수 있으므로, 필요할 때마다 에너지를 사용할 수도 있다. 그리고 CAM 식물과 재래식 작물을 혼합하여 재배하게 된다면 농부들에게 변화하는 시장 상황에 대한 회복력을 제공할 수 있다. 이러한 작물은 또한 화학 산업의 중요한 바이오매스 공급원이 될 수 있으며, 석유 사용으로 인한 지구온난화 가스의 배출도 줄일 수 있을 것이다. 다만 경제성이 아직 판단되지는 않았다. 연료나 전기의 형태로 운송되는 에너지의 이동 거리가 중요한 요소가 될 것이다.

4.3.2 바이오매스의 연소 및 가스화

바이오매스를 통한 에너지는 직접 연소 또는 가스화한 후 연소에 의해 얻어진다. 바이오매스를 통한 에너지를 산업계에서 이용하기 위해서는 화석연료와 함께 연소시키거나, 바이오매스를 직접 연소시키기 위해 **펠릿**으로 만들어야 한다. 바이오매스와 화석연료를 혼소하는 것은 바이오매스를 단독으로 사용하는 발전소보다 더 높은 효율을 보이며, 미분탄 화력 발전소의 효율을 떨어뜨리지 않으면서 최대 30% 정도의 바이오매스를 추가하여 작동시킬 수 있다. 2018년 EU에서는 바이오매스의 연소를 통해 200 TWh에 가까운 전기를 생성하였으며, 전 세계적으로는 581 TWh(2.1 EJ)만큼의 에너지를 생성하였다. 영국에서 에너지 수요의 5%를 담당하는 드랙스 발전소는 지난 10년 동안 6개의 발전소 중 4개에서 석탄 대신 펠릿으로 만든 목재를 사용하

여 영국 내 전력 생산에 있어 탄소 집약도를 줄이는 데 크게 기여하였다(문제 4.9 참조).

가스화 발전소는 현재 높은 투자금과 유지 관리 및 운영 비용으로 인해 가격 경쟁력이 떨어지고 있다. 그러나 가스화는 더 저렴해지고 효율이 높아질 가능성이 있다. 열과 전기 생산을 결합하여 효율을 높일 수 있으며, 출력이 2 MW 이상인 발전소에서는 증기 랭킨 사이클을 도입할 수 있다. 0.2~2 MW의 범위에서는 유기냉매 랭킨 사이클(organic Rankine cycle, ORC)이 선호되며, 약 100 kW 미만의 소형 발전기에서는 스털링 엔진이 선호되고 있다(박스 4.3 참조).

박스 4.3 스털링 엔진

스털링 엔진은 1816년 로버트 스털링(Robert Stirling)에 의해 고안되었다. 스털링 엔진에서 가스는 실린더 내에서 번갈아 가며 가열 및 냉각되어 피스톤 내를 이동하면서 차례로 발전기를 구동한다. 열은 외부에서 공급되며, 공랭식 열교환기를 통해 냉각된다. 내부의 압력은 증기기관의 압력보다 낮다. 하지만 예열이 느리고, 증기기관보다 작아야 하며, 정밀한 가공이 필요하다. 결과적으로 그의 생애 동안에는 상업적으로 경쟁력이 없었다.

그러나 조용하고 안정적이고 효율이 높으며, 외부 열을 공급할 수 있고 배출가스가 없다. 이러한 특성은 잠수함과 우주 등에서 활용될 수 있다. 또한 바이오매스를 이용하여 저탄소 에너지 생산을 달성할 수 있다. 일반적인 발전 규모는 10~25 kW이며, 그리드에서 멀리 떨어진 건조한 시골 지역에 전기를 공급할 수 있다. 스털링 엔진은 **물의 주기적인 공급이 필요하지 않고**, 열을 저장하여 밤에 전기를 생산할 수 있기 때문이다.

이상적인 스털링 사이클의 T-V 선도를 그림 4.8에 나타냈다. 밀봉된 기체가 가열된 실린더로부터 일시적인 열의 저장과 공급을 담당하는 다공성 **재생기**를 통해 냉각된 실린더로 이동한다. 사이클의 기본 원리는, T_c에서 V_2에서 V_1으로 기체를 압축할 때 드는 일보다, T_h에서 기체가 V_1에서 V_2로 팽창할 때 더 많은 일이 생성된다는 것이다. 스털링 엔진의 뛰어난 점은 사이클의 정적 과정에서 전달된 열을 저장하고 재사용한다는 것이다.

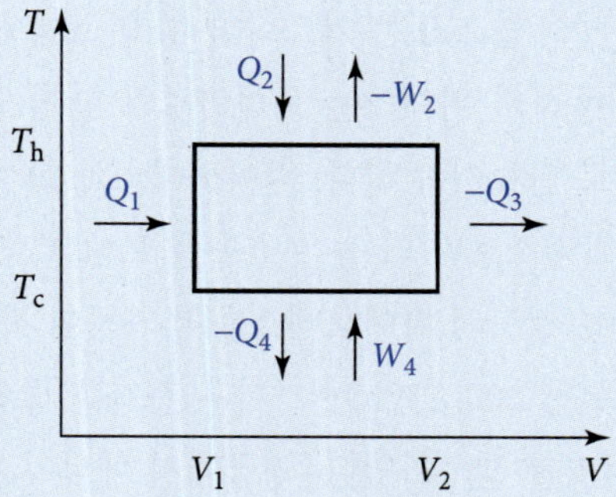

그림 4.8 스털링 사이클

열유동 Q_1과 Q_2의 값은 다음을 통해 얻을 수 있다.

$$Q_1 = \alpha nR(T_h - T_c), \quad Q_2 = -W_2 = nRT_h \ln(V_2/V_1) \tag{4.7}$$

일원자 기체(monatomic gas)에 대한 $\alpha(\alpha = C_v/R)$는 1.5이며, 이원자 기체(diatomic gas)의 값은 2.5이고, n은 몰수이다. 이상기체에서는 $\Delta U = Q_2 + W_2 = 0$이고, $U = U(T)$이다. 이를 통해 Q_3를 얻을 수 있다.

$$-Q_3 = \alpha nR(T_h - T_c), \quad -Q_4 = W_4 = nRT_c \ln(V_2/V_1) \tag{4.8}$$

재생기의 효율이 100%라고 가정하면, 즉 $-Q_3 = Q_1$이 모두 재생기에 의해 흡수되고 또 기체에 의해 흡수된다면, 효율 ε은 다음과 같이 나타난다.

$$\varepsilon = (-W_2 - W_4)/Q_2 = (T_h - T_c)/T_h = \varepsilon_C \tag{4.9}$$

여기서 ε_C는 카르노 사이클의 효율이다. 실제 스털링 사이클은 열역학적으로 더 복잡하지만 효율 95% 이상의 재생기를 사용한다면 40% 정도의 매우 우수한 열효율을 달성할 수 있다.

가스화는 앞서 설명한 바대로 혐기성 소화조에서 발생할 수 있고, 또한 공기가 충분하지 않은 상태에서 바이오매스를 연소시키면서 발생할 수 있다. 바이오매스를 좀 더 유용한 연료로 전환시키는 초기의 방법 중 하나는 숯을 생성하기 위해 적은 양의 공기를 공급한 상태에서 나무를 태우는 것이다. 숯은 나무보다 훨씬 높은 온도에서 타며 숯의 연소를 통해 광석으로부터 금속을 추출하는 것이 더욱 용이해졌다. 현재 널리 쓰이는 방법은 열화학 과정을 이용하여 가스화하거나 액상 생성물을 모으는 것이다.

가스화가 처음 산업적으로 사용된 것은 **석탄 가스**를 생산하거나, 증기 상태에서 석탄이 가열되면서 생겨나는 가스를 생산하는 것이었다. 천연가스의 도래와 함께 이 생산 방법은 중단되었으나, 비슷한 공정이 바이오매스의 가스화에 도입되었다. 다양한 열화학 공정에 대한 설명이 박스 4.4에 나와 있다. 700~1000°C 정도의 상대적으로 낮은 온도에서 공기를 적게 공급한 상태에서 바이오매스를 연소시켜 생성된 가스는 일산화탄소, 수소, 이산화탄소, 메탄 및 공기 중의 질소로 구성되어 있으며, 이를 발생로 가스라고 한다. 1200~1600°C의 고온에서는 일산화탄소, 수소 및 적은 양의 탄화수소로 이루어진 바이오 합성 가스가 만들어진다.

박스 4.4 가스화의 열화학적 반응

다양한 열화학적 공정이 기화기에서 동시에 일어난다. 나무의 경우 150°C에서 건조시키면 수분이 증기로 빠져나간다. 건조된 나무는 공기가 없는 조건에서 열에 의해 부패되는 데 이를 열분해라고 한다. 이는 150~700℃ 사이에서 일어나며, 주로 일산화탄소와 수소, 지질과 숯 등의 고체 잔여물 등을 생성한다. 이러한 생산물들은 그 후 충분한 산소와 산화 반응시켜 이산화탄소와 물, 열을 발생시킨다.

$$C + O_2 \leftrightarrow CO_2 \quad \Delta H = -394\ \text{MJ}; \quad H_2 + ½O_2 \leftrightarrow H_2O \quad \Delta H = -286\ \text{MJ} \tag{4.10}$$

위 반응들은 700~2000℃ 사이에서 일어난다. 이 가스들은 아래의 반응에 의해 환원된다.

$$CO_2 + C \leftrightarrow 2CO \quad \Delta H = +173\ \text{MJ}; \quad C + H_2O \leftrightarrow CO + H_2 \quad \Delta H = +131\ \text{MJ} \tag{4.11}$$

$$C + 2H_2 \leftrightarrow CH_4 \quad \Delta H = -75\ \text{MJ}; \quad CO_2 + H_2 \leftrightarrow CO + H_2O \quad \Delta H = -41\ \text{MJ} \tag{4.12}$$

열을 필요로 하는 흡열반응의 생성물은 르샤틀리에(Le Chatelier) 원리에 따라 높은 온도에서 활발하게 일어나며, 발열반응은 낮은 온도에서 활발하게 일어난다. 그 결과, 높은 온도에서 합성 가스가 더 활발하게 발생한다.

이것은 환원 반응에서 온도가 너무 떨어지지 말아야 하는 것을 의미한다. 온도가 떨어지면 일산화탄소와 수소의 수율이 낮아질 것이다. 조건을 바꾸면 수소 생산량을 증가시킬 수 있으며, 이것은 연료 전지의 효율을 높일 때 이용될 수 있다(11.4.3절 참조).

발생로 가스는 STP 조건에서 1000~1200 kCal m^{-3}의 낮은 발열량을 가지며, 이는 4.2~5.0 MJ m^{-3}에 해당하는 값이다. 하지만 발생로 가스는 연소 시 훨씬 청정하고 배기가스의 배출이 적다. 전체 전환 효율은 60~70% 정도이다. 10%의 수분을 함유한 건조 공기의 경우, 바이오매스의 단위 질량당 수확량은 약 12 MJ kg^{-1}과 동등한 양인 2.5 m^3 정도의 발생로 가스가 발생하며, 이는 대략적으로 바이오매스 16 MJ kg^{-1}과 같다. 물이 증발하기 위해 2.3 MJ kg^{-1}이 필요하므로, 수분의 함량이 낮을 경우 바이오매스는 높은 출력을 보일 수 있다. 발생로 가스는 열을 제공하기 위해 쓰이거나 내연기관과 전기 공급을 위한 가스 터빈에서 사용될 수 있다. 합성 가스는 일산화탄소와 수소가 같은 양이 들어 있을 경우 13 MJ m^{-3}의 높은 발열량을 가지며, 엔진의 연소에도 사용될 수 있다.

오일의 형태인 액체 연료는 공기가 없을 때 바이오매스에 열을 가하는 **열분해** 공정을 통해 얻을 수 있다. 하지만 이는 가솔린이나 디젤을 대체하기에는 발열량이 낮아서 경제성이 떨어진다. 발생로 가스는 또한 메탄올, 바이오메탄 및 바이오디젤과 같은 합성 가스를 생산하기 위해 정제될 수 있다.

4.3.3 도시 고체 폐기물

산업 도시에서는 1인당 하루 1 kg, 각 가정당 연간 1톤, 전 세계적으로는 하루 13억 톤의 쓰레기를 배출한다. 도시 고체 폐기물의 일반적인 에너지 함량은 10 MJ kg^{-1}이므로, 이를 에너지 자원으로 쓸 수 있다면 13 EJ의 에너지를 얻을 수 있다. 이 폐기물은 단지 11%만이 2000개의 폐기물 에너지 공장에서 처리되며, 70%는 매립되고, 19%는 재활용된다. 2014년 전 세계의 전기 및 열 생산량은 1.32 EJ이다. 전기와 공간 난방에서 방출된 열을 이용하여 열병합 발전소에서 도시 고체 폐기물을 연소시키는 것은 폐기물을 처리하는 유용한 방법일 뿐 아니라 매립지의 확보에도 도움을 준다.

폐기물은 연료로 사용되기 전에 특정한 처리 과정이 필요하다. 비록 연료는 주로 유기물로 구성되어 있지만 일반적으로 20~40%의 물질들은 화석연료에서 파생되기 때문에 이들의 연소는 탄소중립적이지 않다. **생애주기분석**(life cycle analysis, LCA)이라 불리는 분석법은 생산된 에너지 kWh당 발생하는 이산화탄소의 양을 구할 수 있다. 농업 폐기물을 태워 생긴 이산화탄소의 양은 30 g kWh^{-1} 정도로, 도시 고체 폐기물에서 발생된 이산화탄소의 양은 360 g kWh^{-1}보다 적은 반면에, 석탄의 연소와 천연가스 CCGT 발전소에서 발생된 이산화탄소의 양은 각각 970 g kWh^{-1}와 450 g kWh^{-1}로 많다.

바이오매스는 열과 동력을 제공할 뿐만 아니라, 가솔린이나 디젤 같은 오일 연료에 대한 의존성을 감소시킬 수 있는 연료로 이용될 수 있다. 바이오매스가 수송 연료를 생산하는 데 어떻게 이용되고 있고, 바이오매스가 연료로 사용될 수 있을지에 대한 가능성에 대해 조사해 보자.

4.4 액체 바이오연료

바이오매스는 직접적인 탄소 기반 연료이며 화학 물질 형태의 재생에너지원이다. 한 국가에서 생산된 바이오연료는 에너지 안보와 경제 발전에 도움을 주며, 석유 수입을 줄여 석유 공급과 관련한 국제 정치적 혼란으로부터 도와줄 수 있다. 또한 이산화탄소를 덜 배출하므로 친환경적이기도 하다. 이로 인해 많은 국가에서는 바이오연료의 재배를 장려하였다. 유럽에서는 바이오디젤이 장려되었으며, 이로 인해 금세기 첫 10년 동안 식물성 기름의 생산량이 증가하였다. 2018년에는 전 세계적으로 약 3.8 EJ의 바이오연료가 생산되었는데, 이는 112 Gl의 바이오에탄올, 35 Gl의 바이오디젤, 6 Gl의 재생 디젤로 구성된다. 이는 26 Gl의 에탄올과 1.5 Gl의 바이오디젤로 구성되었던 2004년의 바이오연료에 비해 증가한 것이다(그림 4.9 참조).

그러나 최근 몇 년 동안 식량 생산과 환경에 대한 영향, 화석연료에 대한 비용 등의 문제로 인해 바이오연료 생산의 성장은 둔화되었다. 에너지 작물의 재배와 관련한 에너지 및 농업 정책을 통해 농촌 개발 및 에너지 자원을 지원할 수도 있다. 하지만 2016년 연구에 따르면 바이오연료는 세계 경작지의 2~3%만을 차지하고 있는 것으로 나타나, 그 효과가 크지 않다는 것을 확인하였다. 이 면적은 2억 8천만 명에게 식량을 공급할 수 있는 크기이다. 바이오연료는 수송을 위해 필요한 에너지의 3%만을 제공할 수 있으므로, 경작지에서 나오는 바이오매스를 통해서 식량과 연료에 대한 전 세계의 수요를 충족시킬 수 없다. 또한 에너지 작물을 경작하기 위한 토지의 개간은 상당한 양의 이산화탄소를 방출시켜 지구온난화를 가속화시킨다는 것도 확인하였다.

더욱이 바이오연료의 경쟁력은 유가 하락으로 인해 지속적으로 하락해 왔다(그림 3.5 참조).

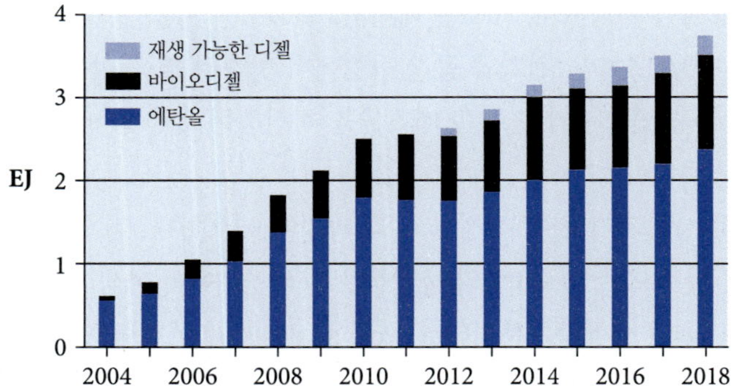

그림 4.9 2004~2018년 동안의 글로벌 바이오연료 생산(REN 2019)

미국에서는 셰일 오일 생산량의 증가로 에너지원의 공급이 충분하여 석유 수입에 대한 의존도가 낮아졌으며, 이로 인해 미국 바이오연료 산업에 부정적인 영향을 미쳤다. 그러나 브라질에서 바이오연료는 국내 에너지 사용의 약 8%를 담당하고 있다. 2018년 바이오연료를 통해 전 세계 운송에서 사용되는 에너지의 약 3%인 110 EJ를 제공했다. 바이오연료를 경쟁력 있게 하는 요인과 기여할 수 있는 부분을 이해하는 것이 중요하다.

바이오연료를 통해 화석연료를 대체할 때, 연료의 효용성을 측정할 수 있는 유용한 척도는 **화석 에너지 대체 비율**(fossil energy replacement ratio, FER)이다.

$$\text{화석 에너지 대체 비율} = \text{소비자에게 제공된 에너지}/\text{사용된 화석 에너지} \quad (4.13)$$

여기서 제공된 에너지는 생산에 사용된 에너지를 의미한다. FER은 에너지 균형이라고도 한다. FER이 1에 가까우면 바이오연료의 사용이 화석연료의 사용과 비슷한 것이다.

두 가지 중요한 액체 바이오연료는 **바이오에탄올**과 **바이오디젤**이다. 바이오에탄올은 설탕이 함유된 작물로부터 얻을 수 있고, 바이오디젤은 오일을 함유한 작물로부터 얻을 수 있다. 먼저 설탕이 함유된 작물을 통해 에탄올을 생산할 수 있는 방법에 대해 알아보자.

4.4.1 바이오에탄올

사탕수수, 사탕무, 또는 전분의 글루코오스 분자는 α-글루코오스 폴리머를 가지고 있으며, 이 식물들을 통해 쉽게 포도당을 추출할 수 있다. 이러한 바이오에탄올의 공급 연료가 되는 식물들은 양질의 토양과 풍부한 물을 필요로 하기 때문에, 식량 작물과 서로 경쟁 관계에 놓여 있다. 이들 에너지 작물은 현재 상업적으로 개발된 유일한 바이오에탄올의 공급 원료로, **1세대 바이오연료**라고도 한다. 이러한 바이오에탄올의 최대 생산국은 옥수수를 주로 생산하는 미국과 사탕수수를 주로 생산하는 브라질이다.

당분을 통해 생성되는 바이오에탄올

당분을 함유한 식물을 이용해 만든 당은 효모나 박테리아에 의해 직접 발효되는데, 이 과정에서 탄수화물을 에탄올로 환원시키고, 이산화탄소를 생성한다.

$$C_6H_{12}O_6 \rightarrow 2C_2H_5OH + 2\,CO_2 \quad \Delta H = -\,0.4\ \mathrm{MJ\ kg^{-1}} \tag{4.14}$$

반응 도중 방출되는 열이 작으므로, 당이 가진 거의 모든 에너지는 알코올로 저장된다. 에탄올은 연소열이 30.5 MJ kg^{-1} 정도로, 15.6 MJ kg^{-1}의 포도당보다 연소열이 높다. 이것은 45 MJ kg^{-1}의 연소열을 갖는 가솔린의 대체물로 에탄올이 사용될 가능성이 크다는 것을 의미한다. 포도당(분자량, MW = 180) 질량의 거의 반 정도가 이산화탄소(MW = 44)로 변환되며, 에탄올로의 질량 기준 변환 효율은 51% 정도이다.

사탕수수로부터 얻어지는 바이오에탄올의 FER은 8 정도로 양호한 편이다. 또한 당분을 추출하고 남은 폐기물을 이용하면 추가적인 열을 제공하여 FER을 향상시킬 수 있다.

브라질은 전 세계에서 사탕수수를 이용하여 바이오에탄올을 가장 많이 생산하는 나라로, 자동차 연료로 바이오에탄올을 주로 이용하여 석유 의존도를 줄이고 있다. 바이오에탄올을 자동차 연료로 사용하면 이산화탄소의 배출량을 줄일 수 있어서 지속 가능한 재생에너지원으로 사용할 수 있다. 자동차에서 바이오에탄올을 이용하는 경우, 직접적인 이산화탄소의 배출량은 가솔린을 사용했을 때에 비해 최대 90% 줄일 수 있지만, 작물 재배 동안의 배출량을 고려하여 계산하면 60~70%의 이산화탄소 배출 저감 효과를 얻을 수 있다.

사례 연구 4.2 브라질 사탕수수로 얻어지는 바이오에탄올

브라질은 1920년대 후반부터 사탕수수를 이용하여 에탄올을 생산하기 시작했다. 수확된 사탕수수의 절반은 바이오에탄올을 만드는 데 사용되고, 나머지는 설탕에 사용된다. 바이오에탄올은 대부분 아마존 열대 우림에서 멀리 떨어진 남동부 아열대 지역에서 생산된다. 1970년대 유가 충격 이후 생산량이 확대되어 2019년까지 브라질 내 총 경작지의 1%인 약 850만 ha가 이용되었으며, 에탄올의 소비량은 328억 리터이다. 브라질은 모든 자동차는 가솔린과 바이오에탄올을 혼유해서 사용해야 한다는 정책을 채택했으며, 이로 인해 2019년에는 자동차에서 사용하는 에탄올의 비율이 50%에 달했다. 사용되는 비율은 시장 상황에 따라 달라질 수 있지만, 기본적으로 바이오에탄올 혼유는 기존 가솔린 연료에 비해 가격 경쟁력이 있다.

사탕수수는 높이 3~4 m, 지름 약 5 cm의 줄기를 가진 다년생 풀이다(그림 4.10 참조). 사탕수수는 C4 식물의 한 종류로 광합성 효율이 최대 2% 정도로 높으며, 강수량이 60 cm y^{-1} 이상으로 많은 열대 또는 온대 지역에서 주로 자란다. 사탕수수의 품종에 대한 유전적 개선을 통해 질병에 대한 저항성을 높이고 생산성을 향상시킬 수 있다. 사탕수수의 수확량은 약 65 t ha^{-1}이며, 6년마다 사탕수수를 자르고 다시 심는다. 사탕수수의 약 15%는 설탕이고, 15%는 섬유질, 나머지는 물로 이루어져 있다. 헥타르당 최대 10톤의 설탕을

그림 4.10 사탕수수 농장

생산할 수 있다. 사탕수수에서 당분을 추출하고 남은 섬유질은 알코올의 생산에 이용된다. FER은 8~10 정도로 양호한 편이다. 만약 사탕수수 1톤을 이용하여 에너지를 얻으면, 농업 단계에서 190 MJ, 산업적 가공에서 40 MJ, 에탄올에서 2000 MJ, 남은 섬유질로 300 MJ을 얻을 수 있으며, 이때의 FER은 10 정도에 해당한다.

사탕수수 농장의 대부분은 황폐화된 목초지에서 이루어지지만, 더 넓은 재배지의 확보를 위해 삼림을 벌채하거나, 관련한 이산화탄소 방출을 늘리지 않도록 조심해야 한다. 또 주의해야 할 것은 수확 전 유해한 동물을 죽이고, 날카로운 잎사귀를 제거하여 손으로 쉽게 수확할 수 있도록 하기 위해 작물을 태우면서 나오는 오염이다. 기계를 이용하여 수확하는 경우에는 작물을 태울 필요는 없지만 고용에 악영향을 미친다. 사탕수수 사업에 약 100만 명이 고용되어 있으며 그중 상당수가 사탕수수 절단을 위해 고용된 이주 노동자이기 때문이다.

거대한 목초지, 유리한 기온과 강우량, 기반 시설로 인해 브라질에서 사탕수수를 이용하여 바이오에탄올을 생산하는 것은 유리하다. 또한 바이오에탄올의 사용은 이산화탄소 배출량을 줄이고 식량 생산에 피해도 주지 않기 때문에, 브라질에서는 주로 운송용 연료로 사용되고 있다. 그러나 수확 기계의 도입에 따른 단기적인 경제적 어려움을 피하고, 토지 이용의 변화를 통해 이산화탄소의 배출이 커지지 않도록 주의가 필요하다.

녹말을 통해 얻어지는 바이오에탄올

옥수수에 함유된 녹말로부터 생산되는 바이오에탄올에서 포도당은 바이오폴리머의 형태로 존재한다. 포도당 분자는 α-글리코시드 결합으로 서로 결합되어 있다(박스 4.6 참조). 이러한 결합은 인간이나 동물의 효소를 통해 쉽게 끊어질 수 있다. 효소는 녹말을 포도당으로 가수분해하여 분해를 촉진시킨다. 또한 포도당은 발효되어 바이오에탄올을 생성한다. 하지만 옥수수를 생산하는 데는 많은 양의 에너지가 필요하다.

미국에서 생산되는 옥수수는 주로 동물 사료로 이용되거나 바이오에탄올의 생산에 이용된다. 하지만 옥수수를 이용하여 바이오에탄올을 생산하거나, 농장에서 작물을 재배, 수확하고 또 필요한 비료를 만드는 데에 많은 에너지가 필요하다. 옥수수-에탄올의 생산에 있어 FER은 1.2~1.4 정도로 작으며, 따라서 이산화탄소 배출 저감에 크게 기여하지 못한다. 하지만 바이오에탄올의 사용을 통해 가솔린의 사용량을 줄여 석유에 대한 의존도를 낮출 수 있다.

한편 미국 정부가 농가에 보조금을 지급하기 시작하자, 농부들은 바이오에탄올의 생산량을 늘렸고, 이로 인해 식품용 옥수수의 생산량이 줄어들어 식량 가격에 영향을 주게 되었다. 따라서 옥수수를 이용한 바이오에탄올의 생산이 석유를 대체할 수는 있겠지만, 식량 생산과 경쟁하지 않고 생산 및 가공 비용이 저렴하며 FER이 높은 다른 대안이 필요하다.

더욱이 2018년 미국에서 생산된 바이오에탄올의 양은 6×10^{10} L y^{-1}로, 가솔린 소비량의 7% 정도밖에 되지 않는다. 1.3 EJ y^{-1}의 바이오에탄올에 해당하는 추가적인 7%를 생산하기 위해서는 옥수수를 생산할 수 있는 1.8×10^7 ha의 토지가 필요하다. 이는 미국 농경지의 11%에 해당되는 면적으로, 식량 생산과 연료 생산 간의 갈등이 있을 수 있다. 따라서 식량 작물이 자라는 데 적합하지 않은 변두리 지역에서 에너지 작물을 재배하는 것이 가장 좋을 것이다. 이러한 식물로는 카사바 식물과 단수수 같은 황폐화된 토양에서도 잘 자라는 녹말이 풍부한 식물이 있다. 스위치 그래스(switch grass)나 억새류와 같은 셀룰로오스가 풍부한 식물들도 적절할 것이다. 그러나 셀룰로오스에서 당분을 추출하는 것은 녹말에서 추출하는 것보다 복잡하다. 셀룰로오스를 이용하여 당분을 추출하는 데 사용되는 식물을 **2세대 바이오연료**라고 한다.

셀룰로오스에서 추출한 바이오에탄올

나무, 풀과 같은 셀룰로오스의 공급 원료들은 주로 셀룰로오스, 헤미셀룰로오스, 그리고 리그닌 등을 포함하고 있으며, 이를 리그노셀룰로오스 기반의 공급 원료라고 한다. 리그닌은 화석화되거나, 석탄이 된 식물체로부터 생기며, 단단하게 밀봉하는 능력이 우수한 페놀류의 바이오폴리머로 바이오매스의 1/10에서 1/4 정도를 차지한다. 이 식물들은 식량 작물에 적합하지 않은 변두리 지역에서도 잘 자랄 수 있다. 예를 들어 스위치 그래스는 다년생 식물로 토양 침식을 방지하거나, 퇴화된 토양을 회복시킨다. 이 식물은 소량의 비료나 살충제만으로도 잘 자라며 물을 효율적으로 사용하기 때문에 생산 비용이 적게 든다.

바이오매스에서 40~60%를 차지하는 셀룰로오스는 녹말과 마찬가지로 포도당 내의 바이오폴리머이며, β-글리코시드 결합을 가진 글루코오스 분자들의 긴 사슬 다발로 구성된다(박스 4.6 참조). 이 섬유질은 글루코오스 사슬들이 수소 결합 되어 있기 때문에 강하고 잘 분열되지 않는다. 바이오매스의 또 다른 구성요소로는 20~40%를 차지하는 헤미셀룰로오스가 있는데, 이는 셀룰로오스와 연결되며, 주로 5탄당 자일로스로 형성되어 있다. 헤미셀룰로오스와 리그닌은 셀룰로오스 무리에 둘러싸여 있으며, 세균의 공격으로부터 자신을 보호한다.

셀룰로오스를 둘러싸고 있는 헤미셀룰로오스와 리그닌으로 인해, 셀룰로오스가 가수분해하여 포도당이 되는 과정은 녹말을 함유한 식물에서처럼 간단하지 않다. 열 및 압력을 가한 상태에서 묽은 산으로 전처리를 하면 헤미셀룰로오스와 리그닌이 분리되고 가수 분해를 위해서 포도당을 내놓는다. 가수 분해는 산 촉매를 이용하여 발생할 수 있으나 그 과정은 상당한 양의 에너지와 압력을 요구하므로 비용이 많이 든다.

현재는 상대적으로 저렴한 효소 가수분해 방식이 사용되고 있다. 이 과정은 2차 세계대전 때 솜옷이나 천막을 공격하는 효모균을 발견했을 때 처음으로 주목받기 시작했다. 이 과정은 낮은 온도와 대기압에서도 가능하며, 효모균은 셀룰로오스 효소를 생성한다.

그러나 효소 가수분해의 경제성을 높이는 것은 예상보다 훨씬 어려운 작업이다. 2007년 미국에서는 2022년까지 160억 갤런의 셀룰로오스를 이용한 바이오에탄올의 생성을 목표로 에너지 자립 및 보안법을 제정했다. 그러나 2017년 바이오에탄올의 생산량은 1천만 갤런에 불과했으며, 옥수수가 바이오에탄올의 주요 공급원이었다. 셀룰로오스는 석유로부터 생산되는 재료를 대체하는 데 가장 적절하지만, 셀룰로오스를 이용한 에탄올의 생산이 경제성을 가지기 위해서는 많은 연구가 필요한 것으로 보인다.

4.4.2 식물성 기름에서 추출한 바이오디젤

바이오디젤은 식물성 기름으로 만들 수 있으며, 금세기 첫 10년 동안 생산량이 급격하게 증가했다. 가솔린 및 디젤의 배출 가스에 대한 우려와 가용성에 대한 염려가 이를 부추겼다. 전 세계 바이오디젤의 생산량은 2003년 15억 리터에서 2010년 190억 리터로 증가했다. 그러나 환경에 대한 우려 및 식량 작물 부족에 대한 걱정으로 2014년 300억, 2018년 410억으로 그 성장이 둔화되었다. 중국은 변두리 땅에서 자라는 자트로파 식물의 재배를 장려했다. 독일 등 유럽의 일부 국가에서는 바이오디젤을 100% 사용하고 있으며, 나머지 유럽 및 미국에서는 혼합유를 5~25% 정도 사용한다. 바이오디젤은 유채, 해바라기 같은 지방 종자나, 폐기된 요리 기름과 같은 곳에서 얻은 식물성 기름의 화학적 에스터 교환 반응에 의해 만들어진다.

루돌프 디젤(Rudolf Diesel)은 1900년 파리에서 디젤 엔진에 땅콩 오일을 사용하여 엔진의 작동을 시연했다. 그러나 화석연료로부터 유래된 디젤 연료의 이용 가능성과 가격 경쟁력으로 인해 더 이상 식물성 오일은 디젤 연료로서 이용하기 어려워졌다. 디젤 엔진은 순수한 식물성 오일로 작동할 수 있지만, 점도가 너무 높아 작동이 어렵다. 더구나, 에스터 교환반응을 통해 더 쉽게 작동 가능한 더 낮은 점도의 연료를 생성할 수도 있다. 이 과정에서 나온 생성물은 지방산 메틸 에스터(fatty acid methyl ester, FAME)이며, 바이오디젤을 FAME이라고도 한다. 이 과정은 나트륨 또는 칼륨 수산화물을 촉매로 사용하여 메탄올이나 에탄올을 오일로 만드는 반응들을 포함한다. 이에 관련된 화학반응들을 박스 4.5에 설명했다. 화학 공정의 효율은 97% 이상으로 매우 높으며, 질량 기준으로 10% 정도의 알코올이 필요하다. 이때 FER 값은 약 3.2로 상당히 높은 편이다.

바이오매스에서 추출한 재생 가능한 디젤

FAME은 디젤 엔진을 어느 정도 수정하면 사용할 수 있다. 이와 같이 화석연료를 대체하는 탄화수소를 생산하는 대체 공정에 대한 기술이 개발되어 2018년에는 41 Gl의 바이오디젤 중 6 Gl의 탄화수소 연료를 생산할 수 있었다. 이를 'drop-in fuel'이라고 한다. 이러한 공정 중 하나는, 화석연료에서 파생된 디젤을 추출하는 것과 유사한 식물성 기름을 이용한 탄화수소를 생성하는 과정, 즉 수소화 공정이다. 식물성 기름의 트리글리세리드 분자(박스 4.5 참조)는 촉매와 있을 때 높은 온도와 압력에서 기름을 수소와 반응시켜 탄화수소로 전환한다. 이렇게 얻어진 생성물을 재생 가능한 디젤이라고 한다.

바이오매스로부터 액체 바이오연료를 생산하는 과정을 그림 4.11에 요약하여 나타냈다. 특히 중요한 것은 헥타르당 바이오연료의 산출량이다. 이는 농업 생산량에 영향을 주지 않으면서 생산할 수 있는 바이오연료의 양을 간접적으로 나타내기 때문이다.

박스 4.5 식물성 오일의 에스터 교환 반응

트리글리세리드는 디젤 엔진에 사용될 수 있으나, 점도를 낮추면 더 낮은 온도에서도 엔진을 작동시킬 수 있다. 이는 트리글리세리드와 메탄올 용액, 나트륨 수산화물과 함께 혼합하여 만들 수 있다. 여기서 나트륨 수산화물은 촉매로 작용한다.

$$\begin{array}{ccccccc} CH_2OOR_1 & & & \text{촉매} & & & CH_2OH \\ | & & & \downarrow & & & | \\ CHOOR_2 & + & 3CH_3OH & \Leftrightarrow & 3CH_3OOR_x & + & CHOH \\ | & & & & & & | \\ CH_2OOR_3 & & & & & & CH_2OH \\ \text{식물성 기름} & & \text{메탄올} & & \text{바이오디젤} & & \text{글리세린} \end{array} \quad (4.15)$$

메탄올과 나트륨 수산화물은 나트륨 메톡사이드와 물을 생성한다. 그리고 나트륨 메톡사이드는 트리글리세리드를 메틸 에스터와 글리세린으로 전환시킨다. 이에 대한 첫 번째 반응은 다음과 같다.

$$NaOH + CH_3OH \rightarrow NaOCH_3 + HOH \quad (4.16)$$

$$HOH + NaOCH_3 + (-CH_2OOR_1) \rightarrow (-CH_2OH) + CH_3OOR_1 + NaOH. \quad (4.17)$$

이 과정은 모든 3-메틸 에스터가 형성될 때까지 계속된다. 이때 촉매로 사용된 나트륨 수산화물은 반응에 참여하지 않고, 트리글리세린 분자는 모두 메틸 에스터로 전환된다. 이로 인해 이 과정을 에스터 교환 반응이라고 한다.

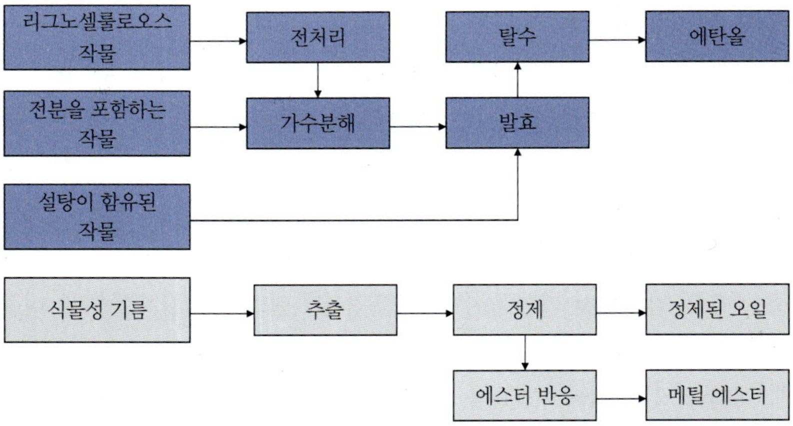

그림 4.11 바이오매스로부터 바이오연료를 생산하는 주요 공정

미세조류에서 추출한 바이오디젤

미세조류는 다세포인 거대조류나 해조류와는 달리, 단세포 유기체로 질량의 20~50%를 트리글리세롤 형태의 오일로 저장한다(박스 4.6 참조). 이들은 식량 작물과 경쟁하지 않는 건조한 땅의 폐수 등에서 자랄 수 있다. 이들은 또한 토지 작물보다 훨씬 빨리 자라고, 헥타르당 최대 20배 더 많은 기름을 생산할 수 있다. 미세조류를 통한 바이오디젤의 연간 생산량은 헥타르당 5000~15,000리터이다. 그러나 일반적으로 높은 오일 생산량은 성장률을 저하시킨다.

미세조류는 개방된 연못이나 밀폐된 생물 반응기에서 생산될 수 있다. 개방된 연못은 오염되기 쉬워서 미세조류를 수확하는 데 더 많은 비용이 든다. 밀폐형 시스템은 제어가 쉽지만 비싸다. 더 강력한 유전자 변형 품종도 고려되고 있지만, 미세조류는 해양 먹이사슬을 조절하는 데 매우 중요한 역할을 하므로, 이들이 방출될 경우 환경에서 종의 균형이 무너질 수도 있다는 우려가 있다. 왜냐하면 조류는 오메가-3 지방의 주요 공급원이며 모든 물고기는 조류를 섭취함으로써 해당 영양소를 얻기 때문이다. 미세조류에서 기름을 추출하는 것보다 미세조류를 열분해하는 것이 보다 경제적이다. 하지만 석유를 이용하는 것에 비해 여전히 상업성이 낮다.

Fischer-Tropsch 공정을 이용하여 추출한 재생가능 연료

바이오매스 중 기체상태의 연료는 혐기성 소화로 인한 바이오가스이거나 가스화로 인한 발생로 가스 또는 합성 가스이다. 여기서 불순물을 제거하면 메탄, 일산화탄소, 수소 등을 얻을 수 있으며, FT(Fischer-Tropsch) 공정에 의해 액체 연료 또는 화학 물질로 전환될 수 있다. FT 공정을 위해서는 수소 대 일산화탄소의 비가 2 정도 되는 합성 가스가 필요하다. 이 합성 가스는 메탄을 이용한 증기 개질 반응을 통해 얻을 수 있다.

$$CH_4 + H_2O \leftrightarrow CO + 3H_2 \tag{4.18}$$

물 전이 반응은 다음과 같다.

$$CO + H_2O \leftrightarrow CO_2 + H_2 \tag{4.19}$$

이 반응은 주입 가스의 수소 대 일산화탄소의 비율을 변경하는 데 사용될 수 있다. FT 공정의 결과는 전이 금속인 철과 같은 촉매를 사용하여 메틸렌을 긴 사슬의 탄화수소로 중합하는 것이다. 이에 대한 반응식은 다음과 같다.

$$nCO + (2n+1)H_2 \rightarrow C_nH_{(2n+2)} + nH_2O \tag{4.20}$$

이를 통해 C5~C11의 가솔린이나 C12~C20의 디젤의 탄화수소를 생산할 수 있다. 철을 촉매로 사용하는 상업용 FT 반응기는 340℃에서 작동하며, 주로 올레핀과 가솔린을 생산한다. 약 230℃의 저온 FT 반응기는 철 또는 코발트를 촉매로 사용하며, 주로 디젤과 왁스를 생산하는 데 사용된다. 마지막으로 정제 과정을 통해 필요한 연료를 얻는다.

이중기능 촉매를 이용하면 공정상의 선택성을 향상시킬 수 있다. 이중기능 촉매는 촉매 내에 2개의 다른 반응을 하는 부분을 가지고 있다. FT 공정에서, 촉매의 금속 부위는 합성 가스를 메탄올로, 산성 부위는 메탄올을 탄화수소로 변환시킨다. 촉매의 금속 부위의 예는 Cr_2O_3-ZnO이며, 산성 부분은 ZSM-5 제올라이트이다. 이 두 물질이 반응하여 가솔린과 같은 액체 탄화수소를 생산한다. 이 반응은 다음과 같다.

$$\begin{aligned} &nCO + 2nH_2 \leftrightarrow nCH_3OH \\ &nCH_3OH \rightarrow (CH_2)_n + nH_2O \qquad 2nCO + nH_2 \rightarrow (CH_2)_n + nCO_2 \\ &nCO + nH_2O \leftrightarrow nCO_2 + nH_2 \end{aligned} \tag{4.21}$$

FT 공정을 통해 연료뿐 아니라 다양한 화학 물질을 생성할 수 있으며, 바이오매스를 이용하면 저탄소 생성물이 된다.

4.4.3 액체 바이오연료 생산량 및 에너지 예산(FER)

건조된 탄수화물은 약 10 t ha^{-1} y^{-1} 정도가 생산될 것으로 예상되며, 알코올로의 최대 전환 효율은 50% 정도이다. 만약 전환 효율을 40%로 가정한다면, 바이오에탄올의 연간 생산량은 약 4 t ha^{-1} y^{-1} 또는 5000 L ha^{-1}이다. 옥수수, 사탕수수, 유채, 카사바, 자트로파, 팜유, 스위치 그래스의 FER 및 바이오연료 생산량에 대한 일반적인 값이 표 4.2에 나타나 있다. 스위치 그래스의 경우 리그닌은 사탕수수의 잔여물과 같은 발효되지 않는 부산물이지만, 연료로 사용할 수 있으므로 FER 값을 개선하는 데 도움을 준다.

예제 4.3

야자나무 농장은 매년 단위 면적당 3톤을 생산한다. (a) 매년 미국에서 소비되는 바이오디젤과 가솔린의 양은 5×10^{11} L 정도이다. 이것을 대체하기 위해 요구되는 농경지는 얼마인가? (b) 얼마만큼의 탄소가 배출될 것인가? (가솔린의 밀도는 0.73 kg L^{-1}이다.)

표 4.2 다양한 바이오에탄올 및 바이오디젤 공급 원료에 대한 FER, 바이오연료 생산량, 황폐화된 토지 재배에 대한 적합성, 물 요구량, 토지를 바이오연료 생산을 위해 사용할 때 이산화탄소의 대체량

공급 원료	FER(지역)	바이오연료 생산량 ($L\ ha^{-1}\ y^{-1}$)	토지의 황폐화 여부	물 요구량	이산화탄소 대체량(y)
옥수수	1.34(미국)	3400	아니오	높음	~50
사탕수수	8(브라질)	6000	아니오	높음	~20
유채	2.3(EU)	1000	아니오	높음	~50
카사바	9(태국)	~3000	예	낮음	~0
자트로파	6(태국)	530	예	낮음	~0
팜유	9(말레이시아)	3750	아니오	높음	~100
스위치 그래스	5(미국)	2800	예	낮음	~0

출처: WorldBank 2009

(a) 가솔린은 43.5 MJ kg^{-1}의 LHV를 가지므로, L당 32 MJ을 가진다. 그러므로 가솔린 5×10^{11} L의 에너지 함량은 1.6×10^{13} MJ이 된다. 야자나무 A ha의 면적 내의 야자수에서 매년 3000A kg의 오일을 생산한다. 바이오디젤로의 전환 효율은 100%에 가까우며, 바이오디젤은 38 MJ kg^{-1}의 LHV를 갖는다. 또한 바이오디젤의 전환 효율은 가솔린 자동차의 4/3 정도이다. 그러므로 지역의 면적은 다음과 같이 계산된다.

$$3000 \times 38 \times A = 3/4 \times 1.6 \times 10^{13}, \text{ 따라서 } A = 105 \times 10^6 \text{ ha} = 1.05 \times 10^6 \text{ km}^2$$

(b) 가솔린이 옥테인(octane)처럼 연소된다고 가정하자. 식 (2.3)을 보면, 114 kg의 옥테인은 352 kg의 이산화탄소를 생성한다. 이것은 (12/44)352 = 96 kg의 탄소와 같다. 그러므로 옥테인 1 kg은 연소될 때 0.84 kg의 탄소를 생산한다. 가솔린은 0.83의 FER을 가지며, 1 kg의 가솔린은 거의 1 kg의 탄소를 생산한다. 가솔린 5×10^{11} L의 용량은 3.7×10^{11} kg의 질량을 가진다. 이는 0.37 Gt의 탄소를 생산한다.

바이오디젤의 FER을 3.2라고 하면, 생산에 사용되는 화석연료의 에너지는 $3/4 \times 1.6 \times 10^{13}/3.2 \approx 3.8 \times 10^{12}$ MJ이며, 이는 $3.8 \times 10^{12}/43.5$ kg = 0.09 Gt의 가솔린에 해당하고, 이는 0.09 Gt의 이산화탄소의 양에 해당한다. 그러므로

$$C_{\text{displaced}} \approx 0.37 - 0.09 \approx 0.28 \text{ Gt}$$

박스 4.6 식물의 에너지 저장

식물은 태양에너지를 이용하여 이산화탄소와 물로부터 탄수화물을 합성한다. 탄화수소는 식물 구조의 일부이며 에너지를 저장한다. 가장 간단한 탄화수소는 설탕 또는 단당류이며, 이들의 구성은 $(CH_2O)_n$이다. 포도당($C_6H_{12}O_6$)은 가장 흔한 식물 당이며 6개의 탄

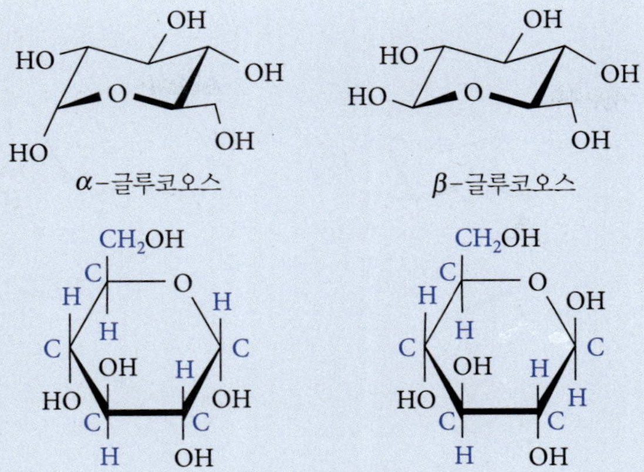

그림 4.12 α-글루코오스와 β-글루코오스

소 원자를 포함하므로 6탄당이라 불린다. 포도당 분자는 여러 형태로 존재할 수 있는데, 원자들이 다른 결합과 여러 형태로 존재할 수 있으므로, 구조적 이성질체라 불린다. 포도당에는 α-글루코오스와 β-글루코오스가 있다. 그림 4.12에 이 2개의 육각 모양 고리의 형태를 나타냈다. 그림 4.12의 위쪽 그림은 육각형 고리가 실제로는 편평하지 않음을 보여 준다. 또한 표현의 명확성을 위해 탄소 및 수소 기호를 생략하였다.

포도당은 축합 반응에 의해 하나의 이당류를 형성한다.

$$C_6H_{12}O_6 + C_6H_{12}O_6 \rightarrow C_{12}H_{22}O_{11} + H_2O \tag{4.22}$$

포도당은 가수 반응의 역반응인 축합 반응을 통해 이당류를 형성한다. 예를 들어 말토오스는 1개의 α-글루코오스와 1개의 β-글루코오스와 셀룰로오스를 연결하거나, 2개의 β-글루코오스 분자를 연결하여 형성된다. 또한 축합 반응에서 포도당은 녹말이나 셀룰로오스 같은 다당류로 변환된다. 이러한 바이오폴리머는 에너지를 저장하고 식물의 크기와 구조를 제공한다.

녹말과 셀룰로오스의 결합 차이는 구조에 중요한 영향을 미치는데, 녹말이 섬유 다발을 형성하는 셀룰로오스보다 훨씬 더 무정형이다. 아밀로오스는 녹말의 주성분의 하나로, α-글루코오스 분자가 **α-글리코시드 결합**에 의해 연결되는 고분자이며, 셀룰로오스는 **β-글리코시드 결합**에 의해 β-글루코오스 분자로 이루어진 고분자이다. 그림 4.13은 이 아밀로오스와 셀룰로오스의 결합을 나타낸 것이다. 수소 결합이 안정성을 증가시키며 길고 단단한 고리로 연결한다. 이 고리들은 서로 수소 결합이 되며, 미세섬유를 더욱 단단하게 만든다.

설탕은 탄소가 부분적으로 환원된 에너지 저장소로, 연소 시 16 MJ kg^{-1}의 열이 방출된다. 당을 더 환원하면 그림 4.14에 나타낸 구조와 같이 콤팩트한 형태의 지방산으로 에너지를 저장할 수 있다. 이때 카르복실기의 수소 원자는 쉽게 이온화되고, 이는 분자를 산

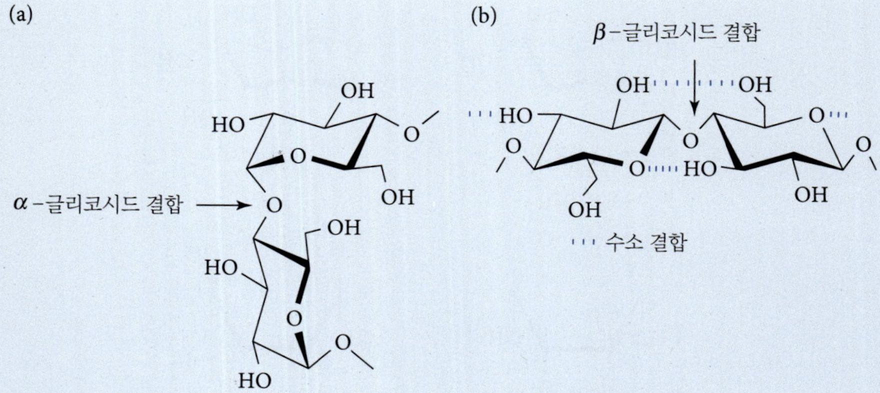

그림 4.13 (a) 아밀로오스; (b) 셀룰로오스

으로 만든다.

탄화수소 사슬의 가장 일반적인 길이는 12~24개에 해당하는 탄소 원자이다. 이러한 분자들은 매우 낮은 용해도를 가지며, 이 분자들과 파생물들을 가리켜 **지방**이라고 한다. 탄소는 일반적으로 완전히 환원되어 탄소 원자 사이에 이중 결합이 없을 때 높은 H:C 비율을 가진다. 이러한 지방산을 포화 지방산이라고 한다. 그러므로 지방산의 연소열은 탄화수소의 연소열인 38 MJ kg^{-1}보다 훨씬 높다.

일반적인 저장 분자는 지방산 에스터라고 하는 트리글리세리드이다. 이 저장 분자는 글리세롤 분자에 결합되어 있는 3개의 지방산에서 3개의 물 분자를 제거하며 얻어진다. 탄수화물이 트리글리세리드로 변하는 것은 올리브 등의 특정 식물이 익을 때 발생한다. 이 과정의 역과정은 종자가 1 g의 기름을 가수분해하여 2.7 g의 탄수화물을 생산하며 종자가 발아하기 시작할 때 발생한다. 그림 4.15는 불포화된 트리글리세리드-트리리놀레인을 나타낸다.

이러한 지방 내의 이중 결합으로 인해 사슬은 지정된 위치에서 꼬이게 되며, 그 결과 분자는 포화 트리글리세리드와 같이 밀접하게 결합될 수 없다. 이러한 이유로 분자 간의 결합은 감소하게 된다. 이렇게 발생한 불포화 지방산은 실온에서 액체로 존재하는 반면, 포화 지방산은 고체로 존재하게 된다. 예를 들어 올리브 오일은 주로 이성질체인 올레산

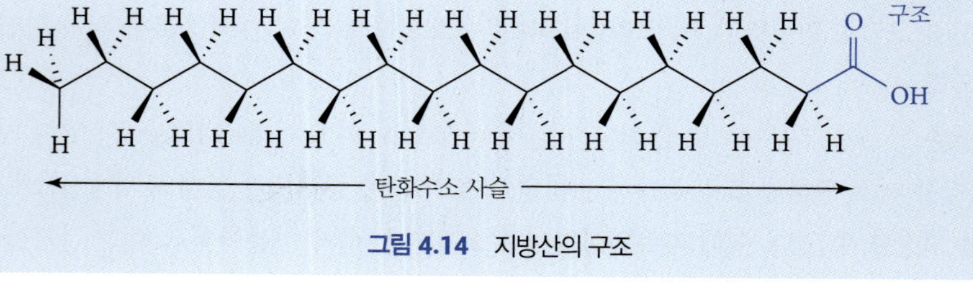

그림 4.14 지방산의 구조

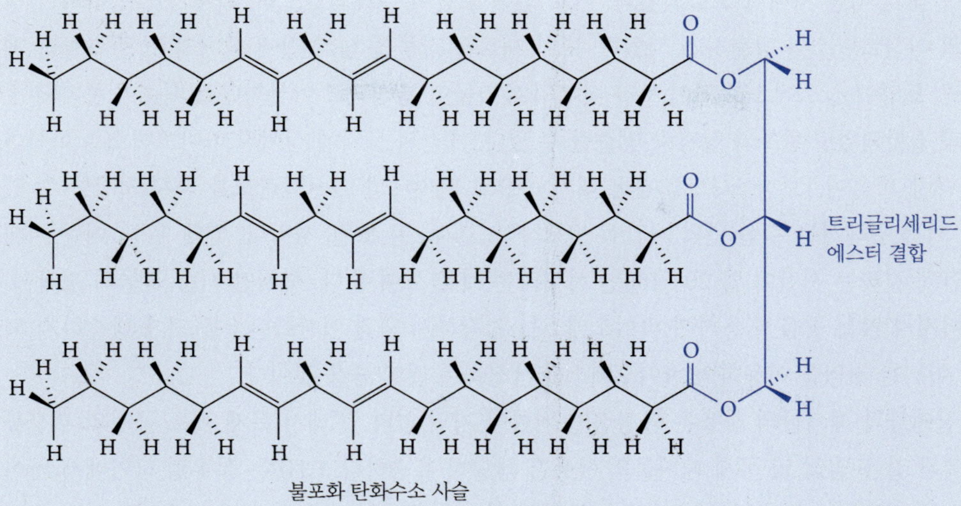

그림 4.15 불포화 트리글리세리드–트리리놀레인

(55~85%), 단일 불포화산(1개의 이중 결합) 및 리놀레산(~9%), 다중 불포화산(1개 이상의 이중 결합)으로 이루어진다.

4.5 바이오매스가 환경에 미치는 영향

바이오매스가 실제로 재생 가능하며 탄소중립적인 에너지원인지에 대해서 최근 몇 년 동안 논쟁이 있었다. 연소로 인해 대기 중으로 방출된 이산화탄소가 새롭게 심어진 작물을 통해 흡수된다면 이는 재생 가능한 에너지원으로 간주될 수 있지만, 이러한 작물을 심기 위해 필요한 면적이 크면, 이와 관련한 배출량 또한 많을 것이기 때문이다. 또한 바이오매스의 연소는 NOx 및 미립자에 의한 오염을 생성한다. 더욱이 이러한 평형이 확립되기 위해 필요한 시간은 일반적으로 수십 년이므로, 모든 바이오에너지를 이용하는 공정이 실제로 탄소중립적인지에 대한 여부를 확인하기 위해서는 전 과정에 대한 분석이 필요하다.

향후 수십 년 동안 지구온난화를 안전한 수준으로 낮추기 위해 2020년대까지 이산화탄소 배출량을 대폭 줄여야 할 필요성이 있다. 바이오매스의 사용을 위해 신중하게 자원을 확보하고 관리하지 않는다면, 바이오매스의 연소는 끔찍한 상황을 더욱 악화시킬 수도 있다. 실제로 아마존 유역에서 대두를 재배하기 위한 살림 벌채는 이미 주요 관심사가 되었다. 또, 영국의 기후변화 위원회는 2018년 지속 가능한 바이오매스의 공급이 한계에 도달하게 되므로, 새로운 대규모 바이오매스 발전소를 위해서는 탄소 포집 및 저장 장치가 추가적으로 필요하다고 결론지었다.

식물과 토양은 탄소의 거대한 저장소로, 대기 중 탄소량의 약 2.7배를 저장하고 있다. 최근 바이오디젤용 팜유의 수요 증가로 인해 인도네시아와 말레이시아 삼림의 벌채가 증가하고, 넓은 면적의 이탄 지대가 고갈되었다. 이로 인해 토탄이 분해되었으며, 화재가 발생하여 엄청난 양의 이산화탄소를 방출하게 되었다. 또한 새로운 작물을 심기 전에 심어져 있던 작물을 제거하면, 토양이 산소에 노출되어 토양 내부의 유기물이 분해되고 이산화탄소 배출이 증가되어 토양과 결합되었던 탄소가 상당량 방출될 수 있다. 개간된 토지에 심어진 바이오매스는 화석연료의 대체 비율이 1보다 크므로, 결국 대기 중으로 빠져나간 이산화탄소를 다시 저장할 수 있지만, 이를 위해서는 수십 년의 시간이 필요하다. 표 4.2는 초원, 사바나, 열대 우림, 이탄 지대의 전환에 걸리는 시간이 약 20~400년 사이라는 것을 보여 준다. 하지만 식량 작물의 경작이 이루어지지 않는 곳을 이용하여 바이오매스를 경작하게 되면 이산화탄소를 적게 방출하게 되므로, 이러한 지역을 이용하여 바이오매스를 생산하는 것이 좋을 것이다.

잔여물과 폐기물의 사용은 환경적인 위협이 거의 없다. 그래서 목재 펄프 공정의 부산물인 흑액과 같은 임업 및 목재 폐기물의 사용은 상당히 유망하다. CHP는 북유럽 국가에서 바이오매스를 이용하는 효과적인 방법이다. 목재의 연소도 석탄의 연소에 비해 이산화황을 훨씬 적게 생산하므로 산성비의 발생 빈도를 줄일 수 있다. 작물의 일부 잔여물은 토양의 비료로 사용되기도 한다. 에너지 작물을 넓은 지역에 심으면 생물 다양성을 감소시킬 수 있지만, 에너지 작물을 이용하여 산림을 조성하게 되면 경작지나 목초지보다 더 다양한 야생 동물과 식물군을 이룰 수 있다. 모든 작물과 마찬가지로 바이오 작물은 악천후에 취약할 수 있으므로, 다양한 바이오매스의 경작을 통한 보유량 보존에 신경을 써야 한다.

유전 공학을 이용하여 식물이나 동물의 DNA를 변형시켜 수확량, 질병에 대한 저항성, 가뭄에 대한 내성을 변화시킬 수 있다. 예를 들어 제초제에 저항성이 있는 종자를 개발하면, 바이오 작물에 손상 없이 잡초를 제거하기 위한 제초제를 사용할 수 있다. 하지만 유전자 변형 기술이 제초제 저항성을 가진 잡초를 유발할 수도 있다.

한편 바이오매스는 물 부족으로 인해 생산이 제한될 수도 있다. 현재 세계 인구의 약 1/4이 인도, 파키스탄, 보츠와나 등 물 부족 국가에 살고 있다. 이들 국가에서는 물 사용량이 물 보유량의 80% 정도로, 가뭄이나 갑작스러운 수요 등으로 인한 변동에 취약하다. 전 세계적으로도 물의 가용량이 계절별로 고르지 않아서 많은 국가에서 심각한 물 부족을 겪고 있다. 물 수요의 약 70%를 농업이 책임지고 있으며, 인구 증가, 생활 수준 및 도시화 등으로 인해 물 수요가 증가하고 있다. 이에 대처하려면 물 사용의 효용성을 개선해야 한다. 더욱이 기후변화로 인해 연간 강수량이 고르지 못하고 가뭄이 흔해지고 있어, 덥고 건조한 북아프리카와 중동의 국가들, 인도 등은 심각한 위험에 처해 있다. 처리 및 재사용을 위한 기반 시설과 습지 및 하천 주변 지역을 보존하기 위한 광범위한 투자가 필요하다.

4.6 바이오매스의 잠재력과 경제성

현재 바이오매스를 이용하고 있는 열병합 발전소의 주요 사용 원료는 임업, 농업 및 도시 폐기물 등이지만, 많은 양을 사용하지는 못하고 있다. 많은 국가에서는 바이오매스가 온실가스 배출 감소에 상당한 기여를 할 것으로 기대하고 있지만, 사용량이 적어 그 효과가 미비하다. 바이오매스가 화석연료와 비슷한 경쟁력을 갖추기 위해서는 2013년 바이오매스와 폐기물을 이용한 에너지 공급량이 거의 1/4을 차지한 스웨덴과 같이 많은 양의 공급이 용이해야 한다.

바이오에너지는 기저 부하를 공급하거나 피크 수요에 대응할 수 있다. 지난 10년 동안 바이오매스에 대한 LCOE는 인도에서 약 0.04달러/kWh, 중국에서 0.05달러/kWh, 그리고 유럽 및 북미에서 0.085달러/kWh이었다. 만약 CHP와 같이 바이오매스를 이용하여 열과 전기를 모두 생산한다면 더욱 경제적일 것이다. 이동이 가능하다는 것도 바이오매스의 경쟁력에 도움을 줄 수 있다. 바이오연료의 경우 공급 원료의 가격이 비용의 대부분을 차지한다. 2017년 기준 전 세계 에탄올 생산량의 84%, 바이오디젤 생산량의 26%를 차지하는 미국과 브라질의 경우, 유가가 배럴당 각각 55달러, 100달러 정도였을 때, 바이오연료는 가솔린과 디젤에 대해 경쟁력을 가졌다. 이때 두 나라는 1세대 바이오연료에 대해 세금 혜택을 지원하였다. 유럽의 경우 식품 기반 바이오연료에서 2세대 또는 그 이상의 고급 바이오연료로의 전환을 시도하고 있다.

Searle과 Malins(2015)는 최근 비판적 평가에서, 식량 생산과 자연림에 영향을 주지 않는 전 세계 바이오매스 잠재력에 대해, 2050년에 에너지 작물에 이용 가능한 토지의 면적은 산림, 습지, 툰드라, 사막, 농경지, 목초지를 제외하고 0.93 Gha이며, 만약 그 이상을 사용한다면 지속 가능하지 못하다고 하였다. 이 토지에서의 수확량은 7.5 t ha^{-1} y^{-1}이며, 단위 질량당 에너지는 19 MJ이다. 여기서 80% 이상의 토지에서는 탄소 가격 30달러 정도로 경제성이 있지만, 나머지에서는 환경 보호 등의 이유로 생산량이 약 25% 정도 감소한다. CHP 및 바이오연료를 위한 바이오매스를 사용할 때 평균적인 에너지 전환 효율은 75% 정도가 된다.

2050년 바이오매스의 최대 잠재력을 살펴보면, 바이오연료로 10~20 EJ y^{-1}, 전기에너지로 20~40 EJ y^{-1}, 난방으로 10~30 EJ y^{-1}로, 대략 10,000~25,000 TWh의 에너지를 공급할 수 있다. 위 계산에서는 에너지 작물 재배로 인한 토지 사용에 따른 배출량, 물 사용, 생물 다양성의 손실, 대기 중 이산화탄소 흡수를 위한 토지를 유지해야 할 필요성 등은 고려하지 않았다.

4.7 전망

바이오매스가 식량 공급, 생물 다양성 및 전 세계의 산림에 악영향을 미치지 않는 효과적인 저탄소 에너지원이 되기 위해서는 바이오매스의 종류와 재배 위치를 올바르게 선택하는 것이 중요하다. 각 바이오매스에 따른 규제와 인증이 도움이 될 수 있지만, 그 전에 모든 바이오매스에 대해 완전한 LCA를 수행하는 것이 필수적이다. 식량을 위한 바이오매스의 사용은 이미 자연 탄소 순환과 생태계에 상당한 교란을 일으키고 있다. 개발도상국 등에서 농지의 효율성을 개선하면 에너지와 식량 생산을 위한 전 세계의 바이오매스의 수요를 충족시키는 데에 도움이 될 것이다. 수직 농법은 도시화되는 세계에서 식량 안보를 제공하는 하나의 방법이 될 수 있지만 많은 에너지를 소비한다.

자유롭게 저장하고 필요할 때 사용할 수 있기 때문에 바이오에너지는 풍력 및 태양열로부터 발생되는 간헐적 에너지 발생을 보완하는 데도 유용하다. 그러나 바이오 작물의 재배에 적합한 토지가 많지는 않다. 바이오연료가 경제성과 지속가능성이 있다면, 항공 연료나 석유의 대체재로서 운송에 상당한 기여를 할 수 있을 것으로 기대된다. 바이오매스는 또한 화학 산업을 위한 지속 가능한 탄소 공급원이 될 수 있으며, 고용 기회도 증가할 수 있을 것이다. 2050년까지 약 15,000 TWh를 생성할 수 있을 것으로 기대되지만, 실제로 이를 가능하게 하기 위해서는 강력한 정책적 지원이 필요하다.

요약

- 전통적인 바이오매스는 전 세계 에너지 수요의 7.5%를 차지하며, 주로 개발도상국에서 요리와 난방을 위해 사용된다. 그러나 이로 인한 대기오염이 심각하며 이에 대한 대안이 필요하다.
- 바이오매스는 강력한 정책 지원을 통해 2050년까지 10~20 EJ y^{-1}의 바이오연료, 20~40 EJ y^{-1}의 전기에너지, 10~30 EJ y^{-1}의 난방에너지를 공급할 수 있으며 이는 연간 약 15,000 TWh에 해당한다.
- 전력 또는 바이오연료를 위한 바이오매스(~4.5 GWh y^{-1} km^{-2} 또는 0.5 MW_{th} km^{-2})를 생산하기 위해서는 넓은 면적의 토지가 필요하며, 환경, 식량 생산, 토지 이용 및 기후변화에 대한 부정적인 영향을 피하기 위한 주의가 필요하다.
- 바이오연료는 항공기, 선박, 트럭에 가장 잘 활용될 수 있다.
- 현재 바이오매스의 수요가 최대 공급량에 도달했기 때문에, 수요가 많아짐에 따른 물 부족에 대한 우려가 증가할 수 있다.

추천 문헌

Cushion, E., Whiteman, A., and Dieterle, G. (2009). *Bioenergy development*. The World Bank. siteresources.worldbank.org/INTARD/Resources/Bioenergy.pdf. Very good review of the environmental issues surrounding the use of biomass (WorldBank2009).

Mason, M. et al. *The potential of CAM crops as a globally significant bioenergy resource: moving from 'fuel or food' to 'fuel and more food'*. Energy Environ. Sci. 8 (2015) 2320.

Peake, S. (ed.) (2018). *Renewable energy*, 4th edn. Oxford University Press, Oxford. Useful overview of bioenergy.

Renewables 2019 Global Status Report; *www.ren21.net/gsr-2019/* (REN2019).

Searle, S. and Malins, C., *A Reassessment of global bioenergy potential in 2050*. GCB Bioenergy (2015) 7, 328–336, doi: 10.1111/gcbb.12141.

Wirsenius, S., The Biomass Metabolism of the Food System (2003); *onlinelibrary.wiley.com/doi/10.1162/108819803766729195*.

World Bank, Landscape report (2014). *Clean and improved cooking in Sub-Saharan Africa.*

Zhu, X et al. *What is the maximum efficiency with which photosynthesis can convert solar energy into biomass?* Current Opinion in Biotechnology 19 (2008) 153–159.

www.fao.org/home/en Food and Agriculture Organization of the UN (FAO).

www.iea.org/fuels-and-technologies/bioenergy Bioenergy.

www.unwater.org/publications/world-water-development-report-2019

문제

4.1 매년 태양 복사가 1500 kWh m^{-2}인 지역에서 1 GW의 에너지를 제공할 수 있는 버드나무를 기르는 데 필요한 토지 면적을 구하라. 이때 효율은 0.5%로 가정한다.

4.2 에너지가 식물에 어떻게 저장되는지 설명하라.

4.3 세계의 육류 소비가 절반으로 줄어들면 얼마나 많은 농경지가 절약될 수 있는지 계산하고 그 의미에 대해 논하라.

4.4 식량 생산을 늘리기 위한 방법으로 사용되고 있는 수직 농법에 대해 조사하라.

4.5 개발도상국에서 요리를 위해 바이오매스를 사용할 때의 어려움에 대해 논하라.

4.6 프로판을 사용하여 요리를 할 때와 태양광 PV 패널로부터 얻어진 전기를 배터리에 저장한 후 전기를 사용하여 요리를 할 때의 비용을 비교하라.

4.7 가정에서는 혐기성 소화로 매년 국내 쓰레기 양의 300 kg을 처리하는데, 이 중에서 90%는 탄수화물이고, 10%는 불활성 물질이다. 가정에서 사용하는 불은 메탄을 사용한다고 할 때, 매년 끓이는 물의 양을 예측하라. 탄수화물의 에너지 함량은 단위 질량당 16 MJ, 메탄으로 변환 효율은 92%, 연소 효율은 5%라고 가정한다. (물의 비열은 4.2 KJ kg^{-1} $°C^{-1}$이다.)

4.8 개발도상국에서 일부 탄화수소 연료가 요리용으로 권장되는 이유에 대해 논의하라.

4.9 영국의 드랙스 발전소에서 펠릿화 목재를 연료로 이용하여 연소시킬 때, 이산화탄소 배출량 감소를 분석하라.

4.10 C3, C4 및 CAM 식물을 비교하고, 어떤 유형의 식물이 바이오연료의 생산에 가장 적합한지 논하라.

4.11 인도는 2.97 × 10^6 km^2의 토지 면적을 가지고 있으며, 이 중에서 경작이 가능한 면적은 57% 정도이다. 만약 인도의 경작지의 5%가 자트로파 작물을 재배하는 데 사용된다고 하면, 매년 생산되는 바이오연료가 얼마나 될지 계산하라. 또, 운송 수단에 사용되는 전 세계 기름의 사용량과 이를 비교하라.

4.12 국제 해운에서 매년 사용되는 3억 톤의 석유를 바이오디젤로 대체하는 것은 실현 가능한가?

4.13 효소를 이용하여 셀룰로오스 공급 원료를 가수분해하여 바이오에탄올을 얻는 공정에서의 어려움을 조사하라.

4.14 만약 미국의 모든 차량이 가솔린과 바이오에탄올 20%를 혼합하여 사용한다면 이산화탄소 배출량의 감소는 매년 몇 톤이 되는가? 바이오에탄올은 셀룰로오스를 함유한 공급 원료를 촉매 가수분해법을 통해 얻는다. FER = 4이고, 에탄올의 에너지 함량은 21 MJ L^{-1}, 가솔린의 에너지 함량은 32 MJ L^{-1}로 가정한다.

4.15 3 GW_e 화력 발전소에서 발생되는 이산화탄소를 흡수하기 위해 필요한 숲의 크기를 예측하라. 이러한 방법이 지구온난화 가스의 배출을 줄이는 데 도움이 되는가?

4.16 스털링 엔진에서 재생기의 효율은 ε_R이다. 이때 필요한 열 입력 Q_1은 $(1 - \varepsilon_R)|Q_3|$이다. 온도 T_h와 T_c 사이에서 작동하는 스털링 엔진의 효율 ε_S는 다음과 같음을 보여라.

$$\varepsilon_S = \varepsilon_C / [1 + (1 - \varepsilon_R)\alpha\varepsilon_C / \ln(V_2/V_1)]$$

여기서 ε_C는 카르노 효율로, $(T_h - T_c)/T_h$이고, $\alpha = 1.5$이다. $T_h = 325°C$, $T_c = 75°C$, $\varepsilon_R = 0.5$, $V_2/V_1 = 5$일 때, 효율을 계산하라.

4.17 Fischer-Tropsch 공정을 이용한 CAM 식물의 혐기성 소화를 이용하여 항공 연료를 만드는 방법을 설명하고, 이것이 경제적으로 실행 가능한 방법인지 논하라.

4.18 다음 자원 (a) 짧은 주기의 잡목림 지대의 버드나무,. (b) 자트로파, (c) 옥수수, (d) 사탕수수로부터 얻어 낸 에너지의 탄소 중립 정도에 대해서 논하라.

4.19 (a) 만약 1 GW_e의 화력 발전소가 쓰레기 소각 처리장(MSW)으로 대체된다면, 연간 이산화탄소 배출량은 얼마나 감소할 것인가? (b) 얼마나 많은 쓰레기가 1년간 쓰레기 소각 처리되고 있는가? 폐기물 공장의 효율을 30%로 가정하라.

4.20 1 GW_e 화력 발전소가 바이오매스를 연료로 사용하도록 개조되고 있다. 에너지 작물을 위해 요구되는 토지 면적을 예측하라. (a) 1년간 배출되는 이산화탄소와 탄소의 감소량은 얼마나 될 것인가? (b) 매년 1 Gt의 탄소 배출량을 감소시키기 위해 필요한 토지 면적은 얼마나 될 것인가?

4.21 바이오디젤 1리터를 태울 때 배출되는 탄소의 양을 계산하라. 바이오디젤은 100% 세탄(헥사데칸) $C_{16}H_{34}$로 구성되었다고 가정하고, 밀도는 0.88 kg L^{-1}이다.

4.22 자트로파를 이용하여 바이오디젤을 만든다고 했을 때, 디젤 대신 바이오디젤을 사용하면 리터당 이산화탄소의 배출은 얼마나 줄어드는가?

4.23 아산화질소와 미립자의 생산과 도시 지역에서의 바이오연료의 사용량과의 관계를 설명하라.

4.24 남미의 일부 지역에서, 사탕수수에서 얻을 수 있는 설탕의 생산량은 연간 1600 t km^{-2}이다. 설탕은 아래 식을 통해 에탄올로 발효된다.

$$C_6H_{12}O_6 \rightarrow 2C_2H_5OH + 2CO_2$$

연간 2×10^{10} L의 가솔린을 대체할 수 있는 에탄올을 생산하기 위해 필요한 사탕수수의 면적을 계산하라. 에탄올을 사용하는 경우, 연간 이산화탄소 배출량의 감소 정도를 구하라. (가솔린은 순수한 옥탄이라고 가정한다.)

4.25 사탕수수에서 바이오에탄올을 추출하는 브라질의 방법이 전 세계적으로 보급되는 것이 적절한가?

4.26 900 GJ ha^{-1} y^{-1}을 생산할 수 있는 조류가 개발되었다. 4억 톤의 디젤을 대체하기 위해서는 얼마만큼의 면적이 필요한가?

4.27 세계 에너지 생산에 대해 바이오매스의 기여도를 높이는 가장 좋은 방법은 무엇인가?

4.28 식량 생산을 위해 사용되던 토지를 바이오매스를 생산하기 위한 용도로 사용했을 때, 발생하는 이산화탄소의 변화량, 물의 사용량 변화가 바이오매스를 지속 불가능하게 만드는지에 대해 논의하라.

아래 사이트를 방문하면 더 많은 정보와 자료를 볼 수 있습니다.
www.oup.com/he/andrews_jelley4e

5 태양열과 지열 에너지

Solar Thermal and Geothermal Energy

주제 목록

- □ 태양열 에너지
- □ 지중열원 및 공기열원 히트펌프
- □ 집광형 태양열 발전소(CSP)
- □ CSP 기술
- □ CSP 열저장
- □ CSP의 경제학
- □ CSP의 환경 영향
- □ CSP 전망
- □ 열전 발전
- □ 태양 굴뚝
- □ 해양 온도차 발전(OTEC)
- □ 지열 에너지
- □ 인공저류층 지열 시스템(ESG)
- □ 지열 에너지 생산과 경제성
- □ 지열 에너지의 환경 영향
- □ 지열 발전소의 잠재력과 전망

서론

1.2.2절에서 보았듯이, 세계는 상당한 양의 에너지를 열의 형태로 사용한다. 특히 화력 발전소, 산업 공정, 내연기관, 그리고 가정용 난방에서 그렇다. 현재 열에너지의 대부분은 화석연료에 의해 공급되고 있으며, 이 장에서는 화석연료의 사용을 대체할 수 있는 두 가지 저탄소 재생 열원인 태양열과 지열에 대해 설명한다.

태양에너지는 재생에너지의 가장 큰 원천이며, 1년 동안 전 세계에서 소비되는 에너지와 동일한 양을 지구는 태양으로부터 약 1시간 안에 받고 있다. 더 정확히 말하면, 지구 표면에 도달하는 태양에너지의 약 0.015%만으로도 2016년 전 세계 평균 일차에너지 소비량인 576 EJ을 제공했을 것이다. 햇빛은 태양전지를 통해 전기로 변환될 수 있으며, 이처럼 점점 더 중요해지는 태양광 발전은 8장에서 별도로 논의한다. 태양에너지는 직접 열원(태양열)으로 사용될 수도 있다. 집광하면, 화력 발전소에서 전기를 생산하거나(태양열 발전, concentrated solar thermal power, CSP) 산업 공정이나 화학물질 생산을 위한 열을 공급할 수 있다.

태양에너지보다 작은 자원이지만, 지구로부터 연간 추출할 수 있는 열에너지 또한 10 TWy 정도로 매우 중요하다. 그러나 지열 에너지는 종종 지구 깊은 곳의 뜨거운 암석으로부터 추출되어야 하기 때문에 이 과정을 경제적으로 만드는 것은 매우 어렵다. 히트펌프를 사용하여 지표면 가까이에 있는 열을 추출하는 것이 더 쉽고 저렴하다. 지표면 근처에서 추출된 거의 모든 열에너지는 태양에너지로 대체되지만, 이런 에너지원은 종종 지열이라고 불린다.

5.1 태양열 에너지

태양열 에너지는 태양에서 나오는 전자기 복사를 **태양열 집열기**를 통해 열로 직접 변환하는 것이다. 특히 추운 기후에서 태양을 바라보는 표면에 태양열 집열기를 장착하여, 가정용 및 상업용 건물의 공간 난방과 온수를 위한 추가적인 열원으로 사용된다.

태양열 집열기의 가장 일반적인 두 가지 디자인은 **평판형 집열기**(flat plate collector)와 **진공관형 집열기**(evacuated tube collector)이다. 평판형 집열기(그림 5.1*a*)에서는 입사한 태양 복사가 검게 코팅한 평판에 흡수된다. 열은 판을 따라 판에 부착된 파이프로 전도되며, 파이프 내부의 유체(물 또는 부동액)로 전달된다. 평판형 집열기는 춥고 바람이 많이 부는 환경에서 상당한 양의 열을 외부로 잃으며, 응축에 의해 효율이 더욱 저하된다.

진공관형 집열기(그림 5.1*b*)는 병렬 튜브들의 배열로 구성되어 있고, 집열기 후면에는 반사 표면이 있다. 입사하는 태양 복사는 외부 유리관을 관통하여, 외부 열 손실을 줄이기 위해 진공 속에 놓인 금속 **히트파이프**(heat pipe, 2.2.2절 참조)의 검은 외부 표면에서 흡수된다. 히트파이프에는 튜브의 뜨거운 내부 표면과 접촉을 통해 가열되어 증발하는 유체가 들어 있다. 이 증기는 부력에 의해 상승하고, 열은 열교환기로 전달된다. 그런 다음, 열교환기에서 냉각된 증기/액체는 히트파이프의 하단부로 되돌아오는 사이클을 완성한다.

대표적인 가정용 태양열 설비의 개략적 설계는 그림 5.2에 나타냈다. 작동 유체는 폐쇄 회로 안에서 순환한다. **열사이펀**(thermosiphon) 시스템에서 유체 순환은 펌프 없이 자연 대류에 의해서만 이루어질 수 있다. 집열기로부터의 열은 난방 및 급탕용 온수를 제공할 수 있는 단열 탱크에 저장된다. 일반적으로 흐린 날과 수요가 높은 기간에 대비하여 예비 난방 시스템이 필요하다는 점에 유의해야 한다. 그러나 가정용 태양열 설비의 투자 비용은 일반적으로 약

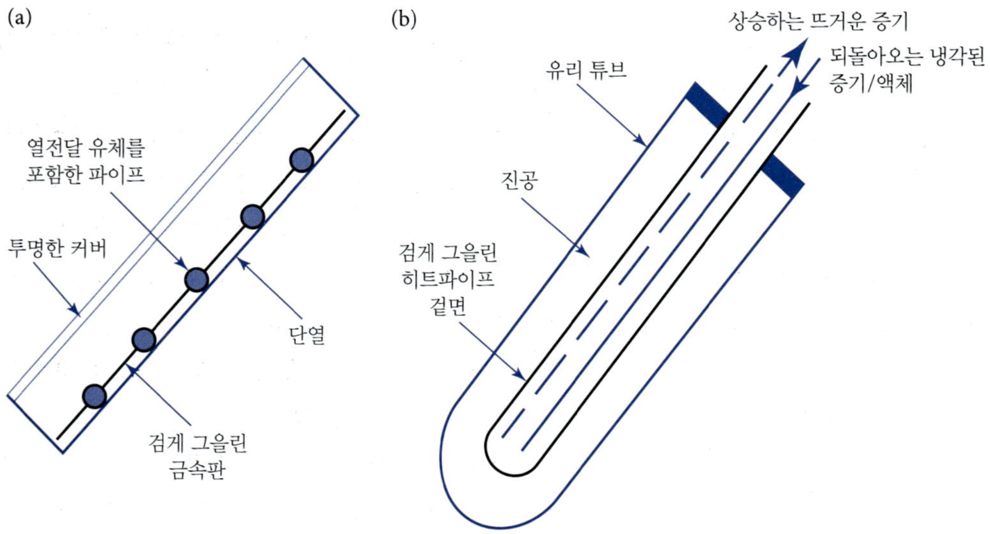

그림 5.1 (a) 평판형 집열기; (b) 진공관형 집열기

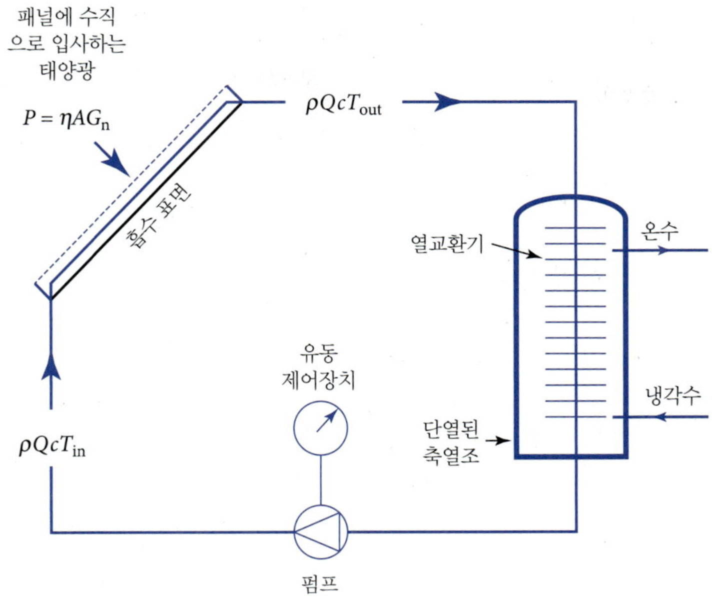

그림 5.2 가정 온수용 태양열 시스템

50~80%의 온수 난방비를 대폭 절감함으로써 상쇄된다.

태양열 집열기에서 나오는 유체의 온도는 에너지 보존에 의해 결정된다. 집열기에 의해 흡수된 열의 시간당 변화율과 유체에 의해 흡수되는 열의 시간당 변화율을 같다고 놓으면, 우리는 아래 식을 얻는다.

$$P_{solar} = \eta A G_n = \rho QcT_{out} - \rho QcT_{in} \tag{5.1}$$

여기서 η는 집열기의 효율, $A(m^2)$는 집열기의 면적, $G_n(W\ m^{-2})$은 집열기의 표면에 수직인 조사 강도, $\rho(kg\ m^{-3})$ 및 $c(Jkg^{-1}\ K^{-1})$는 유체의 밀도 및 비열, $Q(m^3\ s^{-1})$는 체적 유량이다.

식 (5.1)을 재정렬하면 다음과 같은 출력 온도를 얻을 수 있다.

$$T_{out} = T_{in} + (\eta A G_n)/\rho Qc \tag{5.2}$$

나노 입자, 예컨대 탄소계, CuO, 또는 Al_2O_3를 첨가하여 열전달 유체의 열 성능을 약 20% 향상시킬 수 있다. 빛의 흡수도 증가하면서, 흡수를 위한 고체 표면이 필요하지 않게 된다. 그러나 직접 흡수 및 종래의 태양열 집열기 모두에서 나노 유체의 장기적인 안정성은 우려되는 사항이며, 추가적인 연구가 필요하다.

예제 5.1

1000리터의 물을 T_{out} = 333 K까지 가열하는 데 걸리는 시간을 계산하라. T_{in} = 293 K, η = 0.6, A = 20 m^2, G_n = 500 W m^{-2}, ρ = 10^3 kg m^{-3}, c = 4 × 10^3 J kg^{-1} K^{-1}로 주어져 있다.

식 (5.2)로부터,

$$Q = \frac{\eta A G_n}{\rho c (T_{out} - T_{in})} = \frac{(0.6)(20\,m^2)(5\times10^2\,Wm^{-2})}{(10^3\,kg\,m^{-3})(4\times10^3\,J\,kg^{-1}K^{-1})(40K)} \approx 3.75\times10^{-5}\,m^3s^{-1} \tag{5.3}$$

그러므로 1000리터 온수를 생산하는 데 걸리는 시간은 다음과 같다.

$$t \approx \frac{1000\times10^{-3}\,m^3}{(3.75\times10^{-5}\,m^3s^{-1})} = 26670\,s = 7\text{시간 } 25\text{분}$$

5.1.1 전 세계 태양열 난방 용량

2019년 말까지 태양열 온수기(거의 대부분이 유리창이 있는 형태)의 전 세계 총 용량은 479 GWth로 추정되어 연간 약 389 TWh의 열을 공급하며, 이는 0.135 Gt의 이산화탄소 절감에 해당한다. 약 70%는 진공관형 집열기이고, 23%는 평판형 집열기이다. 특히 중국과 유럽의 소규모 난방 시스템 시장은 히트펌프의 압박을 받고 있다. 그럼에도 불구하고 전 세계 설비의 약 60%가 소규모 열사이펀 시스템이며, 지역 난방 및 산업용 메가와트급 시스템의 수가 증가하고 있다. 2018년 말 시장 점유율은 중국 70%(그림 5.3 참조), 유럽 12%, 미주 7%로 설치 용량의 89%를 차지했다.

태양열 시스템은 식품, 음료, 광업에서 사용되며, 최근에는 온실에 열을 공급하기 위해 사용되고 있다. 태양광열 시스템은 전기와 열을 모두 공급 가능한데, 2019년에 9% 성장했으며 설치 용량은 606 MWth, 208 MWpeak이고 58%는 유럽에 있다. 태양열은 전기가 아닌 열을 동력으로 하는 공기열원 히트펌프(air-source heat pump, ASHP, 5.2절 참조)를 통해 냉방에도 적용될 수 있다. 예를 들어, 물과 브롬화 리튬 태양열 냉방기에서, 물은 저압인 증발기로 들어가 약 5°C에서 끓는다. 열교환기에서 상변화를 통해 건물로부터 열을 흡수하고, 수증기는 브롬화 리튬 용액에 흡수된다. 희석된 브롬화 리튬은 펌핑되어 용기로 보내지고, 거기에서 태양 복사에 의해 가열되고 물은 증발한다. 수증기는 응축되어 주변의 공기로 열을 전달하고, 물과 농

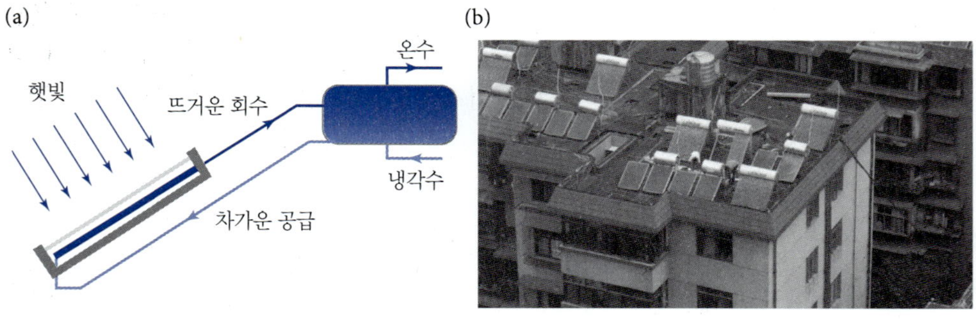

그림 5.3 (a) 열사이펀 시스템; (b) 중국에서 지붕에 설치된 태양열 온수기

축된 브롬화 리튬 용액은 증발기로 되돌아간다. 흡수식 냉각기의 성능 계수는 증기 압축식 시스템의 성능 계수보다 약 4배 낮지만(즉, ~0.8), 필요한 에너지는 태양열과 폐열같이 공짜로 사용할 수 있는 열이다.

전 세계적으로 최종에너지의 약 20%는 건물의 난방, 냉방, 온수용으로 약 20,000 TWh이며, 태양열이 약 2%를 제공하고 있다. 태양열 기술은 산업용 난방(공정열)과 냉방을 제공할 수 있어 시장이 확대되고 있다. IRENA(International Renewable Energy Agency)는 2050년까지 산업용과 가정용으로 유사한 비중으로 배분되어, 기여도가 약 3000 TWh y^{-1}(~10 EJ y^{-1})이 되어, 연간 약 0.8 $GtCO_2$를 절약할 수 있을 것으로 추정하고 있다.

5.2 지중열원 및 공기열원 히트펌프

건물에서의 대량 열 수요를 탈탄화시키는 것은 어려울 것이다. 2050년까지 태양열, 현대식 바이오매스, 지열은 각각 3000, 2000, 1000 TWh y^{-1}을 공급할 수 있을 것으로 추정되지만, 이는 예상 수요(20,000 TWh y^{-1})의 약 30%에 불과하다. 적당한 온도 범위의 열이 필요한 상황에서 깨끗한 전기를 이용한 **복사 난방**이 저탄소 국부 난방을 제공하는 경제적인 방법이 될 수 있지만, 재생 전기와 잘 어울리면서 공간 난방을 제공하는 매우 효율적인 저탄소 기술은 히트펌프이다.

5.2.1 히트펌프의 원리

히트펌프는 건물 내부 또는 외부로 열을 펌핑하는 작업을 하는 열기관이다. 땅이나 공기로 또는 땅이나 공기로부터 열을 펌핑하기 위해 사용될 때, 태양으로부터 열을 받아도 땅과 공기가 상대적으로 일정한 온도로 유지된다는 사실을 이용한다. (땅을 열원으로 사용할 때는 지열도 아주 조금 기여한다.) 땅의 온도는 약 10 m 아래까지 상당히 일정하다(영국에서는 약 10°C). 집 내부와 지면 또는 공기 사이의 온도 차이 20~40°C에서 열을 펌핑하는 데 필요한 일은 전달되는 열보다 일반적으로 약 세 배 적다. 지중열원 히트펌프는 겨울 동안에는 지면에서 열을 끌어오기 때문에 여름철에 열을 지중으로 다시 펌핑해 보내는 것이 지반 동결을 피하기 위해 중요할 수 있다. 이러한 상황은 히트펌프를 건물의 냉방과 난방 양쪽으로 사용할 때 발생한다. 히트펌프의 동작은 냉장고와 동일한 원리에 기초한다.

공기열원 히트펌프에서는 온도 T_1의 외부 공기에서 추출한 열로 온도 T_2에 있는 방을 가열할 때 다음과 같은 과정이 일어난다(그림 5.4 참조). 이 경우 증발기는 외부이고 응축기는 내부이며, $T_2 > T_1$이다.

(a) **과정 3-4**: 처음에는 온도 T_2에 가까운 고압의 유체가 좁은 튜브를 통과하면서, 유동(팽창 밸브)은 스로틀(throttle)되고 압력은 크게 떨어진다. 유체의 끓는점이 낮아지고, 유체의 일부가 증발하면서 유체가 냉각된다(증발 잠열은 유체 자체에서 나오기 때문에).

(b) **과정 4-1**: 차가운 유체는 열교환기 코일(증발기라고 함)을 통과하며 흘러가는데, 온도

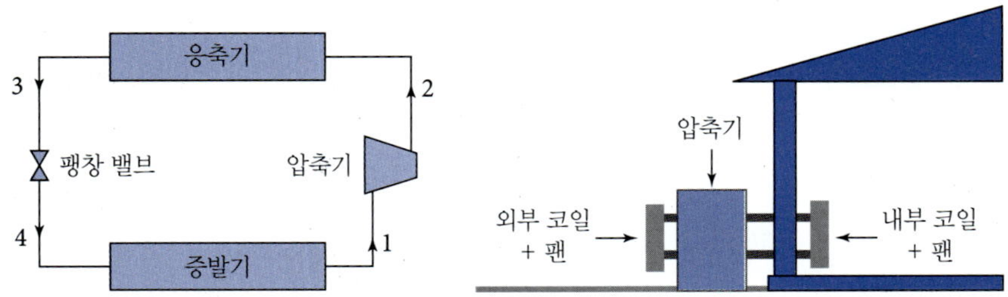

그림 5.4 공기열원 히트펌프의 구성요소와 배치

T_1 주변 공기에서 차가운 유체로 열이 흐르면서 유체는 가열된다. 가열로 인해 차가운 유체가 더 많이 증발하고, 결국 차가운 증기로 증발기를 나가게 된다.

(c) **과정 1−2**: 차가운 증기는 고압으로 압축되고, 이 과정에서 가열된다.

(d) **과정 2−3**: 고압의 고온 증기는 열교환기(응축기라고 함)를 통과하고, 이 과정에서 주변 공기로 열을 방출하고 온도 T_2 부근으로 냉각된 후 다시 유체로 응축된다. 그런 다음 사이클이 반복된다.

우리는 과정 (b)에서 온도 T_1 외부 공기로부터 $|Q_1|$이 추출되고, 과정 (d)에서 온도 T_2 실내 공기로 $|Q_2|$가 배출되며, 과정 (c)와 (a)에서 압축기에 의해 일 W가 수행되는 전체 과정을 매우 대략적으로 카르노 사이클(Carnot cycle)로 근사할 수 있다. 열역학 제1법칙인 식 (2.10)으로부터 $W = |Q_2| - |Q_1|$이고, 카르노 사이클에 대해 $|Q_2|/T_2 = |Q_1|/T_1$(식 2.19)이 성립한다. 따라서 다음과 같이 된다.

$$|Q_2| = T_2 W / |T_2 - T_1| \tag{5.4}$$

즉, 계수 $T_2/|T_2 - T_1|$는 압축기가 수행하는 일보다 더 많은 열이 실내로 전달될 수 있다는 의미이다.

건물 냉방을 위해서는 유체의 흐름을 반대로 하고, 방 안의 열교환기는 증발기가 되고 집 밖의 열교환기는 응축기가 된다. 과정 (b)에서 증발기를 통해 차가운 유체가 펌핑될 때 온도 T_2 실내 공기에서 열이 추출되고, 과정 (d)에서(이 경우 $T_1 > T_2$) 고온 증기가 응축기를 통과하면서 온도 T_1 외부 공기로 열이 전달된다.

이 과정에서 열 $|Q_2|$는 건물에서 추출되거나 건물로 전달되며, 비율 $|Q_2|/W$는 히트펌프의 **성능 계수**(coefficient of performance, COP)라고 하며, 이상적인 히트펌프의 경우 COP = $T_2/|T_2 - T_1|$이다. 예를 들어 T_2 = 37°C = 310 K인 건물과 T_1 = 6°C = 270 K인 땅에 대해 $\Delta T \equiv |T_2 - T_1|$ = 31 K이 되어 COP = 10이 된다. 건물의 냉난방 장치에 대한 실제 COP는 일반적으로 2.5와 4(HP 2018) 사이에 있다(유도 5.1 참조). 비록 히트펌프가 이상적 효율을 나타내지 않을지라도, 전기 저항 히터나 가스 연소와 같은 직접 난방 장치를 사용하는 것에 비해 건물 난방에 사용하는 에너지가 훨씬 적다.

지중열원 히트펌프는 일반적으로 땅이 공기보다 겨울에 더 따뜻하고 여름에 더 시원하기 때문에 공기열원보다 효율적이지만, 투자비는 더 높다. 지중열원 히트펌프에서 물 또는 물-부동액 혼합물이 일반적으로 30~120 m 깊이로 땅에 묻힌 파이프를 통해 순환된다. 파이프 온도가 지면의 온도보다 낮은지 높은지에 따라 땅에서 열을 추출하거나 전달한다. 건물 안에서 뜨겁거나 차가운 공기를 건물 전체로 운반하는 데는 덕트가 사용된다. 히트펌프는 가정용 온수를 제공하는 데에도 사용될 수 있다.

5.2.2 히트펌프 전망

현재 히트펌프는 연간 약 300 TWh의 열을 공급하지만, 2050년에는 연간 4000 TWh로 증가할 수도 있다. 우리가 보았듯이, 히트펌프는 공급 열의 대략 3분의 1 정도에 해당하는 전기만을 소비할 것이다. 지중열원 히트펌프(ground-source heat pump, GSHP)는 깊은 구멍을 뚫어야 하기 때문에 일반적으로 비용이 높지만, 대형 건물에는 적합하다. 하지만 효율이 향상되고 비용이 감소함에 따라 공기열원 히트펌프(air-source heat pump, ASHP)로 전환되고 있고, 신규 주택에 점점 더 많이 사용되고 있다.

런던 아래의 타이번과 플리트와 같이, 도시 지하를 흐르는 강은 도시에 있는 큰 건물의 히트펌프에 좋은 열원이 될 수 있다. 코일을 이러한 지하 강에 배치할 수 있고, 이는 시추에 필요한 비용을 절약한다. 이 기술은 이미 슈투트가르트에서 지하의 네센바흐강을 이용하여 바덴뷔르템베르크주 정부 부처의 난방을 위해 사용되고 있다. 한 시즌에 걸친 평균 COP인 계간 성능 계수(seasonal performance factor, SPF) 값이 3 이상이고 광범위한 조건에서 양호한 신뢰성을 기대했는데, 개조된 집에 설치된 경우에 약 2인 SPF도 간혹 있었다(11.1.7절 참조).

히트펌프의 열원 및 열침(heat sink)의 대부분은 지속 가능하므로, 비화석연료(non-fossil fuel)로 전기를 사용하여 펌프를 가동할 경우 히트펌프는 재생 가능한 프로세스가 된다. 전부는 아니지만 많은 국가들이 히트펌프를 재생에너지로 취급하고 있으며, 히트펌프 설비는 재생에너지에 적용되는 지원을 받을 수 있다. 현재 전기의 약 1/3은 화석연료를 사용하지 않고 있으며, 더 많은 저탄소 발전소가 가동됨에 따라 전 세계적으로 단위 에너지당 탄소 배출(2018년에 475 $gCO_2\ kWh^{-1}$)이 감소할 것으로 예측된다.

현재 고온 히트펌프는 공기를 120°C까지 가열할 수 있으며, 165°C에서 증기를 생산할 수 있다. 고온 히트펌프는 여러 산업 공정에서 보일러를 대체할 수 있고, R&D를 통해 그들의 작동 범위를 확장하고 효율을 최대 50%까지 개선할 것으로 기대되고 있다. 결과적으로 비용이 하락할 것으로 예상되며, 더 큰 시장 보급을 통한 학습효과에 의해서도 도움을 받을 것이다. 히트펌프를 열저장과 결합하면 에너지의 피크(peak) 수요를 줄일 수 있다.

전 세계적으로 냉난방 수요는 건물 에너지 소비의 약 절반을 차지하는데, 개발도상국에서 수요가 빠르게 증가하고 있으며, 현재 대부분의 수요는 화석연료 연소에 의해 공급되고 있다.

IRENA의 전환 시나리오에서는 2050년까지 히트펌프로부터 약 14 EJ y^{-1}을 추정하고 있고, 우리는 4000 TWh y^{-1}을 접근 가능한 잠재력으로 삼을 것이다.

5.3 집광형 태양열 발전소

상업적으로 운영되는 최초의 집광형 태양열 발전소(concentrated solar thermal power, CSP)는 1913년 이집트 Al Meadi에 있었던 75 kW(100 hp) 펌핑 엔진이다. 이 발전소는 5개의 포물형 구유(parabolic trough)로 구동되었고, 미국인 프랭크 슈만(Frank Schuman)이 설계했다. 이 발전소의 총 개구 면적은 약 1200 m^2로 최대 250°C에서 포화 증기를 생산했다. 영국과 독일 정부는 그들의 식민지에 에너지를 공급하기 위해 비슷한 장치를 계획했다. 그러나 제1차 세계대전 동안 쉽게 운송할 수 있는 형태의 에너지에 대한 필요성으로 인해 급속하게 석유 탐사를 확대했고, CSP는 1970년대 초의 첫 번째 석유 위기까지 거의 사라졌다.

석유 위기는 CSP에 대한 관심을 되살렸고, 최초의 상업용 발전소는 1980년대에 캘리포니아에서 운전을 시작했다. 캘리포니아의 바스토에 건설된 초기 발전소에서는 태양 광선을 중앙 타워 꼭대기에 있는 탱크로 보내기 위해 많은 거울들이 사용되었다. 10 MW를 생산하는 기존 화력 발전소의 보일러에 열을 전달하기 위해 기름과 용융염(molten salt, 500°C 이상)이 사용되었다. 용융염은 열저장 물질로도 사용되었다. 캘리포니아의 모하비사막에 있는 또 다른 대형 발전소에서는 구유형 집열기를 사용하여 집열기 면적 약 500,000 m^2에서 80 MW 발전소에 열을 공급했다. 오일을 담고 있는 탱크를 약 390°C까지 가열하여, 평균 18%의 변환 효율을 달성하였다.

그러나 1990년대 화석연료의 비용 감소와 인센티브의 철회로 인해 스페인과 미국 정부 주도로 시장을 다시 활성화시킨 2006년까지는 큰 성장을 하지 못했다. 2010년까지 전 세계적으로 구유형 시스템이 CSP 시장에서 가장 큰 점유율을 차지하며 1 GW 용량이 설치되어 있었고, 추가로 15 GW가 계획되었다. 그러나 그 이후 성장세는 PV 가격의 급격한 하락에 영향을 받아서 최근에야 투자가 되살아났다. CSP의 중요한 장점은 열저장(thermal energy storage, TES)과 결합할 때의 유연성이다.

CSP는 거울이나 렌즈를 통해 작은 면적에 직사광선을 집광해야 한다(그림 5.5 참조). 일반적으로 적도 남쪽이나 북쪽으로 위도 15°와 40° 사이에 있는 고온의 반건조 지역에서 흔히 나타나는 맑은 날에는 태양 복사의 약 80~90%가 큰 산란 없이 지구에 직접 도달한다. 대기 중 에어로졸에 의한 햇빛의 흡수 및 산란 양이 감소하는 높은 고도에서도 빛의 강도가 더 높다.

햇빛을 집광하는 이유는 경제적인 발전이 가능하도록 화력 발전소에 공급되는 온도를 높이 올리기 위해서이다. 구유형 반사판은 일반적으로 빛을 30~80배 집광하는 반면, 타워형 발전소는 200~1000배 집광함으로써 더 높은 열효율을 얻기 때문에 높은 투자 비용을 상쇄할 수 있다. 집광과 입력 온도 사이의 관계는 박스 5.1에 설명되어 있다.

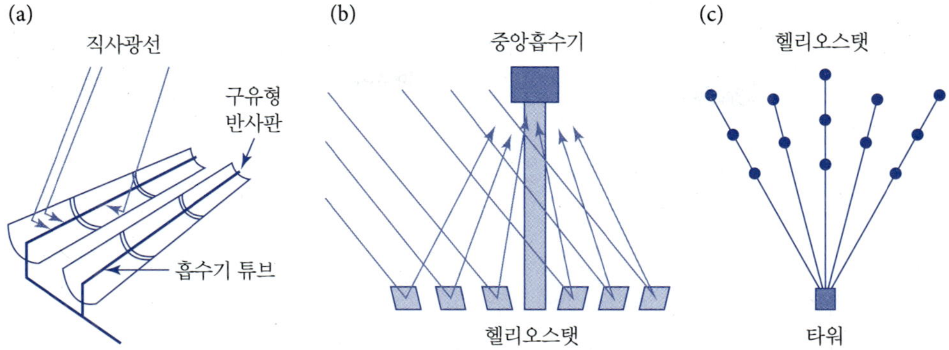

그림 5.5 구유형 및 타워형/중앙흡수기형 태양열 발전소와 헬리오스탯 배치

박스 5.1 CSP 열역학 기초

가능한 최대 집광비는 $(1/\sin\alpha)^2 \approx 46{,}000$이며, 여기서 태양을 지구까지 대향(subtend)했을 때의 반각 $\alpha = 4.65$ mr이다. 반면 구유형 반사판처럼 한 평면으로만 집광이 되는 광학 장치의 경우 최대 집광비는 $1/\sin\alpha \approx 220$으로 주어진다. 그러나 실제 집광비는 물질적 특성으로 인해 일반적으로 1000 미만으로 줄어든다.

흡수기에 흡수된 복사 파워는 흡수기 표면에 집광된 복사량에서 방출된 복사량(식 2.8의 슈테판–볼츠만 법칙으로 주어진)을 빼므로, 다음과 같은 형태로 쓸 수 있다.

$$\dot{Q}_r = \alpha G A_c - A_e \varepsilon \sigma T^4 = G A_c \eta_r \tag{5.5}$$

여기서 G는 집광부에 입사하는 집광되지 않은 일사량, A_c는 집광부의 입력 개구 면적, A_e는 흡수기의 면적, α는 태양 복사에 대한 흡수율, ε은 흡수기의 적외선 방사율, σ는 슈테판–볼츠만 상수, η_r은 식 (5.5)로부터 주어진 흡수기 효율이다.

$$\eta_r = \alpha - \beta T^4 \tag{5.6}$$

복사 손실 계수 β는 아래 공식에 따라 집광비 $C = A_c/A_e$에 의해 결정된다.

$$\beta = \varepsilon\sigma/GC \tag{5.7}$$

따라서 입력 파워는 선택적 방사체를 사용하여 적외선 방사율을 감소시키거나, 흡수율이나 집광비를 증가시키거나, 또는 이들의 조합을 통해 복사 손실을 감소시킴으로써 높일 수 있다.

이제 **열 엑서지**(thermal exergy, 2.6절 참조)를 고려하여 흡수기의 최적 온도에 대한 집광비를 결정한다. 흡수기에서 나오는 열 엑서지 또는 가용 에너지 흐름은 다음과 같다.

$$\dot{X} = G A_c \eta_r \eta_a \tag{5.8}$$

여기서 $\eta_a = 1 - T_a/T$는 흡수 온도 T와 주변 온도 T_a 사이의 카르노 효율이다. 흡수기 온도를 최적화하는 데 필요한 집광비는, G, A_c, C가 주어진 상황에서 T에 대하여 식 (5.8)을 최대화하여 구한다. C에 대해 풀면 다음 식을 얻는다.

$$C = \varepsilon\sigma T^4(4T - 3T_a)/\alpha G T_a \tag{5.9}$$

타워형 발전소에서는 α와 ε 둘 다 약 0.9이고, G = 900 W m^{-2}일 수 있다. 니켈 합금으로 만든 흡수기의 경우는 최대 입력 온도는 약 900 K이고, 코발트 합금의 경우는 약 1100 K이다. T_a = 300 K이라면, C_{max}(니켈) = 372 및 C_{max}(코발트) = 1076이 된다.

$\alpha = \varepsilon$이고 입력 온도가 400°C인 구유형 발전소의 경우 C_{max} = 77이지만, 이는 흡수기 튜브의 방사율을 감소시켜 낮출 수 있다.

5.3.1 타워형(중앙흡수기형) 태양열 발전소

중앙흡수기형(타워형) CSP 발전소들은 태양을 추적하고 태양 복사를 중앙흡수기로 반사하기 위해 많은 수의 평면 또는 거의 평면인 거울(헬리오스탯, heliostat)들의 집합체를 이용한다(그림 5.7*b*). 흡수기에 의해 흡수된 열은 직접 또는 열저장 장치를 사용하여 간접적으로 전력을 생산하는 데 사용된다. 타워형 태양열 발전소의 흡수기는 구유형 발전소의 흡수기보다 높은 온도가 가능한데, 이로 인해 작동 온도 범위가 넓기 때문에 더 높은 효율과 더 낮은 열저장 비용이 가능하다.

증기 또는 용융염은 흡수기의 열전달 유체로 사용된다. 증기는 기존의 기술을 사용하는데, 고압에서 과열될 때 증기는 최대 500°C까지 가열될 수 있으며, 천연가스 보일러와 같이 사용할 수도 있다. 용융염을 사용할 때, 그것은 흡수기를 통해 한 탱크에서 다른 탱크로 펌핑되며, 여기서 약 565°C까지 가열된다. 증기가 필요할 때 용융염은 열교환기를 통해 고온 탱크에서 저온 탱크(285°C로 유지되어 용융염이 응고되는 것을 방지)로 보내지고, 이로써 태양열을 수집하는 과정과 전기를 생산하는 과정은 독립적으로 동작한다(그림 5.6 참조). 태양 에너지를 전기 에너지로 전환하는 타워형 태양열 발전소의 일반적인 연평균 효율은 약 18%이다.

일반적으로 사용되는 배열은 그림 5.5*c*에 도시한 방사형 엇갈림(radial stagger) 방식으로, Lips와 Vant-Hull이 입사한 빛이 가려지는 음영(shading) 효과와 반사된 빛이 차단(blocking)되는 효과를 최소화하기 위해 개발했다. 타워에서 가장 가까운 헬리오스탯들은 음영에 의한 손실이 가장 작고, 북반구(남반구)의 정북(정남)의 헬리오스탯들은 기울기(코사인) 손실이 가장 작으며, 타워에서 가장 멀리 있는 헬리오스탯들은 가장 높은 추적 정확도를 요구한다. 타워로부터 300 m 떨어진 곳에 있는 헬리오스탯들이 ±0.1°의 추적 오차를 가지면, 흡수기에 반사된 태양 이미지는 ±0.5 m만큼 움직인다. 대형 발전소의 경우 수만 개의 헬리오스탯들이 있을 수

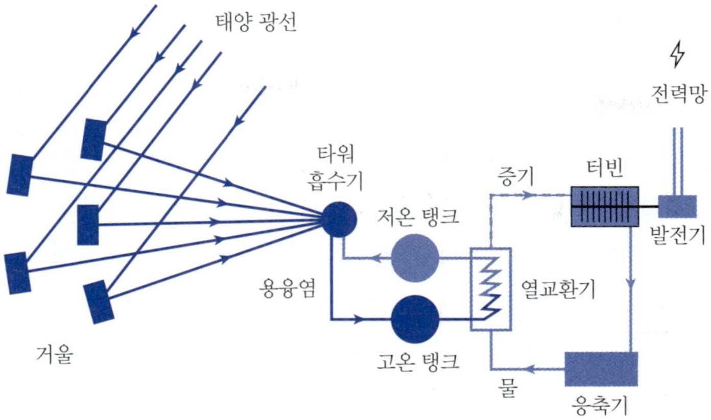

그림 5.6 태양열 발전소의 개략도

있다(그림 5.7 참조).

최근의 태양열만 사용하는 브레이턴 사이클 프로젝트에서는 초임계(supercritical) 이산화탄소를 작동 유체로 사용하는 가능성을 조사하였다. 이 발전 방식은 압축 일이 매우 낮아, 압축기 비용과 기생(parasitic) 손실을 최소화함으로써 동일한 온도에서 효율이 증기 방식보다 높다는 장점이 있다(3.15절 참조). 2019년 Shouhang과 EDF는 중국 둔황에서 열저장 설비를 갖춘 10 MW의 작은 태양열 발전소에서 초임계 CO_2 사이클을 시험할 것이라고 발표했다.

그림 5.7은 모로코에 있는 150 MW의 Noor III 타워형 태양열 발전소와 200 MW의 Noor

그림 5.7 Noor II 구유형 및 Noor III 타워형 태양열 발전소(Xinhua/Alamy Live News)

II 구유형 태양열 발전소의 일부를 보여 준다. 둘 다 7시간의 저장 능력을 가지고 있다.

5.3.2 구유형 태양열 발전소

태양 들판(solar field)에는 낮 동안 동쪽에서 서쪽으로 태양을 추적하는 남북 축에 정렬된 집열기들이 열을 지어 설치된다(그림 5.5*a*). 일반적으로 합성 오일인 열전달 유체(heat transfer fluid, HTF)는 약 390°C의 온도로 가열되고, 열교환기를 통과하며 고압 과열 증기(약 100 bar, 370°C)를 발생시키거나 한 탱크에서 다른 탱크로 이송되는 용융염을 가열한다. 증기는 전기를 생산하기 위해 터빈 발전기를 구동하는 데 사용된다.

습식, 건식, 또는 하이브리드 냉각탑은 증기를 응축시키는데, 냉각 방식의 선택은 물 사용량과 비용에 영향을 준다. 햇빛이 없을 때는 용융염을 이용하여 열교환기에서 오일을 가열하고 증기를 생산한다. 태양에너지를 전기에너지로 변환하는 구유형 발전소의 일반적인 연평균 효율은 약 15%이다.

많은 구유형 CSP는 슬럼프(slumped) 유리 거울을 사용한다. 대안은 코팅된 양극 산화 알루미늄 판 또는 폴리머 필름 거울을 사용하는 것이다. 이들 거울은 가볍지만, 일반적으로 마모에 약하다. 비용을 절감하는 방법으로 자가세척(self-cleaning) 거울도 연구 중이다. 구유형 태양열 발전소의 작동 온도는 집열기와 증기 발생기 사이에서 열전달 유체(HTF)로 사용되는 오일의 열분해 온도에 의해 약 400°C로 제한되었다. 용융염을 HTF로 사용하면 작동 온도와 효율을 높일 수도 있다. 그러나 이 기술은 용융염을 항상 용해 온도 이상으로 유지하는 것과 관련된 새로운 문제를 갖고 있다.

5.3.3 태양열 흡수기

주요 흡수기(receiver) 유형을 그림 5.8에 나타냈다. 1984년과 1991년 사이에 모하비사막에서 개발된 SEGS I~IX와 같은 구유형 CSP에서, 직선형 흡수기는 일반적으로 선택적 방사율 코팅이 있는 금속 튜브로 구성된다. 코팅은 태양 복사 파장에서 흡수율이 높고, 더 긴 적외선 파장에서는 방사율이 낮다. 흡수기 튜브는 반사 방지 코팅이 적용될 수 있는 듀어(Dewar) 진공 유리 안에 놓여 있다.

중앙흡수기형 태양열 발전소에서는 일반적으로 공동(cavity) 흡수기가 사용된다. 공동 흡수기의 개념은 흡수기 표면에서 방사로 인한 열손실을 최소화하는 것과 유체 측에서 열교환기 표면적을 최대화하는 것(따라서 열전도율, conductance) 사이의 균형에 기반을 두고 있다. 집광된 빛은 개구부를 통과하여 흡수부(absorbing element)를 포함하는 공동으로 들어간다. 대류 손실을 최소화하기 위해 집광된 빛은 대개 아래에서 유입된다. 고온에서 열복사로 방출된 광자들의 대부분을 흡수부가 재흡수하기 때문에, 복사열 손실이 발생할 수 있는 유효 면적은 개구부의 면적으로 제한된다.

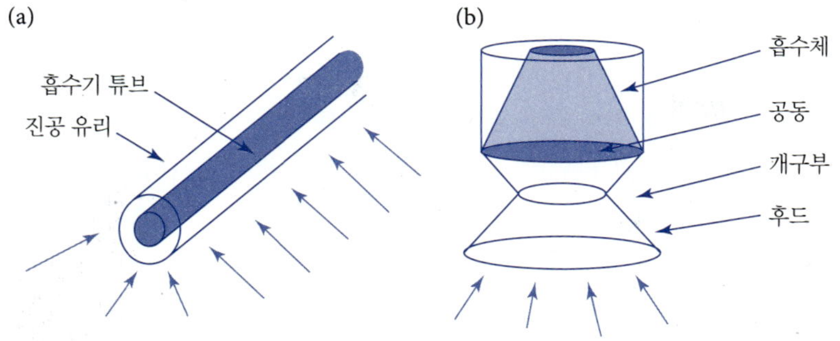

그림 5.8 (a) 구유형 흡수기: (b) 공동형 흡수기(CSP 2015)

체적식 흡수기(volumetric receiver)는 집광된 빛으로 기체를 더 높은 온도로 가열하는 과정을 최적화하기 위해 개발되었다. 집광된 빛은 기체인 열전달 유체가 통과하는 금속 또는 세라믹 다공성 구조물에 흡수됨과 동시에 가열된다. 입자식 흡수기(particle receiver)는 떨어지는 입자를 720°C 이상으로 가열함으로써 열효율을 높이고 고온 열저장을 가능하게 만들기 위해 고려되고 있다.

5.3.4 CSP 열저장(thermal energy storage, TES)

열에너지는 다양한 방법으로 유용한 '왕복(round-trip)' 변환 효율을 달성하는 데 필요한 고온으로 저장할 수 있다. TES를 갖춘 기존의 모든 CSP에서는, 동일한 부지에서 수집한 열이라도 저장된 열을 활용하면 발전소 설비이용률(capacity factor, CF)을 개선할 수 있다. 따라서 에너지밀도는 경제적 비용을 통해 간접적으로만 중요하다. 태양 들판의 크기는 발전 최대 용량에 필요한 것보다 크다. 즉, 태양 배수(solar multiple, SM)는 1보다 크다. 초과하는 크기는 일사량이 어느 정도 낮을 때는 최대 발전을 유지할 수 있게 하고, 남는 태양열을 저장하여 일몰 이후에도 발전을 할 수 있게 한다.

운전 중인 고온 열저장 시스템의 대부분은 현열 저장을 이용한다. 이들 중 대부분은 용융염을 사용하는데, 가장 일반적인 것은 '태양염(solar salt)'으로 알려진 질산나트륨 60 wt%와 질산칼륨 40 wt%의 비공정성(non-eutectic) 소금 혼합물이다. 용융염의 일반적인 에너지밀도(kg당 현열)는 최대 200 kJ kg^{-1}이다.

5.3.5 CSP의 경제학

2015년 이전에는 변동성 있는 재생에너지 발전의 보급률이 상대적으로 작았기 때문에, CSP에 열저장 설비를 추가하는 것은 경제성이 없는 경우가 많았다. 그러나 그 이후로는 열저장 없는 프로젝트는 거의 없다. 열저장은 설비이용률(CF)과 유연성을 높이며, 균등화 발전 비용(levelized cost of energy, LCOE)을 낮춘다. 2010~2019년 동안 kW당 생산 비용은 약 9000달러에서 5800달러로 떨어졌고, 설비이용률은 약 30%에서 45%로 증가했다. 이러한 개선은 2019년 LCOE가 kWh당 평균 35센트에서 18센트로 하락한 것에 기여하였다. 법선면 직달 일사량(direct normal irradiance, DNI)이 높은 지역에서는 2019년에 가격이 kWh당 약 14센트가 될 수도 있었다. LCOE는 구유형과 타워형 태양열 발전소 모두에서 유사하다. 운영 및 유지보수(O&M) 비용은 약 0.02~0.04달러/kWh이다.

최근 열저장을 갖춘 CSP를 건설하는 모로코 NOOR III 프로젝트의 성공으로 기술에 대한 신뢰도가 높아졌으며, 신규 프로젝트 투자에 대한 대출 금리는 감소했고, 전력 구매 계약(power purchase agreement, PPA)의 기간도 늘어났다. 2021년 운전 예정인 두바이 신규 발전소의 경우, 대출 금리가 약 7.5%에서 4%로 떨어지고 계약 기간은 25년에서 35년으로 길어지면서, 자본회수율(capital recovery factor, CRF)이 0.09에서 0.054로 개선되었다. 이러한 개선은 PPA 가격이 7.4센트/kWh인 반면, 2019년 유사한 발전소의 LCOE는 14센트/kWh인 이유의 큰 부분을 차지한다. 전력회사가 생산 전력에 대해 앞으로 지불할 합의된 가격이 PPA 가격이고, LCOE로 이를 대신 사용할 수 있다.

2019년에 발표된 모로코의 또 다른 프로젝트인 Noor Midelt I은 연간 DNI가 2360 kWh m^{-2}인 위치에서 800 MW 용량을 가지고 있다. 그것은 하이브리드 태양열 발전소로, 구유형 CSP와 PV뿐만 아니라 5시간의 저장 장치를 가지고 있다. 2022년에 가동될 예정이며, 25년 동안 7.1센트/kWh로 PPA가 체결되었다. 이 프로젝트는 규모의 경제, 설치 개선, 설계 효율성 및 인프라 공유를 통해 비용을 절감했다. 이 발전소는 유연한 생산량을 갖게 될 것이고, 저장 장치는 일사량의 변동성을 부드럽게 만들 것이다. 저장 비용은 약 25유로/kWh(열)~100달러/kWh(전기)인데, 2020년 현재 150달러/kWh(전기)인 리튬이온 배터리보다 저렴하며, 열저장 비용은 약 150달러/kWh(열)로 절감될 수 있을 것으로 기대되고 있다.

5.3.6 CSP의 환경 영향

CSP는 탄소 배출량이 적은 재생 발전이므로 지구온난화 대책에 도움이 된다. 응축 시스템은 덥고 건조한 지역에서는 부족할 수 있는 물을 사용할 수 있지만, 비용 상승을 감안하고 건식 냉각 시스템을 적용할 수 있다. 타워형 발전소에서 이용하는 강렬한 태양 광선으로 인한 새들의 죽음과 눈부심에 대한 우려가 있어 왔다. 헬리오스탯의 대기 위치에 해당하는, 흡수기 근처의 높은 태양 열유속이 원인으로 확인되었으며, 높은 열유속의 영역을 제한하면 이러한 위험을 줄일 수 있다. 풍력 터빈과 마찬가지로 CSP에서도 새들에게 약간의 위험이 있지만, 지구온난화로 인한 더 광범위한 환경적 위험을 염두에 둘 필요가 있다.

5.3.7 CSP 전망

2000년대에는 태양열 발전이 태양광 발전보다 더 저렴하게 전기를 생산할 수 있을 것으로 생각되었다. 2010년 CSP 발전소의 평균 전력 비용은 약 0.35달러/kWh로 PV와 비슷했지만, 그 이후 PV 비용의 매우 급격한 하락은 CSP 발전소가 손실을 입었고 성장이 둔화되었음을 의미한다. 전 세계 용량은 2008년 ~0.5 GW, 2014년 ~4.4 GW, 2019년 6.6 GW였다.

최근 2020년대 초부터 시작된 프로젝트의 PPA 가격이 약 7센트/kWh로 급락함에 따라 열 저장이 가능한 CSP에 대한 투자가 증가할 수 있으며, 가격 하락은 특히 DNI가 양호한 국가에서는 PV와 통합된 형태로 보급되는 데 도움이 될 수 있다. 두바이, 중국, 칠레, 남아프리카공화국에서는 새로운 프로젝트들이 계획되어 있다. 그러나 대용량 저장을 위한 리튬이온 또는 흐름(flow) 배터리의 비용 절감은 CSP의 경쟁력에 영향을 줄 수 있다.

2018년과 2019년에 전 세계적으로 약 0.66 GW 용량이 매년 추가되었으며, IRENA는 글로벌 에너지 변환 보고서(2018)에서 2050년까지 전 세계 CSP 설치 용량이 약 600 GW이고 연간 2000 TWh를 생산할 수 있다고 추정했다. 이를 위해서는 연평균 설치 용량이 약 30배 증가해야 한다. CSP는 재생에너지 발전에 작지만 유용하게 기여할 것이다.

5.4 열전 발전

흥미로운 연구 분야는 **태양 열전 발전**(solar thermoelectric generation, STEG)으로, 연구의 방향은 열전 발전(thermoelectric generation, TEG)의 효율 향상이다. 열전 발전은 **제베크 효과**(Seebeck effect)에 기초를 두고 있으며, 효율은 카르노 효율과 소재의 성능 지수(figure of merit) ZT를 통해 소재를 가로지르는 온도 차이에 따라 달라진다. T는 절대온도이고 Z는 $\alpha^2\sigma/k$로 정의되며, α는 제베크 계수, σ는 전기전도도, k는 열전도도이며, 모두 온도에 따라 변한다. **출력 인자**(power factor)라 불리는 $\alpha^2\sigma$를 증가시키고, k를 감소시키는 것이 목적이다. 최근 k에서 개선은 나노 구조를 사용함으로써 이루어졌다.

변환 효율 η는 다음과 같이 주어진다.

$$\eta = \eta_{\text{Carnot}}(F-1)/(F+T_{\text{h}}/T_{\text{c}}) \tag{5.10}$$

여기서 $F=\sqrt{(1+ZT_{\text{ave}})}$이다. T_{h}, T_{c}, T_{ave}는 각각 고온 및 저온 표면온도, 평균 온도이며, $\eta_{\text{Carnot}} = (T_{\text{h}} - T_{\text{c}})/T_{\text{h}}$는 카르노 효율이다. 일반적으로 20%의 η_{Carnot} 효율을 얻을 수 있다. 약 100°C의 온도차에 대한 좋은 소재는 비스무트 텔루라이드이며, ZT는 약 1~1.5이다. 하지만 MgAgSb 기반의 소재(skutterudite)들도 유사한 성능을 보이는 것으로 밝혀졌다. 소재의 출력 인자 향상은 제조 공정의 제어를 통해 가능하다. TEG는 폐열 활용이나 우주 응용 분야에서 전기를 생산하는 데 사용될 수 있다.

더 큰 효율을 얻기 위해, 온도 차이를 증가시키는 집광을 사용할 수 있다. 뜨거운 면과 차가운 면 모두에서 열교환 성능은 온도 차이를 최대화하는 데 중요하다. 또한 고온에서 ZT가 양호한 열전 소재를 저온에서 ZT가 양호한 열전 소재와 조합할 수 있다. 소재들은 분할되거나 계단식으로 배열될 수 있는데, 호환성이 있어야 한다. 선택적 방사체(selective emitter)의 사용은 복사 손실을 줄이기 위해 중요하다. 분할된 스커터루다이트 및 비스무트 텔루라이드를 사용하여 541°C의 온도 차이에서 최대 12%의 효율이 달성되었다. 고온이 가능하다면 TEG는 기존 CSP 기술의 상위 사이클이 될 수 있고, 독립형 기술로서 경제성이 입증될 수 있다.

5.5 태양 굴뚝

태양 복사가 강하고 땅을 쉽게 구할 수 있는 지역에서 태양에너지를 이용하는 또 다른 방법은 큰 **태양 굴뚝**(solar chimney)을 건설하는 것이다. 따뜻한 공기는 넓은 면적의 유리 아래에서 생성되고, 높은 굴뚝으로 끌어올려진다. 시제품은 1980년대에 스페인에서 만들어졌고, 지름 240 m의 집열기로 50 kW를 생산했다. 그 굴뚝은 높이가 195 m이고, 지름이 10 m이었다.

호주에서 건설될 계획이었던 거대하고 야심찬 프로젝트는 지름 150 m, 높이 1000 m의 거대한 태양 타워였다. 집열기는 약 5000 m 지름이 될 수 있었다. 유리 아래 땅바닥에 놓인 물이 가득 찬 검은 플라스틱 파이프는 낮에는 가열되고 밤에는 열을 공기로 내보내 24시간 내내 출력을 제공한다. 출력 전력은 200 MW로, 약 200,000가구에 충분한 전력을 공급할 수 있었다. 그러나 전환 효율은 ~2%이고, 땅이 싸고 일조량이 많은 곳에서도 kWh당 비용은 ~0.15달러로 추정되었기 때문에, 특히 PV의 낮은 비용에 대비해서, 경쟁력을 입증하지 못했다.

태양 굴뚝의 원리는 굴뚝 내 공기(T_i)가 외부 공기(T_o)보다 뜨거울 때 굴뚝 상하부에서 발생하는 압력차를 활용하는 것이다. 그러면 뜨거운 공기의 밀도가 낮기 때문에 굴뚝 내부의 압력 강하는 외부보다 작다. 이러한 압력의 차이는 공기를 바닥에서 흡입하고 위에서 배출하게 만든다. 이 과정은 **굴뚝 효과**(stack effect 또는 chimney effect)라고 불리며, 건물에서 자연 환기 방법으로 사용된다. 공기 유동을 만드는 전체 압력 차이 Δp는 다음과 같이 계산된다.

$$\Delta p_o = (\rho_o - \rho_i)gh = \rho_i gh(T_i - T_o)/T_o \tag{5.11}$$

우리는 베르누이 원리(식 2.42)를 사용하여 굴뚝 위로 향하는 기체의 흐름을 추정할 수 있다.

외부의 공기를 정지상태로 간주하면, 굴뚝 내부에서 속도 u가 $\Delta p/\rho = \frac{1}{2}u^2$으로 주어진다. 공기가 굴뚝으로 들어갈 때 난류로 인해 에너지 손실이 발생하고, 경험적으로 속도 u는 다음과 같이 주어진다.

$$u = C_T(2\Delta p/\rho)^{\frac{1}{2}} = C_T\left[2(\Delta T/T_o)gh\right]^{\frac{1}{2}} \tag{5.12}$$

여기서 C_T는 1보다 작은 상수이다.

풍력 터빈으로 들어오는 풍속과 같이 위의 u 값을 사용하여 태양 굴뚝에서 발생하는 전력 P의 대략적인 추정치를 얻을 수 있고, 다음과 같다.

$$P = \frac{1}{2}\varepsilon A\rho u^3 = 0.1D^2\left[2(\Delta T/T_o)gh\right]^{\frac{3}{2}} \tag{5.13}$$

여기서 ρ = 1.25 kg m^{-3}, 풍력 터빈의 효율 ε ~0.4이다(7.7절 참조). 굴뚝의 단면적은 $\pi D^2/4$으로 계산하고, C_T ~0.8을 사용했다. 호주에서 제안된 극히 높은 태양 굴뚝의 경우 h ~1000 m, D ~150 m이므로, ΔT = 30 K, T_o = 300 K을 이용하면, P ~200 MW이다.

굴뚝으로 올라가는 공기의 속도를 예측할 때 매우 간략한 모델을 사용했기 때문에 이 추정치는 다소 대략적인 값이다. 하지만 이 방법은 어떻게 매우 높은 태양 굴뚝에 의해 상당한 양의 전력이 생산될 수 있는지를 보여 주었고, 지금까지 비용은 어마어마하다는 것을 입증하였다.

5.6 해양 온도차 발전(OTEC)

바다는 엄청난 양의 태양 복사를 모은다. 그 결과 엄청난 양의 열에너지가 바다 상부 100 m에 저장되는데, 열대 지방에서 이곳의 온도는 해수면 깊은 곳보다 약 20~25°C 높다. **해양 온도차 발전**(ocean thermal energy conversion, OTEC)이라고 불리는, 이 자원을 이용하려는 아이디어가 개발되어 왔다(박스 5.2 참조). 그러나 온도 차이가 작기 때문에 열효율이 낮다. 2015년에는 암모니아를 열전달 유체로 사용하는 100 kW OTEC 발전소가 하와이의 전력망에 연결되었지만, 세계적으로 발전소가 거의 없고 해결해야 할 중요한 기술적 과제들이 남아 있다.

박스 5.2 해양 온도차 발전의 원리

바다는 지구의 광대한 면적을 덮고 있으며, 하루에 엄청난 양의 에너지를 흡수한다. 대략 1000 MW가 1 km^{2}의 바다에 떨어진다. 결과적으로 열대 수역에서는 표면과 1000 m 아래 물 사이의 온도차가 약 20~25°C 정도 된다. 이 온도차를 이용하여 열기관을 구동하는 것이 OTEC의 기본 원리이다. 바다 위 약 100 m 범위에서는 온도는 대략 일정하다. 이후 약 1000 m에서 5°C 정도까지 감소하며, 그 이하에서는 거의 동일하게 유지된다.

그림 5.9는 가능한 OTEC 시스템을 나타낸 것이다. 열역학 제2법칙에 의해서 출력 파워 P_{out}은 다음과 같은 상한을 갖는다.

$$P_{\mathrm{out}} < \eta_{\mathrm{Carnot}} P_{\mathrm{flow}} \tag{5.14}$$

여기서 η_{Carnot}는 카르노 효율이고

$$\eta_{\mathrm{Carnot}} = (T_{\mathrm{h}} - T_{\mathrm{c}})/T_{\mathrm{h}} = \Delta T/T_{\mathrm{h}} \tag{5.15}$$

P_{flow}는 열 흐름이다. 펌프가 초당 부피 Q의 바닷물을 끌어당기고, 바닷물의 비열과 밀도가 각각 c와 ρ일 때 열 흐름은 다음과 같다.

$$P_{\mathrm{flow}} = \rho c Q \Delta T \tag{5.16}$$

따라서 출력 파워는 다음과 같이 제한된다.

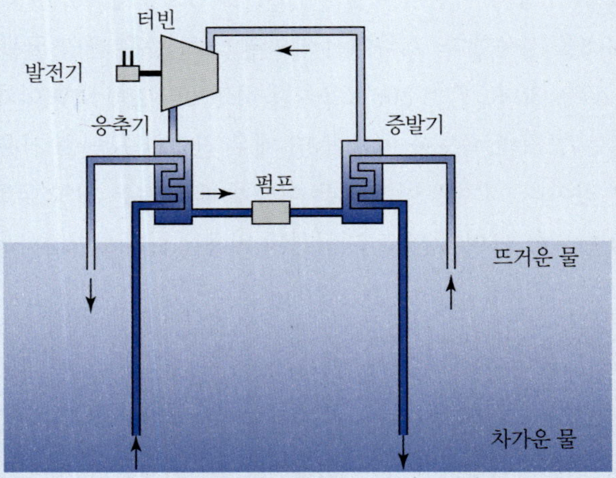

그림 5.9 가능한 OTEC 시스템의 개략도

$$P_{out} < (\rho c Q / T_h)(\Delta T)^2 \tag{5.17}$$

ΔT의 제곱에 비례하므로 ΔT가 큰 지역이 유리하다. 바닷물은 $\rho \approx 1000$ kg m^{-3}, $c \approx$ 4200 J kg^{-1} °C^{-1}이므로, ΔT = 20°C 및 P_{out} = 1 MW는 $Q > 0.18$ m^3 s^{-1}(초당 180리터)을 필요로 한다.

이러한 시스템은 대형 펌프와 매우 효율적인 열교환기와 같이 크고 비싼 장비를 필요로 할 것이다. 해양 생물에 의한 부착(bio-fouling)은 심각한 문제이다. 길고 큰 직경의 냉수관 제작도 어렵다. 깊은 곳에서 차가운 물을 끌어올리는 것은 바닷물에 용해된 이산화탄소를 방출시키겠지만 그 양은 같은 양의 에너지를 생산하기 위해 석탄을 태워서 발생하는 것의 1% 미만이다. 그러나 OTEC 시스템은 그 지역의 기후와 해양 생물에 영향을 미칠 수 있다. OTEC은 일부 열대 지역에서 경제적 경쟁력을 갖추기 시작했다.

5.7 지열 에너지

지구 내부의 온도는 약 4000°C이다. 무거운 원자핵을 가진 동위원소의 방사성 붕괴에 의해 생성되는 열과 녹은 암석의 응고 때문에 발생하는 결정화 열에 의해 유지된다. 열은 맨틀을 통해 전도되며, 지구 표면의 평균 온도 구배는 약 30°C km^{-1}이다. 그래서 표면으로부터 10 km 이내에서 온도가 300°C에 이르는 매우 많은 양의 뜨거운 암석이 있는데, 이것은 엄청난 열에너지가 저장되어 있음을 의미한다. 대륙의 평균 열유속은 약 65 kW km^{-2}이므로, 세계 육지 면적 약 1억 5천만 km^{2}에서 지속 가능한 지열 자원은 약 10 TW$_{th}$ 또는 350 EJ y^{-1}로 추정된다.

전통적으로 지열 발전소는 자연 발생원 근처에 위치하고, 열을 장거리로 운송하는 것이 어렵기 때문에 지열은 대개 공급원이 수요에 가까운 곳으로 제한된다. 아이슬란드, 캘리포니아,

이탈리아, 뉴질랜드와 같이 지질학적으로 활동적인 지역은 지각판 사이의 계면에 가깝다. 여기서 마그마는 표면에 더 가깝고 지각은 부서질 수 있어서, 차가운 물이 뜨거운 암석으로 스며들어 고압의 증기나, 증기와 뜨거운 물의 혼합물, 또는 그냥 온천으로 빠져나갈 수 있다. 이러한 자연적으로 발생하는 증기 제트(**간헐천**)와 온천(최대 350°C)은 열에너지를 즉시 공급할 수 있다. 아이슬란드에서는 10채 중 9채가 지열 에너지에 의존하고 있다. 지열 에너지는 약 180°C까지는 지역 난방, 산업, 농업 용도로 주로 사용되지만, ~100°C 이상에서는 전기를 생산하는 데 사용될 수 있다. 그림 5.10은 아이슬란드의 Krafla 지열 발전소로, 발전 용량은 약 300 MW, 온수 용량은 약 130 MW이다.

열을 제공하기 위해 사용되는 지열 에너지는 직접 사용이라고 부른다. 2019년에는 95 TWh가 수영장, 목욕탕, 지역 난방, 작물 및 식품 건조, 기타 용도로 사용되었다. 히트펌프의 사용은, 추출된 에너지의 거의 대부분이 태양에너지로 대체되더라도, 지열의 직접적인 사용으로 분류되기도 한다. 우리는 이제 다양한 종류의 지열 발전소를 살펴볼 것이다.

5.7.1 지열 발전소

증기만으로 터빈 발전기를 구동하는 발전소는 건식 발전소라고 부르며, 초기의 주목할 만한 예는 캘리포니아에 있는 Geyser 발전소이다. 그러나 대부분(~2/3)의 발전용 수열원은 180°C 이상 온도와 고압에서 물과 증기의 혼합물을 갖고 있다. 수열을 뽑아내면서 압력이 낮아질 때, 물이 끓어오르며 증기(flash)가 발생한다. 증기는 분리되어 터빈 발전기를 작동시키는 데 사용되

그림 5.10 아이슬란드 Krafla 지열 발전소(출처: Ásgeir Eggertsson—CC BY-SA 3.0, https://commons.wikimedia.org/w/index.php?curid=5244162)

며, 남은 뜨거운 물은 플래시 증기 발전소라고 불리는 곳에서 다시 사용할 수 있다. 최종적으로, 100~180°C 범위의 열원을 사용할 수 있는 바이너리 사이클(binary cycle) 발전소가 가능하다. 이 경우 낮은 비등점 유체(예: 유기 랭킨 사이클 발전소의 펜탄 또는 부탄)가 열교환기를 통해 가열되고, 생성된 증기는 터빈을 구동하여 전기를 발생시키는 데 사용된다.

이러한 전통적인 지열 발전소는 전 세계 전력 공급의 0.5%에 해당하는 소량의 에너지를 제공한다. 그러나 훨씬 더 많은 열에너지를 지표 아래에서 '채굴'할 수 있다. 지열 채굴에 적합한 암석층에는 **대수층**(aquifer)과 **고온 건조 암석**(hot dry rock)이라는 두 가지 기본 유형이 있다. **대수층**은 수십 미터 두께의 사암층과 같은 불투수성(impermeable) 암석층 사이에 갇힌 다공성 암석층이다. (지표면에 가까운 대수층은 거대한 빗물 저장고가 되고, 물 관리 기관이 이를 추출한다.) 수심 2~3 km의 대수층은 일반적으로 60~90°C이다. 시추공을 통해 대수층의 어느 지점에서 차가운 물을 주입한다. 물은 대수층을 통해 흐르면서 다공성 암석에서 열을 흡수하고(5.7.2절 참조), 뜨거운 물은 두 번째 시추공을 통해 회수되어 가열에 사용한다.

인공저류층 지열 시스템(enhanced geothermal system, EGS)의 예가 되는 **고온 건조 암석**에서 열을 추출하는 과정에서는, 물을 고온 암석층의 좁은 틈을 통해 고압으로 보낸다(5.7.3절 참조). 지표에 가까운(1~5 km) 지각에서 고온 영역은 방사능과 열전도가 아닌 육지의 움직임(판구조론)과 그에 따른 융기를 통해 주로 생성된다. 이러한 열 이동은 지표면으로부터 10 km 이내에서 물질이 수백 도에 이르게 만들고, km당 약 50°C에 해당하는 평균보다 큰 온도 구배를 발생시킬 수 있다. 그 결과 그 바위는 일반적으로 확장되어 있다. 이러한 지역에서는 250°C 암석이 약 5 km 깊이에서 발견될 수 있으며, 드릴로 접근할 수 있다. 고온 건조 암석의 광대한 에너지 자원은 이를 추출할 수 있도록 인공저류층 지열 시스템에 대한 상당한 연구로 이어졌다.

뜨거운 고온 건조 암석에 적용된 EGS 시스템의 현황을 설명하기 전에, 먼저 뜨거운 대수층에서의 열 추출을 살펴볼 것이다.

5.7.2 대수층에서의 열 추출

대수층 추출에서는, 불투수성 암석의 층 사이에 위치한 다공성 암석으로부터 열을 얻는다. 대수층 위와 아래에 있는 불투수성 암석에서 열전도는 일반적으로 대수층에서 열을 추출하는 시간 동안 무시할 수 있다. 간단하게, 대수층에서 열 제거를 위한 단순한 1차원 유체 유동 모델을 고려하자(그림 5.11 참조). 대수층 평면의 실제 유동장은 2차원이지만(문제 5.19 참조), 1차원 모델은 우선은 유용한 근사치를 제공하고 주요 물리적 특징을 설명한다.

입구 시추공 $x = 0$에서 차가운 물을 주입하고, 출구 시추공 $x = L$에서 뜨거운 물을 추출한다. 초기에는 대수층이 온도가 T_1이고 입구 냉수가 온도가 T_0라고 가정하자. 따라서 암석으로부터 단위 부피당 사용 가능한 열은 $\rho_r c_r (T_1 - T_0)$이다. 시스템의 파워 출력은 물이 얻은 단위 부피당 열량 $\rho_w c_w (T_1 - T_0)$와 체적 유량 Q의 곱이다.

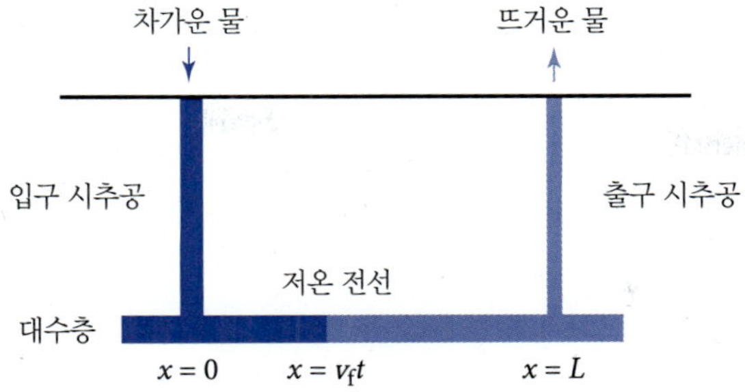

그림 5.11 대수층에서 열 추출을 위한 쌍둥이 시추공 시스템

$$P = \rho_w c_w (T_1 - T_0) Q \tag{5.18}$$

차가운 물이 대수층을 통과하면서 뜨거운 다공성 암석으로부터 열을 흡수한다. '저온 전선(cold front)'은 시스템의 수명 동안 입구 시추공에서 출구 시추공으로 이동한다. 저온 전선 v_f의 속도는 다음과 같다.

$$v_f = \lambda v_w \tag{5.19}$$

여기서 $\lambda = \rho_w c_w / [(1 - \phi)\rho_r c_r]$는 무차원 매개변수(유도 5.2 참조)이다. $v_w = Q/A$는 대수층에서 물의 벌크 속도이며, 여기서 A는 단면적이다. ϕ는 기공이 차지하는 체적 분율이며, **공극률**(porosity)로 알려져 있다. 시스템의 **수명**은 저온 전선이 출구 시추공에 도달하는 데 걸리는 시간으로 다음과 같다.

$$t_{\text{life}} = \frac{L}{v_f} = \frac{(1-\phi)\rho_r c_r AL}{\rho_w c_w Q} \tag{5.20}$$

그러므로 긴 수명을 위해서는 공극률 ϕ가 낮고, 단위 부피당 열용량 $\rho_r c_r$이 크고, 대수층 단면적 A가 작고, 체적 유량 Q가 작고, 두 시추공 사이의 간격 L이 큰 것이 바람직하다. 시스템에서 사용할 수 있는 총 열에너지 양 $E = \rho_r c_r (T_1 - T_0) AL$은 고정되므로, Q의 선택과 시스템의 수명은 시스템의 경제성에 의해 결정된다.

마지막으로, 주어진 부피 유량 Q를 얻기 위해서는 시추공 사이에 압력 강하 Δp를 가해야 한다. 다르시의 법칙에 따르면 단면적 A와 두께 L의 다공성 암석 판을 통과하는 부피 유량 Q는 다음과 같이 주어진다.

$$Q = KA\frac{\Delta p}{L} \tag{5.21}$$

여기서 압력 강하 $\Delta p = \rho g \Delta h$는 높이차, 즉 유압 수두 Δh이며, K는 **수리전도도**(hydraulic conductivity)로 알려진 상수이다. 직경 d 및 면적 $A = \pi d^2/4$의 파이프를 통과하는 층류(laminar) 흐름에 대한 푸아죄유 법칙은 다음과 같다.

$$Q = A\frac{\Delta p}{L}\frac{d^2}{32\mu} = A\frac{\Delta h}{L}\frac{d^2}{32}\frac{g\rho}{\mu}$$

여기서 μ는 유체의 점성이고, K는 암석 $d^2/32$의 **투수성**(permeability)(즉, 암석의 틈새)과 유체의 성질 $g\rho/\mu$와 관련된다. 식 (5.21)을 다시 쓰면, 주어진 체적 유량 Q에 필요한 압력 강하는 다음과 같이 주어진다.

$$\Delta p = \frac{QL}{KA}g\rho \tag{5.22}$$

유도 5.2 저온 전선의 속도

저온 전선(그림 5.11 참조)이 시간간격 δt에서 거리 δx를 이동한다고 가정하자. 노출된 암석의 부피는 $\delta V_r = (1 - \phi)A\delta x$이며, 여기서 A는 저온 전선의 단면적이다. 이 체적 요소에서 제거된 열량은 $\delta h_r = \rho_r c_r (T_1 - T_0)(1 - \phi)A\delta x$로 주어진다. 짧은 시간간격 δt 동안 이 요소를 통과하는 물의 부피는 $\delta V_w = Q\delta t$이고, 물에 의해 단위 부피당 얻는 열은 $\delta h_w = \rho_w c_w (T_1 - T_0)Q\delta t$이다. 에너지 보존에 의해, 바위가 잃는 열은 물이 얻는 열과 같으므로, 다음과 같다.

$$\rho_r c_r (T_1 - T_0)(1-\phi)A\delta x = \rho_w c_w (T_1 - T_0)Q\delta t$$

재배열하면 저온 전선의 속도는 다음과 같다.

$$v_f = \frac{dx}{dt} = \frac{\rho_w c_w}{(1-\phi)\rho_r c_r}\frac{Q}{A} = \lambda v_w$$

예제 5.2 대수층에서의 열 추출

70°C 사암 대수층은 두께가 20 m이고 폭이 100 m이다. 밀도, 비열, 공극률, 수리전도도는 각각 2.3×10^3 kg m^{-3}, 1000 J kg^{-1}°C^{-1}, 0.02, 2×10^{-5} m s^{-1}이다. 1 MW 출력을 생산하는 데 필요한 체적 유량, 시스템 수명, 시추공 간격 1 km에 대한 압력 강하를 추정하라. (흡입구에서 물이 10°C, $\rho_w = 10^3$ kg m^{-3}, $c_w = 4000$ J kg^{-1}°C^{-1}이라고 가정한다.)

$$Q = \frac{P}{\rho_w c_w (T_r - T_w)} = \frac{10^6}{(10^3)(4\times10^3)(70-10)} \approx 4\times10^{-3}\,\mathrm{m^3 s^{-1}}$$

$$t_{\mathrm{life}} = \frac{(1-\phi)\rho_r c_r A}{\rho_w c_w Q}L \approx \frac{(1-0.02)(2.3\times10^3)(10^3)(20\times100)}{(10^3)(4\times10^3)(4\times10^{-3})}(10^3) \approx 2.8\times10^8\,\mathrm{s} \approx 9\ \mathrm{years}$$

$$\Delta p = \frac{QLg\rho}{KA} = \frac{(4\times10^{-3})(10^3)(9.81\times10^3)}{(2\times10^{-5})(2\times10^3)} \approx 10^6\,\mathrm{Nm^{-2}} = 10\ \mathrm{bar}$$

5.7.3 인공저류층 지열 시스템(EGS)

EGS는 기존 수열원의 수율을 높이는 것에서부터 전 세계 대륙에 매우 많은 양의 열에너지가 저장되어 있는 깊이 5 km 안팎의 고온 건조 암석에서 열을 추출하는 것까지 지열 에너지 추출을 강화하는 다양한 방법을 말한다. 이러한 깊이에서 암석 온도는 추출 열에너지를 경제적으로 만들기에 충분할 정도로 높을 수 있으며, 좋은 지역은 ~250°C의 온도가 ~5 km의 깊이에서 발생하는 지역이다. 고온 암석은 깊이가 ~10 km 미만에 있어야 하며, 그렇지 않으면 강한 압력과 고온 상태에서 밀봉에 발생하는 구멍이나 균열을 막기가 매우 어렵다. 미국에서 자원 잠재량은 현재 전체 용량의 약 1/3인 300 GWe 이상으로 추정된다. 우리는 고온 건조 암석에 EGS를 적용하는 것에 집중할 것이다. 그림 5.12는 고온 건조 암석 발전소의 개략도를 보여 준다.

열에너지를 추출하는 방법은 지표면 아래 암석을 파쇄하여 투수성을 갖게 하고, 물을 흘려 뜨거운 암석을 통과하도록 하는 다른 지열원과 비슷한 방식으로 에너지를 추출하는 것이다. 일반적으로 주입 우물과 추출 우물은 파쇄된 영역과 수평으로 분리된다. 암석의 열전도율이 낮고 그에 상응하는 열확산도도 $\kappa_r \sim 10^{-6}\ \mathrm{m^2\ s^{-1}}$로 낮다는 것이 주된 문제이다. 시간 t 안에 열이 확산되는 특성 거리는 $(\kappa_r t)^{1/2}$인데(식 2.5 및 문제 5.23 참조), 10년 동안의 열 흐름은 18 m에 불과할 정도로 매우 작다.

수온이 크게 상승하여 열효율이 좋도록 표면적이 충분히 큰 균열 네트워크를 만드는 것이 과제이다. 온도 상승을 결정하는 것은 물 유량에 대한 가열 속도의 비율이기 때문에, 채널당 물 유량이 제한될 수 있도록 균열 간격도 좁아야 한다. 추출된 열량은 유량과 온도 상승(ΔT)에 비례하며, 전력으로 변환하는 최대 효율은 카르노 효율($\Delta T/T_{\mathrm{hot}}$)에 의해 주어진다. 즉, 전력은 $(\Delta T)^2$에 비례하므로 유량이 정확한 것이 매우 중요하다.

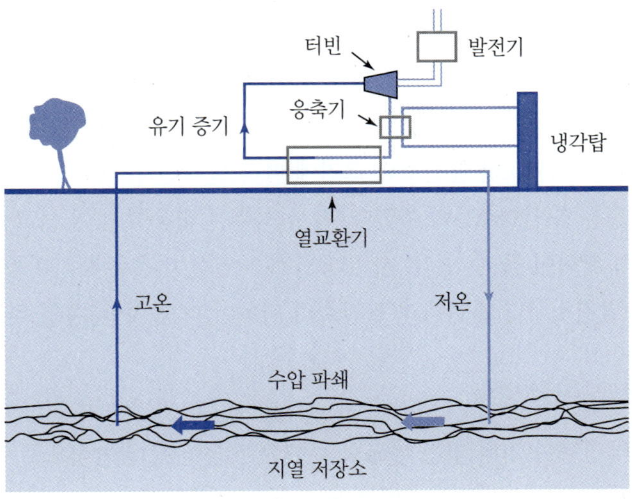

그림 5.12 고온 건조 암석 지열 발전소의 개략도

최초의 발전소는 미국 Fenton에 있으며, 깊이 3 km에서 온도 195°C로 1970년대~1990년대에 걸쳐 가동되었다. 당시에 이 발전소는 5 MWth의 출력으로 개념을 실증했고, 프랑스 Soulz-sous-Forêts에 5 MWe 시범 발전소를 비롯해 호주 등지에서 EGS에 대한 연구가 확대되었다. 그러나 40년이 지난 후에도 EGS는 여전히 개발 중이며 비용은 현재 경쟁력이 없다.

주요 비용은 일반적으로 단단한 암석을 통해 필요한 깊이까지 시추하는 데 드는데 이는 프로젝트 비용의 60% 이상이 될 수 있다. 시추 비용은 깊이에 따라 거의 지수적으로 증가한다. 시추 기술에서 획기적인 발전(지수적 $/m에서 선형 $/m로)은 EGS의 가격 경쟁력을 높일 것이다. 굴착 전에 암석을 부드럽게 하기 위해 레이저를 사용하는 것이 효과적일 수 있다. 또한, 바위가 확장될 때 수직이 되는 경향이 있는 자연 균열에서 간섭이 발생하고 이로 인해 생성된 균열이 연결되어 주입액 손실을 유발하는 등 바위를 안정적으로 파쇄하는 것이 어렵다고 밝혀졌다. 그러나 셰일(shale) 퇴적물에서 석유와 가스를 추출하는 기술(수압 파쇄법)의 발전은 지표 아래를 평가하는 데 있어서 상당한 개선을 이루었고, 따라서 암석층과 암석 온도의 성질에 대한 불확실성을 감소시켰다.

화학 물질과 모래의 혼합물을 (셰일 오일과 가스 추출을 위해 하는 것처럼) 물에 첨가하고, 고압으로 주입 우물로 보내는 수압 파쇄법에 의해 암석 파쇄가 가능하다. 고압은 균열을 형성하도록 자극한다. 모든 지진 활동을 점검하여, 2009년 EGS 프로젝트가 취소된 바젤과 같은 심각한 지진 사건의 위험을 줄이는 것이 중요하다.

5.7.4 지열 에너지 생산과 경제성

최근 몇 년 동안 직접 사용량은 연간 8% 가까이 증가하여 117 TWh가 되었고, 중국, 터키, 아이슬란드, 일본이 직접 사용량의 75%를 차지하고 있다. 전력 생산의 경우 매년 약 5%씩 성장하며 95 TWh가 되었고, 미국, 인도네시아, 필리핀, 터키, 뉴질랜드, 멕시코가 설치 용량에서 앞서가는 국가들이다. 2019년 말 총 설치 용량은 13.9 GW이고, 평균적인 설비이용률은 78%였다.

고온 자원을 이용할 수 있는 곳에서는 현대식 발전소를 이용한 전기 발전의 경제성이 화석연료를 이용한 발전과 경쟁할 수 있다. 이는 여러 경우에 있어서 바이너리 발전소에 적용되지만, 비용은 위치, 열원의 온도 및 발전소의 크기에 따라 달라진다. 2019년, 지열 발전소의 전 세계 균등화 발전 비용은 73달러/MWh이었다. 탐사 시추는 비용이 많이 들고 종종 결과를 알 수 없기 때문에 재정적 위험이 클 수 있다. 시추와 발전소 건설 비용은 투자비를 높인다. 일반적으로 증기 및 플래시 발전소보다 바이너리 발전소의 비용이 더 높지만, 운영 비용은 상당히 낮다.

5.7.5 지열 발전소의 환경 영향

지열 발전은 환경적 영향이 거의 없는 비교적 무해한 기술이다. 일반적으로 이산화탄소 배출은 거의 없지만(시추 과정을 제외하고), 때때로 H_2S 가스가 방출되는 경우가 있으며, 이미 지하수에 갇혀 있는 물은 독성 중금속을 함유하고 있을 수 있다. 따라서 추출한 물과 지역 난방 또는 전기 발전에 사용되는 물과 분리하기 위해 열교환기를 사용하는 것이 일반적이다. 플래시 발전소의 생애주기분석(life-cycle analysis, LCA)은 50 g CO_2eq kWh^{-1} 미만이고, 계획된 EGS 발전소의 경우 50 g CO_2eq kWh^{-1} 미만이다. EGS에서는 식수 공급원을 오염시킬 가능성은 적지만, 유체 경로를 모니터링하는 것이 중요하다. 또한 유도 지진 활동에 대한 우려도 있어 왔다.

5.7.6 지열 발전소의 잠재력과 전망

지열 에너지는 현재 이용 가능하다고 추정되는 자원의 극히 일부만이 이용되고 있고 대부분 미개발된 대규모 에너지원이다. 3 km 미만의 깊이에서 전기를 생산할 수 있는 기술적 잠재력은 약 30,000 TWh y^{-1}이며, 10 km 미만에서 전력 생산은 약 10배 이상이다. 반면, $T < 130°C$의 열원으로부터 가능한 열은 최대 300 EJ y^{-1}로 추정된다. 직접 사용 또는 발전용으로 추출된 열은, 300 EJ y^{-1}(10 TW_{th})에 해당하는, 65 kW km^{-2}의 대륙 평균 열유속에 의해 장기간에 걸쳐 전체 또는 부분적으로 다시 채워질 수 있다. 이 수치는 2019년 세계 최종에너지 전체 수요인 400 EJ에 필적할 만하다.

그러나 2050년까지 예상되는 경제성 있는 지열 발전 용량은 기술적 잠재량의 극히 일부에 불과하다. 162 GW 규모의 IRENA 프로젝트는 설비이용률 0.78로 전력 1100 TWh y^{-1}를 생산하고, 열 2.5 EJ y^{-1}(700 TWh y^{-1})은 산업과 건물로 대략적으로 균등하게 배분된다. 우리는 2050년까지 지열 에너지(전기 및 열)의 기여도를 ~1800 TWh y^{-1}로 예상한다.

낮은 환경 영향과 기저 부하(base load) 능력(항상 사용 가능)으로 인해, 지열은 에너지 보안도 제공하는 매력적인 저탄소 열 및 전기 공급원이 된다. 그러나 현재 쉽게 접근할 수 있는 지열 자원만이 경제성이 있다. 인공저류층 지열 기술을 풍력 및 태양광 발전보다 경쟁력 있게 만들기 위해, 현재 연구는 5 km 이상의 깊이에 있는 초고온(400°C 이상) 암석에서 열에너지를 추출하는 데 초점을 맞추고 있다. 2018년에 AltaRock은 EGS가 중국의 석탄 화력 발전을 대체할 잠재력을 갖고 있는지 평가하기 위해 China Coal과 파트너십을 맺었다. 도전 과제도 적지 않지만, 언제든지 이용할 수 있는 방대한 지열 자원이 있기 때문에 연구 개발이 지속적으로 이루어지는 것이 중요하다.

요약

- 태양열 온수 난방은 2050년까지 연간 최대 0.8 $GtCO_2$를 절약할 수 있으며, 약 3000 TWh y^{-1}(약 10 EJ y^{-1})의 저탄소 열을 제공할 수 있다. 태양열 냉방 또한 온실가스 저감에 도움이 된다.
- 열저장을 갖춘 태양열 발전(CSP)은 잠재력이 상당해 LCOE의 경쟁력이 높아지고 있다. 2050년까지 이용 가능한 발전 잠재량은 약 2000 TWh y^{-1}로 추정된다.
- 히트펌프는 점점 더 많이 보급될 것으로 예상되며, 2050년까지 최대 14 EJ y^{-1}(4000 TWh

y^{-1})을 공급할 수 있을 것이다.

- 지열 에너지는 2050년까지 약 1800 TWh^{-1}(전기 및 열)을 공급할 수 있다.

추천 문헌

EHPA (2019). Whitepaper: Heat pumps—Integrating Technologies to Decarbonise Heating and Cooling

IRENA (2019). Innovation landscape brief: Renewable power-heat.

IRENA (2019). Global energy transformation: A roadmap to 2050.

IRENA (2019). Renewable power generation costs.

JASON (2013). *Enhanced geothermal systems*, JSR-13-320, DOE.

Jelley, N. and Smith, T. (2015). *CSP: a review*. IMech, Part A. (CSP2015).

REN21 (2020). Renewables Global status report. Geothermal energy production.

energy.mit.edu/publication/future-geothermal-energy/ MIT report on the future of geothermal energy (MIT2006).

www.cibse.org/networks/regions/north-east/north-east-past-presentations Underwood, C. (2018). Heat pumps and their role in the decarbonizing of heat (HP2018).

www.iea-shc.org/solar-heat-worldwide-2020 Global solar heating and cooling statistics.

archive.ipcc.ch/pdf/special-reports/srren/SRREN_FD_SPM_final.pdf Geothermal energy.

문제

5.1 태양열 집열기는 직경 50 mm의 튜브 바깥쪽에 2500 W m^{-2}의 열유속을 발생시킨다. 물은 0.015 kg s^{-1}의 유량으로 튜브를 통해 흐르고 있다. 입구의 수온이 15°C라면, 85°C 물을 생산하기 위해 파이프 길이가 얼마나 되어야 하는가? (50°C에서의 물은 ρ = 990 kg m^{-3}, k = 0.64 W m^{-1} K^{-1}, c = 4180 J kg^{-1} K^{-1}을 갖는다.)

5.2 태양열 흡수기는 수직 방향에서 30° 이내에서 떨어지는 빛만을 받아들인다. 얻을 수 있는 최대 집광비는 얼마인가?

5.3 햇빛의 강도가 800 W m^{-2}이고 열복사에 대한 방사율이 0.1이고 태양 복사에 대한 흡수율이 0.9일 때, 진공관형 태양열 집열기에서 최대 온도를 계산하라.

5.4 태양열 온수 난방과 히트펌프 온수 난방을 비교하라. 그것들은 어떤 작업에 가장 적합한가?

5.5 공기열원 및 지중열원 히트펌프의 작동 방식을 설명하라. 각각의 장점은 무엇인가? 좋은 성능을 보장하기 위해 중요한 요소는 무엇인가?

5.6 공기열원 히트펌프에서 차가운 유체가 압축될 때 엔탈피 변화는 50 kJ kg^{-1}이고, 뜨거운 압축 유체가 응축기를 통과하며 냉각될 때 엔탈피 변화는 200 kJ kg^{-1}이다. 펌프의 등엔트로피(isentropic) 효율이 0.75일 경우 히트펌프의 COP는 얼마인가?

5.7 태양 복사 흡수율이 0.9이고, 집광비가 100인 흡수기가 900 K일 때, CSP 발전소의 엑서지 효율을 열복사 방사율이 (a) 0.9, (b) 0.1인 경우에 대해 계산하라. G = 900 W m^{-2}, T_a = 300 K이다.

5.8* 흡수 온도를 최적화하는 데 필요한 집광비가 식 (5.9)로 주어질 수 있음을 보여라. 최대 입력 온도가 1200 K인 합금을 위해 필요한 집광비와 엑서지 효율은 어느 정도인가? α와 ε을 0.9로 하고, G = 900 W m^{-2}, T_a = 300 K으로 한다.

5.9 구유형 집열기를 남북 대신에 동서로 정렬하는 것의 상대적 장점을 논하라.

5.10 타워형 CSP에서 20 m × 20 m 크기의 흡수기에 집광하기 위해 타워로부터 400 m 떨어진 곳에 있는 헬리오스탯이 필요로 하는 추적 정확도가 얼마인지 계산하라. 각각 면적 2.5 m^{2}이고 반사율 0.9인 헬리오스탯이 80,000개 있다면, 흡수기의 집광비와 태양열 발전소로 공급되는 입력 파워는 얼마인가? DNI는 900 W m^{-2}, 태양 복사에 대한 흡수율은 0.9, 열복사에 대한 방사율은 0.3, 흡수기의 온도는 550°C이다.

5.11 CSP 발전소가 최대 파워로 작동한다고 가정할 때, 흡수기의 온도를 550°C에서 720°C로 올리면 예상되는 열효율의 개선을 계산하라. 대기 온도는 25°C라고 가정한다.

5.12 550~300°C와 약 25°C 사이에서 운영되는 100 MWe 타워형 CSP 발전소에서 10시간의 열저장을 위해 몇 톤의 태양염이 필요한지 추정하라. 평균 열효율은 얼마인가? 소금의 비열은 1.5 kJ kg^{-1} K^{-1}이다.

5.13 열저장이 CSP에 제공하는 이점에 대해 논의하라.

5.14 CSP가 전 세계 이산화탄소 배출량을 줄일 수 있는 가능성에 대해 논의하라.

5.15 250~700°C의 온도 범위에서 10%의 열전 변환 효율을 위해 재료가 필요로 하는 ZT_{ave}의 값은 얼마인가?

5.16 해수면과 심층수 온도차가 25°C인 지역에 대해 해양 온도차 발전(OTEC) 시스템을 제안하려 한다. 펌프의 용량은 초당 100리터이다. 전체 효율이 이론 최대치의 50%인 경우 파워 출력을 추정하라.

5.17 태양열 굴뚝이 100 MW의 전력을 제공하기 위해 제안되었다. 굴뚝 내부와 외부 공기의 온도차는 35°C로 예상된다. 굴뚝의 직경이 100 m일 경우, 필요한 태양열 굴뚝의 높이를 추정하라.

5.18 지구의 맨틀을 통해 반경 1 m, 깊이 100 km의 원통형의 구멍을 뚫고 그것을 구리로 채워서 지구핵으로부터 직접 열을 추출하는 제안을 고려해 보자. 온도 차이가 1000°C이고 열전도도가 3.5 × 10^2 W m^{-1} K^{-1}일 때 파워 출력을 추정하라.

5.19 초기 온도 100°C에 있는 대수층을 고려해 보자. 대수층의 두께는 50 m, 너비는 100 m, 밀도는 3 × 10^3 kg m^{-3}, 비열은 1500 J kg^{-1} °C^{-1}, 공극률은 0.01, 투수성은 5 × 10^{-9} m^3 kg^{-1}이다. 10년 동안 5 MW 열 출력을 위해 필요한 시추공들의 분리 간격과 압력 강하를 추정하라. 입구에서 물은 5°C(ρ_w = 10^3 kg m^{-3}, c_w = 4000 J kg^{-1} °C^{-1})로 가정한다.

5.20 시추공을 뚫는 비용을 표현하는 식을 깊이에 대한 함수로 유도하라. 미터당 시추 비용은

깊이에 상관없지만 시추공에서 암석 재료를 들어 올리는 비용은 깊이에 선형적으로 비례한다고 가정한다.

5.21* 두께 d의 2차원 대수층을 고려해 보자. 흡입구 시추공은 $A(x = -a, y = 0)$에, 배출구 시추공은 $B(x = +a, y = 0)$에 있다. 대수층에 있는 물의 속도장은 아래와 같이 주어진다.

$$u(x, y) = \frac{Q}{2\pi d}\left(-\frac{1}{r_1} + \frac{1}{r_2}\right)$$

여기서

$$r_1 = \sqrt{(x-a)^2 + y^2} \quad r_2 = \sqrt{(x+a^2) + y^2}$$

차가운 물이 흡입구 시추공으로부터 배출구 시추공까지 도달하는 데 걸리는 시간을 표현하는 식을 유도하라.

5.22 1 GWe EGS 발전소는 초기 온도 200°C인 화강암 100 km^3 부피에서 열을 추출한다. 암석 온도가 175°C로 떨어지기 전까지 발전소는 얼마나 오래 운전이 가능한지 추정하라. (화강암 밀도 = 2750 kg m^{-3}, 화강암 비열 = 0.79 kJ kg^{-1}°C^{-1}이다.)

5.23 암석 반지름 $(\kappa_r t)^{1/2}$, 길이 L인 원통 부피에서 시간 t에 걸쳐 단일 채널(crack)에서 추출할 수 있는 에너지의 양은 열에너지 $\pi\kappa_r tLC_r\Delta T$라고 가정한다. 여기서 ΔT는 온도 강하이고, C_r은 암석의 체적 비열이다. 10년 동안 250°C에 있는 1 km^3 암석으로부터 열을 추출하는 EGS 발전소에 대해, 발전소 열효율 15%를 가정하여 균열들 사이의 최소 분리 간격과 그에 상응하는 총 전기 출력을 추정하라. C_r = 2.5 × 10^6 J m^{-3} K^{-1}, ΔT = 100°C, 암석의 열확산 계수(thermal diffusivity) κ_r = 10^{-6} m^2 s^{-1}이다.

5.24 깊이 d까지의 시추 비용 C는 $C = A\exp(d/b)$로 계산한다. 암석 T의 온도는 깊이에 따라 선형적으로 증가한다: $T = T_0 + Bd$. 다른 모든 비용이 깊이와 무관하다면, 단위 추출 열에너지당 최소 비용은 지열 저장소가 깊이 b에 있을 때임을 보여라. 이 결과의 의미에 대해 논의하라.

5.25 시추 비용, 깊이에 따른 온도 변화, 기타 비용이 문제 5.24에 주어진 경우, 단위 생산 전력당 비용을 최소화하는 최적의 깊이를 계산하라. 열에너지의 전기에너지 변환 효율을 $\Delta T/2T_0$로 근사한다. 여기서 $\Delta T = T - T_0$이다.

5.26 저탄소 전기 및 열을 제공할 수 있는 EGS의 가능성에 대해 논의하라.

유도 5.1 히트펌프의 실제 성능

그림 5.13에 나타낸 히트펌프 사이클의 다양한 부분은 다음과 같다. 3~4를 따라 히트펌프의 작동 유체가 팽창한다. 2.5.2절에서 언급한 바와 같이, 잘 단열된 유체가 어떠한 일도 하지 않고 좁은 영역을 통과하여 낮은 압력의 영역으로 들어갈 때 엔탈피($h = u + pv$)는 일정하게 유지

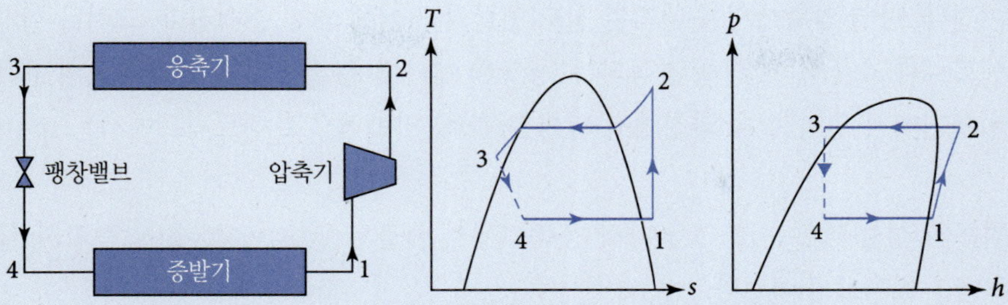

그림 5.13 히트펌프의 구성요소와 *T*-*s* 및 *p*-*h* 선도

된다. 팽창 밸브(3 → 4)를 통과하면서 액체 냉매가 팽창하고 증발함에 따라, 냉매 분자는 액체 내의 강한 분자 간 상호작용력을 극복하면서 운동에너지를 잃고, 유체의 온도는 떨어진다. pv의 곱은 내부에너지 u를 희생하면서 증가한다. (액체와 증기의 혼합 상태에 의해 성능이 영향을 받기 때문에, 터빈을 통해 액체를 팽창시키는 것은 비현실적이다. 또한 일이 거의 생성되지 않기 때문에(등엔트로피 선이 거의 수직에 가까움), 스로틀(throttle)이 사용된다. 덧붙여서, 터빈은 더 비싸기도 하다.)

3 바로 앞의 영역은 유체가 완전히 액체상태인지 확실히 하기 위해 유체가 과냉각되는 영역이며, 이는 팽창 밸브가 효율적으로 작동하기 위해 필요하다. 4에서 액체−기체 혼합물은 증발기를 통과하여 주변으로부터 열을 흡수한다. 1의 바로 앞은 액체가 비압축성이기 때문에 압축기 손상을 방지하기 위해 액체가 완전히 기체상태가 되도록 기체가 과열되는 곳이다. 압축 후 뜨거운 가스는 응축기(2 → 3)를 통과하고, 주변으로 열이 방출된다.

과냉각 상태로부터의 열은 에너지 손실을 줄이기 위해 압축기로 들어가기 전에 별도의 열교환기에서 기체를 과열하는 데 사용할 수도 있다. 냉매 R410A의 온도, 압력, 엔탈피에 대한 일반적인 값은 아래 표에 나와 있다.

		T °C	p Bar	h kJ/kg		T °C	p Bar	h kJ/kg
공기열원								
	(3)	45	28	270	(2)	75	28	468
	(4)	−12	5.8	270	(1)	−7	5.3	420
지열원								
	(3)	45	28	270	(2)	65	28	454
	(4)	3	8.5	270	(1)	7	8.5	425

공기 온도가 더 가변적이고 0°C 미만일 수 있기 때문에 공기열원 히트펌프에서 증발기 온도는 더 낮다. 흐르는 열량은 온도차, 열전도도, 유량에 의해 결정된다.

증발기와 응축기에서 실제로 발생하는 작은 압력 강하를 무시한 상황에서, 열은 작동 유체에 의해 일정한 압력에서 흡수되고 배출된다. 2.5.2절에서 보았듯이, 열전달은 엔탈피 차이에 의해 주어진다. 단열 압축에서 수행되는 일도 엔탈피 차이에 의해 주어진다. 그러나 실제 압축기는 등엔트로피 효율 η_C에 의해 결정되는, 상당한 에너지 손실이 있다. 등엔트로피 효율은 등엔트로피 조건에서 일과 실제 과정에서 일의 비율로, 일반적으로 히트펌프에서는 $\eta_C \approx 0.65$이다.

히트펌프의 성능 계수는 2~3을 따라 응축기에서 배출된 열$(h_2 - h_3)$을 압축기의 일$(h_2 - h_1)/\eta_C$로 나눈 비율로 주어진다.

$$\text{COP(가열)} = \eta_C(h_2 - h_3)/(h_2 - h_1)$$

값을 대입하면, 공기열원 히트펌프의 경우 COP(난방) = 2.7, 지중열원 히트펌프의 COP(난방) = 4.1이 된다.

우수한 성능을 얻으려면 히트펌프의 크기가 정확해야 한다. 부분 부하는 COP를 감소시키므로 더 나쁜 경우를 대비하지 않는다. 즉, 위험을 회피하지 않는다. 지중열원의 크기 설정 역시 중요하다. 바닥 난방에 설치하는 것은 일반 라디에이터를 사용하는 것보다 더 좋다. 또한 집의 단열 성능이 우수하고 온도 조절 장치의 제어를 올바르게 설정하면 성능이 향상된다.

영국에서는 공기 온도가 7°C 미만일 때 증발기에서 냉매가 0°C 미만이기 때문에 공기 중의 수증기가 얼게 된다. 그러면 증발기에서 서리를 제거하기 위해 히트펌프를 반대로 작동시켜야 하고, 1년 동안 COP가 약 0.9배로 감소한다. 히트펌프의 계간 성능 지수(SPF)는 1년 동안의 COP의 평균이다.

고온(공급 온도 > 60°C) 히트펌프는 일반 라디에이터를 사용할 수 있다. 고압(p_2)이 임계점보다 높고 저압(p_1)이 임계점보다 낮은 초월임계(transcritical) 사이클에서 냉매로 CO_2를 사용하는 경우 높은 효율을 가질 수 있다. 예를 들어 Mitsubishi Electric CO_2 ASHP는 65°C 뜨거운 물을 생산할 때 SPF가 3이다. 냉매 CO_2와 R410A 모두 오존층을 손상시키지 않지만, CO_2는 지구온난화 지수(global warming potential)가 1로 R410A의 약 2000보다 훨씬 낮다. 히트펌프를 다른 형태의 가열 장치와 결합하는 하이브리드 시스템도 높은 온도를 제공할 수 있다.

아래 사이트를 방문하면 더 많은 정보와 자료를 볼 수 있습니다.
www.oup.com/he/andrews_jelley4e

6 수력, 조력, 파력

Hydropower, Tidal Power, and Wave Power

주제 목록

- □ 댐의 출력
- □ 보
- □ 수력 터빈
- □ 초수력
- □ 양수 저장 수력
- □ 수력 발전의 경제학
- □ 수력 발전의 잠재력
- □ 수력 발전의 전망
- □ 조력
- □ 조석 공명
- □ 조력댐 및 조석호
- □ 조류 에너지
- □ 조력 발전의 전망
- □ 파도 에너지
- □ 파력 장치
- □ 파력에너지의 전망

서론

이 장에서는 지구의 풍부한 물을 이용하는 세 종류의 발전인 수력, 조력, 파력 발전을 살펴볼 것이다. **수력**은 태양열 → 해수의 증발 → 강우 → 강 → 바다로 이어지는 자연 순환을 이용한다. 수력 발전은 2018년 26,730 TWh의 세계 전력 생산의 약 16.2%를 차지하는 정립된 기술이며, 가장 큰 재생에너지이다. 수력에너지는 위치에너지(예: 저수지)의 형태 혹은 운동에너지(예: 강)의 형태이다. 두 경우 모두 큰 수력 터빈에 물을 통과시켜 전력을 생산한다.

조력 발전은 조석의 거대한 운동을 이용하는 수력 발전의 특별한 형태이다. 조력댐(tidal barrage) 시스템은 넓은 유역에 바닷물을 가둔 후, 이 바닷물을 저낙차(low head) 수력 터빈을 통해 빼낸다. 해류는 조류와 걸프스트림에서 발견된 것과 같은 세계적인 해양 순환으로부터 발생한다. 많은 해양 지역들의 해류는 너무 느려 이용할 수 없다. 하지만 더 높은 해류 속도는 섬과 본토 사이의 해협과 곶 주변에서 발견된다. 최근에는 해저 조류(current)의 운동에너지를 뽑아내는 회전자(rotor)가 개발되었다.

파력은 대부분 사용되지 못하는 거대한 자원이다. 극렬한 해양 조건도 견뎌 낼 수 있는 파력 장치의 개발이 파력 발전 기술의 가장 큰 문제이다. 파도 표면의 에너지는 진폭(amplitude)의 제곱에 비례하며, 일반적인 대양 파도는 파도의 전면 너비 기준으로 미터당 30~70 kW의 에너지를 실어 나른다. 열대성 폭풍에 의해 생성되는 높은 파고는 그 힘이 거의 감쇄되지 않은 채 대양을 지나 멀리 떨어진 해안선까지 도달한다. 파력 발전이 가장 적합한 장소는 남반구, 북반구에 상관없이 위도 40~60도 사이에 있는 대륙의 서쪽 해안선이다.

6.1 수력

물을 이용한 동력은 옛날에 관개, 방앗간, 대장간, 광산에서 이용하였다. **수차**(waterwheel)는 서기 1000년까지 서유럽에서 흔히 볼 수 있었다. 노르만족의 영국 정복 얼마 후 1086년에 발간된 Domesday Book에는 5000개 이상의 수차가 기록되어 있다. 초기 수차는 하사식(undershot) 설계(그림 6.1*a*)로 매우 비효율적이었다. 상사식(overshot) 수차(그림 6.1*b*)의 개발과 유체의 입사 운동에너지를 더 많이 회수하기 위한 수차 블레이드(blade) 모양 개선을 통해 효율이 개선되었다(~66%).

1832년 **푸르네롱 터빈**으로 수력 발전에 돌파구가 열렸다. 완전히 물에 잠기는 수직축을 갖는 이 터빈은 80% 이상의 효율을 달성했다. 이 같은 터빈들은 1895년 나이아가라폭포의 미국 쪽에서 전기를 생산하기 위해 사용되었다. 푸르네롱의 새로운 아이디어는 그림 6.2에서 보는 바와 같이 **움직이는 러너 블레이드**(moving runner blade)들 사이의 바깥 방향으로 물을 내보내는 **고정 안내 깃**(fixed guide vane)의 사용이었다. 더욱이 파이프 내에 물이 포함되어 있기 때문에, 헤드는 수차(상차식 휠에서처럼)의 직경에 제한되지 않는다. 그 이래로 고정 안내 깃과 러너를 결합한 다수의 수력 터빈의 디자인이 개발되었다. 현대의 수력 터빈은 90% 이상의 효율을 갖는다. 많은 대형 설비들은 1848년 제임스 프랜시스(James Francis)가 설계한 터빈류를 사용한다. 이 터빈에서 물은 (그림 6.2에 나타낸 푸르네롱 터빈에서처럼 바깥으로 나가는 것보다는) 전기 발전기를 돌리는 샤프트의 테두리에 부착된 블레이드의 안쪽으로 향한다. 전력은 떨어지는 높이와 흐르는 물의 양에 의해 결정된다.

수력은 현재 최대 재생가능 전력원으로 2019년 4306 TWh의 전력을 생산하고 있으며, 2018년 재생가능 발전량의 ~62%를 차지하고 있다(그림 1.8 참조). 화석연료 연소 배출 이산화탄소로 인한 기후변화에 대한 우려는 최근 수력 발전의 원동력 중 하나이다. 수력은 ~55 gCO_2eq kWh^{-1}(주로 물에 잠겨 있는 식물의 분해와 건설에 사용되는 콘크리트 및 강철과 관련 있음)의

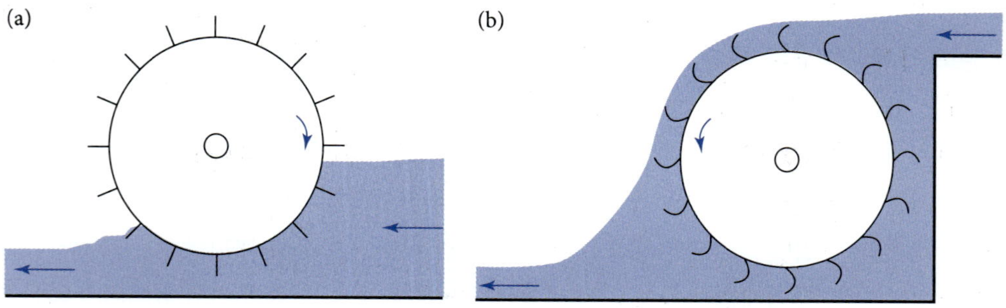

그림 6.1 (a) 하사식 수차; (b) 상사식 수차

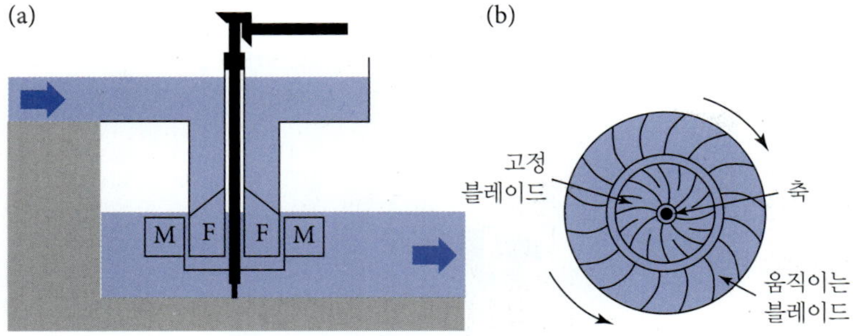

그림 6.2 푸르네롱 수력 터빈: (a) 단면도, M과 F는 러너 블레이드와 고정 깃을 나타냄; (b) 블레이드를 통한 수평면

전형적 탄소 발자국을 가진 재생 가능한 저탄소 에너지원일 뿐만 아니라, 특히 댐이 홍수 조절용이나 물 저장용으로 건설되는 경우, 상대적으로 저렴한 동력원이다. 이는 또한 훌륭하게 확립되고 적응 가능한 전력 공급원인데, 수력 발전은 빠른 공급이 가능하므로 기저 부하를 제공할 뿐만 아니라 수요 변동을 충족시킬 수도 있다. 많은 수력 발전소들은 50년 이상 운영될 수 있다. 일부 수력 발전소는 알루미늄 생산 등 에너지 소비가 매우 높은 작업을 위한 전력 공급을 전담하고 있으며, 수력은 태양광 패널용 실리콘 생산에도 사용된다.

수력 발전소 시스템에는 세 가지 주요 유형이 있는데, 즉 **댐 또는 저수지 발전소**(hydroelectric power plants with dams or reservoir, HPP), **하천 운영 계획**(run-of-river scheme, ROR), **양수 발전 장치**(pumped storage plants, PSP)이다. ROR은 저수지(연못)가 매우 작거나 아예 없는 반면 댐에는 큰 저수지가 있고, PSP는 저수지와 낮은 상수원이 모두 있으며, 강이 대표적인 예이다. 연못이 없는 ROR 식물은 물 흐름 변화에 매우 민감하지만 연못이 있는 식물은 덜 민감하다. ROR 시스템은 많은 양의 물을 가두지 않기 때문에 환경에 미치는 영향은 일반적으로 적다. HPP 및 ROR 발전소는 계단식 시스템(cascade system) 내에서 결합될 수 있다. 예를 들면, 프랑스의 뒤랑스 강에는 연간 7 TWh를 생산하고 10분 이내에 그리드(전력망)에 2 GW를 제공할 수 있는 5개의 계단식 HPP가 있다. PSP는 2019년 전 세계적으로 전력 저장의 약 94%를 제공했으며 총 용량은 158 GW이다. 풍력 및 태양열 발전소의 가변 재생가능 전원 공급 장치 통합에 도움을 주는 에너지 저장 장치를 제공하는 데에도 사용할 수 있다. PSP는 양수 저장 수력(pumped storage hydropower, PSH)이라고도 한다.

이제 PSP와 수력 발전을 설명하기 전에 먼저 사용되는 댐의 전력 생산량과 사용되는 터빈의 유형을 살펴볼 것이다. 그런 다음, 수력 발전과 그 경제의 환경적, 사회적 영향을 설명하고, 수력 발전에 대한 전망을 논의한다.

6.2 댐의 출력

저수지의 수면으로부터 아래 방향으로 수직 거리 h[**낙차**(head)라고 한다]가 되는 곳에 터빈이

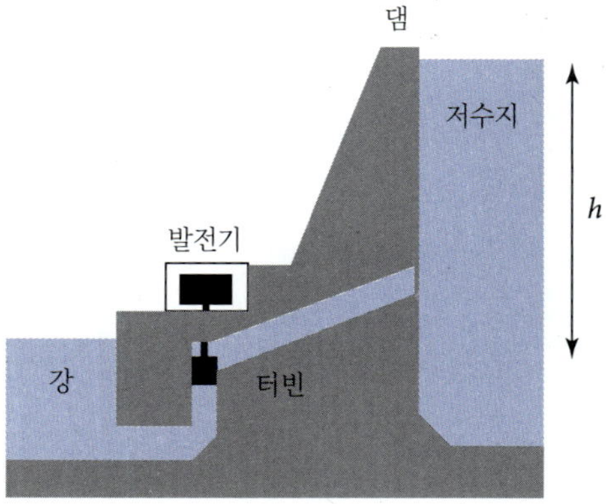

그림 6.3 수력 발전소

위치하고 있다고 하자(그림 6.3). 이로부터 얻어지는 출력(power output) P는 변환 효율 η, 단위 부피당 위치에너지 ρgh, 초당 흐르는 물의 부피 Q의 곱이다. 즉,

$$P = \eta\rho ghQ \tag{6.1}$$

대안으로, 수두는 면적 A에 대한 터빈 입구에서 압력 ρgh를 발생시켜 물에 힘 ρghA를 가한다. 만약 물이 속도 v로 흐른다면 이것의 동력은 $Fv = \rho ghAv = \rho ghQ$이며, $Q = Av$가 된다. 식 (6.1)은 변환 효율 η를 고려한 후 따른다.

이 출력은 hQ에 비례함에 유의하라. 따라서 Q가 작고 h가 큰 높은 댐은 Q가 크고 h가 작은 ROR 설비와 비슷한 출력을 가질 수 있다. 특정 위치에 어떤 수력 터빈이 적합한가는 h와 Q의 상대적 크기에 따라 달라진다(6.4.1절 참조).

예제 6.1

낙차가 50 m, 부피 유량이 20 $m^3\ s^{-1}$인 댐의 출력을 추정하라. ($\eta = 1$, $\rho = 10^3$ kg m^{-3}, $g = 10$ m s^{-2}로 가정한다.)

식 (6.1)로부터, $P = \eta\rho ghQ \approx 1 \times 10^3 \times 10 \times 50 \times 20 \approx 10$ MW이다.

사례 연구 6.1 이집트의 아스완 하이 댐

1970년에 완공된 아스완 하이 댐(아랍어로는 Saad el Aali)은 이집트와 수단 국경 바로 북쪽에 있으며 나일강 상류에서 물을 공급받는다. 이는 나세르 호수로 알려진 표면적 5250 km^2의 대규모 저수지를 포함한다. 1946년, 하류 방향으로 7 km 떨어진 아스완 로우 댐이 범람 직전에 이르렀으며, 이로 인해 긴급 조치의 필요성이 강조되었다. 2개의 댐이 건설되기 이전에는, 우기에 나일강이 범람하여 수천 년간 사람들에게 관개용 담수와 소중한 영양분을 제공했으며, 이집트 인구의 약 95%가 나일강에서 20 km 반경 이내에 살고 있다. 그러나 어떤 해에는 홍수가 일어나지 않아 가뭄과 기근으로 이어졌고, 또 어떤 해에는 과도한 홍수와 심각한 농작물 피해가 발생하기도 했다. 저수지의 방대한 저장 용량(약 132 km^3)과 댐을 통한 유수량 제어 능력은 이집트가 이제 가뭄과 홍수로부터 안전하다는 것을 의미한다. 또한 아스완 하이 댐은 12개의 프랜시스 터빈류에서 약 2 GWe의 수력 발전을 제공하며 이는 국가 전체 발전 용량의 약 3.5%이다(6.4절 참조). 또한 이제 1년 내내 나일강 항해가 가능하므로 해운과 관광을 촉진시켰고, 나일강과 삼각주 지역의 작물 재배 면적 또한 크게 증가했다. 부정적인 면으로는 아스완 하이 댐 건설로 10만여 명 이상의 이재민이 발생했고, 토질 저하로 인해 이집트 농부들은 인공 비료를 사용해야 하며, 저수지가 기생충의 온상이 되었다는 점이다. 퇴적물 보유는 또한 나일 삼각주의 침식을 증가시키고 지역 어업의 쇠퇴를 야기했다. 그럼에도 불구하고 아스완 하이 댐 건설로 인한 편익이 그 단점보다 크다는 데 의견이 일치한다.

6.3 보를 이용한 체적 유량 측정

흐르는 물로부터 추력을 얻기 위해서 체적 유량(volume flow rate) 측정은 중요하다. 이를 위해 **보**(weir)라고 부르는 인공 둑을 통과시켜 측정하는 방법이 있다(그림 6.4). 보를 설치하면, 보의 상류 물높이가 높아진다. 단위 너비당 부피 유량은 공식(유도 6.1 참조)에 의해 보 상류의 수면 높이와 보 꼭대기까지의 높이 차이 y_{min}과 관계가 있다.

$$Q = g^{\frac{1}{2}} \left(2y_{\min}/3\right)^{\frac{3}{2}} \tag{6.2}$$

(6장 전체 참고사항: y축은 수직 방향을 나타낸다.)

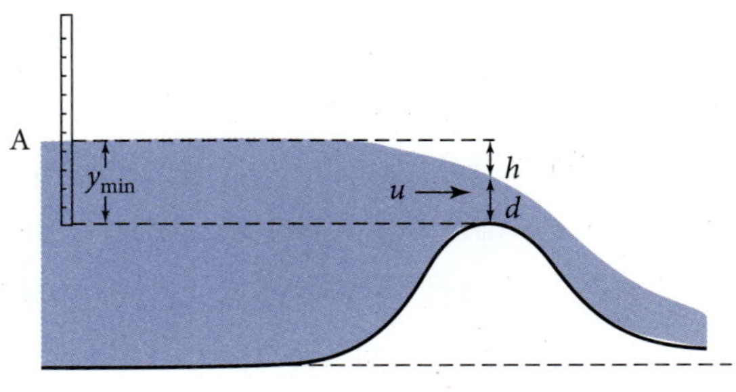

그림 6.4 광정 보를 흐르는 유량

유도 6.1 광정 보를 흐르는 유량

상류에 보의 높이와 거의 평행한 수면(즉, 그림 6.4에서 $h = 0$)에 유속이 u_A인 점 A가 있다고 하자. 보 방향으로 물이 흐르면 수면의 높이는 낮아지고 유속은 증가한다. 광정 보(broad-crested weir)에 대해 속도의 수직 성분을 무시하면, 보의 꼭대기 부근의 단위 너비당 체적 유량은 다음 식으로 표현된다.

$$Q \approx ud \tag{6.3}$$

여기서 d는 보 꼭대기 근처의 물의 깊이이다. 표면에서 대기압은 일정하다는 베르누이의 식을 이용하면(식 2.42), $\frac{1}{2}u^2 - gh \approx \frac{1}{2}{u_A}^2$이 성립한다. 따라서 만일 보 상류의 수면이 보 꼭대기의 최소 수면보다 훨씬 높다면, ${u_A}^2 \ll u^2$이고 $u \approx (2gh)^{\frac{1}{2}}$이다. 식 (6.3)에 대입하면 $d \approx Q/(2gh)^{\frac{1}{2}}$을 얻는다.

보 상류 쪽 수면의 높이와 보 꼭대기까지의 높이 차이는 $y = d + h$임을 이용하면 다음과 같이 된다.

$$y = Q/(2gh)^{\frac{1}{2}} + h \tag{6.4}$$

식 (6.4)에서 우변의 첫째 항은 h가 커짐에 따라 감소한다. 그러나 두 번째 항은 h가 커짐에 따라 커진다. 따라서 y는 $dy/dh = 0$일 때 최소가 된다. 즉, $-Q/(8gh^3)^{\frac{1}{2}} + 1 = 0$, 또는

$$h = \left(Q^2/8g\right)^{1/3} \tag{6.5}$$

마지막으로, 식 (6.4)에 식 (6.5)의 h를 대입하면 $y_{\min} = (3/2)\left(Q^2/g\right)^{1/3}$, 그래서

$$Q = g^{\frac{1}{2}}\left(2y_{\min}/3\right)^{3/2}$$

이 식이 **프랜시스 공식**이다.

6.4 수력 터빈

수차를 통해 물이 흐를 때 블레이드 사이의 물은 거의 정지되어 있다. 따라서 블레이드에 가해지는 힘은 근본적으로 블레이드 내의 압력 차이에 기인한다. 그러나 **수력 터빈**에서는 물이 빠른 속도로 움직이고 터빈은 물의 운동에너지를 사용한다. 터빈에는 기본적으로 충동(impulse) 터빈과 반동(reaction) 터빈 두 종류가 있다. **충동 터빈**에서 블레이드는 회전하는 로터에 고정되어 있으며, 각 블레이드는 고속의 워터 제트와 나란히 위치되는 때를 제외하고는 공기 중에서 회전한다. 그러나 **반동 터빈**에서는 블레이드가 물속에 완전히 잠겨 있으며 움직이는 블레이

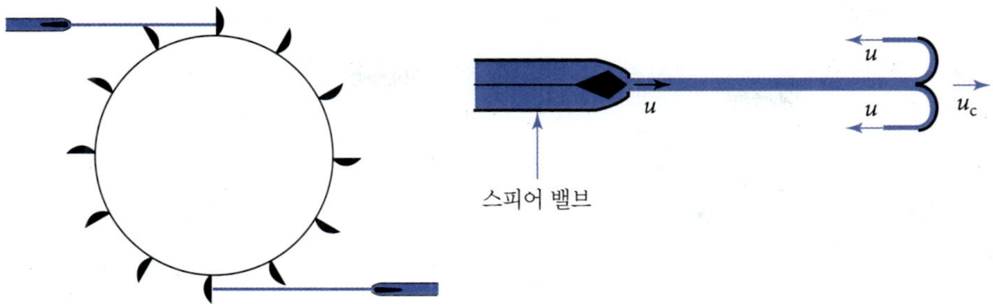

그림 6.5 충동 터빈(펠턴 수차)

드의 추력(thrust)은 반발력(reaction force)과 충격력(impulse force)의 조합으로부터 얻는다.

펠턴 수차라 부르는 충동 터빈을 그림 6.5에 나타냈다. 이 예에서 2개의 대칭적인 분출구(jet)가 있으며, 이로부터 분출되는 워터 제트는 분출 운동량 변화율과 동일한 충격을 블레이드에 준다. 워터 제트의 속도는 **스피어 밸브**(spear valve)를 사용하여 노즐의 면적을 변화시킴으로써 제어할 수 있다. 토머스 펠턴(Thomas Pelton)은 19세기에 있었던 캘리포니아 골드러시 기간에 재산을 모으고자 캘리포니아로 갔다. 그가 도착했을 즈음에는 쉽게 발견되던 금은 모두 다 채굴되고 없었고, 암석을 분쇄해야 금을 얻을 수 있었다. 그래서 암석을 잘게 부수는 분쇄기(mill)를 작동시키기 위해 충동 터빈이 사용되고 있었다. 펠턴은 터빈 블레이드의 움직임을 관찰한 후 워터 제트의 운동량이 전부 사용되는 것은 아니라고 결론을 내렸다. 그는 물이 블레이드에 부딪힐 때 사방으로 튀어 나가기 때문에 일부 운동량이 상실됨을 알았다. 그는 블레이드에 부딪힌 물이 분사된 물의 방향과 반대로 튀도록 블레이드 컵을 고쳤다. 이는 효율을 크게 증진시켰고, 펠턴은 많은 돈을 벌었다.

펠턴 수차로부터 최대 출력을 계산하기 위해, 워터 제트가 속도 u로 움직이고 컵은 속도 u_c로 움직인다고 가정하자. 컵에 입사되는 워터 제트의 컵에 대한 상대속도는 $(u - u_c)$이고, 반사된 워터제트의 속도는 $-(u - u_c)$이다. 따라서 워터 제트 속도의 변화는 $-2(u - u_c)$이다. 초당 컵에 부딪히는 물의 질량을 ρQ라 하면, 컵에 작용하는 힘 F는 다음과 같다.

$$F = 2\rho Q(u - u_c) \tag{6.6}$$

터빈의 출력 P는 힘 F와 컵의 속도의 곱이다. 즉, 다음과 같다.

$$P = Fu_c = 2\rho Q\left(u - u_c\right)u_c \tag{6.7}$$

최대 출력을 계산하기 위해 $dP/(du_c) = 0$이라고 하면, $u_c = \frac{1}{2}u$가 된다. 식 (6.7)에 대입하면, 최대 출력은 다음과 같이 산출된다.

$$P_{max} = \frac{1}{2}\rho Q u^2 \tag{6.8}$$

따라서 최대 출력은 초당 컵으로 들어오는 물의 운동에너지와 동일하다.

푸르네롱 터빈(6.1절 참조)에서처럼, 현대의 **충동 터빈**은 회전하는 수차 위에 설치된 **러너**의 블레이드 사이의 수로로 물을 보내기 위해 **고정 안내 깃**을 사용한다(그림 6.6 참조). 그러나 방사상 유체 흐름의 방향은 안쪽으로 향한다. (푸르네롱 터빈에서 바깥쪽으로의 흐름은 유량이 증가하거나 감소할 때 문제를 야기했다.)

가장 일반적인 반동 터빈은 **프랜시스 터빈**과 **카플란 터빈**이다. 프랜시스 터빈의 러너는 나선환형 모습이고, 카플란 터빈의 러너는 프로펠러 모양이다. 두 터빈 모두 러너를 떠나는 물의 운동에너지가 들어오는 물의 운동에너지에 비해 작다.

반동 터빈이라는 용어는 러너에 작용하는 추력을 완벽히 묘사하지는 못하고 있다는 점에서 다소 혼동을 준다. 반동의 크기는 식 (2.42)(베르누이 식)를 러너에 주입되는 물(아래첨자 1)과 배수되는 물(아래첨자 2)에 적용함으로써 계량화할 수 있다. 즉,

$$p_1/\rho + \frac{1}{2}q_1^2 = p_2/\rho + \frac{1}{2}q_2^2 + E \tag{6.9}$$

여기서 E는 러너로 전달되는 물의 단위 질량당 에너지이다. 다음 두 경우, (a) $q_1 = q_2$와 (b) $p_1 = p_2$를 살펴보자. (a)의 경우 식 (6.9)는 다음과 같이 된다.

$$E = (p_1 - p_2)/\rho \tag{6.10}$$

즉, 전달된 에너지는 주입구와 배출구 사이의 압력의 차이에서 비롯된다. (b)의 경우 E는 다음과 같다.

$$E = \frac{1}{2}(q_1^2 - q_2^2) \tag{6.11}$$

전달된 에너지는 주입구와 배출구 사이의 운동에너지의 차이에서 비롯된다. 일반적으로 **반동의 정도**는 다음과 같다.

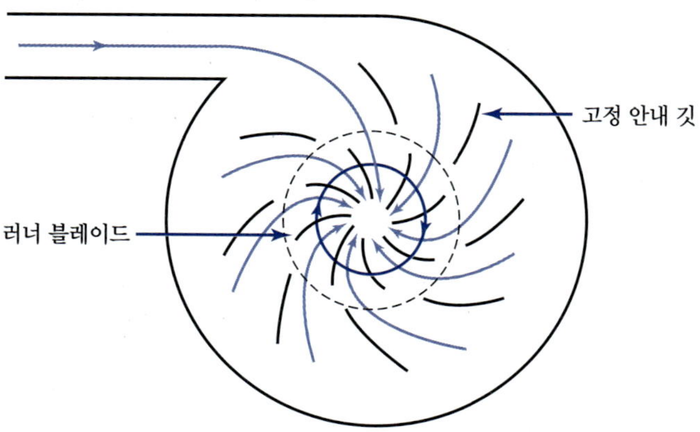

그림 6.6 반동 터빈의 평면도; 러너 블레이드는 에어로포일 형태를 갖는다.

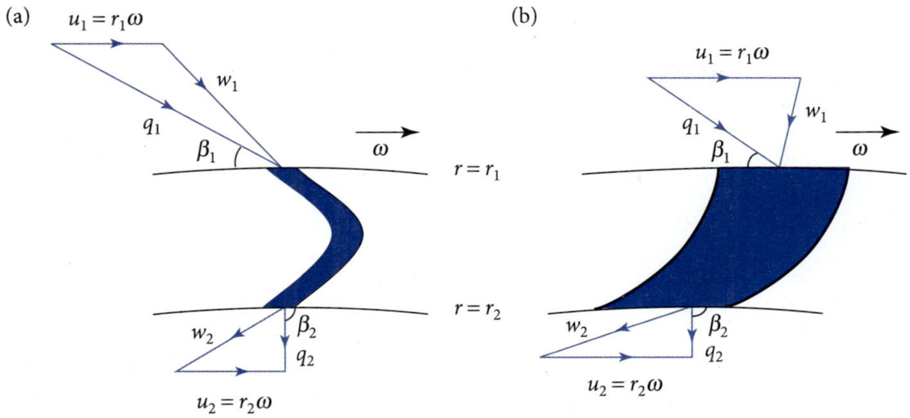

그림 6.7 속도 다이어그램: (a) 충동 터빈; (b) 반동 터빈

$$R = \frac{p_1 - p_2}{\rho E} = 1 - \frac{\left(q_1^2 - q_2^2\right)}{2E} \tag{6.12}$$

(예제 6.2를 참조하라.)

충동 터빈과 반동 터빈에 대해 실험실 수준의 참고용으로 작성된 속도 다이어그램이 각각 그림 6.7*a*와 6.7*b*에 나타나 있다. 기호 u, q, w는 러너 블레이드의 속도, 유체의 절대속도, 블레이드에 대한 유체의 상대속도를 나타낸다. 그림 6.7은 러너의 외경($r = r_1$) 및 내경($r = r_2$)에서의 속도 삼각형을 보여 준다. 러너는 각속도 ω로 회전하므로, 외경에서의 블레이드의 속도는 $u_1 = r_1\omega$가 되고, 내경에서는 $u_2 = r_2\omega$가 된다.

블레이드의 토크는 $T = \rho Q(r_1 q_1 \cos\beta_1 - r_2 u_2 \cos\beta_2)$이다.

$r_1 = u_1/\omega$과 $r_2 = u_2/\omega$를 대입하면, 매 초당 수행한 일(work)은 다음과 같다.

$$P = T\omega = \rho Q(u_1 q_1 \cos\beta_1 - u_2 q_2 \cos\beta_2) \tag{6.13}$$

이것은 **오일러 방정식**으로, 터빈의 전력 생산량을 터빈의 입구와 출구 사이 유체의 각운동량 변화율과 관련되어 있다.

물의 수두(h)로 인한 동력과 식 (6.1)에서 터빈의 출력과 동일시하면 다음을 얻는다.

$$\eta\rho g h Q = \rho Q(u_1 q_1 \cos\beta_1 - u_2 q_2 \cos\beta_2) \tag{6.14}$$

수력 효율을 아래와 같이 정의한다.

$$\eta = (u_1 q_1 \cos\beta_1 - u_2 q_2 \cos\beta_2)/gh \tag{6.15}$$

러너에서 배출되는 물이 블레이드의 운동 방향과 직각이 될 때, 즉 $\cos\beta_2 = 0$이 되게 하는 $\beta_2 = \frac{1}{2}\pi$일 때 최대 효율을 얻는다. 이 경우 식 (6.15)는 다음과 같이 된다.

$$\eta_{\max} = u_1 q_1 \cos\beta_1 / gh \tag{6.16}$$

예제 6.2

스테이터(stator, 터빈의 고정부) 입구, 러너 입구, 러너 출구의 면적이 모두 같은 특정한 반동 터빈을 고려하자. 물이 스테이터 입구에 q_0 = 2 m s^{-1}의 속도로 방사상으로 들어오고, 절대속도 q_1 = 10 m s^{-1}, 각도 $\beta_1 = 10°$로 스테이터의 날개(vane)를 지나간다. 반경 $r = r_1$인 입구에서 러너의 속도는 접선 방향으로 u_1이고, 러너에 대한 물의 상대속도는 방사 방향으로 w_1이다. 그리고 방사 방향으로 q_2의 속도로 러너에서 배출된다. 낙차가 h = 11 m일 때, 반동의 각도와 수력 효율을 구하라.

체적 유량은 스테이터에서 q_0A_0이고, 러너로 w_1A_1이 주입되며, 러너에서 q_2A_2가 빠져나간다. $A_0 = A_1 = A_2$이므로, 질량 불변의 법칙에 따라 $q_0 = w_1 = q_2$가 된다. 단위 질량당 전달되는 에너지 E는 식 (6.13)에서 ρQ를 나눈 값이다. 방사 방향으로의 q_2 속도로 러너에서 배출되므로, $\beta_2 = \frac{1}{2}\pi$이다. $q_1 \cos\beta_1 = u_1$이므로, $E = u_1^2$이 된다. w_1과 q_2는 크기가 서로 같고, 방사 방향이므로 $q_1^2 = u_1^2 + w_1^2 = u_1^2 + q_2^2$이 된다. 따라서 반동의 정도는 $R = 1 - (q_1^2 - q_2^2)/2E = 1 - u_1^2/(2u_1^2) = 1/2$이 된다. 수력 효율은 $\eta_{\max} = u_1 q_1 \cos\beta_1 / gh \approx 0.90$이다.

6.4.1 수력 터빈의 선택

터빈의 선택은 현장 조건, 특히 수두(h)와 체적 유량(Q)에 따른다. 그림 6.8은 수두와 체적 유량의 조합에 따른 가장 적합한 터빈 유형을 나타낸다. 터빈의 다른 설계는 r/R 비율과 v_b/v_w 비율에 대해 서로 다른 값을 갖는 특징이 있는데, r/R에서 πr^2은 입구 면적이고 R은 터빈 블레이드 끝단의 반경이며, v_b/v_w에서는 v_b가 블레이드 끝단의 속도이고, v_w는 터빈에 유입되는 물의 속도이다.

충동 터빈은 빠르게 흐르는 산악 지역의 하천처럼 h가 크고 Q가 작을 때(예: ROR 지역) 적

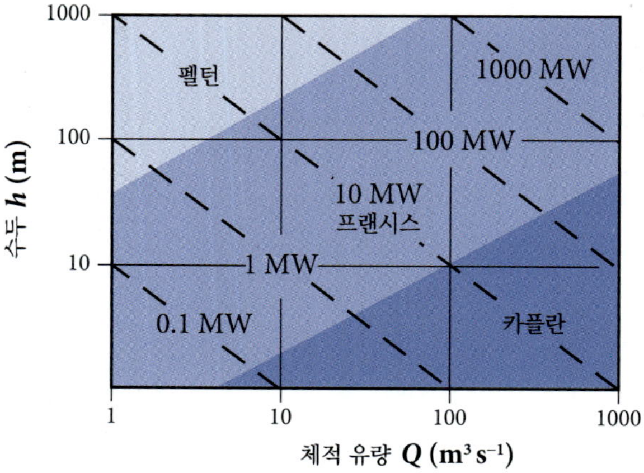

그림 6.8 수두 h와 체적 유량 Q에 따른 터빈의 선택(출처: Boyle 2004)

합하다. 그리고 프랜시스 터빈은 Q가 크고 h가 클 때(예: 댐) 적합하다.

6.5 초수력

유수가 지역적으로 공급되는 소규모 또는 고립된 지역 사회의 경우, **초수력 발전 설비**(micro-hydropower installations, 일반적으로 5~100 kW)로 경제적인 전기 공급원을 제공할 수 있다. 터빈의 선택은 체적 유량과 수원(head of water, 6.4절 참조), 환경적 영향, 비용 및 신뢰성에 따라 달라진다. 산악 지역의 전형적인 초수력 발전 설비에서 높은 위치의 하천에서 나오는 물은 파이프(펜스톡)를 통해 펠턴 터빈으로 우회될 수 있는데, 이는 터빈을 통과하는 최적 유량을 제어하는 밸브가 있는 경우 가능하다. 또는 둑이나 폭포 위로 물이 흐르는 경우, 간단한 터빈을 사용하여 운동에너지를 전기로 변환할 수 있다. 전기는 수요 증가 기간 동안 예비로 배터리에 저장할 수 있다. 초수력 발전 계획은 댐이나 송전망 연결이 필요 없고 탄소 발자국이 거의 없으며 소규모 농촌 지역 사회가 자급자족하는 것을 가능하게 한다. 이에 대한 예로, 웨일스의 브레콘비콘스 국립공원(Brecon Beacons National Park)에 있는 Dyffryn Crawnon이 있다. 이곳에서 튜고 수차(turgo wheel)를 사용하여 17리터의 유량과 130 m의 수원에서 15 kW가 생성되며, 이는 약 25개 가구로 구성된 규모의 지역 사회를 유지하기에 충분한 전력량이다.

개발도상국에는 수많은 초수력 발전 설비가 있는데, 예를 들면 안데스 산맥과 히말라야 산맥의 고립된 지역 사회와 필리핀, 스리랑카, 중국의 구릉 지역에서 이러한 설비들을 찾아볼 수 있다. **가먼**(Garman) **수력 터빈**과 같은 초수력 발전 방식은 현지에서 제조할 수 있으며 태양열 발전을 보완할 수도 있는데, 이는 일반적으로 태양 일사량이 가장 낮은 겨울에 강의 흐름이 가장 높기 때문이다. 지역 사회 근처가 아닌 경우 현지 그리드(전력망)를 사용하여 전력을 전송할 수 있으며, 전압을 높여 손실을 줄일 수 있다. 예를 들어 페루에서는 10 kV의 그리드가 사용된다. 수요 변동에 따라 부하 제어기를 사용하거나 급수를 변경하여 공급을 조정할 수 있다. 이러한 시스템은 지역 사회의 최초 전기 사용을 가능하게 한다. 전기는 학교와 가정에서 조명, 통신 및 웹을 사용할 수 있게 한다.

6.6 양수 저장 수력(PSH)

댐은 또한 에너지 저장을 제공하여 더욱 다양한 에너지원을 더 잘 사용할 수 있게 하며, 양수 저장 수력(pumped storage hydropower, PSH) 발전소는 대용량 에너지 저장 면에 있어 현재 우리가 사용할 수 있는 형태 중 가장 비용효율적인 형태이다. 2019년에는 158 GW로 추정되는 발전 용량이 양수 저장을 통해 제공되어 전 세계 전력 저장의 약 94%를 제공했으며, 일부 수력 발전소를 개조하면 훨씬 더 많은 용량을 제공할 수 있다. GW 단위의 PSH 용량이 큰 주요 국가들로는 중국 30.3, 일본 27.6, 미국 22.9, 이탈리아 7.7, 독일 6.4, 스페인 6.1, 프랑스 5.8, 오스

트리아 5.6, 인도 4.8, 한국 4.7이 있다.

호주 남부 스펜서만의 북서쪽 끝에 해수 양수 저장 발전소가 계획 중에 있는데, 해수를 사용하는 이유는 담수 자원이 부족하기 때문이다. 이곳에는 최대 8시간 동안 225 MW를 생성할 수 있는 충분한 저장 공간이 있어 온도가 급상승할 때 최대 수요에 대한 압력을 완화할 수 있다. 해수 PSH는 넓은 부지로 인해 큰 잠재력을 가지고 있다. 현재 가능한 PSH의 다른 형태로는 오래된 광산이나 해저 시스템과 같은 지하 저수지를 사용하는 것이 있다.

PSH는 일반적으로 전기 요금이 싼 밤에 저수지 하부에서 상부로 물을 끌어올려 요금이 비싼 낮에 전력을 생산하는 데 사용되었다. 그러나 재생에너지의 보급이 증가함에 따라 PSH는 생산량의 변동을 완화하는 데 사용되고 있다. 일본에서 개발된 가변 속도 터빈은 주파수 제어 및 그리드 안정성을 제공할 수 있으며 유럽에서 이를 사용한 다양한 계획이 개발 중에 있다. PSH 저장소의 부피와 차등 높이는 저장 용량을 결정하며 이는 중요한 매개변수이다. 스페인에서는 재생에너지로부터 공급이 저조한 경우 PSH를 이용하여 이러한 저발전량을 몇 시간 동안 완충할 수 있지만, 영국 내 용량은 이보다 훨씬 적기도 하다.

재생에너지의 보급을 더 널리 가능하게 하는 PSH 발전소의 중요성은 현재 과소평가되고 있으며, PSH의 경제성은 낮 동안의 저렴한 재생 전기의 가용성에 의해 영향을 받으며, 낮과 밤 시간대 전기 요금의 차이를 줄인다. 그러나 침투율이 높은 경우에는, 전력 저장이 그리드(전력망) 운영을 안정화하는 데 매우 큰 도움을 준다. 양수 저장에 대한 자세한 내용은 10.17절에 있다.

6.7 수력의 환경적, 사회적 영향

수력 발전의 주요 경제적, 기후적 이점은 낮은 운영 비용, 대기에 대한 최소한의 영향, 전력 수요의 급격한 변화에 대한 신속한 대응, 긴 발전소 수명(일반적으로 주요 보수 공사 이전까지 40년 이상)이다. 그러나 댐 건설은 자본 비용이 높고 투자 회수 기간이 매우 길다. 또한 새로운 수력 발전 계획을 결정할 때 인구 이동, 침전, 수질 변화, 어류에 대한 영향, 홍수를 포함하여 심각한 사회 및 환경 문제를 고려해야 한다. 주목할 만한 예로는 중국의 양쯔강에 있는 싼샤댐이 있는데, 원래 1919년에 구상되었고, 최초 계획은 1930년대에 작성되었다(그림 6.9 참조). 1800만 명의 이재민과 33,000명의 사상자를 낸 1954년 홍수로 인해 이 계획은 전력을 공급하고 홍수 위험을 줄이기 위한 방편으로 1980년대에 다시 부활했다. 댐의 최대 출력은 22.5 GWe이지만, 이 사업으로 130만 명이 이재민이 되었고, 댐 주변의 산사태 증가에 대한 우려가 있다.

전 세계적으로 3천만~6천만 명이 수력 발전으로 인해 이주해야 하는 것으로 추산되고 있다. 재정착은 이에 영향을 받는 사람들에 대한 세심한 고려와 참여가 필요한 민감한 문제이다. 이러한 사업들은 또한 토착민들에게 영향을 미칠 수 있으며, 토착민들에게 자문을 제공하고, 그들의 전통을 존중하며, 그들의 사회에 혜택이 주어질 수 있도록 해야 한다. 이러한 우려의 결과로 제안된 수력 발전소는 종종 논쟁을 불러일으키고 일부 국가에서는 수력 발전에 대한 대

그림 6.9 중국 싼샤댐(출처: www.stema-sustems.nl)

중의 반대가 소규모 프로젝트를 제외한 모든 건설을 중단시키는 상황을 초래하기도 했다. 이러한 반대 상황은 지난 세기 수십 년 동안 두드러졌다. 또한 댐은 여러 가지 이유로 붕괴된다. 예를 들면 물의 과잉, 부적절한 방수, 기초 결함, 침하, 경사 불안정, 균열, 침식, 저수지 근처의 급경사 계곡의 산사태로 인한 대형 파도 등이 있다. 원자력 발전소와 유사하게 대형 사고 가능성은 적지만, 한번 일어나면 그 결과는 대재앙에 이를 수 있다. 댐이 터지면서 상당한 인명 피해가 발생했다. 특히 1975년에는 폭우에 이어 중국의 반차오댐이 무너지면서 홍수로 인해 약 26,000명이 사망했고, 이후 기근과 전염병으로 약 145,000명이 사망했다.

세계에서 가장 큰 단일 수력 발전 자원 중 하나를 활용하려는 계획에는 다른 문제들이 있다. 이는 약 6억 명의 사람들이 전기를 사용하지 못하는 사하라사막 이남의 아프리카에 있다. 콩고강 입구 근처에는 30층 건물 높이인 약 100 m에 이르는 엄청난 높이의 급류인 잉가폭포가 있다. 이 강의 유수는 아마존 다음인, 세계에서 두 번째로 큰 규모이며, 총 잠재 생산량은 싼샤댐의 2배 정도에 달한다. 이는 산업 성장에 엄청난 동력을 제공하고 수백만 명의 사람들을 빈곤에서 벗어나게 하기에 충분하다. 그러나 전쟁, 부패, 수십 년에 걸친 사회적, 정치적 불안, 막대한 비용 초과 및 기타 여러 문제들이 이러한 잠재력을 실행으로 옮기는 것을 방해해 왔다.

환경적 영향과 댐 붕괴의 결과를 줄이기 위해서 적은 수의 대규모 저수지를 건설하는 것이 더 나은지 아니면 많은 수의 소규모 저수지를 건설하는 것이 더 나은지에 대한 질문이 발생하곤 한다. 비록 소형 댐이 대형 댐보다 대중들에게 더 쉽게 수용되는 경향이 있지만 동일한 양의 물을 공급하기 위해서 하나로 된 대형 댐보다 더 많은 총 저수 유역이 필요하다.

수력 발전을 강력히 찬성하는 쪽의 주장은 건설 중일 때를 제외하고는 온실가스와 산성비가스의 생산량이 적다는 것이다. 이것이 일반적으로는 맞지만, MWh당 약 55 $kgCO_2$의 평균 배출량은 화석연료 생성의 약 10분의 1에 불과하지만, 이는 저수지의 면적과 온도에 따라 상당한 편차가 있다. 일반적으로 연간 전기 생산량에 대한 저수지의 물 면적 비율(GWh당 km^2)이 상대적으로 낮은 곳에서는 CO_2 배출량이 더 낮다. 이러한 배출은 수중 식물의 호기성 분해에 의해 발생한다. 이러한 분해는 특히 저수지가 뜨겁고 열적으로 성층화되어 있는 경우 혐기성일 수 있으며, 기후 효과는 비교적 단기적이지만 메탄의 배출은 상당할 수 있다. 예를 들어 저수지 면적의 차이는 주로 저지대인 브라질에 있는 아마존댐에서 탄소 배출량이 많고, 주로 볼리비아, 에콰도르 및 페루의 산악 지역에 있는 댐에서 탄소 배출량이 적은 이유를 설명한다.

지속 가능한 계획을 보장하기 위해 새로운 수력 발전 개발을 계획할 때 에너지 생성, 사회적 및 환경적 영향, 물에 대한 다양한 수요의 균형을 맞추는 것이 중요하다.

6.7.1 대형 수력 발전소의 강우 요건

댐 저수지의 수위를 유지하는 데 필요한 강우량은 집수(저수지) 면적, 댐 수원 및 전력 생산량으로부터 추정할 수 있다. 싼샤댐의 경우, 집수(저수지) 면적 A가 $\sim 10^6$ km^2, 수원 h가 ~100 m, 연속 생산량 P가 ~10 GWe(약 40% 용량 계수에서 22.5 GWe임)이다. 전력 P는 식 (6.1)에 의해 계산될 수 있다.

$$P = \eta \rho g h Q$$

효율성 η = 90%를 고려하면, $Q = 10^{10}/(0.9 \times 1000 \times 9.81 \times 100) \sim 10^4\ m^3\ s^{-1}$이다. $Q = A dz/dt$이고, 여기서 dz/dt는 강우로 인한 것이므로, $dz/dt \sim 10^{-8}\ m\ s^{-1}$ 또는 ~0.3 m/yr이고, 이는 대략 대규모 수력 발전소 지역에서 필요한 강우량에 해당한다.

기후변화가 수자원에 영향을 미칠 수 있지만 모델링에 따르면 전 지구적 자원에 대한 전반적인 영향은 거의 없지만 지역적 영향은 상당히 중요할 수 있으며 이러한 사항은 평가되어야 한다. 기후변화는 이미 더 많은 강수량 변화와 해빙을 초래하고 있으며, 이는 발전소 운영 방식을 수정 및 변경하는 원인이 되고 있다.

6.8 수력 발전의 경제학

수력 발전 계획에 대한 경제성은 미래 비용을 어떻게 감소시킬지에 크게 달려 있다(1.5.7절 참조). 할인은 장기 수입의 이익을 감소시키며 가스 복합화 화력(CCGT, 3.13절 참조)과 같은 자금 회수 기간이 짧은 발전 계획보다 수력 발전을 더 불리하게 만든다. 이로 인해 수력 발전 계획은 사금융(private capital)보다 한 지역의 장기적인 경제적 하부 구조의 개선을 추구하는 정부 기관에 의해 자금 지원을 받는 경우가 대부분이다. 경쟁적으로 점점 더 규제가 완화되어 가는 전력 시장은 자본집약적 프로젝트보다는 자본 회수가 빠른 발전소로 균형을 기울였다. 하지만 세계 은행의 보증 도입으로 수력 발전 계획을 위한 민간 자금 조달이 가능해지고 있다.

신규 사업의 비용이 큰 경우 기존 발전소를 개조하는 것이 용량을 늘리는 더 비용효율적인 방법일 수 있다. 댐의 유효 수명이 다해 댐을 폐기해야 할 때에도 비용이 발생한다. 해체와 관련된 비용을 누가 부담해야 하는지는 원자력 발전소의 문제와 비슷하다. 발전소 소유자, 전력 소비자 또는 일반 대중 중 비용은 누가 부담해야 하는지가 문제가 된다. 긍정적인 측면에서, 수력 발전은 수명이 길기 때문에 생산 비용이 낮다. 일반적으로 40~80년으로, 자원(강우)은 무료이며 운영 및 유지보수 비용 또한 최소화될 수 있다. 그러나 시간이 지남에 따라 저수지에 갇힌 퇴적물의 축적으로 인해 수력 발전소의 효율이 감소하는 경향이 있다. 이는 세척(flushing) 및 준설 비용이 어마어마할 수 있기 때문에 생명 제한 요소가 될 수 있다.

또한 원래 예산보다 비용이 더 많이 필요한 댐도 많이 있다. 대규모 댐과 저수지를 건설하는 대신 수위가 자연적으로 떨어지는 것을 활용하는 ROR과 같은 소규모 사업 계획은 비용 측면에서 더 저렴할 수 있다. 큰 저수지가 없다는 것은 그 생산량이 강우량의 변화에 더 민감하다는 것을 의미하지만 환경에 미치는 부정적 영향은 더 적다는 점도 있다. 기후변화는 이미 일부 지역에서 가뭄과 더 큰 강우량 변화를 일으키고 있으며 수력 발전에 의존하는 국가에서는 심각한 문제로 고려되고 있다.

건설 자본 비용은 상당히 다양하며 특히 아시아 국가에서는 더 비싼 개발 조건으로 인해 2010년 이후 약 36% 증가했다. 2019년에 새로 시운전된 발전소의 비용은 kW당 약 1000~4000달러였으며 평균 kW당 1700달러였으며 운영 및 유지보수 비용(O&M)은 투자 비용의 약 2%였다. 평균 용량 계수(CF)는 48%였다. 발전소 최대 생산량은 평균보다 상당히 높을 수 있으므로 수요 급증을 충족할 수 있을 때 CF가 낮아지는 경향이 있다. 또한 수력 발전의 가용성은 강우량의 영향을 받으므로 계절적 의존성도 고려되어야 한다. 2019년 신규 발전소의 거의 90%가 신규 화석연료 발전소보다 저렴한 가격으로 전기를 생산했으며 평균 가격은 0.047달러/kWh이었다.

이 값은 용량이 10 MW보다 큰 발전소에 대한 값이며, kW당 1700달러 투자에 대한 이자율 9%, CF 48%, O&M 2.3% 및 수명 40년이라는 조건을 바탕으로 한다(1.5.7절 참조). 자본 비용의 약 45%는 토목 공사, 33%는 발전소 장비 조달 비용에 해당한다. 10 MW 이하 소규모 사업의 경우 평균 투자 비용은 kW당 약 2100달러이다. 일반적으로 LCOE가 낮은 경우, 수력 발전이 종종 가장 저렴한 형태의 전력 중 하나로 꼽히며, 이는 노르웨이, 캐나다, 뉴질랜드, 중국, 파라과이, 브라질, 앙골라를 비롯한 전 세계 여러 나라에서 수력 발전이 크게 기여한다는 것을 의미한다.

6.9 전 세계 수력 발전의 잠재력

전 세계 수력 발전 기술의 잠재력은 약 15,000 TWh y^{-1}로 추정되며 45% 용량 계수(CF)(전체 부하시간 4000시간)에서 2019년에 설치된 1308 GW와 비교하여 3750 GW의 설치 용량에 해

표 6.1 지역 수력 발전 기술 잠재력 및 미개발 비율

	North America	Latin America	Europe	Africa	Asia	Australasia Oceania
기술적 잠재량 (TWh y^{-1})	1659	2856	1021	1174	7681	185
미개발 비율	61	74	47	92	80	80

출처: IEA 2012

당된다.

수력 발전의 이론적 잠재력은 연간 강우 유출량과 미터 단위의 감소에 의해 결정된다(문제 6.16 참조). 기술 잠재력의 추정치는 이론상의 약 3분의 1이며, 미개척 자원의 경우, 표 6.1에서 볼 수 있듯이 아시아에는 연간 ~6000 TWh, 라틴아메리카에는 ~2000 TWh, 북미에는 ~1000 TWh, 아프리카에는 ~1000 TWh에 달하는 상당한 양의 미개척 자원이 있다.

6.10 현재 전 세계 수력 발전 용량

2019년, 수력 발전 용량이 가장 큰 10개 국가는 (GW 기준으로) 중국 356, 브라질 109, 미국 103, 캐나다 81, 인도 50, 일본 50, 러시아 50, 노르웨이 33, 터키 29, 프랑스 26이다. 이는 전 세계 용량의 2/3에 해당한다. 용량이 가장 큰 발전 지역 8곳이 용량 계수(CF)와 함께 표 6.2에 나와 있다. 싼샤댐 CF와 이타이푸 수력 발전소 CF의 상당한 차이는 싼샤 지역에서 수개월 동안 특히 강우량이 낮은 상황이 반영된 반면, 브라질과 파라과이의 경계에 위치하여 이타이푸댐에 수자원을 공급하는 파라나강의 유수량 변화는 상대적으로 작다는 것을 보여 준다.

노르웨이와 아이슬란드와 같은 산악 국가는 사실상 수력 발전에 필요한 수자원이 충분히 공급되고 있으나, 자원이 덜 풍부한 국가에서는 수력 발전이 피크 부하 수요를 충족시키기 위해 주로 사용되고 있고, 이를 위해 양수 저장이 점점 더 중요해지고 있다. 또한 수력 발전은 예비

표 6.2 수력 발전이 가장 큰 지역들

국가	지역	용량(GW)	CF(%)
China	Three Gorges	22.5	50
Brazil/Paraguay	Itaipu	14	84
China	Xiluodu	13.9	45
Brazil	Belo Monte	11.2	40
Venezuela	Guri Dam	10.2	60
Brazil	Tucurui	8.4	57
USA	Grand Coulee Dam	6.8	34
China	Xiangjiaba	6.4	54

전원으로 작동하여 공급 변동을 완화하고 출력 주파수를 유지할 수 있다.

2019년에 전 세계 총 용량은 1308 GW에 도달했으며 2015~2019년 기간 동안의 연평균 성장률은 2.1%였다. 세계적으로 제공된 수력 발전 용량은 ~4306 TWh였으며, 이는 평균 용량 계수 37.5%에 해당한다. GW 단위 기준 용량이 가장 큰 국가는 브라질 4.9, 중국 4.2, 라오스 1.9로, 신규 용량의 70%를 차지했다. 2020년 말까지 전 세계 수력 발전 용량은 1332 GW에 달했다.

6.11 수력의 전망

EU의 경우 현재 자원 활용이 잘 되고 있는 편이지만, 그 외 지역, 특히 아시아, 라틴아메리카 및 아프리카에서는 성장 잠재력이 매우 큰 편이며, 이러한 지역 중 일부에서는 낮은 인건비가 큰 도움이 될 수 있는 요소로 작용할 것으로 예상된다. IEA에서는 2050 TWh 기준 발전량이 다음과 같이 도달할 것으로 예상하고 있다: 아프리카 ~350, 중남미 ~1500(이 중 브라질에서 절반 이상을 차지함), 아시아 ~3000(이 중 중국에서 약 절반, 인도에서 약 1/4을 차지함), 북미 ~850, 유럽 ~900, 러시아와 유라시아 ~500(이 중 러시아가 약 3/4을 차지함). 연간 총 발전량은 약 7000 TWh로 예상하고 있다. 발전소의 보수는 용량을 증가시키기 위한 비용효율적 방법이 될 수 있다. 저수지가 있는 발전소의 생산량은 유연하여 풍력 및 태양열 발전소의 가변성을 수용하는 데 점점 더 중요해지고 있는 추세이다.

양수 저장 수력(PSH) 발전도 재생가능 에너지를 통합하는 데 중요한 요소이며, 태양열 및 풍력의 보급 확대를 충족하기 위해 전 세계적으로 PSH에 대한 강조가 증가하고 있다. 예를 들어, 칠레에서는 아타카마사막에 위치한 561 MW 규모의 태양열 농장을 보완하기 위해 300 MW급의 해수 PSH에 대한 자금 조달이 계획되고 있으며, 호주에서는 태양광 PV 농장에 유연성을 제공하기 위해 250 MW급의 1500 MWh PSH 프로젝트가 계획 중에 있다. IEA는 2019년에 158 GW였던 PSP 용량이 2050년까지 기존의 3~5배인 400~700 GW로 증가할 것으로 예측하고 있다. 수력 발전소의 인터커넥터도 수요와 공급의 균형을 유지하는 데 도움이 될 수 있다. 덴마크와 노르웨이 사이의 240 km 전력선 연결이 이에 대한 예로, 그 용량은 1 GW이고 이는 덴마크 풍력 발전소와 노르웨이 수력 발전 간에 전기를 교환할 수 있다. PSH는 공급의 계절적 변동에도 도움이 될 수 있다.

많은 시스템의 용량은 최대 20%까지 증가될 수 있으며, 이는 대규모 신규 사업보다 비용효율적이고 사회적으로도 수용이 가능하다. 수력 발전이 환경에 미치는 영향을 최소화하기 위한 연구는 특히 중요하다. 예를 들어, 농업용수의 가용성이 크게 영향을 받지 않도록 하려면 사업 추진 영향에 대한 전체 수명 주기 분석이 필요하다. 그러나 이러한 우려는 생활 수준을 높이는 데 에너지를 제공하는 것의 중요성과 균형을 이루어야 한다.

전 세계적으로 잠재적인 수력 자원의 약 30%가 개발되었으며 IEA는 주로 개발도상국에서 2050년까지 전 세계 용량이 거의 2000 GW로 증가하고 연간 7000 TWh를 약간 넘는 선에 도달할 것으로 추정하고 있다. 이는 저탄소 에너지 공급에 매우 중요한 기여를 할 것이며 재생에너지를 그리드 공급에 통합하는 데에도 도움이 될 것으로 예상된다.

6.12 조력

조력(tidal power)은 조수의 체적 운동을 이용한다. 조력 발전은 다른 대체에너지와 비교했을 때 예측이 가능하다는 장점이 있다. 기존의 조력 발전의 경우, 유용한 양의 전력을 생산하기 위해서는 큰 조석내만(tidal basin)을 건설해야 한다. 규모가 가장 큰 조력 발전소는 프랑스의 라랑스(240 MW)와 한국의 시화호(254 MW)에 있으며, 각각 1966년과 2011년에 시운전을 시작했다. 또한 최근에는 수중 로터를 이용하여 강한 조류를 활용하기 위한 대체 기술이 개발되고 있다.

조석은 지구와 달이 서로 공전하는 데 필요한 것보다 지구의 가까운 쪽 바다에서 달의 중력이 약간 더 크고 먼 쪽에서는 약간 작기 때문에 발생한다. 결과적으로, 해수면은 양쪽에서 약간 더 높고(그리고 그 사이에서 약간 더 낮음) 상승한 물의 무게가 당기는 차이를 보상한다. 지구가 자전함에 따라 이러한 돌출부는 하루에 두 번의 조석을 유발하며, 해수면의 변화(**조석 범위**라고 함)는 바다 중앙에서 약 0.5~1.0 m이다(유도 6.3 참조). 조석 융기(tidal bulge)가 지구의 자전을 쫓아갈 수 없으므로(문제 6.30 참조), 조석은 달의 위치보다 뒤처지게 되며, 그 크기는 위도에 따라 다르다. 만조 사이의 간격은 약 12시간 25분이다(문제 6.20 참조). 대륙과 만의 존재는 조석 현상을 많이 교란하며 조차를 증진시킬 수 있다.

태양의 끌어당김은 상대적 위치에 따라 범위를 약 20% 늘리거나 줄이며, 이로 인해 봄과 간조가 생겨난다. 그러나 해수의 자연 진동이 지구의 자전 주기와 일치하는 주기를 갖는 경우 범위는 훨씬 더 클 수 있다. 이것은 대서양 분지의 조수와 일부 만과 강어귀에서도 발생한다. 만의 경우 깔때기 모양을 가지고 있으면 너비가 줄어들면 들어오는 밀물이 위로 올라가고 나가는 밀물이 아래로 떨어지기 때문에 밀물의 범위를 더욱 향상시킨다. 이러한 **조석 공명**(tidal resonance) 및 증강은 이상적으로 적합한 조석 범위가 큰 위치를 만드는 요소이며, 따라서 조력 발전소에 매우 중요한 요소이다.

6.13 조석 공명

조석 범위는 부분적으로 조석 공명으로 인해 전 세계 바다 곳곳에서 다양하다. 그림 6.10은 길이가 L인 얕은 유역에서 진동하는 깊이 h의 물을 보여 준다. 물의 표면은 양쪽 끝이 수평이며, 거기에는 흐름이 없고 중간 변위는 0(절점)이다. 물은 주파수 f_b로 끝에서 위아래로 움직이며, $f_b = c/\lambda$를 통해 구할 수 있다. 여기서 c는 천해파의 속도이고, $\lambda = 2L$은 진동의 파장이다.

차원 분석(문제 6.31 참조)에서, 균일한 깊이 h_0의 바다에서 파장 λ의 파도의 속도 c는

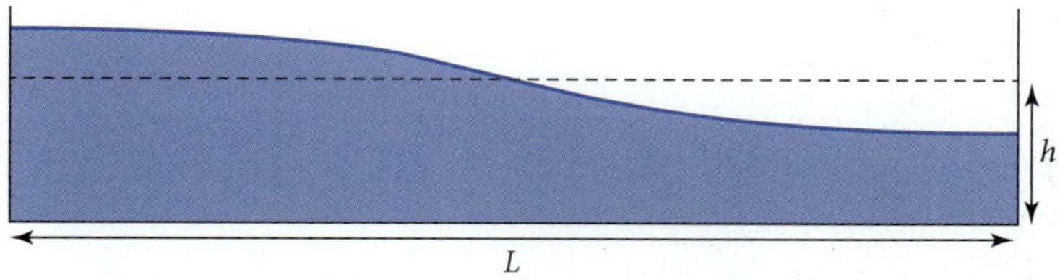

그림 6.10 길이가 L인 얕은 유역에서 진동하는 깊이 h인 물

$c = f(\lambda/h_0)\sqrt{gh_0}$ 로 구할 수 있다. **천해파**라고 하는 $\lambda >> h_0$일 때 속도가 λ와 무관할 것으로 예상하므로 $f(\lambda/h_0)$는 일정하고, 이는 1과 같다(문제 6.22 참조).

$$c = \sqrt{gh_0} \tag{6.17}$$

조석 빈도가 f_b에 가까울 때 유역의 자연 진동이 증가하고 범위(즉, 유역 끝에서 최대 변위와 최소 변위 사이의 차이)가 증가한다. 예를 들면, 대서양의 너비가 4000 km이고, 평균 수심이 4000 m이다. 따라서 식 (6.17)의 천해파(shallow water wave)의 속도는 $c = \sqrt{gh_0} = \sqrt{10 \times 4000} = 200\ \text{m s}^{-1}$이고 $f_b \sim 2.5 \times 10^{-5}$이다. 조석의 주파수는 약 $2.2 \times 10^{-5}\ \text{s}^{-1}$로, 이는 f_b에 가깝기 때문에 조석 팽창이 왕복하는 데 걸리는 시간은 양쪽 해안에 반사되어 조석 주기와 거의 같으므로 진폭이 증가한다. 대서양 연안의 경우 조석 범위가 ~0.5 m에서 ~3 m로 증폭된다.

만일 강어귀의 길이와 깊이가 조건에 맞으면, 강어귀에서 큰 조석 공진이 일어날 수 있다. 강어귀의 진동은 그림 6.10과 같이 유역의 중간에서 한쪽 끝으로의 진동으로 표시된다. 수원 부분에는 흐름이 없지만 물은 강어귀 입구 안팎으로 흐르고, 따라서 조석 공명이 발생하기 위한 하구의 길이는 하구 깊이의 천해파 파장의 1/4이다.

예제 6.3

영국 브리스틀해협의 평균 깊이는 80 m이고 수로에 있는 대륙붕의 길이는 300 km이다. 해협의 머리(head)에서 조석 공명 향상이 예상된다는 것을 보여라.

해협에 있는 자연 진동 f_b의 주파수는 $c/4L$이다. 해협에서 얕은 파도(shallow wave)의 속도는 $c = \sqrt{gh_0}$ 이며, $c = 28\ \text{m s}^{-1}$, $f_b = 28/(4 \times 3 \times 10^5) = 2.3 \times 10^{-5}\ \text{s}^{-1}$이다. 이는 $2.2 \times 10^{-5}\ \text{s}^{-1}$의 주파수와 비슷하기 때문에 조석 공명이 예상된다. 해협의 다양한 너비와 깊이가 조수에 영향을 미치기 때문에 실제 상황은 좀 더 복잡하다.

6.14 조력댐

가장 먼저 조력을 이용한 경우가 강어귀에 보(barrage)를 설치하여 사용한 조력 파쇄기였다. 바닷물을 밀물 때 조석내만(tidal basin)에 가두었다가 썰물 때 수차를 통해 방류시켜, 곡식을

그림 6.11 대한민국의 시화 조력 발전소(Topic Images Inc./Getty)

가는 돌 파쇄기(stone mill)에 동력을 제공하였다. 전력 생산을 위한 **조력댐**(tidal barrage)은 커다란 저낙차 터빈을 사용하며, 하루 중 많은 시간 동안 가동할 수 있다.

세계 최초의 대규모 조력 발전소는 1966년 프랑스의 라랑스에 건설된 조력댐이다. 이 발전소는 용량 계수(CF)가 28%인 24개의 저낙차 카플란 터빈을 사용하여 240 MW를 생산한다. 더 최근의 보(댐)는 25%로 2011년에 완공된 한국의 254 MW 규모의 시화 발전소이다(그림 6.11 참조). 지난 세기 동안 영국의 세번강에 대규모의 조력댐을 건설하기 위한 다양한 계획이, 막대한 건설 비용, 대중의 반대, 더 저렴한 대안의 이용 가능성 등으로 인해 좌절되었다. 300억 파운드의 예상 비용은 정당화하기에는 너무 비싸다고 생각되었던 2010년이 마지막이었다. 일부 조력댐 발전소에 대한 계획이 있지만, 이러한 이유로 초점은 조류석호 및 조수류와 관련된 소규모 사업으로 전환되었다.

6.15 조류석호

보의 대안은 **조류석호**(tidal lagoon)로 알려진 하구에 폐쇄된 분지를 만드는 것이다. 조류석호 벽은 전체 수로를 가로질러 이어지지 않아 환경적 영향이 감소하고 어류와 항해에 미치는 영향이 줄어든다. 또한 조류석호를 얕은 물로 제한함으로써 옹벽을 낮게 만들 수 있고 건설 비용도 저렴하다.

사례 연구 6.2 스완지 조류석호(tidal lagoon) 프로젝트

세번강 하구는 조수 간만의 차가 10.5 m로 세계에서 두 번째로 높다. 세번강 하구 전체에 보를 건설하는 것은 오랫동안 구상되어 온 아이디어로, 항상 막대한 자본 비용으로 발목을 잡혔지만, 현재는 자립적인 조류석호를 포함한 더 작고 훨씬 더 저렴한 프로젝트들이 제안되고 있다. 첫 번째 프로젝트는 스완지만에 있는 320 MW 규모의 조류석호로, 최대 4 km의 방조제가 바다로 돌출되어 있다. 발전기는 약 150,000 가정에 보낼 전기를 생산할 수 있는 16개의 로우 헤드 터빈으로 구성되며, 그중 대부분은 현장과 가까워 전송 손실을 최소화할 수 있다. 공사는 4년이 소요될 것으로 예상되며, 일단 지어지면 석호는 낮은 탄소 발자국을 갖게 될 것이다. 그것은 또한 지역 경제를 자극하고 관광을 장려할 것이다. 시각적 영향은 방파제와 비슷할 것이며, 터빈이 무사히 통과할 수 있을 정도로 크기 때문에 어류와 해양 포유류에게 미치는 영향은 미미할 것으로 보인다.

주요 쟁점은 약 13억 파운드의 높은 자본 비용이다. 개발자들은 이는 더 큰 석호가 세번강 하구를 따라 수명 주기가 120년으로 영국 전력의 최대 8%를 생산하는 시범 사업으로 봐야 한다고 주장하고 있다. MWh당 100파운드에 육박하는 전기의 초기 가격은 학습 효과로 인해 향후 프로젝트의 경우 하락할 것으로 예상된다. 2017년 독립적인 정부 위탁 심사가 이를 뒷받침했지만 2018년에는 해상 풍력과 원자력에 비해 비용이 너무 많이 든다는 이유로 반려했다. 그러나 2019년 초 영국 주요 원전 2기 건설 지원을 철회하면서 스완지만 석호 프로젝트에 대한 관심이 되살아났다. 당초 제안서 배후 업체 측은 정부 지원 없이도 이 사업이 건설될 수 있고, 석호에 부유식 태양광 패널을 추가해 생산량을 1/3 이상 높이는 방안이 전망에 도움이 된다고 보고 있다.

6.16 조력방조보 또는 석호로부터의 발전

조력댐이나 석호로부터 평균 전력 출력의 대략적 추정치는 바닷물을 빼는 동안(썰물, ebb tide) 위치에너지 변화의 평균을 고려하여 만든 단순한 에너지 평형 모형으로부터 얻을 수 있다. 한 가지 운영 방식은 만조의 마지막 ~3시간(중조에서 만조까지) 동안 분지를 채우고, 그다음 ~3시간 동안 펌핑하여 유역의 높이를 높이는 것이다(문제 6.25 참조). 상황은 그림 6.12에 나와 있다. 분지는 다음 ~6시간 동안 터빈을 통해 물이 빠진다: 처음 ~3시간 동안 유역의 물과 보 밖의 수위 차이가 $h/2$보다 다소 커지고 그다음 ~3시간 동안 0으로 줄어든다. 그 결과는 h가 조수 간만의 차인 $m \approx \frac{1}{2}\rho Ah$의 조석내만의 전체 물 덩어리가 거리 $\approx h/2$로 떨어지는 것이다. 잠재 에너지의 손실은 $\sim \frac{1}{4}\rho gAh^2$이다. 따라서 평균 생산량은 다음과 같다.

$$P_{\text{ave}} = (\rho gAh^2)/4T \tag{6.18}$$

여기서 T는 연속적인 조수 사이의 간격, 즉 조수 기간이다. 실제로는 보 전체의 수위 차이와 터빈을 통해 흐를 수 있는 물의 양에 따라 시간에 따라 전력이 달라진다. 또한, 운영 회사는 전기 가격이 가장 높은 피크 부하 수요 기간에 전기를 생산하여 수익의 최적화를 고려할 수 있다.

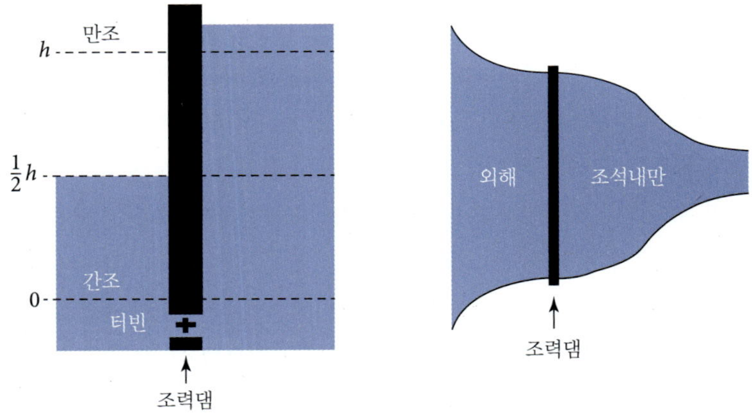

그림 6.12 펌핑에 의해 올라간 조석내만의 높이를 보여 주는 조력댐

중요한 문제는, 효율적이지만 물이 특정한 한 방향으로 흐를 때만 작동하는 기존의 터빈을 사용하는 것이 더 나을지, 아니면 양방향(밀물과 썰물)으로 작동할 수 있는 비효율적인 터빈을 사용하는 것이 더 나을지 선택하는 것이다.

예제 6.4

썰물 때 작동할 때 조수 간만의 차가 12 m이고 면적이 520 km^2인 조석내만(이 경우, 세번강의 보)의 평균 전력 생산량을 추정하라.

조수 기간이 $T \approx 4.5 \times 10^4$ s($T \approx 12.5$ h)라는 점을 유념하며 식 (6.18)에 대입하면 평균 생산량은 다음과 같다.

$$P_{\text{ave}} = \frac{\rho g A h^2}{4T} \approx \frac{10^3 \times 10 \times 520 \times 10^6 \times 12^2}{4 \times 4.5 \times 10^4} \approx 4.2\ \text{GW}$$

6.17 조류 발전 시스템

특정 지역(예: 섬 사이)에는 많은 양의 운동에너지를 운반하는 강한 조류(tidal current)가 있을 수 있다. 최근에는 이 에너지를 추출하기 위한 다양한 장치가 제안되고 있다. 이 장치들은 본질적으로 풍력 터빈의 수중 버전이다. 최초의 대규모 상업용 조류 발전기인 **SeaGen**은 2008년 북아일랜드의 스트랭포드 로프에 설치되었다. 이 발전기는 1.2 MWe의 발전 용량과 75~80%의 용량 계수를 가지며 홍수와 썰물 모두에서 작동한다.

표면에서 멀리 떨어져 있는 고립된 수중 터빈의 경우에는 터빈의 횡단면을 흐르는 흐름의 운동에너지의 최대 비율이 **베츠 한계**(Betz limit)인 16/27~59%로 주어졌을 때 발생하는 전력을 풍력 터빈(7.5절 참조)으로 추정할 수 있다. 그러나 양 끝에서 조수의 진동에 의해 물이 발생하는 수로의 터빈의 경우, 터빈의 반응력은 수로의 흐름을 감소시킬 것이다. 수로에서 물의 질량에 작용하는 힘을 가속도와 동일시할 때(유도 6.2 참조), 추출할 수 있는 최대 평균 전력 P_{max}는 다음과 같이 주어진다.

$$P_{max} = \gamma \rho g a Q_{max} \tag{6.19}$$

여기서 $\gamma = 0.22 \pm 0.02$, a는 흐름을 주도하는 헤드에서 각주파수 ω를 가진 사인 변화의 진폭, Q_{max}는 터빈을 배치하지 않을 때 채널을 통과하는 최대 유량이다. 이 표현은 댐의 전력 출력의 경우, $P = \eta\rho g h Q$(식 6.1)와 대수적으로 유사하며, 수원 h가 고정되어 있고 효율 η는 일반적으로 ~0.9이다(예제 6.2 참조).

유도 6.2 수로의 조류 전위(Tidal Current Potential)

고도가 다른 두 분지를 연결하는 조류의 파장(일반적으로 수백 km)과 비교하여 짧은 수로의 경우, 단면 A와 길이 L의 수로에서 물의 질량에 대한 운동 방정식은 다음과 같다.

$$\rho AL\frac{\partial u}{\partial t} = \rho Aga \cos\omega t - F_{turb} - k^* u^2 \tag{6.20}$$

여기서 a는 각주파수 ω로 흐름을 주도하는 사인 헤드의 진폭, u는 물 흐름의 속도, k^*u^2은 채널에서의 자연적인 마찰, F_{turb}는 터빈의 존재에 의해 발생하는 추가적인 마찰력이다. 자연마찰 매개변수 k^*가 클 때 위 방정식의 가속 항은 수원에 비해 작고 첫 번째 근사치는 무시할 수 있다. 또한, 초당 유수량은 $Q = uA$이므로, 식 (6.20)은 다음과 같은 형태로 쓸 수 있다.

$$\rho Aga \cos \omega t \cong F_{turb} + kQ^2$$

여기서 $k = k^*/A^2$이다. 터빈이 없을 때, 최대 유량 Q_{max}는 $Q_{max}^2 = \rho Aga/k$로 주어진다. 터빈에 의해 추출된 전력 $P = F_{turb}u = F_{turb}Q/A$이다. 따라서

$$P = (\rho Aga\cos\omega t - kQ^2)Q/A$$

이는 $Q^2 = \frac{1}{3}(\rho Aga/k)\cos\omega t = \frac{1}{3}Q_{max}^2 \cos\omega t$일 때 최댓값인 P_{max}를 가지므로, 최대 평균 전력 P_{max}는 아래 식으로 구할 수 있다.

$$P_{max} = \frac{2}{3^{3/2}}\rho g a Q_{max}\left\langle(\cos\omega t)^{3/2}\right\rangle = \gamma\rho g a Q_{max}$$

위 식은 식 (6.19)이다. 매개변수 $\gamma = 0.22$이며, 이는 조수 기간의 절반 이상 동안 $\left\langle(\cos\omega t)^{3/2}\right\rangle = 0.56$이다($\langle X\rangle$는 X의 평균값임). 유량 Q에 대한 마찰 항력의 크기와 동력 법칙 의존성을 고려하면 γ의 불확실성은 10%이다. 또한, 터빈으로 인한 유량 저항이 증가하면 수원이 약간 증가하여 추출된 전력이 발생할 수 있다(Garrett과 Cummins 2005).

대부분의 설계에서 터빈의 회전축은 수평이며, 장치는 해저에 장착되거나 부유식 플랫폼에 매달려 있거나 물에 잠겨 있다. 설치 전 현장의 적합성을 판단하기 위해서는 수심 20 m 이상의 조류 측정이 필요하다. 1세대 원형의 운동에너지 흡수체는 기존의 엔지니어링 구성요소를 사용하여 얕은 물(예: 20~30 m)에서 작동되었다. 이후 세대는 더 크고 효율적이며, 특별히 설계된 저속 전기 발전기와 유압 전송 시스템을 사용할 가능성이 높다. 현재 건설 중인 일련의 조류 터빈으로는 MeyGen 프로젝트가 있다(사례 연구 6.3 참조).

사례 연구 6.3 펜틀랜드 해협 MeyGen 프로젝트

영국에는 Atlantis사가 이끄는 컨소시엄이 펜틀랜드 해협의 이너사운드에 터빈을 설치하는 MeyGen 프로젝트가 진행 중이다. 스트로마섬과 스코틀랜드 북부 해안 사이에 있는 이 3 km 폭의 수로에는 봄철 만조 시 최대 5 m s^{-1}의 해류가 흐른다. 각 터빈에는 직경 18 m 영역을 청소하는 3개의 블레이드가 있으며, 피치 및 요 컨트롤이 있으므로 개별 블레이드가 흐름을 직각으로 향하도록 돌릴 수 있다. 하나는 SIMEC Atlantis 1.5 MW 터빈이고, 다른 3대는 Andritz Hydro 1.5 MW 터빈이다.

터빈은 작은 수평 풍력 터빈처럼 생겼으며(그림 6.13, 그림 7.3 참조), 깊이가 ~35 m인 해저에서 자체 무게로 지탱되는 밸러스트 삼각대에 장착된다. 그들은 블레이드가 분당 10번 정도 회전하는 3 m s^{-1}의 속도로 등급 용량에 도달한다. 터빈의 평가된 전력 생산량 P_R은 다음 식으로 구할 수 있다.

$$P_R = \frac{1}{2} C_P \rho A u_R^3 \tag{6.21}$$

여기서 C_P는 역률, ρ는 물의 밀도, A는 터빈 블레이드에 의해 쓸리는 면적으로 $\pi D^2/4$과 같으며, D는 로터 직경, u_R은 터빈 정격 용량에서의 유속이다. D = 18 m, ρ = 1030 kg

그림 6.13 MeyGen AR1500 18 m 직경의 조류 발전

m^{-3}(바닷물), $P_R = 1.5 \times 10^6$ W의 값을 입력하면 $C_P = 0.42$가 된다. 이 전력 계수의 값은 풍력 터빈을 위해 얻은 것과 비슷하다. (주의: 풍력 터빈의 베츠 한계 16/27은 흐름이 채널과 이웃 터빈에 의해 제한될 때 물 터빈에 적용되지 않는다.) 따개비와 잡초에 의한 오염을 줄이기 위해 오염 방지 페인트가 사용될 계획이다.

AR1500 터빈의 각 엔진실에는 영구자석 전기(박스 10.1 참조)와 기어 박스가 들어 있으며, 조류 변화에 따라 출력 전압과 주파수가 달라진다. 고정 주파수와 전압 출력을 생성하는 전력 공조 장비는 수중 발전기의 복잡성을 줄이기 위해 육상에 위치한다.

1.5 MW 터빈 4기를 설치한 1단계 사업은 2018년부터 가동을 시작, 2019년에는 터빈이 13.8 GWh를 생산하여 가동률 26%로 가동했다. 2019년에 프로젝트의 다음 단계에서 80 MW의 용량이 추가될 것이라고 발표되었다. 최종적으로 완성되면 해저에는 269개의 터빈이 장착되며 출력은 ~400 MW가 될 것이다. 조류의 예측 가능성은 생산된 전력을 그리드에 통합하는 것을 단순화할 것이다.

6.18 조력의 생태적, 환경적 영향

조류 발전 장치(예: 북아일랜드의 스트랭포드 로프의 SeaGen과 스코틀랜드의 Meygen)는 최소한의 환경적, 생태적 효과로 배치될 수 있다. 어류에 대한 위험은 블레이드가 상당히 천천히(보통 분당 10회전) 회전하기 때문에 최소한이다. 그러나 조수 보의 설치는 하구와 그 주변의 환경과 생태 모두에 큰 영향을 미칠 수 있다. 선박이 통과할 수 있도록 잠금장치 설치가 필요하며, 터빈을 통한 물의 흐름은 물고기의 안전한 통행이 가능하도록 철저하게 설계해야 한다.

댐 하류의 조석 양식(tidal regime)이 영향을 받고, 토사와 오염물질의 자연세척 기능이 방해를 받아 저수 유역의 수질이 변하고, 이에 따라 어류와 조류에 영향을 끼친다. 영국 세번강의 경우, 보를 건설하면 강의 흐름이 감소해서 독특한 서식지가 바뀌고 생물 다양성이 높아지는 경향이 있다.

긍정적인 측면으로, 홍수 방지 개선, 새로운 횡단 도로, 정박지 및 관광이 발생하는 장점이 있다. 하구를 부분적으로만 차단하는 조류석호(6.14.2절 및 사례 연구 6.2 참조)는 환경 영향을 크게 감소시킨다.

6.19 조수 자원

세계 조력 자원은 전체 소산 에너지양 ~3.5 TW 중 ~2.5 TW가 지구 대륙붕 조석에 의해 소산되는 것으로 추정된다. 이 에너지는 바다의 해일에 의해 연안 해역으로 전달되며, 여기서 조력의 전위에너지의 저장 형태인 조수와 운동에너지의 저장 형태인 조류가 생성된다.

그러나 충분한 조수 간만(> ~5 m) 또는 조류 속도(> ~2 m s^{-1})가 조력댐이나 조수 흐름에 의해 경제적으로 이용 가능한 지역에 있는 비율은 매우 낮다. 조류의 경우에는, 영국이 세계 자원의 높은 부분을 차지하고 있다. 2011년 영국 정부 보고서(유도 6.2에 설명된 방법을 기반으로 함)에 따르면, 영국의 조류 기술 자원은 ~25 TWh y^{-1}이며, 펜틀랜드 해협(Pentland Firth)은 ~3 m s^{-1}의 해류로 대서양과 북해를 연결하는 수로로서 영국 자원의 35%를 차지하고 있다고 추정된다. 유럽 대륙붕에서 소산되는 조력의 양은 ~200 GW로, 전 세계에서 소산되는 양의 약 10%이며, 유럽 조력 자원의 약 절반은 영국 주변에 있는 것으로 추정된다. 따라서 이러한 추정치를 확장하면 조수 댐에서와 유사한 약 500 TWh y^{-1}의 세계 조력 자원을 얻을 수 있다. 세계 조력 에너지 기술 잠재력은 연간 약 1200 TWh로 추정된다.

6.20 조력의 경제성

대규모 조력댐(tidal barrage)은 큰 자본 비용과 긴 건설 기간이 든다는 경제적 단점을 가지는 반면, 발전소 수명이 길고(보 구조물은 100년 넘게, 장비는 40년 동안) 운영 비용이 적게 든다. 현재까지는 프랑스의 라랑스 발전소와 한국의 시화 발전소가 대규모 조력댐 방식으로 가동 중인 주요 발전소이며, 각각 MWh당 40~120유로와 MWh당 20유로로 매우 경제적으로 전기를 생산할 수 있다.

그러나 조력댐의 높은 초기 비용과 환경적 영향은 확장에 큰 걸림돌이 되고 있어 학습효과를 통해 LCOE를 낮추는 데 필요한 투자 유치에 어려움이 있었다. 전 세계적으로 다른 조력댐에 대한 계획이 있었지만 풍력과 태양광 발전에 비해 큰 비용이 든다는 단점 때문에 경쟁력이 점점 더 떨어지고 있다. 스완지만 사업과 같이 전력 발전과 다른 이익을 결합하는 조류석호 계획이 오히려 더 큰 성공을 거둘 수 있다.

소형 조류 장치(운동에너지 흡수 장치)의 경제성은 단편적으로 설치할 수 있어 초기 자본 지출을 줄일 수 있다는 이점이 있다. 이러한 장치의 장기적인 경제적 잠재력과 환경적 영향은 캐나다, 중국, 프랑스, 아일랜드, 일본, 한국, 스페인, 영국, 미국에서 여러 가지 계획들을 시도한 후에 좀 더 분명해질 것이다. 2018년 영국의 한 보고서는 100 MW를 설치하면 조류가 MWh당 150파운드에 도달해 2 GW까지 MWh당 80파운드로 줄어들 가능성이 있다는 결론을 내렸다.

6.21 조력 발전의 전망

조차(tidal range) 발전소보다 조류(tidal stream) 발전소의 세계 경제적 잠재력이 더 크고, 대부분의 개발은 조류 장치에 중점을 두고 있는데, 그중 몇몇은 유럽, 북미, 중국, 일본을 중심으로 하고 있으며, 2020년 말에는 SIMEC Atlantis Energy가 나루섬에 AR500 터빈을 설치했다. 이들은 현재(2020년) MW 용량이 적어 2050년까지 조력 발전이 얼마나 기여할지 불확실하다. 그러나 강력한 지원으로 1년에 거의 절반인 500 TWh의 기술적 잠재력이 발생할 가능성이 있기는 하지만, 태양광 및 풍력 발전 비용이 점차 낮아지면서 이를 해결하는 것이 과제로 남게 될 것이다.

6.22 파도 에너지

해수면에서의 파도는 주로 바람에 기인한다. 파도의 정상에서 공기 스트림라인은 서로 가까워지고 속도도 빨라진다. 베르누이 식(2.10절 참조)에 의해 압력은 감소하고 진폭이 증가하면서 파도가 만들어진다. 파도의 꼭대기가 붕괴함에 따라, 유체의 주변부(neighbouring element)가 변위되며 평형고도 위로 솟구치게 된다(그림 6.14 참조).

표면 아래 해수의 운동은 깊이에 따라 기하급수적으로 감쇄된다. 표면파 에너지의 약 80%가 수면 아래 파장의 8분의 1 되는 곳 이내에 있다. 따라서 대양에서 일반적인 100 m의 파장에 대하여, 이 층(layer)은 약 13 m의 깊이를 갖는다. 직관적인 물리적 추론을 이용하여 표면파의 속도를 얻는 공식을 구한다. 파도의 파장보다 수심이 훨씬 클 때, 물 입자(water particle)는 그림 6.14에서 보는 바와 같이 원 궤적을 순환한다.

깊은 물 위에서의 표면파를 고려하고 파도 속도 c로 움직이는 기준 프레임을 선택하여 파동 프로파일이 시간에 따라 변하지 않도록 한다. 자유 표면에 대한 압력(즉, 기압)은 일정하고 유량은 기준의 이동 프레임에서 정지되어 있기 때문에, 정상상태의 베르누이 방정식을 사용할 수 있다(식 2.42).

$$u_t^2 = u_c^2 + 2gh \tag{6.22}$$

여기서 u_c는 파도 꼭대기(crest)에서의 물 입자의 속도이고, u_t는 파도 최하단(trough)에서의 물 입자의 속도이며, h는 파도의 꼭대기와 파도 표면 최하단 사이의 높이 차이이다. 만약 r이 원궤

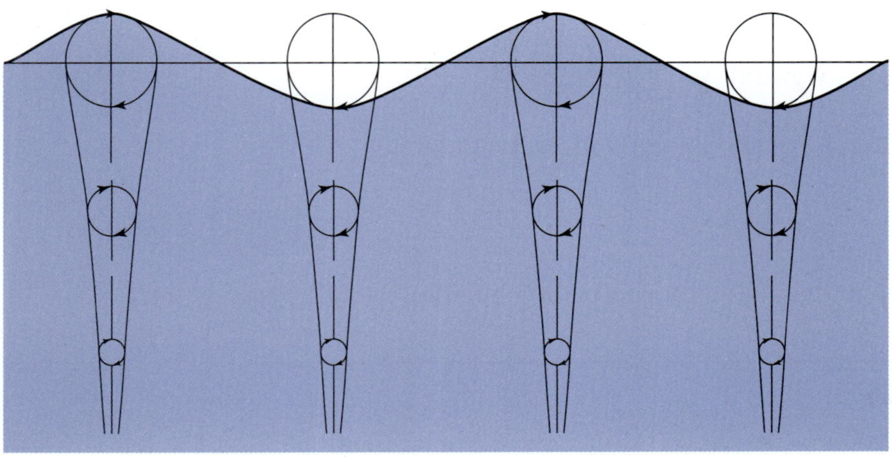

그림 6.14 깊은 물에서의 표면파

도의 반지름이고, τ가 파도의 주기라면

$$u_c = (2\pi r/\tau) - c, \quad u_t = -(2\pi r/\tau) - c, \quad h = 2r \tag{6.23}$$

이다. 식 (6.22)에 식 (6.23)의 u_c, u_t, h를 대입하고, $\lambda = c\tau$를 대입하면 파도의 속도는 다음과 같다.

$$c = \sqrt{(g\lambda/2\pi)} \tag{6.24}$$

식 (6.24)로부터 파도의 속도는 파장이 길수록 증가하고, 따라서 표면파는 **분산적**(dispersive)이다. 실제로 해수면의 파형은 여러 방향으로 움직이는 다양한 파고, 속도, 파장을 가진 파도들의 중첩이다. 따라서 해수 표면의 순 변이는 단순한 사인파의 변이보다 불규칙적이다. 그러므로 파력 장치가 실제 해양 조건에서 파도 에너지를 보다 효율적으로 흡수하기 위해서는 파형의 랜덤(random)한 변동에 반응할 수 있어야 한다.

움직이는 방향으로, 단위 길이당, 파면(wave-front) 단위 너비당 표면파의 총 에너지 E는 부분 위치에너지와 부분 운동에너지이다. 위치에너지는 물의 질량 m이 파랑골(wave trough)에서 파도의 정점까지 올라가는 높이에 비례하고, 따라서 mga에도 비례하는데, 여기서 a는 파도의 진폭이다. 질량 m은 밀도 ρ 및 진폭 a에 비례하므로 위치에너지는 $k\rho ga^2$이며, 여기서 k는 비례 상수이다. 운동에너지의 기여도는 (에너지 등분배에 의해) 위치에너지와 동일하고, 상수 k는 1/4(문제 6.34 참조)이므로 총 에너지 E는 다음과 같이 주어진다.

$$E = \frac{1}{2}\rho g a^2 \tag{6.25}$$

진폭 a의 제곱에 대한 파랑에너지의 의존성은 복합적 이점을 가지고 있다. 진폭이 2배가 되면 파도 에너지는 4배가 증가한다. 하지만 너무 큰 파도 에너지는 파력 장치에 위협이 되므로, 가혹한 해양 조건에서 그 장치들을 보호할 수 있도록 측정이 이루어져야 한다.

표면파의 단위 너비당 힘 P는 E와 군속도 c_g의 곱으로, 다음과 같이 주어진다(문제 6.33 참조).

$$c_g = \frac{1}{2}\sqrt{(g\lambda/2\pi)} \tag{6.26}$$

따라서 파면의 단위 너비당 입력되는 힘은 다음과 같다.

$$P = \frac{1}{4}\rho g a^2 \sqrt{(g\lambda/2\pi)} \tag{6.27}$$

해양의 중앙 부근에서 파면 1미터 너비당 일반적인 힘은 30~70 kW m^{-1}이다.

예제 6.5

파도 진폭 a = 1 m이고 파장이 100 m인 파면(wave-front)의 단위 너비당 힘을 추정하라.

식 (6.27)부터 파면의 단위 너비당 힘을 다음과 같이 구한다.

$$P = \frac{1}{4}\rho g a^2 \sqrt{\frac{g\lambda}{2\pi}} \approx \frac{1}{4} \times 10^3 \times 10 \times 1^2 \times \sqrt{\frac{10 \times 10^2}{2 \times 3.14}} \approx 32 \text{ kW m}^{-1}$$

6.23 파력 장치

파력 장치에 대한 최초의 특허가 1799년에 신청되었지만, 일련의 석유 파동(1.1절 참조)이 세계 경제를 휩쓴 1970년대 초까지 파력은 사실상 동면 상태의 기술이었다. 파력은 석유 의존도를 줄일 잠재성 있는 대체에너지원의 하나로 인식되었다. 기술적인 잠재력과 상업적 타당성(feasibility)을 평가하기 위한 재정적인 뒷받침을 받아 수백 개의 파력 장치가 개발이 되었지만, 이들 대부분은 비현실적이거나 경제성이 없는 것으로 나타났다. 파력 장치가 폭풍우에도 건재할 것인가 하는 문제와 자본 비용 문제가 주된 관심사였다. 1980년대 동안 세계 에너지 시장에서 경쟁이 더욱 격화되면서 공적 자금을 지원받는 파력에 대한 연구는 사라졌다. 하지만 1990년 말에 이르러 지구 환경이 변화하고 있다는 증거가 늘어나고, 석유와 천연가스 가격의 변동성이 급증함에 따라 파력 기술에 대한 관심이 되살아났다. 보다 디자인이 우수하고 상업적 잠재성이 있는 2세대 파력 장치가 개발되었다.

파력 장치에 영향을 미치는 일반적인 주요 이슈는 다음과 같다.

- 격렬한 폭풍에도 견뎌낼 수 있는 생존력
- 비고정 부품(moving part)의 해수에 대한 취약성
- 건설에 소용되는 자본 비용
- 유지보수에 들어가는 운영 비용
- 전력 그리드(electricity grid)까지 연결하는 비용

이제 다양한 종류의 파력 장치를 설명하고, 그것들이 어떻게 작동하며, 앞선 문제점들을 해결 방법에 대해 살펴보자.

선형 흡수체(linear absorber): 파력 발전 장치에 파도가 입사하면 진동하면서 에너지를 추출하고, 파도를 생성하기도 한다. 그림 6.15는 파도의 방향에 수직인, 즉 파봉(wave crest)에 평행한 파력 발전 장치를 보여 준다. 이러한 장치를 **터미네이터**(terminator)라고 한다. 그림 6.15*a*는 장치 없이 양의 *x*방향으로 이동하는 평면파를, 그림 6.15*b*와 *c*는 각각 장치가 앞뒤(피치, pitch)와 위아래(서지, surge)로 진동할 때 발생하는 파도를, 그림 6.15*d*는 입사 평면파가 장치를 양방향으로 진동하게 하여 각각 입사파 진폭의 절반인 파도를 생성할 때의 결과를 보여 준다. 결과적으로 중첩은 입사파의 진행 중인 부분을 상쇄하고 모든 입사 에너지가 추출되도록 한다. 이 예는 좋은 흡수가 또한 좋은 파도 발생원이라는 원리를 보여 준다.

점 흡수체(point absorber): 입사파의 파장에 비해 작은 흡수체의 경우, 흡수체는 위아래로

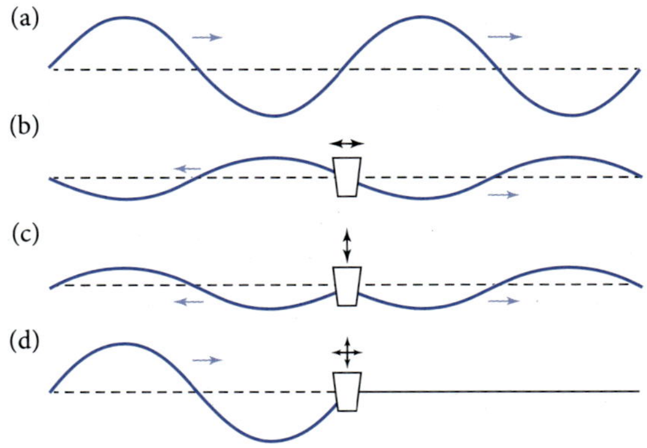

그림 6.15 파도의 방향에 수직인 파력 발전 장치에 의해 입사 및 생성된 파도

진동하면서 입사파와 같은 파장과 주파수를 가진 원형 발신파를 발생시킨다. 상대 위상 β에 따라 입사파와 같은 방향에 가깝게 이동하는 입사파의 일부가 간섭하고 진폭을 감소시켜 흡수기 이후 입사파의 에너지를 감소시킬 수 있다. 흡수체에서 하류까지의 거리의 감소는 그 폭의 증가로 보상되기 때문에 입사파로부터 일정한 양의 전력을 얻게 된다(문제 6.36 참조). 이 전력 중 일부는 원형파를 발생시키는 데 사용되는데, 단위 폭당 사고 전력으로 나눈 흡수체에 전달되는 순 전력이 흡수체의 캡처 폭을 정의한다. 등방성 발신파를 생성하는 흡수체의 최댓값은 문제 6.36에서 $\lambda/2\pi$로 나와 있다. 이것은 파도와 상호작용하는 물체의 최대 겉보기 크기가 물체의 물리적 범위가 아닌 파장에 의해 주어진다는 것을 보여 준다.

6.23.1 부유식 장치

1970년대 초기에 **Salter duck**(그림 6.16)으로 알려진 새로운 장치가 파력 장치에 대한 대중의 흥미를 자극했다. 이 장치는 물 위에 뜨고 입사파와 함께 앞뒤로 흔들리며 캠 모양의 원통형 단면을 가지고 있다. 뒷면이 원형이기에 위아래로 움직이는 움직임에 의해 생성된 파도는 작을 것이다. 외양이 물의 순환 궤적을 따르도록 주의 깊게 설계되었기 때문에, 밀려오는 파도 에너지 대부분을 흡수하고, 최소한의 반사(reflection)와 통과(transmission)만 허용한다. 80% 이상의 효율성이 달성되었다. 완벽한 시스템에서는 파면과 평행하게 수 km에 걸쳐 일련의 Salter duck들이 설치될 것이다. 지름 14 m의 spinal column은 동력 생산을 위한 추진력을 공급하기 위해 각 duck과 이 spine의 상대 운동을 이용한다. 이 장치는 대서양에서 100 m 단위의 파장에 대해 사용되도록 설계되었으나, 영국 정부가 풍력과 원자력에 지원을 하고 있었던 1980년대에 자금 지원 부족으로 인해 소규모의 시도 이상은 행해지지 않았다. 그럼에도 불구하고 Salter duck은 모든 파력 장비의 효율을 비교하는 유용한 벤치마크의 하나가 되었다.

터미네이터 장치는 큰 파도의 최대 힘을 견디기 위해 매우 강력해야 하는데, 방향에 맞춘 변환기(감쇠기)를 사용하면 이러한 힘을 줄일 수 있다.

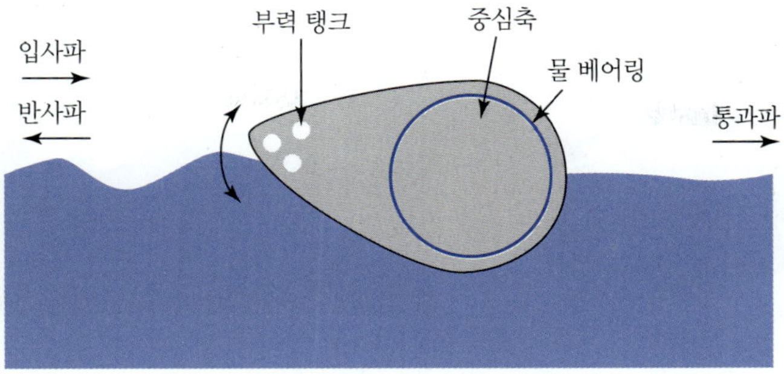

그림 6.16 터미네이터 장치 Salter Duck

그림 6.17 감쇠 장치 펠라미스

펠라미스(Pelamis, 그림 6.17)는 50 m 이상의 수심에서 작동하도록 설계된 해양 파력 발전 장치이다. 파도가 장치를 따른 움직임에 따라 길이 35 m, 직경 4 m의 원통 부분이 앞뒤로 흔들리며 인접 부분들 사이의 상대 운동이 수격 펌프를 작동시키면 고압의 오일이 유압 모터로 주입되고 발전기가 구동된다. 펠라미스는 성공적으로 작동될 수 있음을 입증했지만, 이 사업은 추가 자본 조달에 실패한 후 2014년에 중단되었다.

6.23.2 Spill-over 장치

TAPCHAN(TAPered ChANnel)은 해안선에 있는 끝이 좁은(tapered) 수로에서 파도가 집중되는 노르웨이 시스템이다. 끝이 좁아지면(tapering) 파도가 수로를 따라 전파될 때 파도의 진폭을 증가시킨다. 해수는 경사로(ramp)를 타고 올라가 약 3~5 m 높은 곳에 있는 저수지벽 위로 쏟아진다(그림 6.18*a*). 저낙차 카플란 터빈을 통과하여 다시 바다로 되돌아가게 함으로써 저수지에 모인 해수의 위치에너지가 추출된다. 터빈을 제외하고 움직이는 부품은 없으며 전기 그리드로의 연결과 수리를 위한 접근이 용이하다. 불행히도 해안선 기반 TAPCHAN 시스템은 비교적 낮은 출력을 가지며, 해안선의 수심이 깊고 조차가 1 m보다 작은 곳만이 적당하다. 이러한 한계를 극복하기 위해 웨일스 밀포드 헤이븐 인근의 밀라 피요르드 부지에 **Wave Dragon**이라고 불리는 TAPCHAN의 부유식 오프쇼어 버전이 개발 중에 있다. 그것은 경사로 쪽으로 파도를 집중시키는 2개의 큰 파도 반사 장치로 구성되어 있으며, 경사로를 넘은 물은 큰 저수지에 모여 저수두 터빈(low-head turbine)을 통해 배출된다. Wave Dragon을 안정적인 부유식 플랫폼으로 사용하는 해상 풍력 복합 단지의 조성은 원가 경쟁력이 있는 LCOE를 전달할 수 있는 경로가 될 수 있다.

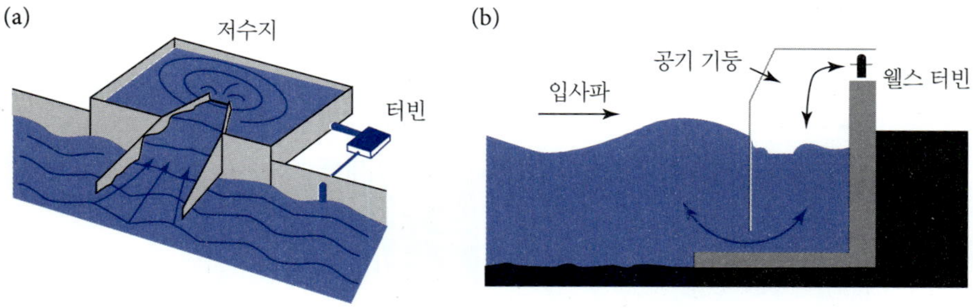

그림 6.18 TAPCHAN(Tapered Channel); (b) 진동 수주(oscillating water column, OWC)

6.23.3 진동 수주

진동 수주(oscillating water column, OWC)는 수면 위의 덕트(duct well)에 위치한 공기 터빈을 사용한다(그림 6.18*b*). 이 장치의 바닥은 바다로 열려 있다. 따라서 밀려들어 오는 파도는 바닷물이 기둥 내부에서 수직 방향으로 진동하게 한다. 그 결과 기둥 내부의 수면 위의 공기가 내부 해수의 자유 표면에 함께 움직이게 되고, 덕트 내의 공기 터빈을 구동한다. 기둥의 단면보다 덕트의 단면을 훨씬 작게 만듦으로써 덕트 안의 공기의 속도는 빨라진다.

OWC의 중요한 특징은 **웰스 터빈**(Wells turbine)이라 부르는 공기 터빈의 설계이다. 기둥 내부 공기의 흐르는 방향과 무관하게 동일한 방향으로 회전하는 놀라운 특성을 가진다! 재래식 터빈 블레이드와 달리 웰스 터빈의 블레이드는 움직이는 방향에 대해 대칭이다(그림 6.19). 공기 흐름의 방향은 블레이드에 대하여 받음각 α의 각도(0도가 아님)를 갖는다. 움직이는 방향으로 블레이드에 작용하는 합력(net force)은 다음과 같다.

$$F = \mathcal{L}\sin\alpha - \mathcal{D}\cos\alpha \tag{6.28}$$

여기서 $\mathcal{L}$과 $\mathcal{D}$는 블레이드에 작용하는 양력(lift force)과 항력(drag force)이다. 그림 6.24*b*(크기에 비례하지 않음: $\mathcal{D} << \mathcal{L}$) 힘의 다이어그램으로부터, 공기 기둥 내부의 공기가 위로 흐르든지 아래로 흐르든지 관계없이 합력의 방향은 동일하다.

블레이드의 모양은 블레이드에 작용하는 합력이 최대화되도록 설계되며 웰스 터빈의 운용 효율은 약 80% 정도이다. 공기 속도가 저속일 때 터빈은 일정한 회전 속도를 유지하기 위해 발전기로부터 힘을 흡수한다. 반면에, 공기 속도가 고속일 때는 블레이드 주변의 공기가 너무 난기류(turbulent)여서, 블레이드가 움직이는 방향으로의 합력은 불규칙해지고, 효율이 감소한다.

OWC는 부표에 통합될 수 있으며, 작고 큰 부유식 OWC 모두 연구되었지만 해안선 근처와 해안선 OWC가 가장 많이 개발되어 있다. 대표적인 사례가 스페인 북부 무트리쿠(Mutriku) 항구의 방파제에 통합된 16웰스 터빈 OWC 발전소이다. 각 터빈은 18.5 kW를 생산하며, 2011년부터 성공적으로 작동하고 있다. 지난 2015년에는 대한민국 제주도 앞바다 연안 지대 바닥에 500 kW급 OWC가 성공적으로 설치되었다. OWC의 단순성은 파력에너지 변환기로서 지속적으로 상당한 관심을 끌고 있다.

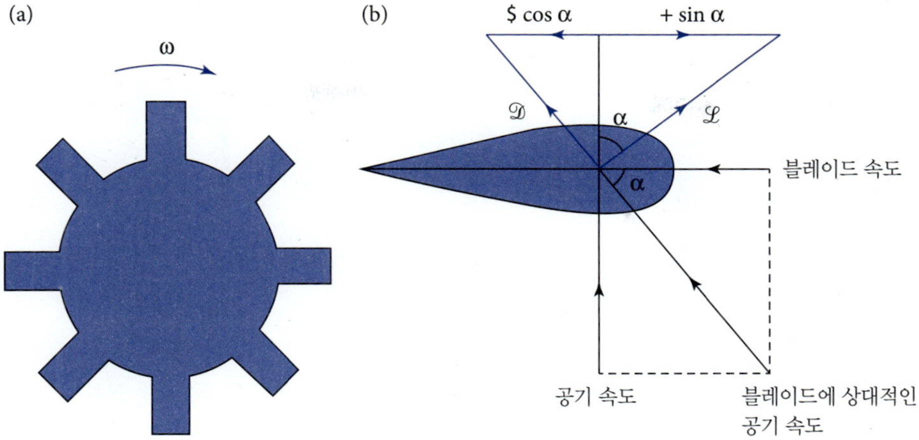

그림 6.19 웰스 터빈: (a) 블레이드 평판도; (b) 속도와 힘의 관계(블레이드 기준)

6.23.4 침수식 장치

침수식 장치(submerged device)는 표면의 거친 바다 조건에도 생존이 가능하다는 장점이 있다. 성능이 고무적인 장치 중 하나는 그림 6.20*a*에 보이는 핀란드 AW-Energy사의 **웨이브롤러**(WaveRoller) 설계로, 이는 해안으로부터 8~20 m, ~0.3~2 km 깊이에서 작동하는 수중 진동파 서지 변환기(submerged oscillating wave surge converter)이다. 단일 패널 장치는 0.5~1 MW의 용량을 가지며, 파도 조건에 따라 25~50%의 용량 계수를 가지고 있다. 패널은 정상적으로 작동하는 동안 완전히 잠겨 있지만, 밸러스트(ballast) 탱크를 비우면 유지보수를 위해 패널이 표면에 뜰 수 있도록 할 수 있다. 밀폐 유압 시스템은 패널의 전후 운동에너지를 전기 발전기로 전달한다. 포르투갈, 멕시코, 동남아시아에 이 장치를 배치할 계획(2020년) 중에 있다.

그림 6.20*b*에 보이는 또 다른 완전 침수식 변환기는 표면 아래 2~3 m에서 작동하도록 설계된 호주 기업 카네기(Carnegie)의 **CETO 6**이다. 지름 20 m, 두께 5 m 정도의 납작한 구에는 발전기가 포함되어 있으며, 해저에 묶여 있다. 파도가 지나가면 장치가 대략 타원형 경로로 움직이며 피스톤이 위아래로 움직이고 전기 발전기에 전원을 공급하는 데 사용되는 유체를 펌핑한다. '점' 흡수체이기 때문에 이 장치는 파도가 이동하는 어느 방향에서나 에너지를 흡수한다. 2020년 현재, 이 회사는 자본 확충과 구조 조정을 거쳐 해당 기술의 개발을 진행하고 있다.

CETO 6와 유사한 작동 원리를 가진 장치는 **Seabased**의 파도 에너지 변환기이다. 해저에 배치된 선형 발전기에는 일련의 표면 부표가 부착되는데, 해저에서 작업이 필요 없는 무거운 판을 이용해 고정한다. 전류는 진폭과 주파수 모두 다르며, 특수 장치가 전류를 50/60 Hz AC로 전도 및 변환한다. 스웨덴 소테나스(Sotenäs)의 1 MW 어레이는 2016년에 가동을 시작했다. 영국에는 **웨이브섭**(Wavesub)이라는 또 다른 침수식 장치가 개발 중에 있다.

다른 유형의 침수식 장치는 파도가 높게 지나갈 때 표면 아래의 압력 변화를 이용한다. 파봉

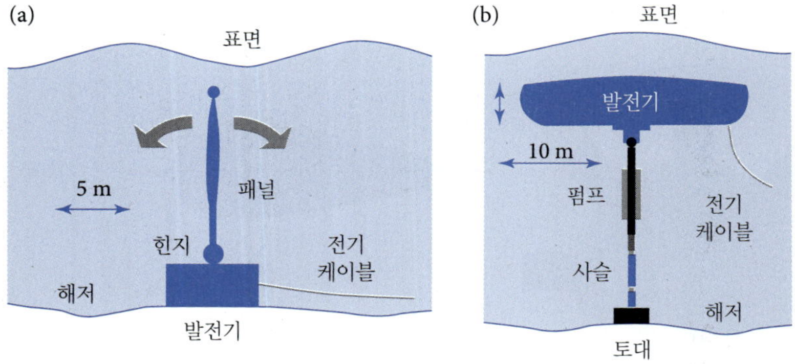

그림 6.20 (a) 웨이브롤러의 파력 발전 장치; (b) CETO 6의 잠긴 '점' 흡수 장치

(wave crest)의 경우 압력이 증가하지만 파랑골(wave trough)의 경우 감소한다. 이러한 유형의 장치의 예로는 아르키메데스 웨이브 스윙(Archimedes Wave Swing, AWS)이 있다. AWS는 지름 9.5 m, 길이 33 m의 물에 잠긴 공기가 채워진 챔버(플로터 효과, floater effect)로 파도의 작용에 반응해 수직 방향으로 진동한다. 플로터의 움직임은 해저에 묶여 있는 선형 발전기에 전력을 공급한다. 2020년 스코틀랜드의 말린 그룹(Malin Renewables)은 절반 규모의 장치 생산 계약을 확보했다.

6.24 파력에너지의 환경적 영향

대체에너지 대부분의 형태에서와 마찬가지로 파력은 해로운 온실가스를 생산하지 않는다. 해안 기반 부지를 사용한 전력 발전은 시각적 영향(전력망과의 연결 포함)의 이유로 반대가 발생하고 있고, OWC의 경우 공기 터빈에 의해 발생하는 소음으로 인해 경치가 아름다운 지역에서 문제가 될 수 있다 연안 장치에 대한 시각적 영향은 덜 중요할 수 있지만, 모든 장비들은 해안 생태계에 영향을 줄 수 있다. 작동 중 발생하는 소음과 진동은 어류에 영향을 줄 수 있고, 해류 및 파도 체제의 변화가 있을 수 있어 퇴적물과 다른 사용자에게도 영향을 줄 수 있다. 그러나 파력 발전은 저탄소 전기를 제공하고 지역 개발에 좋은 기회가 될 수 있다.

6.25 파력에너지의 잠재적 자원

세계 인구의 약 60%가 해안선 60 km 이내에 거주하고 있으며, 평균 2 TW의 파력에너지가 해안선에서 발생하는 것으로 추정되는데, 유럽 270 GW, 영국 40 GW, 호주 280 GW, 칠레 190 GW, 미국 220 GW, 아시아 320 GW, 아프리카 320 GW 등이다. 기술적 잠재력은 약 4000 TWh y^{-1}이다. 심해에서 파도는 200 m 안팎의 깊이에 도달할 때까지 에너지를 거의 잃지 않고 수천 km를 이동할 수 있는데, 이때 해저와의 상호작용으로 파도의 그 힘이 줄어든다. 연안 지대는 수심 ~20 m, 최대 파고 ~15 m로, 30 m 이상 먼 해안에 비해 비교적 파도 조건이 안정되어 있어 심한 파도로부터 안전하고 해안으로의 전송 비용도 절감할 수 있다. 바람은 주로 서쪽으로부터 위도 30~60° 사이(7.2절 참조)에서 불며, 온대 대륙 서해안에서 파도의 힘이 가장 높은 것으로 나타났다. 파도의 전력은 48시간 이상 미리 예측할 수 있으므로 그리드 통합이 용이하다.

6.26 파력에너지의 경제성

파력 발전의 주요 해결 과제로는 건설 비용 절감, 전기 생산 가격의 경쟁력 확보, 바다의 극한 조건에서의 생존력 증진 등이 있다. 파력 발전은 일반적으로 고위험 기술로 간주된다. 가장 큰 부유식 장치조차 엄청난 폭풍우—대서양에서는 50년 주기로 평균 파고의 약 10배가 되는 파고가 발생한다—에는 취약하다. 따라서 먼 해안 부유 장치는 평균 파도 에너지의 100배에도 견딜 수 있어야 한다.

장치를 수면 아래에 설치하면 효과적인 방어 수단을 제공할 수 있으며, 이는 적절한 경우 OWC와 함께 선호되는 기술로 부상하고 있는 것으로 보이지만, 업계는 아직 제한된 파력에너지 변환기 세트로 의견을 수렴하지 않고 있다. 고려해야 될 또 하나의 요소로는 밀려오는 파도의 주파수가 약 0.2 Hz에 불과하며, 이는 전기를 전송하기 위한 50~60 Hz에 비해 매우 낮다는 것이다. 전기공학적으로 어려운 문제는 아니지만, 비용효율적으로 해결해야 한다는 점이 난제이다. 새로운 장치 개발을 위한 고위험 및 높은 초기 자본 비용으로 인해 스코틀랜드, 일본, 중국, 미국 및 기타 지역에 웨이브 테스트 센터가 설립되었으며, 이곳에서 대규모 비용이 투입되기 전에 프로토타입을 테스트하고 개발할 수 있다. 일단 접근법이 확립되면, 비용은 대량 생산에 의한 원가 절감(스케일 메리트) 및 '학습효과'를 통해 절감될 수 있다. 2013년 해양에너지 전략 이니셔티브(Strategic Initiative for Ocean Energy)의 추정치는 세계 용량이 50 GW일 때 ~8센트/kWh이지만, 장치는 현재 개발 중이다.

6.27 파력에너지의 전망

특히 태양광 PV 및 풍력의 낮은 비용을 고려할 때 다른 대체에너지 기술과 경쟁하기 위해 충분한 운용 경험을 축적하는 데 10~20년은 더 소요될 것으로 보인다. 그러나 예를 들어 호주와 같이, 세계 여러 지역에서, 파력은 훌륭한 자원이며, 학습을 통해 가격을 낮출 수 있는 충분한 투자가 제공된다면, 상당한 기여를 할 수 있다. 2050년까지 파력 발전의 잠재적 기여는 150 GW 설치 용량으로 추정되며, 40% 용량 계수에서 연간 약 500 TWh를 제공할 것으로 예상된다. 길게 보면, 파력 발전이 대체에너지 믹스 중의 하나로서, 전체 전기 생산의 몇 퍼센트를 공급할 파력의 궁극적인 세계적 잠재력의 추정은 비현실적인 것처럼 보이지 않는다.

요약

- 수력 발전 설비는 자본 비용은 높지만 운영 비용은 낮다. 대형 댐은 홍수를 완화시킬 수 있지만 환경적 영향이 우려될 수 있으며, 사회적, 경제적으로, 그리고 안전 면에서 중대한 문제가 있을 수 있다.
- 수력 발전은 저탄소 에너지의 큰 자원이다. 수력으로 인한 세계적 기술 잠재력은 15,000 TWh, 전 세계 설치 용량은 2050~2000 GW로 연간 약 7000 TWh에 해당하는 것으로 추산된다.
- 조력 발전은 주로 높은 자본 비용과 환경 영향으로 인해 낙후된 기술이지만 자원이 충분한 지역에서는 조력 배열이 매력적으로 보이고 있다. 조력 발전의 세계적 기술 잠재력은 약 1200 TWh y^{-1}이며, 2050년까지 잠재적 기여는 500 TWh로 추정된다.
- 파력은 파면 폭이 미터당 수십 킬로와트에 달하는 거대한 천연 자원이다. 세계 자원은 연간 약 17,500 TWh이며, 기술적 잠재력은 약 4000 TWh y^{-1}이다. 훨씬 더 광범위하게 배치할 수 있는 진동 수주(oscillating water column) 및 수중 장치가 선호 기술로 떠오르고 있는 것으로 보인다. 2050년까지 파력 발전으로 인한 잠재적 기여는 500 TWh y^{-1}로 추정된다.

추천 문헌

Farley, F.J.M. (2012). Far-field theory of wave power capture by oscillating systems. *Phil. Trans. R. Soc. A* 370: 278–287. Clear derivation of capture width.

Garrett, C. and Cummins, P. (2005). The power potential of tidal currents in channels. *Proc. R. Soc. A* 461: 2563–72. Excellent analysis of tidal stream energy extraction.

Gunn, K. and Stock-Williams, C. (2012). Quantifying the global wave power resource. *Renewable Energy* 44: 296–304.

IEA (2012). Hydropower Technology Roadmap (IEA2012).

IHA (2020). Hydropower Status Report.

IRENA (2019). Renewable Power Generation Costs.

Peake, S (ed.) (2018). *Renewable energy*, 4th edn. Oxford University Press, Oxford. Good qualitative description and case studies.

REN21 Renewables (2019). Global Status Report (GSR2019).

www.ashden.org Micro-hydro projects in developing countries.

theswitch.co.uk/energy/producers/swansea-tidal-power-lagoon Swansea Bay tidal lagoon proposal.

문제

6.1 댐의 출력 $P = \eta\rho g h Q$를 입증하기 위하여 단위를 점검하라.

6.2 낙차가 100 m, 부피 유량이 10 $m^3\ s^{-1}$인 댐의 출력을 추정하라. (효율은 단일성이며, $\rho = 10^3$ kg m^{-3}, $g = 9.81$ m s^{-2}이라 가정한다.)

6.3 오일러의 터빈 방정식을 사용하여 다음과 같은 조건으로 50 Hz에서 작동하는 수차의 최대 생산량을 추정하라.

$\rho = 10^3$ kg m^{-3}, $Q = 10$ m^3 s^{-1}, $r_1 = 10$ m, $q_1 = 5$ m s^{-1}, $\cos\beta_1 = 0.4$

6.4 예제 6.2를 다음 조건으로 반복하라.

$\beta_1 = 20^\circ$, $q_0 = 6$ m s^{-1}, $q_1 = 32$ m s^{-1}, $h = 100$ m

6.5 보의 단위 너비당 부피 유량이 $Q = g^a y_{\text{min}}^{\text{b}}$의 형태라 가정하자. 차원 분석을 통해 a와 b의 값을 구하라.

6.6* 초기 유속 u_1이 얕은 물 파도의 속도 $(gh_1)^{1/2}$보다 클 때 수평 수로(수력 점프)에서 빠르게 흐르는 물줄기의 깊이와 속도에 대해 h_1, u_1에서 h_2, u_2로 급격한 변화가 발생할 수 있다. 점프 내 평균 압력차에서 발생하는 지연력을 운동량 변화 속도식으로 나타내고, 질량 흐름 보존을 이용하여 $h_1u_1^2 - (h_1^2u_1^2/h_2) = \frac{1}{2}g(h_2^2 - h_1^2)$임을 추론하라. 프루드(Froude) 수가 $Fr = u_1/\sqrt{gh_1}$ 인 경우, $h_2/h_1 = \frac{1}{2}\left[\sqrt{1+8Fr^2} - 1\right]$임을 증명하라.

6.7* 깊이 h와 속도 u의 물줄기에서의 에너지 흐름은 $E = \int_0^h \left(p + \frac{1}{2}\rho u^2 + \rho gy\right)u\mathrm{d}y$에 의해 구할 수 있으며, 이때 $p = \rho g(h - y)$이다. 깊이와 속도가 h_1과 u_1인 지역에서의 에너지 흐름이 $\rho g u_1 h_1^2 + \frac{1}{2}\rho u_1^3 h_1$에 의해 주어짐을 증명하라. 수력 점프 내에서 손실된 에너지(문제 6.6)가 $\rho g u_1(h_2 - h_1)^3/4h_2$에 의해 주어짐을 추론하라. 초기 (상류) 흐름에 대한 프루드 수가 20일 때 분획 에너지 손실을 계산하라.

6.8 다음을 증명하라: 폭포의 모양은 $y = \frac{gx^2}{2u^2}$으로 설명되며, 이때 u는 속도의 수평 분력이고 g는 중력 가속도이다.

6.9 4개의 제트(jet)로 구성된 충동 터빈의 스케치를 그려라.

6.10 충동 터빈의 출력은 $u_c = \frac{1}{2}u$일 때 최대가 되며, 컵에 전달되는 충동 터빈의 최대 힘은 $P_{\text{max}} = \frac{1}{2}\rho Q u^2$임을 증명하라.

6.11 물의 수두 h와 워터 제트의 단면적 A에 대해, 펠턴 수차의 최대 생산량 P_m을 $P_\text{m} \propto Ah^{3/2}$으로 나타낼 수 있음을 증명하라. P_m이 kW, A가 m^2, h가 m일 때 비례 상수 값을 구하라.

6.12 회전 잔디 스프링클러가 어떻게 작동하는지 설명하라.

6.13 규모 댐을 많이 건설하는 것과 대규모 댐 하나를 건설하는 것 중 더 나은 것을 논하라.

6.14 마이크로하이드로(초수력) 발전 시스템의 이점을 설명하라.

6.15 새로운 수력 발전소를 계획할 때 어떤 요소를 고려해야 하는지 설명하라.

6.16 댐이 수명을 다했을 때 댐 해체 비용을 누가 지불해야 하는지 논하라.

6.17 왜 펌프 저장 시스템이 탄소 배출을 줄이는 데 주요한가?

6.18 체적 유량이 5 m^3 s^{-1}, 낙차가 30 m인 곳에 6 rpm이 요구되는 터빈을 설치하려 한다. 적합한 터빈의 종류는?

6.19 아시아의 연평균 강우량은 ~14,100 km^{3}이고 평균 고도는 950 m이다. 수력 발전 잠재력

을 이론적으로 추산하라.

6.20 만일 지구상에는 어느 순간에도 2개의 만조가 일어나고 있다면, 연속되는 두 만조 사이의 시간차가 왜 12시간이 아니라 12시간 25분인지 설명하라.

6.21 조석에 대한 태양의 영향을 비교하라: (a) 태양과 달이 지구와 같은 쪽에 있을 때, (b) 태양과 달이 지구의 반대쪽에 있을 때(m_{Sun} = 2 × 10^{30} kg, m_{Moon} = 7.4 × 10^{22} kg, d_{Sun} = 1.5 × 10^{11} m, d_{Moon} = 3.8 × 10^{8} m).

6.22* 그림 6.21에 표시된 파도의 경우, 바닥 위의 점 y에서 표면 아래의 압력은 대략적으로 $p = p_0 + \rho g[h(x,t) - y]$에 의해 주어진다. 평면 x와 $x + \delta x$ 사이의 물에 단위 면적당 작용하는 힘을 고려하여 $\rho \dfrac{\partial u}{\partial t} = -\dfrac{\partial p}{\partial x} = -\rho g \dfrac{\partial h}{\partial x}$를 증명하라. x에서 $x + \delta x$로 흐르는 초당 부피의 차이를 수직 방향으로 초당 변위된 부피와 동일시하여 $h_0 \delta u = -v\delta x$를 증명하고, 이에 따라 $h_0 \dfrac{\partial u}{\partial x} = -\dfrac{\partial h}{\partial t}$를 증명하라. 다음 파동 방정식 $\dfrac{\partial^2 h}{\partial x^2} = \dfrac{1}{c^2}\dfrac{\partial^2 h}{\partial t^2}$를 입증하라. 이때 $c = \sqrt{gh_0}$는 파동 속도 또는 위상 속도이다.

6.23 조석 공명(tidal resonance) 현상과 이 현상이 조차(tidal range)를 크게 증가시킬 수 있는 이유를 설명하라.

6.24 $\dfrac{\partial^2 h}{\partial x^2} = \dfrac{1}{c^2}\dfrac{\partial^2 h}{\partial t^2}$에 대한 진행파 식은 $h = h_0 + a\cos(x \pm ct)$이고 여기서 a는 파동의 진폭이며 $\cos(x - ct)$는 오른쪽으로 진행하는 파동을, $\cos(x + ct)$는 왼쪽으로 진행하는 파동을 나타낸다. 유속 u_0와 진행파의 진폭이 $h_0 u_0 = ac$와 관련 있음을 증명하고, 단위 길이당 단위 너비당 에너지 E와 파도의 군속도를 곱한 것과 동일한 값인 파도에 의해 전달되는 단위 너비당 전력 P가 $P = \frac{1}{2}\rho g^{3/2} h_0^{1/2} a^2$에 의해 주어짐을 증명하라.

6.25 조력댐은 만조 동안 썰물 위의 높이 h까지 채워진다. 그런 다음 높이 $(h + y)$까지 펌핑하여 수위를 높이고 거의 썰물 때까지 유지되는데, 이때 댐 안의 물이 터빈을 통해 빠르게 배출된다. 평균 순 출력 전력이 $P_{ave} = \rho g A[(h + y)^2 - y^2]/(2T)$에 의해 주어짐을 증명하라. 펌프를 사용하지 않을 때와 비교하여 h = 10 m에서 11 m로 수위를 높이는 펌프를 사용하여 출력 전력의 분획 증가를 평가하라. 펌핑 효율이 생성 효율의 절반일 때 y에 대한 최적값을 구하라.

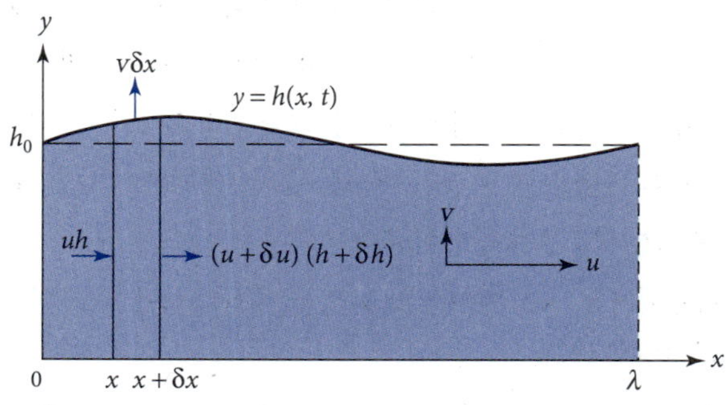

그림 6.21 천해파($\lambda >> h_0$)

6.26* 조석내만 발전소(tidal basin power plant)에서, 해수는 만조 시에 지역 A의 유역에 갇히고 썰물 때 터빈을 통해 흘러나온다. 만조와 간조 사이의 해수면 차이인 조차(tidal range) R은 봄철 조수의 최대 R_S부터 소조(neap tides) 기간의 최소 R_N에 이르는 한달 동안 사인파형으로 변한다. 한달 동안 생산된 평균 최대 전력 P_m이 $P_m = (\rho Ag/4\tau)R_S^2[(3 + 2\alpha + 3\alpha^2)/8]$에 의해 주어짐을 증명하라. 이때 $R_N = \alpha R_S$, τ는 조석 주기, g는 중력 가속도, ρ는 해수의 밀도이다. $A = 12\ \text{km}^2$, $R_S = 6$ m, $\alpha = 0.6$, $\rho = 10^3\ \text{kg m}^{-3}$에 대한 평균 전력을 계산하라.

6.27 조력댐 발전소에 비해 조류석호 및 조류 발전 시설의 장점과 단점은 무엇인지 설명하라.

6.28 펜틀랜드 해협(Pentland Firth)은 폭 10.2 km, 평균 깊이 58 m의 수로이다. 최대 유속은 3.4 m s^{-1}이고 이 유속을 이끄는 조수원의 진폭은 1.2 m이다. 수로에 터빈을 배치하여 생성할 수 있는 최대 평균 전력을 계산하라.

6.29* (a) $h = h_0 + a\cos(kx - \omega t) + b\cos(kx + \omega t)$인 프로파일이 파도 방정식 $\dfrac{\partial^2 h}{\partial x^2} = \dfrac{1}{c^2}\dfrac{\partial^2 h}{\partial t^2}$를 만족함을 대입을 통해 증명하라.

(b) 길이 L의 균일한 수로의 양 끝이 수직 벽으로 막혀 있다. 이 수로에서 천해파의 높이와 속도를 구하라.

6.30 약 4000 m 깊이의 대서양의 적도에서 조석 융기의 속도는 지구의 자전으로 인해 해저(바다의 바닥)에서의 속도보다 느림을 증명하라.

6.31 균일한 깊이의 물에서 표면 파동의 속도 c가 중력 가속도 g, 깊이 h_0, 파장 λ에만 의존한다고 가정할 때, 차원 분석을 사용하여 $c = f(\lambda/h_0)\sqrt{gh_0}$ 임을 증명하라. $\lambda >> h_0$(**천해파**)일 때와 $\lambda << h_0$(**깊은 파도**)일 때 $f(\lambda/h_0)$의 형태를 구하라.

6.32 심해에서 파장 $\lambda = 100$ m인 표면파의 속도를 구하라.

6.33 표면파의 위상속도와 군속도(group speed)가 각각 $c = \sqrt{\dfrac{g\lambda}{2\pi}}$와 $c_g = \mathrm{d}\omega/\mathrm{d}k$일 때, 군속도가 $c_g = \dfrac{1}{2}\sqrt{\dfrac{g\lambda}{2\pi}}$임을 증명하라. 여기서 ω는 각속도, $k = 2\pi/\lambda$이다.

6.34 그림 6.22와 같이 $y = a\sin(2\pi x/\lambda)$ 형태의 표면 프로파일을 가진 파동을 고려하라. 물을 $-y$에서 y로 올리는 작업이 진행되었음을 고려하여 유체의 상승된 부분의 총 위치에너지 $V = \dfrac{1}{4}\rho g a^2\lambda$를 증명하라.

6.35 Salter Duck 파력 발전 장치의 장점과 단점을 설명하라.

6.36* 그림 6.23은 흡수가 가장 클 때 점 흡수체(point absorber)로부터 하류 방향으로 거리 x에서 진행 중인 입사파와 원형파 사이의 간섭 패턴을 보여 준다. 단위는 입사파의 단위 너비당 진폭과 전력이 일치되도록 하고, 거리 x에서 흡수체에 의해 발생하는 원형파의 단위 너비당 전력이 $a^2\lambda/x$가 되도록 한다. 입사 방향에서 멀어지면 단위 너비당 전력의 진동이 크게 상쇄되며 단위 너비당 전력이 마치 그림 6.23의 점선으로 주어진 것과 같아진다. 이것은 $2(\lambda x/2)^{1/2}$과 동일한 너비에 대해 $1 - 2(a^2\lambda/2x)^{1/2}$의 값을 갖는다.

흡수된 총 전력이 $(2a\lambda - 2\pi a^2\lambda)$이고, 이것이 단위 너비당 입사 전력이 1일 때 최대폭 너비와 동일한 최댓값을 가지며 이 값이 $\lambda/2\pi$임을 증명하라.

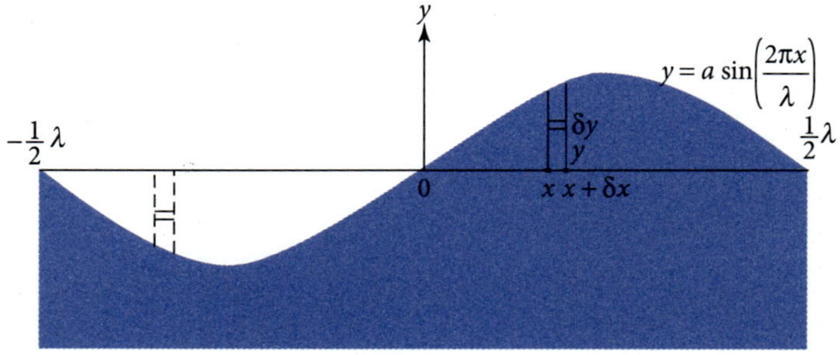

그림 6.22 파동 프로파일

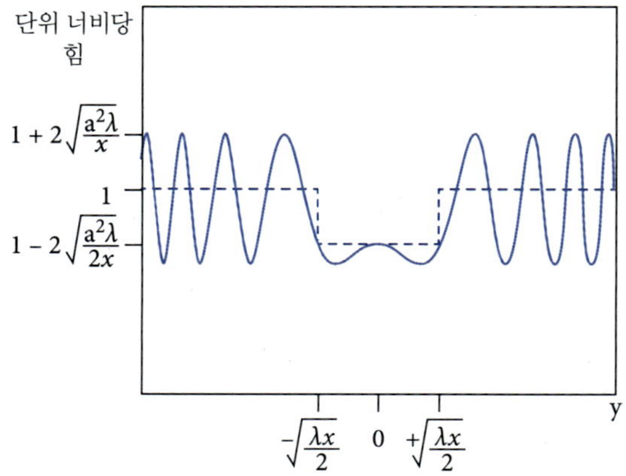

그림 6.23 흡수가 가장 클 때 흡수기에서 하류 거리 x에 진행 중인 입사파와 원형파 사이의 간섭 패턴

6.37 OWC는 단면적 1 m^2의 공기 덕트와 단면적 10 m^2의 수력 덕트를 가진다. 만약 수력 표면의 평균 수직 속도가 1 m s^{-1}일 때, 공기의 평균 속도를 계산하라.

6.38 침수식 파력에너지 변환기의 원리를 설명하라.

6.39 펠라미스 유형의 파력에너지 발전기에 의해 흡수될 수 있는 파면의 최대 폭은 약 $3/k$이며, 여기서 $k = 2\pi/\lambda$이고 λ는 파장이다. 평균 파동 진폭이 1.0 m이고 파동 주기가 8초인 지역에 계류된 이러한 장치 25개가 있는 파력에너지 발전 지역의 평균 전력 생산량을 추산하라. 각 펠라미스 유형 장치의 변환 효율은 70%로 가정하라. 물의 밀도는 1000 kg m^{-3}이다.

6.40 상당한 양의 저탄소 전기를 공급할 수 있는 파력 발전의 잠재력에 대해 서술하라.

유도 6.3 조석 이론 평형(Equilibrium tidal theory)

달의 질량이 m일 때, 그림 6.24와 같이 점 P에서 물의 단위 질량에 대한 힘 $F = Gm/d^2$은 지구-달의 자전으로 인한 구심 가속도에서 발생하고, 위치 $\phi_{rot} = Gmx/d^2$에 해당하는데, 이는 힘 $F = -d\phi/dx$가 음의 x방향으로 작용하기 때문이다. 달 때문에 발생하는 중력으로 인한 위치에너지는 $\phi_{Moon} = -Gm/s$으로 주어지며, 여기서 s는 P부터 N까지의 거리이다. $d >> r$의 경우 우

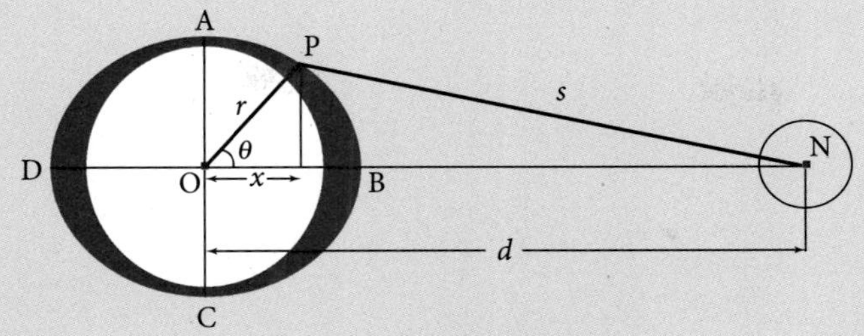

그림 6.24 달에 의한 조석 효과(크기에 비례하지 않음)

리는 $1/s$로 확장할 수 있다.

$$\frac{1}{s}=\frac{1}{\left[d^2+r^2-2rd\cos\theta\right]^{\frac{1}{2}}}=\frac{1}{d}\left[1+\left(\frac{r^2}{d^2}-\frac{2r}{d}\cos\theta\right)\right]^{-\frac{1}{2}}$$

$$=\frac{1}{d}[1+\frac{r}{d}\cos\theta+\frac{r^2}{d^2}\left(\frac{3}{2}\cos^2\theta-\frac{1}{2}\right)+\ldots]$$

지구의 중력에 의해 물의 단위 질량당 위치에너지는 $\phi_{\text{Earth}} = gh$, 여기서 h는 평형 수준 이상의 물의 높이, 그리고 g는 지구 표면에서의 중력에 의한 가속도이다. 물의 단위 질량당 총 위치에너지는 $\phi = \phi_{\text{rot}} + \phi_{\text{Moon}} + \phi_{\text{Earth}}$에 의해 주어진다. $x = r\cos\theta$, $g = GM/r^2$, 여기서 M은 지구의 질량이고 $\phi_{\text{Earth}} = GMh/r^2$이기 때문에 ϕ는 다음과 같이 줄어든다.

$$\phi=-\frac{Gm}{d}\left[1+\frac{r^2}{d^2}\left(\frac{3}{2}\cos^2\theta-\frac{1}{2}\right)-\frac{h(\theta)Md}{mr^2}\right]$$

물의 표면 단면의 평형상태일 때에서는 등 전위 표면이다, 그래서 h는 반드시 θ에 의한 방정식이 될 수 있다.

$$h(\theta)=\frac{mr^4}{Md^3}\left(\frac{3}{2}\cos^2\theta-\frac{1}{2}\right)=h_{\max}\left(\frac{3}{2}\cos^2\theta-\frac{1}{2}\right)$$

여기서 $h_{\max} = mr^4/Md^3$은 조력의 최대 높이이며 이는 B와 D 지점($\theta = 0$과 $\theta = \pi$)에서 발생한다. 조차는 $3h_{\max}/2$이다. $\frac{m}{M}=0.0123$, d = 384,400 km, r = 6378 km를 대입하면, $h_{\max} \approx 0.36$ m이고, 범위는 ~0.5 m, 이는 선상에서 대략적으로 평균 중간 조차에 의해 관찰된다.

아래 사이트를 방문하면 더 많은 정보와 자료를 볼 수 있습니다.
www.oup.com/he/andrews_jelley4e

7 풍력 발전
Wind Power

주제 목록

- □ 풍력 에너지원
- □ 지구 바람의 유형
- □ 풍력의 역사
- □ 현대의 풍력 터빈들
- □ 풍력에너지
- □ 최대 효율
- □ 터빈 날개 설계
- □ 최적 익단속도
- □ 동력 계수 C_p
- □ 현대의 HWAT의 설계
- □ 풍력 터빈의 피로
- □ 제어와 작동
- □ 터빈 발전기
- □ 풍력 특성
- □ 터빈의 전력 생산
- □ 육상 풍력 발전 단지
- □ 해상 풍력 발전 단지
- □ 하이브리드 풍력 발전 단지
- □ 풍력 기술의 발전
- □ 환경 영향
- □ 공공 수용
- □ 경제학
- □ 풍력 변동성
- □ 풍력 잠재력 및 전망

서론

1970년대의 국제적인 석유 파동과 최근의 지구온난화에 대한 우려는 풍력에너지에 대한 관심을 다시 불러일으키고 있다. 전 세계 설치 용량은 2010년 이후 연평균 15%씩 성장해 2019년 651 GW를 기록했다. 2019년의 풍력 용량인 651 GW는 세계 전력 생산량 26,771 TWh의 5.3%를 생성한 것이다.

풍력은 무탄소, 무공해 에너지원으로, 2050년까지 전 세계적으로 사용되는 전력의 ~35%를 생산할 수 있다(IRENA 2019). 따라서 풍력은 상당한 양의 석유 에너지 자원을 절약할 수 있다. 현대의 풍력 터빈은 17~18세기의 전통적인 풍차보다 수백 배 강력하며 일부 지역에서는 풍력 기지에서 이미 상당량의 에너지를 생산하고 있는데, 예를 들면 덴마크에서는 전력 수요의 47%, 영국에서는 전력 수요의 21%를 차지한다.

우리는 먼저 전 세계 풍력 자원과 바람의 유용 에너지에 대해 검토한다. 그다음에 이 에너지가 어떻게 풍력 터빈을 통해 생성되는지와 그 설계에 관해 설명한다. 또한 터빈의 출력과 환경적 영향에 관련성이 큰 터빈 부지에 대해 생각해 볼 것이다. 이 장의 마지막 부분에서는 풍력의 잠재력과 경제성에 대해 논의한다.

7.1 풍력 에너지원

풍력에너지의 근원은 태양 복사 에너지이며, 이것은 일차적으로 육지와 바다에 흡수되고, 다시 대기를 가열시키게 된다. 물질들은 복사에너지의 흡수에 차이가 있으며, 따라서 온도 구배가 발생되고 이것이 대류와 압력 변화를 야기하며 이 결과 바람이 일어난다. 간단한 예로 바다 연안에서 부는 밤바람을 들 수 있다. 이것은 태양으로부터 오는 열을 바다가 육지에 비해 더 잘 간직하기 때문에 발생한다. 지구적 규모에서는, 적도 지역이 다른 지역보다 태양 복사 강도가 더 크며, 이 결과 적도에서는 따뜻한 바람이 상승하고 남북의 극지방에서는 하강하는 냉기류가 발생한다. 바람의 방향은 전통적으로 어디서 바람이 오는가를 나타내며, 북반구에서는 적도에서 상승하는 따뜻한 기류가 지상에서는 북풍을 초래한다.

1.37 kW m^{-2}의 입사 태양에너지의 약 0.5%가 바람으로 전환되며, 따라서 바람에는 엄청난 양의 동력이 존재한다. 지구의 반경은 대략 6400 km이며 태양 복사를 받는 지구 단면적은 약 1.3×10^{14} m^2이고 따라서 바람의 동력은 약 10^6 GW이다. 이것은 지구 전체 전력 사용량의 약 50배에 해당하는 것이다. 하지만 바람은 분산된 자원이며 이 양의 극히 적은 부분을 이용하는 것이 실제적이다(7.18절 참조).

바람은 시간과 위치에 따라 변화가 크다. 어떤 지역은 잦고 강한 바람에 노출되지만 어떤 지역은 바람이 거의 불지 않는다. 특히 지구 자전의 영향에 의해서 바람이 강하게 그리고 낮게 발생하는지 결정된다. 수십 km 거리에서는 지구의 자전이 바람의 방향에 거의 영향을 주지 못한다. 그러나 수백 km 이상의 거리에서는 지구의 자전 효과가 가시적으로 나타난다. 이제 지구의 자전 효과가 지구 바람에 어떻게 영향을 주는지 설명한다.

7.2 지구 바람의 유형

간단한 모델로서, 만약 지구가 회전하지 않는다고 하면 적도의 보다 강한 태양 복사가 남-북 공기 대류 흐름을 만들게 될 것이다. 그러나 지구의 회전은 지구의 한 지점에서 이 대류 유동에 동쪽 방향 속도 성분을 가지게 하며, 그 크기는 적도에서 가장 빠르고 극으로 갈수록 감소한다. 따라서 적도의 관찰자에게 북쪽이나 남쪽으로 움직이는 바람은 우주의 관찰자에게는 동쪽 방향 속도 벡터를 갖는다. 바람이 적도로부터 멀어질수록 지구 축까지의 거리가 감소하며, 이 결과 움직이는 바람은 동쪽 방향 속도 벡터가 증가된다. (이것은 아이스 스케이터들이 팔을 안으로 당길 때 빠르게 회전하는 것과 유사한 현상이다.) 따라서 초기에 북쪽으로 움직이는 공기는 북위도상의 한 지점에 도달하겠지만 출발점에 비해 동쪽에 도달한다. 지상의 관측자들에게는 바람이 동쪽을 향하여 가속화되어 나타나며 이 같은 힘을 **코리올리 힘**(Coriolis force) 또는 **전**

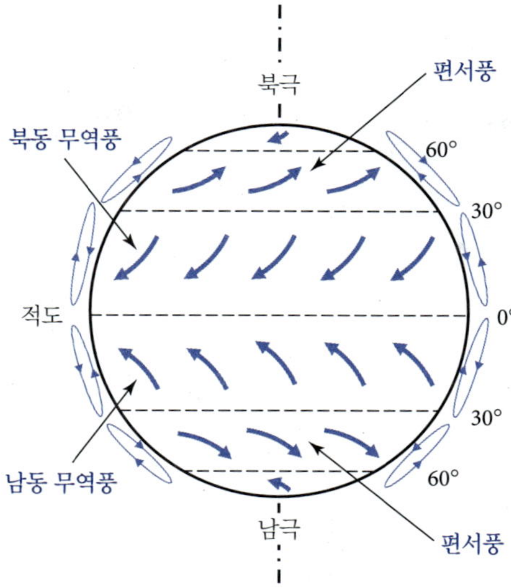

그림 7.1 지구 바람의 패턴을 단순화한 지도

향력이라고 한다.

이론적으로 바람 속도는 높은 위도까지 큰 값에 도달할 것이나, 위도 30°에서 흐름은 불안정하게 된다. 따라서 바람의 북쪽 또는 남쪽 방향 유동이 소산되며, 이 결과 30° 위도 안에 한정된다. 북반구에서 30° 위도 근처에서 하강하는 바람은 북동 무역풍을 그리고 유럽 지역에서 주로 보는 편서풍을 초래한다. 이 단순한 모델에서 예상되는 지구 바람 유형의 지도를—해양 및 육지의 효과를 무시할 때—그림 7.1에 나타냈다. 각각의 반구에서 셀(cell)이라 불리는 세 지역이 있다.

실제에 있어서는 표면 마찰과 큰 규모의 소용돌이 운동의 효과가 마치 계절적 변화가 그러하듯이 큰 영향을 주며, 오직 적도에 가장 가까운 셀 즉 **해들리 순환**(Hadley cell)만 명확하게 확인된다. 중간 위도의 **페렐 순환**(Ferrell cell)은 상당히 약하며 **극 순환**(polar cell)은 거의 관측되지 않는다. 그러나 많은 지역에서 바람은 강하고 안정되어 있으며, 이들 지역에서 풍력에너지 개발이 최적이며, 많은 나라들의 일부 지역에서 찾을 수 있다(박스 7.1 참조).

박스 7.1 풍력의 역사

기록에 의하면 최초의 풍력 이용은 10세기경 페르시아의 시스탄(Sistan) 지역에서였는데 바람의 속도가 약 45 m s^{-1}에 달하는 지역이지만 풍차는 이미 몇 세기 동안 이용되어 온 것으로 보인다. 풍차는 수직축을 가지고 있으며(그림 7.2*a* 참조), 곡물을 빻고 물을 퍼 올리는 데 이용되었다. 중국에서도 비슷한 풍차들이 이용되었는데 아마도 이곳에서 최초로

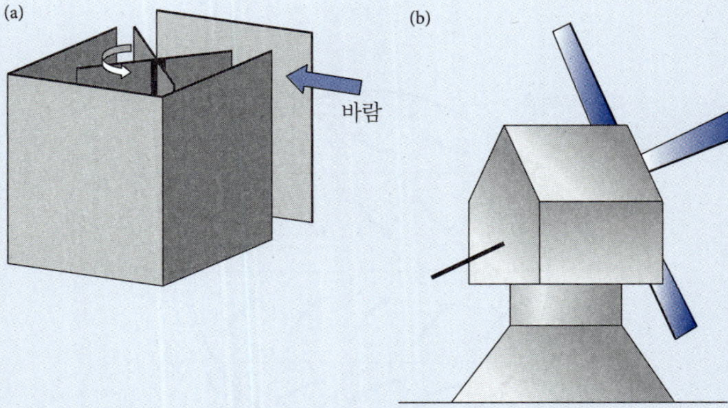

그림 7.2 (a) 페르시아의 수직축 풍력 장치; (b) 탑식 풍차

개발된 것으로 보인다. 수직축 기계에서는 바람은 **항력**이라 부르는 힘으로 돛을 회전하도록 밀며, 이 힘은 돛과 바람의 상대적 속도에 의존한다.

항력을 이용한 수직축 풍차는 **양력**에 의해 구동되는 수평축 풍차보다 내재적으로 낮은 효율을 보인다(7.6절 참조). 수평축 풍차는 12세기경 처음으로 유럽의 영국, 프랑스, 네덜란드에 등장했다. 초기 구조는 알려지지 않았으나(이들은 수직축 물레방아로부터 서서히 발전했을 가능성이 높다) 이러한 풍차는 13세기 유럽으로 빠르게 확산되었고, 옥수수를 빻거나 물을 퍼 올리고, 목재의 제재 등에 이용되었다. 초기 제분소는 **회전식 풍차**(post-mill)이며 불어오는 바람을 맞기 위해 수동으로 돌릴 수 있도록 전체 제분기가 회전한다. 후기의 (대부분의) 제분소들에서는 돛이 있는 윗부분과 풍차 축이 회전한다. 이러한 **탑식 풍차**(tower-mill, 그림 7.2*b*)는 14세기경에 도입되었다. 많은 경험을 통해서 돛을 뿌리에서 끝단으로 비틀게 되면 보다 많은 동력을 얻을 수 있다는 것이 발견되었다.

풍차의 이용은 18세기경 정점에 이르렀으며, 이후 풍차는 더 작고 편리하며 연속으로 쓸 수 있는 석탄 동력 증기 엔진에 의해 대체되었다. 그러나 풍차는 인구 밀도가 적은 지역, 예를 들면 미국, 구소련, 호주, 아르헨티나 같은 곳에서는 계속 사용되었다. 19세기 미국에서 물을 펌핑하기 위한 소형의 다익 풍차(multi-vane mill)가 개발되었고 매우 광범위하게 사용되었다. 다익 풍차는 마침내 1930년대 연방 전선망의 발전에 따라 대체되었다.

19세기 후반에서 1960년대에 이르기까지 수많은 풍력 기계들이 전기 발전용으로 개발되었으며, 이것들을 풍차와 구별하기 위해 **풍력 터빈**이라 불렀다. 20세기 초 Poul La Cour는 4개의 날개를 갖는 풍차를 이용하여 25 kW를 생산할 수 있는 터빈을 제작했다. 전기는 수소 생산에 사용되었고, 수소는 조명에 사용되었다. 이후 이들은 디젤 엔진의 등장으로 대체되었다. 그러나 연료로서의 수소 생산이 오늘날 매우 진지하게 고려되고 있으며, 그 이유는 수소가 이산화탄소를 배출하지 않기 때문이다(11.4.3절 참조). 1930년대 후반 1.25 MW 규모의 2개의 날개를 갖는 풍력 터빈이 Palmer Putman에 의해 제안되었고, Morgan Smith Company에 의해 미국 버몬트에서 제작되었다. 이 터빈은 짧은 기간 동안 성공적으로 작동되었으나 1945년 날개 고장으로 인해 프로젝트는 종료되었다.

2차 세계대전 당시, 비록 일시적인 조치였지만, 덴마크는 석유 공급이 어려울 때 풍력에너지를 사용했다. 한편 1973년의 석유 파동 이후 대체에너지원을 찾기 시작한 수많은 나라들이 풍력에너지에 새로이 관심을 갖게 되었다. 캘리포니아에서는 높은 석유 가격에 대한 우려로 풍력 발전에 대규모 투자가 이루어졌으며, 이것은 주와 연방 세제 혜택의 지원을 받았다. 그러나 당시 기술은 충분히 발달되지 않았고, 몇몇 풍력 발전소들은 실패하였다. 1980년대 중반, 세제 혜택의 중단과 석유 가격의 하락으로 미국에서 풍력에너지에 대한 투자가 감소되었다. 그러나 유럽, 특히 덴마크에서는 지원이 지속되었으며, 최근 지구온난화에 대한 점증하는 경각심은 세계적으로 풍력 터빈에 대해 더 많은 관심과 투자를 고조시키고 있다.

7.3 현대의 풍력 터빈들

7.3.1 수평축 풍력 터빈(HAWT)

현재 대부분의 디자인들은 수평축 풍력 터빈(horizontal-axis wind turbine, HAWT)이다. 그림 7.3은 오늘날의 수평축 풍력 터빈을 보여 준다. 이들은 타워로 구성되며, **나셀**(nacelle)이라고 하는 밀폐 용기가 그 상단에 얹혀 있고, 나셀(엔진실)에는 터빈 축을 위한 베어링과 기어 박스(사용이 된다면), 그리고 발전기가 내장되어 있다. 풍력 터빈의 날개(일반적으로 3개)는 축에 고정이 되어 있고, 나셀은 요 제어(yaw control)라는 구동 장치에 의해 유입 바람 방향으로

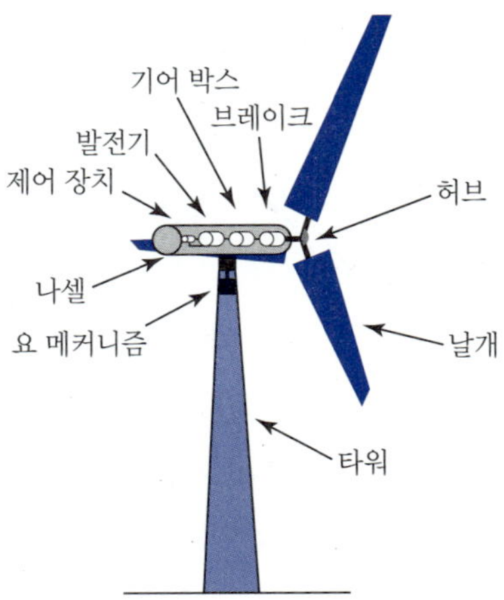

그림 7.3 현대의 5 MW 수평축 풍력 터빈

향하게 된다. 날개(rotor)는 불어오는 바람으로부터 타워가 날개를 가리는 것을 피하기 위해서 특별히 타워의 맞바람 쪽에 놓인다. 터빈에 3개의 블레이드가 있으면 회전의 균형이 잡히고 그 성능이 우수한 반면, 1개의 블레이드만 있는 경우 불균형을 이루고, 2개의 경우 블레이드가 타워를 통과할 때 갑작스러운 깜빡임 효과를 준다. 4개 이상의 블레이드로 미세하게 증가하는 생산량은 추가 비용을 투자할 만큼의 가치가 없다.

7.3.2 수직축 풍력 터빈(VAWT)

수직축 터빈(vertical-axis wind turbine, VAWT) 또한 연구와 개발이 진행되었으며, 특별히 그림 7.4의 **다리우스**(Darrieus) 디자인이 그러하다. 이 디자인에서 터빈은 익형 날개 위로 부는 바람에 의해 발생하는 양력으로 구동된다. 토크(torque)는 날개가 바람이 부는 방향을 가로질러 이동할 때 최댓값이 되고 바람 방향과 평행으로 갈 때 0이 된다(문제 7.10 참조). HAWT와 달리 블레이드가 항상 올바르게 배치되어 있지 않아 효과적인 양항비(lift-to-drag ratio, LTD)와 최적 회전 속도가 감소하여 동일한 전력 생산량에 대한 토크가 높아지고(7.7절 참조), 결과적으로 발전기의 크기가 더 커야 하기 때문에 그만큼 더 비싸지는 결과가 발생한다.

반면에 VAWT는 요(yaw) 메커니즘이 필요하지 않으며 기어 박스와 발전기가 지면에 위치할 수 있기 때문에 유지 관리가 더 쉬울 수 있다. 그러나 대형 기계의 경우 HAWT보다 비용효율성이 떨어지는 것으로 입증되었다. 그러므로 대형 터빈의 다리우스 디자인(그림 7.4)에서 케이블들은 날개(rotor)의 꼭지를 지지해야 한다. 이것들이 로터의 평균 높이를 제한하고 있으며, 따라서 더 높은 높이에서 일어나는 더 강한 바람의 장점들을 잃게 된다. 더 작은 다리우스 유형의 VAWT의 경우 일반적으로 동일한 생산량의 HAWT보다 더 크기가 크고 좁기 때문에 기어 박스에 더 큰 모멘트가 필요하고 더 많은 소재가 필요하므로 결과적으로 가격이 더 비쌀 수 있다. 그러나 소형 VAWT는 높은 바람과 모든 풍향에서 잘 작동하는 도시 위치에서 효과적일 수 있다.

HAWT는 전력 회사의 동력 발전에 널리 사용되기 때문에 우리는 HAWT에 집중할 것이다.

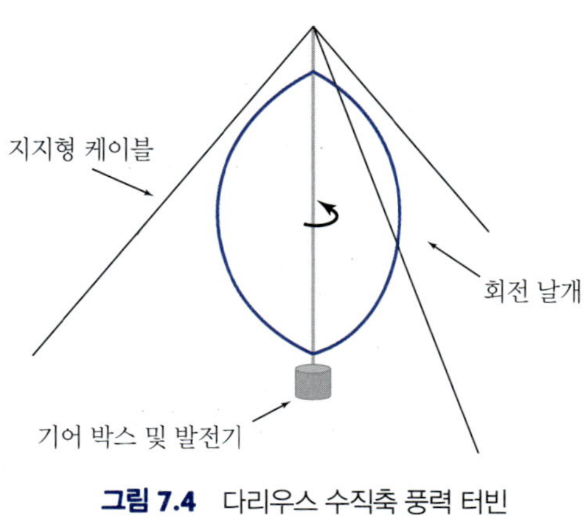

그림 7.4 다리우스 수직축 풍력 터빈

그런 다음에 바람에 얼마나 많은 양의 에너지가 포함되어 있는지에 대해 논의하고, HAWT가 에너지를 어떻게 추출하는지에 대해서도 논의한다.

7.4 바람의 운동에너지

바람의 에너지는 **운동에너지**의 형태이다. 풍속 u와 공기의 밀도 ρ에 대해 에너지밀도 $\mathcal{E}$(즉, 단위 부피당 에너지)은 다음과 같다.

$$\mathcal{E} = \frac{1}{2}\rho u^2 \tag{7.1}$$

바람의 방향에 수직인 단면적 A를 통과하는 공기의 단위 시간당 체적은 uA이다. 따라서 이 면적을 통과하는 단위 시간당 공기 체적에 대한 운동에너지는 $P = \mathcal{E}uA$이다. 또는 아래 식과 같이 나타낸다.

$$P = \frac{1}{2}A\rho u^3 \tag{7.2}$$

즉, **바람의 동력 P는 풍속 u의 3승에 비례한다**. 따라서 더 빠른 속도로 훨씬 더 많은 전력을 사용할 수 있다. 그러나 나중에 설명하겠지만, 풍속의 변동으로 인해 풍력 터빈의 생산량이 크게 달라질 수 있다. 전형적인 풍속 변화는 레일리 분포에 의해 설명되며, 7.10절과 7.11절에서 다룬다.

예제 7.1

바람의 속도가 u = 5 m s^{-1}이고 특히 풍력 터빈의 날개가 100 m의 직경을 가질 때 동력을 계산하라. 만약에 바람의 속도가 u = 10 m s^{-1}로 증가한다면 어떻게 동력이 변하는가? (공기의 밀도는 1.2 kg m^{-3}으로 가정한다.)

식 (7.2)에 대입하면

$$P = \frac{1}{2}A\rho u^3 = \frac{1}{2}\times(\pi\times 50^2)\times 1.2\times 5^3 \approx 0.6\ \text{MW}$$

0.6 MW의 동력은 유럽 가정 약 1000세대의 전기 사용 평균량을 충족시키기에 충분하다. 바람의 속도를 2배로 하는 것은 동력을 2^3 = 8배수만큼 증가시킨다. 따라서 동력은 8 × 0.6 = 4.8 MW로 증가한다.

7.5 수평축 터빈의 원리

터빈을 통과하는 바람은 전력이 추출되면서 블레이드를 둥글게 밀면서 속도를 잃는데, 이는 그

만큼 바람이 부는 방향으로 점점 속도가 느려짐을 의미한다. 블레이드는 풍력의 상당부분을 추출하기에 충분히 넓지만, 블레이드 앞의 공기 압력에 의해 대부분의 바람이 터빈 주위로 우회되기 때문에 중요한 장애물로 작용할 정도로 크지는 않다. 터빈을 가로질러 압력이 떨어지는 Δp는 추진력을 제공하고, 추출된 P는 다음 식으로 주어진다.

$$P = \Delta p A_1 u_1 \tag{7.3}$$

여기서 A_1은 터빈의 횡단면이고 u_1은 터빈 평면에서의 바람의 속도이다 압력 강하와 풍속의 곱을 최대화하면 바람으로부터 동력을 추출하는데 이론적 최고 효율을 ~59%로 한정하고 있다. 이것을 **베츠 한계**(Betz limit)라고 하며, 유도 7.1에 자세히 설명되어 있다.

바람이 터빈을 통과하면 바람 에너지의 일부가 터빈에 전달되고 따라서 바람의 속도가 느려지게 된다. 공기 유동은 그림 7.5와 유사하다. 상류에서 바람의 속도는 u_0이고 단면적 A_0를 통과한다. 바람이 터빈에 도달할 때 속도는 u_1으로 감소되고 유관의 면적은 터빈 날개가 쓸고 지나가는 면적 A_1으로 증가된다. 즉, 터빈의 날개에 의해 휩쓸린다. 터빈의 후류에서 바람의 횡단면은 A_2이고 속도는 u_2이다. $u_0 \rightarrow u_1$ 및 $u_1 \rightarrow u_2$에서 터빈을 통과하는 바람의 속도 강하는 터빈을 가로질러 압력 강하 Δp를 유발하며(베르누이의 원리: 식 2.42 및 문제 7.3 참조), 이는 터빈에 추진력을 생성한다. Δp의 값은 다음과 같다.

$$\Delta p = \frac{1}{2}\rho(u_0^2 - u_2^2) \tag{7.4}$$

최대 동력은 터빈 후류에서 바람의 속도가 상류의 속도 u_0의 1/3이고 터빈에서 바람의 속도가 u_0의 2/3일 때 발생한다. 즉, $u_2 = u_0/3$이고 $u_1 = 2u_0/3$(유도 7.1 참조). 이러한 조건에서 식 (7.3)와 (7.4)를 이용해서 얻어진 동력 P는 다음과 같다.

$$P = \frac{1}{2}\rho A_1 (16/27) u_0^3 \tag{7.5}$$

속도 u_0를 가지고 면적 A_1을 통과하는 바람의 에너지 P_w는 식 (7.2)로 나타낼 수 있다.

$$P_w = \frac{1}{2}\rho A_1 u_0^3$$

따라서 **동력 계수**(power coefficient) 즉 터빈에 의해 추출된 동력의 분율 C_p는 다음과 같이 나타낼 수 있다.

$$C_p = P/(\tfrac{1}{2}\rho u_0^3 A_1) \text{ 또는 } P = \tfrac{1}{2} C_p \rho u_0^3 A_1 \tag{7.6}$$

이 값은 터빈 면적 A_1과 동일한 면적을 자유롭게 통과하는 바람 동력의 16/27 ≈ 59%이다. 이런 유입 바람의 동력 계수 C_p의 상한값 16/27을 1920년에 그것을 유도한 독일 물리학자의 이름을 따서 명명한 **베츠 한계**라 부른다.

유도 7.1 최대 추출 효율(Maximum extraction efficiency)

터빈을 작동 원판(actuator disc)이라고 하는, 에너지를 추출하는 얇은 원판으로 모델링하면 최대 효율에 대한 추정치를 얻을 수 있다. 그림 7.5의 공기 유관(2.9절 참조)을 고려하자. 공기는 속도 u_1으로 풍력 터빈의 단면적 A_1을 통과한다. 터빈 상류에서 유관의 단면적이 A_0이고 공기 속도는 u_0이다. 터빈 후류에서 유관의 단면적이 A_2이고 공기 속도는 u_2이다.

터빈은 바람에서 에너지를 추출하며 따라서 그림 7.5에서처럼 공기의 속도는 터빈을 통과할 때 감소하고 유관의 단면적은 증가한다. 바람에 의해 터빈에 가해지는 추력 T는 바람의 운동량 변화율과 같다.

$$T = \frac{\mathrm{d}m}{\mathrm{d}t}(u_0 - u_2) \tag{7.7}$$

여기서 $\mathrm{d}m/\mathrm{d}t$는 단위 시간당 유관을 통과하는 바람의 질량 유동률이다.

추출되는 동력 P는 추력과 터빈에서 공기 속도 u_1의 곱으로 주어진다. 따라서

$$P = Tu_1 = \frac{\mathrm{d}m}{\mathrm{d}t}(u_0 - u_2)u_1 \tag{7.8}$$

또한 바람 운동에너지의 손실률로서 추출된 동력을 표현할 수 있다. 즉,

$$P = \frac{1}{2}\frac{\mathrm{d}m}{\mathrm{d}t}(u_0^2 - u_2^2) \tag{7.9}$$

식 (7.8)과 (7.9)를 비교하면 다음 식을 얻는다.

$$(u_0 - u_2)u_1 = \frac{1}{2}(u_0^2 - u_2^2) = \frac{1}{2}(u_0 - u_2)(u_0 + u_2)$$

따라서

$$u_1 = \frac{1}{2}(u_0 + u_2), \text{ or } u_2 = 2u_1 - u_0 \tag{7.10}$$

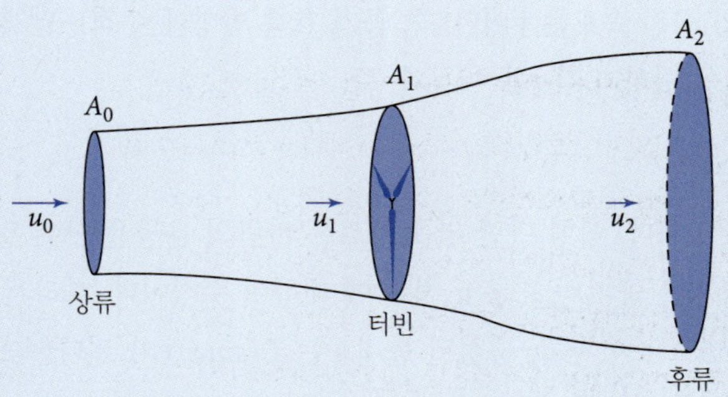

그림 7.5 풍력 터빈을 통과하는 공기의 흐름

또한, 질량 연속 방정식(2.9.1절 참조)에 의해 터빈을 통과하는 초당 질량 유속 $\mathrm{d}m/\mathrm{d}t$는 다음 식으로 주어진다.

$$\frac{\mathrm{d}m}{\mathrm{d}t} = \rho u A = \rho u_1 A_1 \tag{7.11}$$

(압력 변화가 매우 작기 때문에 공기의 밀도 ρ는 당연히 일정하다. 예제 2.6 참조.)

식 (7.10)으로부터 u_2를, 식 (7.11)에서 $\mathrm{d}m/\mathrm{d}t$를 식 (7.8)에 대입한다.

$$P = 2\rho u_1^2 A_1 (u_0 - u_1) \tag{7.12}$$

$u_1 = (1 - a)u_0$라 하자. 여기서 a는 **유도 인자**(induction factor)라 부른다. 그러면

$$P = \frac{1}{2}\rho u_0^3 A_1 [4a(1-a)^2] \tag{7.13}$$

바람의 동력에 대해 터빈 추출 동력의 분율 즉 동력 계수 C_P는 다음과 같이 주어진다.

$$C_P = P/(\frac{1}{2}\rho u_0^3 A_1) = 4a(1-a)^2$$

$\mathrm{d}C_P/\mathrm{d}a$를 0으로 두고 P의 최댓값을 구하면 $a = \frac{1}{3}$일 때 다음과 같이 최대 추출 동력 P_{max}를 얻는다.

$$P_{max} = \frac{1}{2}\rho u_0^3 A_1 [16/27]$$

이것은 터빈 회전 면적 A_1과 동일 면적을 자유롭게 통과하는 유입 바람 동력의 약 59%이다.

7.6 풍력 터빈 날개 설계

터빈에 전달되는 추진력이 생성되고 회전 에너지로 변환되기 위해서는 터빈 날개가 익형(aerofoil) 구조여야 한다. 풍력 터빈이 그림 7.6*a*에, 그리고 날개 단면이 그림 7.6*b*에 있다. 터빈에서 공기 속도는 u_1, 날개의 회전 속도는 v이다(즉, 공기 흐름 방향에 수직). 날개에 대해 공기의 상대속도 u_α는 날개의 운동 방향과 각 ϕ를 이룬다. 즉,

$$\tan\phi = u_1/v \tag{7.14}$$

날개에 대한 받음각은 α_0이다. 익형 단면 위를 흐르는 바람의 운동은 단위 길이당 양력 $\mathcal{L}$을 발생시킨다. 날개의 양력 $\mathcal{L}$은 공기의 흐름 u_α 방향에 대하여 수직이다. 따라서 익형의 추력 T(항력 $\mathcal{D}$는 무시)는 $\mathcal{L}\cos\phi$로 주어지고, 생성된 동력 P는 $\mathcal{L}(\sin\phi)v$가 된다(속도와 힘의 곱). v를 치환하기 위해 식 (7.14)를 사용하면

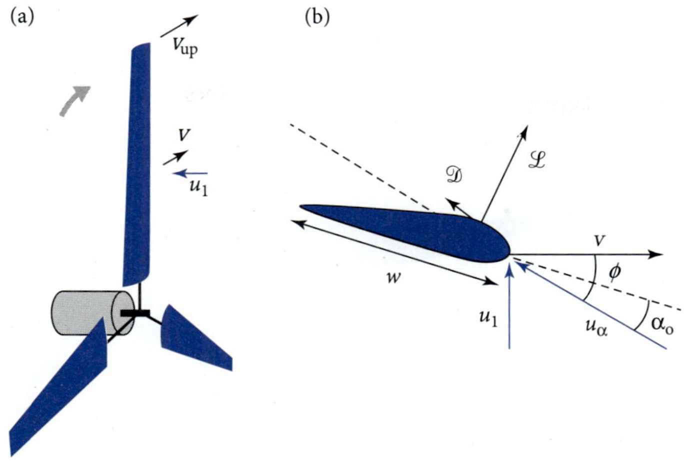

그림 7.6 (a) 회전 터빈에 유입되는 바람; (b) 축으로부터 거리 r에서 터빈 날개의 단면

$$P = \mathcal{L}(\sin\phi)u_1 \cot\phi = \mathcal{L}(\cos\phi)u_1 = Tu_1 \tag{7.15}$$

항력이 무시되었을 때, 이 식은 생성된 동력이 바람의 추력으로 인해 생긴 동력과 같다는 것을 보여 준다.

반경 r에서의 날개의 속도 v는 다음과 같다.

$$v = rv_{\text{tip}}/R \tag{7.16}$$

여기서 v_{tip}은 날개 끝단에서의 속도이고, R은 터빈 날개의 최대 반경이다. 중요한 매개변수는 유입 바람 속도 u_0에 대한 날개 끝단 속도 v_{tip} 비로 정의되는 **익단속도비**(tip-speed ratio) λ이다. 즉,

$$\lambda = v_{\text{tip}}/u_0 \tag{7.17}$$

여기서 베츠 조건($u_1 = 2u_0/3$)이 만족되면, 식 (7.16)과 (7.17)을 이용해서 각 ϕ를 r, R과 λ로 다음 식으로 표현할 수 있다.

$$\tan\phi = u_1/v = 2R/(3r\lambda) \tag{7.18}$$

식 (7.18)을 통해, 주어진 반경 r에 대해서 각도가 익단속도비 λ의 유일한 함수라는 것을 알 수 있고, 이것은 λ가 터빈을 설계하는 데 중요한 변수가 되는 이유이다. 바람의 시각도(apparent angle) ϕ는 반경 r이 감소함에 따라 증가한다(왜냐하면 $\tan\phi \propto 1/r$이기 때문에). 따라서 터빈 날개는 비틀림을 갖도록 설계된다. 이 비틀림은 받음각 α_0를 최적으로 유지하기 위해 r이 감소함에 따라 증가한다. 날개의 폭 w 또한 r이 감소함에 따라 증가하며, 양력의 구성요소는 베츠 조건을 유지하는 데 필요한 추진력을 생성한다(그림 7.7 참조).

터빈 날개 폭에 대한 계산은 유도 7.2에 있다. n개의 날개를 갖는 터빈에서 하나의 날개에

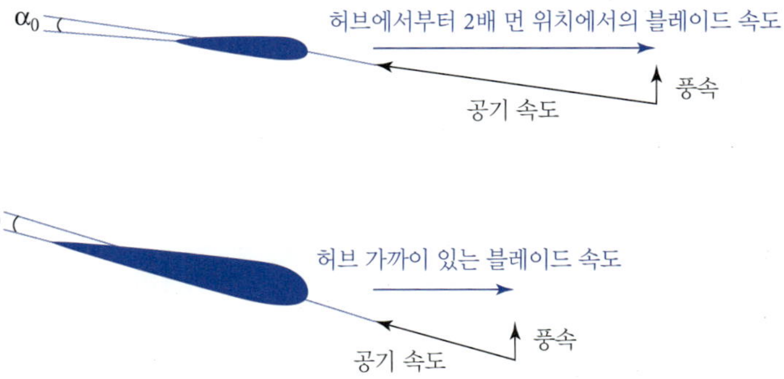

그림 7.7 허브 근처 및 허브에서 2배 먼 위치에서의 블레이드 너비 및 트위스트

대한 촉과 비틀림 각도에 대한 위 해석 결과는 다음과 같다.

$$\text{비틀림의 각도} = \phi - \alpha_0 = \tan^{-1}[2R/(3r\lambda)] - \alpha_0 \tag{7.19}$$

$$\text{폭} = w \approx 16\pi R^2/9nr\lambda^2 \tag{7.20}$$

해상 풍력 터빈용 블레이드의 현재 크기는 매우 거대하다. 그림 7.8은 길이 88.4 m의 블레이드가 도로로 운송되고 있는 장면을 보여 준다.

블레이드를 유연하게 만드는 것은 연구조사 중에 있다. 이는 무게와 비용을 줄일 수 있으며, 높은 풍속에서도 쓸림(스위프) 면적을 줄여 터빈에 가해지는 하중을 줄일 수 있다. 가변길이 블레이드도 고려되고 있는 중이다.

블레이드의 **강도**(solidity)로 알려진, 블레이드에 의한 쓸림(스위프) 면적 중 블레이드 너비

그림 7.8 8 MW 해상 터빈용 88.4 m 날개 운반(출처: LM Wind Power)

로 인해 차단되는 비율은 ~5%로, 이는 바람에서 에너지를 추출하는 데 매우 비용효율적인 방법이다.

예제 7.2

3개의 날개를 가진 터빈이 평균 풍속 11 m s^{-1}에서 작동하고 있다. 터빈은 12 rpm으로 회전한다. 각 날개의 길이는 80 m이다. 날개의 가운데 지점과 끝 지점의 폭을 계산하라.

길이 R인 날개가 끝단이 1회전하는 데 걸리는 시간을 τ라 하면

$$\tau = 2\pi R / v_{tip}$$

따라서 n_{rpm}의 분당 회전하는 속도값(rpm)은

$$n_{rpm} = 60/\tau$$

따라서 익단속도 v_{tip}과 익단속도비 $\lambda = v_{tip}/u_0$는

$$v_{tip} = 2\pi R/\tau = 2\pi R n_{rpm}/60 = 2\pi(80)(12)/60 = 100.5 \text{ m s}^{-1}$$

$$\lambda = 100.5/11 = 9.1$$

식 (7.20)을 사용하면 블레이드 팁의 너비를 추정할 수 있다.

$$w_{tip} = 16\pi R/(9\lambda^2 n) = 16\pi 80/[9(9.1)^2(3)] = 1.80 \text{ m}$$

중간점에서 식 (7.20)은 너비가 팁의 너비의 2배임을 보여 준다. 따라서 다음과 같다.

$$w_{mid} = 3.6 \text{ m}$$

유도 7.2 날개 디자인

바람의 흐름에 대한 날개의 영향은 양력 방향으로 제법 먼 거리까지 확장되며, 이 결과 바람에 대한 날개의 반작용이 전체 환형 면적 영역 $dA = 2\pi r dr$의 많은 부분(문제 7.5 참조)에 걸쳐 발생한다. 그 결과, 터빈의 블레이드에 의한 쓸림(스위프) 영역에 풍속 변화가 상대적으로 작고, u_1은 터빈의 평균 풍속으로 간주된다.

환형 면적 dA 위에 작용하는 n개의 날개의 총 추진력 dT_n은 바람 운동량의 변화율과 같다. 즉, 식 (7.7)과 (7.11)에 의해 다음과 같이 주어진다.

$$dT_n = (\rho dA u_1)(u_0 - u_2) = \rho u_1^2 2\pi r dr \quad (7.21)$$

이 결과는 베츠 조건($u_2 = u_1/2 = u_0/3$)이 만족되어야 한다.

이 추진력은 날개 r과 r + dr 사이의 각 단면에 걸리는 양력 성분의 합과 같다. (이 논의에서

항력의 효과는 무시되었다.) 양력 $d\mathcal{L}$은 다음과 같이 주어진다(식 2.58 참조).

$$d\mathcal{L} = \frac{1}{2} C_L \rho u_\alpha^2 w dr \tag{7.22}$$

여기서 α는 받음각(angle of attack)이고, w는 r에서 날개의 폭(또는 현)이다. 그림 7.6에서 속도는 $u_\alpha = u_1/\sin\phi$이다. 양력 성분의 합과 추력을 같다고 두고 u_α를 치환하면 다음과 같다.

$$\rho u_1^2 2\pi r dr = n d\mathcal{L} \cos\phi = \frac{1}{2} n C_L \rho u_1^2 w dr \cos\phi / \sin^2\phi \tag{7.23}$$

베츠 조건을 만족시키기 위해(기계의 효율을 최대로 만든다), 축으로부터 거리 r에서 날개의 폭 w는 다음과 같이 주어져야 한다.

$$w = 4\pi r \tan\phi \sin\phi / (nC_L) \tag{7.24}$$

익단속도비는 $\lambda = v_{tip}/u_0$, 따라서 $\tan\phi = u_1/v = 2R/(3r\lambda)$이다. $\tan\phi$를 치환하면 다음 결과를 얻는다.

$$w = 8\pi R \sin\phi / (3\lambda n C_L) \approx 16\pi R^2 / 9nr\lambda^2 \tag{7.25}$$

근사치는 블레이드가 최적일 때 $C_L \approx 1$이고 $\lambda \sim 10$ 및 $n = 3$에 대해 $r/R > 0.21$에 대해 5%까지 정확한 $\sin\phi \approx \tan\phi$라고 가정한다.

식 (7.20)에서 블레이드의 너비는 대략 $1/r$에 비례하므로 블레이드의 팁에서 루트까지 증가한다(그림 7.6, 7.7 참조).

받음각(angle of attack) α는 가장 높은 양항비 C_L/C_D을 줄 수 있는 것으로 선택되며 일반적으로 몇 도이다. 현대식 3날 풍력 터빈의 경우 λ는 약 9로 선택된다. 익형(aerofoil)은 일반적으로 C_L/C_D 비율이 가장 큰 받음각 α_0에서 C_L이 1에 가깝다. $\alpha_0 = 6°$ 및 $C_L = 1$에, 날개의 너비 w와 $R = 60$의 최적 날개 비틀림 형상 및 각도는 익단속도비에 $\lambda = 9$에 대해 표 7.1에 제공된다. 이것들은 식 (7.20) 및 (7.19)를 사용하여 계산된다. $r/R < 0.15$인 샤프트 부근의 블레이드 단면의 경우, 블레이드에 의한 쓸림(스위프) 면적은 전체 면적의 2.5% 미만이며 블레이드는 강도와 허브 샤프트로의 부드러운 전환을 제공하는 모형이다.

실제로, 날개 설계는 양력뿐만이 아니라 항력도 고려하며 모든 섹션의 효과는 컴퓨터 프로그램(날개 요소 이론)을 사용하여 계산된다.

표 7.1 $\lambda = 9$, $\alpha_0 = 6°$일 때 터빈 날개의 최고 길이가 60 m가 되기 위한 비틀림 각도 및 너비

반경(m)	너비 w (m)	각도(°)	
		비틀림 $\phi - \alpha_0$	바람 ϕ
15	5.52	10.5	16.5
30	2.76	2.4	8.4
45	1.84	−0.4	5.6
60	1.38	−1.8	4.2

7.7 최대 전력 추출을 위한 양항비(lift-to-drag ratio)에 대한 익단속도비(tip-speed ratio)의 의존성

7.6절의 풍력 터빈으로부터 추출되는 동력 P에 관한 논의에서 우리는 항력 $\mathcal{D}$를 무시하였다. 이 힘은 그림 7.6에서 보는 것과 같이 양력 $\mathcal{L}$과 직각으로 바람의 방향으로 작용한다. 비록 항력은 양력에 비해 작지만, 그 방향은 날개의 운동 방향과 거의 반대이다. 결과적으로, 항력의 영향은 익단속도비 λ의 배수로 증가하며, 알 수 있듯이, P는 λ가 증가하면서 감소한다. 작은 λ의 경우, 후류(wake)의 소용돌이치는 운동의 에너지는 상당하고 P는 적다. 그래서 λ의 최적값이 있다.

항력의 결과로, 회전력은 감소되며 다음과 같다.

$$\mathcal{L}\sin\phi - \mathcal{D}\cos\phi = \mathcal{L}\sin\phi\left(1-\frac{1}{k}\cot\phi\right) \tag{7.26}$$

여기서 $k \equiv C_L/C_D$는 날개 익형(aerofoil)에 대한 양력 대 항력의 비이다. 식 (7.18)로부터

$$\cot\phi = 3r\lambda/(2R)$$

이며, 따라서 반경 r의 함수로 회전력 감소가 변한다. 우리는 대표 반경 r을 $2R/3$로 취해 $\cot\phi \sim \lambda$가 되게 하여 총 감소율을 $(1 - \lambda/k)$로 추정할 수 있다. 후류의 소용돌이치는 움직임으로 인한 작은 λ에 대한 추가 감소가 있다(유도 7.3 참조). 최대 동력 계수 C_p에 대한 전체 효과는 다음과 같이 주어진다.

$$C_P \approx [(1-\lambda/k)/(1+5/\lambda^2)]C_{PBetz} \tag{7.27}$$

λ의 최적값은 대략 다음과 같이 주어진다.

$$\lambda_{opt} \approx L - 5/L \text{ where } L = (10k)^{\frac{1}{3}} \tag{7.28}$$

현대의 풍력 터빈의 경우 $k \sim 100$, $\lambda_{opt} \sim 9.5$이고, $C_{PBetz} = 16/27$을 입력하면 $C_{Pmax} \approx 0.51$이 나온다.

예제 7.3

평균 풍속 11 m s^{-1}에서 풍력 터빈이 작동하고 있다. 터빈은 15 rpm 속도로 회전한다. 각 날개는 65 m 길이이고, 100의 양항비의 익형 단면을 가진다. 날개는 평균 풍속에 최적화되어 있다. 평균 풍속에서 최대 동력 계수와 출력 동력을 추정하라(공기의 밀도는 1.2 kg m^{-3}).

예제 7.2에서

$$\lambda = \frac{2\pi R n_{rpm}}{60u_0} = 2\pi \times 65 \times \frac{15}{60\times 11} = 9.3$$

식 (7.27)에 k = 100을 대입하면 다음과 같이 되고

$$C_{Pmax} = 0.51$$

식 (7.5)에 대입하면 다음이 주어진다.

$$P = \frac{1}{2}C_P\rho u_0^3 A_{\text{turbine}} = \frac{1}{2}(0.51)(1.2)(11^3)\pi(65)^2 \approx 5.41\,\text{MW}$$

7.8 익단속도비 λ에 대한 동력 계수 C_P의 의존성

그림 7.9는 λ_{opt} ~10에서 최대 효율을 갖도록 설계된 터빈에 대한 C_P와 λ의 변화도를 보여 준다. 터빈 블레이드의 너비 w와 트위스트는 이 주속비를 위해 설계되었다. 만약 바람의 속도 또는 터빈의 각속도가 변하게 된다면, ϕ와 함께 결과적으로 $\mathcal{L}$이 변하게 되고, 추력(thrust)은 최적값으로부터 변하게 하고, 이 결과 C_P가 감소한다. 따라서 그림 7.9와 같이 최댓값의 어느 한 쪽에서 떨어질 것으로 예상한다. 낮은 λ에서는 블레이드가 멈추고(7.9절 참조), $\lambda = 0$에서는 전력이 추출되지 않는다. $\lambda \approx 13$ 이상은 유도 인자(induction factor, 유도 7.1 참조) $a > \frac{1}{2}$에 해당하며, 여기서는 터빈의 추진력을 얻기 위해 바람의 운동량 변화를 사용하는 것, 즉 식 (7.7)은 유용하지 않게 된다. 그 이유로는 음의 방향 속도이기 때문이다. 이 영역에서는 추진력이 떨어지지 않고 난류와 터빈 블레이드의 뒤에서 난류 후류에 해당한다. 추진력 T가 상승하게 되지만 터빈에서 바람 속도 u_1이 감소하기 때문에 터빈 날개에 전달되는 추력 Tu_1은 계속 감소하게 된다. 매우 높은 회전 속도, 즉 매우 큰 λ에서 터빈 블레이드는 터빈 주변의 공기 흐름을 돌리는 고체 디스크처럼 작동하며 전력이 추출되지 않는다.

그림 7.9는 $\lambda \geq 4$일 때 란체스터–베츠 한계에 접근하여 이론적 최대 곡선 C_P를 보여 준다.

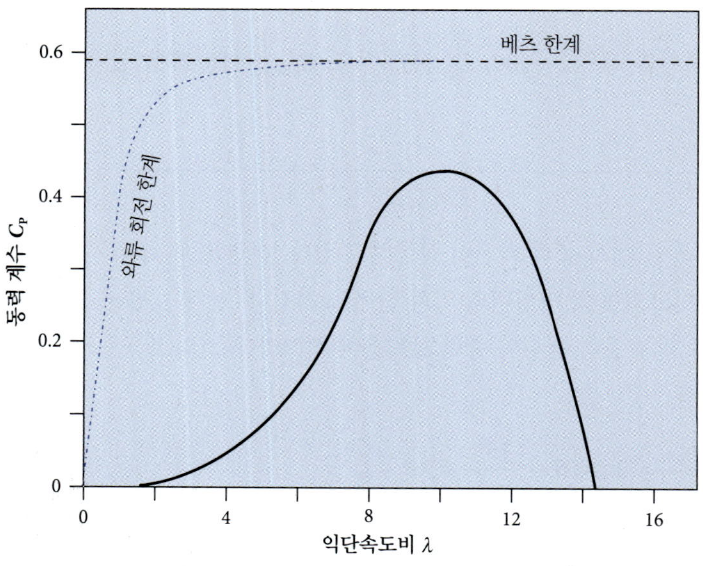

그림 7.9 높은 익단속도비의 풍력 터빈에 대한 C_P-λ 곡선

보다 낮은 λ에서는 곡선이 급격히 하강하며, 이것은 와류의 소용돌이 운동을 무시하는 데 따른 결과이다(유도 7.3 참조).

7.9 현대의 수평축 풍력 터빈(HAWT)의 설계

현대의 HAWT는 그림 7.3에서 볼 수 있다. 이러한 터빈들은 보다 큰 동력 계수 C_P를 얻기 위해 큰 범위의 익단속도비 λ ~9에서 설계되고 있다. 큰 값의 λ라는 의미는 높은 축(shaft) 회전 속도를 의미하고, 그러므로 낮은 회전력(torque)을 의미한다. 회전력을 낮추게 되면 보다 작은 기어 박스를 사용해도 되고(만약 사용한다면), 또는 더 작은 발전기의 사용이 가능하다. 큰 값의 λ를 기반으로 설계한 터빈은 보다 작은 날개가 필요한 강도를 갖도록 충분한 너비를 보장한다면, 이는 현대의 큰 터빈들이 2개 혹은 너비의 날개를 가지며(식 7.20 참조), 그러므로 보다 적은 날개 재료가 소요되고, 이는 가격 절감으로 이어진다. 각 날개가 필요한 강도를 갖도록 충분한 너비를 보장한다면, 이는 현대의 큰 터빈들이 2개 혹은 3개의 날개를 갖는 것을 의미한다. 이는 다소 시동을 어렵게 만들지 모르지만 이 문제는 스타팅 모터(starting motor)를 이용해서 해결할 수 있다.

날개는 원래 나무로 만들어졌으나, 이후 알루미늄이나 철이 사용되었다. 최근에는 낮은 밀도에서도 강한 강도(strength)와 강성도(stiffness)를 갖는 유리 섬유나 다른 복합 물질이 사용되고 있다. 예를 들어 현대식 대형 해상 터빈의 경우 지멘스는 발사 목재와 에폭시 수지로 강화된 유리 섬유로 75 m 길이의 블레이드를 생산했다. 목재는 셀룰로오스 섬유가 리그닌에 내장된 천연 합성물이다. 섬유 유리 안의 유리 섬유는 일반적으로 유리를 대량으로 약화시키는 결함이 없을 정도로 충분히 얇기 때문에 높은 강도를 제공한다. 그것들을 감싸고 있는 폴리머는 둘 다 하중을 섬유로 옮기고, 또한 그것들을 보호한다.

블레이드는 풍력 터빈의 가장 비용이 많이 드는 구성요소이기 때문에 더 나은 복합 재료에 대한 많은 연구와 개발이 이루어지고 있다. 예를 들어 합성 블레이드에 유리와 탄소 섬유를 결합하면 블레이드 비용 증가를 상쇄하는 것 이상으로 충분히 향상된 성능을 제공할 수 있다(그림 7.10 참조). 매우 많은 수의 회전 운동으로 인해 사용하는 재료의 피로(fatigue) 물성도 매우 중요하다. 보통 터빈은 30년 수명 동안 10^8 이상 회전한다.

와이어(금속선)는 반복적으로 굽힘을 받으면 약해지고 끊어지는 경향이 있다. 와이어의 강도는 구부러진 횟수에 비례하여 감소하는데, 이 효과를 **금속 피로**(metal fatigue)라고 한다. 이와 같이 터빈 날개의 회전은 각 날개에 걸리는 부하에 반복적 변동을 주게 된다. 이는 여러 사이클 후에 블레이드 자재를 약화시켜 설계 시 감안해야 한다. 재료의 피로 거동은 박스 7.2에서 더 자세히 설명한다.

나셀(nacelle)은 발전기와 컨트롤 메커니즘을 내장하고 있으며 풍력 발전 타워의 상단에 장착된다. 대부분의 타워는 강하고 또 경제적인 측면에서 가벼운 구조물이다. 그 결과로 타워의

그림 7.10 독일 브레머하펜에 있는 88 m 길이의 탄소 및 유리 섬유 복합 블레이드를 갖춘 8 MW 풍력 터빈으로 약 1만 가구에 전력을 공급할 수 있다. (출처: LM Wind Power)

고유 진동수는 날개의 회전 진동수에 비해 낮다. 터빈을 시동하거나 정지시킬 때 타워의 진동을 피하기 위해 샤프트의 속도를 빠르게 변화시킨다. 풍력 터빈의 크기는 지난 35년 동안 크게 증가했으며 표 7.2는 일반적인 사양을 제공한다. **정격 출력**(rated power)은 최대 연속 출력 전력이다. 그림 7.11은 대형 육상 및 해상 터빈의 상대적 크기를 보여 준다.

표 7.2 시기별 일반적인 풍력 터빈의 크기

연도	날개 직경(m)	허브 높이(m)	정격 출력(MW)
1985	20	30	0.08
1995	50	50	0.75
2005	75	80	1.5
2015	125	120	3.0
2020	165	140	9.0*
2025	220	150	13.0*

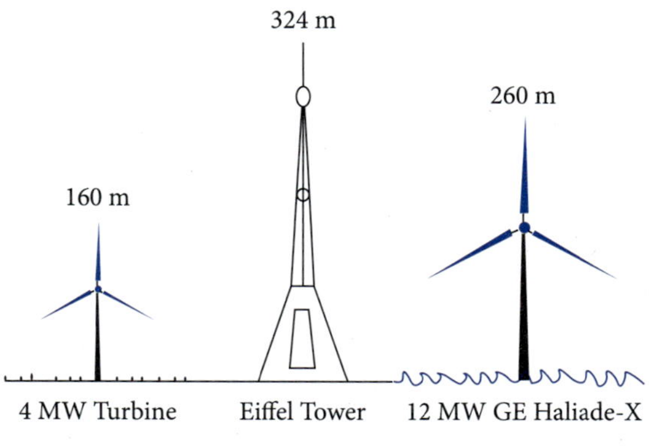

그림 7.11 대형 육상 및 해상 터빈의 상대적 크기

박스 7.2 풍력 터빈의 피로

풍력 터빈의 피로 요구조건들은 특별히 가혹하며, 그 이유는 부하 사이클의 수가 매우 높기 때문이다. 30년 수명 동안에, 지름 80 m의 터빈이 풍속 10 m s^{-1}, λ = 8에서 수명의 80% 시간을 구동하면 약 2.4 × 10^{8}회전을 하게 된다. 이는 피로로 인한 파괴를 피하기 위해 최대 응력(단위 면적당 힘)이 다른 구조물에 비해 더 낮아야 함을 의미한다(그림 7.12 참조).

피로 파괴(fatigue failure)는 초기 정하중 강도에 비해 상당히 낮은 강도에서 반복적인 응력 변화를 받은 후에 발생하는 물질의 파괴 현상이다. 피로 파괴에 이르는 사이클 수는 변동하는 응력의 준위가 증가할수록 낮아진다. (이 응력 준위는 평균 응력과 진동 범위에 따라 특징지어지고, $\sigma_i^{\max} - \sigma_i^{\min}$이다.) 피로는 반복 응력 사이클을 받는 물질에서 균열의 시작과 성장을 내포하고 있다. 날카로운 모서리나 재료 내부의 홈들과 같은 불연속성은 최상위의 균열점들이 균열된다. 1980년 캘리포니아에 설치되었던 풍력 터빈들은 당시 충분히 연구되지 않았던 피로에 의해 날개 손상이 발생했다.

피로는 Palmgren-Miner 선형 손상 법칙(때로는 **Miner의 법칙**이라 부른다)에 의해 계량화될 수 있다. 이 해법은 구조물이 받는 전 사이클 응력을 각 응력 준위 σ_i에서 발생하는 사이클 수 n_i로 분해한다. 구조물이 받고 있는 총 손상 D_M은 각 응력 수준에서의 손상을 합산하여 얻어진다. 즉,

$$D_M = \sum_{i=1}^{s}(n_i/N_i) = n_1/N_1 + n_2/N_2 + \cdots + n_s/N_s$$

여기서 N_i는 응력 강도 σ_i에서 파괴가 발생하는 사이클 수이다. Miner의 법칙에 따르면 D_M = 1일 때 피로 파괴가 발생하게 되지만, 실제와 예측된 수명 사이에는 이따금 약 2배

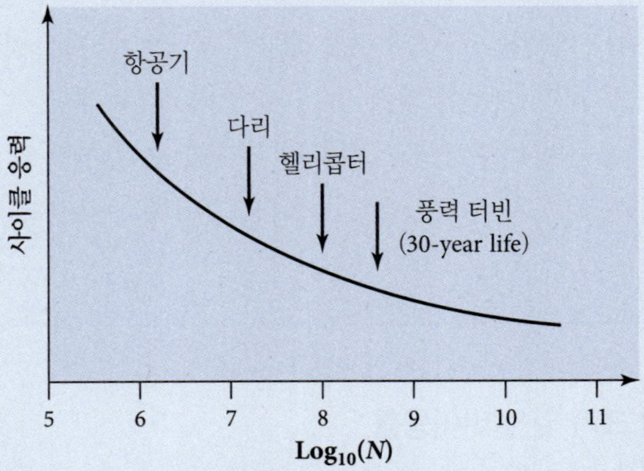

그림 7.12 사이클 응력과 $\log_{10}$(파괴 사이클 수) 그래프(출처: Sand99)

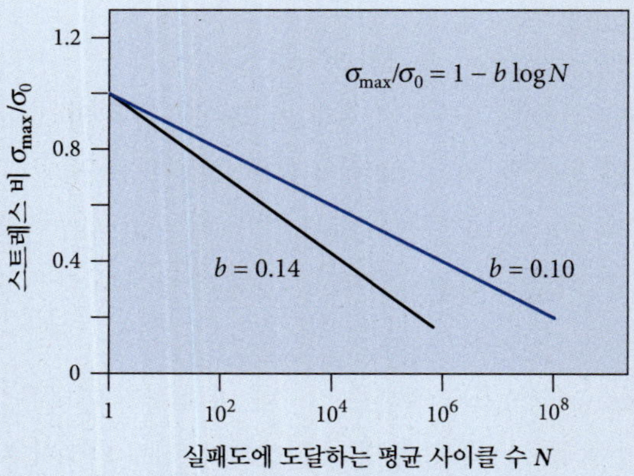

그림 7.13 두 가지 섬유 유리 재료에 대한 *S-N* 곡선(출처: Sand99)

수의 차가 확인되고 있다.

재료의 피로 강도는 특정 사이클 수 N에서 피로 파괴를 일으키는 데 필요한 응력 준위 σ_{max} 값이다. 이 결과들은 S와 N의 함수 관계(S-N 곡선)로 나타낼 수 있으며, 여기서 S는 σ_{max}/σ_0 비이다. 응력 σ_0는 재료의 정적 강도이다. 데이터는 다음 식으로 수식화된다.

$$\sigma_{max}/\sigma_0 = 1 - b\log_{10}(N) \tag{7.29}$$

여기서 b는 양의 상수이다.

식 (7.29)는 터빈이 견딜 수 있는 응력이 사이클의 횟수에 따라 어떻게 감소하는가를 보여 준다. 몇몇 유리 섬유 복합 물질에 대한 결과들이 그림 7.13에 정리되어 있다. (이 데이터들은 비 $R = \sigma_i^{min}/\sigma_i^{max} = 0.1$을 갖는 인장 응력에 대한 것이다. 압축 응력에 관한 데이터 또한 고려되어야 한다.) 좋은 품질의 재료는 $b = 0.10$의 수치를 보여 준다. 즉, 사이클 수가 매 10배 증가할 때 피로 강도가 10%씩 감소한다. 수치가 $b = 0.14$인 재료는 품질이 좋지 않은데, 이 경우 좋은 품질의 재료는 2승 크기 이상의 긴 수명 시간을 갖는다. 그림 7.13은 풍력 터빈에 사용되는 재료의 피로 성능의 중요성을 나타낸다.

정적 강도 또한 중요하기 때문에 가장 낮은 계수 b를 갖는 물질이 필연적으로 최상은 아니다. 더 많은 섬유를 사용하면 강도의 증대를 기대할 수 있지만 약간의 b 값 증가를 초래한다. 이러한 변화가 보다 좋은 성능으로 이어질 것인가는 요구되는 피로 강도에 의해 결정된다.

7.9.1 터빈 발전기의 크기 및 설비이용률

정격 출력에서의 예상 연 에너지 대비 연간 생산 에너지의 비를 **설비이용률**(capacity factor)이라고 한다. 2018년 평균 설비이용률은 신규 육상 풍력 터빈의 경우 ~0.34, 해상 풍력 터빈의

그림 7.14 건설 중인 2 MW급 풍력 터빈

경우 ~0.43(출처: IRENA)이었고, 해상 터빈의 일부 최근(2019) 값은 0.55로 높아 연안에서 전반적으로 더 나은 바람을 반영하고 있다. 이 값은 평균 풍속의 약 1.5배 높은 정격 풍속에 해당한다(정격 발전기 전력에 해당). 최대 에너지 생산량과 발전기의 자본 비용 사이에는 균형이 있다. 높은 풍속의 기간을 최대한 활용하려면 작은 발전기보다는 더 큰 생산량과 더 작은 용량 계수를 갖는 크고 비싼 발전기가 필요하다. 선택은 무엇이 가장 낮은 발전 비용을 줄 것인가에 의해 결정되며 여러 요소에 달려 있다. 예를 들어 해양을 기반으로 한 발전 비용은 더 큰 터빈을 선호하는 경향이 있지만, 더 큰 무게는 비용을 증가시키고 경제적 최적성이 어디에 있는지는 분명하지 않다.

최근 혁신을 통해 풍속이 낮은 현장에서도 현저히 큰 터빈 로터 직경을 같은 터빈에 설치할 수 있게 되어 용량 계수가 증가하고 전기 비용을 절감할 수 있게 되었다. 추정 목적으로 0.35의 용량 계수를 취할 수 있지만 풍속 분포 및 터빈의 세부사항을 사용할 수 있다면 더 정확한 값을 얻을 수 있다(예: 사례 연구 7.1 참조).

더 큰 터빈은 더 멀리 떨어져 있어야 하기 때문에 주어진 생산량에 필요한 토지 면적은 터빈의 크기와 크게 무관하지만(7.13절 참조), 더 큰 터빈은 허브가 더 높기 때문에 더 큰 평균 풍속으로 작동하는 경향이 있다. 동일한 출력에 더 적은 수의 터빈이 필요하므로 운영 및 유지보수 비용이 절감되며, 따라서 kWh당 비용이 감소한다. 그리드 연결과 같은 인프라 비용도 절감된다. 게다가 일부 능선은 단일 터빈 라인만을 허용하므로, 터빈이 더 크면 더 많은 전력이 생산된다. 그러나 자본량이 제한되어 있는 경우, 더 작은 단위가 실패로 인한 위험을 줄일 수 있다. 그러나 터빈의 신뢰성은 현재 매우 좋으며, 가동 가능한 터빈은 ~97%이다. (터빈과 그리드 연결

사이에는 3% 정도의 작은 전기적 손실도 있다.) 실제로 이러한 고려사항은 더 큰 크기를 우선적으로 고려하여 계획된 것이며, 2020년대 초반에 해양에서는 8~12 MW로, 현장으로 전달이 어려운 점으로 인해 그 크기가 제한되었던 육상에서는 3~5 MW로 계획된 바 있다. 2019년 해상 터빈의 최대 크기는 9.5 MW였다. 그림 7.14는 건설 중인 2 MW급 풍력 터빈을 보여 준다.

7.10 터빈 제어와 작동

바람으로부터 전기에너지를 생산하는 데는, 출력을 최적화하기 위해 풍력 터빈을 제어하는 것이 필요하다. 먼저 터빈은 바람을 맞이하도록 방향 전환을 해야 하며, 이는 **요 제어**(yaw control) 메커니즘에 의해 구현된다. 바람은 발전기에 구동 회전력을 공급하며, 발전기에 흐르는 전류는 **발전기 회전력**이라고 부르는 반대되는 회전력을 생성한다. 마찰을 무시하면 정상 운전에서 바람 회전력은 발전기 회전력과 동일하다.

공기역학적 효율을 최적화하기 위해, 현대의 대부분의 대형 풍력 터빈은 가변속도, 가변피치 기기이며, AC-DC-AC 컨버터를 이용해서 전기를 생산한다(박스 10.1 참조).

일반적인 가변속도 가변피치 터빈의 출력 전력 곡선이 그림 7.15에 나와 있다. 또한 평균 풍속이 8 m s^{-1}인 **레일리 분포**(7.11절 참조)를 따르는 바람의 빈도 분포가 표시되어 있다. 날개의 회전 속도와 날개의 피치가 모두 변할 수 있다. 이러한 기기는 풍속이 터빈이 작동시키는 데 필요한 최소 속도($u_{\text{cut-in}}$)보다 클 때 C_P 값(출력)이 최적화되도록 하고 있다. **정격 풍속**(u_{rated})은 터빈 발전기가 최대 출력을 낼 수 있는 충분히 강한 풍속이다. 일반적으로 풍속이 최저 속도와 정격 속도 사이에 있을 때 익단속도비 λ를 최적으로 유지시키기 위해 발전기의 회전력을 변화시켜 터빈 회전 속도를 제어한다. 발전기 회전력은 전기 부하의 변화에 따라 가변이 된다. 정격

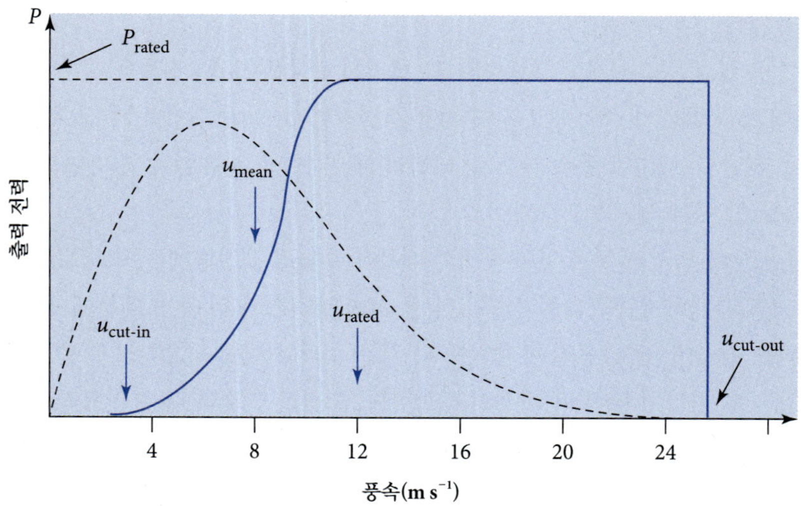

그림 7.15 평균 풍속 8 m s^{-1}에 대한 일반 생산량(실선) 및 레일리 풍속 분포(점선)

속도 이상의 풍속에서는 바람의 회전력을 줄이고 터빈의 부하를 안전 한계 이내로 유지하기 위해 터빈의 속도를 일정값으로 유지시키고 날개의 피치를 제어한다. [**페더링**(feathering), 이는 받음각을 줄여서 양력을 감소시킨다.] 터빈은 축 제동 장치의 구동을 통해 정지하게 된다.

만약 터빈이 일정한 회전 속도로 작동하고 날개들이 고정 비틂 각을 갖고 있다고 하면, 풍속이 증가할수록 u_1/v의 비율이 증가하고 따라서 받음각 α가 증가하게 된다(그림 7.6 참조). 받음각 α가 매우 크게 되면 날개가 실속하는 경우와 같이 양력은 급격히 감소된다. 이것은 그림 2.14에서 보는 것과 같이 익형 구조에서 받음각 α가 약 $\alpha \sim 10^\circ$ 범위일 때 발생한다. '**실속**(stall)' 제어라 부르는데, 강한 풍속에서 회전력을 억제하는 수단으로 이용된다.

터빈은 풍속이 $u_{\text{cut-in}}$과 $u_{\text{cut-out}}$ 사이일 때와 수요에 따라, 일반적으로 수명 작동 시간의 약 65~80% 정도 작동한다. 풍력 터빈의 전력 밀도는 쓸림 면적의 단위당 정격 출력으로 정의되며, 더 긴 블레이드를 사용하는 저풍 현장일수록 용량 계수가 높고, 반대로 바람이 많이 부는 고풍 현장에서는 하중 증가가 적어 탑이 높은 경우가 많다.

예제 7.4

직경 85 m의 날개를 갖는 풍력 터빈이 7 m s^{-1}의 평균 풍속에서 작동할 때, 평균 동력 출력을 계산하라. 이 풍속에서 동력 계수는 0.45이다. 풍속 13 m s^{-1} 이상일 때 정격 출력 동력은 2.5 MW이다. 풍속 13 m s^{-1}에서 동력 계수는 얼마인가? (공기의 밀도는 1.2 kg m^{-3}로 가정한다.)

식 (7.6)을 대입하면 다음과 같다.

$$0.45 = P/\left[\frac{1}{2}(1.2)\left(\frac{1}{4}\pi \times 85^2\right)7^3\right], \text{ 따라서 } P = 526\ \text{kW}$$

$$C_P = 2.5 \times 10^6 / \left[\frac{1}{2}(1.2)(\pi \times 85^2/4)13^3\right], \text{ 따라서 } C_P(13\ \text{m s}^{-1}) = 0.33$$

이 예제에서 정격 풍속에서의 동력 계수는 평균 풍속에서의 값의 약 4분의 3이다.

7.11 바람의 특성

우리는 경험적으로 어느 곳에서든 풍속이 시간에 따라 심하게 변한다는 사실을 알고 있다. 이러한 변화는 바람의 에너지 크기와 터빈이 받는 부하에 영향을 미친다. 특히 풍속 변동은 날씨 변화에 의해 수일에 걸쳐 또는 돌풍이 부는 몇 분 동안에 일어난다. 정상 풍속이란 10분 동안의 평균 풍속으로 정의된다. 이 정상 풍속을 기준으로 보다 짧은 주기의 교란은 정상 풍속 값에 대한 바람 속도의 기본 편차(σ_T)의 비로 정의하는 난류 강도 I_T에 의해 계량화된다. σ_T는 일반적으로 정상 풍속의 증가에 따라 증가하고, I_T는 특히 지형과 높이에 크게 의존한다. I_T는 표면 거칠기에 따라 증가하고, 근사적으로 $[\ln(z/z_0)]^{-1}$로 변하며, 여기서 z는 터빈의 높이이고, z_0는 지

표 7.3 표면 거칠기(z_0) 값

지형	z_0 (m)
도시지구	3–0.4
농경지	0.3–0.002
해양	0.001–0.0001

출처: Spera, D. (ed.) *Wind turbine technology.* ASME Press, New York

형 특성이다(표 7.3 참조). I_T의 크기는 풍력 터빈에 걸리는 피로 부하를 결정하는 데 중요하다.

정상 바람은 빈도 분포 함수 $f(u)$와 그 지속성으로 특성이 규정된다. 예를 들면 $f(u)\Delta u$는 풍속이 u와 $u + \Delta u$ 사이에 있을 것으로 예상되는 시간의 백분율을 의미하며, 반면에 지속성 데이터는 u보다 더 큰 속도로 1시간 이상 바람이 불 것으로 예상되는 횟수를 나타낸다. 바람의 지속성은 생산되는 풍력에너지의 신뢰성을 추정하는 데 중요하다. 장기간 저기압인 경우 전력망에 필요한 저장량이나 백업량에 영향을 미치는 반면, 장기간의 강풍은 낮은 전기 요금, 송전 정체 또는 절감으로 이어져 전력 대 가스 사업의 가능성을 판단할 수 있다.

연간 평균 풍속이 4.5 m s^{-1} 이상인 장소에서 빈도 분포는 **레일리 분포법**(Rayleigh distribution)으로 주로 기술된다.

$$f(u) = (2u/c^2)\exp[-(u/c)^2] \tag{7.30}$$

여기서 $c = 2\langle u\rangle/\pi^{\frac{1}{2}}$, $\langle u\rangle$는 평균 풍속이다. 레일리 분포의 경우 바람의 평균 전력은 다음과 같이 주어진다.

$$P = \frac{1}{2}\rho A\langle u^3\rangle = 0.955\rho A\langle u\rangle^3 \approx \rho A\langle u\rangle^3 \tag{7.31}$$

그림 7.15에 평균 풍속 8 m s^{-1}에 대한 레일리 빈도 분포를 나타냈다

풍속 u는 지상의 높이에 따라 크게 증가하며, 지상에서 속도 $u = 0$이다. 그것의 변화 속도는 그림 7.16과 같이 마찰력이 감소함에 따라 높이에 따라 감소한다. 높이 z에 대한 u의 의존성을 설명하기 위해 일반적으로 사용되는 형태는 다음과 같다.

$$u(z) = u_s(z/z_s)^{\alpha_s} \tag{7.32}$$

여기서 z_s는 풍속 u가 u_s로 측정되는 높이, 즉 이상적으로는 가능한 한 허브 높이에 가깝고, 그리고 α_s는 지형에 대해 강한 의존성을 갖는 풍속변화 계수(shear coefficient)이다. α_s는 일반적으로 24시간 동안에 넓은 변화폭을 보이며, 낮 동안의 0.15 이하에서 밤 동안의 0.5 이상으로 변한다. 이러한 일간 변화의 이유는, 밤에는 지구가 복사에너지를 방출하여 지면 온도가 하강하며, 이 결과 대기 하층부가 상층부보다 차게 되어 안정된 대기권을 초래하기 때문이다. 공기는 혼합되지 않으며 윈드 시어(wind shear)가 높아진다. 태양이 떠오르면 지표면은 태양에 의해 가열되고 지면에 가까운 공기를 가열한다. 이 공기는 상승하여 윈드 시어를 감소시킨다.

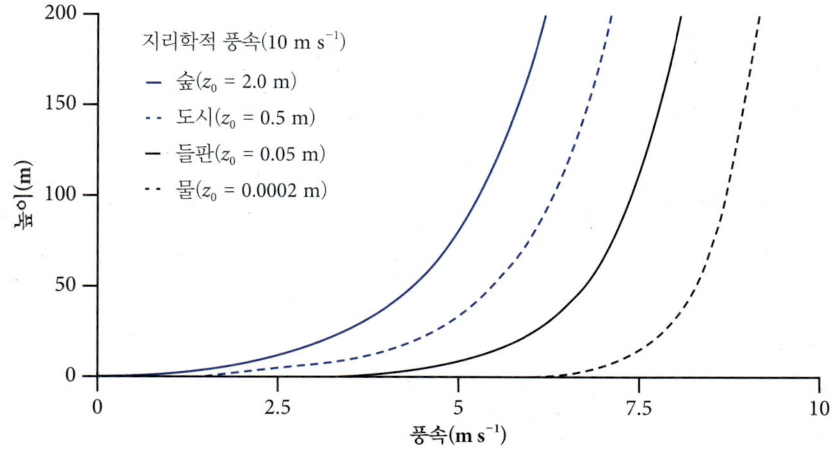

그림 7.16 다양한 유형의 위치에서 높이에 따른 풍속의 변화; 지형 풍속은 경계층(DTU) 위의 속도이다.

지형의 거칠기는 표면 거칠기(surface roughness) 매개변수 z_0에 의해 규정되며, 이는 돌출부 크기의 약 1/10이며, 건물, 나무, 잔디 및 몇 가지 일반적인 값들이 표 7.3에 나와 있다. 높이 10 m에서 풍속 6~10 m s^{-1}인 정상풍에 대해 z_0에 따른 풍속변화 계수 α_s의 의존성을 개략적으로 수치화하면 다음과 같다.

$$\alpha_s = \frac{1}{2}(z_0/10)^{0.2} \tag{7.33}$$

높이 10 m에서 u_s = 8 m s^{-1}이면 이 식은 z_0 = 1, 0.01, 0.0001 m에서 각각 α_s = 0.32, 0.13, 0.05를 나타낸다. 2 MW 터빈에서 보통 허브의 높이는 80 m이기 때문에, 이들 각각 다른 윈드 시어 값들은 평균 허브 풍속 15.6, 10.5, 8.9 m s^{-1}로 해석된다. 특히 높이 10 m에서 동일한 풍속에 대해서도 만약에 터빈이 더 높이 설치되어 있고, 특히 윈드 시어가 크다고 하면 더 많은 전력이 생산된다는 것을 알 수 있다. 하지만 큰 값의 윈드 시어는 더 강한 난기류를 일으키고 따라서 피로 파괴를 증가시킨다.

소형 풍력 터빈의 높은 장착 위치가 특히 중요한 이유는, 경제적이기 위해서는 평균 풍속이 5 m s^{-1} 이상이어야 하고, 에어로포일(aerofoil)이 효과적이기 위해서는 난기류가 작아야 하기 때문이다. 이를 달성하기 위해서는 30 m 이상의 높이가 가장 좋다. 루프탑 장착 풍력 터빈은 일반적으로 낮은 풍속과 큰 난기류 때문에 성능이 좋지 않다(문제 7.15 참조).

7.12 풍력 터빈의 평균 동력 출력

주어진 장소에서 바람의 평균 동력 P_w는 다음과 같다.

$$P_w = \frac{1}{2}\rho A\langle u\rangle^3 = \frac{1}{2}\rho A\int_0^\infty u^3 f(u)\mathrm{d}u \tag{7.34}$$

여기서 u는 터빈 허브 높이에서의 풍속이고(터빈 날개 전체에 걸친 풍속 변화는 무시한다), $f(u)$는 바람의 빈도 분포이다.

평균 출력 P_o는 다음 식으로 주어진다.

$$P_o = \frac{1}{2}\rho A\int_0^\infty C_P(u)u^3 f(u)\mathrm{d}u \tag{7.35}$$

가변피치 가변속도 터빈의 경우 C_P는 풍속 변화 전체 범위에 걸쳐 최댓값에 근접하게 유지할 수 있고, 그 후에 높은 풍속을 유지하기 위한 정격 출력을 유지시키기 위해 C_P의 값이 감소한다. 평균 및 정격 풍속의 일반적인 값에 대해 변하는 C_P의 효과는 위 적분을 근사적으로 $0.35\langle u\rangle^3$이 되도록 하는 것이며, 여기서 $\langle u\rangle$는 터빈 허브의 높이에서의 평균 풍속이다. 터빈이 어레이에 있을 때 어레이 손실 계수(~0.9)가 있으므로 풍력 발전 단지에 있는 터빈의 평균 생산력은 다음과 같다.

$$P_o \approx 0.15D^2\langle u\rangle^3 \tag{7.36}$$

여기서 D는 터빈의 직경이다. 공간이 중요하지 않은 풍력 발전 단지(7.13절 참조)의 일반적인 터빈 간격은 $8D$(후류) × $5D$(횡류)이므로 단위 육지 또는 해역당 평균 출력 전력 P_{area}인 전력 밀도는 다음과 같다.

$$P_{area} \approx 3.75\times10^{-3}\langle u\rangle^3\ \mathrm{MW\ km^{-2}} \tag{7.37}$$

$\langle u\rangle = 8\ \mathrm{m\ s^{-1}}$에 대해, $P_{area}(\mathrm{wind}) \approx 1.9\ \mathrm{MW\ km^{-2}}$이다.

일반적인 설치 용량(또는 정격 전력)은 조건에 따라 상당히 다르지만 육상 또는 해상에서 약 5 MW $\mathrm{km^{-2}}$이다. 육상 풍력 단지의 경우 연간 1 TWh에 필요한 면적은 ~50~90 $\mathrm{km^2}$이고, 해상 풍력 단지의 경우 ~30~60 $\mathrm{km^2}$이다.

예제 7.5

50개의 4 MW 터빈으로 구성된 풍력 발전 단지의 출력 동력 및 용량 계수를 계산하라. 터빈의 허브 높이는 100 m이고 직경은 120 m이다. 바람은 10 m와 60 m의 높이에서 평균 속도 u = 7 m $\mathrm{s^{-1}}$과 8.1 m $\mathrm{s^{-1}}$이다. 표면 거칠기 매개변수 z_0으로 한다.

식 (7.32)를 대입하면 다음과 같다.

$$u_{60} = u_{10}(60/10)^{\alpha_s},\ \text{따라서}\ \alpha_s = \log(8.1/7)/\log 6 = 0.081$$

$$u_{hub} = u_{60}(100/60)^{\alpha_s},\ \text{따라서}\ \alpha_{hub} = 8.44\ \mathrm{ms^{-1}}$$

식 (7.33)으로부터 $z_0 = 10(2\alpha_s)^5 = 0.0011$이다.

어레이 손실이 0.9라고 가정할 때, u_{hub}를 식 (7.36)에 대입하면, 어레이의 각 터빈에 대한 출력 동력 P_o의 추정치를 얻을 수 있다.

$$P_o = 0.15(120)^2(8.44)^3 = 1.30\,\text{MW},\ \text{용량 계수} = 0.325$$

그러므로 풍력 발전 단지의 출력은 50 × 1.30 MW = 65 MW로 추정된다.

이제 풍력 터빈을 설치하기에 유망한 위치에 대해 검토해 보자.

7.13 풍력 발전 단지

하나의 터빈 또는 다수의 터빈을 설치할 위치—이를 **풍력 발전 단지**라 부른다—를 선정하기 위해서는 긴 기간에 걸친 우수한 데이터가 필요하다. 경험적으로 풍력 발전에 좋은 부지에는 평균 6.5 m s^{-1} 이상의 풍속이 필요하다. 해상 풍속은 대체로 더 높으며 좋은 곳은 평균 풍속이 ~9 m s^{-1} 이상이다. 풍속은 매우 중요한데, 예를 들어 12 m s^{-1} 바람에서 생성할 수 있는 전력은 9.5 m s^{-1} 바람의 2배이다(3차 거듭제곱 법칙, 식 7.2에 따름). 선호되는 부지는 산과 산 사이의 계곡, 높은 고도의 평지, 노출된 산등성이, 해안 지역 등이 포함된다. 예를 들어, 언덕에서 발생해 평야를 가로지르는 바람의 흐름에 제한이 있는 경우 언덕 꼭대기에 설치된 터빈의 풍속은 평야에 바람을 맞으며 설치된 터빈의 풍속보다 더 빠르다.

터빈 사이의 간격(turbine spacing)은 풍력 발전 단지에서 매우 중요하다. 조건에 따라 3~10개 사이의 로터 직경의 간격은 터빈 후류의 감속된 풍속이 감속이 발생하지 않은 주변 바람으로부터 에너지를 얻어 그 원래 속도로 끌어올려야 한다. 7~8D(후류) × 4~5D(횡류) 간격의 단지에서는 약 5~10%의 배열 손실(발전소 출력이 각 격리된 터빈들의 출력 이하로 감소된 양)이 예상된다. 손실은 터빈의 배치와 간격, 어레이의 크기, 바람의 방향과 속도 분포에 민감하다.

7.13.1 육상 풍력 발전 단지

부지가 비싼 경우, 일반적으로 더 좁은 간격으로 사용된다. 풍력 발전소가 지상에 세워지면 타워 및 서비스 도로에 약간의 토지가 필요하지만, 터빈 사이의 토지는 다른 용도로 사용될 수 있다, 예를 들면 목축 또는 작물 등을 위한 활용이 가능하다. 육상 터빈의 경우 **소음**이 문제가 되는 것을 피하기 위해 주속이 약 80 m s^{-1}로 제한되어야 하고 위치는 주거 지역에 너무 가깝지 않아야 한다. 풍력 터빈의 **시각적 영향**도 계획 허가를 얻는 데 어려움을 초래할 수 있지만, 지역 사회가 계획에 참여하고 혜택을 받으면 완화될 수 있다. 낮은 윈드 시어는 터빈 날개에 작용하는 차동 부하를 저감시킨다. 따라서 피로 손상을 감소시켜 평평한 지역을 선호하지만 일부 능선 지역은 바람 전단력이 낮다.

주거 지역에서 떨어진 적절한 곳의 가용성은 국가마다 다르며, 전송 라인이 비싸기 때문에 이러한 위치의 경제성은 거리감에 의해 영향을 받는다. 터빈 설치 비용은 해상보다 육상이 저렴하지만 크기는 육로 운송을 통해 제한되는 경향이 있다. 2018년에 로터 직경이 110 m인 육상 터빈의 세계 평균은 2.6 MW이었고, 그 해에 건설된 최대 크기는 4.3 MW이다. 2025년까지 새로운 터빈의 정격은 약 5~6 MW가 될 것으로 예상된다. 더 긴 날과 더 높아진 허브로 2010~2018년 기간 동안 평균 용량 계수는 27%에서 34%로 증가했으며, 2050년까지 약 45% 정도 증가할 수 있다. 육상 풍력 발전 단지의 확장을 위해 상당한 토지 면적이 전 세계적으로 사용 가능하지만, 해양 풍력 발전 단지도 일부 지역에서는 점점 더 매력적으로 관측된다.

7.13.2 해상 풍력 발전 단지

연안 바다 지역은 우수한 바람 조건을 제공해 줄 수 있다. 풍속이 일반적으로 육지보다 더 높고 일정하므로 용량 계수가 더 높아 2018년 육지의 34%와 비교하여 2018년 평균 43%이다. 2050년까지 약 60%가 예상된다. 또한 난기류가 적고 결과적으로 피로도가 적다. 이 지역은 해안선에서 멀리 떨어져 있을 수 있고 육지로부터 시각적 영향이 거의 또는 전혀 없을 수 있지만, 세계의 많은 도시가 바다 근처에 있기 때문에 여전히 수요 지역에 매우 가깝다. 2019년 유럽에서 신규 해상 터빈은 평균 7.2 MW(건설 중인 12 MW 터빈 포함)로 약 3.1 MW의 일반적인 신규 육상 풍력 터빈보다 훨씬 크다. 또한 해상이라 소음에 대한 우려도 덜하기 때문에 더 높은 회전 속도로 작동할 수도 있다. 해상 풍력 발전 단지의 예로는 2011년에 시운전된 **Horns Rev 2** 해상 풍력 발전 단지가 있다(사례 연구 7.1 참조).

사례 연구 7.1 Horns Rev 2 해상 풍력 발전 단지

Horns Rev 2 풍력 발전 단지는 덴마크 블라반슈크 해안에서 30 km 떨어진 북해에 위치해 있어 수심이 9~17 m에 불과하다. 이 단지에는 91기의 지멘스 SWT-2.3-93 터빈이 있으며, 35 km^2의 면적에 총 209.3 MW의 용량을 갖추고 있다. 컷인, 레이팅(2.3 MW 출력용), 컷아웃 풍속은 각각 4, 13.5, 25 m s^{-1}이며 로터 직경은 93 m이다.

다양한 풍속에 따른 터빈의 출력 전력과 동력 계수 C_P는 표 7.4와 같다.

터빈의 가변속도 가변피치 제어를 통해 C_P는 가장 가능성 있는 풍속에 대해 최댓값에 가깝게 할 수 있다. 허브 높이 68 m의 평균 풍속 $\langle u \rangle$는 ~9.7 m s^{-1}이며, 2010년 연간 생산량은 855.5 GWh로 연속 생산량 1.074 MW에 해당한다. 이 생산량은 용량 계수 46.7%에 해당하며, 육상보다 연안에서 발견되는 더 높은 용량 계수를 보여 준다. 9.3년간 평균 용량 계수(2018년 12월까지)는 48%로 연간 발전량 0.88 TWh에 해당하거나 면적 요건인 TWh당 39.8 sq km로 전력 밀도 2.87 MeV km^{-2}에 해당한다.

평균 전력 생산량은 다음 식에 의해 주어진다.

표 7.4 SWT-2.3-93 풍력 터빈의 출력 대 풍속

속도($m\ s^{-1}$)	4	6	8	10	12	14	16	18
출력(kW)	98	376	914	1784	2284	2300	2300	2300
C_p(% 베츠 한계)	62	71	72	72	54	34	23	16

출처: Siemens data sheet

$$P_o = \int_{u_{\text{cut-in}}}^{u_{\text{rated}}} P(u) f(u) \mathrm{d}u + P(u_{\text{rated}}) \int_{u_{\text{rated}}}^{u_{\text{cut-out}}} f(u) \mathrm{d}u \tag{7.38}$$

여기서 $P(u)$는 u의 풍속에서의 출력이고, $f(u)$는 터빈 허브 높이에서의 풍속 분포이다. 풍력 단지에서 터빈의 용량 계수 CF는 $\eta_{\text{farm}} P_o / P(u_{\text{rated}})$에 의해 주어지는데, 여기서 η_{farm}은 어레이 손실 계수로 일반적으로 0.9이다. $P(u) \propto (u - u_{\text{cut-in}})$에 의해 계산된 $u_{\text{cut-in}} \le u \le u_{\text{rated}}$ 범위에서 $P(u)$를 근사하고, $f(u)$를 레일리 풍속 분포(식 7.30)로 추정하면, Horns Rev 2 풍력 발전 단지의 용량 계수는 48.2%(문제 7.17*)로 추정된다. $0 \le u \le u_{\text{rated}}$ 범위에서 $P(u) \propto u^2$를 가정하여 계산(문제 7.17* 참조)된 용량 계수에 대한 분석 표현식은 다음과 같다.

$$CF \approx \frac{\eta_{\text{farm}}}{x_r^2}\left[1 - \exp(-x_r^2)\right] \tag{7.39}$$

여기서 $x_r = u_{\text{rated}}/c$ 및 $c = 2\langle u \rangle / \pi^{1/2}$는 레일리 분포 공식인 식 (7.30)의 매개변수이다. 근사치일 뿐이지만, 식 (7.39)는 정격 및 평균 풍속 모두에 대한 CF의 의존성을 보여 주며, 35%의 평균 용량 계수를 가정하는 것보다 풍력 발전 단지의 생산량에 대해 더 신뢰할 수 있는 추정치이다. CF에 대한 이 값은 단지 면적 A_{farm}, 터빈 개수 N_{turbine} 및 정격 전력 P_{rated}와 결합하여 풍력 발전 단지의 단위 면적당 전력 추정치 P_{area}를 다음과 같이 제공할 수 있다.

$$P_{\text{area}} \approx \frac{N_{\text{turbine}} \eta_{\text{farm}} P_{\text{rated}}}{A_{\text{farm}} x_r^2}\left[1 - \exp(-x_r^2)\right] \tag{7.40}$$

Horns Rev 2 풍력 발전 단지의 경우 식 (7.39)는 CF = 46.2%를 제공하고, 관찰된 값인 2.87 MW km^{-2}에 비해 식 (7.40)은 P_{area} = 2.93 MW km^{-2}를 제공한다. 반면, 식 (7.37)은 P_{area} = 3.42 MW km^{-2}를 제공한다(다른 풍력 발전 단지와의 비교는 문제 7.18 참조).

계획 허가는 특히 인구 밀도가 높은 국가에서 육상 부지보다 일반적으로 해상 부지에서 얻기가 훨씬 쉽다. 토지 기반의 확장에 제한이 있는 곳에서 투자와 연구는 이제 해외 확장을 목표로 한다. 터빈은 전자기 간섭을 일으킬 수 있으며, 일부 지역에서는 풍력 발전소가 레이더 측정 범위에 영향을 줄 수 있기 때문에 계획 승인이 거부되었다. 전기 그리드에 대한 액세스는 중요

하며, 바람이 많이 부는 지역 중 일부는 가장 멀리 떨어져 있다.

해상 발전 단지의 비용은 2014년 이후 큰 폭으로 하락했고 2020년대 초반으로 계획된 이들 중 일부는 송전 비용을 제외한 그리드 패리티로 전기를 생산하게 된다(7.16절 참조). 더 큰 크기의 터빈(> 10 MW)은 더 높은 타워의 건설 비용을 상쇄하는 데 도움이 되었으며, 해양 환경은 가혹할 수 있기 때문에 구조물은 부식에 강할 필요가 있다. 타워는 깊은 물에 기반을 두고 있으며 육지보다 비싸기 때문에 얕은 해안 근처 부지를 선호했다. 수심 10 m 미만에는 대형 헤비 베이스(중력 기반)를 사용할 수 있으며, 최대 ~40 m까지는 모노파일을, 20~50 m에는 삼각대/재킷을 배치할 수 있다. 유럽의 대부분의 해상 풍력 발전 단지들은 모노파일 토대를 사용한다. 이곳들은 약 20 m 또는 그 이상의 해저 속으로 들어가는 (2018년까지 지름이 10 m 정도였던) 강철 파이프이다. 해발 100 m 안팎의 높이에서 최대 50 m 깊이의 15 MW 터빈을 지탱하는 지름 12 m 말뚝이 계획되어 있다. 이 풍력 발전소들은 땅에 설치되기 위해 해저 케이블을 필요로 하는데, 이는 비용이 많이 든다. HVDC 변환기의 비용이 HVAC 전송 손실로 인한 비용보다 적기 때문에 50~80 km 이상의 거리에는 고전압 직류(HVDC)를 선호한다. 유지보수 및 설치 비용은 육상 발전 단지보다 높을 수 있다. 이러한 비용을 줄이기 위해 현재 터빈을 검사하는 데 드론이 사용되고 있다.

최초의 부유식 풍력 발전 단지는 2017년에 운영을 시작했다(사례 연구 7.2 참조). 부유식 풍력 발전 단지는 수심이 깊은 곳에서 운영될 수 있으며, 미국과 일본은 물론 지중해 연안의 풍력 자원이 활용될 수 있게 할 것이다.

사례 연구 7.2 하이윈드(Hywind) 해상 풍력 발전 단지

일반적으로 더 좋은 바람을 더 먼 곳에서 잡는 것 외에도 부유식 플랫폼에 장착된 풍력 터빈은 육지가 보이지 않는 수평선 바로 너머 바다에 정박할 수 있다. 전 세계 인구의 약 40%가 해안선에서 100 km 이내에 살고 있기 때문에 여전히 수요 센터와 가까울 수 있다. 세계 최초의 부유식 풍력 발전 단지인 스타토일 하이윈드 발전 단지는 스코틀랜드 피터헤드 앞바다에서 25 km 떨어진 수심 90~120 m에 위치해 있다. 20,000가구 이상에 전력을 공급할 수 있는 5개의 6 MW 풍력 터빈으로 구성되어 있다(그림 7.17). 2017년 10월에 생산을 시작했으며 60% 이상의 설비이용률을 달성했다. 이러한 높은 비율은 수요가 많을 때 전력을 사용할 수 있다는 의미이며, 이는 발전 단지의 생산량을 전력망에 통합하는 데 도움이 된다. 이 발전 단지와 함께 배트윈드(Batwind)라고 불리는 1.3 MWh(1300 kWh) 규모의 리튬 배터리 저장소가 있는데, 최대 출력이 1 MW로 풍력 생산의 변동성을 원활하게 해소하는 데 활용할 수 있어서 생산되는 전력에 부가가치를 더할 수 있다.

하이윈드 발전 단지는 심해 오일 추출을 위해 최초로 개발된 스파 부표 플랫폼을 사용

그림 7.17 하이윈드 부유식 해상 풍력 발전 단지(출처: Statoil/Oyvind Gravas/Xinhua/Alamy Live News)

한다. 정박되어 수직으로 떠 있는 통나무의 이름을 따서 명명된 스파 부표는 아래쪽 끝에 밸러스트가 적재되어 다른 쪽 끝이 물 바로 위에 있는 길고 속이 빈 수직 실린더이다. 높은 굴뚝처럼 전류가 유발하는 진동을 줄이기 위해 실린더 외부에 나선형 지느러미를 부착하는 것도 같은 이유 때문이다. 스파의 길이는 기울기에 매우 강하며, 스파 부표는 풍력 터빈의 탑을 지지하는 플랫폼의 훌륭한 기반이다. 스파 부표 디자인은 최대 800 m 깊이에서 사용할 수 있으며, 이는 전 세계적으로 거대한 풍력 자원을 확보할 수 있을 것이다. 유럽 해역에는 총 유럽 전력 수요를 충족하기에 충분한 바람이 있는 반면, 200해리 이내의 미국 밖에서는 미국 수요의 거의 2배를 발생시킬 수 있는 잠재력이 있다! 플랫폼은 해저 토양과 독립적이기 때문에 플랫폼 설계에 더 많은 표준화가 가능하므로 비용이 절감될 수 있다. 기초가 필요 없으므로 설치도 수월해질 수 있다.

7.13.3 하이브리드 풍력 발전 단지

하이브리드 풍력 발전 단지는 태양열 발전소나 에너지 저장소 또는 둘 다와 같은 다른 에너지원이 통합된 곳이다. 이들은 훨씬 더 안정적인 전력 출력을 제공할 수 있으며(예: 태양열과 풍력은 종종 서로를 보완한다), 저장을 통해 초과 생산은 풍력 및 태양 자원이 낮은 시간으로 이동하여 출력을 유지할 수 있다. 세계 최초의 하이브리드 발전 단지는 2012년 중국에 건설되었으며 36 MW 리튬이온 배터리와 함께 풍력 100 MW, 태양광 40 MW 규모이다.

최근 해수에서 수소를 생산하는 전해조와 풍력 발전소를 결합하는 것이 점점 더 매력적인 대안으로 떠오르고 있다. 수소는 압축되어 온라인으로 배관되어 저장되거나 암모니아와 같이 운반이 쉬운 연료로 변환하여 계절별 에너지 저장을 제공할 수 있다. 철강과 시멘트 생산을 위한 고온 열을 공급하기 위해 가정의 난방이나 산업에 직접 사용할 수 있고, 열차나 트럭, 선박에 전력을 공급하는 연료 전지에도 사용할 수 있다(11장 참조). 수소를 저장하면 절감을 피할 수 있고, 가격 변동성을 줄일 수 있으며, 더 큰 에너지 보안을 제공할 수 있다. 덴마크의 '하이밸런스(Hybalance)' 프로젝트에서 초과 바람은 전기분해를 통해 수소를 생산하는 데 사용되며, 수소 배관이 육상에 매설되어 호브로 시의 운송 및 산업 분야에 배치된다.

7.14 풍력 기술의 발전

7.14.1 저유도(low-induction) 로터

터빈 블레이드의 치수는 일반적으로 전력 출력을 극대화하기 위해 선택되며, 이는 유도 인자 $a = 1/3$을 선택하는 것과 일치한다. 블레이드의 추력이 뿌리에서 굽힘 모멘트 M을 결정하고, 이것이 차례로 최대 블레이드 길이 R을 결정하는데, 대형 해상 풍력 터빈의 경우 블레이드의 뿌리에서 동일한 굽힘 모멘트 M을 유지하도록 블레이드 길이와 유도 인자를 달리해 출력을 최적화하는 서로 다른 설계 최적화가 시도되고 있다.

식 (7.7), (7.10), (7.11)을 사용하여, r과 r + dr 사이의 추진력을 다음과 같이 계산할 수 있다.

$$\mathrm{d}T = \rho 2(u_0 - u_1)u_1 2\pi r \mathrm{d}r$$

0에서 R까지 적분하고 $u_1 = (1 - a)u_0$를 넣으면 다음과 같이 총 추진력이 산출된다.

$$T = \rho a(1-a)u_0^2 2\pi R^2$$

r과 r + dr 사이의 추진력으로 인한 블레이드 루트에서의 굽힘 모멘트는 다음과 같다.

$$\mathrm{d}M = \rho a(1-a)u_0^2 4\pi r^2 \mathrm{d}r$$

따라서 총 굽힘 모멘트는 다음과 같다.

$$M = 2TR/3$$

유도 인자 a와 반경 R에 대한 식 (7.13)의 총 추진력, 모멘트 및 전력에 대한 대수식은 다음과 같은 형식이다.

$$T \propto a(1-a)R^2; \quad M \propto a(1-a)R^3; \quad P = Tu_1 \propto a(1-a)^2 R^2 \tag{7.41}$$

R을 M으로 표현하고 a는 전력 출력을 다음과 같이 제공한다.

$$P \propto a^{1/3}(1-a)^{4/3} M^{2/3}$$

M을 일정하게 유지하면서 P를 최대화하는 a의 값은 $a = 0.2$이다. 새로운 길이 R', 추진력 T', 최대 전력 P'는 다음과 같이 원래 길이 R, 추진력 T 및 전력 P와 연관된다.

$$R'/R = (25/18)^{1/3} = 1.116 \text{ and } (R'/R)^2 = 1.245$$

$$P'/P = (3/5)(6/5)^2 1.245 = 1.076$$

$$T'/T = (3/5)(6/5)\ 1.245 = 0.896$$

저유도 로터(low-induction rotor)는 블레이드가 11.6% 더 길고 주어진 시간에 7.6% 더 많은 에너지를 수집한다. 루트에서의 굽힘 모멘트가 같기 때문에 (첫 번째 근사치로) 동일한 단면과 강도를 유지하면서 블레이드를 늘릴 수 있다. 그 결과 질량과 비용이 11.6%만 증가하고 에너지 단위당 비용의 블레이드 구성요소는 3.7% 증가한다. 블레이드는 터빈과 지지 구조 및 전기 부품의 총 비용의 약 20%이므로 전기 비용이 더 낮아질 수 있다. 주속이 증가함에 따라 터빈이 더 시끄럽지만 해양 터빈에서는 문제가 되지 않는다. 또한 추진력이 9% 낮아져 다운스트림 후류와 다른 터빈과의 간섭이 줄어들어 풍력 발전 단지의 수율이 향상된다.

7.14.2 다중로터 설계

초대형 터빈의 경우 비용을 줄일 수 있는 또 다른 방법은 단일 타워에 여러 개의 로터를 장착하는 것인데, 이는 여러 개의 소형 터빈의 자본 비용이 단일 대형 터빈의 자본 비용보다 낮을 수 있기 때문이다. 직경 D의 원을 휩쓸고 있는 로터가 있는 터빈을 생각해 보자. 출력은 D^2에 비례하지만 모든 부품이 확장되면 터빈의 크기, 즉 질량과 비용은 D^3에 비례한다. 예를 들어, 동일한 주속에 대해 각속도는 $1/D$과 같이 떨어지고 출력이 토크와 각속도의 곱으로 주어짐에 따라 토크는 D^3처럼 증가하므로 a의 질량과 그에 따른 비용은 직접 구동 발전기는 D^3처럼 증가한다. 일반적으로 이 제곱−세제곱 관계는 근사치이지만 첫 번째 추정치가 유용하게 사용될 수 있다. n개의 터빈으로 구성된 다중로터 터빈의 경우, 정육면체 관계는 이러한 터빈의 총 질량이 동일한 출력의 단일 터빈 질량의 $(1/n)^{1/2}$일 것이라고 예측된다. 지지 구조와 요(yaw) 메커니즘에 추가 자본 비용이 발생하더라도 잠재적인 비용 절감은 상당할 수 있다.

4로터 풍력 터빈에 대한 분석은 건설 비용이 터빈 단독 비용을 기준으로 했을 때 50%가 아니라 15% 더 낮을 것으로 추정했다. 또한 구성요소가 더 가벼우므로 조립 및 운송이 더 쉬울 것이며 동일한 출력을 가진 단일 로터 터빈과 비교할 때 생성된 4개의 후류가 풍력 발전 단지의 다른 터빈에 대해 하류에서 간섭을 훨씬 덜 유발한다. 따라서 터빈은 더 많은 전력을 생산하고 더 적은 스트레스를 받는다. 또한 하나의 터빈이 고장 나더라도 여전히 사용 가능한 출력의 75%가 있다. 그림 7.18은 프로토타입 4로터 터빈을 보여 준다.

7.14.3 공중 설계

풍속은 지상 또는 해상 기반 터빈이 접근하는 것보다 더 높은 고도에서 더 빠르고 일관적일 수 있으며 이러한 바람의 힘을 포착하기 위해 **연**을 사용하는 데 상당한 관심이 있다. 한 가지 기술은 케이블이 풀릴 때 발전기를 구동하기 위해 연에 연결된 케이블을 사용하는 것이다. 연이 완전히 풀리면 연에 깃털이 달려 있어 케이블의 당기는 힘이 훨씬 줄어들고 케이블을 감는 주기

그림 7.18 Vestas 다중로터 풍력 터빈(출처: Statoil/Oyvind Gravas/Xinhua/Alamy Live News)

가 반복된다. 연은 질량이 작을 수 있고(따라서 비용도) 가혹한 기상 조건에서도 접지될 수 있다. 많은 신생 기업이 항공기 설계를 연구하고 있다.

7.15 환경 영향과 공공의 수용

풍력 발전소는 지구온난화나 오염물도 발생시키지 않는 신재생에너지 자원이기 때문에 오늘날 적극적으로 추진되고 있다. 이에 비해 석탄 발전소와 가스 발전소에서 배출되는 이산화탄소 배출량은 각각 ~980, ~480 tCO_2으로 입지가 잘 구축된 수력 발전소나 원자력 발전소 배출량과 비슷한 수준인 반면, 풍력 발전소에서 배출되는 이산화탄소 배출량은 소량(~11 tCO_2 GWh^{-1})에 불과하다. 또 대기오염 관련 사망자가 없고, 풍력 단지는 물이 필요 없다. 게다가 풍력으로부터 전기를 생산하는 것은 발전에 사용되는 화석연료의 양을 줄이고 따라서 이산화탄소 배출을 줄인다.

이것들은 모두 상당히 환경적으로 이득이며, 이것은 어떠한 부정적인 면을 고려할 때에도 잊혀서는 안 된다. 신규 풍력 단지 건설 여부를 결정하기 전에 사업의 긍정적인 영향과 부정적인 영향을 모두 고려하는 전면적인 **환경영향평가**(EIA)가 진행된다. 악영향을 미칠 수 있는 환경의 모든 측면을 파악하고 부정적인 영향을 완화하는 방법이 개발된다. 예를 들어 독일, 중국 또는 미국 중서부에서는 문제가 훨씬 적지만 영국에서는 풍력 단지의 시각적 영향에 대한 우려가 있다. 높은 풍속을 얻기 위해 터빈들이 산마루에 설치되고 있는데 이 결과 사람들 눈에 잘 띄게 된다. 특히 풍력 터빈들이 아름다운 경관 지역에 세워질 경우 많은 사람들이 터빈이 이러한 경관을 해친다고 느끼게 된다. 분명히, 만약 그 장소가 멀리 떨어져 있고 등산객이나 보행자들이 방문하지 않는 곳이라면 걱정이 덜할 것이다. 가시성 문제는 항로가 깨끗하고 레이더 설치에 지장이 없어야 하지만 눈에 띄지 않을 수 있는 해상 시설을 분명히 선호한다. 풍력 단지가 눈에 띄는 경우에는 경험상 다수의 작은 터빈보다는 큰 터빈이 더 우호적이다. 지역 주민들에게 유용 에너지와 일자리 혜택에 대해 설명하고, 기획 과정에 참여하게 한다면 계획 승인이 더 쉬워질 수 있다.

육상 터빈에 문제가 되는 소음을 피하기 위해, 팁 속도는 약 80 m s^{-1}로 제한되어야 한다. 칼날 끝에서 발생하는 소용돌이가 주속 v_{tip}에 비례하는 각주파수 ω로 회전하는 소용돌이를 발생시켜 쌍극자 음원으로 작용하기 때문에 이러한 한계가 발생한다. 정지된 쌍극자 소스의 강도는 ω^4에 의존하지만, 움직이는 날 끝에서 나왔을 때 결과적으로 소리의 강도는 ω^5에 의존하고, 따라서 v_{tip}^5에 의존한다. 거주 거리가 멀어지면 터빈 소음이 덜 발생하기 때문에 해상 주속이 높아질 수 있다. 어류는 해상 풍력 터빈의 기초를 건설하는 동안 발생하는 수중 소음에 영향을 받을 수 있다. 그러나 이것은 낮은 밀도로 소리를 약화시키는 기포 커튼으로 해당 지역을 둘러싸는 방법으로 완화시킬 수 있다.

제기되고 있는 또 다른 우려는 조류들에 대한 위협이다. 2년의 기간 동안 캘리포니아의 앨터몬트 풍력 발전소에서는 183마리의 새가 죽었고, 스페인에서는 2003년 18개의 풍력 발전소에서 터빈당 평균 0.13마리의 새들이 죽었다. 이 수치들을 조망해 보면, 매년 5700만 마리 이상이 자동차에 치여, 9700만 마리가 유리창에 부딪혀서, 그리고 영국에서는 5500만 마리가 고양이에 의해 죽는다. 유럽과 미국의 발전소 연구에서는 화석연료 발전소의 경우 GWh당 약 5마리의 조류가 폐사하는 것에 비해 풍력 발전 단지의 경우 GWh당 약 0.35마리의 조류가 폐사하는 것으로 추정했다. 따라서 철새의 이동 경로나 주요 서식지를 피해 터빈에서 발생하는 조류 폐사를 줄일 수 있도록 주의를 기울여야 하지만, 위험성을 고려해야 할 것이다.

풍력 발전소가 차지하는 공간 역시 과제로 제기되고 있는데, 터빈 사이의 토지는 방목이나 작물 경작에 쓸 수 있다는 사실에 주목해야 한다. 터빈이나 충격 영역이 차지하는 최소 면적을 로터 직경이 D인 D^2만 취하면 풍력 발전 단지의 전력 밀도는 ~2.5 MW km^{-2}에서 ~100 MW km^{-2}로 높아진다. 얼마나 많은 땅이 필요한지 알기 위해, 영국 전력의 30%를 공급하는 데 필요한 면적을 추정해 보기로 하자.

예제 7.6

풍력 발전소가 영국의 전기 수요 30%를 공급하는 데 요구되는 토지 면적을 추산하라.

2015년 영국의 전기에너지 수요는 ~338 TWh이다. 1년을 시간으로 환산하면 8760시간이고, 위 에너지양을 충족하기 위한 연속 전력량 P는

$$P = 338 \times 10^{12} / 8760 = 38.58 \times 10^9 \approx 39\ \text{GW}$$

이다. 이 전력의 30% 즉 11.7 GW를 공급하려면, 새로운 육상 터빈의 일반적인 용량 계수 0.35에서 정격 출력(또는 용량)이 약 ~33.5 GW인 풍력 발전소가 필요하다. 이 용량은 (33.5 ×

$10^3/4) = 8375$ 4 MW 터빈에 의해 공급될 것이다.

4 MW 터빈의 직경 D는 약 120 m이다. 그러므로 각 터빈이 $5D \times 8D$의 면적을 차지하는 경우 필요한 총 면적 A는

$$A = 8375 \times 600 \times 960 = 48.24 \times 10^8\ \mathrm{m}^2 \approx 70 \times 70\ \mathrm{km}^2$$

가 될 것이다. 영국의 면적은 약 240,000 km^{2}이므로, 여기서 필요한 4900 km^{2}는 육지 면적의 작은 부분(약 2.0%)에 해당한다. 그리고 대부분의 터빈이 연안 해역에 있다면 풍력 발전소의 영향은 미미할 것이다.

풍력 터빈의 소음 역시 우려되지만 회전 날개의 디자인을 개선함에 따라 오늘날 터빈의 소음은 많이 저감되었다. 풍력 발전소 소음의 크기가 상대적으로 작다고 하더라도(표 7.5 참조), 소음에 대한 인식은 다소 주관적일 수 있다. 바람이 강하게 불 때 터빈 소음은 바람 자체의 소음에 의해 가려진다. 오직 설치 부지에 인접한 경우에만 일반적으로 소음이 문제가 되고 있다. 해상 터빈은 소음이 문제가 되지 않기 때문에 주속이 더 높을 수 있다.

7.16 풍력 발전의 경제학

풍력 발전의 경제학은 풍력 터빈을 짓는 자본 비용, 장비 운영을 위한 경비 즉 운영 및 유지보수 비용(**O&M**), 그리고 터빈 수명(20~30년) 동안에 생산하는 전기에너지(kWh) 판매 수익에 좌우된다. 연료비는 없다. 풍력 터빈의 누적 생산량이 늘면서 풍력 발전 원가가 하락하고 있다. 육상 풍력의 경우 1985~2014년 동안 학습률은 약 19%였으며, 누적 용량이 약 1 GW에서 350 GW(그림 1.14 참조)로 증가하면서 kWh당 57~7센트 정도로 비용이 감소했다. 2018년까지, 몇몇 국가에서 입찰은 kWh당 약 3~5센트였다. 이것은 '**그리드 패리티**(적합성)'라고 불리는 육상 풍력이 현재 세계의 많은 지역에서 화석연료 발전과 경쟁력이 있다는 것을 의미한다.

비용을 절감하고 있는 기술 개선으로는 보다 큰 직경의 터빈 로터 사용을 통한 저풍속 발전

표 7.5 소음 수준(dB)

소음	소음 수준(dB)*
고통 한계	140
7 m에서의 공기드릴	95
혼잡한 사무실	60
350 m 지점에서 풍력 발전소	35–45
농촌 지역의 야간	20–40
가청한계	0

*$I(\mathrm{dB}) = 10 \log_{10}(I/I_0)$, 여기서 I_0는 가청한계이다(1000 Hz에서 $I_0 = 10^{-12}\ \mathrm{W\ m^{-2}}$).
*출처: Peake Renewable Energy

개선을 통한 설비이용률 증가, 규모의 경제, 자금 조달 개선 등이 있다. 터빈 블레이드가 길어지고 허브 높이가 커지는 일반적인 경향이 있다. 바람은 이제 많은 나라에서 가장 경제적인 원천이다. 2018년 위탁된 육상 풍력 발전 평균 LCOE는 2010년보다 35% 낮아진 MWh당 56달러로, 출력 MW당 터빈 평균 비용 감소, 평균 용량률 개선, 기타 비용 감소 등이 반영되었다. 평균 경매 및 전력 구매 협정(power purchase agreement, PPA) 결과가 2021년 MWh당 31달러를 기록하는 등 비용이 계속 하락하고 있다.

육상 풍력 비용의 급격한 하락은 풍력이 곧 기존 석탄 및 가스 발전소보다 더 낮은 비용으로 전기를 공급할 것이라는 것을 의미하는데, 중국에서는 2024년에는 석탄, 미국에서는 2020년에는 가스였다. 그러나 LCOE는 바람이 가변적이고 추가적인 유연성이 필요하기 때문에 선택을 부분적으로만 결정한다. 이는 비용 또한 빠르게 떨어지고 있는 리튬이온 배터리가 제공할 수 있으며, 공동 위치에 있는 풍력과 배터리 저장 발전소들은 2024년까지 인도의 새로운 갱구 석탄 발전소들과 직접 경쟁할 것으로 예상된다. 풍력과 태양광 발전의 변동성을 다루기 위한 추가 전략과 비용은 10장에서 논의된다.

연안 물가가 육지보다 높고(약 2배), 2018년 LCOE 평균은 0.13달러/kWh이었지만 빠르게 하락하고 있다. 2017년에는 2024년에 위탁될 북해의 풍력 발전소 두 곳에 대해 ~60파운드/MWh에 해당하는 첫 번째 제로 보조금 입찰이 DONG Energy에 수여되었으며, 여기에는 이미 상당한 배치가 진행되었다(그림 7.19 참조).

육상 및 해상 풍력 단지는 더 높은 해상 풍속과 더 크고 높은 최대 15 MW 용량의 풍력 터빈 배치 계획에 따른 자본금과 O&M 비용 차이가 일부 상쇄되고 있다. 또한 차액 계약(12.2.4절 참조)과 같은 정책 이니셔티브에서 자본 비용이 낮아지면 수익의 확실성을 확보해 금융 위험을 줄이고 이자율을 낮출 수 있다. 이러한 요인들은 2025년 그리드 패리티인 0.071달러/kWh의

그림 7.19 북해의 해상 풍력 발전 단지

글로벌 가중평균 경매 및 전력 구매 협정(PPA) 결과에 반영되어 2030년에는 MWh당 LCOE가 50~90달러, 2050년에는 30~70달러 수준으로 떨어질 수 있도록 지원한다. 단일 파일 기반의 개선, 터빈에서 해안으로 전력을 전송하는 것, 그리고 건설에도 도움이 되어야 한다.

현대적인 풍력 터빈은 약 3~10개월 지나면 이 비용을 회수하기에 충분한 만큼의 전력을 발생시킨다. 더구나 원자력 발전소에서 특히 문제가 되고 있는 해체 비용은 해체 부산물의 가치로 대체될 수 있다. 하지만 이러한 원금 회수 계산으로는 전력 회사가 기대할 수 있는 투자에 대한 보상을 정량화할 수 없다. 다만 LCOE에 영향을 미치는 중요한 요소는 **할인** 효과이다. 미래 수익이 풍력 단지 운영 과정에서 벌었을 자본과 이자를 모두 갚아야 손익분기점을 맞출 수 있다. 시장 금리뿐만 아니라 프로젝트에 대한 신뢰가 부과된 이자율의 가치에도 영향을 미친다. 금리와 운용 기간에 대한 대표적인 가치는 8%와 30년이다. 또한 매년 유지보수 및 운영 비용을 추가해야 하며, 이는 자본의 4%로 추정할 수 있다. 이러한 값들을 사용하여 LCOE는 다음과 같이 주어진다.

$$\text{LCOE} = 1.47 \times C_{\text{capital}}(1000\text{달러/kW})/CF \quad \text{센트/kWh} \tag{7.42}$$

여기서 C_{capital}은 kW의 용량당 1000달러의 비용이고, CF는 설비이용률이다. (할인에 대한 자세한 내용은 1.5.6절에 설명되어 있다.) 2018년 kW당 평균 비용은 1500달러, 현재 용량 계수 추정치는 0.4로 LCOE = 5.5센트/kWh로 현대식 육상 풍력 단지가 제공할 수 있는 것이 대표적이다.

해상 풍력의 경우, 2018년 터빈의 평균 비용은 4350달러이었다. 육상보다 O&M을 50% 높게 추정하면 자본의 2%가 O&M이 된다. 30년 수명 동안 5%의 유리한 할인율과 0.55의 CF가 MWh당 77달러를 준다고 가정하면 8%의 할인율은 현저히 높은 MWh당 98달러를 제공한다.

해상 풍력 전기는 보조금 없이, 부유식 풍력 단지는 2030년까지 전력망 연결 지원을 통해 2020년대 초반까지 화석연료 발전으로 경쟁력을 갖추게 된다.

7.17 바람의 변동성

풍력 발전 단지의 생산량은 가변적이며, 이러한 가변성을 어떻게 처리하는지는 특히 사용 가능한 발전기의 조합, 다른 지역과의 상호연결성, 사용 가능한 에너지 저장량, 공급에 맞게 수요를 변화시킬 수 있는 능력에 달려 있다. 좋은 상호연결성은 과잉분을 수출하고 균형 잡힌 전력을 수입할 수 있도록 보장하는 것이 바람직하다. 예를 들어, 덴마크 서부는 독일 및 노르웨이와 매우 강력한 연결망을 가지고 있으며 바람과 노르웨이 수력의 균형을 맞출 수 있다.

풍력 발전 단지를 넓은 지역에 걸쳐 함께 연결하는 것은 공급의 변화를 원활하게 하는 데 도움이 된다. 세계적 잠재력에 대한 연구(Lu 2009)에서, 미국과 인접한 다른 지역 간의 상관관계는 몬테나, 미네소타, 텍사스의 풍력 자원을 고려하여 평가되었다. 겨울철에는 세 지역 사이에 바람이 본질적으로 관련이 없으며, r 값(회귀 계수)이 0.07 이하인 것으로 나타났다. 그러나 여름철에는 r 값이 0.28(몬테나-텍사스)과 0.37(몬테나-미네소타)로 유의할 만한 상관관계가 있었다. 다른 자원, 특히 PV의 통합은 여름에 전반적인 공급을 원활하게 하는 데 도움이 될 수 있다. AI를 사용하는 최첨단 바람 기상 예보는 이제 이벤트의 시기와 진폭을 24시간 전에 상당한 정확도로 예측할 수 있지만 다른 그리드에 대한 우수한 인터커넥터는 바람 기상 예보의 오류를 원활하게 처리하는 데 도움이 될 수 있다.

풍력 터빈이나 발전 단지에 저장 장치를 추가하면 공급이 부족할 때 초과 에너지분을 저장하고 사용할 수 있게 되어 용량 계수가 높아지고 공급을 더욱 신뢰할 수 있게 된다. 전기 저장의 발전과 가변 보급, 특히 태양광과 풍력의 보급이 커지면서 제기되는 문제는 관련 비용도 고려되는 10장에서 추가로 논의된다.

7.18 풍력 잠재력

태양에너지의 약 0.5%(900 TW)가 풍력에너지를 생성하는 데 사용되며, 이 중 약 절반은 마찰 소산을 통해 운동에너지가 손실되는 지구-대기권 경계층에서 소멸된다. 운동에너지의 평균 하향 유량은 ~1 MW km^{-2}이며, 이로 인해 추출할 수 있는 전 세계 풍력에 한계가 있다. 세계의 빙하가 없는 육지 지역에서 운동에너지의 흐름은 ~112 TW이다. 풍력 터빈이 있는 경우 이 전력은 경계층 난기류에 의한 분산과 터빈에 의한 분산으로 나뉜다. 터빈이 추출할 수 있는 이론적 최대 양은 ~25%(문제 7.18 참조)이며, 이 중 전기로 변환할 수 있는 양은 ~75%로 육상 풍력 잠재력을 ~20 TWe(~175,000 TWh)보다 높게 추정할 수 있다. 최대 풍력 터빈 적용 범위로부터의 지구 표면에너지 분산의 변화는 기후에 어느 정도 영향을 미칠 것으로 예측되지만, ~3 TWe의 상당부분인 2 TWe의 전체 발전의 경우 예상 효과는 미미하다. 계절 기온의 최고 변화는 ~0.5°C일 수 있지만 지구 평균 기온에는 거의 영향을 미치지 않는다.

세계 잠재력에 대한 높은 평가는 전형적인 터빈 간격이 ~4~5D × 7~8D인 풍력 발전 단지에 적합한 지역을 고려할 때 나온다. 이 간격은 풍력 발전 단지 내에서 풍속이 회복되는 것을 가능하게 하지만, 대기의 대규모 역학은 넓은 지역으로부터의 최대 잠재력을 제한한다. 또한 착취될 수 있는 지역에 대한 실질적, 환경적, 사회적 제약이 있다. 결과적인 잠재력은 적용되는 제한에 달려 있다.

기술 잠재력 평가는 Lu, McElroy, Kiviluoma(Lu 2009)가 했는데, 이는 앞서 2005년 Archer와 Jacobson이 추정한 것과 비슷한 수준이었다. Lu와 동료들은 얼음과 삼림이 없고 터빈이 20% 이상의 용량으로 작동할 만큼 충분한 바람이 있는 시골 지역에 위치한 2.5 MW 터빈 네트워크로부터의 출력을 고려했다. 이는 전 세계 토지 면적의 약 20%에 해당한다. 연안의 경우, 그들은 해안으로부터 50해리 이내의 풍력 발전 단지를 고려했다. 전체 글로벌 발전 잠재력에 대한 그들의 추정치는 840,000 TWh y^{-1}이었다.

NREL(Eurek 2017)의 보다 최근 평가에 따르면 해안선에서 200해리 이내의 해상 풍력의 경우 560,000 TWh y^{-1}, 연안 풍력의 경우 315,000 TWh y^{-1}로 비슷한 총 풍력 발전 잠재력이 있음을 알 수 있다. 이 추정치는 90 m 허브 높이의 3.5 MW 풍력 터빈과 제외되지 않은 지역의 배치 밀도를 5 MW km^{-2}로 가정했다. 저자들은 계산된 발전 잠재력을 5배로 줄이는 것이 매우 대규모 풍력 터빈 배치로 인한 풍속 저하의 예상 효과를 설명할 것이라고 언급했다.

Lu 등(Lu 2009)의 추정치는 유럽 환경청(European Environment Agency, EEA)이 유럽의 육상 및 해양 기술 잠재력을 위해 만들었다는 추정치와 함께 가장 소비가 많은 8개국과 영국을 대상으로 표 7.6에 나와 있다. 또한 2018년 각국의 전력 수요를 보여 주며, 이들 나라 모두 유럽과 미국만으로 전체 육상 및 해상 풍력 잠재력이 그들의 전력 수요를 훨씬 초과한다는 것을 알 수 있다. 해안이나 항로에 너무 가깝지 않은, 야생생물 보호구역, 어업 구역 및 레이더 간섭과 같은 풍력 발전 단지의 입지 제한은 기술적 잠재력을 상당히 감소시킨다. 그러나 유럽 전역에서 EEA가 3500 TWh로 추정되는 나머지 잠재 지역에서는 여전히 총 수요를 제공할 것이다.

잠재력이 큰 지역이 그림 7.20의 전 세계 풍속 지도에 표시되어 있다. 북해 연안의 북유럽, 대륙 남단 부근의 남미, 태즈메이니아, 동부와 북서 아프리카, 북미 오대호와 중부 지역, 중국 일부, 북미 북동부와 북서부 해안 등이 이에 해당한다.

7.19 풍력 발전의 전망

풍력 터빈의 전 세계 설치 용량은 2019년 651 GW로(그림 7.21 참조), 이는 전 세계 전력의 5.3%이다. 일부 국가에서는 풍력 수요 비중이 덴마크 47%, 우루과이 35%, 영국 21%로 현저히 높은 반면, 유럽 전체가 15%를 차지하고 있다. 풍력 용량이 가장 큰 국가는 중국(236 GW), 미

표 7.6 2018년 전력 소비량 및 영국 및 유럽 8대 전력 소비국의 풍력 기술 잠재력

나라	전력*(TWh)	기술적 잠재량(TWh y^{-1})	
		육상	해상
China	6167	39,000	4,600
USA	3971	74,000	14,000
India	1243	2900	1100
Japan	1020	570	2700
Russia	929	120,000	23,000
South Korea	563	130	990
Canada	529	78,000	21,000
Germany	529	3,200	940
Brazil	524	250	160
UK	307	4,400	6,200
Europe	3400	45,000	30,000

출처: *Enerdata

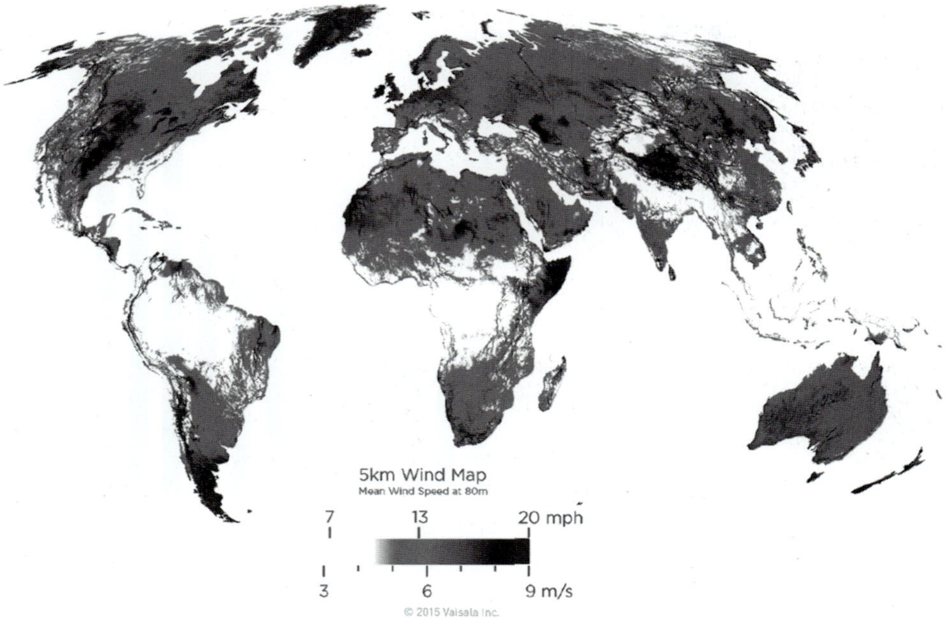

그림 7.20 전 세계 풍속 지도(©2015 Vaisala Inc.)

국(105 GW), 독일(61 GW), 인도(37.5 GW) 등 4개국이다. 석탄 연소로 인한 오염을 줄이려는 노력은 중국과 인도의 풍력 발전 성장을 촉진하는 데 도움이 되었다. 그러나 전 세계적으로 요구되는 많은 용량을 수용하기 위해서는 송전망의 상당한 개선이 필요하다. 유럽과 아시아에서는 해상 풍력 발전 단지의 설치가 빠르게 증가하고 있어 배출량을 줄이고 생존 가능성을 유지하고자 하는 석유 대기업들로부터 투자를 유치하고 있다.

소형 터빈 수(< 50 kW)는 중국 1/3, 미국 1/4, 영국 1/7 등 2015년 말까지 전 세계적으로 약 100만 대가 가동되는 등 증가하고 있다. PV와의 경쟁이 미국의 성장에 영향을 미쳤음에도 불구하고, 전기, 물을 공급하고 디젤 발전기를 대체하기 위해 전력망을 벗어난 시골 지역에 배치할 수 있다.

전 세계 누적 풍력 발전 능력은 2010년 이후 연평균 14%씩 성장하고 있다(그림 7.21 참조). 국제 신재생에너지 기구(International Renewable Energy Agency, IRENA)는 지구온난화를 1.5°C로 제한하는 파리 목표를 달성하기 위해서는 육지 5000 GW, 해상 1000 GW 등 약 6000 GW의 용량이 필요하며 연간 약 20,000 TWh가 발생할 것으로 추산했다(IRENA 2019). 이는 평균 성장률 ~7.5%를 가정한 2016년 세계 풍력에너지 협의회(Global Wind Energy Council, GWEC)가 제시한 2050년까지 설치할 수 있는 양에 매우 가까운 수준으로 기후 목표 달성에 대한 국제적 의지가 강하다.

이 6000 GW 용량은 예상되는 세계 전력 수요의 약 1/3을 제공하고 연간 약 6 $GtCO_2$를 완화할 것이다. 이 IRENA 시나리오에서 중국을 중심으로 아시아는 2050년까지 약 3250 GW, 북

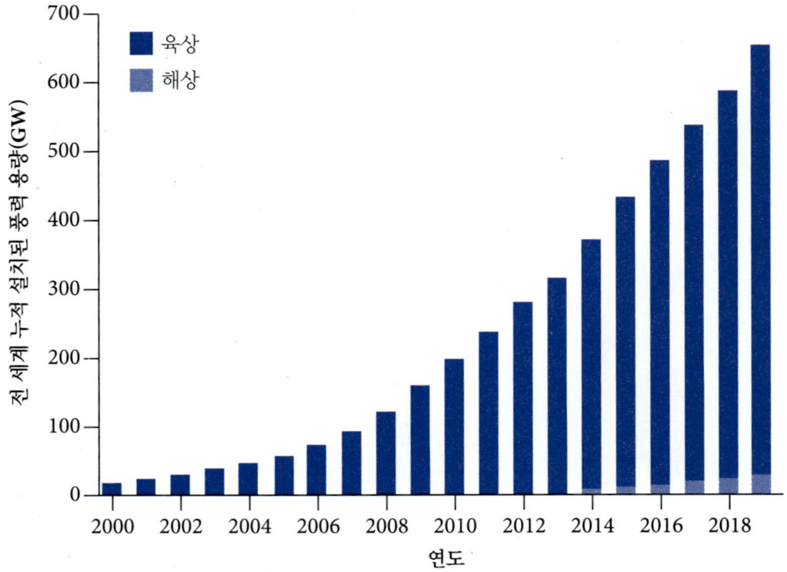

그림 7.21 전 세계 풍력 용량의 증가(GWEC). 2019년 해상 풍력은 29 GW였으며, 2015년 이후 매년 약 25%씩 증가하고 있다. 2019년에 가장 큰 해상 용량을 가진 4개국은 영국 9.7 GW, 독일 7.5 GW, 중국 6.8 GW, 덴마크 1.7 GW이다.

미는 약 1300 GW, 유럽은 700 GW의 터빈을 계속 설치할 것이다. 이를 위해서는 2014~2018년 설비 용량이 연평균 50 GW 내외에서 2020~2050년 평균 200 GW 내외로, 연간 필요한 투자액은 3배 내외로 증가해야 한다. 화석연료에 필요한 투자와 보조금이 줄어들 것이고, 더 적은 오염과 기후변화 피해를 절약하는 것만으로도 더 많은 비용을 충당할 수 있을 것이다(IRENA 2019). 그리고 연간 약 20,000 TWh는 화석연료에 대한 우리의 의존도를 줄이는 데 매우 중요한 도움이 될 것이다.

다만 COVID-19 팬데믹에 따른 경제적 추락은 재생에너지가 쓸 수 있는 자금 조달에 상당한 영향을 미칠 수 있다. 다행스럽게도 경기 침체는 2020년 풍력 발전의 성장에 영향을 미치지 않았으며, 세계 풍력 발전 용량이 총 111 GW 추가되었고, 그중 6.0 GW는 해상에서 추가되어 2019년보다 90% 증가했다. 더욱이 풍력에 대한 추가 투자는 세계가 회복되고 에너지 안보를 제공함에 따라 필요한 상당수의 일자리를 제공할 뿐만 아니라 기후변화를 해결하는 데 도움이 될 것이며, 이를 방치할 경우 매우 심각한 위험이 초래될 수 있다.

요약

- 전 세계 기술적 육상 잠재력은 약 20 TWe로, 2019년 세계 전력 사용량인 약 3 TWe보다 크다.
- 바람의 힘은 풍속의 3승에 비례한다. 터빈 높이에서 풍속이 육지에서는 6.5 m s^{-1} 이상, 해상에서는 9 m s^{-1} 이상의 부지가 선호된다. 터빈에 의해 추출된 동력은 입사 동력(베츠 한계)의

16/27으로 제한되며, $P = \frac{1}{2}C_P\rho u_0^3 A$에 의해 주어지고, 여기서 C_P는 출력 계수, ρ는 공기의 밀도, u_0는 입사 풍속이고, A는 터빈 블레이드에 의한 쓸림(스위프) 면적이다. C_P는 최적의 익단속도비 $\lambda = v_{tip}/u_0$에서 일반적으로 ~0.5이다. 여기서 v_{tip}은 블레이드 팁의 주속이다.

- 현대의 풍력 터빈은 보통 수평축 풍력 터빈(HAWT)이며, 직경 D = 120~210 m인 경우 일반적으로 육상 4 MW 및 해상 12 MW의 최대(정격) 생산량을 갖는다. 풍력 발전 단지에서 터빈은 ~(4~5)D × (7~8)D의 간격을 두고 있으며, 공간이 부족한 경우 더 좁은 간격으로 배치된다. 새로운 터빈의 용량 계수는 일반적으로 육상에서 0.35, 해상에서 0.5이다.
- 2019년 전 세계 설치 용량은 651 GW로, 23 GW가 해상에 있으며, 2050년까지 접근 가능한 잠재력은 ~20,000 TWh로 추정된다.
- 바람은 잠재적으로 저탄소 전기의 주요 자원이다. 육상 풍력 발전 단지의 kWh당 비용은 많은 지역에서 대체 화석연료와 비교하여 이미 경쟁력을 갖고 있다. 육상 풍력 발전 단지는 일반적으로 연간 1 TWh를 생성하는 데 50~90 km^2가 필요하다. 해양 부지에는 약 30~50 km^2가 필요하며, 2024년에는 그리드 패리티의 LCOE 입찰이 접수되었다. 설치 용량은 육상 또는 해상에서 약 5 MW km^{-2}이다.

추천 문헌

DTU Wind Energy, Global Wind Atlas 1.0. *globalwindatlas.info/about/method* (DTU).

Eurek, K. et al. (2017) An Improved Global Wind Resource Estimate for Integrated Assessment Models. National Renewable Energy Laboratory.

GWEC (2020). Global wind report.

IRENA (2019). Renewable power generation costs in 2018.

IRENA (2019). Future of wind. International Renewable Energy Agency. (IRENA2019)

Jamieson, P. (2018). *Innovation in wind turbine design*, 2nd edn. Wiley, Chichester.

Lu, X., McElroy, M.B., and Kiviluoma, J. (2009). Global potential for wind-generated electricity. *PNAS* 106 (27) (Lu2009).

Peake, S. (ed.) (2018). *Renewable energy*. Oxford University Press, Oxford. Useful information on wind power.

www.osti.gov/biblio/9460-fatigue-analysis-wind-turbines H. Sutherland, Fatigue analysis of wind turbines (Sand99).

REN21 (2019). Renewables Global Status Report.

cleanpower.org American Clean Power Association.

www.earth-syst-dynam.net/2/1/2011 L.M. Miller, F. Gans, and A. Kleidon, Estimating maximum global land surface wind power extractability and associated climatic consequences.

www.pnas.org/content/101/46/16115.full.pdf D.W. Keith et al., The influence of large-scale wind power on global climate.

yearbook.enerdata.net/electricity-domestic-consumption-data-by-region.html Electricity consumption (Enerdata).

문제

7.1 날개의 회전 면적이 직경 110 m인 풍력 터빈에 유입 속도 12 m s^{-1}의 바람이 가진 동력을 계산하라.

7.2 2개의 플랩이 부착된 순환 벨트로 구성된 간단한 항력 기기가 그림 7.22에 있다. 항력 F_D는 $\frac{1}{2}C_D\rho Au_{rel}^2$으로 주어지며, 여기서 A는 플랩의 단면적, C_D는 플랩에 대한 항력 계수, ρ는 대기 밀도, 그리고 u_{rel}은 플랩에 상대적인 풍속이다. 동력 P_D는 아래 식으로 구할 수 있다.

$$P_D = \frac{1}{2}C_D\rho A(u_0 - v)^2 v$$

또한 최대 동력 P_D(max)는 다음 식으로 구해진다.

$$P_D(\max) = \frac{1}{2}(4/27)C_D\rho Au_0^3$$

이러한 항력 기기에서 항력 계수 값 C_P가 $4C_D/27$가 됨을 증명하라. C_D의 최댓값은 컵형 플랩에서 약 1.5이므로 항력 기기의 최대 효율은 22%이다.

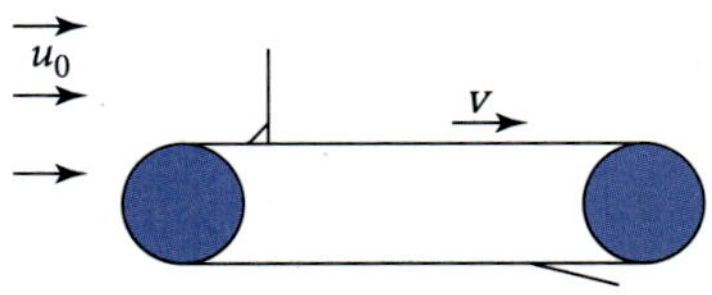

그림 7.22 간단한 항력 기기

7.3 터빈의 전후에 있는 공기의 유관(그림 7.23)을 고려하라. 단, 흐름이 비연속적이고 또한 비유선적이므로 터빈을 가로지르는 구간을 포함하지 않는다.

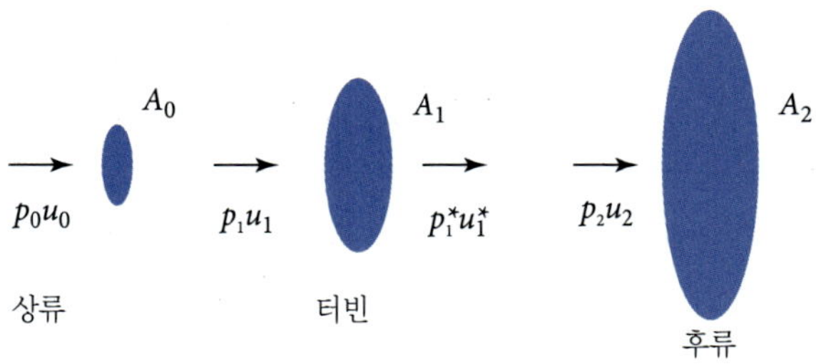

그림 7.23 공기의 유관

베르누이 법칙(식 2.42)을 적용하고, $p_0 = p_2$ = 대기압이며, 질량 보존의 법칙에 의해 $u_1 = u_1^*$이다. 다음 관계식을 보여라.

$$(p_1 - p_1^*)/\rho = \frac{1}{2}(u_0^2 - u_2^2)$$

$$F_{thrust} = \frac{1}{2}\rho(u_0^2 - u_2^2)A_1$$

따라서 최대 추력은 다음과 같다.

$$F_{\text{thrust}} = \frac{1}{2}\rho u_0^2 A_1 \times 8/9$$

이것은 면적 A_1의 원판과 유사하며 이 원판은 다음의 항력을 갖는다.

$$F_D = \frac{1}{2} C_D \rho u_0^2 A_1 \text{ 그리고 } C_D \sim 1$$

7.4 문제 7.3의 F_{thrust} 결과를 이용하여, 반경 50 m 날개를 가지고 풍속 10 m s^{-1}에 놓인 터빈에 작용하는 힘을 톤 하중으로 계산하라.

7.5 차원 분석을 통해 식 (7.2)가 $P \propto A\rho u^3$이 됨을 보여라.

7.6* 2개의 동일한 터빈이 바람 방향 선상에 일직선으로 세워져 있을 때, 최대 동력 계수가 16/25임을 보여라.

7.7* 풍력 터빈에 장착된 원형 단면을 가진 확산 덕트를 고려하라. 출구의 단면은 A_1이고 입구는 A_{ent}이며 $A_1 > A_{ent}$이다. 풍력 터빈이 출구에 설치되어 있을 때 터빈 내 압력 강하를 고려하여 추출된 최대 전력은 덕트가 추가되지 않은 A_1 영역의 터빈에 대한 곱하기로 주어지며 터빈이 설치된 덕트의 위치와 무관함을 증명하라. 추출량 상승(enhancement)이 풍력 터빈이 없을 때 디퓨저의 입구와 출구에서의 풍속 비율의 세제곱, 즉 β^3에 의해 주어지지 않는다는 것을 언급하라.

7.8 바람의 교란 범위를 바람이 불어오는 방향, 즉 터빈의 축 방향으로 πw로 취하며, 여기서는 터빈 날개의 폭이다. 하나의 날개가 다음 날개의 위치에 도달하는 데 걸리는 시간 대비 바람이 πw만큼의 거리를 이동하는 데 걸리는 시간의 비 R_t가 $R_t > \dfrac{4\pi}{3\lambda}$와 같이 됨을 보여라.

또, 날개의 반작용이 날개가 쓸고 가는 면적의 상당부분에서 발생하는 것을 보여라.

7.9 식 (7.25)를 이용하여 터빈 익단속도비 λ = 10에 대해, 반지름 R = 48 m인 최적 터빈 날개의 폭과 비틂 정도를 반지름 12, 24, 36, 48 m에서 계산하라. $\alpha_0 = 5°$, $C_L = 1$, $n = 3$으로 계산한다.

7.10 수직축 풍력 터빈(VAWT)의 두 날개가 풍속 u에서 속도 v로 회전한다(그림 7.24 참조). 터빈 날개를 통과하는 바람 방향을 고려하여 바람이 유입하는 방향에 무관하게 터빈이 그림과 같이 회전하게 될 것이라는 것을 보여라.

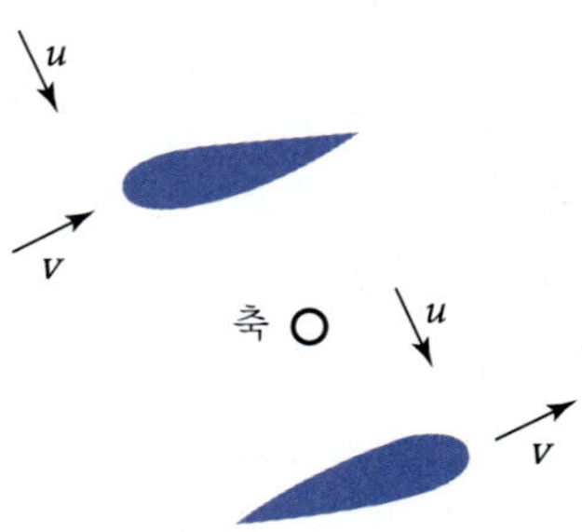

그림 7.24 VAWT의 2개의 날

7.11* 이 장의 끝에 있는 유도 7.3에서, 최소화하는 a의 값을 보여 준다.

$$\mathrm{d}P = \frac{1}{2}\rho(2\pi r \mathrm{d}r)4a(1-a)^2 u_0/(1+a')$$

조건에 따라

$$a'(1+a') = a(1-a)/\lambda_r^2$$

방정식에 의해 주어진다.

$$\lambda_r^2 = (4a-1)^2(1-a)/(1-3a)$$

그리고 $a' = (1-3a)/(4a-1)$이다. 또 $\lambda_r \geq 2$에 대해 $a \approx \frac{1}{3}$ 그리고 $a' = 2/(9\lambda_r^2)$임을 보여라. (라그랑주의 곱 수 방법에 의해 $g(a, a') = 0$일 때, 함수 $f(a, a')$ 극값이 $\partial f/\partial a + \lambda \partial g/\partial a = 0$, $\partial f/\partial a' + \lambda \partial g/\partial a' = 0$ 해에 의해 구해진다.)

7.12 평균 풍속 12 m s^{-1}과 D = 100 m, λ = 10인 풍력 터빈이 30년간 받게 되는 터빈 날개의 사이클 수(N)를 계산하라. 2개 사용 가능한 터빈 재료의 피로 강도에 대한 데이터가 다음 식 $\sigma/\sigma_0 = 1 - b\log_{10}(N)$에 의해 구해진다. 재료 x는 σ_0 = 100 MPa와 b = 0.10이고, 재료 y는 σ_0 = 120 MPa와 b = 0.12이다. 어떤 재료를 선택할 것인가?

7.13 풍력 터빈에 가해지는 압력이 $P_t = \frac{4}{9}\rho u_0^2$이다(문제 7.3 참조). z_s = 10 m, 허브 높이 = 70 m, D = 50 m에서 z_0 = 0.1, u_s = 10 m s^{-1}로 규정되는 윈드 시어를 갖는 지점에서 발생하는 터빈 날개 회전 원 높이에 걸쳐 압력 P_t의 변화를 구하라.

7.14 풍력 발전 단지는 풍속 분포 $f(u)$가 다음과 같이 주어지는 능선에 위치한다.

$$f(u) = 2a^2 u \exp(-a^2 u^2)$$

여기서 $a^2 = \pi/(4c^2)$이고, c는 터빈 높이에서의 평균 풍속이다. 각 터빈에는 길이가 45 m이고 전력 계수 C_P = 0.45(풍속과 무관)인 블레이드가 있다. (a) c = 8 m s^{-1}일 때 단일 터빈에 의해 추출된 평균 전력을 계산하라. (b) 평균 풍속으로 볼 때 가장 가능성 있는 풍속은 얼마인가? 공기의 밀도는 다음과 같다.

$$\rho = 1.2 \text{ kg m}^{-3}; \quad \int_0^\infty u^4 e^{-a^2u^2} du = \frac{3\sqrt{\pi}}{8a^5}$$

7.15 10 m 높이의 소형 풍력 발전기가 1년 동안 생산하는 전력량을 대략적으로 표현하면 $E(\text{kWh}) = 2.1D^2u_{av}^3$이며, 여기서 D는 터빈의 직경이고 u_{ave}는 터빈 높이에서의 평균 풍속이다. 터빈 비용이 70,000달러이고 20년 동안 지속되며, D = 6 m인 경우, 다음 조건에 따라 전기 비용(이자 제외)을 계산하라. (a) u_{ave} = 4 m s^{-1} 및 6 m s^{-1}. (b) 터빈 높이가 5 m로 낮아지고 표면 거칠기 매개변수 α_s = 2인 경우 u_{ave} = 6 m s^{-1}. (c) D = 7 m, 높이 10 m, 다른 모든 변수들은 같다고 하고 (a)를 다시 풀어라.

7.16 풍력 발전소가 8D × 5D의 공간을 갖는다고 했을 때, 각각 5 MW의 정격 출력과 허브 높이 = 90 m, 직경 = 115 m인 터빈 20개가 장착된 발전소의 에너지밀도(MW ha^{-1})를 추

산하라. (a) 가정: 0.3의 설비이용률을 갖는다. (b) 다음 식 $P_o \approx 0.15D^2 \langle u(z)\rangle^3$, $u_s(10)$ = 9 m s^{-1}, z_0 = 0.01을 이용한다.

7.17* 풍력 터빈의 생산량이 $P(u) \propto (u - u_{cut\text{-}in})$의 범위에서 근사될 때 식 (7.38)을 평가하고 용량 계수가 다음과 같이 주어짐을 평가하라.

$$CF \simeq \frac{\eta_{farm}}{(x_{rated} - x_{cut\text{-}in})} \int_{x_{cut\text{-}in}}^{x_{rated}} \exp(-x^2)dx$$

여기서 η_{farm}은 어레이 손실 계수, $x = u/c$, $c = 2\langle u\rangle\pi^{1/2}$이다. $0 \le u \le u_{rated}$ 범위 내에서 $P(u) \propto u^2$ 근사가 성립되는 경우 용량 계수가 다음에 의해 주어짐을 증명하라.

$$CF \approx \frac{\eta_{farm}}{x_{rated}^2}\left[1 - \exp\left(-x_{rated}^2\right)\right]$$

7.18 4개의 해상 풍력 발전 단지에 대한 데이터가 다음 표에 나와 있다. 이러한 풍력 발전 단지에 대한 전력 밀도(MW km^{-2}) 및 용량 계수를 추산하고 관찰된 값과 비교하라.

Farm	P/area (MW km^{-2})	Area (km^2)	No	P_{rated} (MW)	Dia (m)	u_{mean} (m s^{-1})	u_{rated} (m s^{-1})	Prod (GWh)	Cap (per cent)
Barrow	2.2	10	30	3	90	9	15	195.1	24.7
Egmond	1.3	27	36	3	90	8.5	15	315.2	33.3
Horns 1	3.2	20	80	2	80	9.7	16	565.8	40.4
Kentish	2.4	10	30	3	90	8.7	14	209	26.5

7.19 밤에 코리올리 힘(Coriolis force)은 높이에 따라 풍속이 증가하기 때문에 고도가 증가함에 따라 풍향이 더 많이 변하며(7.11절 참조) 북반구에서는 이것이 오른쪽으로 적용된다. 풍력 발전 단지에서 (바람이 부는 방향에서 봤을 때) 일반적으로 시계 방향으로 회전하는 터빈과 반대로 터빈이 시계 반대 방향으로 회전하면 터빈 발생에 따른 풍속이 더 빠르게 속도를 내는 이유를 설명하라. 풍력 발전 단지에 의미하는 바는 무엇인가?

7.20 풍력 터빈이 있는 지구-대기 경계층의 운동량 균형은 다음과 같이 주어진다.

$$F - kv^2 - M = 0$$

여기서 F가 대기에서 층으로 운동량이 전달되는 속도일 때(가정 상수), kv^2은 경계층에서 자연 난류 분산에 의해 발생하는 힘이며, k는 마찰 계수, v는 평균 풍속, M은 풍력 터빈에 의한 운동량 추출 속도이다.

총 추출 전력 $P_{tot}(= Fv)$이 경계층 내 소멸(kv^3)과 베츠 한계 내에서 풍력 터빈에 의해 추출된 전력 $P_{wind}\left(= \frac{2}{3}Mv\right)$(식 7.6)으로 나눠진다. 최댓값 $P_{wind} = 4/(3^{5/2})P_{tot}(M = 0)$과 이에 따른 풍속이 $3^{-1/2}v_0$임을 증명하라. (여기서 $P_{tot}(M = 0)$은 경계층 내 전력 소멸이고, v_0는 터빈이 없을 때 풍속이다.)

7.21 피치 고정 풍력 터빈에서 터빈 각속도 ω는 발전기 토크를 $\tau_{gen} = K\omega^2$으로 설정하여 제어

되며 여기서 $K = \frac{1}{2}\rho AR^3\, C_P^{\max}/\lambda_{opt}^3$이다. 터빈의 각가속도 $d\omega/dt$가 $(\tau_{wind} - \tau_{gen})$에 정비례하며, 여기서 $\omega\tau_{wind} = P_{wind} = \frac{1}{2}C_P\rho Au^3$, $\omega = \lambda u/R$이다. $C_P > C_P^{(\max)}\lambda^3/\lambda_{opt}^3$의 조건을 갖는다면 $\lambda = \lambda_{opt}$가 되도록 터빈이 속도를 변화할 것이라는 것을 보여라.

7.22 다음을 증명하라: 블레이드의 루트에서 동일한 굽힘 모멘트 M을 유지하는 풍력 터빈의 출력을 최적화하면 유도 인자 $a = 0.2$가 되며, 동일한 굽힘 모멘트를 갖지만 $a = 1/3$인 터빈의 경우 증가된 생산량은 7.6%이다.

7.23 다중로터 풍력 터빈 설계의 장점은 무엇인가?

7.24 공중에서의 연의 개발을 조사하고 그 잠재력에 대해 설명하라.

7.25 풍력 발전이 환경에 미치는 영향과 풍력 터빈 배치에 미치는 영향에 대해 설명하라.

7.26 용량 계수가 0.5인 경우 LCOE가 6센트/kWh가 되기 위해 해상 풍력 터빈의 자본 비용(단위 1000달러/kW)을 추산하라. 어떻게 자본 비용을 줄일 수 있는지 설명하라.

7.27 육상 및 해상 풍력 발전 단지의 상대적 장점과 어떤 국가와 영해에 가장 잘 배치될 수 있는지 설명하라.

7.28 풍력이 수요의 상당부분을 생성할 때 전력 공급의 변동성을 어떻게 줄일 수 있을지 설명하라.

7.29 2020~2050년 기간 동안 연평균 200 GW의 풍력 터빈 용량이 추가될 경우, 2050년에는 어떤 평균 용량 계수가 연간 20,000 TWh를 공급하는가?

유도 7.3 최대 추출 효율의 익단속도비 λ에 대한 의존성

터빈 날개는 특정 λ를 위해 설계되었으며, 앞에서 설명한 바와 같이 C_P는 최댓값의 양쪽으로 감소하게 된다(그림 7.9 참조). 이 최댓값은 이론적 한계값과 관련이 있으며, 충분히 높은 λ는 베츠 한계(항력의 효과를 무시한)이다. 하지만 낮은 λ에서는 C_P에 대한 이론적 최댓값이 감소하게 되는데, 이에 대해 설명하고자 한다.

바람이 터빈을 통과하면서 공기 유동은 터빈 날개 회전의 결과로 소용돌이 운동을 얻게 된다. 그 이유는 터빈을 통과하는 공기 흐름이 터빈 날개에 회전력을 전해 주기 때문에 하류 유동에 각운동량이 전해진다(그림 7.25 참조). 만약 날개 속도가 바람의 속도보다 훨씬 더 크다고 하면, 즉 λ 값이 높다면, 이 경우 바람의 회전 운동에 관련된 에너지는 바람 방향(축 방향)으로 바람의 운동량 변화율에 관련된 에너지보다 더 작다. 이것을 이해하기 위해 바람이 작은 환형 면적을 통과할 때 이 바람에 어떠한 일이 발생하는지 논의할 것이다(그림 7.25 참조).

바람 유관의 r과 $r + dr$ 사이에서 정의되는 바람의 유관으로부터 터빈이 얻게 되는 동력은 이 바람의 각운동량 변화율과 터빈의 각속도 Ω의 곱으로 얻게 되는 토크 dG와 그 크기가 일치한다. 주어진 반경에서는 이 곱의 값은 날개의 운동 방향으로 바람의 운동량 변화율에서 얻어진 힘과 날개의 속도를 곱한 값의 크기와 같다.

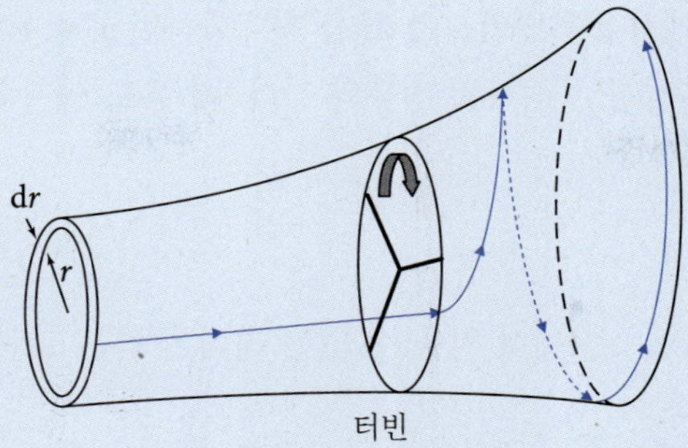

그림 7.25 터빈을 통과한 후의 공기 흐름의 각운동량

추출된 동력 dP는 단위 시간(초)당 바람의 축방향 운동에너지 손실에서 초당 회전운동에너지 이득을 뺀 것과 같다. 질량유동률 d$\dot{m}$은 $\rho u_1 2\pi r \mathrm{d}r$과 같다. 만약에 터빈을 통과한 후에 바람이 각속도 ω_1을 얻게 되면 이것은 날개의 각속도와 반대 방향이 될 것이며, 그러면 초당 회전운동에너지 이득은 $\frac{1}{2}\mathrm{d}\dot{m}r^2\omega_1^2$으로 그리고 초당 각운동량의 변화량은 $\mathrm{d}\dot{m}r^2\omega_1^2$으로 주어진다. 따라서 토크는 $\mathrm{d}G = \mathrm{d}\dot{m}r^2\omega_1$이고, d$P$는 다음과 같다.

$$\mathrm{d}P = \mathrm{d}G\Omega = \mathrm{d}\dot{m}\omega_1 r^2\Omega = \frac{1}{2}\mathrm{d}\dot{m}(u_0^2 - u_2^2) - \frac{1}{2}\mathrm{d}\dot{m}r^2\omega_1^2 \tag{7.43}$$

$\omega = \frac{1}{2}\omega_1$, 그리고 각 유도 인자(angular induction factor) $a' = \omega/\Omega$라고 정의할 때

$$\mathrm{d}P = \mathrm{d}P_\mathrm{B}/(1+a') = \mathrm{d}\dot{m}\omega_1 r^2\Omega$$

여기서 dP_B는 초당 선형 운동에너지의 변화이다. 와류 회전을 무시했던 유도 7.1에서처럼 dP_B는 초당 터빈에서의 바람 속도에 초당 선운동량 변화량의 곱과 같으며, 식 (7.8)은 식 (7.13)과 같이 되고 그 결과는 다음과 같이 된다. 즉,

$$\mathrm{d}P_B = \frac{1}{2}\mathrm{d}\dot{m}4a(1-a)u_0^2 \tag{7.44}$$

대입을 하면

$$\mathrm{d}P = \frac{1}{2}\mathrm{d}\dot{m}4a(1-a)u_0^2/(1+a') \tag{7.45}$$

반경 방향 익단속도비 $\lambda_r = \Omega r/u_0$를 정의하고 dP를 $\mathrm{d}\dot{m}\omega_1 r^2\Omega$를 치환하면 다음 식을 얻는다.

$$a'(1+a') = a(1-a)/\lambda_r^2 \tag{7.46}$$

$\mathrm{d}\dot{m} = \rho u_1 2\pi r\mathrm{d}r$ 그리고 $u_1 = (1-a)u_0$를 대입하면

$$\mathrm{d}P = \frac{1}{2}\rho(2\pi r\mathrm{d}r)4a(1-a)^2u_0^3/(1+a') \tag{7.47}$$

식 (7.46) 제한 조건 범위에서 a를 변화시켜 dP를 최대화하면 $a' \ll 1$이고 $a \cong \frac{1}{3}$이며, 이것은 앞에서 $\lambda_r \geq 2$일 때 회전 와류를 무시하는 경우와 같다. 각 유도 인자 $a' \approx 2/(9\lambda_r^2)$이고, 만약 익단속도비를 $2\lambda/3$로 하면

$$\mathrm{d}P \approx \mathrm{d}P_B/[1+1/(2\lambda^2)] \tag{7.48}$$

따라서 항력을 무시할 때, $\lambda \geq 4$에서 얻을 수 있는 최대 동력은 그림 7.9에서 보는 것과 같이 베츠 한계에 매우 근접한다.

아래 사이트를 방문하면 더 많은 정보와 자료를 볼 수 있습니다.
www.oup.com/he/andrews_jelley4e

8 태양광 에너지

Photovoltaics

주제 목록

- ☐ 태양전지의 역사
- ☐ 태양 복사 스펙트럼
- ☐ 태양전지
- ☐ p-n 접합
- ☐ 태양전지의 효율
- ☐ 실리콘 태양전지
- ☐ 다층 소자
- ☐ 박막 태양전지
- ☐ 개발 중인 기술
- ☐ 태양광 패널과 발전 단지
- ☐ 환경 영향
- ☐ 태양광 발전의 경제성
- ☐ 전 세계 태양광 잠재력
- ☐ 태양광 발전의 전망

서론

지구에 입사되는 평균 태양광 파워는 약 1000 W m^{-2}(약 100 mW cm^{-2})로 총 125,000 TW 정도이며, 2019년 세계 전력 소비량인 약 18 TW_{th}보다 훨씬 크다. 현재 세계 최종에너지의 약 11%가 식물의 광합성(photosynthesis)으로 만들어진 **바이오매스**(biomass)에 의해 공급되는데, 실제로 식물이 흡수하는 태양에너지의 약 1%만이 바이오매스로 전환된다. (비교적으로, 화석연료는 전 세계 최종에너지의 약 80%를 공급하고, 화석연료의 연소 과정에서 기후변화의 주원인이 되는 다량의 이산화탄소가 대기로 배출된다.)

이 장에서는 **태양전지**(PV cell)를 이용하여 훨씬 효율적으로 (약 21%) 태양에너지를 직접 전력으로 변환하는 과정을 설명하려 한다. 광기전력(photovoltaic) 효과는 약 160년 이상 동안 알려져 왔지만, 상용화된 태양전지는 20년 전쯤에 본격적으로 시작되었다(박스 8.1 참조). 지난 10년간 특히 빠르게 성장하였다. 2019년까지 전 세계에 설치된 용량은 580 GW에 이르렀고, 이는 전 세계 전기 소비의 2.7%에 해당하는 720 TWh를 공급할 수 있다. 발전소 규모의 태양광 발전의 비용은 이미 많은 지역에서 화석연료 발전의 비용보다 저렴해졌다.

화석연료보다 저렴한 가격 경쟁력은 신규 태양광 발전소가 더욱더 증가하는 것을 의미한다. 특히 개발도상국과 몇몇 선진국에서 주거 지역에서도 태양광 발전 시스템이 널리 보급되고 있다. 한편, 태양열 발전소(CSP)도 비슷한 변환 효율을 갖고 있고 열저장 설비를 갖추고 있지만, 현재 태양열 발전의 균등화 발전 비용(LCOE)이 태양광 발전보다 높고 시장 점유율은 매우 낮다. 하지만 지난 몇 년간 태양열 발전의 경제성도 많이 좋아졌기 때문에 미래에 기여도는 더 커질 가능성이 있다(5.3절 참조).

박스 8.1 태양전지의 역사

1839년 프랑스 물리학자 **에드몽 베크렐**(Edmond Becquerel)은 산성 용액에서 전극에 햇빛이 불균일하게 비출 때 빛이 전류를 발생시킨다는 것을 발견했다. 그러나 1877년이 되어서야 셀레늄 원소로 만들어진 고체 전지에서 이러한 광기전력 효과를 볼 수 있었다. 몇 년 후인 1883년, 찰스 프리츠(Charles Fritz)에 의해 박막 셀레늄 광전지가 미국에서 생산되었다. 그러나 그것은 비싸고 태양에너지의 약 1%만이 전기로 변환되는 매우 낮은 효율 때문에 실용적인 발전 방법이 아니었다. 광기전력 효과는 다른 물질에서도 발견되었지만, 그러한 물질들로 제조한 광전지도 마찬가지로 효율이 낮았다. 1940년 미국의 **벨 연구소**에서 러셀 올(Russell Ohl)이 우연히 실리콘 광전지 장치를 발견하고 나서야 중요한 진전이 이루어지기 시작했다. 느린 결정화를 통해 실리콘 막대를 만드는 방법은 1인치 길이의 막대의 양 끝에 적절한 종류의 다른 불순물이 존재하는 것을 가능하게 만들었다. 막대가 손전등으로 비춰질 때 광발전을 관찰할 수 있었다.

1954년에 **트랜지스터**용 실리콘 제조를 위한 개선 방법들로 인해, 초기 장치들에 비해 약 10배 높은 6%의 효율을 가진 전지가 만들어졌다. 대릴 채핀(Daryl Chapin), 캘빈 풀러(Calvin Fuller), 제럴드 피어슨(Gerald Pearson)이 벨 연구소에서 발명한 이 전지는 최초의 실용적인 태양전지로 여겨졌고, 그 발견에 대해 상당한 과대 광고가 있었다. 그러나 이러한 전지의 비용은 인공위성과 같은 틈새 응용 분야를 제외하고는 엄청나게 비쌌다. 1980년대까지 연구를 통해 비용을 낮추어, 지상용 태양광 패널의 적용을 촉진시켰다. 1990년대에 지붕에 패널 설치를 장려하는 프로그램과 2000년대에 발전차액지원(feed-in tariff) 제도가 도입되면서 더 많은 수요가 발생했고, 일본과 독일은 생산의 산업화를 가속화했다. 2000년 이후 연평균 성장률은 놀랍게도 40%에 이른다. 이러한 성장은 비용 절감으로 이어졌고, 이는 다시 수요를 증가시키는 데 도움이 되었다.

중국은 1990년대 후반 독일 시장을 위한 태양광 패널을 만들기 시작하면서 태양광 패널에 대한 세계적인 수요 증가에 대응했다. 석탄 화력 발전소의 오염 증가와 에너지 안보 및 기후변화에 대한 우려로 인해 중국의 국내 시장은 급성장했다. 중국은 지배적인 기술인 결정질 실리콘에 집중했고, 대출과 세금 인센티브를 통한 정부 지원은 기업들이 대규모 반자동화된(semi-autonomous) 공장을 건설할 수 있도록 도와 비용을 획기적으로 절감했다. 2006~2011년의 전 세계 생산량이 일본, 독일, 미국에서 중국으로 이동하면서 모듈 비용은 3배 감소했다. 2011~2018의 이후 7년 동안 3.5배 더 떨어졌다.

실리콘 태양전지가 발명된 이후, 효율이 20% 이상으로 상승하고 비용은 수백 배 정도 떨어져, 실리콘 태양광 전지에서 발생하는 전력이 화석연료에서 발생하는 전력에 비해 가격 경쟁력이 있기까지 약 60년이 걸렸다. 이를 위해서, 태양전지를 만들기 위한 실리콘의 가공이 복잡하기 때문에, 상당한 개발과 대량 생산이 요구되어 왔다. 실리콘 전지는 현재 모든 태양전지의 약 95%를 차지한다. 나머지는 비소 갈륨과 텔루르화 카드뮴과 같은 다른 광기전력 물질에 기반을 두고 있다.

지금부터 태양 복사 스펙트럼과 태양전지의 원리를 살펴볼 것이다. 태양전지, 패널, 발전소를 설명하기 전에 태양전지 효율에 대한 물리적 한계를 설명하고, 확립되었거나 개발 중인 다양한 기술을 소개할 것이다. 전 세계 저탄소 에너지원으로서 중요한 역할을 담당할 수 있는 PV의 잠재력을 논하면서 마무리할 예정이다.

8.1 태양 복사 스펙트럼

그림 8.1에 제시된 매끄러운 스펙트럼은 5800 K 흑체의 스펙트럼이다. 이 스펙트럼의 모양은 태양으로부터 지구의 대기에 입사되는 스펙트럼과 비슷하다. 이렇게 우주에서 대기권 바로 위에 떨어지는 일사량은 1.37 kW m^{-2}이고, 이에 해당하는 스펙트럼은 AM0으로 부른다. 대기권을 통과하면서 일사량은 감소하는데, 대기권 두께의 1.5배에 해당하는 두께를 대표적인 두께로 사용한다. 이 두께를 통과하면 일사량은 약 1.0 kW m^{-2}로 줄어들고 이때의 스펙트럼은 AM1.5라 부른다. AM1.5는 수직에 대해 48° 각도로 햇빛이 입사되는 것에 해당한다. 수증기, 이산화탄소, 메탄에 의한 흡수 효과는, 약 1.75 eV 이하의 광자에너지에 일치하는, 거의 모든 적외선 영역에 영향을 준다. 태양 복사 스펙트럼 가시광선 영역에서 광자들의 에너지는 약

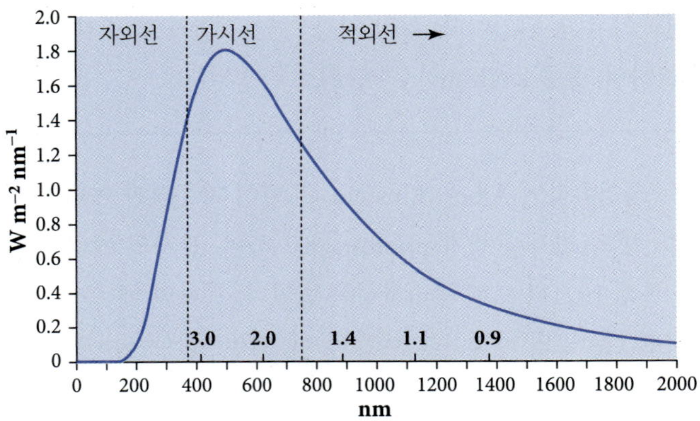

그림 8.1 T = 5800 K에서 흑체 스펙트럼(2.3.3절 참조). 총 강도는 AM0 태양 스펙트럼 1.37 kW m^{-2}로 정규화된다. 3.0, 2.0, 1.4, 1.1, 0.9 eV에 해당하는 파장이 표시되어 있다.

1.75 eV(0.7 μm)에서 약 3.25 eV(0.38 μm)까지 범위이다.

태양에너지는 직달 복사(direct radiation, 거울들로 집광 가능)와 산란 복사(diffuse radiation, 집광 불가능)로 나뉘어 지표에 도달한다. 산란 복사의 비율은 하늘이 얼마나 맑은가에 따라 크게 변하며, 일반적인 연평균은 약 30%이다. 태양 복사의 총량은 운량, 계절, 지역에 따라서 크게 변하며, 적도 지역의 수평면에서는 연간 합계가 약 2300 kWh m^{-2}이고, 북극권(위도 66.5°)에서는 약 800 kWh m^{-2} 정도이다. 흐린 날의 평균 일사량(W m^{-2})은 일반적으로 영국에서는 맑은 날 값의 약 10%이고, 적도 지역에서는 약 50%이다. 산란 복사가 없다면 (별과 행성을 제외) 하늘이 검은색일 텐데, 가시광선의 파장보다 매우 작은 분자나 입자에 의해 단파장이 장파장보다 더 잘 산란되기 때문에 하늘이 푸른색인 것을 상기하라.

예제 8.1

평균 강도 200 W m^{-2}의 직사광선은 태양전지에서 수직으로 입사한다. 전지 면적은 0.1 m^{2}이다. 하루 동안의 총 입사 에너지는 kWh와 MJ로 얼마인가? 햇빛이 전지 표면에 대해 30°의 각도로 떨어지면, 이 총 에너지는 어떻게 변하는가?

입사하는 파워 P는 강도 I에 셀 면적 A를 곱한 값이다.

$$P = I \times A = 200(0.1) = 20\ \mathrm{W} = 0.02\ \mathrm{kW}$$

입사 에너지 E는 파워에 시간 t를 곱한다. 따라서

$$E = P \times t = 0.02(\mathrm{kW}) \times 24(\mathrm{h}) = 0.48\,\mathrm{kWh} = 1.73\ \mathrm{MJ}$$

햇빛이 전지에 대해 수직인 30°로 떨어지면, $A\cos 30°$는 빛에 수직인 전지의 투영 면적이기 때문에 입사 파워는 $\cos 30° \approx 0.87$ 비율만큼 감소한다. 입사 에너지는 다음과 같다.

$$E = 0.42\ \mathrm{kWh}\ \text{또는}\ 1.50\ \mathrm{MJ}$$

위도와 계절에 따른 햇빛 기울기의 변화는 그 위치에 놓인 수평면에서 태양 복사 강도(irradiance, W m^{-2}) 변화의 주요 원인이다. 일정 기간 동안 표면의 평균 태양 복사 강도를 일사량(insolation)[1]이라고 하며, 종종 kWh m^{-2} y^{-1} 단위로 측정된다.

1905년 알베르트 아인슈타인(Albert Einstein)은 빛이 파동뿐만 아니라 입자로서도 행동한다는 것을 깨달았다. 빛의 입자는 광자(photon)라고 하며, 광자의 에너지는 주파수에 비례한다. 그는 이 통찰을 통해 1921년 노벨 물리학상을 받았다. 광자의 에너지, $E_\gamma = h\nu = hc/\lambda$, 여기서 hc = 1240 eV이고 λ는 빛의 파장이다. 예를 들어, 510 nm (녹색) 파장을 가진 광자는 E_γ = 1240/510 = 2.43 eV의 에너지를 갖는다.

1 역자 주: 태양 복사 강도를 일사량으로 혼용해서 사용하기도 한다. 단위를 통해 의미를 파악할 수 있다. 영어로 irradiance와 intensity를 혼용해서 사용하기도 하는데, 학문 분야에 따라 둘은 다른 정의를 갖기도 한다.

햇빛이 광전지에 떨어질 때, 전지 소재에 있는 일부 전자는 광자의 에너지를 흡수하고 장치에 동력을 공급할 수 있는 포텐셜(potential) 차이를 생성한다. 반도체 소재의 특정한 성질을 활용함으로써 이것을 실현할 수 있다.

8.2 태양전지

광기전력 태양전지는 전기 전도도(electrical conductivity)가 낮은 것이 특징인 반도체 재료로 만들어진다. 전기 전도도가 낮은 것은, 반도체의 외곽 전자들은 에너지 준위의 밴드(band)를 완전히 채우고 있어서, (구리와 같이 좋은 전도체와 달리) 전기장이 가해질 때 전자들이 올라갈 수 있는 상위 에너지 준위가 없기 때문이다. 전도는 열로 인해 다음 밴드로 들뜬(여기, thermal excitation) 전자에 의해서만 발생할 수 있다. 이것은 채워진 **원자가**(valence) 밴드와 비어 있는 **전도**(conduction) 밴드 사이의 에너지 간격, 즉 **밴드갭**(band gap)이 상대적으로 작을 때만(약 1 eV) 활발하게 발생한다. 이러한 물질을 **반도체**라고 한다.

특히 중요한 반도체는 태양전지의 약 95%에 사용되는 **실리콘**이다. 분리된 원자로서 실리콘은 절반만 채워진 껍질(shell)에 4개의 전자를 가지고 있지만, 결정 격자에서는 이들 전자는 4개의 규소 원자 사이에서 공유(공유 결합)되며 가득 찬 원자가 밴드는 다음 밴드까지 1.1 eV 간격으로 형성된다. 실리콘 외에도 GaAs, CdTe, $CuInGaSe_2$(CIGS), 페로브스카이트, 특정 유기화합물 등 많은 반도체가 태양전지에 사용된다.

불순물 원자의 존재는 밴드갭 내에서 전자 상태(state)를 생성할 수 있으며, 재료 내의 이러한 불순물은 진성(intrinsic) 반도체로 불리는 순수한 반도체로 동작하기 전에 줄여야 한다. **구역 정제**(zone-refining) 기술은 반도체 소자의 개발에 있어서 중요한 역할을 한다. 이 기술에서 반도체 막대의 단면은 순차적으로 가열되고, 용융된 영역은 한쪽 끝에서 다른 쪽 끝으로 이동한다. 불순물을 막대의 한쪽 끝에 농축하여 제거함으로써 불순물이 10^9분의 1 미만으로 실리콘 생산이 가능하다.

특정 불순물 원자를 고유 물질에 첨가하는 **도핑**(doping) 과정을 통해 반도체의 전도 특성을 크게 변경할 수 있다. 5개의 외곽 전자를 갖는 원자(5가 원자)를 실리콘 결정에 첨가하면, 각각의 원자들은 약하게 결합되고 전도 밴드로 쉽게 여기될(excited) 수 있는 1개의 전자를 갖는다. 그런 불순물 원자를 **도너**(donor)라고 하고, 도핑된 실리콘을 **n형**이라고 한다. 외곽 원자가 3개만 있는 도너 원자(3가 원자)는 열적 여기를 통해 원자가 밴드 상단의 전자 1개를 상당히 쉽게 얻을 수 있다. 전자가 이탈한 빈 자리는 양전하를 띠게 되고 정공(hole)이라 부른다. 이러한 원자들을 **억셉터**(acceptor)라고 하고, 도핑된 실리콘을 **p형**이라고 한다. 태양전지의 기초가 되는 특별히 중요한 장치는 **p-n 접합**을 통해 만든다. 앞으로 보게 되겠지만 p-n 접합은 p형 물질과 n형 물질 사이 접합을 의미하고, 내부에 전기장을 생성한다.

태양전지는 상대적으로 두꺼운 p형 실리콘 웨이퍼 위에 얇은 n형 영역으로 구성된다. 태양전지에 빛을 비추면, 밴드갭보다 큰 에너지를 가진 광자는 p형 영역의 전자를 원자가 밴드에서 전도 밴드로 들뜨게 한다. 전도 밴드로 올라간 전자들은 웨이퍼 내에서 자유롭게 이동하며 돌아다닌다. 내부 전기장 안으로 들어가면, 전자들은 n형 영역으로 빠르게 쓸려 들어간다. 들어간 전자들이 축적되면, 배터리처럼 소자를 통해 전류를 구동할 수 있는 포텐셜 차이를 생성한다.

8.3 p-n 접합

그림 8.2는 p형과 n형 재료의 개별 조각들과 p-n 접합을 형성하기 위해 도핑된 반도체의 단일 조각을 나타낸다. n형의 전도 밴드에서 열적으로 여기된 전자들과 p형의 원자가 밴드에서 양전하의 정공(전자가 빈 자리)들을 볼 수 있다.

그림 8.2*b*의 p형과 n형 소재 모두가 인접한 상황에서, 전자들은 농도 구배(gradient)로 인해 n측의 전도 밴드로부터 접합을 가로질러 확산되어 p측의 원자가 밴드 상단의 빈 자리들(정공들)을 채웠다. 전기장이 접합을 가로질러 생성되며, 농도 차이로 발생한 전자의 확산과 균형을 이루는 전자들의 드리프트(drift)를 일으킨다. (이에 상응하는 정공들의 흐름이 있다). 그 결과, n측은 양성으로 대전되고(charged), 반면에 p측은 음성으로 대전된다. 따라서 n측 전자의 에너지는 p측 전자에 비해 낮아지고, 접합부는 그림 8.3*a*에 보이는 것처럼 일반적으로 묘사된다.

전하가 없는 접합 부근을 **공핍 영역**(depletion zone)이라 한다. 접합의 p측(n측)에서 전도(가전자) 밴드에 있는 전자(정공)는 소수 반송자(minority carrier)로 불리며, n측(p측)에서 다수 반송자(majority carrier)는 전자(정공)가 된다.

드리프트(drift)와 확산(diffusion) 전류는 농도와 정전기(electrostatic) 포텐셜의 반대 구배에 의해 구동된다. 농도와 관련된 포텐셜을 화학 포텐셜이라고 한다. 평형상태에 있을 때 이러한 전위의 합을 **전기화학**(electrochemical) **포텐셜** η라고 하는데, 상수이며 $\eta = q\phi + \mu$로 주어진다. 여기서 q와 μ는 전자 또는 정공의 전하와 화학 포텐셜이고, ϕ는 정전기 포텐셜이다. 반도체에서 전기화학 포텐셜 η는 페르미 준위 ε_F라고도 하고, 그림 8.3*a*와 같이 접합부의 p측과 n

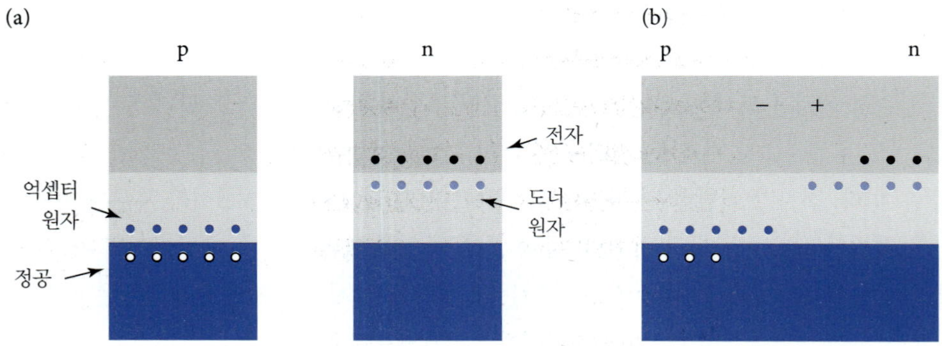

그림 8.2 (a) p형 및 n형 물질; (b) p-n 접합

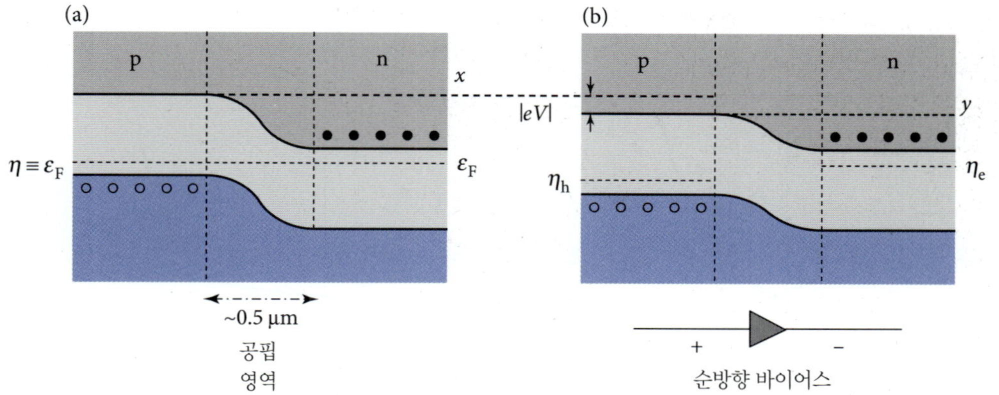

그림 8.3 (a) p-n 접합에서 에너지 수준과 공핍 영역; (b) 양의 바이어스의 p-n 접합 영향과 다이오드의 표준 회로 기호 표시

측에서 동일하다. 접합부를 가로질러 전류가 흐르려면, 접합 양쪽의 전기화학 포텐셜의 차이가 있어야 한다.

그림 8.3*b*는 n형 영역 대비 p형 영역이 양전압 V만큼 편향되는 효과를 보여 준다. 이 경우 접합은 **순방향 바이어스** 된다. (다이오드의 회로 기호를 접합 아래에 나타내었다.) 순방향 바이어스는 접합의 n측과 비교하여 p측의 전도 밴드를 $|e|V$만큼 낮추는데, 여기서 e는 전자의 전하이다. 이것이 공핍 영역을 가로지르는 확산과 드리프트 전류 사이의 균형을 바꾸게 되고, n측(p측)으로부터 p측(n측)으로 순(net) 전자(정공) 전류를 발생시키며, **순방향 전류**라고 부른다. 총 순방향 전류 I_F는 다음 식으로 주어진다.

$$I_F = I_S[\exp(V/V_T) - 1] \tag{8.1}$$

여기서 I_S는 **포화 전류**(saturation current)라고 하며, 상온에서 $V_T = kT/|e| \approx 0.026$ V이다.

볼츠만 인자 $\exp(V/V_T)$는 접합이 V에 의해 순방향 바이어스될 때 확산 및 드리프트 전류 사이의 불균형을 정량화한다. V가 0일 때, p측 밴드갭 상단에서 위쪽으로 열적 여기된 에너지 준위에 있는 전자의 개수는 그 에너지(그림 8.3*a*의 준위 x) 위의 n측에 있는 개수와 같다. V만큼 순방향 바이어스될 때는, 그 에너지(그림 8.3*b*의 준위 y) 위의 n측 개수는 볼츠만 인자에 의해 더 크다. 반면에 p측 개수는 동일하게 유지된다. (상응하는 개수만큼 정공의 개수도 변한다.) 이것이 전자 농도 구배를 만들고, n측의 과잉 전자 개수에 비례하면서 접합의 n측에서 p측으로 흐르는 확산 전류도 만든다. 반면에 p측에서 접합으로 들어가는 전자의 개수에 의존하는 드리프트 전류는 본질적으로 동일하게 유지된다. 따라서 총 순방향 전류는 식 (8.1)에 표시된 전압 의존성을 갖는다. I_S는 접합 면적과 태양전지에서 전자와 정공의 재결합 속도에 따라 변한다.

양전하 흐름의 방향은 p측에서 n측으로 접합을 가로지르며, 식 (8.1)로 주어지는 이상적인 전류-전압 특성은 그림 8.4*a*와 같다. p-n 접합은 순방향 바이어스일 때에만 전류가 쉽게 흐를

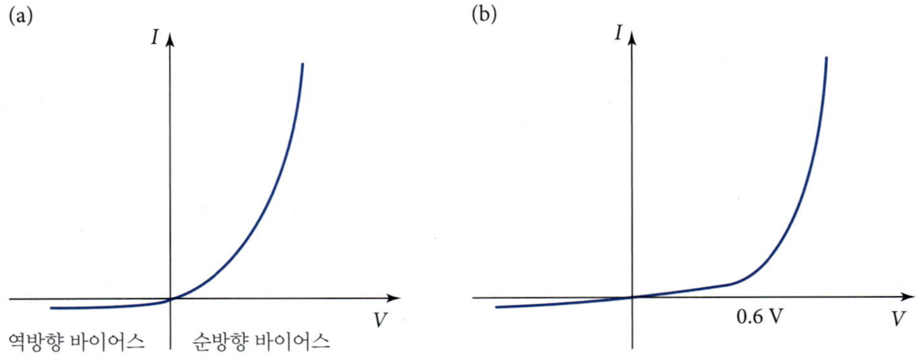

그림 8.4 (a) 이상적인 p-n 접합의 I-V 특성; (b) 실리콘 다이오드의 실제 I-V 특성

수 있도록 하는 다이오드로서 역할을 한다는 것을 알 수 있다. 그림 8.4*b*는 실리콘 p-n 접합의 실제 특성을 나타낸다: 약 0.6 V의 순방향 바이어스까지는 전도가 이상적인 접합보다 적게 발생한다. 이것은 공핍 영역 내에서 전자와 전공의 포획(trapping) 및 생성 때문에 발생한다. 그러나 순방향 전류에 대해 이상화된 방정식은 매우 유용한 근사치이며, 그런 소자가 태양전지로 역할을 할 수 있는지를 살펴볼 것이다.

8.4 실리콘 광전지

실리콘 태양전지에 빛이 떨어질 때, 광자들의 일부는 **광기전력 효과**(photovoltaic effect)를 통해 전자–전공 쌍을 만든다. 광자는 전자에 의해 흡수되고, 전자가 원자가 밴드에서 전도 밴드로 올리는 데 필요한 에너지를 제공한다. 이러한 광자가 가져야 할 최소 에너지는 밴드갭 E_{gap}과 같다. 실리콘의 경우 밴드갭이 1.1 eV이며, 아인슈타인 관계식 $E_\gamma = h\nu = hc/\lambda = (1.24/\lambda)$ eV를 이용하여 약 $\lambda = 1.1\ \mu$m의 파장에 해당함을 알 수 있다. 그림 8.5는 현재 태양광 패널의 대다수를 차지하는 표준적인 실리콘 태양전지의 구조를 보여 준다. 전지 접합부에 입사된 광자들은 p층에서 전자–정공 쌍들을 생성한다.

상단 금속 전극은 빛이 접합부에 떨어지도록 좁고 길게 되어 있다. 반사방지 코팅(anti-reflection coating)은 전지까지 빛의 투과율을 높인다. 전지 표면은 빛의 흡수를 높이기 위해 텍스처(texture) 처리를 한다(박스 8.3 참조). 직렬 저항을 감소시키기 위해 n층의 상단은 더 높게 도핑(n^+로 나타냄)한다. 후면 전극에서 표면 재결합(recombination)을 최소화하기 위해 전극 바로 앞에 높게 도핑된 p층(p^+)을 배치한다. 이렇게 함으로써 이 부근에서 전자 농도를 줄이는 내부 전기장을 형성하고, 따라서 재결합의 기회가 감소된다.

그리고 p층 전도 밴드로 올라간 전자들은 확산을 하게 되고, 공핍 영역을 가로지르는 내부 전기장(built-in field) 내에 있을 때 n측으로 재빠르게 쓸려간다. 이것은 역전류 I_L(p측에서 n측으로 접합을 가로질러 전자가 흐르기 때문에)을 생산하며, 순 광전지 전류 I_C는 다음 식으로

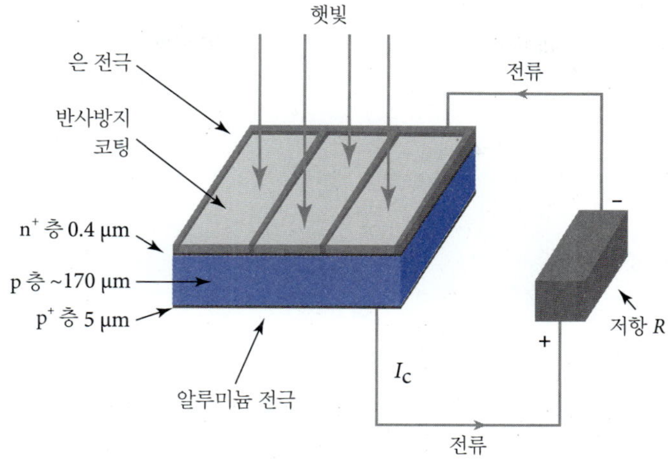

그림 8.5 후면 전계(back-surface field, BSF) 실리콘 태양전지

주어진다.

$$I_C = I_L - I_S[\exp(V/V_T) - 1] = I_L - I_S[\exp(I_C R/V_T) - 1] \tag{8.2}$$

여기서 접합을 가로지르는 순방향 바이어스 V는 $I_C R$과 같다. 이 순방향 바이어스는 두 번째 항, 즉 식 (8.1)로 주어진 순방향 전류 I_F를 생산한다. 이 전류는 광유도 전류(light-induced current) I_L에 반대 방향인 p측에서 n측으로 접합을 가로질러 흐른다.

저항 R이 무한대일 때, $I_C = 0$이다. 이때의 전압을 개방 전압(open-circuit voltage) V_{OC}라 하는데, 다음 식으로 주어진다. (접합에서 p측이 n측보다 이만큼 더 높은 전압을 갖는다.)

$$V_{OC} = V_T \ln(1 + I_L/I_S) \approx V_T \ln(I_L/I_S) \tag{8.3}$$

식 (8.3)에서 근사식은 $I_L >> I_S$이기 때문에 성립한다. (최대 전압은 밴드갭보다 낮아야 하므로 V_{OC}는 E_{gap}보다 작다.) 상온에서 $V_T = kT/|e| \approx 0.026$ V임을 주목하라.

회로가 개방되었을 때 양단에 걸리는 전압 $V = 0$이며, 단락 전류(short-circuit current) $I_{SC} = I_L$이다. 유한한 저항값 R이 연결된 회로라면, 태양전지 전류 I_C가 흐르면서 생성하는 전력 P_C는 다음과 같다.

$$P_C = I_C V = I_C^2 R \tag{8.4}$$

I_L이 고정된 경우를 생각해 보자. R이 증가함에 따라 V가 증가하고 따라서 I_F가 증가한다. 초기에는, I_F가 매우 조금 증가하고, 그림 8.6에서 보듯이 $I_C \approx I_L$이다. 결과적으로 $P_C = I_C V$가 증가한다. 그러나 V와 I_F의 추가적인 증가가 상당한 양의 $I_C = I_L - I_F$ 감소를 야기하고, V의 증가에 따른 P_C의 상승 효과를 상쇄하는 순간($V = V_m$)이 발생한다. 따라서 순방향 전류는 최대 전력 지점에서 전압과 전류 모두를 제한한다.

전자의 순방향 전류는 p측의 정공과 재결합하기 때문에 순방향 전류는 '재결합' 전류라고도

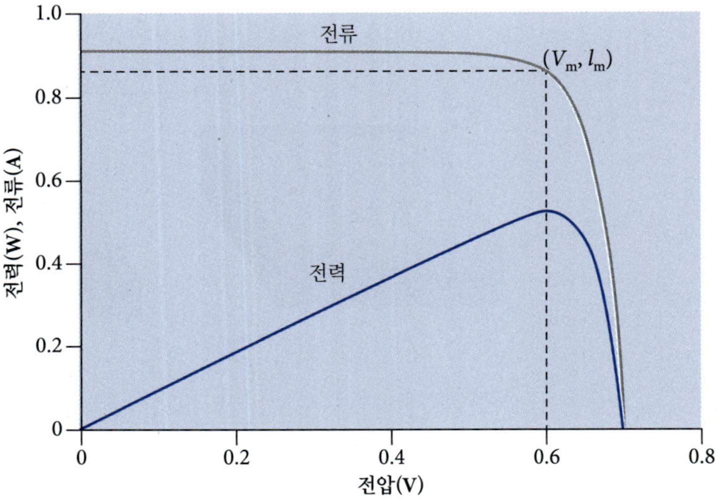

그림 8.6 전극에서의 재조합을 줄이기 위해 PERL(passive emitter, rear localized contact) 아키텍처를 사용하는 실리콘 태양전지(Sandia National Laboratory)의 특성

한다. 오직 방사성(radiative) 재결합만 존재한다면 최소 재결합 전류가 존재하고, 이는 단일접합 태양전지의 효율에 대한 **Shockley–Queisser 한계**를 만든다(8.5절 및 유도 8.1 참조). 실제로 재결합은 주로 불순물에 의해 발생한다.

그림 8.6에서 면적이 22 cm^2인 태양전지에 대해, I_{SC} = 0.91 A이고 V_{OC} = 0.70 V이다. 최대 전력점(maximum power point)에서 $P_C = P_m$ = 0.52 W, $V = V_m$ = 0.60 V, $I_C = I_m$ = 0.87 A이다. 전압은 전류와 저항의 곱이므로, 최대 출력을 발생할 수 있도록 전지에 걸리는 저항 R은 $V_m = I_m R$로 주어진다.

$$R = V_m / I_m = 0.60/0.87 = 690\ \text{m}\Omega$$

빛의 세기가 1000 W m^{-2}이므로, 이 22 cm^2 태양전지의 효율은 23.6%이다.

I_m과 V_m 모두 각각 I_{SC}와 V_{OC}에 유사하다는 것을 알 수 있다. **충전율 *FF***(fill factor)는 아래의 비율로 정의된다.

$$FF = P_m / (I_{SC} V_{OC}); \text{i.e.} P_m = FF \times I_{SC} V_{OC} \tag{8.5}$$

그림 8.6의 전지의 충전율은 0.82이다. *FF*는 I-V 특성이 얼마나 직사각형에 가까운지를 나타내는 척도이다. 이는 품질 관리에 유용하고, 좋은 실리콘 태양전지의 경우 $FF > 0.8$이다.

이제 단일접합 태양전지의 효율이 일반적으로 약 20~30%에 불과한 이유를 살펴보자.

8.5 태양전지의 효율

변환 효율(conversion efficiency)은 입사하는 태양 파워에 대한 최대 파워 출력의 비율로 정의되며, AM1.5 태양 복사 스펙트럼(그림 8.1)의 경우 입력은 1000 W m^{-2}이다. 몇 가지 이유로 변환 효율은 100%가 아니다. 그림 8.1에서 볼 수 있듯이, 첫 번째 이유는 모든 광자가 전자–전공 쌍을 생성할 만큼 충분한 에너지(실리콘 전지의 경우 1.1 eV 이상)를 가지고 있지 않다는 것이다.

1.1 eV 미만의 에너지를 가지고 있는 광자들은 입사 태양에너지의 23%를 차지한다. 높은 에너지를 가진 광자의 에너지 중 1.1 eV만이 전력을 생산할 수 있으며, 나머지는 열로 잃어버린다. 결과적으로 입사 태양에너지의 30%가 열로 바뀌고, 47%만 전력 생산에 기여한다.

그러나 전압 계수(voltage factor)로부터 더 큰 손실이 있는데, 이는 $|e|V_m/E_{gap} \approx 0.6/1.1 \approx 0.55$의 비율이다. 이것은 전자를 생산하기 위해 필요한 최소 에너지 대비 최대 발전 시 전자에 주어진 에너지의 비율이다. 이 손실은 주로 엔트로피 생성으로 발생한다. 태양에서부터 연장한 입체각(solid angle) Ω_S에서 빛을 흡수하고 전자와 정공이 순방향 전류에서 재결합하며 전지 표면 상반구 전체로(π 스테라디안) 방사할 때 엔트로피가 생성된다. 이것은 $W = \pi/\Omega_S$ 비율만큼 광자 상태의 개수를 증가시키고, 식 (2.18)의 $\Delta s = k \ln W$에 해당하는 엔트로피가 증가한다. 즉, $(kT_C/|e|) \ln[\pi/\Omega_S]$(개방 전압 270 mV와 이에 따른 V_m)만큼의 감소가 발생한다. 또한, 비방사성(non-radiative) 재결합(~200 mV)에 의한 감소도 있다.

햇빛을 집광하면 엔트로피 손실을 줄일 수 있다. 최대 가능한 집광 비율은 $\pi/\Omega_S = 46{,}000$이며, $E_g = 1.3$ eV일 때 최대 이론 효율은 30%에서 39%(유도 8.1 참조)로 증가한다. 실제로는 생성된 전류의 증가가 집광 비율을 약 1000으로 제한한다. 그렇지 않으면 태양전지의 직렬 저항에 의한 손실이 너무 커지게 된다. 또한, 전지는 반드시 차갑게 유지해야 한다. 실리콘의 경우 온도가 7°C 상승하면 절대 효율에서 ~1% 손실이 발생하는 반면, GaAs와 같은 III-V족 반도체의 경우 ~1% 손실에 대한 해당하는 온도 상승은 20°C이다.

마지막 중요한 손실은 생산된 전자–전공 쌍들의 모두가 접합부를 가로지르는 것은 아니기 때문에 발생한다: 약 10%는 재결합한다.

실리콘 전면에서 반사는 큰 손실(약 40%)을 가져올 가능성이 있는데, 소재의 4분의 1 파장 층을 적용하는 반사방지 코팅(anti-reflection coating)으로 대폭 감소시킬 수 있다. 굴절률(refractive index) n_1과 n_2를 가진 두 가지 매질 사이의 반사율(reflectance) ρ는 다음 식과 같다.

$$\rho = (n_1 - n_2)^2/(n_1 + n_2)^2 \tag{8.6}$$

실리콘은 부분적으로 전도체이기 때문에 복소수의 굴절률을 가지고 있으며, 이는 주파수에 따라 변하는데 평균적으로 약 3.5 정도이다. 이 값을 식 (8.6)에 대입하면 $\rho \approx 40\%$가 된다. 만약 실리콘(n_2)과 공기($n_0 = 1$)의 굴절률 사이의 중간 굴절률(n_1)을 갖는 소재로 만든 4분의 1 파장 두께의 층을 홀수로 추가한다면 ρ를 상당히 줄일 수 있다. 그림 8.7은 그러한 배치에서 거의 수직으로 입사되는 광선을 보여 준다.

4분의 1 파장 두께의 층 하나는 반사된 성분 a와 b가 다른 위상(phase)을 갖게 만들어 상쇄

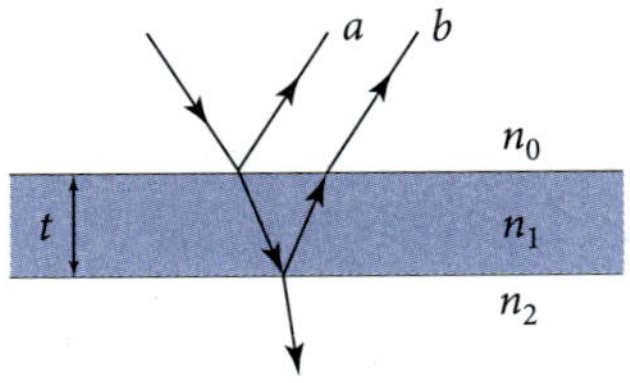

그림 8.7 4분의 1 파장 반사방지 코팅(명료함을 위해 입사각이 과장됨)

되는 효과를 가져온다. 각각의 표면에서 반사율이 같아야 하므로, $(n_1)^2 = n_0n_2$이다. 태양 복사 스펙트럼의 파장 범위에서는 ρ를 약 6%까지 감소하는 효과가 있다. 여러 개의 반사 코팅을 통해 최대 약 1%까지 더 줄일 수 있다.

전면부에 위치한 전극으로 인한 작은 손실도 있다. 실리콘 두께를 최적화하고 전지 후면 위에 반사층을 추가한 결과로, 광자들이 흡수되지 않아서 발생하는 손실(전체 약 3%)은 매우 작다. 지금까지 언급한 모든 요인을 곱한 후의 전체 효율 η_C는 다음과 같다.

$$\eta_C = (0.47)(0.55)(0.9)(0.96) \approx 22\% \tag{8.7}$$

효율은 밴드갭 E_g에 의존하는 것을 알 수 있다: E_g를 감소시키면 광전류는 증가하는데, 이는 더 많은 빛이 전자–정공 쌍들을 발생시킬 수 있기 때문이다. 하지만 $|e|V_{OC} < E_g$이기 때문에 최대 출력 전압은 감소한다. $0.5 < E_g < 1.75$ eV 범위의 밴드갭의 경우, AM1.5 조명하에서 단락 전류 J_{SC}는 대략 $(800 - 340E_g)$ A m^{-2}이 된다. 즉, 단락 전류 I_{SC}는 다음과 같다.

$$I_{SC} \approx A_{cell}\left(800 - 340E_g\right) \text{A} \tag{8.8}$$

여기서 A_{cell}은 전지 면적이다. V_m 및 I_m은 다음 식에 의해 E_g 및 I_{SC}와 관련이 있다.

$$|e|V_m \approx E_g - 0.5\,\text{eV} \;\; \text{그리고} \;\; I_m \approx 0.98 I_{SC} \tag{8.9}$$

전력 P는 $P = I_mV_m$으로 주어지므로, P를 최대화하는 E_g의 최적값이 존재한다. 곱 I_mV_m을 E_g에 대해 미분하고 도함수를 0으로 설정하면(문제 8.14 참조), 최적의 E_{gap}^{opt}는 약 1.4 eV가 된다. 이는 GaAs와 CdTe 반도체의 최적값에 가깝다. 밴드갭 1.1 eV를 갖는 실리콘의 최대 효율은 이 값보다 약간 감소하는 것에 불과하기 때문에 실리콘도 최적의 태양전지 소재에 가깝다.

박막 태양전지와 개발 중에 있는 소자들에 대해 살펴보기 전에 실리콘 결정 태양전지의 구성에 대해서 먼저 알아보자.

8.6 상용 태양전지

지금까지 생산되는 태양전지의 대부분은 실리콘 태양전지이며, 시장의 95%를 차지한다. 그들은 많은 지역에서 그리드 패리티(grid parity)와 동등한 또는 이하 가격으로 전력을 생산할 수 있고, 단일접합 태양전지 시장을 지배할 것으로 보인다. 8.7절에서 볼 수 있듯이, 각 층마다 태양 스펙트럼의 다른 부분을 포획하는 **다층 태양전지**를 만들면 더 큰 효율을 얻을 수 있다. 현재 다층 전지가 저렴하게 전기를 생산하기에는 너무 비용이 많이 들지만, 개발 중인 많은 프로토타입들은 매우 유망해 보인다.

실리콘의 빛 흡수율이 낮기 때문에, 대부분의 입사광을 흡수하기 위해서는 실리콘 웨이퍼의 두께가 약 300 μm가 되어야 한다. 이는 직접이 아닌 간접 밴드갭 특성의 결과이다. 간접 밴드갭의 경우, 전자가 원자가 밴드에서 전도 밴드로 여기하는 과정은 격자(lattice)의 진동 상태 변화를 동반해야 한다. 태양전지에서 더 얇은 실리콘 층(~170 μm)을 사용하려면 빛이 실리콘 층을 여러 번 통과하게 하는 광포획(light trapping) 기술이 필요하다(박스 8.3 참조). 그러나 고흡수성 직접 밴드갭 반도체 재료를 사용하면 1 μm 정도의 두께까지 상당히 재료의 양을 줄일 수 있다.

1970년대 후반에 시장에 등장한 최초의 박막 전지는 **비정질**(amorphous) **실리콘**인 a-Si를 기반으로 하며, 이러한 전지는 휴대용 계산기에 전원을 공급하는 데 사용되었다. 당시에는 실리콘 전지가 매우 비쌌고, 훨씬 적은 재료를 사용하기 때문에 박막 셀을 훨씬 더 저렴하게 제작할 수 있다고 생각했다. 그럼에도 불구하고 실리콘 전지의 가격이 급격히 하락하면서, 대부분의 박막형 전지들은 손실을 입었다. 그러나 일부는 여전히 사용되고 있으며, 개발 중인 일부는 매우 효과적임을 입증할 수도 있다(8.8절 참조). 현재 사용되고 있는 실리콘 전지의 주요 유형은 8.4절에서 설명한 표준 BSF 전지이다. 이 전지들의 제조에 관련된 공정은 박스 8.2에 설명되어 있다.

박스 8.2 실리콘 전지의 제조

좋은 성능을 위해서는 순수한 실리콘이 출발 물질로서 요구되며, 1997년까지 태양전지에 사용되는 실리콘은 전자 산업의 폐기물로부터 얻어졌다. 그러나 전 세계적으로 수요가 증가함에 따라 이러한 공급은 불충분해졌다. 더욱이 태양전지에 요구되는 순도는 전자 부품만큼 엄격하지 않기 때문에 태양전지의 요구에 맞춘 전용 공장이 건설되었다. 사용되는 주요 방법은 전기로에서 탄소로 석영(이산화규소)을 환원하는 것이다. 실리콘은 화학적으로 정제된 후 용융되고, 매우 적은 양의 보론이 첨가되어 소위 p형 실리콘을 만든다.

전지를 위한 웨이퍼를 생산하기 위해, 용융된 실리콘 도가니에서 작은 실리콘 결정을 잡아당김으로써 직경 200 mm, 길이 2~3 m 정도의 단결정 p형 실리콘 막대를 생산한다. 이 방법은 1916년에 폴란드 화학자 Jan Czochralski에 의해 우연히 발견되었는데, 그는 실수로 펜을 잉크 항아리가 아닌 녹은 주석 도가니에 담갔다가 주석의 단결정 실을 뽑았다. 대신에 용융된 실리콘을 결정화하여 실리콘 다결정 잉곳(ingot)을 만들 수도 있다. 이는 더 저렴한 공정이지만 결함이 더 많기 때문에 효율이 약간 낮은 전지를 생산한다.

p형 실리콘 막대(또는 잉곳)는 다이아몬드가 함침된 와이어를 사용하여 약 170 μm(종이 2장) 두께의 얇은 웨이퍼로 절단된다. 웨이퍼의 전면은 반사를 줄이기 위해 텍스처 처리(texturing) 된다. 인(phosphorous)은 웨이퍼 안으로 아주 짧은 거리에서 확산되어, n형 실리콘으로 알려진 매우 얇은 표면 영역을 생성한다. 그 후, 상단의 얇은 n형 층을 제외한 모든 층을 식각하고, 상부 표면을 텍스처 처리하여 빛의 흡수를 향상시키며, 반사 방지 코팅을 적용한다. 마지막으로 전극이 추가된다. 전면에는 스크린 인쇄로 은 페이스트가 작은 면적만 차지하도록 음영을 최소화하여 미세한 선 전극을 만들고, 후면에는 알루미늄 박막을 입혀서 전극을 만든다. 알루미늄은 p^+층을 형성하여 백 필드(back field)를 형성함으로써 재결합을 줄인다. 전하 수집을 최적화하도록 표면 처리가 적용된다(패시베이션이라고 함). 전지 제조에 있어서 어려운 점은 연구실에서 가장 높은 효율을 얻기 위한 기술을 양산에 적합한 저비용 방법으로 변형시키는 것에 있다.

첫 번째 태양전지는 n형(실리콘 웨이퍼는 주로 n형이고 얇은 p형 층을 갖고 있음)이었지만, p형 전지가 복사에 의한 손상이 적은 것으로 나타났고, 당시 우주 응용이 우선시되면서 p형 전지 기술이 개발되어 상용화되었다. 그러나 p형 실리콘은 보론-산소 결함에 의한 광유도(light-induced) 열화를 겪으며, n형 셀이 더 효율적일 수 있다. 이러한 전지들은 점점 더 많은 시장 점유율을 차지하고 있으며, 그중 하나의 설계에 대한 개략도를 그림 8.8에 나타냈다.

이 전지에서는 지배적인 n형 영역에서 원자가에서 전도 밴드로 입사광에 의해 올라간 전자가 외부 소자를 통해 전류를 구동할 수 있는 포텐셜 차이를 발생시킨다. p형 전지에서와 마찬가지로 n영역에서 p영역으로 접합부를 통과하는 전자 흐름은 내부 전기장에 의해 반대로 힘을 받는다. 두 전극은 모두 후면에 있어 전면 전극에 의한 음영 손실을 제거하고, 전극이 서로 밀착되어 직렬 저항을 낮출 수 있어 작동 시 손실을 줄일 수 있다. IBC(interdigitated back contact)는 얇은 비정질 실리콘(a-Si) 층을 n^+와 p^+로 교대로 도핑하여 각각 백필드(back field) 영역과 접합 영역을 형성함으로써 만든다. n-p 접합부의 n영역과 p영역이 a-Si와 c-Si로 서로 다

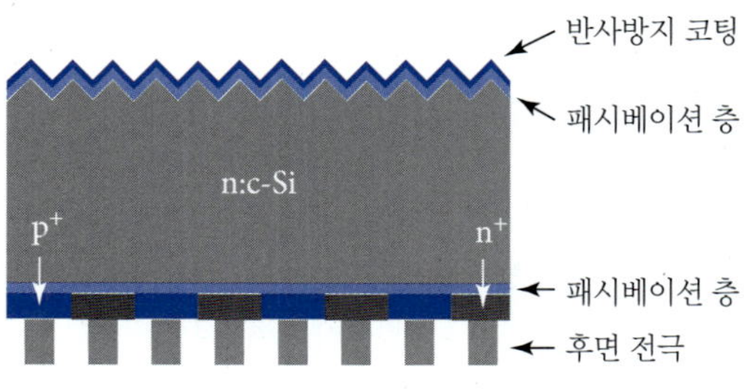

그림 8.8 IBC-SHJ 후면 전극 n형 실리콘 태양전지

른 반도체 소재로 만들기 때문에, 접합부는 실리콘 이종접합(silicon heterojunction, SHJ)으로, 아키텍처는 IBC-SHJ라고 불린다. 전면은 광포획(박스 8.3 참조)을 제공하도록 텍스처 처리되어 있으며, 반사방지 코팅이 되어 있다.

180 cm^2 면적의 시제품 IBC-SHJ 전지는 26.6%의 효율을 달성하여 가까운 미래에 25%의 상용 모듈 효율이 가능할 것임을 시사한다.

2017년에 제조된 실리콘 셀의 약 3분의 1이 다결정(m-c-Si) 실리콘이 아닌 결정질 실리콘(c-Si)으로 만들어졌으며, c-Si의 효율이 더 높기 때문에 점유율이 증가하고 있다. 먼저 몇 개의 중요한 박막 전지에 대해 살펴보고 다음으로 다층 전지에 대해 설명한다. 이 절의 끝부분에서는 개발 중인 일부 기술을 살펴볼 것이다.

8.6.1 박막 태양전지

태양광 흡수가 잘 되고 효율이 좋은 전지로 만들어져 온 반도체 재료가 많이 있다. 특히, GaAs, CdTe, $CuInGaSe_2$(CIGS)가 있고, 그 정도는 아니더라도 비정질 수소화 실리콘(a-Si:H)이 있다. 이 모든 필름의 두께가 약 1 μm이면 충분해서 실리콘보다 훨씬 적은 재료($\lesssim$1%)가 필요하다. 재료는 비용의 일부일 뿐이며, 박막 기술의 과제는 필름의 품질을 유지하면서 빠르게 증착하는 기술을 개발하는 것이다. 대면적(~1 m^2) 전지는 일반적으로 결함이 더 많기 때문에 소면적(~1 cm^2) 전지보다 낮은 효율을 갖는다.

GaAs 전지

GaAs는 최적에 가까운 1.4 eV의 밴드갭을 가지며, GaAs 단일접합 전지는 29.1%의 가장 높은 효율을 보여 준다. 밴드갭이 충분히 커서 열적 여기(thermal excitation)를 작게 유지하여 고온에도 견딜 수 있다. 따라서 집광 장치를 GaAs 전지와 함께 사용할 수 있다(8.8.5절 참조). 집광 장치는 전지의 활성 영역에 태양 복사를 집중시키고, 최대 1000배까지 복사 유속(flux)을 증가시킬 수 있다. 전지의 구조는 그림 8.5에 나타낸 BSF 전지와 유사하지만, GaAs는 직접 밴드갭을 가지고 있기 때문에 흡수 영역의 두께는 3 μm에 불과하다. 그러나 전지를 제조하는 것은 상대적으로 비용이 많이 들고, 작은 면적의 GaAs 전지만 가능하다. 집광 장치에 적용하거나 우주 응용 분야와 같이 더 높은 성능이 필요한 경우에는 다중접합(multijunction) 전지(8.7절 참조)를 사용한다.

예제 8.2

4 cm^2 GaAs 태양전지는 포화 전류 I_S가 4×10^{-15} mA이다. AM1.5 태양 복사의 정상 조명에서 단락 전류 I_{SC}는 127 mA이다. 정상 조명 및 1000배 조명에서의 변환 효율은 얼마인가?

정상 조명 시 개방 전압 V_{OC}는 식 (8.3)에 의해 다음과 같다.

$$V_{OC} = V_T \ln(I_{SC}/I_S) \approx 0.026 \ln[127/(4\times10^{-15})] = 0.988\,\text{V}$$

$I_{SC} = I_L$에 주목하면서, 식 (8.2)와 (8.4)를 사용하여 서로 다른 V에 대한 I와 P를 구함으로써 최대 출력 파워 P_m을 찾을 수 있다. 그러나 V_m 및 I_m에 대한 좋은 근사식(문제 8.6 참조)은 다음과 같다.

$$V_m = V_{OC}(1 + x_{OC} \ln x_{OC}) \text{ and } I_m = I_{SC}(1 - x_{OC}) \tag{8.10}$$

여기서 실온에서 $x_{OC} = kT/(|e|V_{OC}) = V_T/V_{OC}$, $V_T \equiv kT/|e| \approx 0.026$ V이다. 그래서 충전율 FF는 다음과 같이 주어진다.

$$FF = (1 - x_{OC})(1 + x_{OC} \ln x_{OC}) \tag{8.11}$$

정상 조명의 경우 $x_{OC} = 0.0263$이다. 식 (8.10)에 대입하면 다음과 같다.

$$V_m = 0.89\,\text{V} \text{ 및 } I_m = 124\,\text{mA}$$

$$\text{따라서 } P_m = 0.89(124) = 110\,\text{mW}$$

1000배 조명에서는 단락 전류가 1000배 크므로 개방 전압은 증가한다. 즉,

$$V_{OC} = 0.026 \ln[127\,000/(4\times10^{-15})] = 1.168\,\text{V}$$

$x_{OC} = 0.0223$이고, 최대 출력 파워는 $V_m = 1.07$ V 및 $I_m = 124$ A일 때이며, 이는 다음과 같다.

$$P_m = 1.07(124) = 133\,\text{W}$$

AM1.5 조명에서 태양 광도는 100 mW cm^{-2}이다. 셀의 면적이 4 cm^2이므로 400 mW의 태양 파워가 전지에 떨어진다. 변환 효율은 입사 태양 파워에 대한 출력 파워 P_m, 즉 110/400 = 27.5%이다.

1000배 조명에서 입사 태양 파워는 400 W이고 출력 파워 P_m은 133 W로 변환 효율이 33.3%이다. 조도를 높이면 변환 효율이 1.21배 향상된다. 충전율은 0.881에서 0.895로 변경되면서 거의 일정하게 유지된다.

CdTe와 CIGS 태양전지

CdTe와 CIGS는 모두 대면적(~1 m^2) 태양전지로 만들어져 왔으며, 2019년 전 세계 생산량에서 각각 약 4% 및 1%를 차지했다. 그들의 밴드갭은 각각 약 1.5 eV와, CIGS는 구성에 따라 약 1.1~1.7 eV이다. p영역과 n영역이 서로 다른 반도체이기 때문에 둘 다 이종접합(heterojunction) 전지의 예이다. CdTe 전지에서 n도핑된 얇은(~0.1 μm) CdS 층은 ~5 μm 두께의 p도핑된 CdTe 층 위에 있다. 반면에 CIGS전지에서는 얇은 n도핑된 CDS 층이 ~1 μm 두께의 p도핑된 구리–인듐–갈륨–셀레나이드 층 위에 있다. 두 전지 모두 얇은 CdS 층에 양호한 전기적

접촉을 제공하는 투명 전도성 산화물 필름이 있는 얇은 유리 기판 위에 제작된다. 후면의 금속 필름은 p도핑 영역과 접촉하고 있다. 반사방지 코팅은 반사를 줄이고 있다. 둘 다 20% 이상의 효율성을 가능하게 한다.

그러나 구성 물질(Te, Ga, In)의 희소성을 고려할 때 이들 전지의 대규모 생산은 가능성이 낮다. 유리 기판은 깨지기 쉬우므로, 고분자 필름에 부착한 전지를 사용하는 특수한 응용 사례가 있을 수 있다. 이러한 방식은 유연하고, 가볍고, 쉽게 설치할 수 있고, 건물이나 휴대용 전원 공급 장치에 사용할 수 있다.

비정질 실리콘 태양전지

최초의 비정질 실리콘(a-Si) 태양전지는 1976년에 만들어졌다. a-Si는 소량의 붕소 도핑과 함께 실레인 SiH_4를 전기적으로 분해하여 만든다. 수소는 a-Si에서 끊어진 결합(dangling bond)과 결합하는 추가적인 전자를 제공하여 진성 반도체 a-Si:H를 만든다. 이 재료는 5~20(원자)% 수소를 갖는 실리콘–수소 합금이고, 결과적으로 만들어지는 밴드갭은 ~1.7 eV이다. 원자의 무질서한 배열은 수소와 함께 높은 광 흡수율을 나타내고, 단지 ~1 μm 두께를 갖는 소자를 가능하게 한다.

전지는 유리 기판 위에 수소화(hydrogenated)된 비정질 SiC 층의 p도핑 영역에 전기 접촉을 제공하는 투명한 인듐–주석 산화물 층과 함께 만들어진다. SiC는 a-Si보다 더 큰 밴드갭을 가지므로 더 많은 비율의 태양 복사가 진성 수소화 a-Si 층(a-Si:H)으로 전달될 수 있다. a-Si:H 아래에는 전극층과 함께 n도핑 영역이 있다.

결정질 실리콘 전지에서는 접합부까지 확산 가능한 범위에서 흡수된 빛에 의해 생성된 전자와 정공이 광전류(photocurrent) 생성에 기여한다. 그러나 a-Si의 p영역 및 n영역에서 확산 거리는 매우 짧으며, 대부분의 광전류는 a-Si:H 영역에서 생산된 전자–정공 쌍에 의해 생성한다. 도핑된 영역 사이의 전기장은 정공을 p영역으로, 전자를 n영역으로 흐르게 한다. 이러한 층들은 단일 p-i-n 접합을 형성하며, 여기서 i는 진성 a-Si:H 층을 나타낸다.

비정질 실리콘 태양전지 기술이 잘 확립되어 있고 유연한 기판에 견고한 전지를 만들 수 있지만, 이 기술의 한계는 ~10%의 상대적으로 낮은 효율이다. 문제의 일부는 조명 아래에서 약간의 열화가 있다는 것이지만, 더 중요한 것은 비정질 특성에 기인하는 큰 전압 손실이다. 시장 점유율이 하락하고 있어 고효율 박막 전지에 의해 추월될 가능성이 높다.

실리콘 태양전지의 두께는 약 300 μm에서 약 170 μm로 감소했다. 이것은 **광포획** 기법을 사용하여 가능했다. 박스 8.3에 설명된 대로 이 방법은 빛의 경로가 ~$4n^2$으로 증가할 수 있으며, 여기서 n은 재료의 굴절률이다. 실리콘의 경우 n은 ~3.5이므로 증가량은 ~50이다. 이제 두께의 한계는 제작 과정에 있다.

전지의 효율을 개선하면 보다 가격경쟁력이 있는 전지를 얻을 수 있으며, 여러 개의 p-n 접합으로 구성된 다층 소자를 서로 겹쳐서 만드는 방식으로 가능하다.

박스 8.3 박막에서의 광포획

실리콘은 흡수율이 낮기 때문에 얇은 층을 사용하려면 광포획(light trapping)이 필요하다. 이러한 얇은 층에서는 재결합도 줄어들어 개방 전압이 증가하므로 효율이 높아진다. 광흡수를 향상시키는 한 가지 방법은 그림 8.9에 도시된 바와 같이 실리콘의 상부 표면을 텍스처링하고 뒷면에서 반사시키는 것이다.

상부 표면의 텍스처링은 빛이 두 번 반사하게 만들 수 있다. 이것은 반사되는 전체 양을 감소시키지만, 더 중요한 것은 실리콘 내부에서 빛의 경로를 증가하는 것이다. 실리콘은 n ~3.5의 높은 굴절률을 가지고 있기 때문에, 실리콘이 굴절률 1을 갖는 매질 안에 있다면, 반각 $\theta_c = \sin^{-1}(1/n)$의 원뿔 안에 입사된 빛만이 빠져나갈 것이다. 반각보다 큰 입사각을 가진 빛은 그림 8.9a와 같이 완전히 내부에서만 반사된다.

실리콘의 상면을 통과하는 빛은 굴절을 겪는데, 불규칙한 표면은 확산자(diffuser)의 역할을 한다. 이상적인 확산 표면의 경우, 단위 입체각(solid angle)당 강도 $B(\theta)$는 다음과 같이 입사 강도 I_0와 관련이 있다.

$$B(\theta) = (I_0/\pi)\cos\theta \text{ (람베르트 법칙, Lambert's law)} \tag{8.12}$$

각각의 반사 이후에 빛이 빠져나가는 분율 f는 다음과 같이 주어진다.

$$f = \int_0^{\theta_c} (1/\pi)\cos\theta\, 2\pi \sin\theta\, d\theta = \sin^2(\theta_c) = 1/n^2 \tag{8.13}$$

위 식은 임계 각도 θ_c보다 작은 범위에서 떨어지는 빛의 분율이다. 그림 8.9b는 각각의 반사 이후 손실량과 남은 강도를 보여 준다. (실제 빛은 모든 방향으로 산란된다.) 빛이 뒷면으로부터 매번 반사될 때마다 이동하는 평균 거리 D는 다음과 같다.

$$D = \int_0^{\pi/2} (1/\pi)\cos\theta (2W/\cos\theta) 2\pi \sin\theta\, d\theta = 4W \tag{8.14}$$

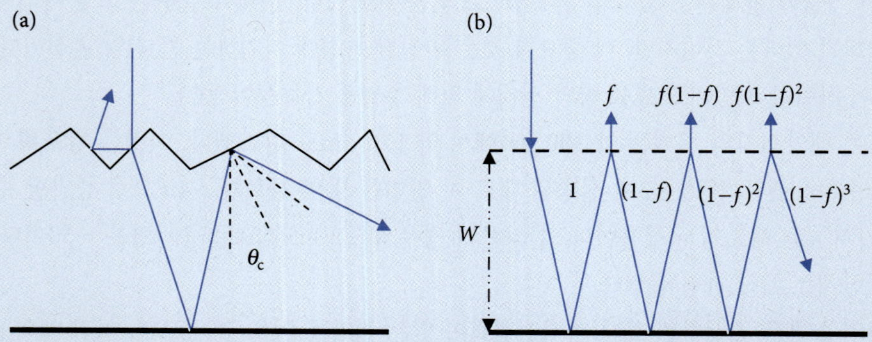

그림 8.9 (a) 텍스처 처리된 전면과 후면 반사판; (b) 다중 반사의 개략도

여기서 W는 실리콘 층의 깊이이고, $(2W/\cos\theta)$는 각도 θ로 반사되는 빛이 이동하는 거리이다.

이동한 평균 경로 P는 각각 $4W$를 곱한 1, 2, 3, …번 반사되는 빛의 분율을 합산하여 구한다. 그림 8.9*b*로부터 이것은 다음과 같다.

$$P = 4W + (1-f)4W + (1-f)^2 4W + \cdots = 4W/f = 4n^2W \tag{8.15}$$

여기서 등식 $(1-x)^{-1} \equiv 1 + x + x^2 + \cdots \ (x < 1)$는 기하급수의 합을 구하는 데 사용되었다. 실리콘의 경우 n이 ~3.5이므로, 이 경로 길이는 전면에 텍스처가 없고 후면 반사판이 없는 경로 길이보다 ~50배 더 길다. 전면에 텍스처링을 할 수 있는 한 가지 방법은 산성 식각법을 사용하는 것이다.

8.7 다층 박막 태양전지

다층 소자는 태양 스펙트럼의 상이한 영역들을 활용할 수 있다. 넓은 밴드갭 물질을 상부 층으로, 좁은 밴드갭을 하부 층으로 사용하는 2층 전지를 고려해 보자. 고에너지 광자는 상부 층에서 흡수되고, 저에너지 광자는 상부 층을 투과하고 하부 층에서 흡수된다. 그러한 소자의 예로, 개발 중인 실리콘 하부 층과 **페로브스카이트**(perovskite) 상부 층 구조가 있다(8.8.1절 참조). 페로브스카이트는 미네랄 칼슘 티타늄 산화물과 같은 구조를 가진 결정체로, 원래 우랄산맥에서 발견되었으며 러시아 광물학자 레프 페로브스키(Lev Perovski)의 이름을 따서 명명되었다. 이러한 2층 태양전지의 구조를 그림 8.10에 나타냈다. 이것을 **탠덤**(tandem) 전지라고도 한다.

그림 8.10 2층 또는 탠덤 페로브스카이트–실리콘 태양전지

층은 직렬로 연결되어 있으므로 두 층을 통과하는 전류는 동일하고, 가장 작은 전류를 생성하는 층에 의해 한계가 설정된다. E_g ~1.1 eV인 실리콘 위에 E_g ~1.7 eV인 페로브스카이트를 사용하여 이들의 단락 전류는 거의 동일하다.

밴드갭이 1.8, 1.4, 1.0, 0.7 eV인 4층 소자는 50% 이상의 이론적인 효율을 갖는데, 46%를 달성했다. 이것을 다중접합 전지라고도 한다.

예제 8.3

2층 페로브스카이트–실리콘 태양전지는 1.7 eV와 1.1 eV의 밴드갭을 갖는다. 표준 조명(1000 W m^{-2})에서 1.1~1.7 eV 사이의 에너지를 가진 광자의 광전류 밀도는 19 mA cm^{-2}이고, 1.7 eV보다 큰 에너지를 가진 광자의 광전류 밀도는 21.3 mA cm^{-2}이다. 이 2층 태양전지의 출력 파워 및 효율을 단순한 실리콘 태양전지의 출력 파워 및 효율(E_g = 1.1 eV)과 비교하라. 각 층과 실리콘 전지의 개방 전압이 V_g − 0.4 V로 주어졌다고 가정하자. 충전율은 0.8이다.

2개의 층이 직렬로 연결되어 있으므로 전지 전체의 전압은 각 층의 전압의 합이 된다. 층들을 통과하는 단락 전류 밀도는 아래 층이 낮으므로 19 mA cm^{-2}이다. 개방 전압은 각 층의 V_{OC}의 합이어서 다음과 같다.

$$V_{OC} = (1.1 - 0.4) + (1.7 - 0.4) = 2.0\,\text{V}$$

최대 파워 P_m은 식 (8.5)로 주어진다.

$$P_m = FF \times I_{SC} V_{OC} = 0.8(19)2.0 = 30.4\,\text{mW cm}^{-2}$$

1000 W m^{-2} ≡ 100 mW cm^{-2}이므로 효율은 30.4%이다. 단순한 실리콘 태양전지는 다음과 같은 단락 전류를 가지고 있다.

$$I_{SC} = 19 + 21.3 = 40.3\,\text{mA cm}^{-2}$$

개방 전압은 (1.1 − 0.4) = 0.7 V이다. 따라서 출력 파워는 다음과 같다.

$$P_m = 0.8(0.7)40.3 = 22.6\,\text{mW cm}^{-2}$$

효율은 22.6%이다. 우리는 파워 출력, 즉 효율이 2층 전지에서 상당히 높다는 것을 알 수 있다.

8.8 개발 중인 기술

연구자들이 주목하고 있는, 태양광을 모으고 변환하는 흥미로운 방법은 적절한 염료와 파장 이동(wavelength shift) 물질을 투명한 재료(유리 또는 플라스틱) 한 장에 얹는 것이다. 파장 이동 물질은 햇빛을 흡수하고, 더 긴 파장에서 다시 방사한다. 방사된 빛의 상당부분은 내부 전반사(total internal reflection)에 의해 유리의 가장자리까지 전달되고, 거기에 있는 광전지에 흡수된다. 파장 이동 때문에 재흡수에 의한 빛의 손실은 없다. 문제는 **발광형 집광 장치**(luminescent solar concentrator)로 불리는 이 장치의 효율을 향상시키는 것이다.

여러 종류의 전지에 적용할 수 있도록 개발 중인 기술은 전지의 양면을 사용하는 것이다. 이러한 **양면 전지**(bifacial cell)는 앞면과 뒷면 양쪽 모두에 투명 전극이 필요하다. 밝은 색의 돌이나 흰색으로 칠해진 콘크리트와 같이 반사를 잘하는 표면으로부터 약 1 m 위에 이 전지들을 설치하면, 생산량이 최대 30%까지 증가하고 잠재적으로 더 저렴한 전기를 생산할 수 있다. 이미 적용되고 있는 변형된 방법은 패널을 반으로 자르는 것이다. 이렇게 반 잘린 패널은, 전류와 직렬 저항은 둘 다 절반으로 줄어들어 저항 손실(I^2R)도 절반으로 줄고 패널 온도도 더 차가워져, 성능이 약간 향상되었다. 그들은 또한 그늘에 의한 영향을 덜 받는다.

최근 몇 년간 가장 눈에 띄는 발전 중 하나는 페로브스카이트 태양전지이다. 효율이 2009년 3.8%에서 2020년 25%로 증가했다.

8.8.1 페로브스카이트 태양전지

페로브스카이트 전지는 염료 감응형 태양전지(dye sensitized solar cell, DSSC)에 대한 연구에서 생겨났다. 전자-정공 쌍을 생성하는 다공성 TiO_2 층에 코팅된 염료에 빛이 흡수된다. 전자들은 TiO_2에 의해 하나의 전극으로 전도되고, 정공은 반대쪽 전극에서 나와 전해질에 있는 음이온의 전자들로 채워진다. 2009년에 염료가 페로브스카이트로 교체된 전지의 효율은 3.8%였다. 그러나 2013년까지 옥스퍼드대학교 Henry Snaith 팀은 페로브스카이트를 광 흡수체와 전하 수송체로만 사용해도 15% 이상의 효율이 가능한 것을 보였다. 페로브스카이트 반도체는 빛을 흡수하여 생성된 전자와 정공을, a-Si 전지에서와 같이 p-i-n 유형의 태양전지처럼 작동할 수 있을 만큼 충분히 먼 거리에 걸쳐 전도하는 것으로 밝혀졌다(8.6절 참조). 페로브스카이트 전지 구조의 개략도를 그림 8.11에 나타냈다.

n형 물질은 p형 물질과 마찬가지로 페로브스카이트와의 경계에 공핍 영역을 만들고, 페로브스카이트 내부에 전기장이 존재한다. 그림 8.5에 도시된 p-n 접합 태양전지와 같이 n형은 전자를 수집하고, p형은 정공을 수집한다. 빛이 전지에 입사되면 페로브스카이트 흡수체 내에 전자와 정공이 생성되고, 이들은 p-i-n 유형의 태양전지처럼 n형 및 p형 층으로 확산된 후에 쓸려 간다. 상대적으로 재결합(방사성 제외)이 거의 없는 우수한 전하 수집 특성이 있으므로, 고효율 달성에 필요한, 밴드갭 대비 개방 전압의 비율이 높다.

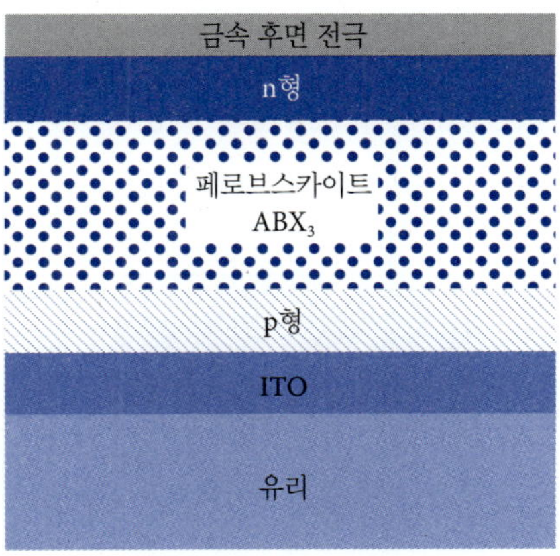

그림 8.11 페로브스카이트 태양전지의 개략도(ITO는 투명한 전도성 물질인 인듐 주석 산화물)

우수한 성능의 전지들은 유기금속 트리할라이드(trihalide) 페로브스카이트 ABX_3에서 A ≡ (CH_3NH_3), B ≡ Pb 및 X ≡ I를 갖는 메틸암모늄 납 트리할라이드 페로브스카이트로 만들어졌다. 이것의 직접 밴드갭은 ~1.6 eV이며, 330 nm 두께만으로도 충분하다. 용액 기반의 공정으로 만들 수 있어서, 매우 적은 에너지를 필요로 하고 생산 비용을 절감할 수 있다. 페로브스카이트 조성을 변경함으로써 1.2~2.3 eV 범위에서 밴드갭은 변경이 가능하다. 그러나 페로브스카이트 물질은 공기와 물에 민감하며, 연구자들은 안정성을 향상시키기 위해 전지의 조성을 미세조정 해 왔다. 캡슐화도 도움이 되었고, 이제 전지는 높은 온도와 높은 습도에서 수천 시간 동안 작동할 수 있다. 사용되는 양은 매우 적지만 납을 사용하기 때문에 안전에 대한 염려가 있고, 캡슐화 상태가 양호하면 납이 유출되지 않을 수도 있다.

페로브스카이트는 고체 재료뿐만 아니라 유연한 재료에 인쇄할 수도 있다. 또한 페로브스카이트 조성 변경으로 색상이 변하기 때문에 건물 일체형 태양광(building integrated photovoltaic, BIPV) 시스템에 사용될 때 매력적일 수 있다. 실리콘 전지 위에 페로브스카이트 전지가 있는 탠덤 전지로 만드는 개발이 추진되고 있다. 더 넓은 밴드갭 페로브스카이트를 추가하면 전체 효율을 최대 30~35%까지 증가시킬 수 있을 것으로 추정되고 있다. 2020년 1월에 1 cm^2의 작은 전지로 29.15%의 효율을 달성했다. 크기 확대가 가능하고 제조 비용도 저렴해야 하고, 모듈과 부대 설비(8.11절)의 비용도 크게 증가하지 않아야 한다. 또한 안정적이고 오염되지 않는 것으로 입증된다면 이는 태양전지 기술의 매우 중요한 진보가 될 수 있다.

8.8.2 유기 태양전지

값싼 태양전지를 찾는 과정에서, 유연한 플라스틱 기판에 저렴한 비용으로 생산할 수 있는 유기 박막 태양전지에 대한 상당한 연구 개발이 이루어졌다. 인쇄 기술을 사용할 수 있다면, 유기 태양전지(organic photovoltaic cell, OPV)를 광대한 면적으로 빠르고 저렴하게 생산할 수 있게 된다(신문을 인쇄하는 것처럼). 이들 전지는 건물 일체형 태양광 시스템에 매력적이도록 색상이 있거나 반투명하게 만들 수 있다. 현재 그들의 경쟁력은 상대적으로 낮은 효율의 영향을 받아 왔지만, 최근에는 18% OPV가 보고되었다.

OPV는 p형 도너와 n형 억셉터의 유기 반도체로 구성된다. 이들 물질은 일반적으로 투명한

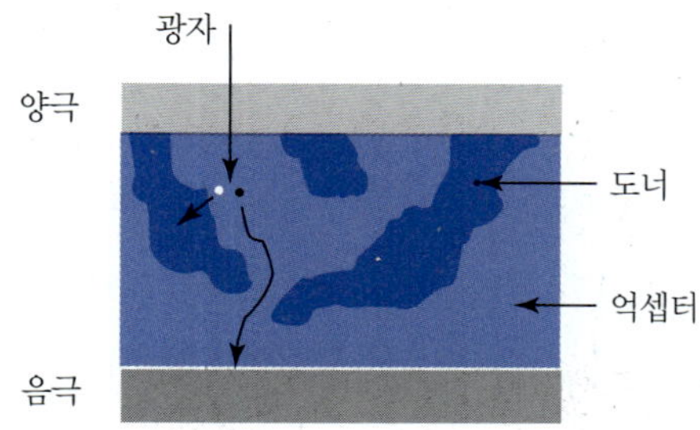

그림 8.12 벌크 이종접합 유기 태양전지

양극과 금속 음극 사이에 끼워져 있다. 광활성 층은 두 성분을 포함하는 용액으로 만들 수 있다. 두 성분은 인터레이스 네트워크(interlacing network) 영역을 형성하고, 여기에서 도너 물질과 억셉터 물질은 각각 정공(양극) 및 전자(음극) 수송 전극에 연결된다(그림 8.12 참조). 태양 광자가 흡수되면 쿨롱으로 결합된 전자-정공 쌍인 여기자(exciton)를 생성한다. 이들은 일반적으로 ~10 nm 확산하고, 도너 물질과 억셉터 물질의 경계에 있는 전기장에 의해 분리된다. 거기서 전자와 정공 들은 억셉터 및 도너 영역을 통과하여 전극에 도달한다. 빛을 흡수하기 위해 ~100 nm의 두께가 필요하기 때문에 광활성 층은 인터레이스 영역으로 구성되어 있다.

이러한 벌크 이종접합(heterojunction) 전지는 처음에 풀러렌 유도체(fullerene derivative)를 억셉터로, 공액 중합체(conjugated polymer)를 도너로 사용했다. 그러나 이러한 억셉터는 빛의 흡수가 약하고 조정하기 어려워서 달성한 최고 효율은 8%에 불과했다. 그러나 최근에는 공중합체(copolymer) 도너와 함께 융합 고리 화합물(fused ring compound)을 억셉터로 사용하여 18% 효율이 보고되었다. 이러한 효율로 인해 OPV는 유연 경량 전지가 필요한 응용 분야뿐만 아니라 탠덤 태양전지에서 위쪽 전지로 적용될 가능성을 보이고 있다. 평방미터당 실리콘 패널의 경우 약 11 kg인데, OPV 모듈의 무게는 약 0.5 kg이다. 규모의 경제를 통해 OPV는 휴대용으로 확산되는 것뿐만 아니라 개발도상국에 보급되거나 다른 지역에서 더 가볍고 임시적인 구조물용으로 응용될 수도 있다.

8.8.3 열광전지(TPV)

열광전지(thermophotovoltaic cell, TPV)는 열을 전기로 직접 변환할 수 있으며, 1950년대 후반과 1960년대 초반에 고안되었다. 열원은 화석연료, 바이오연료, 또는 수소, 원자력, 태양열발전 같은 재생 연료의 연소일 수 있고, 또는 폐열이 될 수도 있다. 열원은 표면의 온도를 일반적으로 ~1000°C보다 높은 온도로 올린다. 가열된 표면은 주로 적외선 복사를 방출하며, 이는 광전지에서 전기로 변환된다. 방사체 온도는 태양보다 훨씬 낮지만, 방사체와 PV 전지가 가깝다는 것은 태양전지보다 전기 출력 밀도가 훨씬 높다는 것을 의미한다. 태양 복사 스펙트럼에서 2.6 eV 광자의 에너지가 가장 높지만, 1200°C 방사체의 경우 최댓점은 0.5 eV에 해당한다. 따라서 좁은 밴드갭 물질이 필요하고, 갈륨 안티몬화물 GaSb(E_g = 0.73 eV) 또는 인듐 갈륨 비소 InGaAs(E_g = 0.75 eV) 전지가 일반적으로 사용된다. 열광발전 시스템은 조용하고 유지보수가 거의 필요 없으므로 멀리 떨어진 위치에 적합하다. 또한 열과 전기를 모두 공급할 수 있다.

이 기술은 밴드갭 바로 위의 광자 에너지에 해당하는 밴드에 복사를 집중하는 선택적 방사체를 사용하면, 고효율의 잠재력을 가지고 있다. 그러나 이것은 전력 밀도를 상당히 감소시킬 것이며, 일반적으로 목표는, 때로는 필터의 도움을 받아서, 모든 광자를 밴드갭 위로 선택하는 것이다. 고온에 견디는 효과적인 재료를 찾기 어렵다는 것이 밝혀졌고, 비교적 복잡한 제작과 여러 단계의 에너지 변환 과정에서 발생하는 손실로 인해 아직은 가격경쟁력이 없는 것으로 입증되었다.

한 가지 가능한 개선 방안은 굴절률이 n인 재료로 만들어진 밴드 통과 필터를 사용하는 것이다. 그러면 강도가 n^2만큼 향상될 수 있다. 광전지가 접촉할 필요는 없지만, 이러한 개선 효과를 얻으려면 필터와 마이크로미터 미만의 거리에 있어야 한다. 이 방법은 효율과 전력 밀도를 모두 높일 수 있지만, 이러한 허용 오차를 달성하기란 매우 어려운 도전이다.

최근 보고된 효과적인 전략은 밴드갭 선택도를 이용하여 밴드갭 이하의 광자를 억제하는 것이다. 반사율이 높은 금색 거울을 전지 후면에 증착한다. 그러면 밴드갭 이하의 광자들은 반사되어 다시 뜨거운 방사체로 보내져 흡수되고, 방사체의 열 특성에 맞는 에너지 범위에서 재방사된다. 거울은 또한 전지의 빛 수집을 증가시켜 효율을 높인다. 이러한 광자의 재활용을 통해 1207°C 방사체 온도에서 29.1% 효율(전지에 입사되는 빛 대비 전력 생산의 비)을 달성했다. 50%보다 큰 효율이 가능할 것으로 예상되고 있다. 이러한 효율적인 TPV 장치는 원격 전력 생산, 열병합 발전, 폐열의 전기 변환에 유용할 수 있다.

8.8.4 열복사 전지

원칙적으로 야간 발전에 사용하도록 열을 전기로 변환하는 대안적인 방법은 태양전지에 의해 방사되는 열복사가 전지에 의해 흡수되는 어떤 열복사보다 크도록 배열하는 것이다. 이것은 태양전지에서 일어나는 것과 반대로, 열복사(thermo-radiative) 전지에서 생성된 전류는 반대의 의미이다. 실외 온도 ~300 K에서 밤하늘에 노출된 전지에서, 다른 모든 파장은 반사하고 8~13 μm 사이에 있는 대기 창(atmospheric window)에 맞춰진 선택적 방사체가 전지 표면에 부착되어야 한다.

전지는 300 K 열복사의 충분한 부분에서 효과적이도록 0.1 eV 미만의 밴드갭을 가져야 한다. 선택적 방사체는 ~300 K 온도의 전지와 ~3 K 온도의 우주 공간을 결합한다. 장치 전체는 전도와 대류를 제한하기 위해 캡슐화가 필요할 수도 있다. 일반적인 하늘 조건에서 10 W m^{-2} 이상이 생성될 잠재력이 있지만, 기술적인 도전들이 매우 중요하다. 원칙적으로 위에 언급된 선택적 방사 특성을 가진 표면 코팅(때로는 과냉각(super-cool) 재료라고도 함)은 건물에 **복사 냉각**(radiative cooling)을 제공하기 위해 사용될 수 있으며, 이를 개발하는 많은 신생 기업들이 있다.

8.8.5 집광형 태양전지

집광형 PV(concentrated PV, CPV)의 기본 원리는 태양광을 태양전지에 집중함으로써 기존 전지에 비해 단위 출력당 필요한 전지 면적을 충분히 줄이는 것이다. 태양전지의 총 비용(고집광용 특수 전지나 저집광용 실리콘 전지 중 하나와 CPV 시스템용 광학 및 추적 장치들)이 PV 패널보다 작아질 수 있다. 입사되는 빛이 많아지면서 전환 효율도 약간 향상된다(예제 8.4 참조).

2009년 즈음에 기존 실리콘 PV 패널의 비용 대비 CPV 시스템의 경제성이 매우 경쟁력이 있어 보였다. 그러나 최근 실리콘 PV 가격의 급격한 하락이 CPV에 상당한 압박을 가했고 업계는 크게 위축되어 2017년까지 370 MWp 정도만 설치되었다. GaAs 다중접합 전지를 사용할 수 있으므로 CPV가 기존 실리콘 패널보다 높은 온도에서 40%에 근접하는 효율로 작동할 수 있다. 또한 태양 추적으로 인해, 일반적으로 수요가 높은 늦은 오후에 더 높은 출력을 제공할 수 있다. 그러나 태양 복사의 확산 성분을 이용할 수 없다. DNI가 ~2000 kWh m^{-2} y^{-1} 이상인 지역에서 비용이 가장 효율적임에도 불구하고, LCOE는 €0.10 kWh^{-1}~€0.15 kWh^{-1}로 PV보다 높다. DNI가 2500 kWh m^{-2} y^{-1}인 위치에서는 €0.08 kWh^{-1}~€0.12 kWh^{-1}이다. 참고로 PV는 2019년 기준으로 €0.04 kWh^{-1}이다. (DNI는 법선면 직달 일사량이다.)

해결해야 할 문제는, 전 세계 시장에 충분하게 보급되어 규모의 경제성을 확보하고 현재 CPV에 대한 투자가능성(bankability)이 부족하다는 점을 감안할 때 경험을 쌓는 것이다. LED 제조를 위해 개발된 기술을 사용하여 열을 더 쉽게 방출하는 가볍고 소형의 광학 장치와 초소형 전지가 도움이 될 것이다. 투자가능성은 비용 절감과 시스템 신뢰성을 입증함으로써 개선이 가능할 것이다.

8.9 태양광 모듈, 패널, 발전 단지

태양전지는 일반적으로 면적이 약 240 cm^2이며, 매우 취약하기 때문에 알루미늄 프레임 안에 있는 유리판 사이에 약 60개의 전지를 함께 장착하여 태양광 모듈로 만든다. 전지는 직렬로 함께 연결되어 작동 전압이 약 36 V이다. 하나 이상의 모듈이 태양광 패널을 구성한다. 태양광 패널의 출력은 햇빛의 강도에 의해 결정되고, 흐리면 맑은 날의 10분의 1에서 3분의 1 정도로 줄어든다. 열대 지방에서는 최대 강도가 1 kW m^{-2}에 가깝고 일반적인 효율은 21%이므로, 전지 면적이 1.44 m^2인 패널은 300 W(1000 × 0.21 × 1.44)를 생산할 것이다. 1000 W m^{-2} 일사 조건에서의 출력을 와트피크(Wp) 출력이라고 하며, 모듈 비용은 종종 Wp당 달러 또는 Wp당 유로로 표시한다.

태양광 패널이 1년 동안 생산할 전력량은 얼마나 많은 햇빛을 받는 위치인가에 달려 있다. 1 kWp 패널 어레이는 태양 강도가 1 kW m^{-2}일 때 1 kW의 출력을 제공한다. 따라서 1 kWp 어레이의 연간 출력(손실 없음)은 제곱미터당 연간 태양에너지(직접 복사와 확산 복사를 더한) 양과 수치적으로 동일하다. 수평면에서 떨어지는 총량은 수평면 전천 일사량(global horizontal irradiance, GHI)이다. 그러나 일반적으로 태양광 패널은 직접 복사를 더 잘 수집하기 위해, 설치된 위치의 위도 값에 비슷한 각도만큼 수평에서부터 기울어져 있다. 따라서 경사면 전천 일사량 (global tilted irradiance, GTI)은 GHI보다 높다. 예를 들어 시애틀(47.6 N) 및 로스앤젤레스(34.1 N)에서는 약 15% 차이가 있다.

실제 출력은 PV 시스템의 성능비(performance ratio, PR)에 의해 주어진다. PR은 실제 연간 에너지 생산량과 입사 태양에너지의 연간 양에 PV 모듈의 효율을 곱한, 이론적인 연간 에너지 생산량의 비율로, 시스템의 모든 손실에 대한 척도이다. PR은 2000년 이전 ~70%에서 2019년 80~90%로 개선되었다. 따라서 실제 연간 생산량은 PR × GTI에 의해 주어지며, 기울기로 인한 이득이 시스템 손실을 대략적으로 보상하기 때문에 종종 중위도 지역에서 GHI로 근사치를 구할 수 있다.

PV 시스템의 설비이용률(capacity factor)은 정격 용량에서 항상 작동할 경우 연간 출력(1 kWp 어레이의 경우 8760 kWh)에 대한 실제 출력의 비율이다. 예를 들어, 독일에서 GHI ≈ 1100 kWh m^{-2} y^{-1}은 12.5%의 설비이용률에 해당한다. 이는 패널의 DC 출력을 의미하며, 출력을 AC로 변환하는 데 **인버터**가 사용된다. 태양광 발전소의 경우 DC 전력 정격은 일반적으로 교류 정격보다 높으며, 인버터 부하 비율(inverter loading ratio, ILR)은 1.3일 수 있다. 패널 어레이를 더 크게 하면 점점 더 비용이 적게 들고, 특히 겨울철과 늦은 오후에 더 많은 에너지와 수익을 창출할 것이다. 인버터가 작을수록 가격이 저렴하고, 일사량이 피크 직류 용량을 제공할 만큼 높은 경우가 드물기 때문에 출력은 간헐적으로만 잘려서 버려진다(clipping). 전력망(grid)에서 설비이용률은 ILR에 가깝게 증가하며, 이는 독일의 AC 설비이용률이 ILR = 1.3일 때 약 16.5%가 된다. 설비이용률의 전 세계 평균은 ~0.18이다(2018년).

태양광 발전소를 저장 기술과 결합하면 출력이 잘려서 버려질 필요가 없으며, 초과분은 종종 수요가 많은 일몰 이후에 사용하기 위해 저장될 수 있다. 또한 ILR과 AC 설비이용률은 증가할 수 있다. 예를 들어, 100 MW(AC) 출력이 있는 태양광 발전소는 50 MW/4 hr 저장 시스템과 결합되어, 수익 대 비용 비율을 최대화하도록 ILR은 1.9가 될 수 있다. 그러한 태양광 발전소는 전력망 안정성을 유지하는 데 도움이 되는 빠르게 급전 가능한(dispatchable) 전력을 제공할 수 있다.

8.9.1 태양광 발전소

태양광 발전소는 전력망에 공급 가능한 전기를 생산하는 데 사용되는 태양광 패널의 큰 어레이로 구성된다. 예를 들어 미국 남서부에는 25%의 설비이용률을 가진 캘리포니아 밸리 250 MW 용량 발전소가 있다. 20% 효율 실리콘 태양전지로 구성된 패널은 단일축 추적 시스템에 탑재되어 고정형 시스템 대비 출력이 20%가량 증가한다. 796 ha 면적에서 연간 0.55 TWh를 생산하며, 이는 TWh당 약 15 km^2의 면적에 해당한다. 전 세계 태양광 발전 용량 증가의 대부분은 그림 8.13에 나타낸 중국 칭하이 성의 발전소처럼 500 MW 이상의 용량을 가진 대형 태양광 발전소를 통해 이루어졌다. (패널을 추가하는 것이 추적기를 추가하는 것보다 저렴할 때, 태양 추적 방식은 가치가 없다.)

그림 8.14는 위도 ϕ에 위치한 고정형 태양광 패널의 최적 방향을 보여 준다. 패널은 남쪽을 가리키며, 법선은 수직에 대해 ϕ 각도로 기울어져 있다. 춘분 또는 추분(3월 21일 또는 9월 21일)에 지구의 축은 햇빛의 방향에 수직이며, 태양은 그림 8.14와 같이 뜨고 진다.

그림 8.13 중국 칭하이 태양광 발전소(Qinghai Golmud Solar Park) 내 태양광 패널(©iStock.com/zhudifeng)

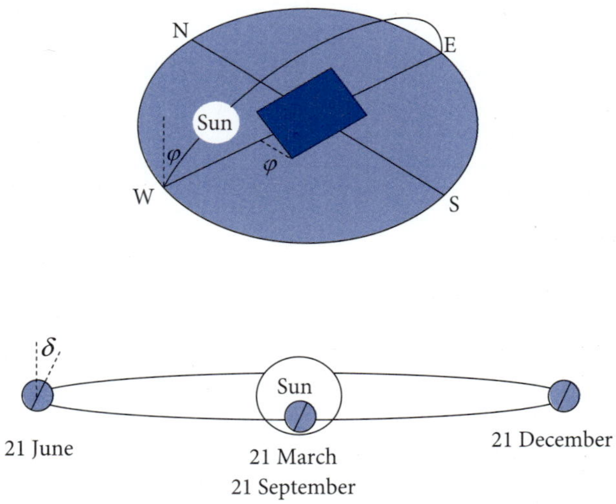

그림 8.14 고정형 태양광 패널의 최적 방향

그림 8.14에 나타낸 태양 주위의 지구 운동면에 대한 지구 축의 기울기(declination, 적위) δ는 0°에서 ±23.5°까지 변하며, 겨울에 하늘을 가로지르는 경로를 감소시키고 여름에는 상승시킨다. 적도를 향한 패널에서 기울인 각도가 위도와 같은 경우, 패널에 입사되는 복사 강도 I는 다음과 같다.

$$I = S\cos\delta\cos H \tag{8.16}$$

여기서 S는 태양 광선의 방향에 수직인 표면에서의 일사량(경사면 전천 일사량, GTI)이고, H는 태양이 정오 이후 운동면에서 움직인 각도이며, δ는 적위이다. 각도 H는 $H = 15°(t - 12) = \pi(t - 12)/12$ 라디안으로 주어지며, 여기서 t는 시간 단위이다.

예제 8.4

효율이 20%인 고정형 실리콘 태양광 패널은 위도 +35°에 위치해 있다. 패널의 활성 면적은 10,000 m^2이다. 매일 일조시간이 7시간인 9월에 태양광 발전소의 일일 최대 생산량을 kWh로 추정하라. 태양의 복사 강도를 1 kW m^{-2}로 계산한다.

최적의 방향은 태양 패널이 남쪽을 향하고 위도만큼 기울어지는 것이다. 이 경우, 식 (8.16)이 성립한다. 9월에 $\delta \sim 0$이므로, 하루 동안의 총 태양 복사 R은 다음과 같이 주어진다.

$$R = A \times \int_a^b S\cos[\pi(t-12)/12]\mathrm{d}t$$

여기서 $A = 10^4\ m^2$는 패널의 면적이고, a와 b는 태양이 뜨고 지는 시간이다. 이 경우 $a = 8.5$, $b = 15.5$, $S = 1$ kW m^{-2}이다. 적분을 수행하면 다음과 같다.

$$R = A(12S/\pi)[2\sin(3.5\pi/12)] = 10^4(12/\pi)1.587 = 6.06\times10^4\,\mathrm{kWh}$$

패널의 효율은 20%이므로 출력 = 12.1 MWh이다. (패널이 태양을 추적했다면, $R = 7 \times 10^4$ kWh이다.)

8.9.2 태양광 발전을 통한 분산 발전

태양광 발전의 지속적인 확장은 주택 시스템에서도 일어나고 있는데, 현재 미국, 호주, 독일처럼 가정용 옥상에 설치된 패널을 통한 발전 원가(cost of electricity)가 전력망을 통한 전기 요금과 종종 유사한 수준이다. 이러한 시스템은 소유자에게 초과 발전량을 전력망에 되팔거나(net metering) 야간 사용을 위해 배터리에 저장할 수 있는 가능성을 제공할 수 있다. 전 세계 용량의 거의 40%가 발전소가 아닌 이러한 주택 시스템에 분산되어 있다. 전력망 유지에 따른 부담을 태양광 패널이 없는 사람들에게 전가하기 때문에 넷 미터링에 대한 우려가 있어 왔지만, 이는 태양광 패널의 자가 소유로 인해 전력 회사가 인프라에 투자할 필요성이 줄어들고 전력 가격이 가장 높을 때 피크 수요가 감소함에 따라 상쇄된다.

아시아와 사하라 이남 아프리카의 개발도상국에서는, 태양광 패널은 단지 전력망에 전기를 공급하는 것뿐 아니라 옥상 태양광 설비를 통한 분산 발전에서도 중요성이 있다. 더욱이 전력망이 존재하지 않거나 품질이 떨어지는 지역의 미니 전력망에 전력을 공급하고 있다. 거의 10

그림 8.15 말라위에서 태양광 패널로 휴대폰을 충전하는 모습(©Joerg Boethling/Alamy Stock Photo)

억 명(세계 인구의 13%)의 인구가 여전히 전기를 이용하지 못하고 있으며, 주로 사하라 이남 아프리카(6억 명)와 인도(2억 명)에 있다. 사하라 이남 아프리카에서는 거리가 너무 멀어서 송전망을 건설하는 데 비용이 많이 들고, 심지어 송전망이 있는 마을에서도 가정으로 연결 비용은 감당하기 어려울 수 있다. 태양광 패널 가격의 급속한 하락으로 인해 저렴한 청정 전기에 대한 접근이 확대되었다(그림 8.15). 현재 많은 가정들이 점점 더 효율적이고 저렴한 LED 조명과 가전 제품에 의해 제공되는 현대적인 에너지 서비스와 함께 태양광 에너지를 사용하고 있다. 배터리 비용이 하락함에 따라 전기에 의한 조리가 점점 더 가능해지게 되고, 야간 공급을 위한 디젤 발전기가 더 이상 필요하지 않게 된다.

모바일 뱅킹과 결합된 PAYG(pay-as-you-go) 방식을 통해 자본이 거의 없는 사람들에게 이러한 시스템에 대한 지불이 더 쉬워지고 있다. 그러나 이러한 계획을 위한 재원을 확보하는 것은 간단치 않으며, 전기는 아직 매우 가난한 사람들에게 도달하지 못하고 있다. 독립형과 전력망 확장이 둘 다 이루어질 경우 이들은 보완적일 필요가 있는데, 예를 들면 나이지리아에서처럼 정부 개입이 중요하다. 인도의 도시들과 대부분의 마을들은 그들의 학교와 공공기관에 전기를 공급하는 전력망에 연결되어 있지만, 마을에 있는 많은 가정은 연결할 여유가 없거나 종종 공급이 신뢰할 수 없기 때문에 원하지 않을 수 있다. 태양광 주택과 **미니 전력망**은 그러한 상황에서 더 신뢰할 수 있는 전력을 공급할 수 있다. 방글라데시에서는 수백만 가구가 태양광 시스템을 보유하고 있으며, 많은 가정은 전기 거래를 가능하게 하는 미니 전력망에 연결되어 있고, 공급과 수요의 균형을 맞추는 데 도움이 되도록 **블록체인**(blockchain)을 사용하여 안전한 정보 교환을 보장하고 있다.

예제 8.5

태양광 패널은 4개의 모듈이 병렬 구성되어 있으며, 각각은 40개의 직렬로 연결된 실리콘 전지를 갖고 있다. 전지는 면적 0.013 m^2, 개방 전압 0.7 V, 충전율 0.8을 갖고 있다. AM1.5 조명에서 패널의 단락 전류 밀도는 400 A m^{-2}이다. 영국 남부에는 약 850 kWh m^{-2} y^{-1}의 일사량이 있다. 그 지역의 주택에서 15 m^2의 면적을 이용한다면, 태양광 패널이 제공할 수 있는 연간 에너지양을 추정하라.

AM1.5 조명은 1 kW m^{-2}를 나타낸다. 연간 일사량 E_S 850 kWh m^{-2}는 다음과 같이 평균 복사 강도 $\mathcal{P}_{inc}$에 해당한다.

$$\mathcal{P}_{inc}T = E_S$$

여기서 T는 1년(즉, 8760 h)이다. 값을 대입하면 $\mathcal{P}_{inc}$ = 97 W m^{-2}가 된다. 평균 단락 전류 밀도 J_{SC}는 태양 복사 강도에 비례하므로,

$$J_{SC} = (97/1000)400 = 38.8\,\mathrm{A\,m^{-2}}$$

태양광 패널의 면적은 2.08 m^2이고, V_{OC} = 40 × 0.7 = 28 V이다. 단락 전류는 $I_{SC} = J_{SC} \times (0.013 \times 4) = 2.02$ A이다.

15 m^2를 사용할 수 있는 상태에서, 7개의 태양광 패널을 설치할 수 있으며, 총 평균 단락 전류 I_{SC} = 2.02 × 7 = 14.1 A이다. 평균 출력 파워 P_{out}은 다음과 같이 식 (8.5)에 의해 주어진다.

$$P_{out} = FF \times I_{SC}V_{OC} = 0.8(14.1 \times 28) = 316\,\mathrm{W} = 0.316\,\mathrm{kW}$$

1년 동안 생산된 에너지양 E는 시간과 파워의 곱에 의해 주어진다.

$$E = 0.316(8760) = 2768\,\mathrm{kWh} \approx 2.77\,\mathrm{MWh}$$

태양광 패널은 종종 **배터리 저장 장치**와 결합된다. 이를 통해 야간에 장비를 작동할 수 있고, 배터리가 최적에 가까운 부하를 제공할 수도 있다. 배터리를 충전하는 동안 배터리의 전압은 상당히 일정하게 유지된다. 패널이 제공하는 전력은 배터리 전압과 태양광 패널이 생산한 전류를 곱한 값이다. 이 전력은 넓은 범위의 전류와 일사량에 걸쳐 최대 전력점에 상당히 근접할 수 있다. 예를 들어 12 V 배터리는 12 V와 15 V 사이의 충전 전압이 필요하다. 이 전압은 0.2 kW m^{-2}와 1 kW m^{-2} 사이에서 변하는 일사량에서 24개 전지를 갖는 실리콘 모듈에 의해 제공될 수 있다(문제 8.14 참조).

태양광 패널은 원격지에 전력을 공급할 수 있다. 예를 들어 통신 장비 및 조명, 소형 전자 장치에도 사용할 수 있다. AC 전원이 필요한 경우 DC 출력을 AC로 변환하는 인버터가 사용된다. 저항성 부하는 전류에 비례하는 전압을 제공하므로 태양광 패널 전력과는 잘 맞지 않는다. 이러한 부하에는 입력 DC 전압이 패널의 최적 전압에 가까운 DC-DC 컨버터가 사용된다.

8.9.3 하이브리드 태양광 발전소

태양광 발전소는 리튬이온 배터리를 이용한 에너지 저장 장치를 갖추고 점점 더 많이 건설되고 있다. 최근 로스앤젤레스 전력 수요의 6~7%를 400 MW 태양광 발전소와 1200 MWh 리튬이온 배터리로 공급하는 초대형 프로젝트가 2019년 말에 승인되었다. 이것은 캘리포니아 컨카운티의 동부에 있는 북서부 모하비 사막에서 10.7 km^2 면적으로 지어질 예정이다. 화석연료 발전보다 저렴하게 kWh당 4센트 미만의 비용으로 15만 가구 이상에 매일 밤 4시간 동안 전력을 공급할 수 있게 된다. 이것은 태양전지를 대규모로 제조함으로써 얻어지는 엄청난 경제를 증명하는데, 전 세계적으로 비슷한 프로젝트가 있다. 예를 들면, 영국 켄트 주 클리브힐에 있는 350 MW 태양광 발전소와 700 MWh 저장 장치, 호주 뉴사우스웨일스에 있는 200 MW/400 MWh 리튬이온 배터리와 결합된 720 MW 태양광 발전소가 있다.

태양광 발전소는 육지에 건설할 필요가 없으며, 부유식 설비도 개발되고 있다. 중국은 호수에 40 MW 태양광 발전소를 건설했다. 이는 토지 이용에 영향을 미치지 않고, 패널이 과열되지 않아 효율을 유지할 수 있다는 장점이 있다. 해안가 지역도 사용할 수 있다. 수력 발전 저수지에 태양광 발전소를 설치하는 방안도 다수 추진되고 있다. 태국은 화석연료에 크게 의존하고 있는데, 좋은 햇빛이 태양광 발전을 매력적으로 만든다. 그러나 토지는 식량 생산에 프리미엄이 있기 때문에, 정부는 총 2.7 GW의 용량을 가진 15개의 수력 발전소 저수지에 태양광 발전소 설치를 고려하고 있다. 이러한 태양광 발전이 경제성이 있는지 조사하기 위해 시린톤 수력 발전소의 저수지에 45 MW 부유식 태양광 발전소 시제품을 건설할 계획이다. 태양광과 수력을 같이 설치하면, 일정한 출력을 가능하게 하고, 전기 공급에 드는 비용을 절약하며, 물의 증발을 줄여 주고, 낮 동안 생산되는 태양광 발전은 밤에 더 큰 수력 발전 출력을 가능하게 할 것이다. 아프리카에서의 한 연구는 기존의 수력 발전 저수지의 1% 면적에 태양광 발전소를 설치하면 최대 50%까지 전력이 증가한다는 것을 알아냈다.

대형 태양광 발전소는 풍력 발전소 및 전기분해 설비와 함께 위치할 수 있다. 전기분해 설비는 물로부터 수소를 생산하기 위해 태양광과 풍력에서 과하게 생산된 전력을 사용할 수 있다(박스 10.2 참조). 수소는 계절 간 에너지 저장소로 사용되거나, 가정과 산업에 열을 공급하기 위해 직접 사용되거나, 전력을 공급하기 위해 연료 전지에 사용될 수 있다. 태양광 발전의 변동성을 다루는 다른 방법들은 10장에서 논의될 것이다.

8.10 태양광 발전이 환경에 미치는 영향

가동 중인 태양광 발전은 오염물질이나 온실가스를 발생시키지 않으며 전기를 생산하는 안전한 방법이다. 움직이는 부품이 없어 유지보수가 적고, 소음 공해도 없으며, 물도 필요하지 않다(청소용 부품 일부 제외). 그러나 실리콘 태양전지의 경우 석영의 채굴은 광부들을 폐질환인 규폐증(silicosis)의 위험에 빠뜨릴 수 있고, 순수한 실리콘의 생산에는 적절한 조치가 없다면 환경적인 영향이 있을 수 있다. 독성 및 부식성이 있으며 반응성이 매우 강한 염산이 사용되고, 더 유독성 부산물 중 하나인 사염화규소(silicon tetrachloride)가 있는데 이는 다시 생산 공정으로 보내서 안전하게 재활용할 수 있다. 효과적인 안전장치와 규제를 통해 태양광 패널 제조에 대한 위험은 매우 작고 허용 가능한 범위에서 유지될 수 있다. 유럽에서는 패널을 만드는 데 사용된 것과 같은 양의 에너지를 생산하는 데 위치에 따라 1년에서 2년 반이 걸린다. 이를 **에너지 회수 시간**(energy payback time, EPBT)이라고 한다.

현재 패널 생산은 주로 화석연료 에너지를 사용하지만, 패널은 30년 이상 사용 가능하기 때문에 태양광 발전의 온실가스 배출총량(carbon footprint)은 가스 터빈 발전소의 약 10%에 불과하며, 재생에너지로부터 더 많은 전력이 생산될수록 이 비율은 더 감소할 것이다. 하지만 대부분의 패널은 중국에서 생산되는데, 중국은 여전히 주로 석탄 화력 발전소에서 전기를 생산한다. 중국 제품은 유럽 제품에 비해 온실가스 배출 총량이 2배 정도 된다. 패널이 재활용되면 사용된 재료의 약 90%를 새 모듈에 사용하기 위해 회수할 수 있으며, 이 경우 에너지 요구량은 원자재를 사용할 때 필요한 양의 약 1/3이 된다. 그러나 패널을 제작할 때처럼, 화학물질과 폐기물을 처리하는 과정에서 건강과 환경에 미치는 영향에 따른 위험을 방지하기 위해 주의를 기울여야 한다.

대략 GHI ~2500~1000 kWh m^{-2} y^{-1}에 해당하는, 햇빛이 좋은 지역에서는 연간 1 TWh를 생산하기 위해 약 7.5~20 km^2의 땅이 필요하다. 이는 대략 유럽의 30만 가정에 전력을 공급할 수 있다. (동일한 전력을 생산하기 위해서는 대략 70 km^2의 풍력 발전소가 필요하다.) 터빈 사이에 공간이 있는 풍력 발전소와는 달리 태양광 발전소는 땅 면적의 상당부분을 차지하지만, 패널 아래나 사이에서 양들을 방목할 수도 있다. 그러나 농경지에 위치할 때, 패널을 설치하기 전에 제초제로 초목을 제거하는 것은 토양을 퇴화시키고 야생 동물을 쫓아낸다. 태양광 발전소의 설치로 인해 풍경이 단절되고 동물의 이동과 먹이 이용에 대한 장벽이 될 수 있다. 패널을 청소할 때 화학물질을 사용하는 것도 하천 오염을 유발할 수 있고, 넓은 면적의 패널은 미세 기후에 영향을 주고, 반사된 빛은 곤충과 새의 방향을 흐트러뜨릴 수 있다. 게다가 패널에 햇빛이 잘 비추이도록 제초제와 분진 억제제를 사용하여 유지하는 경우도 종종 있다.

이러한 부작용과 농업 생산에 미치는 영향은 태양광 패널을 재개발 용지처럼 주변 용지나 일사량이 높고 구름이 거의 없으며 생물 다양성이 적은 사막 지역에 설치함으로써 완화될 수 있다. 태양광 발전소는 (8.9절에서 언급한 바와 같이) 물 위에 설치할 수도 있지만, 수생 생물의 다양성에 주는 영향을 피해야 한다. 태양광 패널을 건물에 통합하는 **건물 일체형 태양광**(building-integrated PV, BIPV)(그림 8.16 참조)을 설치해서 시각적 영향을 줄일 수 있으며, 이는 기존 건축 자재가 더 적게 필요하므로 비용을 절감할 수 있다. 요즘에는 지붕 타일처럼 생긴 모듈도 사용할 수 있다. 도시 환경에 설치하는 것은 시골 지역에 설치하여 야기할 수 있는 생물 다양성에 주는 영향을 줄인다.

그림 8.16 건물 옆면에 설치된 태양광 패널

8.11 태양광 발전의 경제성

2006~2018년 사이에 태양전지의 가장 중요한 발전은 태양전지의 원가가 약 11배로 크게 떨어진 것이다. 이 비용은 전체 일사량(1 kW/m^2)에서 **와트 피크**(Watt-peak, Wp)로 불리는 전력인 1와트 전력을 생성하는 모듈의 비용으로 간주된다. 비용이 와트 피크당 약 3.5달러에서 0.3달러로 떨어졌기 때문에, 1 kW/m^2 조건에서 300와트를 생산하는 모듈은 2018년에 약 90달러가 되었다. 모듈의 약 95%가 실리콘 기반이다.

효율이 지난 10년 동안 15%에서 21%로 증가하는 동안, 주로 얇은 웨이퍼를 사용하고, 적은 양의 은을 적용하고, 높은 처리량의 공정을 개발하고, 규모의 경제를 통해 비용이 감소했다. 전 세계 용량이 2배로 증가할 때마다 비용을 절감하는 비율을 의미하는 학습률(learning rate)은 그림 8.17에서 볼 수 있듯이 24%였다. 이것은 20%의 감소를 예측하는 스완슨(Swanson) 법칙과 일치한다. (2006년경에는 실리콘의 부족으로 일시적인 상승이 있었다.) 태양광 시스템의 비용은 모듈 비용뿐만 아니라 구조와 전기 부품의 비용, 그리고 설치 비용에도 영향을 받는다. 이러한 부대설비(balance-of-system) 비용은 이제 대형 태양광 발전소의 경우 약 3분의 2 수준이며, 조립 시 로봇을 사용하여 비용을 절감하고 있다. 한편 건물용 시스템에서는 더 많이 들고 있는데, 건물 일체형 태양광을 통해 비용을 절감할 수 있다. 비용은 일반적으로 20~30년의 패널 수명을 가정하여 계산한다. 그러나 태양광 패널 효율이 연 0.5%씩만 떨어지면, 50년이 지나도 생산량이 정격 용량의 75%를 초과할 수 있고 태양광 발전 비용은 더 떨어지게 된다.

발전 원가(cost of electricity)는 특히 태양광 시스템의 비용과 일사량에 따라 달라진다. 미국의 경우 2009~2018년 동안 전력망 공급용 대규모 발전 원가가 kWh당 약 36센트에서 4.5센트로 8배 떨어졌다. 현재는 석탄에서 생산되는 전기보다 저렴하며, 가스에서 생산되는 전기와 거의 동일하다. 이러한 화석연료 발전소에서 비용은 kWh당 4~14센트이다. 그러나 태양광 발전소는 출력이 일정하지 않고, 이러한 변동성을 관리하는 데 드는 비용이 있다. 풍력 발전소의

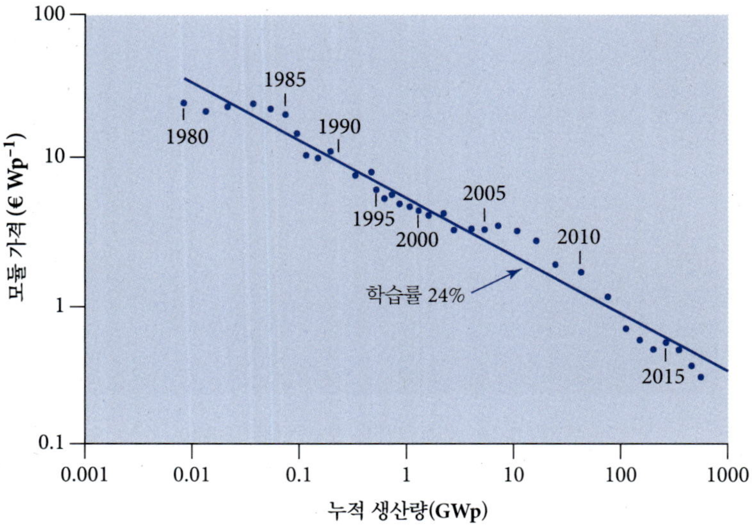

그림 8.17 1980~2018년 태양광 모듈의 학습곡선(Fraunhofer Institute for Solar Energy Systems ISE)

경우와 마찬가지로 관리 비용은 발전 방식의 혼합, 다른 지역과의 상호 연결성, 사용 가능한 에너지 저장량, 그리고 공급에 적합하도록 수요를 변화시킬 수 있는 능력에 달려 있다. 태양광 발전의 변동성 처리 방법과 관련 비용은 10장에서 더 논의한다.

발전량은 햇빛의 양에 따라 달라지기 때문에, 발전 원가는 일반적으로 햇빛이 덜 드는 지역과 국가에서 더 비쌀 것이다. 예를 들어, 독일의 경우 평균 GHI는 1100 kWh m^{-2} y^{-1}인 반면, 미국 본토의 경우 중간 정도의 GHI는 1925 kWh m^{-2} y^{-1}이다. 이러한 값들은 발전 원가의 차이에 반영되고, 2018년에 kWh당 각각 약 4.5유로센트와 약 3 USD 센트였다(1유로센트 ≈ 1.1 달러).

태양광 비용이 너무 많이 떨어졌기 때문에 보조금은 더 이상 태양광 발전을 촉진하기 위해 필요하지 않게 되었고, 우리는 이제 경매를 통해 가격이 책정되는 것을 보고 있다. 기술 향상과 이러한 경매가 장려하는 경쟁 방식으로 인해 이집트, 인도, 사우디아라비아, UAE(두바이), 미국(텍사스)에서 2018년에 kWh당 2~3 USD 센트까지 가격이 하락했다. 돈을 빌릴 때의 낮은 비용과 호의적인 지원 정책도 가격 절감에 도움을 주었다. 2030년까지 kWh당 2~4 USD 센트의 가격이 전 세계에 널리 퍼질 가능성이 꽤 있어 보인다.

예제 8.6

1 kWp를 생산할 태양광 패널 어레이를 제조하고 설치하는 데 드는 자본 비용은 1200달러이다. 패널이 설치될 위치의 연간 태양에너지 밀도는 2000 kWh m^{-2}이다. kWh당 발전 원가를 계산하라. 태양광 패널의 수명을 30년으로 하고, 할인율을 6%로 가정한다.

태양광 패널의 면적에서 1 kWp를 생산하기 때문에 연간 생산 전력량은 연간 태양에너지 밀도와 같다. 즉, E_{elec} = 2000 kWh이다.

자본 비용 $C_{capital}$은 1200달러이고, 할인율 R은 6%, 수명 N은 30년이다. 따라서 식 (1.6)을 사용하면(유도 1.1 참조), 다음과 같은 공식에서 자본금을 상환하는 연간 비용 A_{cost}를 구할 수 있다.

$$C_{capital} = A_{cost}[1-(1+R)^{-N}]/R$$

그래서

$$A_{cost} = R \times C_{capital}/[1-(1+R)^{-N}] = 0.06(1200)/[1-(1.06)^{-30}] = \$87$$

발전 단가 C_{elec}은 다음과 같다.

$$C_{elec} = A_{cost}/E_{elec} = 87/2000 = 0.044 = 4.4¢\ \mathrm{kWh}^{-1}$$

8.12 전 세계 태양광 발전의 잠재력

그림 8.18은 평지 1 m^2에서의 연간 태양에너지양에 대한 세계 지도를 보여 준다. 태양광 발전은 거의 모든 인구 밀집 지역의 전력 수요를 충족시키는 데 상당한 기여를 할 수 있다.

보다시피, 열대 지방 국가들과 중앙 유럽 국가들의 평균 일사량 차이는 약 2배이다. 인도 남부와 나이지리아 북부에서 일사량은 1 kWp의 패널당 연간 약 2100 kWh 발전이 가능한 수준이다. 미국 남서부와 스페인 남부는 1800 kWh, 일본은 1500 kWh, 독일은 1100 kWh 정도를 생산할 수 있다.

태양광 발전이 한 국가의 에너지 수요에 미칠 수 있는 잠재적 기여도를 추정하기 위해 우리는 적절한 지역을 식별해야 한다. 태양광 발전소의 경우, 도시 지역, 산림, 빙판 지역, 보호 지

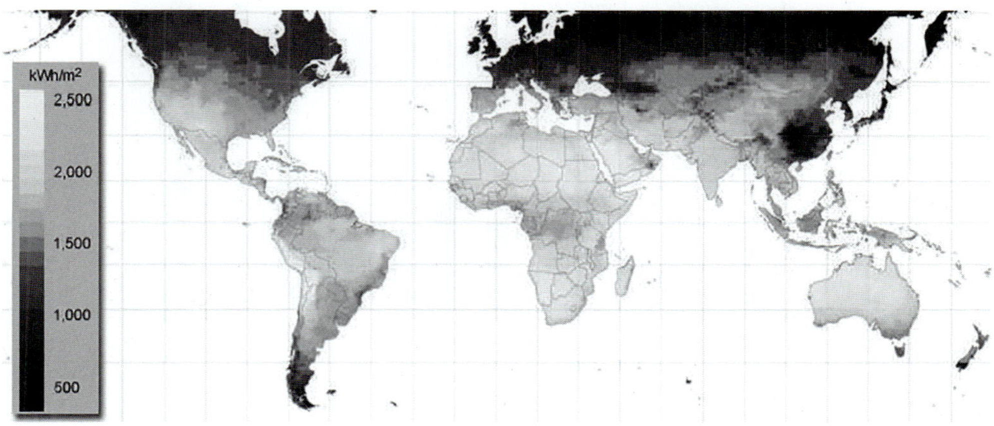

그림 8.18 연평균 일사량(kWh m^{-2}); 주로 구름 끼고 흐린 중국 중남부 지역에서 낮은 편이다. (©2019 The World Bank, 출처: Global Solar Atlas 2.0, 태양광 데이터: Solargis)

역, 산악 지형이 제외되어야 한다. 점점 더 많은 비율의 초원, 척박한 지역, 사막과 더불어 오직 작은 비율의 농경지만 적합하다. 이 지역들을 아우르는 발전소의 잠재적 전력 생산량은 연간 60만 TWh로 세계 최종에너지 소비량의 약 6배에 달한다. 더욱이 옥상 패널로부터 예측되는 양은 상당해서, 미국 국립 재생에너지 연구소(National Renewable Energy Laboratory)는 현재 미국 전력 수요의 40%를 충족할 수 있을 것으로 추정했다.

8.13 태양광 발전의 전망

대규모 태양광 발전소에서 전기를 생산하는 비용이 화석연료 발전소에서 생산하는 비용보다 낮기 때문에, 세계 많은 지역에서 태양광 발전의 신규 설치가 점점 더 증가하고 있다. 2018년에 태양광 발전의 신규 용량은 총 100 GW로 모든 비재생(non-renewable) 발전 방식으로 추가된 용량과 거의 동일하다. 중국은 세계 용량의 약 3분의 1을 차지하며 우위를 점하고 있고, 중국과 인도 모두 태양광 발전을 확대하려는 야심찬 계획을 가지고 있다. 그러나 두 나라 모두 증가하는 재생에너지 발전을 수용하기 위해 전력망을 업그레이드할 필요가 있다. 태양광 발전 비용의 급격한 하락은 이미 석탄 발전을 대체하는 데 도움을 주고 있으며, 일부 제안된 발전소는 취소되었다. 그럼에도 불구하고 중국과 인도는 여전히 석탄 발전소를 건설하고 있는데, 석탄 발전소는 저장 장치나 다른 예비 공급원이 없다면 태양광 발전소보다 현지의 수요 증가를 충족시키기 위해 바로 연결하기에 쉽기 때문이다(3장의 사례 연구 참조). 다른 나라들에서도 태양광 발전이 확대되고 있으며(그림 8.19 참조), 배터리 저장 비용이 하락함에 따라 저장 장치와 결합된 태양광 패널에 대한 투자가 빠르게 증가하고 있다.

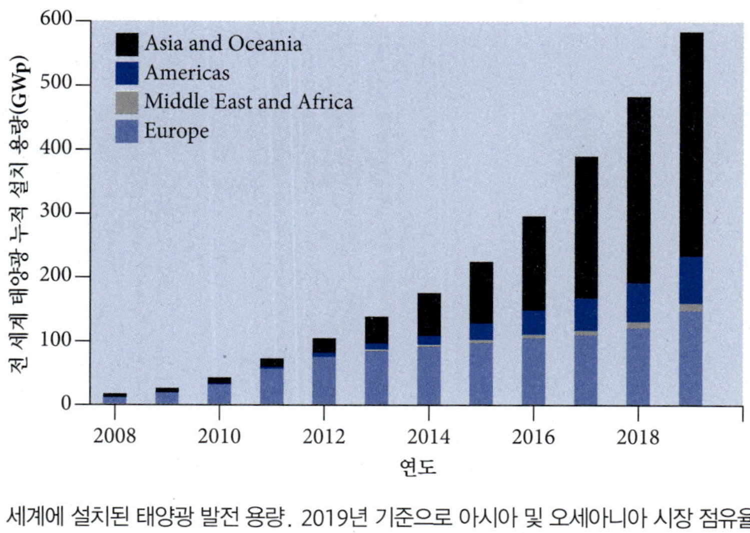

그림 8.19 전 세계에 설치된 태양광 발전 용량. 2019년 기준으로 아시아 및 오세아니아 시장 점유율은 중국 59%, 일본 18%, 인도 10%이며, 미주 시장 점유율은 미국이 79%이다. (IRENA, International Renewable Energy Agency, Renewable Capacity Statistics 2020)

2019년 태양광 발전은 전 세계 전력 수요의 2.7%를 580 GW의 용량에서 공급했다. 아직 공급량은 작지만, 2019년 전 세계 태양광 패널 생산량은 115 GW로, 용량이 약 3년마다 2배씩 증가하고 있다. 2019년 국제 신재생에너지 기구(International Renewable Energy Agency, IRENA)는 지구온난화를 1.5°C로 제한하는 시나리오에서, 연간 약 15,000 TWh를 생산하기 위해(설비이용률 0.2) 2050년까지 전 세계 용량이 8500 GW가 되어야 한다고 예측했다. 이를 위해서는 연평균 약 250 GW씩 용량 추가가 필요하며, 2018년에 비해 태양광 발전을 위한 연간 투자가 68% 증가해야 한다.

2015년 프라운호퍼 연구소(Fraunhofer Institute)는 2050년까지 0.15의 설비이용률에서 연간 20,000 TWh를 생산하는 최대 15,000 GW 용량에 대한 어마어마한 추정을 내렸고, 대규모 투자를 수반하는 획기적인 신규 설치 용량으로 연간 40,000 TWh에 해당하는 생산량을 제시했다. 이러한 엄청난 성장은 태양광 발전 비용이 훨씬 더 떨어지게 할 것이고, 중국, 인도, 북미와 남아메리카, 아프리카, 그리고 다른 지역의 수백만 명의 사람들에게 알맞은 가격으로 전기를 공급하는 방법이 될 것이다.

한편 COVID-19의 대유행은 태양광 발전의 확장에 상당한 영향을 미칠 수 있다. 다행히 2020년에 전 세계 태양광 신규 설치 용량은 127 GW로 2019년 대비 30% 증가했다. 더욱이 태양광에 대한 투자는 (방치할 경우 매우 중대한 위험을 내포하고 있는) 기후변화에 대처하는 데 필수적이며, 전 세계가 화석연료에서 벗어나고 COVID-19로부터 회복되면서 필요한 상당수의 일자리와 보급 지역의 에너지 안보를 제공할 것이다.

요약

- 태양 복사는 현재 세계 전력 소비량의 5000배 이상을 제공하는 거대한 자원이다. 맑은 날의 태양 복사 강도는 약 1000 W m^{-2}이다.
- 실리콘 태양전지는 AM1.5 조명하에서 V_{OC} ~0.7 V, J_{SC} ~400 A m^{-2}, FF ~0.8을 갖는다. 출력 파워 밀도 $\mathcal{P}_m$ ~210 W m^{-2}는 변환 효율 ~21%에 해당한다.
- 연간 1 TWh를 발생시키는 데 필요한 태양광 발전소의 면적은 약 7.5~20 km^2이다.
- 광전지에 의한 발전 원가는 지난 10년 동안 매우 크게 감소했으며, 햇빛이 많은 지역에서 현재 LCOE ~40달러/MWh로 그리드 패리티(grid parity)에 도달했다.
- 저탄소 전력 공급원으로서의 태양광 발전소는 큰 잠재력을 가지고 있으며, 우호적인 정책과 대규모 투자를 통해 2050년까지 전 세계 수요의 약 40%인 연간 40,000 TWh의 전력을 공급할 수 있다.

추천 문헌

Battaglia, C., Cuevas, A., and De Wolf, S. *High-efficiency crystalline silicon solar cells: status and perspectives*, Energy and Environmental Science 5 (2016).

Fraunhofer ISE (2019). *Photovoltaics report.*

Goodall, C. (2016). *The switch.* Profile Books, London. Stimulating argument for the case that photovoltaic cells are now cheap enough for the world to switch from fossil fuels to solar PV.

IRENA (2019). *The Future of Solar PV.*

Jaffe, R. and Taylor, W. *The Physics of Energy*, Cambridge University Press, Cambridge (2018). Clear advanced discussion of the solid-state physics of solar cells.

Peake, S. (ed.) (2018). *Renewable energy*, 4th edn. Oxford University Press, Oxford. Good qualitative discussion of solar photovoltaic technologies.

REN21 (2019). *Renewables Global Status Report.*

Shockley, W. and Queisser, H.J. (1961). *Detailed Balance Limit of Efficiency of p-n Junction Solar Cells.* J. Appl. Phys. 32, 510 (1961); *http://dx.doi.org/10.1063/1.1736034.*

Svaram, V. *Taming the Sun; innovations to harness solar energy and power the planet* (The MIT Press, 2018).

Wurfel, P. (2005). *Physics of solar cells.* Wiley, New York. More advanced textbook on the physical principles of solar cells.

en.wikipedia.org/wiki/Solar_cell Good summary of solar cells.

? 문제

8.1 파장 475 nm의 청색광이 밴드갭이 1.1 eV인 실리콘 광전지 위에 떨어지고 있다. 전기로 변환될 수 있는 빛에너지의 최대 분율은 얼마인가?

8.2 강도 600 W m^{-2}의 햇빛이 수직에 대해 60°로 건물에 입사한다. (a) 수평 표면, (b) 수직 표면에서의 태양 복사 강도 또는 일사량(insolation)은 얼마인가?

8.3 약 1700 K의 온도로 가열하면 희토류 산화물인 Yb_2O_3가 방출하는 복사의 약 20%가 1000 nm 부근의 좁은 밴드에 있게 된다. 이 복사에너지원은 Si 또는 GaAs 광전지에 적합한가? (밴드갭: Si 1.1 eV, GaAs 1.4 eV)

8.4 지구 대기에 입사하는 태양 복사 강도 I_{AM0}는 다음과 같은 근사식으로 주어진다.

$$I_{AM0} = \sigma T^4 \Omega_S / \pi \ \mathrm{Wm^{-2}}$$

여기서 Ω_S는 태양을 대향했을(subtend) 때 입체각이고 σ는 슈테판–볼츠만 상수이다. 강도 I_{AM0}가 1367 W m^{-2}이고 $\Omega_S = 6.8 \times 10^{-5}$ sr인 경우 T를 구하라.

8.5 포화 전류가 10^{-11} A인 이상적인 p-n 접합을 통해 흐르는 전류를 바이어스 전압 −0.4 V에서 +1.0 V인 구간에서 0.2 V 간격으로 그려라.

8.6* 이상적인 다이오드의 전류–전압 관계는 다음과 같이 주어진다.

$$I = I_L - I_S[\exp(V/V_T) - 1]$$

실온에서 $V_T \equiv kT/|e| \approx 0.026$ V이다. $P = VI$에 의해 주어진 파워 P를 V에 대해 미분하고, 도함수를 0과 같다고 함으로써, 다음과 같은 경우에 최대 파워 P_m이 발생한다는 것을 보여라.

$$(1+V/V_T)\exp(V/V_T) = I_L/I_S + 1$$

$V_{OC} = V_T \ln(I_L/I_S)$일 때 $(1 + V/V_T)$는 V_{OC}/V_T로, $(I_L/I_S + 1)$은 I_L/I_S로 근사하여, V_m과 I_m이 다음과 같음을 보여라.

$$V_m = V_{OC}(1 + x_{OC} \ln x_{OC}) \text{ 그리고 } I_m = I_{SC}(1 - x_{OC})$$

여기서 $x_{OC} = V_T/V_{OC}$이다. $I_{SC} = I_L$임에 유의하라.

8.7 실리콘 태양전지가 어떻게 동작하는지 설명하라.

8.8 n형 실리콘 태양전지가 p형 전지보다 좋은 점들은 무엇인가?

8.9 무엇이 실리콘 태양전지의 효율을 ~30%로 제한하는가? 태양전지에서 높은 $|e|V_{OC}/E_g$ 값이 고효율에 중요한 이유는 무엇인가?

8.10 I_{SC} 및 eV_{OC}에 대한 식 (8.8)과 (8.9)를 사용하여 $P = FF \times I_{SC}V_{OC}$를 최대로 하는 E_g의 최적값이 아래와 같음을 보여라.

$$E_g = \sim 1.4 \text{ eV}$$

8.11* Shockley-Queisser 한계에서 최대 개방 전압은 식 (8.19)로 주어진다(유도 8.1 참조).

$$eV_{OC} = kT_{Cell} \ln\left(Q_{Sun}/Q_{cell}\right) - kT_{Cell} \ln(\pi/\Omega_S)$$

여기서 Q_{Sun}/Q_{cell} 비는 T_{Sun}에서 복사와 T_{cell}에서 복사에 대한 밴드갭 E_g 위의 플랑크 분포(Planck distribution)의 적분값의 비율로 다음과 같다.

$$\int_{E_g}^{\infty} dE\, E^2/(e^{\frac{E}{kT_{Sun}}} - 1) \Big/ \int_{E_g}^{\infty} dE\, E^2/(e^{\frac{E}{kT_{cell}}} - 1)$$

이들 적분은 $F(x) = \left(kT\right)^3\left(x^2 + 2x + 2\right)e^{-x}$에 의해 잘 근사할 수 있다. 여기서 $x = E_g/kT$이다.

E_g = 1.1, 1.2, 1.3, 1.4, 1.5 eV에 대한 V_{OC}를 계산하라. 이때 π/Ω_S = 46,000이고, T_{Sun} = 6000 K, T_{cell} = 300 K을 사용하라.

광전류 밀도 $J_L = P_{inc}\left(\dfrac{15}{V_g\pi^4}\right)x_S e^{-x_S}(x_S^2 + 2x_S + 2)$이고, 여기서 P_{inc}는 입사한 빛의 강도이고, $x_S = E_g/kT_{Sun}$, $E_g = eV_g$이다. 효율은 $E_g \approx 1.35$ eV인 경우에 최댓값임을 보이고, 충전율이 식 (8.10)으로 주어진다고 가정한 상태에서 그 값을 구하라.

T_{cell} = 0이고 햇빛이 π/Ω_S = 1이 되도록 완전히 집광되었을 때, eV_{OC}가 E_g와 동일함을 보여라.

8.12 (a) 실리콘 광전지는 4 cm^{2}의 면적을 가지며, AM1.5 태양 복사가 수직으로 비추고 있다. 단락 전류는 160 mA이고, 포화 전류는 4×10^{-9} mA이다. 최대 파워 출력과 이에 상응하는 부하 저항(load resistor)을 계산하라.

(b)* 부하 저항이 최적값보다 10% 높을 때, 출력 파워는 얼마인가?

8.13 가구당 연간 4000 kWh의 전기를 사용한다. 연간 1000 kWh의 전력을 생산하기 위해 필

요한 태양광 패널의 면적을 추정하라. 이 지역의 일사량은 800 kWh m^{-2} y^{-1}이다.

8.14 24개 전지로 구성된 실리콘 태양광 패널의 포화 전류 밀도는 $J_S = 10^{-9}$ A m^{-2}이다. 일사량 0.2, 0.4, 0.6, 0.8, 1.0 kW m^{-2}에 대한 피크 출력 전압 V_m을 계산하여, 이 패널을 사용하여 12 V 배터리를 충전할 수 있음을 보여라. 1 kW m^{-2}의 일사량은 400 A m^{-2}의 단락 전류 밀도를 준다.

8.15 일사량이 1800 kWh m^{-2} y^{-1}인 지역에서 평균 100 MW의 전력을 생산하는 데 필요한 태양광 패널의 면적을 추정하라.

8.16 AM1.5 조명일 때, $0.5 < E_g < 1.8$ eV 범위에서 밴드갭의 함수로 단락 전류 밀도 J_{SC}의 합리적인 근사식은 다음과 같다.

$$J_{SC} = (800 - 340E_g)\ \text{A m}^{-2},\ \text{여기서 } E_g\text{는 eV 단위}$$

3층 다중접합 태양전지가 E_g = 1.8 eV인 상층을 갖고 있다. (a) 하부 2층에 대한 최적의 밴드갭을 결정하라. (b) AM1.5 태양 조명에서 출력 파워를 계산하라. 충전율 0.8과 각 층의 개방 전압은 $V_{OC} = V_g - 0.4$ V로 가정한다. (c) 변환 효율은 얼마인가?

8.17* 박막 실리콘 태양전지의 두께는 W이다. 상부 표면은 평평하고 광택이 나며, 반사방지 코팅으로 덮여 있다. 뒷면에는 완벽하게 확산되는 반사 코팅이 있다. 빛이 실리콘 내에서 $(4n^2 + 1)W$의 유효 경로 길이를 갖는다는 것을 보여라. 여기서 n은 실리콘의 굴절률이다.

8.18 면적 10 cm^2와 밴드갭 1.5 eV의 CIGS 광전지를 파장 800 nm의 레이저 광선으로 비추고 있다. 광전지는 10^{-10} mA의 포화 전류를 갖는다. 광전력은 150 W이다. V_{OC}, I_m, V_m 및 FF에 대한 식 (8.3), (8.10), (8.11)을 사용하여 광전지의 변환 효율을 추정하라.

8.19 (a) 유기 태양전지와 (b) 집광형 태양광(CPV) 시스템을 실리콘 전지와 비교하면, 장단점은 무엇인가?

8.20* 개방 전압이 0.4 V인 태양전지는 양자점(quantum dot) 광자 흡수체를 활용한다. 이러한 흡수체는 광자의 에너지 $E_\gamma > 1.6$ eV일 때 2개의 전자를 방출하고, $0.8 < E_\gamma < 1.6$ eV일 때 1개의 전자를 방출한다. AM1.5 조명하에서 변환 효율을 밴드갭 0.8 eV, 개방 전압 0.4 V의 p-n 접합 태양전지와 비교하라. 두 전지가 동일한 충전율을 갖는다고 가정한다.

8.21* TPV 시스템에서 중앙 원통형 방사체는 2개의 동심원 석영 실린더로 둘러싸여 있다. 석영 실린더는 파장이 $\lambda < \lambda_{max}$이면 복사에너지를 투과한다. $\lambda > \lambda_{max}$인 파장은 흡수되어 모든 방향으로 재방사된다. 석영 실린더 주변에는 광전지가 있다. 중앙 방사체로부터 $\lambda > \lambda_{max}$인 복사에너지의 3분의 1만이 석영 실린더를 투과해서 광전지로 전달되는 것을 보여라.

8.22 고정형 실리콘 태양광 패널로 구성된 태양광 발전소는 위도 25°에 위치해 있으며, 여기서 직사광선은 하루 평균 10시간 비추고 있다. 패널의 효율은 18%이고, 전체 유효 면적은 3×10^4 m^2이다. 발전소의 최대 평균 파워 출력과 이에 해당하는 설비이용률을 추정하라.

8.23 태양광 패널의 인버터 로딩 비율(loading ratio)이 일반적으로 1보다 큰 이유는 무엇인가?

8.24 문제 8.22에서 설명한 태양광 발전소의 PV 패널을 추적함으로써 얻을 수 있는 개선점은

무엇이며, 어떤 대가를 치르면 그것이 가치가 있을까?

8.25 태양광 패널 1 kWp에 대해 발전 원가가 kWh당 5센트가 되려면 자본 비용과 설치 비용이 얼마나 될까? 일사량은 2000 kWh m^{-2} y^{-1}이다. 패널의 수명은 30년이고, 할인율은 7%이다. 유지 관리 비용은 무시한다.

8.26 1 kWp의 태양광 패널 어레이를 제조 및 설치하는 데 드는 자본 비용은 1200유로이다. 패널이 설치될 위치의 연간 태양에너지 밀도는 1800 kWh m^{-2}이다. (a) kWh당 발전 원가를 계산하라. 태양광 패널의 수명은 30년, 할인율은 5%로 가정한다. (b) (i) 연간 유지비가 20유로, (ii) 추가적으로 kWh당 150유로인 배터리 저장 시스템이 있고, 발생하는 전력의 절반이 야간에 사용되며, 시스템이 11,000사이클 지속된다면, 발전 원가는 얼마인가?

8.27 효율 16%의 유기 태양전지를 유연한 기판에 인쇄한다. 햇볕이 좋은 지역에서 연평균 100 GW의 전기 출력을 생산하는 데 필요한 면적을 추정하고, 그 지역에서 구할 수 있는 국가, 주, 또는 도시 신문의 연간 인쇄 면적과 비교하라.

8.28 왜 페로브스카이트는 잠재적으로 중요한 태양광 소재인가?

8.29 태양광 발전소와 분산형 태양광 발전의 상대적 장점을 설명하라.

8.30 지난 10년간 PV 보급에서 '학습' 효과가 그렇게 중요한 이유는 무엇인가?

8.31 PV로 만들어진 전기가 몇 년 안에 개발도상국에서 깨끗한 요리를 제공할 수 있는 실행 가능한 방법이 될 수 있을까?

8.32 하이브리드 태양광 발전소의 장점은 무엇인가?

8.33 태양광 발전소가 수십 년 안에 세계의 모든 에너지 수요를 제공할 수 있을까?

유도 8.1 태양전지의 효율에 대한 Shockley-Queisser 한계

최초의 효과적인 태양전지는 1954년에 벨연구소에서 만들어졌고, 6%의 효율을 가지고 있었다. 태양광 패널은 곧 우주에 응용하기 위해 고려되었고, 가능한 최대 효율은 큰 관심을 끌었다. 반경험적인 한계를 얻었지만, 열기관에 대한 카르노 효율과 같은 절대적인 한계를 발견하지 못했다. 1961년에 Shockley와 Queisser는 세부 균형 원리(principle of detailed balance)에 기초하여 매우 중요한 기본 상한을 도출했다.

반구형 공동(cavity)에 둘러싸인 밴드갭 E_g와의 단일 p-n 접합으로 구성된 전지를 가정하자(그림 8.20*a* 참조). 전지와 공동은 모두 실온($T = T_{cell} = 300$ K)에 있다. 공동으로부터의 열복사에서 E_g보다 큰 에너지를 갖는 광자는 전지에서 전자−정공 쌍을 만들 수 있으며, 이러한 쌍은 재결합하여 광자를 방출할 수 있다. 세부 균형 원리에 의해, 전지가 평형상태에 있을 때, 이러한 역과정들은 같은 속도를 갖는다. 즉, 쌍의 생성 속도는 그들의 복사 재결합의 속도와 같다.

Shockley와 Queisser는 이 복사 재결합이 전자와 정공이 재결합하는 유일한 메커니즘이라고 가정했다. 예를 들어, 그 물질은 전자 트랩(electron trap)이 없는 이상적인 물질이다. 면적

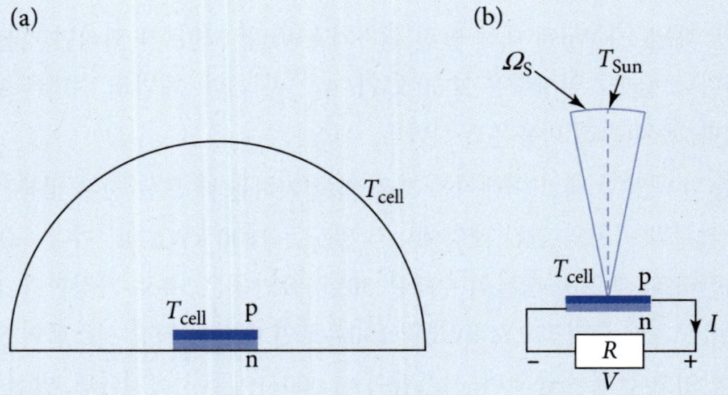

그림 8.20 (a) 반구형 공동에서 p-n 태양전지; (b) 햇빛을 받고 있는 p-n 태양전지

A의 전지는 전자−정공 쌍을 생성하는, 밴드갭보다 큰 에너지를 가진 광자를 흡수한다. 생성률 G_0는 공동이 흑체라고 가정하고, 밴드갭보다 큰 에너지와 반구에 걸쳐서 T = 300 K에 대한 플랑크 분포를 적분하여 계산한다. 이는 $G_0 = \pi A Q_{cell}$이 된다. 재결합률 R_0는 G_0와 동일하며, 전지 내의 전자−정공 쌍의 수 $n_0 p_0$에 비례한다. 그래서

$$R_0 = \pi A Q_{cell} = k n_0 p_0 \tag{8.17}$$

이고, 여기서 k는 상수이다.

태양전지가 T = 6000 K의 흑체로부터 방출된다고 볼 수 있는 햇빛에 비추어지고 부하(load)에 연결되었을 때, 전지를 가로질러 전압 V가 생성된다(그림 8.20*b* 참조). 전압의 효과는 볼츠만 계수 $\exp(eV/kT)$만큼 전지 내 전자−정공 쌍의 수를 증가시킨다. 여기서 $T = T_{cell}$ 및 $e = |e|$이다(8.3절 참조). 식 (8.17)을 사용하여 전압이 V일 때의 재결합률 R_V는 다음과 같이 주어진다.

$$R_V = k n_0 p_0 \exp(eV/kT) = \pi A Q_{cell} \exp(eV/kT) \tag{8.18}$$

햇빛이 전자−정공 쌍을 만드는 속도는 T = 6000 K에 대한 플랑크 분포를 밴드갭보다 큰 에너지와 태양을 대향하여(subtended) 만든 입체각(solid angle) Ω_S에 걸쳐 적분하여 계산한다. 광전류 I는 다음과 같이 주어진다.

$$I = I_L - I_S[\exp(eV/kT) - 1] \tag{8.2}$$

여기서 역방향 전류 $I_L = e\Omega_S A Q_{Sun}$이고, 포화 전류 $I_S = e\pi A Q_{cell}$이다.

밴드갭 E_g에 의존하는 Q_{Sun}과 Q_{cell}을 계산하고 출력 파워 $P = VI$의 최댓값을 얻기 위해 V를 변화시킴으로써 최적의 밴드갭은 $E_g \approx 1.35$ eV임을 알 수 있다. 효율 P/P_{Sun}는 30%이다. 여기서 P_{Sun}은 입사 태양 복사 강도 1.37 kW m^{-2}이다(문제 8.11 참조). 개방 전압은 식 (8.3)으로 주어진다.

$$eV_{OC} = kT\ln(I_L/I_S) = kT\ln(Q_{Sun}/Q_{cell}) - kT\ln(\pi/\Omega_S) \tag{8.19}$$

여기서 $T = T_{\text{cell}}$이며, 엔트로피 $k \ln(\pi/\Omega_S)$의 증가로 인한 에너지 손실을 나타낸다(식 2.18 참조).

Shockley와 Queisser의 논문의 중요성은 세부 균형 원리와 몇 가지 간단한 가정만을 바탕으로 가능한 최소 포화 전류, 따라서 최대 효율을 설정했다는 것이다.

아래 사이트를 방문하면 더 많은 정보와 자료를 볼 수 있습니다.
www.oup.com/he/andrews_jelley4e

9 원자력
Nuclear Power

주제 목록

- □ 핵분열
- □ 연쇄 반응
- □ 감속재
- □ 열원자로
- □ 전환 및 증식
- □ 출력
- □ 고속증식로
- □ 오늘날의 원자로
- □ 원자력의 경제성
- □ 안전성과 환경에 미치는 영향
- □ 미래 원자로
- □ 핵융합
- □ 중수소-삼중수소 핵융합
- □ 로슨 조건
- □ 플라즈마
- □ 토카막
- □ 핵융합에 대한 전망

서론

원자력은 어떤 사람들에게는 핵무기와 핵폐기물을 연상시킨다. 하지만 원자력은 지구온난화와 싸우는 데 큰 역할을 할 수 있는 풍부한 저탄소 에너지원이다. 원자력 에너지에는 두 형태가 있다. 첫째는 핵분열을 제어함으로써 나오며, 이 반응은 첫 '핵' 폭탄을 만드는 데 사용되었다. 다른 하나는 핵융합을 제어하여 얻을 수 있으며, 별들의 에너지원이다. 핵융합로는 아직 원형 개발 단계에 있지만 거의 무한한 에너지원으로서의 가능성이 크다.

상용 원자력 발전소는 핵분열 원자로로, 대부분 우라늄을 연료로 사용한다. 우라늄은 현재 캐나다와 호주가 주요 생산국이다. 재래식 발전소의 연료로 쓰이는 석탄, 석유, 가스의 양과 비교하면 원자로에서 사용되는 우라늄의 양은 현저하게 적다. 1톤의 우라늄이 25,000톤의 석탄과 동등한 에너지를 생산할 수 있다.

우라늄(U)은 주석이나 아연과 비슷하게 흔하다. 우라늄은 여러 종류의 암석과 해수에 포함되어 있다. 지각에 있는 우라늄의 평균 농도는 2.8 ppm이다. (ppm은 중량비로 백만분의 1이다.) 화강암은 약 4 ppm의 우라늄을 포함하고 있고, 해수의 약 0.003 ppm이 우라늄이며 전체를 합하면 총 4.6억 톤이 된다. 1 kg당 130달러 이하의 가격으로 따지면, 우라늄의 현재 알려진 매장량은 470만 톤이고, 이것은 현재 소비 속도인 연간 ~2500 TWh(IAEA)로 85년 동안 원자력 발전소를 운영할 수 있는 양이다. 인산염암과 같은 다양한 물질로부터 추가적으로 3500만

톤을 더 발견할 수 있을 것으로 추정된다. 2% 수준의 우라늄 농도를 갖는 광물의 채굴 단가가 가장 저렴하다.

이 장에서는 핵분열과 핵융합 기술의 진전에서 나오는 원자력을 살펴볼 것이다. 두 방법 다 핵질량의 일부가 에너지로 바뀌는 과정과 관련된다는 것을 알게 될 것이다. 핵분열은 중성자로부터 시작되어 더 많은 중성자를 생산하여, **연쇄반응**(chain reaction)의 가능성을 높이고, 이 과정들이 원자로에서 안전하게 제어되는 것을 살펴볼 것이다.

연쇄반응이 어떻게 일어나는지, 어떻게 제어되는지, 원자로의 출력은 얼마인지, 그리고 핵분열 폐기물은 무엇인지 설명할 것이다. 그 후에 경제성, 안전성, 환경에 미치는 영향, 그리고 현재와 미래의 세계적인 저탄소 전력 생산에 대한 기여를 논할 것이다. 이 장은 핵융합 발전의 현재 연구 상황에 대한 설명으로 마무리된다.

9.1 결합 에너지와 핵의 안정성

무거운 핵의 분열이나 가벼운 핵들의 융합에서 왜 에너지가 방출되는지를 이해하기 위해서 핵의 질량과 안정성 사이의 관계를 이해해야 한다. 핵은 양성자와 중성자(핵자로 총칭)로 구성되며, 이들 사이는 단거리 인력(short-range attractive force)이 작용하여 결합되어 있다. 핵의 질량은 그 핵을 구성하는 핵자 질량의 합보다 작다—그 차이 ΔM은 아인슈타인의 식 $B_E = \Delta Mc^2$에 의해 **총 결합에너지**(total binding energy) B_E로 환산할 수 있다. B_E는 핵을 개별적인 핵자들로 분리하는 데 필요한 에너지이고, 핵이 안정한지 불안정한지를 결정한다.

핵자 사이 거리가 너무 가까우면($\lesssim$ 1 fm) 핵자 사이 핵력은 척력이며, 이보다 멀리 떨어지면 근거리 인력으로 작용한다. 그래서 핵자들은 평균적으로 동일한 거리를 사이에 두고 떨어져 있으며, 가장 가까운 핵자들과 주로 상호작용을 한다. 그러므로 어떤 핵 내부의 결합 에너지는 핵자의 수 A와 대략 비례할 것으로 기대되며, 이 때문에 핵자당 결합 에너지 $B_E/A \equiv b(A)$가 대략 상수가 된다. $b(A)$와 A의 관계를 그림 9.1에 표시하였다. A가 12 이상에서 대략적으로 상수가 되며, Fe(A ~60) 근처에서 $b(A)$가 최댓값을 갖는다.

최댓값을 갖는 이유는 핵에서 중성자의 수 N과 양성자의 수 Z가 같을 때, Z가 증가할수록 같이 높아지는 양성자끼리의 정전기적 척력의 영향 때문에, 어느 특정 N에서 가장 조밀하게 결합된다. 이 때문에 우라늄과 같은 무거운 원자들은 양성자보다 중성자가 더 많고, $b(A)$ 값이 A ~60 이상에서 감소한다. A ~60 이하에서는 다른 핵자보다 주변 이웃을 가져 덜 단단히 구속되어 있는, 핵 표면 핵자들의 상대적 수가 많아진다. 핵 표면 핵자들은 내부의 핵자들보다 낮은 결속력을 가지며, 핵이 작아질수록 상대적으로 표면 핵자들이 많아지고, 정전기적 척력보다 큰 영향을 미쳐 $b(A)$가 감소한다.

무거운 핵이 핵분열을 통해 어떻게 에너지를 방출하는지 살펴보았다. 우라늄이 보다 가벼운 2개의 핵으로 분열하면, 이 핵들은 중성자가 과도하게 되어, 2개 혹은 3개의 중성자가 바로 방

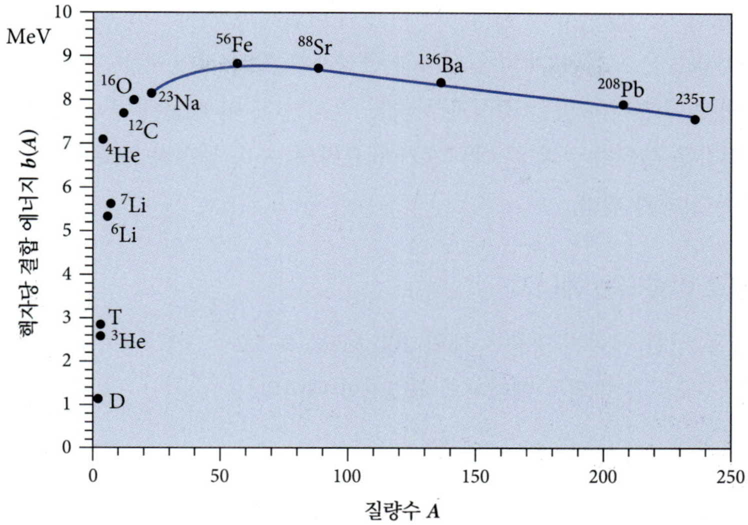

그림 9.1 핵자 수에 따른 핵자당 결합 에너지 $b(A)$

출된다. 이 결과로 핵은 들뜬 상태가 되며, γ와 β 붕괴를 통해 안정적인 핵이 된다. γ와 β 붕괴는 각각 고에너지 광자 혹은 전자와 반중성미자를 방출한다. 어떤 β 붕괴는 핵을 들뜬 상태로 만들며 중성자 방출이 불안정하게 된다. 이러한 과정은 중성자가 β 붕괴 이후에 방출되기 때문에 **베타-지발 중성자 방출**(beta-delayed neutron emission)이라 하며, 우라늄의 중성자 유도 핵분열 시 약 0.65%에만 일어난다.

최종 산물의 총 질량은 우라늄보다 작아지고 가벼워진 핵의 결속 에너지가 증가하여 아인슈타인의 식에 의한 에너지가 방출된다. 평균적으로 약 200 MeV의 에너지 중 85%는 핵분열 생성물, 15%는 방사선으로 주변 물질로 배출된다(문제 9.1 참조).

9.2 우라늄의 중성자 유도 핵분열

우라늄의 핵분열을 통해 에너지가 방출되지만, 자연적으로 이 과정이 일어나는 경우(**자발 핵분열**, spontaneous fission)는 매우 드물다. 그 이유는 우라늄 붕괴에 약 6 MeV의 임계 에너지가 필요하며, 붕괴는 오로지 **양자 터널링**(quantum tunnelling)을 통해 발생하기 때문에 ^{238}U은 약 10^{16}년을 반감기로 가진다. 자발 핵분열을 통하면 이 반감기가 상대적으로 짧은 시간인 4.5×10^9년으로 줄어든다.

우라늄 핵이 **저속 중성자**(slow neutron)를 포획했을 때 핵분열의 확률은 크게 증가된다. 저속 중성자는 운동에너지가 1 eV보다 낮은 중성자이다. 저속 중성자의 포획으로 ^{235}U는 ^{236}U*으로 들뜬 상태 n + ^{235}U → ^{236}U*가 되며, 들뜬 상태의 ^{236}U*의 에너지는 핵분열 임계보다 높아 즉시 핵분열이 발생한다. 하지만 ^{238}U의 경우 들뜬 ^{239}U*의 에너지는 임계보다 ~1 MeV 낮다.

이 들뜬 상태의 차이는 ^{236}U의 중성자가 다른 우라늄의 중성자보다 더 구속되어 있기 때문에 나타난다. 우라늄은 모든 92개의 양성자가 중성자와 짝이 지어져 있는 반면, ^{239}U에는 짝이 없고 덜 단단하게 구속되어 있는 중성자 하나가 존재한다. 이 때문에 ^{236}U과 비교하여, ^{239}U에서 하나의 중성자를 분리하는 데 큰 에너지가 필요하며, 저속 중성자 포획으로 ^{238}U보다 ^{236}U에서 더 높은 들뜬 상태가 된다.

9.2.1 핵분열로 방출되는 에너지

우라늄 핵분열로 인한 에너지 방출은 대략 200 MeV $\equiv 3.2 \times 10^{-11}$ J이며, 이는 아래와 같은 화학적 연소 반응으로 방출되는 에너지의 약 5천만 배이다.

$$C + O_2 \rightarrow CO_2 + 4.1\,\text{eV} \equiv 6.6 \times 10^{-19}\ \text{J}$$

탄소 원자는 우라늄 원자보다 훨씬 가벼워 1톤의 ^{235}U는 탄소의 질량당 에너지의 70%에 해당하는 석탄 약 350만 톤의 에너지와 동일하다. 자연상태 우라늄의 0.72%만이 ^{235}U이며 99.28%가 ^{238}U이어서, 단지 ^{235}U만이 핵분열에 사용된다면, **에너지 측면에서 우라늄 1톤은 석탄 약 25,000톤과 같다.**

^{235}U의 중성자 유도 핵분열에서는 넓은 에너지 분포를 가지며 평균이 2 MeV인 약 2.4개의 중성자들이 방출된다. ^{235}U의 중성자 유도 핵분열 과정으로 하나 이상의 중성자가 방출되므로, 방출된 중성자당 평균적으로 다른 하나의 핵의 분열을 유도한다면 **연쇄반응**(chain reaction)이 가능하게 된다. 일반적으로 핵분열은 비대칭이고 모든 중성자가 바로 방출되지는 않는다. 이 중 약 0.65%는 평균 지연시간이 13초인 **베타-지발 중성자**이며, 뒤에 이 지연으로 원자로를 안전하게 제어하는 방안에 대해 설명할 것이다(9.4절 참조).

원자력 발전소에서 일정한 에너지가 방출되는 **임계**(criticality) 조건이 되도록, 연쇄반응을 조절하여 에너지를 수집하고 전기를 생산한다. 이제 ^{235}U와 ^{238}U에 대한 여러 중성자 반응들의 상대적 확률로 우라늄의 연쇄반응이 일어나는 조건을 고려해 보자.

9.3 연쇄반응

연쇄반응이 실제 일어날지는 중성자 유도 핵분열과 중성자 손실의 상대적인 확률에 의해 결정된다. 중성자 손실은 대부분 γ선 방출에 따른 중성자 포획 때문이다. 에너지가 1 eV보다 작거나(열중성자, thermal neutron) 수 MeV까지인 중성자들은 우라늄과 주로 산란(탄성 및 비탄성 둘 다), 포획, 그리고 유도 핵분열 반응을 거친다.

천연 우라늄 중 99.28%가 ^{238}U이고 0.72%가 ^{235}U이다. 핵분열당 방출된 평균 중성자의 수 ν는 2.4개이고, 이들의 에너지 범위는 0에서 10 MeV 사이로, 그 평균 에너지는 2 MeV이다. 천연 우라늄 속에서 이 중성자들은 대부분 ^{238}U에 의해 산란되며, 에너지가 약 1 eV 이하인 중성자가 ^{238}U에 의해 포획되기보다는 ^{235}U의 중성자 유도 핵분열을 일으킬 수 있다. 에너지가 약 1 eV보다 낮으면 저속 중성자, 100 eV보다 높으면 고속 중성자로 불린다.

중성자의 에너지가 1~100 eV 사이일 때 ^{238}U에 의한 중성자 포획 확률 그래프에 뾰족한 최댓점(**공명**, resonance)이 생기는데, 이것은 ^{239}U의 들뜬 상태에 대응된다. 이 최댓점에서는 산란되기보다는 포획되는 중성자가 훨씬 많기 때문에 포획 확률이 1에 가깝다. 이 영역에서 ^{238}U에 의한 중성자의 탄성 산란으로 에너지 감소가 작고, ^{238}U의 높은 포획 확률 때문에 에너지가 떨어질 확률은 높다. 이 때문에 아주 작은 수의, 1 eV보다 낮은 에너지 중성자가 ^{235}U의 중성자 유도 핵분열을 일으킨다.

작은 비율의 고속 중성자만이 ^{238}U의 핵분열을 유도할 수 있거나(비탄성 산란을 통해 핵분열 임계 근처까지 도달할 확률이 높음), ^{235}U의 핵분열을 유도하기(대부분의 고속 중성자가 ^{238}U에 포획됨) 때문에 자연상태 우라늄에서는 연쇄반응이 일어나지 않는다.

우라늄 속에 지속적인 연쇄반응을 만들기 위해 동위원소 중 ^{235}U의 비율을, **농축**(enrichment) 과정을 통해 자연상태의 0.72%에서 획기적으로 증가시켜, 고속 중성자에 의한 핵분열 확률을 높일 수 있다. **고속로**(fast reactor, 9.5절 참조)라고 불리는 몇몇 원자로에서는 ~10~30%까지 농축된 연료를 사용하여 ~1 keV보다 높은 에너지를 가지는 고속 중성자에 의한 연쇄반응으로 운전된다.

현대 농축 과정은 기체 원심 분리를 통해 이루어진다. 과거 기체 확산 방식 대비 기체 원심분리 방식의 주요 장점은, 동일 농축 과정에 오직 2%만의 에너지가 필요하다. 핵반응로에서 사용되는 농축 우라늄의 생산 시설로 무기에 활용될 수 있는 고농축 ^{235}U도 제조할 수 있기 때문에, 어떤 국가의 원자력 개발은 주변의 심각한 정치적, 안보적인 마찰을 가져올 수 있다.

다른 방법으로는 효과적인 **감속**(moderation)을 통해 핵과 탄성 산란 되는 중성자의 평균 에너지의 변화를 감소시켜 저속 중성자에 의한 ^{235}U의 핵분열을 유도할 수 있다. 대부분의 상용 원자로는 감속과 약간의 농축 연료로 임계상태를 달성한다.

9.3.1 중성자 감속

감속재라 불리는 작은 원자번호의 핵을 원자로 노심에 추가하고 충분히 감속재의 비율을 높이면, 감속재 핵과 탄성 충돌에 의한 중성자의 운동에너지 변화가 충분히 커져서, 공명 영역에서 ^{238}U에 의한 포획 확률을 많이 줄일 수 있다.

중성자가 질량 M을 가진 핵에 탄성 산란 되면, 운동에너지의 일부인 ΔE를 잃게 되며 ΔE의 크기는 산란 각도와 M에 따르며, M이 클수록 ΔE는 작다. E와 관련된 ΔE보다는, 물질의 감속 성능을 질량 수 A로 나타내는 로그 감쇠도 ξ로 표시할 수 있으며, 이를 통해 작은 ΔE에서는 평균 상대 에너지 손실인 $\Delta E/E$와 동일하게 나타낼 수 있다. $A > 1$에서 ξ는 아래 공식으로 근사할 수 있다.

$$\xi \approx 6/(3A+2) \tag{9.1}$$

$A = 1$에서 $\xi = 1$이다.

우리는 이제 천연 우라늄 내부 핵에 산란되어서 느려진 중성자들이 ^{238}U의 공명에 포획되지 않을 확률이 왜 작은지 알 수 있다. 1~100 eV 사이에 있는 포획 확률의 최댓점은 공명 폭에 따른 작은 에너지 범위로 확장된다. 이 최댓점들은 ^{239}U에서 불안정한 들뜬 상태에 해당되고, 그 폭(Γ)은 상태들의 평균 수명(τ)과 $\Gamma = h/(2\pi\tau)$의 관계를 가지고 있는데, 이것은 불확정성 원리의 한 예이다. 만일 에너지가 E_0일 때, 최댓값의 단면이(확률값을 나타냄) 가장 넓다면, $E_0 \pm \Gamma/2$에서는 단면이 반으로 줄고 $E_0 \pm \Gamma$에서는 5분의 1이 된다.

강력한 공명 포획은 중성자 에너지가 6.7 eV일 때 일어나고, 이때 에너지 폭은 0.024 eV이다. ^{238}U에 산란될 때, 에너지가 E인 중성자의 평균 에너지 손실 ΔE는 ξE로 주어지며, 6.7 eV 에너지를 가지는 중성자는 식 (9.1)에 의해 $\Delta E \approx 0.056$ eV이다. 그러므로 우라늄 핵과의 탄성 산란을 통해 잃게 되는 중성자는 최댓값에서 Γ의 범위 내 에너지를 가졌을 확률이 크다. 최댓값의 단면적이 탄성 산란 단면적의 100배가 넘기 때문에, 중성자는 포획이 될 가능성이 크다. 그러므로 우리는 공명 포획의 가능성을 낮추기 위해, 큰 $\Delta E/E$를 가지고 있는 작은 질량을 가진 핵을 감속재로 사용해야 한다.

공명 영역보다 낮은 에너지에서 유도 핵분열 확률이 높으며, ~0.05 eV의 에너지를 가지는 **열중성자**(thermal neutron)들은 우라늄과 동일한 온도를 가지기 때문에 연쇄반응을 유지할 수 있다. 상용 열원자로에서 감속재는 기본적으로 사용되고 있다.

9.4 열중성자로

상용 원자로는 (감속재를 이용해서 얻은) 열중성자를 사용하여 작동되며, 대부분은 ^{235}U를 수 %까지 농축하여 연료로 사용한다. 이는 연쇄반응을 가능하게 한다. 핵분열로 만들어진 하나의 중성자가 또 다른 핵분열을 유도하는 데 걸리는 시간이 보통 약 1 ms밖에 안 되어서, 같이 방출되는 낮은 비율의 **베타-지발 중성자**가 아니라면 연쇄반응은 제어할 수 없게 된다. 베타-지발 중성자들의 평균 지연시간은 13초로, **제어봉**(control rod)의 기계적인 조작을 통해 연쇄반응을 제어할 수 있는 충분한 시간을 준다. 제어봉에는 아주 높은 중성자 흡수 단면적을 가진 핵(예: ^{10}B과 ^{113}Cd)을 포함하고 있어, 노심에 들어가 있는 제어봉의 깊이를 지속적으로 조정해서 원자로 안에 있는 중성자의 수를 제어할 수 있다.

이제 가장 일반적인 열중성자로인 가압경수로를 살펴보자.

9.4.1 가압경수로(PWR)

그림 9.2에 나타낸 PWR(pressurized water reactor)이 가장 널리 사용되는 상업용 원자로이며, 2016년에 존재하는 총 448기의 원자로 중 292기가 PWR이다. PWR은 초기에 잠수함을 위해

개발되었다. 내연기관과는 달리 원자력 추진 잠수함은 산소가 필요 없어서, 디젤 엔진을 동력으로 운전되는 잠수함보다 물속에 더 오래 있을 수 있다. 원자로에서 나오는 열은 터빈을 돌리는 증기를 생산하고, 비교적 작은 노심은 투입 비용 대비 높은 효율을 가지도록 설계되어 약 1 GW까지 출력을 가진다. 첫 프로토타입(prototype)은 1953년에 운영되었다. 핵연료는 연료봉의 형태로 되어 있어서 쉽게 공급이 가능하다.

가압경수로(그림 9.2) 안 물은 약 315°C에서 액체상태를 유지하기 위해 약 15 MPa의 고압으로 일차계통에서 연료봉 주변을 순환한다. 이 일차계통 순환수는 열교환기에서 이차계통의 순환수를 가열한다. 이차계통 순환수는 터빈을 운전하는 증기가 되고, 다시 응축된 물이 열교환기로 돌아오며, 일차계통보다 낮은 압력의 ~5 MPa로 유지된다. 노심 안 높은 중성자 플럭스는 일차계통 냉각수에 영향을 미쳐 방사화시킨다. 이 방사능은 냉각수가 흐르는 일차계통과 격납건물 내부에 제한되어 있다. 가압경수로의 열효율은 일반적으로 약 ~33%이다.

물은 냉각수뿐만 아니라 감속재의 역할도 한다. 또한 물은 중성자도 흡수한다. 일차계통에서 압력이 떨어지고 물이 끓기 시작하면, 기포(동공)가 생겨나서 감속과 흡수를 감소시킨다. 감속에 미치는 영향이 더 커서, 연쇄반응이 멈추고 원자로가 임계상태에서 벗어난다. 노심의 온도가 높아지면 ^{238}U의 공명 폭이 넓어져 감속이 또한 줄어든다. 그러므로 반응도의 온도 계수(temperature coefficient of reactivity)는 음수가 되며, 원자로의 출력이 안정화된다. 출력 증가

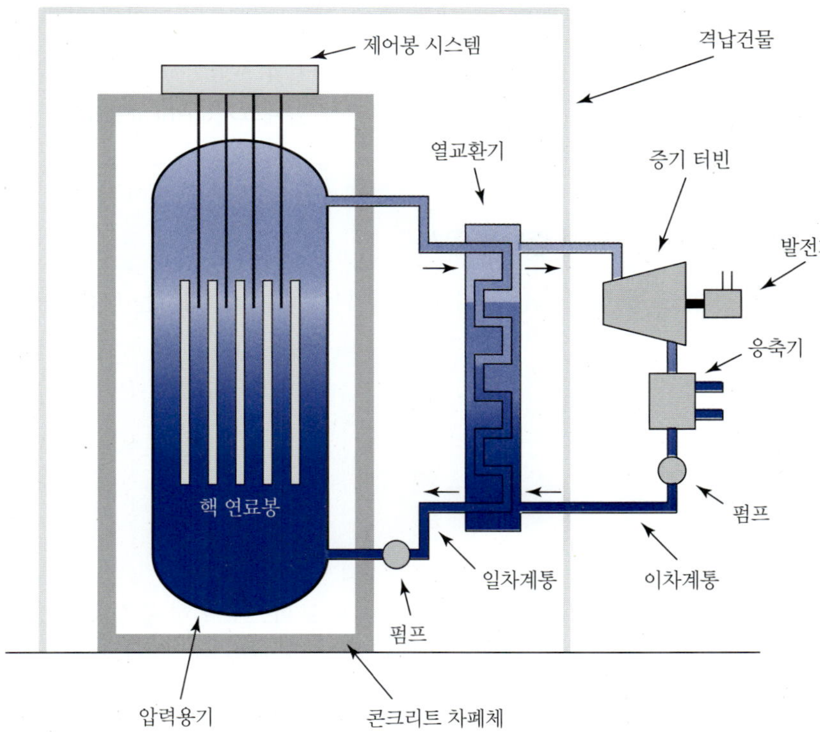

그림 9.2 가압경수로의 주요 요소

는 온도를 높이고 반응도를 낮추며, 이 반대도 성립하기 때문이다.

장시간 운전을 하면, 높은 중성자 플럭스 조건에서 금속 원자로 용기의 연성이 줄어들며, 약화되며 원자로의 수명을 제한하게 된다. 증기를 생산하는 관의 부식도 감시되어야 한다. 일차 계통에서 순환수가 상실되는 사고인 냉각재 상실 사고(loss-of-coolant accident, LOCA)의 낮은 가능성 때문에 추가 비상냉각도 가능해야 한다. 이런 일이 일어나면 노심은 더 이상 임계상태가 되지는 않으나, 연료봉 안의 핵분열 물질의 붕괴에서 나오는 열로 노심이 용융될 것이다. 이 일은 녹은 노심이 지구를 뚫고 미국에서 중국까지 갈 것이라는 (틀린) 생각 때문에 **중국 증후군**(China syndrome)이라 불리게 되었다.

9.4.2 임계

임계는 원자로가 정상적으로 운전되고 있고, 노심에서 중성자 플럭스가 일정한 상태이다. 원자로 설계의 주안점은 연료와 감속재에서 연쇄반응이 일어나도록 하는 조건을 결정하는 것이다. 중성자 유도 핵분열에서 방출된 **다음 세대 중성자**(next generation neutron)라 불리는 중성자들이, 핵연료에서 연쇄반응을 지속시킬지는 그 이전 세대에서 핵분열을 일으키는 중성자들의 수와 다음 세대에서 핵분열을 일으키는 중성자들 수의 비율에 달려 있다. 이 비율을 **증배 상수**(multiplication constant) k라 하며 $k \geq 1$이면 연쇄반응이 가능하다.

중성자 유도 핵분열과 다른 중성자 반응이나 원자로에서 빠져나가는 중성자 손실의 비율로 증배 상수 k는 결정된다. 원자로에서 빠져나가는 손실 확률은 노심의 크기에 의해 좌우된다. 무한한 원자로에서는 중성자들이 탈출하지 못하므로 증배율은 k보다 높은 k_∞라 한다. $k_\infty > 1$이면 연쇄반응이 가능하며, $k = 1$이 되는 원자로의 크기를 **임계크기**(critical size)라 한다. 이제 k_∞에 영향을 미치는 요인들을 살펴보자.

9.4.3 증배 상수 k_∞에 대한 4인자 증배율 공식

중성자의 손실을 무시해도 될 정도로 큰 우라늄 노심에서는 k_∞를 결정하는 다음 네 가지의 요인이 있다.

고속 핵분열 인자 ε
공명 탈출 확률 p
열 이용 인자 f
흡수된 열중성자당 생산된 중성자의 수 η

핵분열당 방출된 고속 중성자의 평균 초기 수인 ν 중에서 포획으로 인한 중성자 손실은 ^{238}U의 고속 중성자 유도 핵분열로 인해 약간 상쇄된다. ^{235}U는 $\nu = 2.425$이다. 초기의 중성자 수에 대한 ^{238}U 임계값 1 MeV 아래에 있는 중성자 수의 비율을 **고속 핵분열 인자**(fast fission factor) ε이라 한다. 저농축에서 고속 핵분열 인자 ε은 1에 가깝다.

^{238}U의 임계값 아래에서는 작은 일부가 ^{238}U의 공명 포획을 이탈하고 느려져 열에너지까지 도달한다. 이 **공명 탈출 확률**(resonance escape probability) p는 감속재 재료와 깊은 연관성이 있다.

감속재나 연료 피복관에 흡수되지 않고 우라늄에 흡수되는 열중성자의 비율을 **열 이용 인자**(thermal utilization factor) f라 하며, 이는 각각 소재들의 상대적인 흡수 확률에 따른다(유도 9.1 참조).

열 핵분열 인자(thermal fission factor) η는 흡수된 열중성자당 생산된 중성자의 수이다. 이 값은 일부 중성자가 중성자 방출 없이 ^{238}U과 ^{235}U에 의해 포획되기 때문에(유도 9.1 참조), 방출된 중성자의 평균 수 ν보다 적다. ^{235}U에 흡수된 열중성자에 의해 방출된 고속 중성자의 수가 η_0이다.

마지막으로, 위의 모든 요인을 결합한 **4인자 증배율 공식**(four-factors formula)은 다음과 같다.

$$k_\infty = \varepsilon p f \eta \tag{9.2}$$

유도 9.1 중성자 반응속도, 평균 자유 경로, 거시 단면적

중성자 반응이 일어날 확률은 **단면**(cross section) σ를 통해 설명할 수 있다. 이 단면은 표적 핵과 입사 중성자가 상호작용을 해서 특정한 반응을 일으키는 유효 단면의 면적으로 형상화할 수 있다. 이 단면의 단위는 **barn**(b) $\equiv 10^{-28}$ m^{2}이다. 비교를 위해, 우라늄 핵의 단면적은 약 2 b이다. 하지만 σ의 값은 핵의 단면보다 훨씬 더 클 수 있다(표 9.1 참조). 이것은 중성자가 파동의 성질도 가지고 있기 때문이다. 어떤 상호작용의 총 단면적은 σ_t이며, 흡수반응 단면적은 포획반응과 중성자 유도 핵분열 단면적의 합인 $\sigma_a = \sigma_c + \sigma_f$이다.

단위 부피당 ^{235}U 핵의 개수가 n_f일 때, 우라늄 내부를 속도 v로 이동하는 중성자를 고려해 보자. 중성자 유도 핵분열 단면적이 σ_f이면, 짧은 시간 t 동안 중성자가 거리 vt와 부피 $\sigma_f vt$를 지나며 핵분열을 일으킬 경우의 수는 $n_f\sigma_f vt$이다. 그러므로 시간당 반응 확률은 $n_f\sigma_f v$이고, 단위 거리당 반응 확률은 $n_f\sigma_t$이다.

부피당 n개의 중성자에 대해, 반응속도 R은 다음과 같다.

$$R = nn_f v\sigma_f = \Phi n_f \sigma_f \tag{9.3}$$

여기서 $\Phi = nv$는 **중성자 플럭스**(neutron flux)이다. ^{235}U의 단위 거리당 흡수 확률은 $n_f\sigma_a$이기 때문에, 흡수까지의 **평균 자유 경로**(mean free path) λ는 이 값의 역수인 $\lambda = 1/n_f\sigma_a$이 된다(문제 9.5 참조).

개수밀도와 단면 σ_f의 곱은 다음과 같다.

표 9.1 원자핵과 물질의 물성*

물질	밀도(kg m^{-3})	n (10^{28} m^{-3})	σ_f (b)	σ_s (b)	σ_a (b)	η_0**	ν
C(흑연)	1 760	8.80	–	4.9	0.0045		
^{233}U	18 500	4.78	529	12.2	575	2.296	2.493
^{235}U	18 700	4.78	583	16.0	681	2.075	2.425
^{238}U	18 900	4.78	–	9.4	2.68		
^{232}Th	11 720	3.04		11.8	7.37		

*σ는 열에너지 평균값임

**η_0는 열중성자가 핵분열 동위원소에만 흡수되었을 때의 η 값

$$\Sigma_f = n_f \sigma_f \tag{9.4}$$

위 식은 ^{235}U의 **거시 단면적**(macroscopic cross section)이다. 단위는 m^{-1}이다. 거시 단면적은 중성자가 각각의 다른 핵과 어떠한 반응을 할지에 대한 상대 확률을 결정한다. 예를 들면, $\Sigma_f^{235}/\Sigma_c^{238}$의 비율은 중성자가 ^{235}U의 핵분열 유도 대비 ^{238}U에 의한 포획에 대한 상대 확률을 준다. 열 이용 인자 f는 거시 단면적에 대한 연료(F)의 흡수 대비 노심(C)의 흡수 비율로 정해진다.

$$f = \Sigma_a(\text{F})/\Sigma_a(\text{C}) \tag{9.5}$$

열 핵분열 인자는 다음과 같다.

$$\eta = \frac{\nu \Sigma_f(\text{F})}{\Sigma_a(\text{F})} \tag{9.6}$$

식 (9.4)와 표 9.1을 통해, x%로 농축된 ^{235}U의 경우 열 핵분열 인자는 다음과 같다.

$$\eta \cong \frac{5.28x}{1+2.53x} \tag{9.7}$$

유도 9.2에서는 예시로서 핵 단면적과 밀도가 표 9.1에서 주어진 식을 이용하여 농축 우라늄과 흑연으로 구성된 원자로의 k_∞를 계산해 본다. ^{235}U가 1.7%로 농축된 우라늄에서, n_s가 흑연 감속재의 개수밀도이며, n_f는 연료 핵의 개수밀도를 나타낼 때, n_s/n_f = 500인 비율을 갖는다. 노심에서 p = 0.736, f = 0.863, η = 1.691이며, 이러한 낮은 농축과 높은 감속재 대 연료 비율에서 $\varepsilon \approx 1$이다. 그러므로 다음이 성립한다.

$$k_\infty = \varepsilon p f \eta = 1.074$$

유도 9.2 노심의 증배 상수 k_∞

k_∞에 대한 4인자 증배율 공식을 확인하기 위해 우리는 1.7%로 농축된 ^{235}U와, n_s가 흑연 감속재의 개수밀도를 나타낼 때 n_s/n_f = 500인 비율을 가지는 흑연으로 구성된 노심을 고려한다.

대부분 탄성 산란이 감속재에 의해 일어나고, 중성자 손실이 우라늄 연료에 있는 ^{238}U에 의한 흡수로 일어날 때, 노심에서의 공명 탈출 확률 p를 나타내는 근사식은 다음과 같다.

$$p \cong \exp[-2.4[n_f/(n_s\sigma_s)]^{1/2}/\xi$$

여기서 σ_s의 단위는 barn이다. $n_s >> n_f$가 될수록 혼합물의 로그 감쇠도가 흑연의 로그 감쇠도와 같아진다. 표 9.1의 단면적 값과 식 (9.1)에 의한 로그 감쇠도 ξ를 사용하면 공명 탈출 확률은 다음과 같다.

$$p = \exp\{-2.4[n_f/(n_s\sigma_s)]^{1/2}/\xi\} = \exp\{-2.4[1/500\times 4.9)]^{1/2}/0.158\} = 0.736$$

흑연 감속재와 농축 우라늄 혼합물의 열 이용 인자 f는 식 (9.5)에서와 같이 표현된다.

$$f = \Sigma_a(\text{fuel})/[\Sigma_a(\text{fuel}) + \Sigma_a(\text{graphite})]$$

그러므로 식 (9.5)로 열 이용 인자 f를 구하면 다음과 같다.

$$f = (0.017\sigma_a^{235} + 0.983\sigma_a^{238})/[0.017\sigma_a^{235} + 0.983\sigma_a^{238}) + (n_s/n_f)\sigma_a(\text{graphite})]$$

표 9.1의 값을 사용하고 n_s/n_f = 500임을 이용하면 f = 0.863이 된다.

식 (9.6)을 이용하여 흡수된 열중성자에 대한 생산된 핵분열 중성자 수의 비율 η는 다음과 같이 표현된다.

$$\eta = \nu\Sigma_f(\text{fuel})/\Sigma_a(\text{fuel})$$

여기서 $\Sigma_f(\text{fuel}) = (0.017\sigma_f^{235})n_f$이고 $\nu \approx 2.425$이다. 이 값들을 대입하면 η = 1.691이다.

이 낮은 농축 농도와 높은 n_s/n_f 비율에서 $\varepsilon \approx 1$이므로, $k_\infty = \varepsilon pf\eta$ = 1.074이다.

이것은 만약 상대 손실 $(k_\infty - 1)/k_\infty$ = (1.074 − 1)/1.074 = 0.069 정도인 원자로 크기일 때 연쇄반응이 가능하며 임계상태(k = 1)가 됨을 의미한다. 이 손실은 노심에서 탈출하는 중성자의 누설 확률이다.

9.4.4 반응로 노심 설계

중성자의 손실은 노심의 크기가 커질수록 줄어든다. 이는 노심에서 생성된 중성자가 확산하고 이동하며 특정 거리를 지나면서, 반응하기 전까지 많은 탄성 산란을 거치기 때문이다. 노심의 충분히 바깥쪽에 위치하여 탈출할 수 있는 확률이 높은 중성자들의 비율은 노심의 크기가 커질수록 줄어든다. 이는 표면적 대 부피의 비율이 감소하기 때문이다. 만약 노심의 크기가 임계크기($k = 1$)라면, 중성자가 노심에서 확산되어 밖으로 나오지 못할 확률은 $1/k_\infty$이다. 노심의 임계크기는 노심 주변에 중성자를 반사시키는 물질(흑연과 같은)인 반사판을 사용하여 줄일 수 있다.

연료를 연료봉 상태로 공급하여 분리된 상태의 원자로 노심을 만들면, 공명 탈출 확률 p를 상당히 높일 수 있다. 이 원인 중 하나는 연료봉을 빠져나올 확률이 높은 고속 핵분열 중성자들이 다른 연료봉과 상호작용을 하기 전에 감속재에 의해 열중성자화가 되어 포획이 되지 않기 때문이다. 하지만 연료봉들은 일반적으로 서로 충분히 가까워 이 영향이 중요하지는 않다.

더 큰 영향은, 연료봉의 표면층(< 0.01 cm)에서의 중성자 흡수가 강하게 일어나, 공명 범위의 에너지를 갖는 중성자들의 플럭스가 상당히 줄어들기 때문에 일어난다. 이것은 대부분의 연료가 위와 같은 중성자로부터 차폐되어 있으며, 연료가 감속재와 균질하게 혼합된 상태(균질 반응로)보다 확연하게 중성자를 포획할 확률이 낮아지기 때문에, 탈출 확률이 높아져 p가 0.9에 이른다.

넓은 흡수 확률 때문에 연료봉 내의 열중성자 플럭스도 줄어든다. 하지만 천연 우라늄 내에 있는 열중성자의 평균 자유 경로가 약 2.5 cm 정도이기 때문에, 열 이용 인자 f에 미치는 영향은 공명 탈출 확률 p에 미치는 영향보다 상당히 작아 이 두 양의 곱 fp는 증가한다.

연료봉 상태로 된 연료는 고속 핵분열 인자 ε도 증가시킨다. 방출된 고속 중성자들이 ^{238}U의 핵분열을 유도할 가능성은 더 커지는데, 그 이유는 일반적으로 고속 중성자들은 감속되기까지 순수한 연료 속에서 연료봉의 반지름 정도의 거리를 가기 때문이다.

이러한 핵물리학적인 이유 외에도 연료를 연료봉 상태로 만드는 훌륭한 공학적인 이유들도 있다. 연료봉을 사용하면 연료를 더 원활하게 냉각하여 열전달이 더 잘되며 연료의 교체가 쉽다.

9.4.5 원자로 제어

중성자 플럭스를 일정하게 유지하기 위해서는 증배 상수 k를 1에 가깝게 유지하는 것이 중요하다. 특히 연료가 '**타면**' k는 감소되기 때문에 중성자 흡수를 줄여야 한다. 이것은 전자기적으로 작동되는 제어봉으로 노심의 중성자 플럭스를 제어함으로써 달성할 수 있다. 제어봉들은 ^{10}B이나 ^{113}Cd과 같이 중성자 흡수 단면적이 큰 핵들을 포함하고 있으며, 플럭스를 감소시키기 위해 노심 속으로 삽입하거나 플럭스를 높이기 위해 노심 밖으로 인출할 수 있다. $\rho \equiv (k-1)/k$로 정의되는 **반응도**(reactivity) ρ는 중성자 수의 시간 의존성을 나타낼 때 사용한다.

연쇄반응 중에는 핵분열로 방출된 중성자가 다른 핵분열을 시작하여 더 많은 중성자들이 방출되기까지 짧은 간격이 존재한다. 이 시간간격은 **세대시간**(generation time) τ_g라 불리며, 핵분열 직후에 방출된 즉발 중성자의 경우 $\sim\lambda_a/u$로 주어진다. 여기에서 λ_a는 흡수 평균 자유 경로이고 u는 중성자 속도이다. 즉발 열중성자의 일반적인 τ_g 값은 $\sim 10^{-4}$ s이다. 원자로 노심의 단위 체적당 중성자 수가 n이라면, 중성자의 생산은 다음의 속도식으로 주어진다.

$$dn/dt = (k-1)n/\tau_g \tag{9.8}$$

위 식에 −1항이 나타나는 이유는 하나의 중성자가 연쇄반응에 흡수되어 다음 세대 k개의 중성자들을 만들기 때문이며, 이는 평균적으로 τ_g초마다 일어난다. 따라서 중성자 수는 다음과 같은 시간상수를 갖고 지수적으로(exponentially) 증가한다.

$$\tau = \tau_g/(k-1) \tag{9.9}$$

그러므로 k가 1.001로 증가하면 중성자 수는 0.3초 만에 20배로 증가하여 기계적인 제어가 굉장히 어려워진다. 다행히 실제로는 이런 일이 일어나지 않는다. 그 이유는 낮은 비율, 즉 ^{235}U의 경우 $\beta \sim 0.65\%$ 정도로 중성자가 과도한 핵분열 생성물의 베타붕괴 후에 평균 지연시간 τ_d ~13초($\tau = t_{1/2}/\ln 2$)를 갖고 방출되기 때문이다.

k가 1에 가까울 때(문제 9.12* 참조) τ_g는 실질적으로 지발 중성자들에게만 의존하며, 다음 식으로 주어지는 평균 중성자의 수명 τ_a와 같은 것으로 나타난다.

$$\tau_a = \beta(\tau_d + \tau_p) + (1-\beta)\tau_p = \beta\tau_d + \tau_p \tag{9.10}$$

이 식에서 τ_p는 즉발 중성자(약 0.1 ms)의 세대시간이다. 따라서 k = 1.001일 때 시간상수는 약 85초로 증가하고 원자로의 기계적 제어가 가능해진다.

원자로를 처음 시동할 때에는 플럭스를 적정한 시간 내에 작동값 Φ_o로 증가시키기 위해서 k를 의도적으로 1보다 크게 한다.

9.4.6 원자로의 안정성

노심의 온도가 높아지면 반응도가 낮아지는 것이 매우 중요하며, 반응도의 작은 변화에도 노심 온도는 안정되어야 한다. 열중성자로에서는 온도가 증가하면 ^{238}U의 포획 공명 범위가 넓어지면서 이것이 달성된다. ^{238}U 핵은 진동하고 있고 평균 속도의 제곱근이 우라늄 원자의 온도에 비례한다. 우라늄을 여기상태로 만들기 위해 필요한 중성자의 에너지는 중성자와 핵의 상대적 속도 차이에 따르며, 온도에 따라 증가하는 범위 Δ를 가진다. 이것이 중성자 흡수율을 증가시키는 영향을 미친다. 그러므로 노심의 온도를 높이면 공명 탈출 확률이 줄어들고 따라서 k도 줄어든다.

9.4.7 원자로 핵분열성 물질

원자로에서 핵분열당 열로서 흡수된 총 에너지는 200 MeV에 가깝다. 일반적으로 노심 우라늄의 95%는 ^{238}U이므로, 대부분의 핵분열을 일으키지 않는 중성자들은 우라늄에 포획되고 ^{239}U를 생성하며, ^{239}U는 베타붕괴 되어 먼저 ^{239}Np를 거쳐 오랫동안 유지되는 핵분열 핵인 ^{239}Pu가

된다. 중성자 포획에 의해 핵분열 원료 핵이 되는 과정을 **핵분열성**(fertile)이라고 한다. 수 퍼센트로 농축된 우라늄을 사용하는 가압경수로에서 30~60%의 출력이 우라늄의 변환을 통한 ^{239}Pu의 중성자 유도 핵분열에서 생긴다(박스 9.1 참조).

박스 9.1 전환과 증식

전환: **전환율**(conversion ratio) C는 소모된 분열성 핵당 생산된 분열성 핵의 수로 정의된다. ^{238}U에 의해 공명 포획 된 빠른 중성자의 전환율인 C_f의 기여 때문에 속도가 느려지고 열중성자 포획 C_{th}도 일어난다. ^{235}U에 의해 흡수된 열중성자당 η_0개의 고속 중성자가 존재하고, 고속 중성자 유도 핵분열을 통해 ε가 증가하므로, 고속 중성자의 기여도는 $C_f = \eta_0\varepsilon(1 - p)$이며, 여기서 p는 공명 탈출 확률이다. ^{235}U 및 ^{238}U에 의해 흡수된 열중성자당 η개의 고속 중성자가 있으므로, 열중성자의 기여도는 $C_{th} = (\eta_0/\eta) - 1$이다. 따라서 초기 전환율 C는 다음과 같다.

$$C = \eta_0\varepsilon(1-p) + (\eta_0/\eta - 1)$$

따라서 N개의 핵은 핵분열성 핵에 의해 CN개의 핵분열을 생성하고, 이들은 차례로 C^2N, …로 이어진다. 총 증가는 $C < 1$일 때 $(C + C^2 + C^3 + \cdots) = C/(1 - C)$만큼 증가한다. 따라서 x가 핵분열 핵의 초기 비율이라면, 전환을 통해 사용가능 비율 P_a는 다음과 같다.

$$P_a = x/(1-C) \qquad (9.11)$$

증식: $C > 1$인 경우, C는 **증식비**(breeding ratio)로 불리며 핵분열성 물질이 남아 있으면서 핵분열 물질은 계속 생산되어 연료의 양이 크게 증가한다. 연쇄반응이 지속되기 위해 하나의 중성자가 필요하고, 핵분열성 핵으로부터 핵분열이 일어나기 위해 또 하나의 중성자가 필요하므로 증식이 기능하려면 $\eta_0 > 2$이고, **증식 획득**(breeding gain)은 $(C - 1)$이다. 하지만 실제로는 핵연료 이외의 노심에 있는 물질에 의한 중성자 누출 및 중성자 흡수로 때문에, η_0는 2.2보다 커야 한다. 핵분열 원소들인 ^{233}U, ^{235}U, ^{239}Pu 중 ^{233}U만 열중성자와 증식하는 데 사용할 수 있다. ^{233}U은 ^{232}Th로부터 증식된다. 그 과정은 다음과 같다.

$$n + {}^{232}\mathrm{Th} \rightarrow {}^{233}\mathrm{Th} \rightarrow {}^{233}\mathrm{Pa} \rightarrow {}^{233}\mathrm{U}$$

마지막 두 반응은 베타붕괴를 통해 일어난다. 토륨은 우라늄보다 약 3배 더 풍부하다. 인도는 토륨 매장량이 풍부하고, 이를 사용하도록 설계된 원자력 발전 프로그램을 가지고 있다. 토륨의 매장량은 ~800,000톤으로 추정되며, 토륨 1톤이 2.6 GWy에 해당하는 어마어마한 에너지원이다.

^{233}U으로 농축된 ^{232}Th를 연료로 사용하는 노심에서 열중성자의 전환에 대한 기여는

동일하게 농축된 ^{235}U 사용 노심보다 높으며, 이는 ^{232}Th의 포획 확률이 ^{238}U보다 높고 열중성자만으로도 증식이 이론적으로 가능하기 때문이다. 그러나 소수의 운전 중인 증식로들만이 고속로(9.5절 참조)이며, 고속로에서는 열중성자보다 더 빠르게 하기 위한 높은 η_0 값 때문이며, ^{233}U, ^{235}U, ^{239}Pu를 모두 사용할 수 있다. 핵분열 물질은 계속 생산되며, 핵분열성 물질은 남아 있다. 이를 통해 전력을 생산하는 데 사용되는 우라늄의 비율을 실용적인 한계인 약 50%까지 증가시키며, 이로써 기존의 핵분열 원자로에 비해 이용 가능한 잠재적 에너지양을 약 50배로 높일 수 있다. 예를 들면, 천연 우라늄 4.7 Mt으로 약 25 TWey에서 1000 TWey 이상의 에너지를 얻을 수 있다. 원자로의 핵분열성 물질의 양이 2배로 증식되는 데 걸리는 시간으로 원자로의 좋고 나쁨을 판단할 수 있다(문제 9.16 참조).

박스 9.1에서와 같이 전환이 가능한 핵분열 물질의 비율은 초기 비율 x에서 $x/(1 - C)$로 증가되며, 여기서 C는 다음과 같이 주어진다.

$$C = C_{\mathrm{f}} + C_{\mathrm{th}} = \eta_0 \varepsilon (1 - p) + (\eta_0/\eta - 1) \tag{9.12}$$

천연 우라늄(x = 0.72)을 연료로 사용하는 원자로의 경우, 특히 전환은 중요하며, $C_{\mathrm{f}} \approx 0.25$이고 식 (9.7)에서 $\eta \approx 1.35$이며, η_0 = 2.075이므로 C_{th} = (2.075/1.35 − 1) = 0.54로 전환율 C = 0.79이다. 따라서 전환이 가능한 핵분열성 핵 비율은 전환이 없는 0.72%가 아니라, 0.72/(1 − C) = 3.4%이다(연료 조성의 변화로 인한 C의 변화를 무시하고 ^{239}Pu가 ^{235}U와 같이 거동한다고 가정).

몇 퍼센트의 농축 연료를 사용하는 원자로의 경우 전환율은 낮으며, 예를 들면 식 (9.7)과 같이 4% 농축되고 η = 1.90인 경우, C_{f}가 천연 우라늄과 동일하다면, C = 0.34이고 핵분열 물질의 최대 소비는 6.1%이다. 원자로 연료의 재급유 간격은 연료의 **연소**(burn-up)에 의해 결정되는데, 이는 연료 1톤당 GWday로 계산된다.

원자로에서 핵분열당 열 200 MeV는 ^{235}U 1 kg당 0.95 GWday의 에너지 출력으로 변환된다. 1년 동안 1 GW를 생산하려면 384 kg의 핵분열성 핵이 필요하다. 그러나 이 단위들은 전기 전력이 아니라 열량 단위이다. 일반적인 PWR의 열효율은 ~33%이기 때문에, 실제로는 GWey당 약 1150 kg의 핵분열성 핵이 필요하다.

9.4.8 열원자로의 출력

우라늄을 연료로 사용하는 원자로에서 열중성자는 86%의 확률로 핵분열을 일으키는 ^{235}U에 흡수되기 전 평균 거리 λ를 이동하며, λ는 ^{235}U의 개수밀도에 반비례한다(유도 9.1 참조). 만약 중성자의 개수밀도가 n이고 평균 속도가 v이면, 단위 초와 단위 부피당 중성자의 이동 거리는

nv이고 단위 초와 단위 부피 R당 발생하는 핵분열은 다음과 같다.

$$R = 0.86\ \Phi/\lambda \tag{9.13}$$

여기서 $\Phi = nv$는 중성자 플럭스이고 단위 제곱미터와 단위 초당 중성자 수를 나타낸다. 중성자 플럭스가 클수록 출력이 높아진다. ^{235}U의 초기 질량 M_{235}를 가지는 노심에서 초기 출력 P는 아래와 같이 질량 M_{235}(톤)와 중성자 플럭스 $\Phi(10^{18}\ m^{-2}\ s^{-1})$로 표현된다.

$$P = 4.75 M_{235} \Phi\ \text{GW} \tag{9.14}$$

예제 9.1

열원자로의 ^{235}U 초기 노심 질량은 4.7톤이고 중성자 플럭스는 $2 \times 10^{17}\ m^{-2}\ s^{-1}$이다. 초기 연료는 5% 농축되어 있고 식 (9.7)의 $\eta = 1.93$이며 핵분열상 물질이 1.35%까지 낮아지면 교체된다. 초기 출력과 전환율, 연료의 연소를 연료의 단위 톤당 GWday로 구하라.

식 (9.14)로부터 초기 출력 P는 다음과 같다.

$$P = 4.75 \times 4.7 \times 0.2 = 4.47\ \text{GW}$$

전환율 $C = 0.25 + (2.075/1.93 - 1) = 0.325$와 같이 주어지며, 이때 $C_f = 0.25$로 간주할 수 있다. 총 소비 핵분열종의 비율은 $(5 - 1.35)/(1 - 0.325) = 5.4\%$이며, 톤당 54 kg이다. 연료 단위 톤당 0.95 GWday에서 총 연소는 톤당 51 GWday이다.

9.4.9 핵분열 생성물

원자로의 운전 중 연료봉 속에 핵분열 생성물이 축적된다. 일부는 우라늄의 연속적인 중성자 포획반응에서 생성된 긴 수명의 악티니드(actinide)이다. 연료봉 속 핵분열 물질의 양이 임계상태를 유지하기에 충분하지 않으면, 연료봉을 빼내어 남아 있는 핵분열 물질을 화학적으로 분리한다. 이 과정을 **연료 재처리**(fuel reprocessing)라 한다. 분리된 핵분열 물질은 새로운 연료에 재활용되고, 폐기물은 분리하여 보관한다. 악티니드의 존재는 폐기물이 수천 년 동안 안전하게 보관되어야 함을 의미한다(9.10절 참조).

핵분열 생성물 중의 일부는 휘발성 핵분열 파편들로, 중대 사고 시 이들이 제일 쉽게 방출된다. 예를 들면 ^{235}U의 ~6% 핵분열 시 반감기 6.7 h의 ^{135}I가 생성되고, 1 GWe 원자로에서 ~5.6 × 10^6 TBq을 배출한다(문제 9.14 참조). 핵분열 생성물들의 방사능 배출은 매우 크고, 노심 용융이 일어난다면 연료봉 ^{135}I의 20% 정도가 원자로 격납건물의 바깥 대기로 방출될 수 있다. 이 방사성 기체는 바람에 의해 퍼질 수 있다. 원자로 건물 가까이에서는 방사성 핵종의 직접 방사능 조사가 크고, 멀리 떨어질수록 요오드 동위원소에 의한 체내 갑상선 조사가 제일 크다. 원자력 발전소의 부지 선정과 방사선 차폐를 결정하는 데에 위 사항들은 분명히 중요하게 고려해야 한다.

9.4.10 방사능 차폐

방사선량을 안전한 수준으로 낮추기 위해 노심에 대한 방사선 차폐가 필요하다(박스 9.2 참조). 일반적으로 α와 β 입자들은 물질 속에서는 아주 작은 거리를 통과할 수 있기 때문에, γ선과 중성자만 차폐하면 된다. 대부분 핵분열로 방출되는 γ선은 노심 내부 물질에서 감쇄되나, 고속 중성자는 가장 차폐하기 어렵다. 중성자의 경우 낮은 에너지($E_n \lesssim 1$ keV)에서 높은 에너지($E_n \geq 100$ keV)보다 매우 높은 흡수 확률을 가지기 때문에 고속 핵분열 중성자를 위한 좋은 감속재가 필요하다. 물은 좋은 중성자 차폐재이며, 물에 붕소를 추가하여 낮은 에너지 중성자의 흡수를 향상시킬 수 있다. 콘크리트도 높은 수소 원자 밀도(물의 1/4) 때문에 효과적이다. 이것은 원하는 형상으로 만들 수 있고, 강하기 때문에 원자로 차폐재의 대부분을 차지한다.

박스 9.2 방사능

방사능은 분자를 분리시키고 유리기를 만들어서 이온화시킴으로써 인체 조직세포를 손상시킨다. 이 영향의 크기는 조직의 단위 질량당 조사된 에너지인 방사선의 양 D와 방사선의 종류에 따라 결정된다. α입자와 같은 하전입자들은 단위 길이당 에너지 손실(**선형 에너지 전달**, linear energy transfer, LET)이 더 크기 때문에, 같은 에너지의 γ선이나 전자 조사보다 상대적으로 더 많은 피해를 준다. 또한 중성자는 에너지를 물질 핵에 전달하기 때문에 LET가 크다. LET의 차이는 가중치 w를 사용하여, 등가 방사선량(equivalent radiation dose) $H = wD$로 표시할 수 있다. SI 단위로 H는 sievert(Sv)이고 방사선량 D는 gray(Gy)이며 1 Gy $\equiv$ 1 J kg^{-1}이다. H의 여전히 사용되는 고전 단위는 rem $\equiv 10^{-2}$ Sv이다. X선, γ선과 전자의 가중치는 1이며, α입자, 핵분열 파편, 무거운 핵은 20으로, 중성자의 최댓값도 20이다.

공기 중 방사선원으로부터 거리가 r 되는 곳에서의 방사선량은 $1/r^2$, 붕괴 속도와 방사선원의 **방사능**(activity)에 비례한다. 방사능의 단위는 1초당 1붕괴를 나타내는 베크렐(becquerel, Bq)로 표시된다. 아직도 사용 중인 고전 단위는 curie(Ci)이고, 1 Ci $\equiv 3.7 \times 10^{10}$ Bq이다.

방사선원에서 r미터 떨어진 곳에서 A MBq과 에너지가 E MeV인 γ선을 방출할 때, 등가 방사선량률(equivalent dose rate)의 근삿값 D_{rate}는 다음과 같다.

$$\begin{aligned} D_{rate}(\mu Svh^{-1}) &\approx A(MBq) \times E(MeV)/6r^2(m^2) \\ &\approx 2F(10^6 m^{-2} s^{-1}) \times E(MeV) \end{aligned} \tag{9.15}$$

여기서 E의 범위는 ~0.1에서 수 MeV이며, 플럭스는 $F = A/4\pi r^2 (10^6\ m^{-2}\ s^{-1})$이다.

등가 방사선량은 몸 전체가 균일하게 방사선에 노출되었을 때의 생물적인 효과를 가늠할 수 있게 한다. 일부 기관들만 방사선에 노출되었으면 사람에게 미치는 영향이 적어지며 이를 고려하여 유효 방사선량(effective dose)으로 나타낸다. 예를 들면, 방사선 요오드 흡입에 따른 등가 방사선량이다. 요오드는 갑상선에서 농축되며, 갑상선이 25 μSv의 등가 방사선량에 노출되었다면 유효 방사선량은 1 μSv이다.

환경방사선

방사성 광물과 우주선(cosmic ray) 때문에 주변 환경에서 자연적으로 받게 되는 방사선이 존재한다. 이것은 우라늄, 토륨과 이들의 붕괴 물질, 특히 라돈과 칼륨의 동위원소인 ^{40}K이 주원인이다. 영국에서 여러 방사선원으로부터 1년 동안 받는 유효 방사선량의 일반적인 값은 μSv 단위로 우주선 260, 음식 300, 환경* 1650, 의료 370, 기타 0.4, 낙진 5, 직업상 8이다(*화강암 지대에서 증가).

우주선의 영향은 고도가 높을수록 커지고 해발 10,000 m의 여객기에서는 해수면보다 약 150배가 크고, 연간 방사선량 대비 약 15배이다. 공기 중 라돈의 양은 영국 콘월과 같은 화강암 지대에서는 연간 방사선량 6,900 μSv로 높다.

원자력 발전에 종사하는 방사성 물질을 다루는 사람들의 경우, 방사선에 노출될 확률이 높다. 상당한 양의 방사선에 장시간 노출되면 암에 걸릴 확률이 커질 위험이 있다. 이들 종사자에 대한 연간 방사선 조사량과 섭취되거나 흡입될 수 있는 방사성 동위원소의 허용치는 다른 직업군과 비교하여 높지 않은 위험에 노출되도록 설정되었다. 현재 영국의 전신 연간 방사선 허용량은 20 mSv이다.

9.5 고속로

앞에서 언급했듯이 연료가 충분히 농축되면 연쇄반응은 대부분 고속 중성자($E_n > 1$ keV)에 의해 유지할 수 있다. 하지만 고속로를 만드는 것은 고속로 노심이 더 큰 에너지밀도를 가지기 때문에 열중성자로보다 기술적으로 더 어렵다. 임계는 제어봉과 제어의 시상수 제어를 통해 이루어지며, 제어의 시상수는 열원자로 베타붕괴 중성자의 평균 지연시간과 유사하다.

단기적으로는 국제적인 우라늄의 비축량 때문에 증식로가 중요하지는 않다. 하지만 재래식 핵분열 원자로보다 고속로에서 핵분열 물질로의 전환이 더 크기 때문에, 우라늄의 공급이 보다 제한되면, 우라늄을 덜 소비하는 고속로들이 아마 더 선호될 것으로 보인다. 전환에서는 노심이 핵분열 원료물질로 둘러싸여 있는데, 방출된 중성자들이 이 물질을 핵분열 물질로 변환한다. 예를 들어, ^{235}U를 연료로 사용할 때, 일부 핵분열 중성자는 ^{238}U에 의해 흡수되고 핵분열 물질 ^{239}Pu를 다음과 같은 반응으로 생산한다.

$$n + {}^{238}U \to {}^{239}U \to {}^{239}Np \to {}^{239}Pu \tag{9.16}$$

여기서 마지막 두 반응은 베타붕괴로 일어난다.

전환을 통해 노심에 사용하는 핵분열 물질보다 더 많은 핵분열 물질을 만들 수 있다. 이러한 일이 일어나는 원자로를 **증식로**(breeder reactor)라 하는데, 우라늄의 활용은 ~2~50%로 원자력 에너지 매장량을 ~25배 늘린다. 증식에 대한 자세한 설명은 박스 9.1에 수록되었다. 화석연료와 우라늄 연료(열원자로 사용 시)의 매장량은 각각 ~4 × 10^{22} J과 ~3 × 10^{21} J로 예상된다. 따라서 증식로는 온실가스 배출 없이 어마어마하게 많은 에너지를 공급할 수 있다.

고속로에서는 핵분열이 대부분 고속 중성자에 의해 유지되도록 하기 위하여, 감속재를 (아주 적게 쓰거나) 사용하지 않으며, 연료는 10~30%로 농축된다. 결과적으로 노심은 아주 작다. 적정한 양의 출력을 내려면 노심 속의 에너지밀도는 높아야 되므로 열전달이 아주 잘되는 냉각재가 필요하다. 그리고 냉각재는 중성자를 감속하면 안 되므로 작은 원자번호 핵이 포함되지 않은 냉각재가 선호된다. 많은 경우 소듐(나트륨)이 사용된다. 소듐은 1기압에서 882°C의 높은 비등점을 가지고 있어서 높은 압력과 큰 압력용기 없이도 열역학 효율이 높다. 하지만 소듐의 화학적 반응성이 높으며 중성자 흡수 시 반감기가 15 h인 ^{24}Na를 생산하기 때문에 냉각재 유로를 두껍게 차폐해야 한다. 그 결과 신뢰성 있고 경제성 있는 소듐 냉각 고속로의 설계는 까다롭다.

9.6 열원자로 설계

최초의 원자로는 **맨해튼 프로젝트**(Manhattan Project)의 일부로 처음 핵폭탄을 개발한 엔리코 페르미(Enrico Fermi)의 지도하에 1942년 시카고대학의 스쿼시 코트에 지어졌다. 이 원자로는 흑연으로 감속된 천연 우라늄 연료를 사용하고, 연료봉을 흑연 덩어리가 싸고 있는 형태였다. ^{235}U가 농축된 우라늄을 생산하기 어렵기 때문에, 영국의 첫 세대 원자력 발전소에는 흑연으로 감속된 천연 우라늄 연료가 적용되었다. 이 원자로는 고압 이산화탄소를 일차 유체로 사용하여 기체 냉각을 했으며, 마그네슘 합금 용기에 담긴 우라늄 산화물 연료를 사용했다. 그래서 이름이 **마그녹스 원자로**(Magnox reactor)이다. 이 원자로들은 비교적 낮은 400°C에 작동했기 때문에 ~30%의 낮은 열효율을 가졌다. 캐나다에서는 중수로형(CANDU) 원자로가 성공적으로 개발되었다. 하지만 농축되지 않은 연료의 사용 때문에 노심이 커서, 미국에서 개발된 농축된 연료를 쓰고 더 작은 노심의 **가압경수로**가 9.4.1절에서 설명된 바와 같이 훨씬 더 널리 사용되었다.

1세대라 부르는 초기 원자로의 원형들은 1950년대와 1960년대에 만들어졌다. 오늘날 사용하는 원자로들은 대부분이 2세대로 1970년대와 1980년대에 만들어졌다. 2017년에 가동된 448기의 원자로 중에는 가압경수로(PWR, 292기), 비등경수로(BWR, 75기), 중수로(HWR, 49기),

경수냉각흑연로(LWGR, 15기), 기체냉각흑연로(GCR, 14기), 고속중성자로(FNR, 3기)가 있다. 그림 9.3은 중국의 다야만 발전소이며, 2기의 944 MWe 2+세대 가압경수로가 80년대 후반에 건설되었다.

비등경수로(boiling water reactor, BWR)는 냉각수와 감속재로 물을 사용하며, PWR과 마찬가지로 농축된 연료를 사용한다. 차이점은 물이 단일 루프로 코어에서 가열되고 끓어 순환하며 터빈 발전기를 위한 증기를 생산한다는 것이다. 배출되는 증기는 응축되어 노심으로 돌아와 루프를 완성한다. 압력은 PWR의 약 절반 정도이며 열교환기가 필요하지 않지만, 출력 밀도가 낮으며 증기 터빈과 응축기의 모든 구성요소들을 차폐해야 한다.

9.6.1 첨단 발전용 원자로

대부분 미국의 경수로는 일회성 설계로 건설되어 유지에 보다 많은 노력과 비용이 들었으며 1986년 체르노빌 사고로 안전에 대한 중요성이 강조되었다. 이로 인해 1990년대 초부터는 더 간단하고, 더 적은 부품 수와 배관을 필요로 하며, 건설하기가 더 쉬워지고, 피동비상냉각시스템이 추가된 표준화되고 발전된 경수로 개발을 촉발시켰다. (이런 원자로들을 3세대 혹은 3+세대로 부른다.) 피동냉각은 **피동안전**(passive safety) 시스템의 한 예로, 펌프 대신에 중력이나

그림 9.3 중국의 다야만 가압경수로(Skyscan Photolibrary/Alamy)

온도 차이를 이용하는 보다 신뢰성 있는 장치이고 고장 시 안전(fail-safe) 장치에 가깝다. 이런 3세대 원자로 몇 기가 건설되었다. 표준화의 장점을 프랑스의 사례에서 볼 수 있는데, 거의 20년 사이에 0.9 GWe 34기와 1.3 GWe 2세대 20기의 원자력 발전소가 건설되었다. 이 발전소들은 프랑스 전력의 ~75%를 공급한다.

고성능 경수로 대부분의 설계 수명은 일반적으로 60년이고, 연소는 톤당 50 GWd 이상이며, 출력을 용량의 절반으로 변경할 수 있다. 즉, 부하에 따른 출력 변화가 가능하다. 대부분의 프랑스 원자로들은 이미 이런 방식으로 운영되고 있다. 인도는 토륨을 활용하기 위한 프로그램의 일환으로 첨단 중수로를 개발하고 있다. ^{233}U이 ^{232}Th로부터 증식되면서 자동적으로 운전되도록 설계되었으며, 연료의 65%가 소모되며 이 중 토륨에서 ^{233}U을 통해 3분의 2가 소모된다. 저 분열성 Pu가 생산되고 있으며, 내증식성이 우수하다. 또한 6개의 원자로 기술에 대한 국제 협력 연구가 진행되고 있으며 이들은 모두 향상된 성능을 가져올 것이며, 4세대 원자로(GIF)라고 불린다. 4세대 원자로의 프로토타입은 2020~2030년에 가동될 예정이다.

9.6.2 소형원자로(SMR)

자본 비용을 줄이기 위한 시도로 소형모듈형원자로(small modular nuclear reactor, SMR) (< 300 MWe) 개발에 대한 관심이 높아지고 있다. 이는 산업을 위한 열과 전기를 모두 공급할 수 있고, 개발도상국의 전력망 외 지역에 전기를 제공할 수 있다. 많은 수의 모듈을 생산함으로써 규모의 경제와 학습효과를 통해 비용이 감소될 것으로 기대된다. 크기가 작기 때문에 노심 내 방사성 물질이 적으며, 부분적으로 특수 장비를 갖춘 공장에서 건설될 수 있어서 품질 관리가 용이할 수 있다. 또한 피동 안전 기능도 적용할 수 있다.

열중성자원자로, 고속중성자로(FNR), 용융염원자로(MSR) 등 여러 가지 종류의 SMR 설계가 고려되고 있으며, MSR에서는 우라늄 연료가 흑연 감속재를 순환하는 플루오린화나트륨염 냉각재에 용해되어 있다. 핵분열 생성물은 지속적으로 제거되고, 악티니드는 완전히 재활용되어 고준위 폐기물을 줄일 수 있다. 작동 온도는 수소 생산이 가능할 정도로 높으며, 노심은 피동 냉각을 통해 안전성을 향상시킨다.

SMR은 외진 지역에 전력을 공급한다거나 다른 형태의 에너지 공급에 대한 예비로 활용될 수 있다. 일례로, 1974년부터 시베리아 빌리비노 원전은 4기의 세계에서 가장 작은 12 MWe 용량 경수 흑연 원자로를 가동하고 있다. 2011년부터 중국 투올리에서는 25 MWe 용량의 고속증식로가 전력을 공급하고 있다. 인도의 라자스탄 원자력 발전소는 세계에서 네 번째로 작은 상업용 SMR인 100 MWe 가압중수로를 운영하고 있다.

SMR의 개발은 현재 대형 원자력 발전소에 비해 낮은 필요 자본과 탄소 발자국 때문에 서구에서는 민간 투자로 개발되고 있다. 그러나 요구되는 당국의 규제들이 대형 원전에 맞춰져 있고 소형원자로에 필요한 전문지식이 부족하기 때문에, 승인을 얻는 것이 개발을 방해하고 있다. SMR 건설이 핵무기의 확산을 증가시킬 수 있다는 점도 우려된다.

그럼에도 불구하고 2020년 오리건 주 포틀랜드에 있는 뉴스케일(NuScale)은 12개의 모듈로 구성된 60 MW SMR을 2029년에 가동할 수 있도록 승인받았다. 이는 기존 PWR의 부피의 1%에 불과하며, 핵연료 톤당 전력은 적게 발생하지만, 유연성의 이득이 있다. 예를 들면, 담수화 플랜트나 개발도상국에서 사용이 가능하다. 예상 전력 비용은 1 MWh당 55달러이며, 이는 서구의 발전소 비용 추정치(9.8절 참조)보다 상당히 적지만, 미국의 태양광 발전소와 육상 풍력 발전소의 현재 평균 비용보다 높다(표 1.2 참조).

또한 롤스로이스는 향후 10년 동안 영국에 각각 440 MW의 전력을 생산하는 최대 16대의 SMR을 건설할 것을 제안했다. 각각 20억 파운드의 비용이 예상되며, 힝클리 포인트 C에 220억 파운드의 비용으로 건설된 3 GW 원자력 발전소보다 더 저렴하다.

9.7 원자력 발전의 안전성

2020년 현재 세계에는 440기가 넘는 원자력 발전소가 운영되고 있는데, 대부분은 연간 최대 출력 대비 이용률이 80% 이상인 LWR이다. 운영 경험이 축적되면서 용량과 안전성이 증가되었다. 하지만 원자력 발전이 처음 등장한 1950년대 이후 상업 발전소에서 네 번의 심각한 사고가 났기 때문에 대중의 염려가 크다.

1952년에는 영국의 **윈드스케일**에 있는 원자로에서, 1979년에는 미국 펜실베이니아 주의 **스리마일아일랜드**에 있는 원자로에서 일부 방사능이 누출되는 심각한 사고가 일어났다. 하지만 1986년에는 우크라이나 **체르노빌**에서 엄청난 양의 방사능이 방출되었다. 다행히 건강에 미치는 영향은 처음에 우려했던 것보다 훨씬 적었지만 원자력에 대한 대중의 신뢰가 심하게 떨어졌다. 네 번째 대형 사고는 2011년 일본 **후쿠시마** 제1원자력발전소 지역에서 대규모 쓰나미에 의해 발생하여 신뢰도를 더욱 떨어뜨렸다.

후쿠시마 제1원자력발전소 사고는 전 세계의 원자로에 대한 점검으로 이어졌고, 이를 통해 원자력 발전소가 안전하게 운전될 수 있다는 것을 재확인시켰지만, 자연재해에 대한 발전소 방어 개선 권고안은 새로운 원자로의 비용을 증가시키고 일부 기존 발전소의 운영에 영향을 미칠 것이다. 어떤 심각한 원자력 사고도 전 세계적인 영향을 미치기 때문에, 국제적으로 승인된 설계와 검사는 원자력 발전소의 관리와 규제를 분명히 분리하고 대중의 신뢰를 쌓는 데 도움이 될 것이다. 규제기관은 강력하고 독립적이어야 하며, 안전 문화는 촉진되어야 한다.

원자로 안전성에는 또 다른 측면이 있는데, 그것은 바로 테러 공격에 얼마나 잘 견딜 수 있는가이다. 이는 9/11 사건 후 특별한 주목을 받았다. 다행스럽게도 원자력 발전소 건축물 구조 강도는 납치된 비행기나 폭탄 트럭의 충격에서 원자로를 보호하기에 충분하다. 발전소 내 보관하는 사용후연료도 강화 콘크리트 수조 내에 있기 때문에 보호되고 있다. 그럼에도 불구하고 9/11 사건으로 인해 원자력 발전소의 보안은 더욱 강화되었다.

9.8 원자력의 경제성

원자력 발전소는 많은 자본 투자가 필요하기 때문에, 현재 발전소들은 원래 국가 소유이거나 아니면 공기업에 의해 운영되었다. 이런 방식의 대규모 자본 지출에 관한 금융적인 위험 요소는 국가의 보호로 인해 최소화되었다. (아니면 공급자보다는 소비자에 의해 조달되었다.) 그리고 자본 회수 기간이 긴 프로젝트는 장기적인 경제적 안보 확보를 위한 국가 기반시설의 일부분으로서 회수될 수 있다. 그러나 경쟁이 치열한 전기 공급 시장에서는 자본금이 적게 들며 건축 기간이 짧은 에너지원이 선호된다. 장기간의 안정적 요금이 보장되어야 이와 같은 자본금이 많이 드는 산업에 투자가 가능하다. 이러한 이유 때문에 소형 모듈 원전이 투자와 건설의 대상으로 고려되고 있다.

새로운 원자로의 추세는 향상된 전력 생산량과 더 높은 안전수준이다. 서구에서는 동일한 종류의 초기 원자로(FOAK) 대비 비용이 증가했지만, 다른 곳에서는 국가 지원으로 비용의 경쟁력이 보다 나아졌다. 서구에서는 출력 kW당 비용이 2002년 kW당 약 3000달러에서 2016년 kW당 약 8000달러(또는 그 이상)로 증가했다. 2009년 자본 비용 추정치(MIT 2009)는 kW당 4000달러였으며, 그 가격에서 자본 비용에 대한 이자율이 동일할 경우 6.6센트/kWh로 원자력은 석탄 또는 가스 대비 경쟁력이 있다. 연료비가 없고 이자율이 8%인 발전소의 LCOE에 대한 간단한 추정치는 다음과 같다(식 1.1 참조).

$$\text{LCOE} = 1.47 \times C_{\text{capital}}(1000\text{달러/kW}) \quad \text{센트/kWh}$$

우라늄의 가격이 kWh당 1센트 미만이기 때문에, kWh당 5.9센트를 제공한다. 그러나 kW당 8000달러인 경우 LCOE는 kWh당 약 12센트로 경쟁력이 없어진다.

게다가 승인을 얻는 데 훨씬 더 오랜 시간이 걸릴 수 있고 지연은 비싸다. 또한 원자력 건설의 과거 낮은 건축 성과와 새로운 설계에 대한 규제 위험으로 인해 자본 차입 비용은 석탄이나 가스보다 더 높다. 더욱이 어떤 종류의 최초 프로젝트에는 항상 기술적인 위험이 있다. 서구에서는 차입 비용과 자본금 증가로 원자력 발전의 경쟁력이 떨어지고 있다. 그러나 자본과 금리가 낮은 곳에서는 원자력이 더 경쟁력이 있다.

지연 가능성을 높이고 그에 따른 비용을 증가시킬 수 있는 또 다른 요인은 건설 노동자들의 숙련도이다. 지난 10년 동안 비교적 적은 수의 원자로가 건설되었고, 서구에서는 숙련된 노동력이 손실되어 지연 가능성이 더 높아졌다. 확장은 학습곡선 효과를 통해 비용을 낮추는 데 도움이 될 것이다(1.5.8절 참조).

9.9 원자력 발전에 따른 환경 영향

환경적 측면에서 원자력의 가장 큰 장점은 이산화탄소 배출이 매우 적기 때문에 지구온난화의 관점에서 아주 좋은 에너지원이다. 주된 환경적 고려사항은 원자로 부지에 연관된 것으로, 특히 지진(후쿠시마 사고에서와 같은), 기상, 지질, 홍수 위험, 주변 인구 분포 등이다. 사고 발생 시 방사능의 분산에 영향을 미치기 때문에 주변 날씨는 중요하다. 이에 더하여 필요 지반 조건, 열방출로 인한 환경 영향, 그리고 폐기물의 저장 및 처리도 고려해야 한다.

9.10 원자력 폐기물 처리

원자로에서 발생된 폐기물은 **고준위**, **중준위**, **저준위 폐기물**로 분류된다. 고준위 폐기물이 주된 우려의 대상으로, 1 GWe 가압경수로당 1년간 연소된 사용후연료 약 25톤이 이에 해당되며, 방사능의 약 95%를 함유하고 있다. 사용후연료는 초우라늄 원소와 핵분열 생성물로 구성된다. 초우라늄 원소는 **악티니드**인 플루토늄, 아메리슘, 넵투늄, 퀴륨 등 수명이 긴 동위원소가 포함되며 1000년 후에도 주된 위험물로 분류될 것이다. 핵분열 생성물은 주로 ^{90}Sr과 ^{137}Ce이며 대부분의 열과 투과성 방사능이 배출된다.

사용후연료는 방사능이 높고 수명이 짧은 핵분열 생성물이 붕괴하도록 초기 몇 년간은 발전소 내에 보관된다. 폐기물은 열 및 방사능 누출 차단 때문에, 발전소 내 보관 풀에 저장된다. 사용후연료는 저장 혹은 재가공되어 우라늄과 플루토늄이 추출된 나머지가 유리화를 통해 고형화되며, 붕규산 유리에 결합된다. 사용후연료나 유리화된 폐기물은 내식성 용기에 담겨 지하 저장소에 보관될 수 있다. 연료 비용은 원자로의 경제성의 주요 요소가 아니기 때문에 재처리가 필요하지 않을 수 있다. 또한 가속기에 의해 수명이 긴 핵종에서 수명이 짧은 핵종으로 변환되는 것과 같은 신기술이 등장하면 결국 폐기될 수도 있다.

건조하고 안정된 암석 구성물과 소금 퇴적물에 있는 동굴이 저장소로 제안되었다. 가장 큰 우려사항은 폐기물이 지하수로 누출되어 식수를 오염시키는 것이다. 그러므로 지질학적으로 수천 년 동안 안정한 장소를 찾을 필요가 있다. 초기의 원자로들에서 생성된 폐기물(상속폐기물, legacy waste)의 양은 현세대의 원자로들이 생산하는 폐기물의 양보다 훨씬 많아 이들 또한 안전하게 저장할 필요가 있다. 고준위 폐기물을 저장할 수 있는 깊고 영구적인 지하 부지가 있는 국가는 핀란드에서 건설되고 있는 것 빼고는 아직 없다(2020년 현재).

9.11 원자력의 전망

안정된 에너지 공급, 다양한 우라늄의 공급원과 탄소 배출 감소를 위해 각국은 원자력 발전을 무탄소 전기의 공급원 중 하나로 재평가한다. 원자력 에너지는 쉽게 비축할 수 있고, 안정적인 기저부하 전력을 제공할 수 있으며 고에너지밀도를 가진 매우 콤팩트한 연료 공급원이다. 설계의 더 많은 표준화 및 단순화는 원자력 발전의 경쟁력을 향상시킬 것이며, 피동 및 능동 안전 시스템을 동시에 갖추면 사고 발생 가능성을 줄일 수 있을 것이다. 대중의 신뢰는 필수이며, 안전한 운영과 폐기물 처리는 모든 새로운 원자로 건설 프로그램에서 가장 중요하고, 핵 확산 가능성 및 테러 공격에서 발생하는 정치 및 안보 문제는 해결해야 할 과제이다.

원자력 발전으로 인한 전력 생산량은 2004년까지 꾸준히 증가했으나, 그 이후 2017년 392 GW의 용량으로 연간 약 2500 TWh를 유지하고 있다. 세계 총 전력 생산량에서 차지하는 비중은 1996년 17.5%에서 2019년 약 10%로 낮아지고 있다. 2008~2010년 금융 위기로 인해 대규모 자본 프로젝트의 자금 조달이 어려워졌고, 많은 프로젝트의 성장이 둔화되었다. 또한, 2011년 후쿠시마 제1원전 사고는 원자로의 안전에 대한 새로운 우려를 불러일으켰고, 원자력 발전에 대한 국민의 신뢰를 감소시켰고, 독일과 이탈리아를 포함한 몇몇 국가들이 핵 프로그램을 단계적으로 폐지하는 결과를 낳았다.

적정한 탄소 가격의 유지, 재생에너지의 가격 하락, 그리고 미국의 셰일가스로 인해 몇몇 서구 국가에서는 원자력이 덜 매력적이지만, 아시아와 러시아에서는 원자력이 더 경쟁력이 있고 일부 확장이 계획되어 있다. 2019년 국제 에너지 기구(IEA)는 원자력 발전 용량이 약 2배로 증가할 수 있다고 추정했으며, 2060년에도 원자력 발전의 점유율은 약 10%에 머무를 것이라고 예측하고 있다. 그러나 2019년 원자력 관련 보고서에서 IEA는 선진국의 원자력 발전이 2040년까지 크게 퇴색하여 추가적인 행동 없이는 파리 목표를 달성하기 어려울 수 있다고 결론지었다. 현재 약 50기의 원자로가 건설 중이지만, 2025년까지 기존 ~440기의 원자로 용량의 약 4분의 1이 폐쇄될 것으로 예상되며, 재생에너지 가격의 하락으로 핵에너지의 경쟁력이 점점 떨어지고 있다. IEA는 안전하게 수행될 수 있는 한 기존 원자력 발전소의 운영을 확장하고, 신규 건설을 지원하고, 새로운 저비용 기술을 장려하는 것을 가장 비용경쟁력 있는 조치로 권고했다(IEA 2019).

원자력은 값진 저탄소 기저부하 발전 및 에너지 안보를 제공할 수 있고, 전 세계 온실가스 배출량을 줄이는 데 도움이 될 수 있지만, 상대적으로 높은 가격과 안전 및 폐기물 처리 우려로 인해 추가 확장은 다소 불확실하다. 2050년까지의 잠재적 기여도는 5000 TWh y^{-1}로 추정된다.

9.12 핵융합 에너지

가벼운 원자핵의 경우 핵자 수에 따라 결합에너지가 증가하며, 2개의 가벼운 핵이 하나의 무거운 핵으로 융합되면 에너지가 방출된다. 핵융합은 별들의 에너지 원천이다. 태양을 포함한 많은 별에서, 수소가 헬륨으로 전환(p-p 연쇄반응)되는 연속적인 반응으로 에너지가 방출되며, 초기 반응은 두 수소 원자 핵(양성자)이 중수소를 형성한다. 이 과정은 양전자와 중성미자의 방출을 일으키면서, 양성자 중의 하나가 중성자로 변하고, 수소의 '연소율'이 결정되는 과정이다.

두 양성자의 반응이 일어나기 위해서는, 상호 정전 반발력(쿨롱 반발력)을 극복하기 위한 충분한 에너지를 가지고 있어야만 한다. 고전 역학에 따르면, 양성자가 융합되기 위해서는 쿨롱 장벽(약 700 KeV)보다 더 많은 운동에너지가 요구된다. 그러나 양자역학 터널링을 통해 태양의 중심(약 1 KeV)에서 매우 작은 양성자 에너지만으로 이 반응이 일어날 수 있다. 양성자는 맥스웰 에너지 분포 $N(E) \propto E\ \exp(-E/kT)$를 가지며, 강한 에너지 의존성은 에너지 분포의 고에너지 끝부분이 작으며, 태양에서 핵융합 반응속도를 좌우한다.

p-p 연쇄반응으로 수소가 핵융합되어 헬륨을 형성하면서 약 25 MeV의 에너지가 방출된다. 이 에너지는 전자를 포함하는 전형적인 화학반응(화석연료의 연소)보다 10^6배가 더 크다. 이는 핵분열에서의 에너지 방출과 비슷한 수준이며, 온실가스가 전혀 방출되지 않는다. 그러나 반응률이 낮고 약한 상호작용만을 포함하기 때문에, 핵융합로에서 수소의 핵융합은 비현실적이다. 그러나 비슷한 에너지양을 가진 강한 상호작용이 일어나는 핵융합 반응이 있으며, 실제적인 핵융합로에서 충분히 반응속도를 빠르게 만들 수 있는 반응도 있다. 특히 중수소와 삼중수소의 핵융합을 통해 헬륨과 중성자가 되는 반응은 17.6 MeV의 에너지를 방출한다. 이것은 수천 년 동안 전 세계의 에너지 수요를 충족시키는 잠재력을 가진다.

9.12.1 D-T 연료 자원

중수소–삼중수소 핵융합의 연료는 중수소와 리튬이다. 중수소는 바닷물 1 m^3당 30 g 정도 있고, 6500개의 수소 원자당 1개 정도 있는 만큼 상당히 풍부하게 존재한다. 리튬은 지구상 매장량이 1350만 톤으로 예상된다. 쉽게 이용할 수는 없지만, 바닷물의 Li^+ 농도는 175 mg m^{-3}으로 2300억 톤이 존재한다. 핵융합로 연료의 에너지밀도는 어마어마하며, 중수소 100 kg과 ^6Li 300 kg으로부터 얻는 삼중수소 150 kg으로 1년 동안 1 GW의 전기를 생산할 수 있다(예제 9.2 참조). 중수소의 가격은 1 g당 1유로이고, 리튬의 가격은 1 kg당 20유로이어서, 전기 가격당 연료 경비는 kWh당 0.0001유로센트 이하로 무시할 수 있다. 지구상의 리튬 자원(1350만 톤)은 1000년 동안 ~3 TWy의 연간 에너지를 제공할 수 있다.

예제 9.2

핵융합로에서 중수소 100 kg과 삼중수소 150 kg이 1년 동안 소비될 때 에너지 방출량은 얼마인가? 핵융합로의 열효율이 35%일 때, 연간 평균 전력 생산량은 얼마인가?

중수소 100 kg과 삼중수소 150 kg은 각각 5×10^4몰에 해당한다. 그러므로 에너지 방출량 E는 다음과 같다.

$$E = 5\times10^4 \times 6\times10^{23} \times 17.6\times10^6 = 5.28\times10^{35}\,\text{eV}$$
$$= 5.28\times1.6\times10^{16}\,\text{J} = 8.45\times10^{16}\,\text{J}$$

효율 ε의 핵융합로의 에너지 방출량 E는 주어진 시간 t 동안 전력 생산량 P를 생산할 수 있다.

$$\varepsilon E = Pt,\ \text{또는}\ \ P = \frac{\varepsilon E}{t} = 0.35\times8.45\times\frac{10^{16}}{3.15\times10^7} = 0.94\,\text{GW}$$

9.13 D-T 핵융합

충분한 반응률로 중수소와 삼중수소의 핵융합이 일어나기 위해서는 원자핵이 약 10 keV, ~10^8 °C에 해당하는 에너지를 가져야 한다. 이 온도에서 중수소와 삼중수소는 대부분 이온화되어 있고, **플라즈마**(plasma)라 불리는 가스 형태의 하전입자를 형성한다. 어떤 고체 재료도 이 온도에서 버틸 수 없으므로, 플라즈마는 보관 용기의 내벽으로부터 멀리 떨어지게 유지되어야 한다. 태양 내부에서 수소 플라즈마는 너무 거대해서 거대한 중력이 작용하며, 밖으로 향하는 플라즈마 압력과 힘의 균형이 맞춰져 있다. 핵융합로에서 플라즈마는 다른 방법들로 유지되어야 한다. 첫 번째 방법은 자기장을 이용해서 플라즈마를 유지하는 **자기밀폐**(magnetic confinement)이다. 두 번째 방법은 거대한 내파력을 이용해서 플라즈마를 유지하는 **관성밀폐**(inertial confinement)이다. 여기에서는 지금까지 많이 개발되어 온 자기 밀폐에 주로 초점을 맞출 것이다. 먼저 D-T 핵융합을 살펴보자.

중수소(D ≡ ^{2}H)와 삼중수소(T ≡ ^{3}H)의 핵융합 반응은 헬륨(α입자)과 중성자를 다음과 같이 형성한다. (중수소 원자의 핵은 중양자라고 하고, 삼중수소 원자의 핵은 삼중양자라고 한다.)

$$\mathrm{D + T \rightarrow {}^4He + n + 17.6\ MeV} \tag{9.17}$$

방출된 17.6 MeV의 에너지는 α입자(3.5 MeV)와 중성자(14.1 MeV)에 의한 것이다. 중수소는 안정적이지만, 삼중수소는 반감기가 12.3년으로 안정적이지 않다. 그러나 삼중수소는 중성자 방사를 이용하여 생산할 수 있다. 핵융합 반응 에너지의 약 80%를 차지하는 고에너지 중성자는 플라즈마 밀폐용기 외부에서 리튬에 의해 차단될 수 있다. 전달된 에너지는 열발전소에서 열원으로 사용될 수 있고, 중성자는 리튬과 함께 다음 두 반응에 의해 삼중수소를 생산(증식)할 수 있다.

$$\mathrm{n + {}^6Li \rightarrow T} + \alpha + 4.78\ \mathrm{MeV} \tag{9.18}$$

$$\mathrm{n + {}^7Li \rightarrow T} + \alpha + \mathrm{n} - 2.87\ \mathrm{MeV} \tag{9.19}$$

중수소-삼중수소 반응에서 하전 α입자는 용기 벽으로부터 멀리 떨어져 10^8 °C 온도의 플라즈마를 유지시킬 수 있는 열원을 제공한다. 복사, 입자 확산, 벽으로의 열전도를 통한 플라즈마 에너지 손실이 있다. 정상상태 운전 동안에 이 손실은 α입자 플라즈마 덩어리로부터 발생하는 열에 의해 보충된다. 최적의 운전 조건을 유지하기 위해 추가적인 열과 연료의 주입이 필요하다. 방출된 입자들은 플라즈마 중심으로 멀어지며 헬륨('재')과 열이 배출된다.

중수소-삼중수소 반응에서 발생한 14.1 MeV 에너지의 중성자는 플라즈마 내벽과 요소들과 상호작용한다. 이 상호작용은 물질을 방사화시킬 수 있는 방사성 핵종들을 생산할 수 있다. Cr, W, Ti이 Mo, Ni, Nb을 대체하여 낮은 방사화도를 갖도록 스테인리스강이 개발되었으며, 50~100년 후에 재활용될 수 있다. 세라믹과 섬유함유 복합소재도 또한 연구되고 있다. 폐기물의 양은 핵분열 원자로보다 상당히 적으며, 대규모 방사성 폐기물 처리 문제가 생기지 않는다. 또한 삼중수소는 심각한 위협이 되는 방사능을 배출하지 않는다.

D-T 핵융합로의 경우에, 플라즈마에 의해 생산된 핵융합 출력 P_{fusion}은 α입자 P_α(20%)와 중성자 P_{n}(80%)으로 나뉜다. α입자는 플라즈마 내에서 멈춰지며 P_α는 플라즈마에 열을 공급한다. 중성자는 플라즈마를 탈출하여 격납 벽을 통과한다. 통과한 중성자는 리튬 차폐에서 멈추며, 여기에서 삼중수소가 생산되고 터빈을 돌리는 유체에 열을 공급할 수 있다.

외부 출력 P_{ext}는 플라즈마에서 손실을 보상하고 플라즈마 조건을 최적화하기 위해 P_α에 추가될 수 있다. 출력 손실 P_{loss}는 플라즈마 중심부에서 격납 벽으로 확산되는 입자와 열에 의해 발생한다. 더불어, 격납 벽에서 방출되는 불순물의 선형 방사선과 함께 여러 방사선(제동복사와 싱크로트론 방사선)이 발생한다. 출력 손실 P_{loss}는 **에너지 가둠시간**(energy containment time) τ_{E}와 총 플라즈마 에너지 W와 다음과 같은 관계식이 성립한다.

$$P_{\text{loss}} = W/\tau_{\text{E}} \tag{9.20}$$

여기서 τ_{E}는 플라즈마가 운전 조건에 있고 입력 에너지가 없을 때, 격납 벽에 소실되는 플라즈마 에너지 소요시간이다. (τ_{E}는 플라즈마 지속(연소) 시간과 다르다. P_α와 P_{ext}는 연소 동안 플라즈마에 열을 공급한다. 그래서 지속시간이 더 길다.)

성능 지수(에너지 이득 계수) Q는 다음과 같이 정의된다.

$$Q = P_{\text{fusion}}/P_{\text{ext}} \tag{9.21}$$

손익분기점(break-even)은 $Q = 1$이고, **점화**(ignition)는 $Q = \infty$로 정의된다. 점화는 $P_\alpha = P_{\text{loss}}$와 $P_{\text{ext}} = 0$인 상태이다. 유도 9.3의 **로슨 조건**(Lawson criterion)에서는 중수소와 삼중수소의 양이 50−50이고, **점화**의 조건은 다음과 같다.

$$n\tau_{\text{E}}T_{\text{keV}} \geq 3\times10^{21}\,\text{m}^{-3}\text{s keV} \tag{9.22}$$

여기서 T_{keV}는 플라즈마의 온도이고 keV 단위로 표현되며 $T_{\text{keV}} \equiv 10^{-3}\,kT/|e|$이고 10^8 K은 ~10 keV이다. T_{keV}가 ~10 keV이고 n이 ~10^{20} m^{-3}인 경우에 로슨 조건은 구속시간 $\tau_{\text{E}} \geq 3$ s이다.

유도 9.3 로슨 조건(Lawson criterion)

D-T 핵융합로에서 단위 부피당 반응 비율 R, 반응률은 식 (9.3)에 의해 다음과 같이 나타낼 수 있다.

$$R = n_{\text{D}}n_{\text{T}}\langle v\sigma\rangle$$

여기서 $\langle v\sigma\rangle$는 중수소와 삼중수소 핵의 상대속도와 핵융합 표면적 사이의 곱한 값을 평균한 것이다.

각 반응은 에너지 E_{fusion}을 생산한다. 이 반응은 다음과 같다.

$$\mathrm{D}+\mathrm{T}\rightarrow\alpha+\mathrm{n}+E_{\text{fusion}} \text{ 그리고 } E_{\text{fusion}}=E_{\alpha}+E_{n}=17.6\ \mathrm{MeV}$$

방출된 핵융합 출력은 반응당 방출된 에너지에 반응속도를 곱한 값과 같다.

$$P_{\text{fusion}}=RV\times E_{\text{fusion}} \tag{9.23}$$

여기서 V는 플라즈마 부피이다.

중수소와 삼중수소가 50−50으로 혼합되어 있다면, $n_{\mathrm{D}}=n_{\mathrm{T}}=\frac{1}{2}n$이다. 플라즈마 중성 상태에서는 전자와 이온 밀도가 동일하여 $n_e = n$을 의미한다. 그러므로 단위 부피 W/V당 총 운동 에너지는 다음과 같다.

$$W/V=2n\left(\frac{3}{2}kT\right)=3nkT \tag{9.24}$$

이 식은 전자와 이온이 열적 평형상태(즉, 같은 온도)임을 가정한 것이다. 식 (9.3)과 $n_{\mathrm{D}} = n_{\mathrm{T}} = \frac{1}{2}n$이며, P_{fusion}(식 9.23)은 다음과 같다.

$$P_{\text{fusion}}=\frac{1}{4}n^{2}\langle v\sigma\rangle E_{\text{fusion}}V \tag{9.25}$$

점화는 $P_{\alpha} = P_{\text{loss}}$이며, 여기서 $P_{\alpha}=\left(\dfrac{E_{\text{alpha}}}{E_{\text{fusion}}}\right)P_{\text{fusion}}$과 $P_{\text{loss}} = W/\tau_{\mathrm{E}}$와 식 (9.20)은 다음과 같이 표현된다.

$$\frac{1}{4}n^{2}\langle v\sigma\rangle E_{\text{alpha}}V=3nkTV/\tau_{\mathrm{E}}$$

10~20 keV 운전 온도 영역에서, $\langle v\sigma\rangle$의 값은 대략적으로 T^2에 비례한다. 즉, 다음과 같다.

$$\langle v\sigma\rangle\sim1.2\times10^{-24}\ T_{\text{keV}}^{2}\ \mathrm{m^{-3}\ s^{-1}} \tag{9.26}$$

여기서 $T_{\text{keV}} \equiv 10^{-3}kT/|e|$의 단위는 keV이므로 이 조건은 세 항의 곱인 $n\tau_{\mathrm{E}}T_{\text{keV}}$로 표현할 수 있다. $E_{\text{alpha}} = 10^{6}|e|E_{\text{alpha}}(\text{MeV})$와 $E_{\text{alpha}}(\text{MeV}) = 3.5$이므로, **점화** 조건은 다음과 같다.

$$n\tau_{\mathrm{E}}T_{\text{keV}}\geq3\times10^{21}\ \mathrm{m^{-3}\ s\ keV},\ p\tau_{\mathrm{E}}\geq5\ \mathrm{atm}\text{과 동일}$$

여기서 $p = nkT$, 식 (9.29)를 적용할 수 있다. 이것이 로슨 조건이며 T_{keV}가 약 10 keV와 n이 약 $10^{20}\ \mathrm{m^{-3}}$인 경우 $\tau_{\mathrm{E}} \geq 3$ s이다.

9.14 플라즈마

시간에 무관한 외부 전기장은 수 밀리미터보다 적은 두께의 전하 편광층(플라즈마 시스, plasma sheath)에 의해 플라즈마 내부로부터 보호되어 있다. 하지만 자기장으로 플라즈마가 뚫릴 수 있으며, 이를 이용하여 하전입자를 주입할 수 있다.

입자가 플라즈마에서 분리되는 일반적 거리는 다음과 같다.

$$r_s \sim n^{-1/3} \tag{9.27}$$

하전입자 쌍의 상대적인 운동에너지는 kT의 수준이기 때문에, 하전입자의 정전 에너지인 $U_c = e^2/(4\pi\varepsilon_0 r_c)$가 하전입자의 상대적인 운동에너지와 같을 때, 분리 거리 r_c는 다음과 같다.

$$r_c \sim e^2/(4\pi\varepsilon_0 kT) \tag{9.28}$$

일반적으로 떨어진 거리가 r_c보다 매우 클 때, 즉 $r_s/r_c >> 1$일 때, 둘의 쿨롱 상호작용은 거의 일어나지 않는다. 이 플라즈마를 일컬어 **약하게 결합되었다**(weakly coupled)고 한다.

플라즈마에 의해 가해진 압력 p는 다음과 같이 나타낼 수 있다.

$$p = nkT \tag{9.29}$$

예제 9.3

플라즈마의 온도는 10 keV이고 개수밀도 n은 10^{20} m^{-3}인 전형적인 플라즈마이다. 플라즈마 압력과 r_s/r_c를 구하라.

p를 구하기 위해 식 (9.29)를 사용하고, $kT/|e| = 10^4$을 감안하면 다음과 같다.

$$p = 10^{20} \times 10^4 \times 1.6 \times 10^{-19} = 1.6 \times 10^5 \text{ Pa} = 1.6 \text{ bar}$$

거리 r_s와 r_c는 식 (9.27)과 (9.28)에 의해 구할 수 있다.

$$r_s/r_c = (4\pi\varepsilon_0 kT)n^{-\frac{1}{3}}/e^2 = 4\pi \times 8.85 \times 10^{-8} \times 10^{-\frac{20}{3}}/(1.6 \times 10^{-19}) = 1.5 \times 10^6$$

$r_s/r_c >> 1$이므로, 플라즈마는 약하게 결합되어 있다.

9.14.1 도넛형 자기장에서 플라즈마

자기화되고 약하게 결합된 플라즈마 안에서 입자가 자기력선을 따라 라머(Larmor) 반지름 ρ의 나선형 경로를 이동한다.

$$\rho = mv_\perp/qB \tag{9.30}$$

여기서 $v_\perp$는 $\boldsymbol{B}$와 수직인 속도 성분이다. 플라즈마 온도가 T이고 평균 운동에너지 $\frac{1}{2}mv^2$이 $\frac{3}{2}kT$이므로, 하나의 속도 성분만 $\boldsymbol{B}$와 평행하며, 이 때문에 $mv_\perp^2 = 2kT$이다. 10 keV의 온도와 B가 5테슬라(tesla, T)인 경우에 핵융합 플라즈마는 일반적으로 다음과 같다.

중수소의 원자핵: $\rho = 4.1\,\text{mm} \quad \omega_c = 239 \times 10^6\,\text{rads}^{-1} = 38$ MHz

$$전자:\ \rho = 67\ \mu m \qquad \omega_c = 879 \times 10^9\ rads^{-1} = 140\ GHz$$

여기서 $\omega_c = qB/m$는 주파수(사이클로트론 주파수)로 입자가 자기력선을 나선운동한다.

도넛형 자기장에서 자기선은 연속적이기 때문에 나선운동을 하는 입자들은 장 내에 구속된다. 하지만 그림 9.4*a*와 같이 곡률과 장의 불균일성 때문에 나선운동을 하는 하전입자는 도넛형 자기력선에서 드리프트를 하게 된다. 이는 하전입자가 힘 $\boldsymbol{F}$, 자기장 $\boldsymbol{B}$를 받는 경우, $\boldsymbol{F} \times \boldsymbol{B}$ 방향으로 속도 $\boldsymbol{v}$로 드리프트하며, 로런츠 힘(Lorentz force) qvB가 F와 균형을 이룬다.

도넛형 자기장에서 자기장은 반경방향의 $1/r$에 따라 달라진다. 따라서 나선운동과 관련된 자기모멘트 $\boldsymbol{\mu}$와 자기장 $\boldsymbol{B}$의 상호작용에서 발생하는 하전입자의 자기에너지는 위치에 따라 변하며, 따라서 입자는 변화하는 자기장 방향으로 힘 $\boldsymbol{F}$를 받는다. 또한 입자가 평균적으로 반경방향으로 가속됨에 따라 추가적인 반경방향 힘을 받는다. 그 결과 이온과 전자는 $\boldsymbol{F} \times \boldsymbol{B}$ 방향으로, 즉 수직방향(그림 9.4*a*)으로 드리프트하고, 그 반대방향으로는 수직 $\boldsymbol{E}$장과 그에 따라 반경방향 $\boldsymbol{E} \times \boldsymbol{B}$의 바깥쪽으로 향하게 되어 구속이 풀리게 된다.

이 드리프트는 그림 9.4*b*에서 표시된 것과 같이 나선형 장을 생성하는 자기장에 폴로이드를 추가하여 상반된 운동을 만들 수 있다. 나선형 장의 선들은 도넛형 상의 위와 아래에 연결되며 드리프트를 없애고, 전하 분리 발생이 없는 상태에서 밖으로의 $\boldsymbol{E} \times \boldsymbol{B}$도 없앤다. 이로 인해 하전입자는 장에 구속된다.

나선의 도넛형 자기장은 **스텔러레이터**(stellarator)라 불리는 장치 또는 **토카막**(tokamak)에서 뒤틀어 놓은 자기코일장치에 의해 생성될 수 있다. 토카막에 관한 핵융합 연구는 가장 많이 진행되었으며 다음 절에서 토카막의 주요 특징들을 설명할 것이다.

9.15 토카막

토카막(러시아어로 도넛형 용기 안 자기코일과 동의어)에서 도넛형 자기장은 나선형 코일의 집합체에 의해 생성된다(그림 9.5). 핵융합로의 연속적인 운전 동안 초전도 코일로 수 테슬라

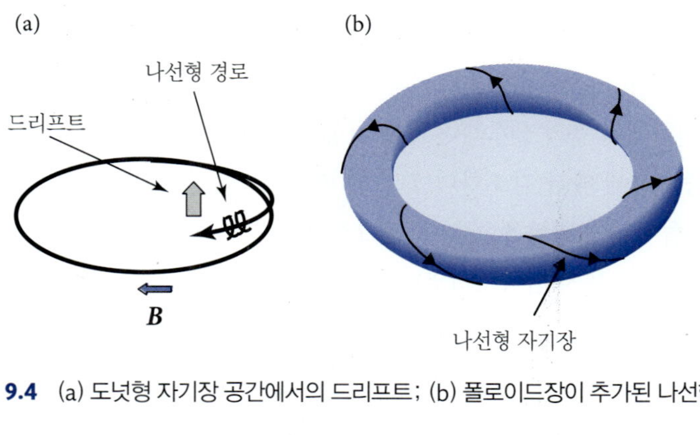

그림 9.4 (a) 도넛형 자기장 공간에서의 드리프트; (b) 폴로이드장이 추가된 나선형 장

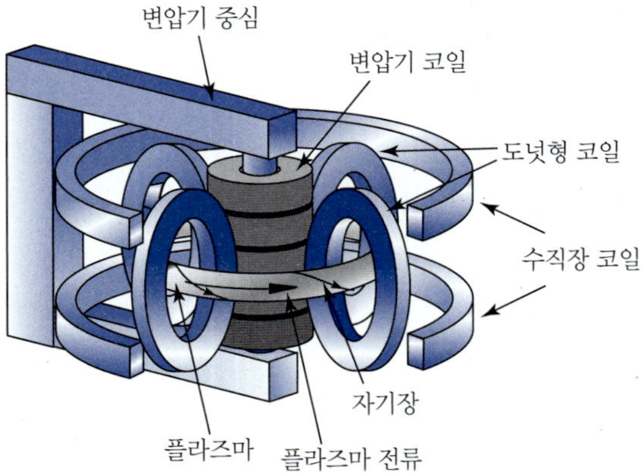

그림 9.5 토카막의 주요 요소들과 구속 나선 자기장

의 거대한 장을 발생시키는 출력을 감소시킨다. 수직장 코일은 플라즈마를 위치시키고 형상화하는 데 사용된다. 음의 피드백으로 플라즈마를 제자리에 유지시키는 데 사용한다.

폴로이드 장을 만들기 위해 전류가 플라즈마에 가해진다. 생성된 장은 그림 9.4*b*와 그림 9.5와 같은 나선형이다. 도넛 중심을 지나가고 시간에 따라 변하는 거대한 자기장에 의해 플라즈마 안 전류가 유도된다. 플라즈마는 변압기 안에서 이차회로와 같은 역할을 한다. 만약에 자속쇄교수(flux linkage)가 Φ이면 다음이 성립한다.

$$V = \mathrm{d}\Phi/\mathrm{d}t \text{이고} \quad I = V/R$$

여기서 R은 플라즈마 저항이다. 영국 컬햄(Culham)에 위치한 **유럽공동핵융합장치**(Joint European Torus, JET)에서 초기에 R이 상대적으로 높기 때문에, 전류를 만드는 데 10 V의 전압이 요구되었다. 일단 플라즈마가 저항가열(ohmic heating)에 의해 완전히 이온화되면, 0.3 V의 전압으로 3.5 MA 전류를 유도하는 데 충분하였다. JET는 34 Vs의 플럭스 변동을 가지며, 약 1분 동안 전류를 유지할 수 있다($[\Phi_{max} - \Phi_{min}] = -\int V\,\mathrm{d}t$).

외부장 적용의 필요성은 핵융합로의 효율 또는 이용률을 감소시킨다. 다행히 플라즈마 내에서 반경방향의 압력 구배는 도넛형 전류가 통하도록 한다. 이러한 전류가 플라즈마 자체에 의해 생산되므로 **부트스트랩 전류**(bootstrap current)라고 불리고 도넛형 전류를 유지하는 데 필요한 외부 전류 구동량을 감소시킨다.

초기 토카막 실험에서 플라즈마의 온도는 저항가열 방식으로 올려졌다. 그러나 플라즈마의 저항은 온도가 증가함에 따라 감소하며($T^{-3/2}$에 따름), 충돌하는 입자들과의 분리가 감소하여(식 9.28 참조) 충돌시간에 영향을 받는다. 필요한 폴로이드 장 발생을 위한 전류식 저항가열로 온도는 단지 10^7°C 정도까지만 증가하였다. 이 온도에서 복사와 전달에 기인한 손실과 저항가열에 의한 가열의 균형이 맞춰졌다. 그래서 다른 방법으로 플라즈마 온도를 높일 필요가 있다.

온도를 올리는 한 가지 방법은 플라즈마에 중성의 중수소 이온 빔을 주입하는 것이다. 하전된 중수소 이온은 가속되고 중성 중수소 기체를 통과하여 중성화된다. 기체상태에서 전하 교환으로 자기력선을 넘을 수 있는 고에너지(~80 keV) 중성 중수소 원자들이 된다. 플라즈마 안에서는 에너지가 입자들에 전달되고 이온화된다. (중수소와 삼중수소는 핵융합로에서 사용된다.)

플라즈마에 열을 가하는 또 다른 기술은 **고주파가열**(rf heating)이라 불리는 고주파수 전자기파를 사용하는 것이다. 고주파(rf)에서 진동하는 전기장은 주파수에 따라 관련된 이온 또는 전자 상태인 플라즈마 입자들의 사이크로트론 운동과 공진한다. 주파수 20~50 MHz에서 이온 사이크로트론 공명 가열(ICRH)이 일어나고, 70~140 GHz에서 전자 사이크로트론 공명 가열(ECRH)이 일어난다. 중성 빔과 고주파는 플라즈마 내에서 전류를 구동하는 데 사용된다. 얼린 중수소 고속 펠릿을 사용하여, 높은 중심 플라즈마 밀도 역시 얻을 수 있다.

9.15.1 토카막 내부 플라즈마 밀폐

전류가 토카막 내부 플라즈마에 유도될 때 전류는 원형으로 흐른다. 전류의 짧은 부분은 원통형태로 간주할 수 있다. 그림 9.6과 같이 전류는 매우 큰 폴로이드형 자기장을 발생시키며 이것은 플라즈마 전류에 안쪽으로 향하는 힘을 가하는데, 이를 **핀치효과**(pinch effect)라고 한다. 평형상태에서 플라즈마 전류는 플라즈마의 바깥쪽으로 향하는 압력과 균형을 맞추기 위해 충분한 자기력을 발생시켜야만 한다.

반지름 R을 가지는 플라즈마의 가장자리에서, 자기장 B가 있을 때 전류 I의 크기를 추정할 수 있다. 플라즈마 전류 때문에 발생하는 자기장 B는 $\mu_0 I/(2\pi R)$이다. 모든 전류의 흐르는 반경을 반경 R로 가정하면, 길이 l을 가진 플라즈마에 작용하는 힘은 IBl이다. 힘은 면적 $2\pi Rl$에서 안쪽으로 작용하고, 자기 '압력'(단위 면적당 힘) p_B는 다음과 같다.

$$p_B \sim \mu_0 I^2 l/[(2\pi R)^2 l] = \mu_0 I^2/(2\pi R)^2 = B^2/\mu_0$$

실린더 부분에서 플라즈마 압력 p는 nkT 또는 $NkTl/(\pi R^2 l)$이다. N은 단위 길이당 하전입자의 개수이고, l은 플라즈마 부분의 길이이다. p와 균형을 맞추기 위해 요구되는 전류의 크기는 $I^2 \sim 4\pi NkT/\mu_0$와 같이 주어진다. 정확한 관계식(Bennett 핀치 식)은 다음과 같다.

$$I^2 = 16\pi NkT/\mu_0 \tag{9.31}$$

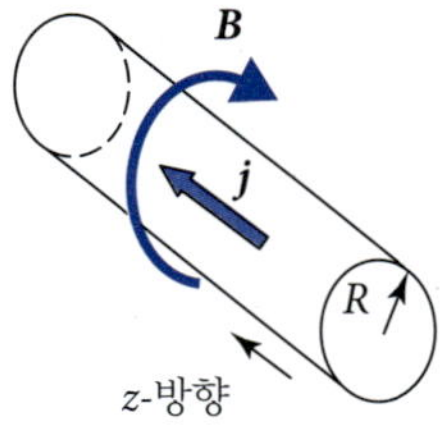

그림 9.6 z−핀치 배치

예제 9.4

온도가 10^8 K, 개수밀도 n이 10^{20}이고, 단면적이 1 m^2인 토카막 플라즈마를 밀폐하기 위해 요구되는 전류를 추정하라.

선형적 개수밀도 n은 10^{20}이다. 평형상태에서 다음과 같이 전류를 구할 수 있다.

$$I = (16\pi 10^{20} \times 1.38 \times 10^{-23} \times 10^8 / 4\pi 10^{-7})^{1/2} = 2.35\,\text{MA}$$

이것은 토카막에서 요구되는 전류의 크기이다.

9.15.2 에너지 가둠시간

에너지 가둠시간 τ_E는 입자와 에너지(운동과 복사)가 매우 높은 온도의 플라즈마로부터 외벽으로 이동될 때 걸리는 시간에 의해 결정된다. 10 keV의 온도를 가지는 플라즈마에서 전형적인 중수소 원자핵 이온의 속도는 ~1000 km s^{-1}이기 때문에 중수소는 몇 초 사이에 엄청난 거리를 이동한다. 자기장을 따라 나선형 운동을 하는 플라즈마 입자는 산란되고 다른 입자들에게 에너지를 전달하며, 이 에너지 전달률은 난류에 의해 특별하게 영향을 받는다. 이 과정은 아직 잘 이해하지 못하고 있으며, 난류의 모델링을 위해 많은 연구가 필요하다.

가둠을 개선시키는 데 있어서 중요한 진보는 독일 ASDEX 토카막에서 H-모드(고성능 모드)의 발견을 통해 이루어졌다. 이것은 자기장이 중심 플라즈마 영역에서 떨어진 위치의 재료들과 플라즈마의 주된 상호작용을 유지시키도록 바꾸는 다이버터(divertor)의 사용과 관련이 있다.

토카막에서 장을 수직으로 늘려서, 내벽 근처의 자기장 배치에서 **세파라트릭스**(separatrix)라 불리는 교차점을 형성하는 것은 가능하다. 이 배치는 플라즈마 중심부로부터 확산되어 나오는 하전입자들을 **다이버터 플레이트**(divertor plate)까지 전환시킨다. 하전입자들은 전력밀도를 줄이는 데 도움이 되도록 더 넓은 영역에걸쳐 입사된다. 또한 기체는 복사 손실을 증가시키기 위해 플레이트 근처에 첨가되고, 전하 교환을 통해 높은 에너지의 하전입자를 중성화시킨다. 복사와 중성입자를 통해 열 부하를 분산시킨다.

다이버터는 낮은 Z 물질로부터 만들어질 필요가 있고, 모든 증발한 원자는 온도가 매우 높은 플라즈마에서 완전히 이온화된다. 3825°C의 매우 높은 승화 온도를 가지는 탄소와 베릴륨이 사용될 수 있다.

9.16 핵융합 제어의 전망

대형 토카막 개발

그림 9.7은 토카막 T3의 결과가 발표된 1968년 이후, 더 나은 가둠을 얻기 위한 진전을 보여준다. 이후 40년 동안 $n\tau_E T$의 증가는 4배 정도였으며, 1997년 50-50 D-T 플라즈마와 융합하

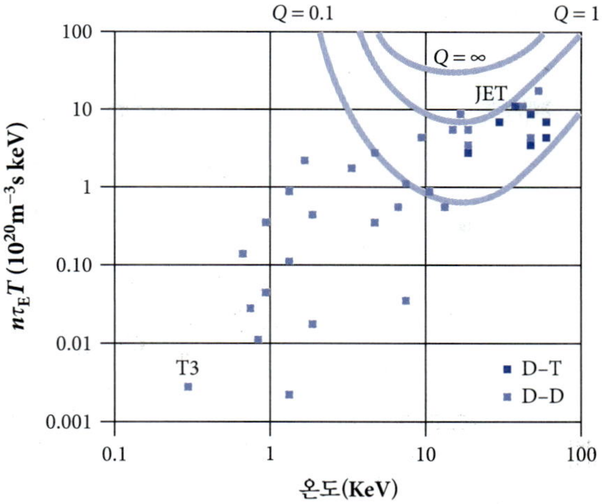

그림 9.7 1968년 러시아 토카막 T3에서 진행된 nτET 증가 결과(출처: Tok)

여 Q가 약 0.6에 해당하는 16 MW의 전력을 생산하고 τ_E가 약 1 s를 얻은 유럽공동핵융합장치(JET)의 성공적인 실험으로 정점을 찍었으며 이를 통해 2050년까지는 상업적 핵융합의 가능성이 더욱 밝아졌다. H-모드는 제한될 수 있고, 출력 열과 입자를 추출할 수 있는 융합 플라즈마를 제공한다. 그러나 이동 문제와 특히 다이버터에 사용되는 재료 및 불안정성으로 인한 과도한 열 부하를 방지하기 위해 상당한 연구가 여전히 필요하다.

이러한 문제는 국제핵융합실험로(International Thermonuclear Experimental Reactor, ITER)에서 다루어질 것이며, 이는 Q ~10을 제공하고, 실증핵융합로(DEMO)가 건설될 수 있는 데이터를 제공하도록 설계된 토카막이다. ITER는 준정상 조건에서 상당한 전력을 생산하고, α입자 가열과 입자-벽 상호작용을 조사하며, 삼중수소 증식기 리튬 블랭킷 설계를 시험한다. 중국, EU, 영국, 스위스, 인도, 일본, 한국, 러시아, 미국의 국제적 협력으로 진행되고 있다. ITER는 8분 동안 지속되는 유도 드라이브를 시험하도록 계획되어 있다. 또한 최대 30분까지 작동을 연장할 수 있는 보조 전류 드라이브도 있다. 핵융합 출력은 500 MW로 계획되어 있다. 특히 ITER는 도넛 벽 구성요소의 수명에 대한 정보를 제공할 예정이다. 현재 프랑스 남부 엑상프로방스 인근 카다라슈에 건설 중이지만, 지연으로 인해 현재 첫 플라즈마는 2025년, $Q > 1$은 2030년대 초반으로 예상된다. 토카막(tokamak)의 높이는 거의 30 m이고 무게는 23,000톤이며, 플라즈마 용적은 830 m^3이다. ITER는 에너지 소비를 줄이기 위해 초전도 자석을 사용할 것이다. 이에 비교하여, 현재 가장 큰 토카막은 영국의 JET와 일본의 JT-60으로, 둘 다 100 m^3의 플라스마 부피를 가지고 있다.

소형대체핵융합로

일반적인 통념으로는 JET나 ITER와 같이 큰 토카막이 작은 토카막과 비교하여 뜨거운 플라즈마가 용기 벽을 가열하는 것을 막는 것이 유리하다. 그러나 최근 전 세계의 20개 이상의 연구

단체들이 향후 10년 정도 내에 실용화되기를 바라는 소형핵융합로의 건설 가능성을 모색하기 시작했다.

더 높은 자기장을 제공하는 고온 초전도 자석, 초고속 전자장치 및 실시간 컴퓨터 모델링의 발전은 플라즈마를 수십 년 전보다 더 쉽게 제어할 수 있다는 희망을 불러일으켰고, 상업 및 국가 자금 지원 기관으로부터 상당한 재정적 지원을 끌어 모았다. 그러한 설계 중 하나가 Commonwealth Fusion Systems와 MIT가 제안한 콤팩트 토카막인 SPARC이다. 토카막 에너지 사는 구형 장치를 선택했는데, 이는 도넛형보다 약한 자기장을 필요로 하지만, 플라즈마 중심에서 열을 제거하는 데 더 큰 문제를 야기한다. 록히드마틴은 핵잠수함의 원자로와 비슷한 크기인 길이 18 m, 직경 7 m의 원통 대칭형 핵융합로를 만들었다.

다른 프로젝트들도 토카막의 비용과 규모를 줄이는 것을 목표로 하고 있다. 예를 들어, 영국의 컬햄 연구소에서 MAST라고 불리는 보다 콤팩트한 구형 디자인의 토카막에서 최초의 플라즈마 달성이 2020년 보고되었다. **스텔러레이터**(stellarator)인 Wendelstein-7X는 2015년 독일에서 시작되었으며, 2019년에 보고된 성능은 고무적이다. 스텔러레이터의 나선 장은 외부 코일에 의해 제공되어 유도 전류가 필요하지 않으므로, 전류에서 발생하는 불안정성을 제거하고 반응기를 더 오래 구동할 수 있다.

관성 가둠 융합(inertial confinement fusion)에 대한 연구도 진행 중이다. 이 방법에서는 중수소와 삼중수소를 포함하는 작은 구들이 고도로 압축되어 온도가 상승하고 연료가 분해되기 전에 반응할 수 있을 만큼 충분히 높은 압력을 받는다. 즉, 연료가 자체 관성에 의해 가두어진다. 캘리포니아의 NIF(National Ignition Facility)에서는 D-T 구를 가열하기 위해 강렬한 레이저 빔이 사용되었지만 압축 중에 발생하는 불안정성으로 인해 진행이 더디게 이루어지고 있다. 특히 레일리-테일러 불안정성(Rayleigh-Taylor instability, 접촉하는 두 유체가 서로 반대되는 부호의 밀도와 압력 구배를 가질 때 발생하는)은 D-T 구의 내폭에서 발생하며, 이러한 불안정성을 이해하고 제어하기 위해 여전히 많은 연구가 필요하다. 또한 하이브리드 접근법도 탐구되고 있는데, 예를 들어 제너럴 퓨전 사의 설계에서 원통형 자석으로 압축된 플라즈마는 충격파에 의해 가열되고 압축된다.

이러한 작은 프로젝트들 중 어떤 것이 실제로 향후 수십 년 안에 상업용 핵융합 원자로로 이어질지는 두고 봐야 할 일이지만, 적어도 이 분야에 새로운 사고를 불어넣었다. 제어된 핵융합은 본질적으로 온실가스가 없는 거대한 동력원을 제공하며, 아직 상업용 원자로가 결실을 맺기까지는 수십 년이 걸릴 수 있지만, 미래 사회에 대한 장기적인 이익은 매우 클 수 있으며 핵융합 연구에 대한 지속적인 투자를 정당화할 수 있다.

요약

- 원자력은 매우 콤팩트한 무탄소 전기의 고밀도 공급원으로, 1톤의 우라늄은 25,000톤의 석탄

이 내는 에너지에 해당한다.

- 우라늄 매장량은 4700만 톤으로, 현재 소비량으로 85년의 운전이 가능하며(IAEA), 추가적으로 3500만 톤이 재생될 수 있을 것으로 예상된다. 가장 많이 운전되는 원자로는 가압경수로와 비등경수로이며, 물이 냉각재와 감속재로 사용된다. 중성자는 몇 퍼센트로 농축된 ^{235}U 안에서 연쇄반응을 유지하고 열에너지로 감속된다.
- 원자력 발전은 에너지 안보에 유리하며, 특히 지구온난화를 막는 데 중요한 저탄소 배출 에너지원이다. 현재 연간 ~2500 TWh를 제공하고 2050년까지는 ~5000 TWh를 제공할 것으로 예상된다. 하지만 비용, 안전, 폐기물 처리 및 원자력 무기 확산에 대한 우려가 존재한다.
- 핵융합은 매우 높은 에너지밀도를 가진다: 중수소 100 kg과 삼중수소 150 kg은 1년 동안 1 GWe를 생산할 수 있다. 삼중수소는 리튬에서 중성자 반응에 의해 생산된다.
- 리튬과 중수소는 ~1000년 동안 매년 10 TWy의 에너지를 전 세계에 제공할 수 있을 정도로 충분하다.
- 지속 가능한 핵융합 플라즈마에서 입자 밀도 n, 온도 T, 가둠시간 τ_E는 다음과 같은 로슨 조건을 만족해야 한다.

$$n\tau_E T_{keV} \geq 3\times10^{21}\ \mathrm{m^{-3}\ s\ keV}$$

$T_{keV} \equiv 10^{-3}\, kT/|e|$. 여기서 $T_{keV} \sim 10$ keV이며 $n \sim 10^{20}\ \mathrm{m^{-3}}$인 경우 $\tau_E \gtrsim 3$s이다.

- 지난 40년 동안 $n\tau_E T$의 증가는 약 10^4배였으며, D+T 플라즈마는 1997년 약 0.6의 에너지 이득 계수와 약 1 s의 τ_E를 달성했다.
- 토카막 형태의 국제핵융합실험로(ITER)가 프랑스 남부에서 건설되고 있다. 이 시설로부터 얻은 데이터는 실증핵융합로(DEMO)를 설계하는 데 사용될 것이다. 첫 번째 상업적 핵융합로는 2050년까지는 건설되어 운전될 것으로 기대되고 있다.
- 무한한 무탄소 에너지로서 핵융합 제어는 전 세계적으로 인류 생활의 향상과 기후변화의 위험성 감소 측면에서 매우 중요하다.

추천 문헌

Lilley, J. (2001). *Nuclear physics: principles and applications*. Wiley, New York. Clear discussion of the physics of nuclear reactors.

Nature Physics 12 (2016). Informative series of articles about fusion power.

World Nuclear Association: World nuclear performance report 2018.

www-fusion-magnetique.cea.fr/gb/ Useful quantitative discussion of fusion.

www.gen-4.org/ GenIV International Forum on next-generation nuclear energy (GIF).

www.iaea.org/ International Atomic Energy Agency (IAEA).

www.iea.org/reports/nuclear-power-in-a-clean-energy-system (IEA2019).

scipub.euro-fusion.org/wp-content/uploads/2014/11/JETR99013.pdf J. Wesson, The science of JET. Interesting description of the development of JET.

www.iter.org/ ITER tokamak fusion reactor.

web.mit.edu/nuclearpower/ (MIT2009).

문제

9.1 그림 9.1에서 ^{235}U가 3개의 중성자를 배출하면서 질량수가 141과 92인 2개의 핵으로 핵분열하며, 중성자가 2개 방출될 때의 에너지를 계산하라. (이 중 10 MeV의 에너지는 노심에서 흡수되지 못하고 중성미자에 의해 방출된다.)

9.2 ^{235}U가 3%로 농축된 우라늄 연료의 몇 톤이 100,000배럴의 석유와 같은가?

9.3 세계적인 에너지 소비량인 18 TW의 10%를 생산하기 위해 1년 동안 필요한 천연 우라늄의 양을 계산하라.

9.4 2017년 전 세계에서 원자력 발전으로 생산된 전기는 약 2500 TWh였다. 우라늄의 연간 소비량을 추정하라. 이 추세로 기존 우라늄 매장량인 4700만 톤은 몇 년이면 고갈될 것인지 계산하고, 비축-생산(R/P) 비율을 계산하라.

9.5* ^{235}U에서 흡수되기 전 우라늄의 중성자 평균 자유 경로 $\lambda = 1/\Sigma_a$임을 보여라. 여기서 $\Sigma_a = n_f\sigma_a$와 n_f는 단위 부피당 ^{235}U 핵의 수이고, σ_a는 중성자 흡수 단면적이다.

9.6* 원자로의 임계크기 a_c가 $\delta/\sqrt{(k_\infty - 1)}$ 수준임을 보여라. 여기서 δ는 중성자가 흡수되기 전에 이동하는 평균 거리이며, 노심 표면에서 δ거리 안에 있는 중성자의 분율을 $\sim(\delta/a_c)^2$으로 근사하고, 중성자 손실 비율을 $(k_\infty - 1)/k_\infty$라 한다. 또한 $\delta \sim 1/\sqrt{\Sigma_a\Sigma_s}$임을 보여라.

9.7* 균질한 흑연과 ^{235}U가 2%까지 농축되고, 흑연과 우라늄 비율 $n_s/n_f = 600$인 구형 원자로 노심을 고려하자. (a) $\varepsilon = 1$이라 가정할 때 p, f, η와 k_∞를 각각 구하라. (b) 임계 반경 a_c를 계산하라.

9.8* ^{233}U으로 2%까지 농축되고, $n_s/n_f = 400$이며 $k_\infty = 1.05$의 비율로 흑연 감속 된 토륨 노심의 경우, 변환 계수 $C = 1.07$을 나타낸다. $\varepsilon = 1$이다. 이 의미는 무엇인가?

9.9* 원자로의 가동이 중단된 후 ^{135}Xe의 핵 n_p와 ^{135}I의 핵 n_I가 다음 미분 방정식을 만족한다.

$$\mathrm{d}n_P/\mathrm{d}t = \lambda_I n_I - \lambda_P n_P \quad \mathrm{d}n_I/\mathrm{d}t = -\lambda_I n_I$$

^{135}Xe의 핵은 중단 이후 ~11 h에 최대가 된다. 정지 전 노심에 존재하는 ^{135}Xe와 ^{135}I의 평형 수 N_0는 무시한다.

만약 ^{135}Xe의 최대 수가 제어봉을 제거하여 $0.2N_0$인 경우, 정지 이후 노심이 꺼지는 데 얼마나 걸릴 것인가? ^{135}I에 대해, $t_{1/2} = 6.7$ h이며, ^{135}Xe는 $t_{1/2} = 9.2$ h이다.

9.10* (a) 중성자가 핵분열에 의해 직접 생성되고 간접적으로는 단일 핵분열 생성물의 베타붕괴에 의해 생성되는 원자로를 고려하자. 중성자의 농도 n과 핵분열 생성물 C는 다음 미분 방정식을 만족한다.

$$\mathrm{d}n/\mathrm{d}t = [k(1-\beta) - 1]n/\tau + \lambda C \quad \mathrm{d}C/\mathrm{d}t = \beta n/\tau - \lambda C$$

이 방정식에서 4개의 매개변수 k, β, τ, λ 각각에 대한 물리적 의미를 설명하고, 정상상태에서 $k = 1$임을 보여라.

(b) '반응률' $\rho = (k-1)/k$가 작은 경수로 원자로가 과도상태이다. 위 방정식의 해를 $n \propto \exp(mt)$와 $C \propto \exp(mt)$ 같은 형태로 가정할 때, m이 다음과 같은 두 가지 가능한 값을 가지고 있음을 보여라.

$$m_1 \approx -\left(\frac{\beta-\rho}{\tau}\right), \quad m_2 \approx \left(\frac{\lambda\rho}{\beta-\rho}\right)$$

$(\beta-\rho)/\tau >> \lambda$와 $[(\beta-\rho)/\tau]^2 >> 4\lambda\rho/\tau$로 가정한다. 일반적으로 $\lambda = 8 \times 10^{-2}\ s^{-1}$, $\rho = 2 \times 10^{-3}$, $\beta = 6 \times 10^{-3}$, $\tau = 10^{-4}$ s이다.

9.11 분열핵 ^{239}Pu에서 나오는 지발 중성자의 $\beta\tau_d$는 0.0324이다. $k = 1.0005$일 때, ^{239}Pu를 연료로 사용하는 원자로의 제어를 위한 시간상수를 구하라. $\tau_p = 1$ ms라고 가정한다.

9.12 가압경수로가 1 GWe의 전력을 생산하고 있다. 원자로 노심은 100톤의 우라늄을 포함하고 있고, 중성자 플럭스 밀도는 4×10^{17} neutron $s^{-1}\ m^{-2}$이다. 연료에서 ^{235}U의 농축도를 계산하라.

9.13 연료가 핵분열 물질이 1.75%로 낮아질 때 교환된다고 한다. 톤당 연소 60 GWday를 내기 위한 ^{235}U 농축을 계산하라. $C_f = 0.25$로 가정한다.

9.14 핵종 $^{88}Kr(t_{1/2} = 2.79\ h)$의 핵분열 생산량 b는 0.0364이다. (a) 2 GWe(전력) 원자로의 가동이 중단된 지 하루 후 노심에 있는 ^{88}Kr로부터 나오는 방사능을 추정하라. 원자로의 가동이 중단되면 ^{88}Kr의 생산이 멈춘다고 가정한다. (핵분열 속도 F는 GW의 열 출력 P와 관련이 있으며, 핵분열당 200 MeV이고 $F = 3.13 \times 10^{19}$이다. 핵분열 생성물의 붕괴를 감안하지 않을 때, 불안정 핵종의 $t >> t_{1/2}$ 이후 붕괴율 R은 생성률 bF와 같다.) (b) ^{235}U의 핵분열 중 ~6%가 ^{135}I를 생성한다. 1 GWe 원자로에서 붕괴로 인한 방사능은 ~6×10^6 TBq이라는 것을 보여라.

9.15 플럭스 F가 $10^9\ m^{-2}\ s^{-1}$인 3 MeV의 γ선이 1 m 두께의 물 차폐막에 입사한다. 3 MeV γ선에 대한 물의 선형 감쇄 계수(linear attenuation coefficient) μ는 3.96 m^{-1}이다. (a) γ선의 유효 플럭스 F_{eff}를 계산하라. (b) 유효 방사선 조사율 D_{rate}(μSv h^{-1})를 계산하라. 여기서 $F_{eff} = F \times B(\mu x)\exp(-\mu x)$이며, 빌드업 인수 $B(\mu x)$는 주로 콤프턴 산란에서 발생하는 저에너지 γ선으로부터 플럭스의 증가를 허용하며 3.55이다.

9.16* 일정한 출력 P_0에서 작동하는 증식로에서 단위 GW 출력당 하루 m kg의 핵분열 물질이 소비된다면, 핵분열 물질의 질량을 2배로 배증되는 시간 t_D는 $M_i/[(C-1)mP_0]$이며, 여기서 M_i는 초기 질량이고, C는 증식률이다.

어떤 2 GW 증식로는 ^{232}Th로 둘러싸인 ^{235}U를 연료로 사용한다. 처음에 ^{235}U는 1000 kg이고 ^{233}U을 증식하기 위한 증식비가 0.05인 경우, 배증시간 t_D를 계산하라.

9.17 (a) (연료 재처리를 하지 않는) 1 GWe 가압경수로에서 1년 동안 발생하는 사용 연료의 부피를 계산하라. 연료는 ^{235}U가 3%로 농축된 이산화우라늄이고 연료의 밀도는 4×10^3 kg m^{-3}이다. (b) 연료 재처리는 폐기물의 체적을 약 4분의 1 정도로 줄인다. 재처리를 하는 경우 전력 생산이 0.9×10^6 GWh(미국의 1년 소비량의 약 25%)인 가압경수로에 의해 발생되는 폐기물의 부피를 계산하고 이에 대해 논하라.

9.18 원자력 폐기물의 저장에 대한 방법으로 어떤 것들이 있으며, 이들의 효과성을 논의하라.

9.19 원자로에서 감속재가 어떻게 공명 탈출 확률을 높이는지 실제로 보여 주거나 컴퓨터로 보여라.

9.20 탄소와 중수(D_2O) 또는 물을 감속재로 사용하는 것에 대한 상대적인 장점을 논하라. 중성자의 충돌 후 평균 에너지비 E_f와 충돌 전 비율은 $E_f/E_i = (A^2 + 1)/(A + 1)^2$이고, 여기서 A는 목표 핵의 원자량이다.

9.21 가압경수로의 주요 특징을 설명하고, 비등경수로가 어떻게 다른지 설명하라.

9.22 다른 에너지원과 비교하여 원자력 발전의 선택에 영향을 미치는 주된 경제적인 고려사항들을 요약하라.

9.23 원자력 발전과 연관된 환경 위험이 기후변화보다 매우 작다는 문구를 비판적으로 토의하라.

9.24 여론은 원자력의 확장을 불가능하게 하는가?

9.25 피동 안전 기능의 의미를 설명하라.

9.26 원자로 하나를 건설하는 것과 소형 원자로를 여러 개 건설하여 동일한 출력을 내는 것을 비교하라.

9.27 원자력 발전이 지구온난화를 줄일 수 있도록 영향을 미칠 수 있는가?

9.28 3년 동안 5 GWe 발전소에서 연료로 사용하는 삼중수소의 양을 계산하라.

9.29 운동량 보존법칙을 사용하여, D+T 핵융합에서 α입자가 3.5 MeV를 받고 중성자가 14.1 MeV를 받는 이유를 설명하라.

9.30 10^8 °C 온도와 2 bar의 압력에서 플라즈마의 개수밀도를 계산하라.

9.31 플라즈마의 압력이 2 bar이고 개수밀도 $n = 10^{20}\ m^{-3}$이다. 플라즈마 온도와 r_s/r_c 비율을 계산하라.

9.32 3 MA의 전류가 흐르는 토카막의 플라즈마에서 $n = 2 \times 10^{20}$이다. 플라즈마 온도를 계산하라.

9.33 가두어진 삼중수소가 15 keV 플라즈마에서 5초 동안 이동하는 거리를 계산하라.

9.34 50-50 혼합된 D와 T의 압력은 $1.6 \times 10^5\ N\ m^{-2}$이고, 에너지 가둠시간 τ_E는 3.5 s이며 온도는 15 keV이다. $n\tau_E T$를 계산하고 로슨 조건과 비교하라.

9.35 열손실이 대부분 입자 확산과 열전도로 일어난다고 가정하고, 토카막의 TFR이 가둠시간 20 ms이고 단면적 0.13 m^2일 때, 도넛형 단면적이 8 m^2인 JET에서의 가둠시간을 구하라.

9.36 토카막의 주요 특징과 작동 원리를 설명하라.

9.37 소형 핵융합로의 발전에 대해 조사하라.

9.38 다음 문구 "핵융합 발전이 기저 전력 생산에 2050년까지는 뚜렷한 기여를 못하고, 그 때까지 이산화탄소 감축에 도움이 못되더라도, 핵융합 기술의 발전에 투자하는 것은 매우 중요하다(출처: DOE 2007)"를 비판적으로 토의하라.

아래 사이트를 방문하면 더 많은 정보와 자료를 볼 수 있습니다.
www.oup.com/he/andrews_jelley4e

10 전기 및 에너지 저장
Electricity and Energy Storage

주제 목록

- □ 발전기
- □ 고전압 AC와 DC 송전
- □ 전력망
- □ 신재생에너지 통합
- □ 요구 전력과 스마트 그리드
- □ 배터리
- □ 리튬이온 배터리
- □ 흐름 배터리
- □ 슈퍼커패시터
- □ 비에너지
- □ 수소 저장
- □ 전기분해
- □ 펌프 및 압축공기 저장
- □ 열저장
- □ 플라이휠과 초전도 자기에너지 저장

서론

이전 장들에서 다양한 형태의 일차에너지가 전기와 열을 공급하기 위해 어떻게 변환되는지를 살펴보았다. 이 장에서는 전기가 어떻게 발전, 송전 및 배분되는지 기술할 것이다. 또한 전기 공급원인 풍력, 태양광 PV가 배터리와 같은 다양한 형태의 에너지 저장과 어떻게 통합되는지를 조사할 것이다.

10.1 전기의 발전

발전기는 기계 에너지를 전기 에너지로 변환하는 장치이다. 일반적으로 회전하는 축이 코일을 통과하는 자기장을 변화시키고, (패러데이의 전자기 유도 법칙에 의해) 전류가 흐를 수 있도록 전압을 생성한다. 발전의 기본 원리를 그림 10.1에 도시했다. 균일한 자기장 B 내에서 일정한 각속도 ω로 회전하는 면적 A인 도선이 평면 루프 형상을 이루고 있다. 루프는 N번 감겨져 있으며, 임의의 순간 t에 자기장에 대해 각도 $\theta = \omega t$를 이룬다고 가정하자. 루프를 교차하는 자속은 다음 식과 같다.

$$\phi = NBA \cos\theta = NBA \cos\omega t \tag{10.1}$$

전자기 유도의 패러데이 법칙에 의해, 기전력 ε(그림 10.1의 R에서 발생하는 전위차)은 emf라 불리고, 자속의 변화율과 같다. 그러므로 다음과 같다.

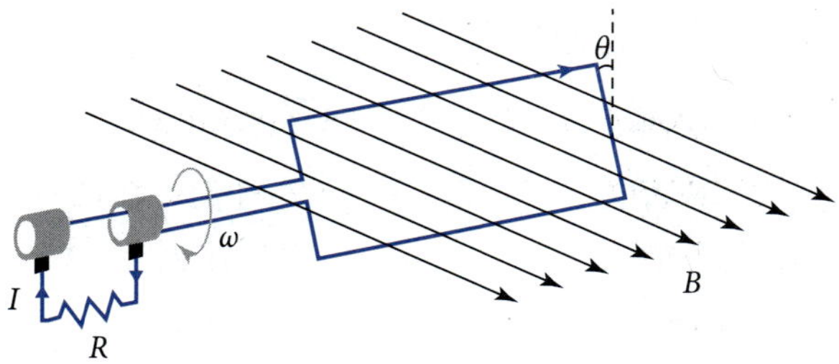

그림 10.1 균질한 자기장에서 회전하는 루프

$$\varepsilon = -\mathrm{d}\phi/\mathrm{d}t = NBA\omega \sin \omega t \tag{10.2}$$

만약 전기회로가 저항 R에 걸쳐 각 도선의 끝에 연결되었다면, 교류 전류가 저항을 통해 다음과 같이 흐를 것이다.

$$I = \varepsilon/R = I_0 \sin \omega t \tag{10.3}$$

여기서 I_0는 다음과 같다.

$$I_0 = NBA\omega/R \tag{10.4}$$

이동부와 고정부 사이의 전기적인 연결을 위해, 집전 고리(slip ring)와 흑연 브러시가 회전 도체와 외부 회로 사이에 삽입된다. 도선에 유도된 전류는 자기장 내에서 도체가 회전하는 동안에만 발생하는 효과임을 주목해야만 한다. 즉, $\omega \to 0$이므로 $I \to 0$이다.

예제 10.1

단면적이 1 m²에 1000번 감긴 코일이 0.5 T의 균일한 자기장에서 50 Hz로 회전한다. 1000 W의 부하를 통해 흐르는 최대 전류는 얼마인가?

식 (10.4)로부터 최대 전류가 다음 식으로 주어진다.

$$I_0 = \frac{NBA\omega}{R} = \frac{10^3 \times 0.5 \times 1 \times 2\pi \times 50}{10^3} = 157\ \mathrm{A}$$

일반적인 대형 발전기에서, 자기장은 터빈의 중심 회전축에 설치된 회전자(rotor)라 불리는 코일들에 직류전류를 흘려 만들어진다. 코일에서 저항열로 인한 작은 에너지 손실이 있지만, 영구자석을 사용하는 것보다는 더 경제적이다. 회전자는 철제 심에 감겨 있는 **고정자**(stator)라 불리는 일련의 고정코일들에 의해 둘러싸여 있다. 회전자의 회전 자기장은 고정자의 고정코일과 교차하며 전류를 유도한다. 발전 주파수는 회전자의 각속도에 의해 결정된다. 이것은 전등이 깜빡거리는 것을 방지하기 위해 충분히 높게 하는데, 북미, 남미, 일본의 일부 지역에서 60 Hz, 유럽에서 50 Hz이다.

고정자에서 권선의 형태는 매우 복잡하다. 기본적 원리로는 emf(기전력 ≡ 생성 전압)를 최대화하는 것이지만, 자기장의 손실을 일으키는 불필요한 자기순환 전류(self-circulating current)인 **와상 전류**(eddy current)의 흐름을 최소화하는 것 또한 필요하다. 와상 전류는 와상 전류가 흐르는 경로의 저항을 증가 시, 즉 얇은 박편의 철 합금을 중심에 적층하면 주로 적층 구조를 통해 전류가 흐르고 이를 통해 와상 전류를 감소시킬 수 있다. 회전자와 고정자 설계 발전은 일종의 '감춰진 기술' 같은 것으로, 특정 기계들에 대한 상세한 정보는 상업적으로 민감하게 취급된다.

전기는 일반적으로 단상 전류 대신에 **3상 전류**(three phase current)로 발전된다. 이것은 발전기 둘레 120° 간격으로 3개의 독립적인 권선들을 사용함으로써 얻어진다(그림 10.2). 3상 발전과 송전은 이 분야의 초기 개척자인 **니콜라 테슬라**(Nikola Tesla)에 의해 창안되었다. 단상과 달리 3상 전력은 결코 0으로 떨어지지 않으며, 저항 부하로 전달되는 전력은 항상 일정하다(문제 10.5). 3상 전류의 또 다른 장점은 단상과 동일한 전력을 송전하기 위해 단지 75%만의 소재를 필요로 한다는 것이다.

고정자에서 방출되는 열은 냉각되어야 하고, 정류자는 일정한 온도로 유지되어야 한다. 고온에서 배선의 저항은 증가하며, 절연체의 수명은 단축된다. 중형 기계의 경우 회전하는 송풍기는 충분한 강제 냉각을 제공하지만, 대형 기계의 경우 고정자는 탈이온수(deionized water) 혹은 수소(이것은 공기보다 더 좋은 열전도체이다)를 이용하여 냉각된다.

또한 대형 기계에서는 특히 기계적인 안정성이 중요한 고려사항이다. 대형 발전기를 수리하기 위한 시설 운전 정지는 시간이 많이 걸리고 큰 비용이 들며, 이를 대체하기 위해 일반적으로 덜 효율적인 발전시설을 사용해야 한다. 따라서 큰 장애가 발생하기 전, 금속의 피로나 크랙의 초기 징후를 나타내는 기계적인 진동을 점검하는 것이 일반적인 유지 및 보수 작업이다.

이 책의 초반에 기술된 기존의 터빈(예: 증기 터빈, 가스 터빈, 또는 수차)을 이용한 발전기들 외에도, 특수 목적 발전기들이 특정 신재생에너지를 활용하기 위해 필요하다. 태양광 PV의

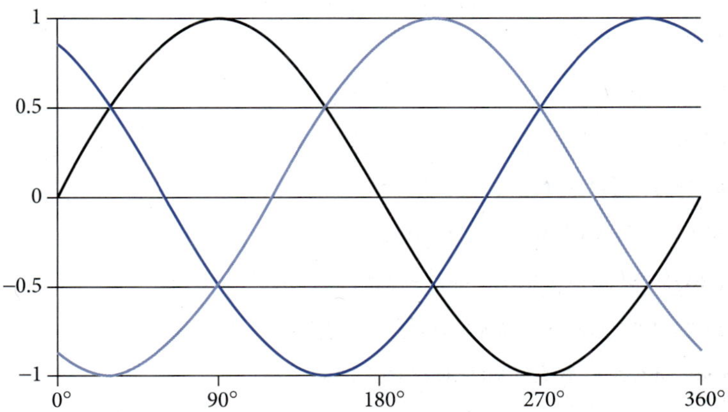

그림 10.2 3상 전류

경우, 패널에서 나오는 직류전압은 먼저 인버터라고 불리는 장치를 사용하여 교류로 변환된다 (10.4절 참조).

풍력 발전기의 사례가 박스 10.1에 기술되었다.

박스 10.1 풍력 발전기

발전기는 전도체를 통과하는 자기력선의 움직임으로 전류를 유도한다. 자기장은 코일에 흐르는 전류나 영구자석에 의해 생성될 수 있다. 희토류 자석(특히 NdFeB 자석)의 가격 하락으로 영구자석 발전기의 용량은 수 MW까지 커졌다. NdFeB는 매우 높은 BH(여기서 B와 H는 각각 자속밀도와 자기장 세기이다)를 가지고 있으며, 강한 자기장을 일으키기 위해 단지 소량의 자석 재료만이 필요하다. 자석들은 터빈 축에 연결된 원통형 드럼(회전자)에 부착된다. 회전자 둘레에는 고정된 원통(고정자)의 내부에 부착된 전도 코일들이 있다. 자석들이 회전하면서 교류전류가 코일들에 유도된다.

가변속 터빈에서 교류는 먼저 직류로 정류하고, 그다음 전력망에 접속하기 위해 고정 주파수의 교류로 다시 변환된다. 토크 τ는 회전자를 돌리기 위해 필요하며, 유도된 전류가 자석들의 운동에 반대되는 자기장을 일으킨다(렌츠의 법칙, Lenz's law). 단위 면적당 반대 법선력(즉, 전단응력) S는 표면 전류밀도 K(A/m)와 자기장의 세기 B에 의존한다. (주의: 전류 I를 전달하는 자기장 B에 수직한 방향으로 전류 I가 흐른다면, 힘은 BIL이다.) 전류밀도의 크기는 소산에 의해 제한되며, 최대 B는 자기포화(magnetic saturation)에 의해 제한된다. 이 결과 S는 일반적으로 25~100 kPa 값을 가진다.

필요한 발전기의 크기는 풍력 터빈(wind turbine)에 의해 발생되는 회전력 τ에 의존하며, 그것은 S와 회전자의 표면적, 회전자 반경의 곱으로, 다음과 같이 주어진다.

$$\tau = 2\pi r l S r \quad \text{혹은} \quad \tau / V_R = 2S$$

여기서 V_R은 회전자의 체적이다. 식 (7.5)로부터, 바람으로부터 흡수한 전력 P는 다음 식으로 주어진다.

$$P = \frac{1}{2} C_P \rho A u_0^3 = \tau \Omega$$

여기서 C_P는 동력 계수(power coefficient), ρ는 공기 밀도, u_0는 터빈의 상류 풍속, Ω는 각속도, A는 터빈의 회전 면적(swept area)이다. Ω는 터빈의 반경 R, 익단속도비 λ, 풍속 u_0와 다음과 같은 관계가 있다.

$$\Omega = \lambda u_0 / R$$

그러므로

$$V_R = C_P \rho A u_0^3/(4\Omega S) = \pi R^3 C_P \rho u_0^2/(4\lambda S)$$

C_P = 0.45, 풍속 12 ms^{-1}, R = 35 m, 익단속도비 λ = 8로 작동하는 2 MW 터빈의 경우에, S = 80 kPa인 회전자의 체적은 ~4.1 m^3(ρ_{air} ~1.2 kg m^{-3}), 즉 직경이 ~2 m이고 길이가 1.3 m이다. MW급의 출력을 얻기 위해서 발전기들이 매우 커지나, 증속기(gearbox)가 필요 없어 유지비(그리고 소음)를 줄이고 신뢰도를 높일 수 있다.

10.2 고전압 전력 송전

많은 양의 전력을 먼 거리에 전송하기 위해 다음의 문제들이 해결되어야 한다.

원거리 송전을 위한 최적 전압은 얼마인가?
어떻게 전압을 증가시키거나 감소시킬 수 있는가?
AC 또는 DC로 전송하는 것 중 어떤 것이 더 좋은가?

첫 번째 질문에 답하기 위해서 **저항**[또는 **줄**(Joule)] **가열**로 알려진 원거리 송전선의 저항으로 인한 가열을 고려해야 한다. 원리상 초전도선이 완전한 해결책이겠지만, 상온의 초전도 물질은 아직 발견되지 않고 있다.

비저항 ρ, 단면적 A, 길이가 L인 전선을 고려하자. 전선의 총 저항은 다음 식과 같다.

$$R = \rho L/A \tag{10.5}$$

전선에서 전압 V와 전류 I의 전기가 흐른다고 가정하자. 전선의 저항으로 인한 전력손실은 다음 식과 같다.

$$\Delta P = RI^2 = \rho LI^2/A$$

$I = P/V$를 대입하면 다음을 얻을 수 있다.

$$\Delta P/P = \rho PL/AV^2 \tag{10.6}$$

따라서 주어진 전력 P와 케이블 비용에 따라 식 (10.6)과 같이 케이블 A의 단면적과 길이 L인 전선에서 전력손실 $\Delta P/P$를 최소화하기 위해 작동 전압을 최대한 높여야 한다. 실제로 전도될 수 있는 전류밀도 I/A에 대한 상한치가 있다. (그렇지 않으면 전선은 매우 뜨거워질 것이다.) 원거리 고압 송전과 지역 배전망으로 인한 전국 전력망의 총 전력손실은 일반적으로 약 5~10%이다.

예제 10.2

발전소는 100 MW의 전력을 0.01 Ω km^{-1} 저항의 송전선로를 따라 송전한다. 그 선로가 (a) 10 kV, (b) 400 kV인 경우에 각각 전력손실을 계산하라.

전체 선로의 저항은 $R = 0.01 \times 50 = 0.5\ \Omega$이다. 10 kV인 선로의 경우, 전력 100 MW를 전송하기 위해 필요한 전류는 $I = P/V = (10^8)/(10^4) = 10^4$ A이다. 부분 전력손실은 $\Delta P/P = (RI^2)/P = (0.5 \times 10^8)/10^8 = 50\%$이다. 400 kV인 선로의 경우, 전류는 $I = P/V = (10^8)/(4 \times 10^5) = 250$ A이며, 그리고 전력손실은 $(RI^2)/P = (0.5 \times 250^2)/(10^8) = 0.03\%$이다.

송전 최고 전압은 공기의 전기 절연 파괴 강도(electrical breakdown strength)에 의해 결정된다. 최대 전기장은 전선의 표면에서 발생하며, 만약 그것이 너무 커지면 주위 공기가 이온화되고, 지면으로 전류를 전도하는 **코로나 방전**(corona discharge)을 형성한다. 공기의 전기 절연 파괴 강도는 건공기의 경우에 약 3×10^6 V m^{-1}이지만, 습한 환경에서는 더 낮다.

가공 송전선은 꼬인 도선 가닥들로 구성된다. 외측 가닥들은 일반적으로 알루미늄으로 만들어지며(낮은 비저항과 가격 때문에), 내측 가닥들은 기계적인 강도를 위해 철로 만들어진다. 외측 표면에서 전기장은 전선의 반경에 반비례한다. 110 kV 이상 전압의 경우, 전선들은 코로나 손실을 줄이기 위해 일반적으로 다발로 구성된다. 2개 전선묶음(two-cable bundles)이 220 kV 선로에 사용되며, 3개 또는 4개 전선묶음이 400 kV 선로에 사용된다.

고전압 가공선은 약 110~1200 kV에서 작동한다. 유럽에서 장거리 송전을 위한 일반적인 전압은 약 400 kV이다. 지하선은 동일한 부하 용량을 가진 가공선의 비용 대비 최대 3배가 될 수 있으며, 가공선이 허용되지 않는, 이미 건물이 들어선 지역이나 수중 횡단 및 계획 허가를 얻는 데 발생하는 문제를 피하기 위해 점점 더 많이 적용되고 있다. AC 송전의 경우 변압기를 사용하여 전압을 높이거나 낮추는 것은 간단하다. 하지만 DC 송전의 경우 추가 전자장치가 필요하며, 이는 전체 비용을 증가시킨다.

10.3 고전압 AC(HVAC) 송전

전력은 일반적으로 3상 교류로 송전되며, 각 위상은 지상으로부터 다른 높이에서 전송된다. 송전탑의 꼭대기는 접지 전위 케이블로 연결되어 있고, 송전 케이블을 낙뢰에서 보호한다. 케이블의 높이는 지면의 전기장이 생명을 위협할 수 없도록 높이 설정되어 있다.

발전소에서 전기는 일반적으로 약 18~20 kV로 생산된다. 전력은 변전소로 공급되며, 일련의 **점증 변압기**(step-up transformer)들이 송전선로의 전압으로 승압시킨다. 반대로, **점감 변압기**(step-down transformer)들은 송전선로에서 전압을 지역 배전망(local distribution network)의 전압으로 강압하기 위해 사용된다. 변압기는 기본적으로 공통 철심 둘레에 감겨진 2개의 전선 코일로 구성된다. 점증 변압기의 경우, 2차 코일의 권선 수 N_2는 1차 코일의 권선 수 N_1보다 더 크며, 점감 변압기의 경우는 그 반대이다. 철심은 대부분의 자속이 철심에 집중되도록 하기 위해 높은 투자율(magnetic permeability)을 가지고 있다. 입력전압 대 출력전압의 비율은 $V_2 = (N_2/N_1)V_1$으로 주어진다. 대형 전력변압기(50 MVA 이상)의 일반적인 효율은 99% 이상이다. 주된 에너지 손실은 권선의 저항 때문이며, 변압기를 일정한 온도로 유지하기 위해 냉각시스템이 사용된다.

그러나 고전압 AC 송전에는 큰 단점이 있다. 교류 송전선의 인덕턴스 및 커패시턴스는 DC 전송에서는 존재하지 않는 손실을 만든다. 또한 무효전력의 흐름을 제어하고 시스템 전압의 안정성을 유지하기 위해 커패시터와 다른 요소가 필요하다. 이들 때문에 고전압 교류 송전선의 송전 거리와 송전 용량이 제한된다. 또한 교류는 주로 케이블의 외부 층—**피부 효과**(skin effect)—에서 전도되어 송전선의 유효저항을 증가시킨다. 추가적으로, 서로 다른 주파수로 동작하는 두 AC 시스템은 서로 직접 연결할 수 없으며, 동일한 주파수를 사용하는 시스템의 연결도 불안정성을 초래할 수 있다.

10.4 고전압 DC(HVDC) 송전

전기의 장거리 송전은 19세기 말 직류로 시작되었지만 곧 교류로 바뀌었는데, 이는 전압의 승강압이 훨씬 쉽고(변압기를 사용하여) 3상 동기 발전기가 직류 대비 기술적으로 우수했기 때문이다.

그러나 육상, 해저 및 도시에서의 장거리 송신의 경우, 송전선로의 양 끝에 있는 변환기의 추가 비용에도 불구하고 HVDC 송전시스템은 HVAC 시스템보다 더 경제적일 수 있다. 손익분기점은 육지의 경우 약 600 km이며, 지하나 바다의 경우 약 50 km이다. 유럽에는 발트해, 북해, 지중해 아래에 수많은 해저 HVDC가 있다. 무효전력 손실이 없기 때문에 HVDC 전력 전송 효율이 1000 km 라인에서 약 97%이다.

중국은 인구 중심에서 멀리 떨어진 곳에 위치한 풍력, 태양광 및 수력 자원을 통합하기 위해 HVDC 송전에 많은 투자를 해 왔다. 2019년 세계 최대 규모의 UHVDC 라인은 중국 북서에서 동쪽 3000 km에 걸쳐 1100 kV로 12,000 MW의 풍력과 태양광 발전 전력을 송전하기 시작했으며, 연간 660억 kWh를 5000만 가구에 공급하여 전력수요를 충족한다. 인도와 브라질에도 UHVDC 프로젝트가 진행되고 있고, 전 세계적으로 많은 HVDC 프로젝트가 진행되고 있다.

직류는 교류를 정류하여 생산된다. 1970년대 중반까지 AC에서 DC로 정류를 위해 **수은 아크 정류기**(mercury arc rectifier)라 불리는 가스 방전 밸브가 있었으나, 이들은 현재는 **사이리스터**(thyristor)라는 고상 소자로 대체되었다. DC에서 AC로 변환해 주는 인버터의 경우, 기본적으로 DC 입력의 방향을 빠르게 전환하는 반면 정류기는 AC 입력이 한 방향일 때만 변환된다. 두 경우 모두 출력은 커패시터와 인덕터를 사용하여, 각각 AC 사인파 또는 일정한 DC전압으로 만들 수 있다. 고전압 DC는 먼저 상대적으로 낮은 전압 AC를 만든 다음, 정류 전 변압기로 전압을 승압함으로써 만들 수 있다. 전송 후 HVDC는 반전되고 고전압 AC는 배전 전에 강압된다.

현재 대부분의 HVDC 시스템은 사이리스터를 사용하는 컨버터를 사용한다. 이 경우 DC에서 AC로의 변환은 AC의 전압에 의해 제어되며, 이를 전류형 컨버터(line-commutated converter, LCC)라고 한다. 이 장치는 높은 전류 및 전압 성능을 가지고 있으며, 장거리 포인트 투 포인트 전송에 가장 적합하다. 절연 게이트 양극성 트랜지스터(integrated gate bipolar transistor, IGBT)를 사용하는 컨버터는 DC전류의 방향을 쉽게 전환할 수 있게 해 주며, 현재 점점 더 경쟁력이 있다. 이러한 전압원 컨버터(voltage-source converter, VSC)들은 외부회로 없이 작동한다. LCC의 전력 전달 성능은 현재 VSC보다 높지만, IGBT를 사용하는 VSC가 제공하는 제어 기능은 노드 간 전류 반전을 허용하는 다중 터미널 DC 네트워크에 이상적이다. 하이브리드 차단기를 사용하는 HVDC 회로 차단기의 개선으로 DC전력망에 결함이 발생하지 않도록 보다 쉽게 보호할 수 있다.

10.5 국가 전력망

19세기에는 전기가 수요처에 가까운 곳에서 생산되었지만, 20세기에는 규모의 경제 때문에 중앙집중식 발전소, 장거리 송전선, 지역 분산 발전이 발달했다. 세계 대부분의 국가에서 전기는 현재 이와 같은 전력망에 의해 공급된다. 국가 전력망은 중앙 제어부에 의해 관리되는 복잡한 네트워크이며, 중앙 제어부는 어떤 발전소가 얼마나 발전하는지, 전력 생산의 비용과 발전소의 가용도, 부하 분산과 송전에 최소한의 손실과 각 송전선에 최대 전류 허용치 등을 고려하여 결정한다.

이 시스템은 수요와 공급이 맞도록 설계되며, 기본 부하라고 불리는 최소 수요는 가장 저렴한 발전소에서 공급되도록 한다. 최근까지 이것들은 일반적으로 석탄화력(가능한 경우 원자력 또는 수력 발전소)이었고, 대부분의 시간 동안 가동되었다. 이러한 발전소는 다른 발전소, 보통 복합 화력 발전소에서 매일매일 부하 변동에 대응하여 추가운전 되도록 했고, 수요 급증이나 발전소 운전 정지의 경우 빠르게 작동하는 가스 터빈 또는 디젤 발전기로 보완되었다. 발전소와 지역 분산 발전소 사이의 송전선을 상호 연결한다는 것은, 어느 한 곳의 선로나 발전소가 고장 나더라도 전력 공급을 유지할 수 있다는 것을 의미한다. 전력망은 멀리 떨어진 지역사회에 전기를 공급할 수 있게 했고, 멀리 떨어진 전기 공급원에서 전기를 공급할 수 있게 했다.

10.6 신재생에너지 공급의 통합

태양광과 풍력 발전소는 현재 점점 더 높은 비중으로 전기를 전력망에서 공급하고 있다. 이것은 발전소에 대한 요구조건을 바꾸고 있다. 일반적으로 기존의 대형 발전소만을 운전하는 것보다, 신재생에너지와 재래식 발전소의 혼합 운전으로 가장 경제적인 전기 생산이 가능하다. 한

계 비용(marginal cost)이라 불리는 풍력, 태양광 발전소의 운영비는 연료비(배출량도 없을 뿐 아니라)가 없기 때문에 가장 저렴하고, 우선적으로 발전에 투입된다. 풍력 및 태양광 발전량을 최대한 수용하려면, 공급 및 수요 변화에 신속하게 대응할 수 있는 발전소의 추가가 최선이며, 가급적 이들 발전소는 최대 발전량 중 부분부하 상태에서 운전되더라도 경제적이어야 한다. 일반적으로 석탄과 원자력 발전소는 빠르게 발전량이 증가하거나 감소하지 않으며, 가스를 연료로 하는 화력 발전소와 신재생에너지원의 경우 더 빠른 대응이 가능하다. 위치에 따라 수력 발전, 바이오매스, 지열, 집중형 태양열(열저장 포함) 발전소들의 발전 전력이 투입되어 유연하게 수요에 대응할 수 있다.

화석연료 발전소는 연료를 비축하고 있다가 필요할 때 전기를 공급할 수 있다. 필요할 때 전기를 공급할 수 있는 발전기(**수요 대응형** 혹은 **견고한** 공급원이라 불린다)와 달리, 풍력 및 태양광 발전은 날씨에 의존적인 변동 출력을 제공한다. 일반적으로 여름보다 겨울에 풍속이 더 높고 겨울보다 여름에 햇빛이 더 강하기 때문에, 수요와는 매우 동떨어질 수 있다. 그러나 일부 사람들이 상상하는 것과는 달리, 풍부한 풍력 및 태양광 자원이 있을 경우, 이들은 필요한 전력을 제때 제공할 수 있다. 태양광 및 풍력 발전소의 생산량 변화는 일반적으로 잘 예측할 수 있으며, 인공지능(AI)을 사용한 날씨 예측을 통해 최상의 예측 결과를 낳을 수 있다. 신재생에너지의 공급이 수요의 최대 30%일 때, 위와 같은 수요의 변화는 이미 그리드에 설치된 빠른 대응 발전소로 쉽게 충족될 수 있다. 1000 MW급의 대형 발전소에서 예상치 못한 문제(장비 결함 또는 과부하로 인한)가 발생할 경우가 풍력이나 태양광 발전의 발전량 감소보다 훨씬 더 대응하기 어렵다. 이러한 상황에서 대기하는 예비 발전소는 신속하게 가동되어야 하며, 풍력 및 태양광 발전소는 최대 용량으로 가동되지 않더라도 바람이 불고 날씨가 화창할 때 생산량을 빠르게 증가시켜 추가적인 귀중한 예비 전력을 제공할 수 있다.

10.6.1 신재생에너지원에서의 전기 공급

깨끗하고 안전하며 저렴한 전력을 제공하고, 위협적인 기후변화를 피하며, 금세기 중반까지 탄소 배출량을 획기적으로 줄이기 위해, 우리는 신재생에너지로 대부분의 전력을 전력망에 공급해야 한다. 신재생에너지에서 나오는 전기 비율을 증가시키기 위해 과잉 생산, 지역적 분포를 증가시키며, 다른 전력망에 상호연결을 해야 한다. 발전 용량을 늘리면 기상 조건이 좋지 않을 때를 부분적으로는 대비하며, 넓은 지역에 걸쳐 태양광과 풍력 발전소를 연결하는 것은 더 부드럽고 신뢰성 높은 출력을 제공할 수 있다. 유럽에서는 덴마크가 노르웨이, 스웨덴, 독일과 전기를 거래해 수급 균형을 맞추고 있는데, 자체 풍력발전 출력이 높을 때는 수출하고, 풍력발전 출력이 낮을 때는 수입하는 방식이다.

그러나 대륙 간 신재생에너지 전력망을 구축하는 것은 간단하지 않다. 북아프리카에서 생산된 태양광을 유럽으로 전송하자는 제안(DESERTEC)이 있었으나 정치적 불안정으로 좌초되었

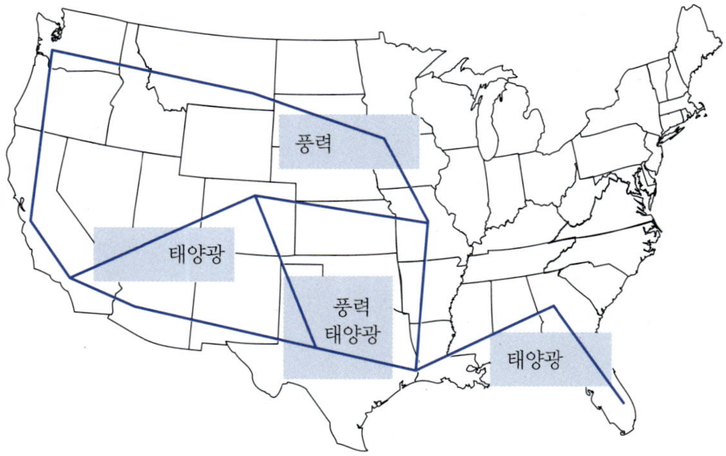

그림 10.3 미국에서 제안된 신재생에너지 HVDC 전력망(NREL 2018)

고, 제안된 전력망이 지나는 여러 지역과 국가에서 상반된 요구 때문에 반대가 많았다. 게다가 태양광 패널 가격의 급격한 하락은 일부 지역에서 더 많은 햇빛의 이점을 덜 중요하게 만들었다. 더 적은 햇빛을 보상하기 위해 태양광 패널의 크기를 늘리는 것이 장거리 송전 비용보다 더 경제적일 수 있다. 지역 발전은 또한 화석연료 수입에 의존하지 않음으로써 안정한 전력 공급을 제공한다.

그러나 광범위한 전력망은 수요와 공급의 균형에 의해 큰 도움이 될 수 있으며, 그림 10.3은 NREL이 제안한 미국 전역의 HVDC 전력망으로, 일사량이 높은 남서쪽과 남쪽에서 태양광과 평야에서 발생하는 풍력 발전소들이 연결되어 있다. 전력망을 통해 예비 발전소가 공유되고, 수요가 많은 곳에서 초과 발전량을 사용할 수 있으므로 상당한 비용을 절감할 수 있다. 이 '매크로 전력망'의 경우 건설 비용 190억 달러이고, 약 480억 달러가 절감된다. 서해안과 동해안의 시차가 5시간이라는 것은 태양광과 풍력 모두 동해안의 저녁 피크 전력 수요에 기여할 수 있다는 것을 의미한다. HVDC는 또한 극한의 날씨로부터 보호할 수 있는 지하 케이블을 기존의 도로 및 철도를 따라 설치하고, 가공 HVAC 전력선을 전압과 전류가 더 높은 HVDC로 변환함으로써, 독립적인 3개의 전력망인 서부, ERCOT(텍사스) 및 동부를 연결하는 데 방해가 되었던 과거 문제들 해소에 도움이 될 수 있다(문제 10.8 참조).

전압원 컨버터(voltage source converter, VSC)를 사용하면, HVDC는 넓은 영역에 걸쳐 신재생에너지를 연결하고, 다중 터미널 네트워크의 일부가 되어 비동기 전력망에 전기를 송전할 수 있다. 유럽에는 VSC의 소형화가 유리한 HVDC 링크가 여러 국경 간 설치되어 있으며, 예를 들어 독일이 운영(그리고 계획) 중인 해상 풍력 발전과 연결망을 가지고 있다. 중국은 현재 풍력 발전소와 전력망을 연결하기 위해 여러 HVDC 프로젝트를 진행하고 있으며, 미국의 '평원 및 동부 청정 HVDC' 프로젝트는 더 넓은 국가 전력망을 구축하는 데 도움이 될 것이다.

10.7 수요반응과 스마트 그리드

공급량에 맞게 수요를 변경함으로써 예비 발전소의 필요성을 줄일 수 있으며, 이를 **수요반응**(demand response)이라고 한다. 피크 부하를 충족하기 위해 사용되는 신속 대응 발전소가 가장 운전에 비용이 많이 들기 때문에, 이것은 더 저렴한 선택이 될 수 있다. 태양광 PV의 입력이 높은 전력망의 경우, 한낮에는 최대 공급이 되나, 총 부하는 아침에 상승했다가 저녁에 다시 상승하기 전에 평평해지는 경향이 있다(태양광 패널을 서향으로 위치시키면, 좀 더 늦게까지 발전이 가능하다.) 순 부하(net load)라고 불리는, 태양광 PV를 보조하기 위해 가동되는 기존의 발전소에서 운전 부하가 낮에는 떨어지고 저녁에는 가파르게 상승한다. 그것은 곡선의 형태가 오리의 형상과 닮았기 때문에 **덕 커브**(duck curve)라고 불린다. 태양 복사의 조도가 높은 지역에서는 저녁 에어컨 부하가 큰 경우가 많으며, 이 부하를 이동시킴으로써 큰 대기 용량의(그리고 비싼) 보조 발전의 필요를 줄일 수 있다. 이러한 **부하이동**(loading shift)은 예를 들어 태양광 PV 전력을 사용하여 낮 동안 얼음을 만들고, 저녁에 얼음으로 냉방을 제공하는 방법이 있다.

공급에 맞춰 부하를 보다 정밀하게 조정하려면, 전력망 운영자와 사용자 간의 양방향 통신이 가능한 스마트 그리드를 사용할 수 있다. 이를 통해 수요량에 딱 맞는 양만을 오프라인으로 전환하거나 추가될 수 있다. 많은 방법으로 짧은 시간 동안 전기 공급을 중단하거나 줄일 수 있다. 즉, 열용량을 사용하여 온도를 일정하게 만들 수 있으며 예를 들어 철이나 아스팔트, 용융 또는 음식을 냉장고에 차갑게 보관하거나, 건물을 난방 또는 냉각하는 것과, 또는 품목이 조립되기 전에 부품들이 먼저 생산되는 경우들이다. 마찬가지로 수요는 전기 가열로, 대형 전해조, 또는 (기후변화로 인한 가뭄에 대처하는 것을 돕기 위해) 담수화 공장을 가동함으로써 증가시킬 수 있다. 우리는 현재 디지털 기술로 **스마트 그리드**(smart grid) 혁명이 시작되는 것을 경험하고 있으며, 이를 통해 상당한 부하이동이 가능하고 신재생에너지로의 전환이 보다 쉬워지며 소비자에게 저렴한 가격으로 전기를 공급할 수 있을 것이다.

최근 몇 년 동안 현명한 소비자들은 스마트 전력계, 스마트 소켓, 스마트 장치 등을 통해 소비자 가격이 낮은 시간에 전기를 사용하도록 맞출 수 있었다. 이 방법이 과거 몇 십년 동안 이미 적용된 바 있으며, 주로 원자력 발전소로 전력이 공급된 프랑스와 같은 나라에서는 야간에는 더 저렴한 전기로 세탁기, 식기세척기 등과 열저장에 사용하였다. 스마트 그리드는 중앙 전력망 제어에 물린 수천만 개의 스마트 가정용 및 산업용 장치(각 장치마다 센서와 통신 시스템이 장착됨)의 작동을 제어함으로써 위 아이디어를 한 단계 더 발전시킨다. 스마트 그리드를 보유한 국가의 잠재적 경제 이익은 최대 수요를 크게 줄이고, 시스템 안정성을 개선하여, 신재생에너지(특히 풍력 및 태양광) 사용을 극대화하고, 이를 통해 지구온난화 완화 및 전기자동차 사회에 값싼 전기를 제공할 수 있다.

고객들이 그들의 요구를 바꾸도록 장려하는 것은 가격 차별화를 통해 이룰 수 있다. 이탈리아의 간단한 계획은 발전소의 자본과 배분의 비용을 최대 전력 소비에 따른 고정 요금을 통해

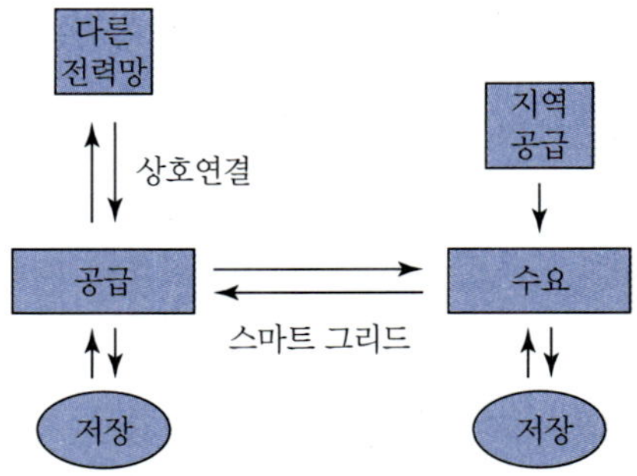

그림 10.4 최신 전력망의 수요와 공급 균형에 관한 개략도

회수하며, kWh당 생산 단가로 관리하는 것이다. 소비자에게 전기를 싸게 만들려면, 전력 소비를 제한하고 하루 중 주전자, 세탁기, 오븐과 같은 가전제품의 사용은 간격을 두어야 한다. 만약 한꺼번에 사용한다면 전력 공급이 중단된다. 이를 통해 발전 비용이 가장 높은 피크 부하를 감소시킨다. 피크 외 시간(예: 야간 사용)에 대한 가격 할인도 한 가지 방법이다. 그러나 더 나은 조정을 위해서는 스마트 그리드 및 스마트 전력계가 필요하다. 그러면 고객들은 그들의 전력 소비에 대한 세부 정보를 확인하고, 전기 가격이 낮을 때 특정 장치를 사용하거나 높은 가격임에도 버튼을 눌러 사용하는 것을 선택할 수 있다.

10.7.1 전력망에서 전기 저장

신재생에너지 발전은 높은 비율로 전기 저장장치를 활용하여 큰 도움을 받는다. 저녁에 수요를 더 자주 충족시킬 수 있는 용량을 가진 태양광과 풍력 발전소를 혼합하여, 낮 동안 전기를 과잉 생산하고, 전기 가격을 하락시킬 수 있다. 저장장치 없이는, 이 잉여 생산량은 수출하거나 손실된다. 단기 저장으로 오후에 생산된 전기의 일부가 저녁에 사용할 수 있게 되므로, 저장 용량이 작으면 일일 수요를 보다 잘 충족시킬 수 있다. 배터리의 가격이 급격히 떨어짐에 따라 이러한 저장 형태는 점점 더 쉽게 이용이 가능하게 되고 있으며, 또한 빠르게 반응하는 화석연료 발전소를 대체하기 시작하고 있다.

저장은 발전기 또는 전기 소비자에 의해 모두 사용될 수 있으며, 저장, 상호 연결 및 스마트 그리드가 공급과 수요의 균형을 어떻게 도울 수 있는지 그림 10.4에 개략적으로 설명되어 있다.

그림 10.4에 표시된 지역 공급은 미니 전력망의 일부일 수 있는 지붕 태양광 패널로부터 공급받을 수 있다. 이것은 전력 공급자의 전기 계량기를 통과하지 않는 전기이기 때문에 **전력망 배후**(behind-the-meter)의 예가 될 수 있다. 미니 전력망의 사용자 간 거래는 **블록체인**(block chain) 기술을 이용해 처리될 수 있다. 지역 저장소는 배터리에 의해 제공될 수 있지만, 열저장(예: 온수 탱크 또는 얼음 제조)도 사용된다.

10.8 신재생 발전의 경제

신재생에너지 발전으로 전환하는 비용은 풍력 및 태양광 발전소에 대한 막대한 투자뿐만 아니라 원격지에서 전기를 운송하기 위한 송전망을 강화하는 비용도 포함된다. 독일의 경우 송전선로가 업그레이드되는 동안 다양한 신재생에너지 발전의 성장률이 둔화되었고, 중국에서는 지붕 태양광 패널 설치가 장려되어 장거리 송전 필요성이 감소되고 송전망에 대한 부하가 줄어들게 되었다. 중국의 신재생 발전 용량은 지난 10년 동안 빠르게 성장했지만, **풍력 제한**(wind curtailment, 풍력 자원에서 얻을 수 있는 전력 대비 활용되지 않는 전력의 비율)은 2016년에 17%에 달했다. 특성화 정책, 지역 간 전력거래 개방, 새로운 송전선로 등으로 2019년까지 풍력 4%, 태양광 2%로 생산 제한을 줄였다.

일부 국가들에서는 태양광 패널을 통한 지역 발전이, 특히 사하라 이남 아프리카의 많은 지역에서처럼 전력망이 존재하지 않는 지역과, 호주의 일부처럼 전력망이 비싼 지역, 또는 인도처럼 전력망이 빈약한 지역 등에 최고의 전력 공급원이 될 수 있다. 주거지의 소유주에게 초과 발전량을 **요금 상계 제도**(net metering)라고 하는 전력망에 전기를 되팔 수 있는 기능을 시스템적으로 도입할 수 있다. 그러나 전력망 유지 비용을 태양광 패널이 없는 사람들에게 떠넘기는 측면 때문에 요금 상계 제도에 대한 우려가 있다.

풍력 및 태양광 발전소에서의 전기 생산 비용은 현재 화석연료를 사용한 발전 대비 가격 경쟁력이 있지만, 태양광 및 풍력의 변동성 때문에 전력망 운영에 추가 비용이 필요하다. 공급이 부족할 때 쓰는 예비발전 비용이 소비자 전기요금에 추가되기 때문이다. 그러나 신재생에너지 발전의 비율이 높아짐에 따라, 더 적은 수의 대형 재래식 발전소가 필요하며, 풍력 및 태양광 발전소가 점점 더 저렴해짐에 따라, 공급과 수요의 균형을 맞추기 위해 간헐적으로 가동되어야 하는 추가 예비 발전소의 비용을 상쇄할 수 있다. 전력 시장은 일반적으로 하루 전에 예상되는 수요에 따라 운영되며, 예비량은 예측 오류에 따라 달라진다. 시장이 더 짧은 시간간격을 두고 운영되면 요구량은 줄어든다.

신재생에너지 발전량 증가에 따라 실시간 전력거래시장(intraday market)이 점점 더 중요해지고 있다. 예를 들어 노드풀(Nord Pool)은 발트해와 북유럽 15개국 간의 거래를 가능하게 하고, 오늘날에는 많은 유럽 및 기타 국가에서 활용되고 있다. 2020년 인도는 미얀마, 스리랑카, 네팔, 부탄, 방글라데시를 포함하는 거의 실시간 거래시장을 도입하여 풍력 및 태양광 발전소의 생산을 통합하고, 지역 발전소의 활용도를 향상시켰다. 이는 인도가 추진 중인 야심찬 'One Sun One World One Grid' 계획의 일환이다. 중국은 또한 지난 2년 동안 신재생에너지와 에너지 저장의 전력 거래를 가능하게 하여, 생산 제한을 줄이고 더 많은 거래를 장려하기 위해 고안된 전력 시장을 도입했다.

가변 신재생에너지 발전소의 용량을 증가시키는 것은 신재생 자원이 작은 때는 충분한 출력을 제공하는 데 도움이 되지만, 높을 때는 전기 시장에 왜곡된 영향을 미칠 수 있다. 이는 자원이 무료이기 때문에, 추가 신재생에너지에서 발전된 전기의 **한계 비용**(marginal cost)이라고 불리는 kWh 또는 MWh의 추가 비용이 사실상 없기 때문이다. 시장이 한계 비용에 근거하고 신재생에너지의 가용 전력이 많을 때, 규제가 없는 시장의 전기 가격은 하락할 것이고, 따라서 수익이 감소하기 때문에 새로운 투자에 대한 비용 충당이 어려울 것이다.

신재생에너지의 낮은 한계 비용에서 나오는 수입의 부족은 **잃어버린 돈문제**(missing money problem)라고 불린다. 그것은 이미 일부 기존 재래식 발전소가 작동 기한 전에 문을 닫게 하고, 수요를 충족시키는 데 필요한 용량을 유지하기 위해 새로 건설해야 할 발전소를 줄이는 데 일조하고 있다. 더 규제된 시장이나 더 많은 발전소가 공공 소유로 돌아가는 것을 통해 신규 용량 생산에 대한 지속적인 투자를 장려하는 **용량 시장**(capacity market)을 갖는 것으로 도움이 될 수 있다. 참여자에게는 공급과 수요의 균형을 맞추기 위해 필요한 전력을 공급하는 데 MW당 요금이 주어진다.

1980년대와 1990년대에 경쟁을 촉진하기 위해 많은 국가에서 도입된 전력 시장은 단기 발전을 지원하기 위해 변화해야 하는 반면, 전력망상의 신재생에너지 발전 비율은 수요 대응, 분산 발전, 상호 연결 및 단기 저장으로 매우 높은 비율을 차지한다. 예를 들어 덴마크는 전력 수요와 거의 동일한 용량의 신재생에너지 발전 용량을 가지고 있으며, 이는 대부분 육상 풍력이다. 그것은 부분적으로 이웃 국가들의 전력망과 통합되고, 또한 광범위한 CHP 네트워크를 통한 전기와 열의 통합 공급으로 변화하였다. 전력 공급의 절반은 지역 난방 네트워크를 공급하는 소규모 CHP로 공급되며, 여기에는 열저장을 위한 대형 물탱크가 설치되어 있다. 이를 통해 CHP 발전소는 열 공급과 전기 생산 비율을 변경하여, 풍력 발전소의 출력 변화에 맞출 수 있다. 2019년 덴마크의 풍력 및 태양광 발전 비중은 50%였으며 2020년 상반기 타지역 비율은 다음과 같다: 전 세계 10%, 독일 42%, 영국 33%, 호주 17%, 미국 12%, 중국 10%, 인도 10%.

2018년 스웨덴의 차머스공과대학(Chalmers University of Technology)에서 유럽 송전망에 있는 가변 신재생에너지 발전량을 20%에서 80%로 증가시키는 비용에 대해 수행한 연구에 따르면, kWh당 가격은 약 5에서 8.5유로센트까지 상승했으며, 대부분의 전력은 풍력에 의해 생산되고, 태양광에너지와 배터리 모두 가격이 떨어질 것을 고려하면 약 4에서 6유로센트로 추가 감소한다. 공급의 변화는 주로 신속 대응 발전기(가스 동력)와 함께, 전기를 수입하고 수출하는 방식으로 처리될 것이다. 비용 증가는 화석연료를 계속 태우는 것으로 인한 피해보다 훨씬 적을 것이다.

바이오매스, 수소연료 터빈 발전소, 저장소가 있는 집중형 태양열 발전소, 또는 유연한 원자력 발전소나 수력 발전소에서 전력을 공급할 때 배기가스의 배출량을 더 낮출 수 있으며, 이는 전력망의 균형을 맞추기 위해 천연가스 화력 발전소에 대한 의존도를 줄일 수 있다. 일부 지역에서 높은 비율의 신재생에너지로 전력을 공급하는 것은, 공급과 수요 간 계절적 불일치를 충족시키기 위한 장기(수개월) 저장소가 있으면 해결이 될 것이다. 신재생에너지 전력을 생성된

'녹색' 수소를 생산하기 위해, 잉여 신재생에너지 발전 전기를 사용하는 것은 유망하며, 이를 에너지 저장소로 활용하거나 연료전지로 구동되는 화물 수송의 연료 및 산업용 열원으로도 사용할 수 있다.

비용이 하락함에 따라, 과잉 생산되는 태양광 발전과 하루 충전 용량의 배터리 용량 사이의 단기적인 불일치가 곧 해결될 것이다. 미국에서는 2018년 RMI(Rocky Mountains Institute)의 보고서에 따르면 지난 10년 동안 신재생에너지와 배터리를 포함한 분산 에너지자원의 진보는 이제 새로운 가스연료 발전소만큼 높은 신뢰도의 전력을, 비슷하거나 더 낮은 비용으로 제공할 수 있다고 결론을 내렸다.

신재생에너지 발전의 상당부분이 전력망에 전력을 공급할 수 있도록 하는 해결책은 지역에서 사용할 수 있는 자원에 따라 달라지지만, 추가 비용 절감에 큰 영향을 미치는 핵심은 에너지 저장에 있다.

10.9 에너지 저장

에너지 저장은 피크 기간 동안 발전 비용을 줄이고, 전력 수요의 갑작스러운 변화 또는 예기치 않은 발전 용량 손실에 전력망 제어자가 대체 발전 장치를 가동할 수 있을 때까지 대처할 수 있도록 한다. 전력망에서 일반적으로 몇 초에서 몇 시간까지 다양한 시간간격에 걸쳐 에너지를 저장할 수 있는 유연성이 필요하다. 에너지가 저장되고, 필요할 때 전기에너지로 변환될 수 있는 방법은 많다. 우리가 앞서 살펴본 바와 같이 에너지 저장은 태양광과 풍력과 같은 신재생에너지원의 고유한 가변성 때문에 중요한 요소가 될 것이다. 즉, 에너지를 저장하고 필요할 때 공급할 수 있는 것이 중요하다.

이제 우리는 에너지 저장의 중요한 형태 중 몇 가지를 살펴보고 그중 먼저 배터리를 고려한다. 배터리는 전기에너지로 쉽게 변환될 수 있는 형태로 에너지를 저장하는 전기화학 장치이다. 화학물질이 연속적으로 교체되는 연료전지와는 달리, 배터리 안 화학물질은 제조 시 기기 내에 보관된다(11.4.3절 참조). 배터리는 비충전식(1차) 또는 충전식(2차)이지만, 우리가 살펴보는 에너지 저장은 특히 전기자동차와 대규모 전기 저장에 사용되는 리튬이온 배터리에 관심이 있다.

10.10 배터리의 기본 원리

배터리는 **갈바닉 배터리**(**볼타의 배터리**라고도 함)를 포함하며, 2개 이상의 **산화용**과 **환원용** 전지를 가지고 있다. 각각의 전지는 전해질과 전극으로 구성된다. 간단한 예는 그림 10.5에 나타낸 구리-아연 갈바닉 또는 **다니엘 배터리**이다. 아연과 구리 전극이 도체에 의해 결합되고, 전자는 아연 전극에서 구리 전극으로 외부 회로를 통해 흐르며, 용액 속의 구리 이온과 결합하고,

구리 전극에 도달한다. 전극에서는 다음과 같은 반응이 일어난다.

$$Zn \rightarrow Zn^{++} + 2e^{-} \text{ 산화} \quad Cu^{++} + 2e^{-} \rightarrow Cu \text{ 환원}$$

아연은 구리보다 더 쉽게 전자를 잃고 산화되며, 그 결과 아연은 용액으로 이온화되어 들어가고, 구리 이온은 구리 전극에서 전자를 받아들여 환원된다. 용액 속의 아연 이온은 다공성 막을 통해 흐르는 황산 이온에 의해 중화되며, 이로써 회로의 전하 흐름이 완성된다. 막은 전류가 흐르지 않을 때 구리 이온이 아연 전극에 확산 및 석출되는 것을 막는다. 아연은 음극이고, 구리는 양극이다.

아연에서 전자를 제거하는 데 필요한 에너지는 구리보다 작다. 이용 가능한 에너지(2.7.2절 참조)는 전체 반응에서 기브스자유에너지 $-\Delta G$를 뺀 것이며, 이를 **산화환원반응**(redox reaction)이라고 한다.

$$Zn + Cu^{++} = Zn^{++} + Cu \tag{10.7}$$

ΔG의 크기는 농도에 따라 달라진다. 즉, 25°C, 1 mol인 경우 $\Delta G^0 = -213$ kJ mol^{-1}이다. 반응 (10.7)에서 전하 $Q = nN_A e$는 전달되고 $n = 2$(이온들은 이중으로 이온화되므로)이며 N_A가 아보가드로 수, e는 전하인 경우, 기브스에너지와 관련된 전극 간 전위차 V^0는 다음 공식을 따른다.

$$\Delta G^0 = QV^0 = nN_A eV^0 = -nFV^0 \tag{10.8}$$

여기서 F는 패러데이 상수로 몰당 96,485 쿨롱이다. ΔG^0의 값을 대입하면 다니엘 배터리의 **표준 전위**인 $V^0 = 1.10$ V가 된다.

10.10.1 표준 전위와 네른스트 식

금속 또는 화합물의 표준 전위는 물질과 수소 전극 사이의 전압으로, 수소는 백금 촉매 표면에

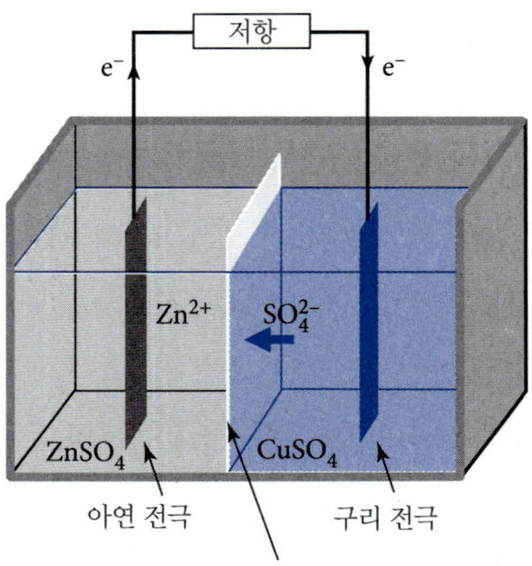

그림 10.5 다니엘 배터리

표 10.1 배터리에서 사용되는 일부 반쪽반응의 표준 전위 V^0

$Li^+ + e^- \rightarrow Li$ −3.04 V	$Na^+ + e^- \rightarrow Na$ −2.71 V
$V^{+++} + e^- \rightarrow V^{++}$ −0.26 V	$2H^+ + VO_2^+ + e^- \rightarrow VO^{++} + H_2O$ +1.00 V
$Zn^{++} + 2e^- \rightarrow Zn$ −0.76 V	$Cu^{++} + 2e^- \rightarrow Cu$ +0.34 V

서 흐르며 반응 $H_2 \rightarrow 2H^+ + 2e^-$에 의해 이온화된다. 배터리에서 활용되는 반쪽반응에 대한 몇 가지 표준 전위가 표 10.1에 제시되어 있다.

용액의 농도에 따라 배터리 전압이 결정되며, 이는 농도에 따른 기브스(Gibbs) 자유에너지와 관련 있다. 이는 다음과 같다(2.7.3절 참조).

$$\Delta G = \Delta G^0 + RT \ln Q \tag{10.9}$$

여기서 Q는 반응물에 대한 생성물의 농도비이다. 식 (10.8)을 대입하면 표준 전위와 배터리 내 이온의 농도의 상관관계인 **네른스트 식**(Nernst equation)을 얻을 수 있다.

$$V = V^0 - \frac{RT}{nF} \ln Q \tag{10.10}$$

다니엘 배터리의 경우 전체 반응은 식 (10.7)에 의해 주어지며, T = 25°C(298 K)에서 $\log x = \log e \times \ln x$에 주목하면 전위차 V는 다음과 같이 주어진다.

$$V = V^0 - \frac{0.059}{n} \log \frac{[Zn^{++}]}{[Cu^{++}]}$$

여기서 $[Zn^{++}]$와 $[Cu^{++}]$는 각각 Zn^{++}와 Cu^{++} 이온 농도이다. 전위의 영향을 미치는 것은 오로지 농도이기 때문에(식 10.10 참조) 금속(전극)은 변하지 않으며 1로 간주할 수 있다. 초기 농도가 1몰이라면 시간 t 동안 전류 I가 흐른 후 다음과 같이 된다.

$$\frac{[Zn^{++}]}{[Cu^{++}]} = \frac{1 + It/(nF)}{1 - It/(nF)}$$

농도가 로그함수로 변하는 것은 거의 모든 Cu^{++} 이온이 구리 전극에 석출될 때까지 전위가 매우 천천히 감소하고, 0.5몰에는 14 mV, 0.9몰에는 38 mV만 떨어지며, 1몰의 전하가 흐른 후에는 V = 0으로 완전히 방전된다는 것을 의미한다.

10.11 Pb, Na-S, NiMH, 그리고 액체금속 배터리

에너지 저장을 위해서는 배터리 내의 전반적인 화학반응은 가역적이어야 하며, 배터리 전위차보다 큰 반대 emf가 작용하면 반응의 방향은 역전된다. 그러면 배터리를 충전할 수 있다. 최초의 실용적인 충전식 배터리는 1859년 프랑스의 물리학자 **가스통 플랑테**(Gaston Planté)가 발

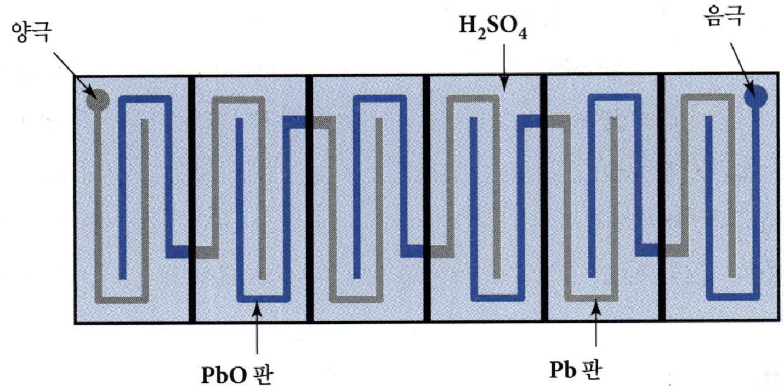

그림 10.6 6개의 전지를 가진 납축전지: 출력 ~12 V

명한 **납축전지**(lead-acid battery)이다.

10.11.1 Pb: 납축전지

축전지는 황산(H_2SO_4)에 담가진 일련의 납 음극 및 납 산화물 양극으로 구성되며, 각 전지는 직렬로 연결된다(그림 10.6). 에너지밀도는 상대적으로 매우 낮지만, 큰 전류가 발생하여 오늘날에도 여전히 자동차에 사용된다. 납축전지는 방전 속도와 방전 정도에 따라 수백 번 재활용할 수 있다. 큰 전류를 발생시키도록 설계된 차량(시동용)은 낮은 전류 전지보다 더 많고 얇은 판을 가지고 있다.

방전 시 납 음극은 반쪽반응에 의해 산화되어 황산납이 된다.

$$Pb + H_2SO_4 \rightarrow PbSO_4 + 2H^+ + 2e^-$$

그리고 산화납 양극은 반쪽반응에 의해 황산납으로 환원된다.

$$PbO_2 + 2H^+ + 2e^- + H_2SO_4 \rightarrow PbSO_4 + 2H_2O$$

전체 반응식은 다음과 같다.

$$Pb + PbO_2 + 2H_2SO_4 \rightarrow 2PbSO_4 + 2H_2O \quad V° =\sim 2.0\ V$$

황산의 밀도와 농도는 방전되는 동안 감소한다. 따라서 방전 중에는 전압도 감소하며, 다니엘 배터리에서와 같이 처음에는 하강속도가 느리고, 최대 방전에 가까워지면 급격한 강하가 발생한다(문제 10.20 참조). 비에너지(단위 질량당 에너지)는 ~20~30 Wh kg^{-1}이다.

기존의 납축전지에서 충전속도 및 수명은 음극 황산납의 용해속도 및 석출에 의해 제한된다. 음극에 탄소를 첨가하면 충전속도가 향상되고 황산납의 석출이 감소하여 수명이 개선된다. 이러한 납-탄소 축전지는 여전히 낮은 에너지밀도를 가지면서도 비용효율적이며, 크기와 무게가 중요하지 않을 때 값싼 에너지 저장을 제공할 수 있다. 유럽과 미국에서는 납축전지의 95% 이상이 재활용된다.

10.11.2 Na-S: 나트륨황 배터리

1960년대에 처음 개발된 Na-S 배터리는 양극으로 Na^+ 이온을 선택적으로 전도하는 고체전해질(베타산화알루미늄)과 액체금속(나트륨) 음극, 그리고 다공성 탄소 안에 용융 황으로 구성되어 있다. 배터리는 ~300°C의 온도에서 작동하며, 방전 시 나트륨 이온이 베타산화알루미늄을 통과하고 황과 결합하여 다황화나트륨을 형성한다. 전체 반응은 다음과 같이 나타낼 수 있다.

$$2Na + 3S \rightarrow Na_2S_3 \quad V° = \sim 1.9\ V$$

이 재료는 저렴하고 밀도가 낮다. 이론적인 비에너지는 ~720 Wh kg^{-1}로 높고(문제 10.21 참조), ~200 Wh kg^{-1} 값을 얻을 수 있다. 응답시간은 약 1 ms이다. 사이클 수명은 길고 충전 효율(방전과 충전에 필요한 에너지의 비율)이 높지만(~85%), 규모의 경제, 고온 및 재료의 부식성 특성 때문에 이 배터리는 전력망을 위한 대형 에너지 저장에 가장 적합하다. 일반적인 수명은 15년 또는 4500사이클이다. 예를 들어, 일본 풍력 발전소의 안정화에 사용되는 34 MW/245 MWh 장치와, 부하 균형에 사용되는 6시간의 저장 용량을 제공하는 아부다비의 대규모 108 MW/648 MWh 장치가 있다.

위와 같은 용융염 배터리인 ZEBRA 배터리는 ~300°C에서 작동하고, 액체나트륨 음극과 염화니켈 양극이 용융 사염화알루미늄나트륨($NaAlCl_4$) 전해질을 사이에 둔 구조이며, 비에너지는 ~120 Wh kg^{-1}로 높고, 동력용 자동차에 사용된다.

10.11.3 NiMH: 니켈수소 배터리

이러한 충전식 배터리는 1980년대 후반에 처음 상용화되었고 납축전지보다 상당히 높은 에너지밀도를 가지고 있다. 양극은 수소흡장합금이고, 음극은 수산화니켈 NiOOH이다. 방전 반쪽 반응은 다음과 같다.

$$M + e^- + H_2O \rightarrow MH + OH^-, \text{그리고 } Ni(OH)_2 + OH^- \rightarrow NiOOH + H_2O + e^-$$

여기서 M은 금속간화합물을 의미하며, 일반적으로 희토류, 니켈 및 망간의 혼합물로 구성된다. 전해질은 일반적으로 수산화칼륨이다. 이들의 비에너지는 ~80 Wh kg^{-1}이다. NiMH 배터리에 사용되는 화학물질은 리튬이온 배터리보다 반응성이 낮다. NiMH 배터리가 리튬이온 배터리보다 무겁지만, 매우 뜨거운 조건에서 더 오래 지속된다. 배터리는 일부 하이브리드 전기차에 사용되지만, 순수 전기차에는 주로 리튬이온 배터리로 대체되었다.

10.11.4 액체금속 배터리

보다 최근인 2006년에 MIT의 Donald Sadoway는 전극과 전해질이 밀도 차이만으로 수직으로 분리된 액체금속 배터리에 대한 연구를 부활시켰다. 방전 시에 양극 금속이온은 용융염 전해질을 통해 하부 액체 양극층으로 확산되어 양극 금속과 합금된다. 충전 시 과정은 반대로 이루어진다. 장점은 많은 후보 물질들이 저렴하고, 배터리가 액체상태로, 부피 변화가 기계적 응력을 유발하지 않고 빠른 방전-충전 주기를 제공한다. 이들은 잠재적으로 긴 수명을 가지고 있으며, 막과 분리막이 없기 때문에 간단한 구조를 가지고 있다. 그러나 상대적으로 낮은 전압과 에너지밀도를 가지고 있고, 이동에 민감하기 때문에, 전력망 저장에 가장 적합하며, 잠재적으로 쉽게 확장되고, 빠르게 반응하며, 저렴하다.

Mg 음극, $MgCl_2$ 전해질 및 Sb 양극을 사용한 MIT의 배터리는 700°C의 높은 작동 온도로 인해 열화가 발생했으나, 최근에는 현저히 낮은 온도에서 작동하는 다른 액체금속 합금 전극으로 유망한 결과를 얻고 있다. MIT 스타트업 회사인 앰브리(Ambri)사는 500°C에서 작동하는 Ca 합금 음극과 Sb 양극을 기반으로 한 배터리를 상용화하고 있으며, UT 오스틴의 연구그룹은 2020년에 Na-K 음극과 Ga계 합금 양극을 기반으로 20°C에서 작동하는 배터리를 보고했다. 그러나 기존의 리튬이온 배터리의 빠른 가격 하락은 새로운 배터리 기술에 대한 투자와 개발에 타격을 주고 있다.

10.12 리튬이온 배터리

1980년대와 1990년대에 리튬이온 배터리의 발달로 배터리 기술의 매우 중요한 발전이 이루어졌다. 리튬은 전기음성도가 가장 높고(표 10.1 참조), 밀도가 낮기 때문에 고에너지밀도가 가능한 이상적인 배터리이다. 그러나 화학적으로 매우 반응성이 높지만, 리튬이온이 흑연의 구조를 분해하지 않고, 내부 또는 외부로 이동할 수 있다는 것이 발견되어 그 반응성을 조절할 수 있게 되었으며, 이 가역적인 과정은 **인터칼레이션**(intercalation)이다. $LiCoO_2$, $LiMn_2O_4$, $LiNiMnCoO_2$(NMC)와 같이 층상 구조를 갖는 리튬 산화물에도 리튬이 인터칼레이션될 수 있다. 배터리는 전압과 온도의 안전 한계 밖에서 작동되지 않도록 안전 장치가 있어야 하며, 특히 2013년 보스턴의 보잉 787 드림라이너 제트기에서 발생한 화재와 같은 리튬 배터리 화재가 몇 번 있었다.

리튬이온 배터리는 통상 흑연 음극과 리튬 산화물 양극으로 구성된다. 배터리의 전압 ~3.7 V는 두 전극 물질의 결정 구조와 Li^+ 이온의 자유에너지 차이이다(흑연 음극이 아닌 규소를 사용하면 용량이 증가됨). 배터리의 작동은 리튬 이온이 한 전극에서 다른 전극으로 전달되는 현상—'흔들의자' 효과—과 리튬의 인터칼레이션으로 반응도가 제어된다. 양쪽 전극은 전도성 전해질인 유기 용매에 녹아 있는 리튬염 Li^+에 의해 분리된다. 2020년 설비의 대부분은 리튬니켈망간코발트산화물(NMC)과 리튬철인산염(LFP)을 사용했다. 최고의 리튬이온 배터리는 ~250 Wh kg^{-1}(2020)의 비에너지를 가지고 있다.

리튬이온 배터리의 개략도를 그림 10.7에 나타냈다. 충전 시 리튬이온은 리튬코발트산화물 음극에서 전해질을 통과하여 이동하고, 양극에서 흑연과 결합하여 리튬-흑연을 형성한다. 장치가 회로에 추가되면 양극에서 전류가 흐르고 약 3.7 V까지 장치에 전원이 공급된다. 방전하

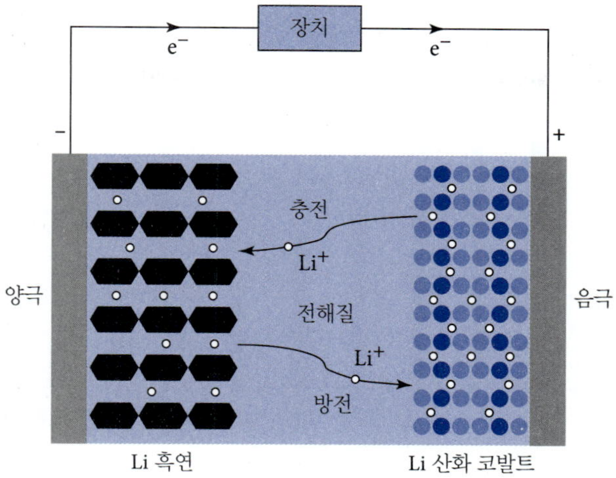

그림 10.7 리튬이온 배터리의 개략도

는 동안 리튬이온은 양극에서 전해질로 방출되고 전자는 외부 회로로 배출된다. 회로의 전자는 양극에서 나오는 리튬이온 및 산화코발트와 결합하여 리튬 코발트 산화물을 형성한다.

특히 EV에 적용하기 위해 1시간의 1/10 정도로 짧은 시간 동안 배터리를 충전하는 방법에 관한 연구가 진행되고 있다. 현재 충전율은 급속 충전기로 30분 정도 충전하면 일반적으로 80% 정도 충전되며, 전동 공구와 같이 배터리를 교체할 수도 있다.

10.12.1 리튬이온 배터리의 경제성

리튬이온 배터리는 현재 배터리 시장을 지배하고 있으며, 전 세계 생산량이 증가함에 따라 지난 10년 동안 가격이 빠르게 하락하고 있다(그림 10.8 참조). 생산되는 양이 2배 증가할 때마다 전 세계적으로 가격이 약 18% 감소한다. 2024년에 전기차는 kWh당 약 100달러가 들 것으로 예상되며, 기존 내연기관 자동차와 가격경쟁력이 있을 것이다. 대규모 전력 저장에 점점 더 많이 사용되고 있는데, 예를 들면 호주 남부 혼스데일의 315 MW 풍력 발전소와 함께 배치된 100 MW/185 MWh 유닛은 생산제한을 줄임으로써 전력 생산을 증가시킨다.

배터리는 주파수 정류뿐만 아니라 신재생에너지의 신뢰성을 높이고 생산제한을 줄이는 데 활용될 수 있다. 그러나 일회성 사용으로는 일반적으로 배터리를 충분히 활용하지 못하는데, 이는 배터리로 다른 여러 가지 각각의 경제성을 가지는 작업들을 수행할 수 있기 때문이다. 수요-충전 관리는 건물에서 전력의 수요가 적은 시간에는 배터리를 충전하고, 피크 수요에서 배터리를 방전하는 것이 일반적으로 5~50%의 시간을 사용한다. 사용시간 차익거래는 전기요금이 낮을 때 배터리를 충전하고 높을 때 방전하는 방식이며, 전기가 끊길 경우 배터리를 예비로 사용할 수 있다. 태양광 및 풍력 발전소와 결합하여 리튬이온 배터리는 첨두 화력 발전소와 점점 더 경쟁을 하고 있다.

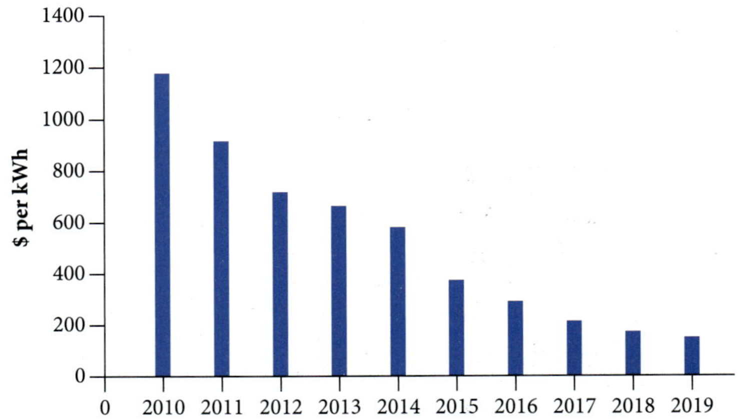

그림 10.8 2010~2019년 리튬이온 배터리의 가격 하락(BloombergNEF)

에너지 저장장치로 리튬이온 배터리를 사용하면 전기 비용이 증가한다. 수명이 10년인 배터리, 예를 들면 ~3500사이클의 경우, 배터리의 모든 용량을 사용할 수 있다고 가정할 때, kWh당 150달러의 배터리팩 추가 비용은 kWh당 ~4센트이다. 그러나 긴 배터리 수명 동안 최대 용량의 20~80%를 사용하는 것이 권장되며, 이로 인해 추가 비용이 kWh당 ~7센트로 증가한다. 이는 최대 3500사이클 수명을 가진 배터리의 경우 kWh당 50~100달러 미만의 배터리팩 비용이 발생해야 첨두 화력 발전소와 경쟁이 가능하다는 것을 나타낸다.

10.12.2 리튬공기 배터리

리튬공기 배터리는 이론 비에너지가 ~3500 Wh kg^{-1} 정도로 매우 높지만, 이러한 밀도를 실현하는 데는 여전히 해결되지 않은 문제들이 많다. 하나의 설계는 다공성 탄소 양극과 리튬 금속 음극 사이 고분자 전해질로 구성되어 있다. 방전 시 리튬이온은 다공성 양극으로 이동하며, 공기 중의 산소와 결합하여 리튬 산화물이 생성되며, 충전 시 리튬은 음극으로 이동하며 산소는 양극으로 배출된다. 전기화학반응은 다음과 같다.

음극: $2Li \leftrightarrow 2Li^+ + 2e^-$ 양극: $2Li^+ + {O_2}^+ + 2e^- \leftrightarrow Li_2O_2$

총 반응: $2Li + O_2 \leftrightarrow Li_2O_2$ 전압 ~3V

리튬공기 배터리의 저밀도 양극 및 음극은 리튬이온 배터리의 약 5배, 즉 ~1000 Wh kg^{-1}의 비에너지를 달성할 수 있게 한다. 이는 내연기관(ICE)의 에너지밀도와 비교될 수 있으며, 전기모터의 효율(90%)과 출력 대 중량비(~6 kW kg^{-1})이며, ICE의 경우 최대 25%의 열효율과 1.0 kW kg^{-1}의 출력 대 중량비이며 이들이 연료(휘발유 또는 디젤)의 높은 에너지밀도(~13,000 Wh kg^{-1})를 상쇄하기 때문이다(문제 10.22 참조).

그러나 현재 리튬공기 배터리는 일반적으로 에너지 효율이 낮고, 사이클 수명이 짧으며, 낮은 용량 때문에 연구개발이 많이 진행되고 있다. 나노기술을 사용하여 전극의 표면적을 증가시키고, 적합한 물성을 가진 소재를 사용하는 것으로 여러 번의 사이클(방전 및 충전)로 운전되어도 신뢰할 수 있고, 고에너지밀도를 달성하는 데 도움이 될 수 있다. 이러한 배터리는 운송기기의 탈탄소화에 큰 영향을 미칠 수 있다.

10.13 흐름 배터리

전기자동차의 배터리는 차량이 주차되어 있을 때 **전력망-차량**(vehicle-to-grid, V2G)에 연결될 수 있으며, 공급과 수요의 균형을 맞추기 위해 매우 많은 용량의 에너지 저장소를 제공할 수 있다. 캘리포니아에서 수행한 연구는 만약 전기자동차가 정지된 상태에서 에너지 저장에 사용된다면 수십억 달러를 절약할 수 있다는 것을 보여 주었다. 그러나 장기 전력망 저장(수일 또는 그 이상)의 경우라면 흐름 배터리가 판형 배터리보다 대규모 저장에 더 경제적일 수 있다.

흐름 배터리는 전극이 아닌 전해질에 전기에너지를 저장하기 때문에 용량은 전해질 용기의 부피에 의해서만 제한되며, 따라서 배터리의 전력과 용량이 분리된다. 일반적으로 레독스 흐름 배터리(redox flow battery, RFB)라고 불리며 매우 많은 수의 충방전 주기에 걸쳐 높은 효율을 유지할 수 있다.

가장 개선되고 이미 상용화된 예는 바나듐 레독스 흐름 배터리로, 2개의 분리된 충전되지 않은 전해질을 가지고 있으며, 각각 서로 다른 충전 상태의 바나듐 이온이 산에 담겨 있다. 기존에는 황산이 산성 용액으로 사용되었으나, 황산과 염산의 혼합액이 바나듐 용해도를 향상시켜, 더 큰 용량과 더 넓은 작동 온도 범위를 제공하는 것으로 밝혀졌다. 흐름 배터리의 도식을 그림 10.9에 나타냈다.

전해질은 전하 중립성을 유지하기 위해 양성자(H^+) 이온이 통과하도록 하는 반투과성 이온

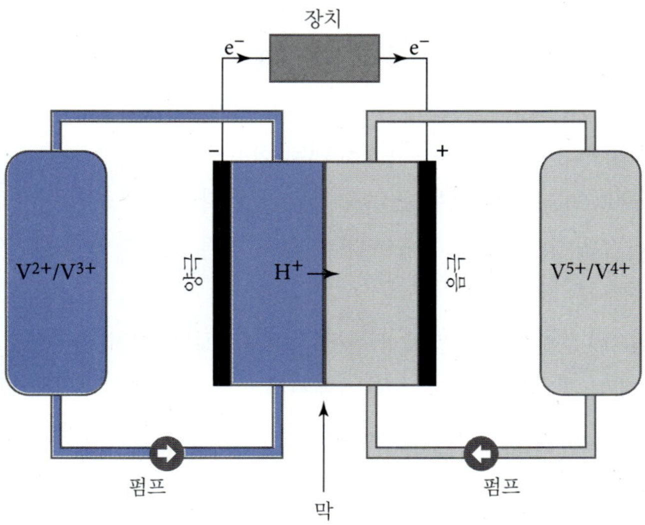

그림 10.9 바나듐 흐름 배터리의 개략도

교환막(ion-exchange membrane, IEM)에 의해 분리되며, 촉매 전극은 탄소섬유종이, 탄소펠트 또는 탄소나노튜브로 구성되는 다공성 구조를 갖는다. 이와 같은 전극은 넓은 표면적과 우수한 투과성을 제공한다. 반쪽반응은 다음과 같다.

음극: $V^{++} \rightarrow V^{+++} + e^-$　　　양극: $2H^+ + VO_2{}^+ + e^- \rightarrow VO^{++} + H_2O$

전해질이 분리된다는 점에서 다니엘 배터리의 구조와 유사하다.

그러나 바나듐의 매장량이 상당히 풍부함에도 불구하고 현재는 고가이며, 서로 다른 화학물성을 가진 여러 흐름 배터리가 개발 중에 있다. 전력망에 필요한 에너지 저장 용량이 수백만 kWh이고, 수백만 톤의 소재가 필요하기 때문에 재료 비용을 절감하면 비용경쟁력이 향상된다. 가능한 후보로는 Form Energy사의 황 흐름 배터리와 ESS의 철 흐름 배터리가 있는데, 두 회사 모두 빌 게이츠(Bill Gates)가 의장을 맡고 있는 10억 달러 규모의 자금원으로 신에너지 기술에 자금을 지원하는 Breakthrough Energy Ventures의 투자를 받고 있다.

일반적인 비에너지는 10~50 Wh/kg으로 판형 배터리로 달성할 수 있는 값보다 낮지만, 보다 비용효율적으로 용량을 ~10 MWh까지 키울 수 있다. 따라서 흐름 배터리는 전력망 저장용으로 적합하다. 이미 여러 곳에 상용 흐름 배터리가 설치되고 있다. 예를 들면, 일본 스바루 풍력 발전소에는 에너지 저장과 풍력 안정화를 위해 4 MW/6 MWh 바나듐 RFB가 설치되었고, 온타리오에서는 OIESO(Ontario's Independent Electricity System Operator)에 보조 서비스를 제공하기 위해 2 MW/6 MWh의 아연–철 RFB가 사용되고 있다.

10.14 슈퍼커패시터

슈퍼커패시터는 배터리가 아니지만, 에너지 저장 능력에서 배터리를 보완하는 전기화학 소자로 전극과 전해질로 구성되어 있다. 전기화학 이중층 커패시터(EDLC)는 전해액에 담긴 다공성 탄소 전극으로 구성되며, 얇은 다공성 막(그림 10.10 참조)으로 분리되어 있다. 전극에 전압이 인가되면 양이온이 음극에 이끌려 분리막을 통해 확산되나 전기적 절연 때문에 대략 이온 직경 두께의 전하 이중층으로 분리된다. 반대의 전극에도 비슷한 이중층이 형성된다. 탄소 전극은 표면적(~3000 $m^2\ g^{-1}$)이 매우 큰 표면적을 갖는 다공성 구조 형상으로, 전하층과 작은 분리 때문에 매우 큰 커패시턴스를 제공한다. 최대 전압은 전해질의 항복전압, 일반적으로는 1~3 V에 의해 제한된다.

두 전극, 분리막 및 전해질은 원통형 또는 직사각형으로 말려진 얇은 조각 형상을 가진다. 커패시턴스 C는 2개의 평행으로 놓인 판형 커패시턴스가 직렬로 연결된 것과 같으며, 각 커패시턴스는 면적 A, 판 사이 간격 d, 판 사이 전해질의 유전율은 ε으로 다음과 같다.

$$C = \varepsilon\varepsilon_0 A/2d$$

여기서 $\varepsilon_0 = 8.85 \times 10^{-12}$ F m^{-1}이다. $d = 0.5$ nm, $\varepsilon = 2$, $A = 3000\ m^2\ g^{-1}$인 경우, $C \approx 50$ F

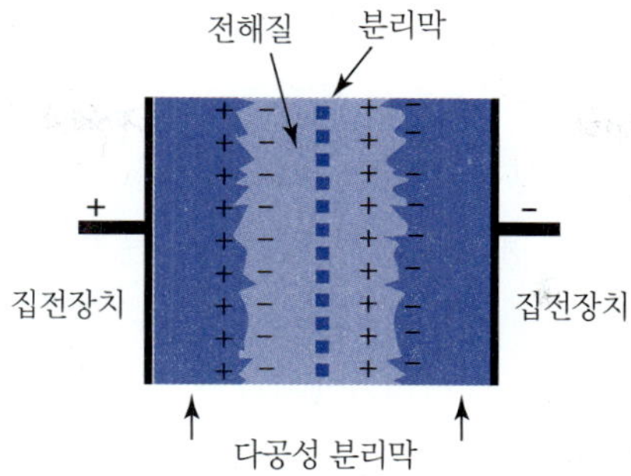

그림 10.10 슈퍼커패시터의 개략도

g^{-1}이다. 일반적인 전압은 2.5 V이며, 저장된 에너지 $E_s = CV^2/2 = 150\ Jg^{-1} = 0.15\ MJ\ kg^{-1} = 40\ Wh\ kg^{-1}$이다. (보다 정확한 예상치를 구하려면 가상 전하를 고려해야 한다.) 그래핀 전극을 사용하는 슈퍼커패시터는 활성탄 전극보다 높은 전도도를 가지고 있어서 고주파 전원에 사용될 수 있다. 슈퍼커패시터는 배터리보다 자가 방전시간이 짧아서, 일반적으로 몇 개월이 아닌 몇 주이다.

슈퍼커패시터가 전달할 수 있는 최대 전력 P_m은 부하저항 R_L이 유효 직렬저항 R_s와 같을 때이며, $V^2/4R_s$로 구한다. $V = 2.5$ V인 경우, $R_s \approx 0.1\ m\Omega\ kg^{-1}$의 값이 일반적이며, $P_m \approx 10\ kW\ kg^{-1}$이다.

전극과 전해질 사이에 전류가 흐르지 않기 때문에 슈퍼커패시터는 매우 많은 횟수($\sim 10^6$)의 주기 사용이 가능하며, 저장된 에너지를 빠르게 방출(~1초)할 수 있다. 따라서 전기자동차에서 제동할 때 발생하는 에너지를 전자기적으로 저장하고, 출력에 추가적인 증가를 제공하는 데 이상적이다. 또한 바람이 바뀔 때 풍력 터빈 블레이드의 각도를 최적화하기 위해 짧은 동력 주입에 사용된다.

10.15 비에너지와 라곤(Ragone)도

배터리에서 전극의 충전 용량 Q_c는 $Q_c = nF/(3600 \times M)$ Ah kg^{-1}로 주어지는데, 여기서 F는 패러데이 상수, n은 이온의 충전 상태, M은 분자량이다. 예를 들어, 리튬이온 배터리에서 $LiMn_2O_4$ 전극의 경우, $n = 1$ 및 $M = 0.181\ kg\ mol^{-1}$이므로, $Q_c = 148\ Ah\ kg^{-1}$이다. 에너지밀도 E_s는 $E_s = V_pQ_c$로 근사할 수 있으며, 여기서 V_p는 절반 방전 시 배터리의 전위이다. 리튬이온 배터리의 경우 $V_p \sim 3.7$ V이므로 $E_s \approx 550\ Wh\ kg^{-1}$이다. 실제 상한 한계는 배터리의 다른 구성요소의 질량을 고려해야 하고, 리튬을 모두 사용할 수 없다는 사실도 고려해야 한다. 2020년 현재 최고의 리튬이온 배터리는 ~250 Wh kg^{-1}의 에너지 저장량을 가지고 있다.

배터리가 매우 느리게 방전될 때, 전압은 표준 환원 전위에 가깝다. 그러나 빠르게 방전되면, 내부 저항에 흐르는 높은 전류와 반응을 구동하는 데 필요한 전압(활성화 전위) 및 배터리 내의 농도 구배와 관련하여 상당한 전압강하가 발생하며, 이는 네른스트 관계(식 10.10)를 통해 전압에 영향을 미친다. 이러한 전압강하는 특정 전압에 도달할 때까지 배터리에서 방출되는 에너지의 양은 천천히 방전될 때보다 작으며, 유효 배터리 용량이 감소된다는 것을 의미한다. 또한 높은 방전속도에서도 배터리 용량 감소가 있는데 이는 이온의 확산속도가 빠져나가는 전류에 미치지 못하기 때문이다.

배터리의 충전 또는 방전 속도는 배터리가 1시간 이내에 얻거나 잃는 충전 용량의 분율인 **C-rate**라고 한다. 예를 들면, 충전속도 0.5 C의 배터리는 1시간 동안 충전 용량의 0.5를 얻은 것이다. C-rate가 너무 높으면 배터리의 수명이 짧아진다. 가전제품용 리튬이온 배터리의 경우 C-rate가 ~0.5 C 미만인 것이 좋다(2015).

배터리와 슈퍼커패시터의 성능은 라곤도에서 비교할 수 있다(그림 10.11 참조). 라곤도는 단위 질량당 저장된 에너지(비에너지)와 단위 질량당 저장된 전력(비전력)의 상관관계를 나타낸 그래프이다.

자동차의 경우, 비에너지는 자동차의 분류와 가속도에 관한 비전력과 관련이 있다. 또한 그림 10.11에는 내연기관(IC) 엔진과 연료전지도 표시되어 있다. 배터리의 무게는 방전 시 그대로 유지되지만, IC 엔진의 연료는 소비되므로 초기 연료 질량이 포함된 경우 비에너지가 표시되었으며, 대략 0.25 kg의 연료당1 kg의 엔진 질량의 비율이다. IC 엔진의 효율을 30%로 환산하면 연료와 엔진 질량당 약 750 Wh kg^{-1}이다. 순수 전기자동차의 경우, 배터리의 무게가 대부분을 차지하며, 전기모터의 약 5배이다.

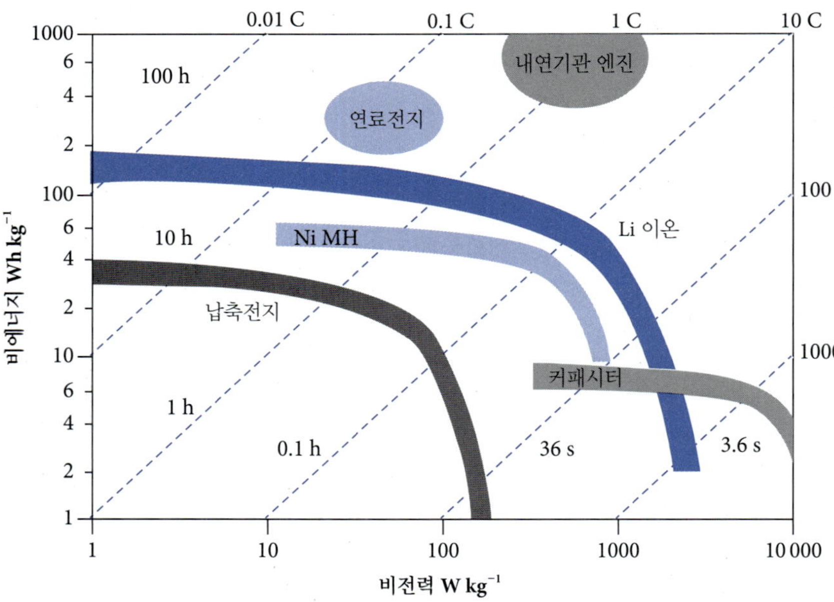

그림 10.11 비에너지 대비 비전력을 도시하는 라곤도

10.16 수소의 에너지 저장

전기를 배터리에 저장하는 대신 물을 전기분해하여 수소를 생산하는 데 사용할 수 있다(박스 10.2 참조). 수소는 산업이나 가정에서 열을 공급하거나 연료전지를 통해 전기를 공급하고, 다른 형태의 연료를 만들기 위한 에너지 공급원으로 활용될 수 있다. 수소는 에너지를 저장하는 역할을 하며, 수소의 저위발열량(LHV)은 121 MJ kg^{-1}으로 매우 높지만, 표준 조건에서의 부피당 비에너지는 0.01 MJ L^{-1}로 매우 낮으며, 사용 용도에 따른 저장 또는 운송 방법은 매우 상이하다.

10.16.1 수송을 위한 수소

아직까지 수소를 매우 작은 부피로 저장하기 위한 방법은 없으며, 경량 탄소섬유 복합소재 용기에 70 MPa(≡ 700 bar)까지 압축될 수 있지만, 이를 위해 저위발열량의 약 10% 에너지가 필요하다. Faurecia의 어떤 제품의 경우 69 L의 용적과 무게는 37.5 kg이며, 700 bar의 H_2 2.75 kg을 저장하여 에너지밀도 8.9 MJ kg^{-1}, 4.8 MJ L^{-1}와 무게의 7%의 사양을 가지고 있다. 이는 45 MJ kg^{-1}, 35 MJ L^{-1} 및 무게의 38%인 석유 기반 연료와 비교될 수 있다.

압축된 수소는 자동차에게는 너무 큰 저장 용기가 필요하지만, 무거운 화물차나 기차에는 사용이 가능하다. 화물차나 기차에는 큰 저장 실린더를 실을 공간이 있으며(문제 10.27 참조), 8.9 MJ kg^{-1}의 중량 에너지밀도는 2472 Wh kg^{-1}과 동일하며, 리튬이온 배터리보다 약 10배 높다. PEM 연료전지(11.4.4절 참조)의 효율은 ~90%인 전기모터와 비교하여 최대 ~60%에 불과하지만, 연료에 대한 무게 감소 효과는 크다. 수소는 10분 이내에 충전할 수 있는데, 이는 배터리의 속도보다 빠르며, 수소 용기는 배터리 대비 환경친화적이다. 그 결과, 연료전지트럭 시장은 빠르게 성장하고 있다.

수소는 수소화물로도 저장할 수 있지만, 지금까지는 수소를 다시 추출하고 생산하기 위해 열과 촉매가 필요한 경우가 많아 효율과 사용의 용이성이 낮았다. 많은 소재들이 수소 저장 시스템에 적용되었지만, 운송용에는 현재 압축수소가 가장 매력적이다.

박스 10.2 물의 전기분해

전기분해란 이온성 화합물이 포함된 액체에 전류를 통과시켜 화합물을 분해하는 것이다. 이 과정은 광석이나 산화물에서 알루미늄이나 나트륨과 같은 특정 금속을 추출하는 데 중요하다. 전류의 흐름은 화학반응이 자발적이지 않은 방향, 즉 기브스자유에너지를 증가시키는 방향으로 필요한 에너지를 제공한다. 물의 전기분해를 통해 저탄소 연료인 수소를 합성 및 생산하여 에너지 저장의 한 방법으로 활용할 수 있다.

순수한 물의 이온화율은 매우 작기 때문에(H^+와 H_3O^+ 및 OH^- 농도는 표준상태에서

10^{-7} M이다), 물은 절연체이며 전기분해를 위해 전해질이 첨가되어야 한다. 수소와 산소가 생산되기 위해 전해질은 물보다 산화 또는 환원되기 어려워야 한다. 적합한 전해질은 황산 또는 수산화칼륨인데, 이들은 수용액 상태에서 완전하게 이온화되고 황산이온 SO_4^{2-}은 산화되기 매우 어렵고, K^+는 H^+보다 전극 전위가 낮기 때문에 환원되지 않는다. 다음은 알칼리 수전해(AWE), 고분자막 수전해(PEM), 고체산화물 전해조(SOEC)의 세 가지 시스템이 주요 특징을 보여 준다.

물 전기분해의 전체 반응식은 $2H_2O \rightarrow 2H_2 + O_2$이다. 표준상태(25°C, 1몰)에서의 기브스자유에너지 변화는 표준전위 1.23 V에 해당하며, 이것이 물을 전기분해하는 데 필요한 전압이다. 최근 수전해의 **효율**은 최대 80%에 육박한다.

알칼리 수전해(AWE)

AWE는 가장 많이 사용하며, 전해질로서 KOH의 용액을 일반적으로 사용하고, OH^- 이온이 투과하는 투과막으로 전극이 분리되어 있다. 이온들은 반응하여 음극에서는 산소를 발생시키고, 외부 회로에 전자를 공급한다. 양극에서 전자는 물 분자와 반응하여 수소 및 OH^-을 만든다. 저렴한 니켈계 전극으로 반응을 촉매할 수 있고, 작동 온도는 40~90°C이다. 단점은 투과막에서 높은 저항 손실이 발생하고 산소와 수소가 혼합되어 최대 작동압력이 제한된다.

고분자막 수전해(PEM)

음극과 양극은 고분자 전해질 막으로 분리되어 양성자(H^+)를 투과하고, 생성 기체를 분리하며, 고압에서 작동할 수 있도록 하여 저항 손실을 줄인다. 그러나 반응을 위하여 값비싼 백금계 촉매가 필요하다. 작동 온도 범위는 20~100°C이다.

고체산화물 전해조(SOEC)

개발 중인 고온 전해조에서 전극은 O^{2-} 이온을 전도시키는 세라믹 전해질에 의해 분리된다. 이 이온들은 음극에서 전자를 방출하고 산소를 발생시키며, 양극에서는 전자가 물과 반응하여 수소와 O^{2-} 이온을 생성한다. 작동 온도가 700~1000°C로 높고, 이 온도에서 O^{2-} 전도도가 향상되고 전기분해 효율도 높아진다. 온도가 상승함에 따라 물을 전기분해하는 데 필요한 기브스자유에너지(ΔG_e)의 변화는 감소하는 반면, 필요한 전체 에너지(ΔH_e)는 약간만 증가한다. $\Delta H_e = T\Delta S_e + \Delta G_e$는 가역적인 과정이고, 온도에 따라 전기일($\Delta G_e$)이 감소하므로, 더 많은 양의 열($T\Delta S_e$)로 필요한 에너지를 공급할 수 있다. 온도가 높을수록 반응속도도 향상되고 전기분해 시 에너지 손실도 감소한다.

태양광이나 원자력 발전소와 같은 저탄소 에너지원을 사용하고, 기술의 신뢰성이 확립된다면 고온 전기분해는 수소를 생산하는 좋은 방법이 될 수 있다.

10.16.2 대규모 수소 저장 및 분배

많은 양의 수소가 소금 동굴에 저장될 수 있고, 귀중한 계절 에너지 저장으로 활용될 수 있다. 수소는 천연가스와 혼합하여 기존 가스 유통망에서 유통되고 저장될 수 있다. 폴리프로필렌 배관에서 순수한 수소의 형태로 이송될 수도 있다. 도로, 철도, 선박을 통한 운송의 경우, 수소는 액화될 수 있으며, 이 기술은 잘 정립되어 있다. 무게와 부피를 모두 합친 에너지밀도는 700 bar의 기상 저장보다 조금 더 크며, 액화 효율과 증발로 인한 손실로 전체 효율은 70%에 불과하다.

톨루엔과 같은 유기 액체에 수소를 부착하는 기술이 개발되었으며, 보다 비용효율적이 될 수 있다. 또 다른 방법인 수소로부터 암모니아를 제조하고 액화 암모니아의 형태로 운송하는 방법은 이미 국제적으로 사용되고 있다(암모니아는 비료의 핵심 공급 원료). 이러한 전력 대 가스 기술(11.2.1절 참조)은 아직까지는 비용이 많이 들고, 때로는 효율이 낮을 수 있다.

10.17 양수 발전 장치

양수 발전소(pumped storage plant, PSP)는 비용 대비 가장 효율적인 대형 에너지 저장 방법이다. 2019년에는 전 세계적으로 158 GW의 발전 용량으로 전체 전력 저장의 94%를 차지했다. 적절한 산악 지형을 가진 국가들의 경우 **양수 발전**(pumped storage)은 매력적인 선택일

그림 10.12 독일 루르강에 위치한 Koepchenwerk 양수 발전소(imageBROKER/Alamy Stock Photo)

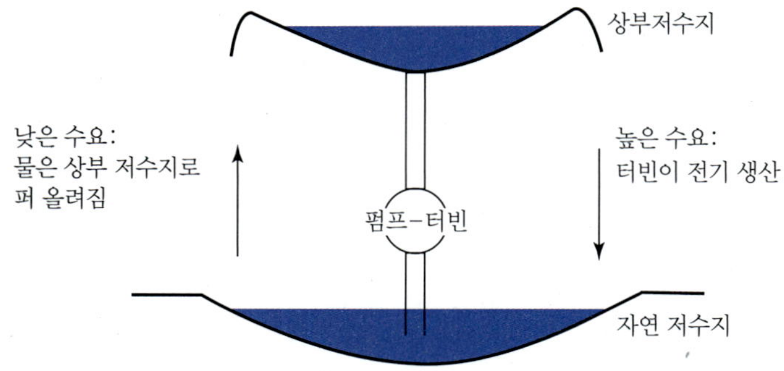

그림 10.13 양수 발전 장치

수 있다. 이 발전소는 독일의 Koepchenwerk에서처럼(그림 10.12 참조) 상부저수지로 물을 퍼 올리는 강가에 위치할 수 있다. 상부저수지로 물을 퍼 올리고, 전기를 생산하기 위해 같은 가역적인 펌프-수차가 사용된다. 양수 발전 장치는 본질적으로 수력 발전의 한 형태로 6.6절에서 소개되었고, 그림 10.13은 작동 원리를 보여 준다. 양수 발전은 주로 산악지형인 곳에 위치하며(높은 수두가 필요하기 때문), 경치에 가려져 있다. 세계적인 계절적 양수 발전 잠재 용량과 가격은 17.3 PWh와 50 USD MWh^{-1} 미만이다.

양수 발전 장치의 주요 장점은 갑작스러운 수요와 공급의 변동(예: 전력망에서 발전기의 손실 등의 경우)에 신속하게 대응이 가능하다는 것이다. 다른 곳의 전력망 발전기의 손상과 같은 수요 변동과 수요 급증에 대해 계속해서 대응할 수 있다는 것이다. 웨일스 북부 Dinorwig 양수 발전소는 6×10^6 m^3의 용적, 600 m의 수두로 총 저장용량은 7.8 GWh이다. 총 6개의 발전 장치가 있으며, 정지에서 16초 안에 혹은 이미 공기 중에서 회전하고 있다면 10초 안에 각 발전 장치당 317 MW를 생산할 수 있다.

양수 발전의 에너지밀도는 다음 식에서(식 6.1) 얻을 수 있으며, 전력 $P = \eta\rho ghQ$는 수두 h와 효율 η의 식으로 표현된다. $P = E/t$이고 $Q = V/t$이며, 여기서 V는 시간 t 동안 흐르는 물의 부피이며, 에너지밀도 $U \equiv E/V$는 $U = \eta\rho gh_{ave}$이고, 여기서 h_{ave}는 평균 수두이다. Dinorwig 양수 발전소에서 $h_{ave} \approx 500$ m, $\eta \approx 0.75$이고, $U \approx 1$ kWh m^{-3}이다.

예제 10.3 양수 발전

500 m 수두의 양수 발전소 건설이 제안되었다. 만약 발전소가 하루에 3시간 동안 100 MW를 생산해야 한다면 얼마나 큰 용적이 필요한가? 발전 효율 η는 90%, 물의 밀도 ρ는 10^3 kg m^{-3}이라고 가정한다.

식 (6.1)로부터 100 MW의 출력 P를 생산하기 위해 요구되는 유량 Q는 다음 식으로 주어진다.

$$Q = \frac{P}{\eta\rho g h} = \frac{10^8}{0.9 \times 10^3 \times 10 \times 5 \times 10^2} = 22.2 \text{ m}^3 \text{ s}^{-1}$$

3시간 동안 100 MW 출력을 위해 필요한 용적 V는 다음과 같다

$$V = Qt \approx 22.2 \times 3 \times 60 \times 60 \approx 240000 \text{ m}^3$$

10.17.1 중력 에너지 저장

최근의 혁신 중 퍼 올려진 에너지 저장의 변형이 제안되었다. Energy Vault사에서 제안된 이 아이디어는, 6개의 팔을 가진 크레인에서 물 대신 값싼 콘크리트 블록을 들어 올려 에너지를 저장하는 방법이다. 전력이 필요할 경우 블록이 연결된 크레인이 이들을 떨어뜨린다. 크레인의 모터를 반대로 가동하여 전기가 생산된다. 인도의 Tata Power사는 총 35 MWh를 저장하고 피크 전력으로 4 MW를 신속하게 제공할 수 있는 타워 시스템을 주문하였다.

10.18 압축공기 에너지 저장(CAES)

값싼 비 피크 전력을 사용하는 에너지 저장의 또 하나의 방법은, 필요할 때까지 대형 밀폐공간에 고압 공기를 압축 주입하는 것이다. 대형 밀폐 압력 용기에 압축공기를 저장하는 것은 비경제적이나, 대수층(5.7.1절 참조)과 소금 동굴 등이 적합하며, 소금은 압력하에서는 자체 밀폐가 되나, 폭발의 위험에 따른 대중의 우려가 존재한다. 지금까지는 그렇게 경쟁력이 있지는 못했으며, 오로지 두 곳의 대형 발전소가 운전 중으로, 이들은 독일의 Huntdorf와 미국의 앨라배마에 위치한다. 보다 효율적인 발전소에 대한 계획은 있으며, 풍력과 같이 운전되도록 계획된 네덜란드의 사례가 있다. 또한 영국에서는 북해 해저의 다공성 사염에 압축공기를 저장하여 계절간 에너지 저장을 하려는 시도가 있다.

독일 Huntdorf의 최초 대형 압축공기 저장 설비는 300,000 m^3의 용적을 지닌 오래된 소금 동굴을 이용하며, 공기는 약 70 bar로 압축된다. 발전소는 2시간 동안에 290 MW를 생산할 수 있다. 앨라배마의 매킨토시(McIntosh)에서는 압축공기 에너지 저장으로 226 MW를 생산하고 있다. n몰의 공기를 초기체적 V_i로부터 최종체적 V_f로 등온 압축(압축 시 발생하는 열이 열교환기를 통해 방출될 때) 시 필요한 에너지는 다음 식으로 주어진다.

$$E = -\int_{V_\text{i}}^{V_\text{f}} p\text{d}V = -\int_{V_\text{i}}^{V_\text{f}} \frac{nRT}{V}\text{d}V = nRT\ln\left(\frac{V_\text{i}}{V_\text{f}}\right) = p_\text{f}V_\text{f}\ln\left(\frac{V_\text{i}}{V_\text{f}}\right) \tag{10.11}$$

여기서 공기는 이상기체라고 가정한다. 전기가 필요할 때, 압축된 가스는 공기와 천연가스를 혼합하여 연소기에서 등온상태에서 팽창하여 연소되며, 연소열은 압축 시 방출된 열을 대체하고, 가스 터빈을 회전하여 전기를 발생시킨다.

매킨토시의 압축공기 발전소의 가스 터빈 발전기에서는 폐열로 저장소에서 공기를 열교환기로 예열시켜 열효율을 높인다. Huntorf 발전소의 1 kWh 출력에, 공기 압축에 0.8 kWh가 필요하고 1.6 kWh의 연소를 위한 연료가 필요하다. 매킨토시 발전소의 해당 값들은 압축에 0.69 kWh 및 연소가스를 위해 1.17 kWh가 필요하다.

우리는 이 과정의 효율 계산을 위해 투입 일 대비 출력 일의 비율을 계산할 수 있다. 출력 일은 발전된 전력에서 공기의 출력 온도를 유지하는 데 필요한 열을 뺀 값이고, 입력 일은 공기를 압축하는 데 필요한 전력이다. 가스 터빈에서 발전된 1 kWh의 전력 생산을 위해 투입되는 가스 연료는 ~0.5 kWh이다. 이러한 효율의 정의를 통해 Huntdorf와 매킨토시 공장의 효율은 각각 ~25%와 ~60%이다. 장점은 빠른 시작 시간(약 10분)과 큰 저장 용량이다. 그러나 가스연료 사용으로 인한 CO_2 배출이 존재한다.

공기만 팽창시키는 방법(단열 팽창)은 배출 시 온도가 매우 낮아지며, 장비와 실링에 성능 저하가 발생할 수 있어 가능하지 않다. 효율을 개선하기 위해 압축열을 저장하고, 예를 들어 물 스프레이에 저장하고, 팽창에 활용할 수 있다. 또한 탄소섬유 복합소재의 용기로 공기를 저장하는 것이 연구되고 있으나, 비용적인 측면에서 지상 장치로 사용하는 것은 매우 불리하다. 단열 CAES 방식의 ADELE-ING 프로젝트가 개발되어 평가되고 있으며, 이는 공기를 ~600°C로 지하에 저장하는 방식이다. 최종 효율은 약 70%로 2017년 확인되었다. 대규모 전력망에서 이 방식의 경제성이 있으려면 재생에너지 보급률이 ~40% 이상 되어야 한다.

예제 10.4 압축공기 에너지 저장

압축공기 에너지 저장 밀폐공간이 300,000 m^3의 용적을 가지고 있고, 1 bar로부터 70 bar로 압축된 공기를 저장한다. 압축 과정이 일정 온도에서 이루어진다고 가정할 때, 다음을 계산하라.

(a) 공기를 압축하는 데 필요한 에너지

(b) 가스 터빈의 출력 1.2 kWh당 1 kWh의 가스연료가 연소되고, 1 kWh가 공기 압축에 사용될 때, 2시간 동안 공기가 등온상태에서 배출될 때의 전력

(c) 신재생에너지가 압축 시 사용되고 2.4 $kgCO_2\ kg^{-1}$의 천연가스가 배출된다고 할 때의 탄소 집약도

식 (10.11)에서 필요 에너지는 다음과 같다.

$$E = 3\times10^5\times70\times10^5\times\ln(70) \approx 8.92\times10^6\ \text{MJ} = 2.48\times10^6\ \text{kWh}$$

2시간 동안 평균 출력은 $P = \dfrac{1.2\times2.48\times10^6}{2}\text{kW} = 1.49\ \text{GW}$이다.

천연가스의 에너지는 ~43 MJ kg^{-1}이고, 2.4 $kgCO_2\ kg^{-1}$이 배출된다. 즉, 1 kWh ≡ 3.6 MJ의 가스가 0.2 $kgCO_2$를 생성하고 탄소 집약도는 (0.2/1.2) = 0.17 $kgCO_2\ kWh^{-1}$이다.

10.19 열저장

열저장은 낮 동안 건물에 흡수된 태양열이 밤에 방출되는 방식으로, 과거 오랜 기간 동안 사용되었다. 이것은 열을 지하 저장고, 예를 들면 흙 혹은 물탱크에 저장하는 계절 열저장 장치로 확장될 수 있으며, 여름에는 집을 냉방하고, 겨울에는 열을 공급할 수 있다. 다른 방법은 에너지가 싸고 온도가 낮을 때, 지하에 많은 양의 얼음을 만들어 저장하는 것이다. 얼음은 큰 잠열을 가지고 있기 때문에 저장 용기를 작게 만들 수 있다. 이렇게 제조된 얼음은 여름 동안 건물을 냉방하는 데 사용될 수 있다.

상변화 물질은 열을 조절하고 저장하는 데에도 사용될 수 있다. 한 가지 방법은 적절한 상온(예: 22°C)에서 녹는 왁스를 선택하여 벽의 단열재에 삽입하여 벽을 채우는 것이다. 아침에는 태양의 복사가 벽을 22°C까지 가열하고, 왁스가 녹으면서 벽은 22°C로 유지된다. 왁스의 양은 해가 질 때까지 모두 녹지 않도록 조절되었으며, 그 후 왁스가 다시 굳어지면서 잠열로 집을 일정 온도로 유지한다.

5.3절에서 설명한 것과 같이, 적절한 재료(예: 용융염) 안에 낮 동안 저장된 태양열은 집중식 태양열 발전소에서 밤에는 증기를 만들어 증기 터빈을 돌린다. 열은 일반적으로 현열로 저장되지만, 보다 소형화가 용이한 잠열 저장소가 연구되고 있다.

MIT의 연구자들에 의해 제안된 흥미로운 방법은 매우 오래된 기술에 기반을 두고 있다. 고온을 견딜 수 있는 점토로 구워낸 내화벽돌은 약 3000년 전 히타이트인들이 철을 녹이는 가마에서 처음 사용했다. 단열된 내화벽돌 더미는 전기 저항으로 약 850°C로 가열되는 열저장 매체로 사용될 수 있다. 보다 고온의 경우 탄화규소 내화벽돌을 사용할 수 있다. 풍력과 태양광 발전소의 과잉 생산에서 나오는 값싼 전기를 사용하는 것으로 생산제한을 피할 수 있을 것이다. 필요한 경우 벽돌 위로 공기를 유동시켜 산업용 용광로에 고온 열을, 벽돌과 블로어가 저렴하기 때문에 경쟁력 있는 가격으로 제공할 수 있다.

전기로 잘 절연된 재료를 가열한 후 저장된 열을 사용하여 발전기를 돌려 전력을 저장 및 회수할 수 있다. 약 50%의 효율이 가능하며, 단순하고 저렴하며, 비교적 대규모의 에너지 저장이 가능하기 때문에 낮은 효율임에도 관심을 끌고 있다. Stiesdal과 Siemens Gamesa에서 600°C와 750°C로 각각 바위를 가열하여 풍력 및 태양광 발전 전기의 저장을 가능하게 하는 방식이 개발되고 있다.

10.19.1 액체–기체 열에너지 저장

흥미로운 에너지 저장 방법은 공기를 액화시켜 대기압에서 잘 단열된 극저온 용기에 저장하는 것이다. 에너지가 필요할 때, 액체공기는 먼저 고압으로 압축된 다음, 증발하고 외기 온도까지 가열된다. 고압 과열 공기는 (상태가 임계점 위이기 때문에) 화력 발전소에서 과열 증기를 사용하는 것과 같은 방식으로 터빈 발전기를 통과한다(3.11절 참조). 폐열이 공기를 가열하는 데 사용될 때, 공기를 액화시키는 데 사용되는 에너지의 약 70%를 회수할 수 있다. 이 방법의 관건은 충분한 빠른 공기 액화속도를 달성하는 것이다. Highview Power는 영국에 Cryobattery라는 이 기술을 이용한 50 MW/250 MWh 용량의 에너지 저장소를 짓고 있다. 그것은 2023년에 상업적으로 운영될 계획이다.

10.19.2 가역적인 열에너지 저장

원칙적으로 열기관을 사용하여 저온 열원에서 고온 열원으로 열을 전달하고, 열기관을 반대로 운전하여 전기에너지를 생산할 수 있다. 일 W로 T_1 열원에서 T_2 열원으로 열을 전달할 때 T_2에서 최대 열전달률은 $|Q| = W \times T_2/(T_2 - T_1)$이며, 이 열기관이 T_2에서 $|Q|$의 열을 받고 T_1 열원으로 열을 방출할 때의 일은 $|Q| \times (T_2 - T_1)/T_2 = W$이다. 이러한 프로세스는 전기 에너지를 축 에너지로 바꾸고, 축 에너지가 압축 에너지 및 열 에너지로 변환되고, 그 반대 과정도 필요하기 때문에(충분한 열전달이 이루어지기 위해 온도차가 필요하므로) 모든 과정을 가역적으로 만들기 어려우며, 이 때문에 전체 효율이 낮을 수밖에 없다.

열역학적 손실이 열전달 과정에서 일어난다고 하면, 고온과 저온 열원들에서 작동하는 이상적인 열기관으로 열저장을 모사할 수 있다(3.13절 참조). 열이 외부로 배출되고 열저장소로 유입되는 경우의 왕복 효율은 다음과 같다(문제 10.33 참조).

$$\eta_r = \frac{(1-\tau)\left(2-\dfrac{\tau_c}{\tau}\right)}{2-\dfrac{\tau_c}{\tau}-\tau_c} \tag{10.12}$$

여기서 $\tau_c = T_0/T_1$, $\tau = T_0^-/T_1^-$이며, T_0^-와 T_1^-는 각각 카르노(Carnot) 동력 사이클 기관이 작동하는 열원의 온도이다. 만약 $\tau = \tau_{max} = \sqrt{(T_0/T_1)}$이고 동력 사이클이 최대 동력으로 운전된다면(3.13절 참조), 효율은 $\eta_{max} = 1 - \tau_{max}$이고 $\eta_r = (2 - \tau_{max})/(2 + \tau_{max})$이다.

예를 들어, 175~700 K 사이에서 작동하는 열에너지 저장을 고려하자. 이 경우 $\tau_c = 0.25$, $\eta_{max} = 1 - \tau_{max} = 0.5$이며 $\eta_r = 0.6$이다. 열기관을 최대 동력보다 낮은 $\eta = 1 - \tau = 0.65$, $\tau = 0.35$와 $\eta_r = 0.81$, 즉 왕복 효율 81%가 되도록 운전한다. 구글의 스핀오프 회사인 Malta는 용융염을 이용하여 565°C와 −65°C 사이에서 약 60% 이상의 효율이 예상되는 파일럿 저장소와 이보다 더 큰 규모의 저장장치를 개발하고 있다. 영국에서는 500°C와 −160°C 온도의 자갈을 이용하여 아르곤가스를 압축, 팽창하는 파일럿 시스템이 뉴캐슬대학에서 개발 중이다.

하지만 효율뿐만 아니라 저장소의 크기와 비용도 문제가 된다. 자갈을 저장 매체로 사용하는 열저장소의 경우(비열 800 J C^{-1} kg^{-1}, 밀도 2400 kg m^{-3}) 저장 재료의 비용이 매우 낮고, 효율 40%를 가정할 때 200°C의 온도차에 대한 에너지밀도는 양수 발전소의 일반적인 에너지밀도 ~1 kWh m^{-3}(10.17절 참조) 대비하여 ~40 kWh m^{-3}로 높다. 그러나 이러한 열저장소는 비용 측면에서는 장점이 있지만 실제 운전은 아직 진행되지 않고 있다(2020).

10.20 플라이휠

기계적으로 에너지를 저장하는 또 다른 방법은 회전운동에너지로 저장하는 것이다. 이 아이디어는 새롭지 않다.

전력망 제어자는 회전 저장을 하는 회전자로 전력과 주파수 공급을 미세하게 조절할 수 있다.
플라이휠 동력 버스들이 스위스에서 1950년대에 사용되었다.
차량의 플라이휠은 피스톤 행정들 사이에 작동하는 엔진 회전을 유지하기 위해 운동에너지를 제공한다.

최근 몇 년간 에너지 저장용 플라이휠은 하이브리드 자동차(예: 혼다 어코드) 및 틈새시장(예: 개폐 장치의 시험용 전원)을 위해 개발되어 왔으며, 이러한 장치가 없으면 지역 배전망 전류의 급강하 등의 큰 장애가 발생할 수 있다.

에너지 저장을 위한 재래식 플라이휠들은 기계식 베어링을 가진 금속 소재이고, 약 4000 rpm까지 회전한다. 마찰을 최소화하기 위해 진공에서 자기베어링과 플라스틱, 에폭시, 탄소복합재와 같이 강하고 가벼운 재료들을 사용하여 회전속도는 100,000 rpm까지 도달할 수 있다.

관성 모멘트 I와 각속도 ω를 가지는 플라이휠의 운동에너지 $E=\frac{1}{2}I\omega^2$이며, m은 플라이휠의 질량이고 r은 바깥반경이라면, 다음 식이 성립한다.

$$E=\frac{1}{2}kmr^2\omega^2 \tag{10.13}$$

얇은 환형 판(ring)의 경우 $k = 1$이며, 균일한 원판의 경우 $k = 1/2$이다. 운동에너지가 각속도의 제곱과 질량에 대해 선형적으로 비례하기 때문에, 플라이휠을 무겁게 만드는 것보다 빠르게 회전시키는 것이 더 효과적이다. 동적 평형을 이룰 경우 원심력은 인장응력과 힘의 평형을 이루며, 최대 각속도는 소재가 파손 없이 버틸 수 있는 최대의 인장강도 σ_{max}로 결정된다(문제 10.34 참조).

일반적으로 에폭시 또는 플라스틱 플라이휠의 에너지 저장 용량은 약 0.5 MJ kg^{-1}로 철의 약 10배이다. 100톤 플라이휠의 경우 저장 용량은 약 15 MWh이다. 최신 플라이휠의 저장 용량은 축전지 용량에 필적하지만, 플라이휠은 축전지보다 매우 빠르게 전력을 공급하거나 중단할 수 있다. 플라이휠의 일반적인 효율은 약 80%이다. 중요한 문제는 안전성과 비용이다. 재료 파괴와 베어링 파손으로 인한 플라이휠 폭발은 큰 재앙이 될 수 있으며, 가격이 비싼 강한 격납 용기가 필수적이다. 플라이휠의 총 비용은 일반적으로 축전지와 양수 발전 대비 2배 수준이다.

예제 10.5 플라이휠 에너지 저장

1톤의 플라이휠이 반경 1 m의 균일한 원반이며 4000 rpm으로 회전한다. 플라이휠의 운동에너지를 계산하라.

식 (10.13)에 k = 1/2을 대입하면 다음을 얻는다.

$$E = \frac{1}{2} \times \frac{1}{2} \times 10^3 \times 1^2 \times \left(\frac{2\pi \times 4 \times 10^3}{60} \right)^2 \approx 43.8 \text{ MJ}$$

10.21 초전도 자기에너지 저장

초전도 자기에너지 저장장치(superconducting magnetic energy storage, SMES)는 초전도 소재에 직류를 걸어 발생하는 자기장으로 에너지를 저장한다. 자기장으로 저장된 에너지는 코일에 전류를 방전함으로써 방출된다. 초전도체는 저항이 없기 때문에 직류와 자기장이 시간에 따라 초전도 코일에서 그 크기가 줄어들지 않는다.

SMES 시스템은 기본적으로 초전도 코일, 냉각 장치, 전력 제어 장치(AC를 DC로, 혹은 그 반대로 변환)의 3요소로 구성된다. SMES의 총 효율은 AC/DC 변환과 초전도 재료의 극저온 냉각(cryogenic cooling)으로 인한 손실을 제하면 일반적으로 95%가 된다. SMES의 장점은 가동부가 없고, 전력을 거의 즉각적으로 이용할 수 있으며, 짧은 기간에 매우 높은 출력을 전송할 수 있다. 단점은 초전도체가 낮은 온도에서만 작동하고, 자본 비용이 높으며, 에너지 용량이 상당히 작다. 단위 체적당 저장되는 자기에너지는 다음과 같다.

$$E = \frac{B^2}{2\mu_0} \approx 4 \times 10^5 \text{ B}^2 \text{ Jm}^{-3}$$

그러므로 4 T의 자기장의 에너지밀도는 약 6.4 MJ m^{-3}이다.

SMES는 전기 공급 장치에서 전력품질 향상을 위한 장치들에 적용되며, 예를 들면 송전선로에서 간헐성 부하로 인한 변동을 줄이며, 생산 공정 중 매우 안정적으로 전력 공급이 필요한 곳에서 사용된다.

요약

- 전기의 장거리 송전은 HVAC 혹은 HVDC로 이루어진다.
- 풍력과 태양광 PV의 전력 생산이 증가하면서 전력망에 더 많은 수요반응, 스마트 그리드와 저장장치가 필요하다.
- 전력망 외 지역의 전력 공급과 풍력, 태양광 PV의 전력망 연결을 위해 전력 에너지 저장은 앞으로 매우 중요해질 것이다.
- 신재생에너지로 물을 전기분해한 녹색 수소의 저장으로, 탄소를 사용하지 않는 에너지, 열과 운송이 가능하다(11장 참조).
- 양수 발전소는 여전히 전력망의 에너지 저장 대부분을 차지하며(~94%), 리튬이온과 흐름

배터리의 사용이 증가되고 있다.

- 리튬이온 배터리의 가격은 2024년까지 kWh당 100달러 이하가 될 것으로 예상되며, 화석연료에서 전기자동차로의 전환과 풍력/태양광 발전의 출력을 운영하는 데 도움이 될 것이다.
- 슈퍼커패시터는 배터리를 보조할 수 있는 유용한 에너지 저장장치이다.

추천 문헌

Bloomberg New Energy Finance (BNEF2019) Analysis of clean technologies.

www.energy.gov US Department of Energy website, appraising current programmes of research on batteries and fuel cells.

www.lazard.com Levelized cost of energy and storage.

www.nrel.gov/analysis/seams.html US national grid study (NREL2018).

www.rmi.org Rocky Mountain Institute on sustainability and low-carbon technologies.

문제

10.1 1000 A의 전류를 생산하기 위해 0.5 T의 균일한 자기장에서 주파수 50 Hz로 운전될 때, 단면적 0.1 m^2의 코일에 한 번 회전이 1 Ω인 경우 얼마나 많은 권선이 필요한가?

10.2* 3상 전기를 발생시키는 회로를 제안하라.

10.3 3상 전류가 어떤 저항을 통해 발산되는 전력은 시간에 따라 변하지 않음을 증명하라.

10.4 어떤 코일이 500회 권선되어 있고, 단면적은 2 m^2이며, 균일한 자기장 0.3 T에서 60 Hz로 회전한다. 10,000 Ω의 부하에 흐르는 최대 전류는 얼마인가?

10.5* 자기장에 놓인 루프에서 전류가 흐를 때, 이 루프에 발생하는 토크를 유도하라.

10.6 어떤 발전소가 2000 MW의 전력을 길이 10 km, km당 저항이 0.02 Ω km^{-1}인 송전선에 송전한다. 송전이 (a) 110 kV, (b) 400 kV로 이루어질 때 전력손실의 비율을 계산하라.

10.7 HVDC의 장점과 단점을 HVAC 송전과 비교하여 논하라.

10.8 동일한 전류를 전송하는 경우, HVDC 대비 HVAC의 전력 송신의 증가를 계산하라. 동일한 송전선을 사용하는 경우 AC보다 DC가 보다 높은 전류를 흘릴 수 있는가?

10.9 전력망의 신뢰도를 높이기 위해 장치를 추가 설치하고자 한다. 이 장치의 고장 확률이 0.01인 경우 2개의 장치를 (a) 직렬로, 혹은 (b) 병렬로 설치할 경우의 총 고장 확률은 얼마인가?

10.10 400 kV에서 12 kV로 송전선 전압을 줄이고자 한다. 변압기의 1차에서 2차로의 권선수 비율을 계산하라.

10.11 신재생에너지의 확대로 국가 전력망에 연결된 발전소들에 어떤 요구사항의 변화가 있는가?

10.12 청정 전력이 저렴한 가격에 제공되기 위해 신재생에너지 발전소에 필요한 것은 무엇인가?

10.13 전력망에 통합된 신재생에너지에 수요반응이 어떤 영향을 미치는가?

10.14 신재생에너지의 낮은 한계 비용 때문에 발생하는 잃어버린 돈문제를 설명하라.

10.15 전력망에 전기를 공급하는 발전소에서 발전 용량과, 용량 사용비와 발전 용량을 곱한 값 중 더 중요한 요소가 무엇인지 논하라.

10.16 덕 커브의 영향을 논하라.

10.17 분산 발전의 장점을 설명하라.

10.18 보다 많은 신재생에너지 공급원을 사용하는 국가들이 직면하게 되는 문제는 무엇인가?

10.19* 물–기체 반응(수소를 생산하는)에서의 평형상수는 대략적으로 아래 식과 같다.

$$CO(g) + H_2O(g) \rightleftarrows CO_2(g) + H_2(g)$$

$$K = \exp\left(-4.33 + \frac{4577.8}{T}\right)$$

T = 750 K인 기체에 오직 CO와 H_2O가 존재하고 농도가 0.2 mol L^{-1}인 경우 평형상수를 계산하라.

10.20* 납축전지의 방전반응은 다음과 같이 단순화할 수 있다.

$$Pb(s) + PbO_2(s) + 2H^+(aq) + 2HSO_4^-(aq) \rightarrow 2PbSO_4(s) + 2H_2O(liq)$$

표준 기브스자유에너지는 kJ mol^{-1} 단위로 다음과 같다: Pb(s) 0.0, PbO_2(s) −217.3, H^+(aq) 0.0, HSO_4^-(aq) −755.9, $PbSO_4$(s) −813.0, H_2O(liq) −237.1.

축전지의 표준 전압이 1.92 V임을 보여라.

각각 상에 해당하는 표준상태인 액체(liq)와 고체(s)는 순수 물질로, Pb(s), PbO_2(s) 및 $PbSO_4$(s)의 반응(농도) 값들은 상수이며 1과 같다. H_2O의 반응(농도)이 황산에 녹아도 변화하지 않는다고 가정하며, 황산 몰농도가 5, 3, 1, 0.5, 0.1, 0.02인 경우 네른스트 식(식 10.10)에 의한 전지의 전압을 각각 계산하라.

10.21 NaS 배터리의 반응을 2Na + 3S → Na_2S_3 + ~1.9 V로 표현할 수 있을 때, 이론 비에너지를 계산하라.

10.22 다음 에너지와 비교한 배터리의 비에너지를 계산하고 비교하라: (a) 휘발유, (b) 바이오에탄올. 계산 시 가정을 기술하라.

10.23 연료전지에 대한 전망을 유명 과학잡지에 기고한다고 생각하고 원고를 작성하라. (주의: 독자들은 이 주제에 대한 지식이 없다고 가정한다.)

10.24 흐름 배터리의 운전 원리와 장점을 설명하라.

10.25 리튬이온 배터리의 가격이 kWh당 50달러인 경우, 전력을 저장하는 데 발생하는 추가 비용을 kWh당 예상하고 결과를 논하라.

10.26 수소 생산에 풍력과 태양광에서 발전한 전기를 사용할 때 장점을 논하라.

10.27 앞면 면적이 10 m^2이고 공기 저항 계수가 0.6인 40톤 트럭이 수소 연료전지로 구동된다. 이 트럭의 바퀴 저항은 무게의 0.5%이다. 50%의 효율로 시간당 90 km의 정속 주행하는

경우, (a) km당 에너지, (b) 400 km 운전 거리를 위한 수소의 부피와 질량을 계산하라. 공기의 밀도는 1.2 kg m^{-3}이다.

10.28 양수 발전소의 수두는 600 m이고 용적은 500,000 m^3이다. 하루에 최대 2시간 운전되는 경우에 이 발전소의 생산 전력은 얼마인가? 발전 효율이 85%이고 물의 밀도는 10^3 kg m^{-3}이다.

10.29 풍력 발전소의 평균 출력이 250 MW이다. 어떤 양수 발전소가 5일 동안 300 MW를 공급한다. 상부저수지의 깊이는 30 m이고, 발전을 위한 낙차는 500 m이다. 풍력 발전소와 저수지의 면적을 계산하라. 양수 발전의 효율은 90%라고 가정한다.

10.30 단열 압축 공기 에너지 저장의 원리를 설명하라.

10.31 태양열로 가열되는 열저장소는 30 kg 아연으로 제작되었고, 420°C에서 녹는다. 아연이 600°C까지 가열되고, 사용 가능한 저온 열원의 온도가 150°C인 경우, 가용한 최대 에너지를 계산하라(MJ과 kWh 단위). 아연의 비열은 0.39 kJ kg^{-1} $°C^{-1}$, 아연의 용융 잠열은 118 kJ kg^{-1}이다.

10.32 Andasol의 50 MWe 집중식 태양열 발전소는 열저장 매체로 용융염 두 탱크를 사용한다. 각 탱크는 28,500톤의 나트륨과 질화칼륨의 비율이 각각 60%와 40%이며, 혼합물의 비열은 1.47 kJ kg^{-1} $°C^{-1}$이다. 이 탱크는 393~293°C 사이에서 작동한다. 각 탱크에 저장된 열에너지를 MWh로 계산하라. 이 발전소의 효율이 16%인 경우 저녁 동안 몇 시간 50 MWe의 출력으로 작동하는가?

10.33* 어떤 열저장소가 그림 10.14와 같이 2개의 내적 가역 열기관으로 작동한다.

동력 사이클: $\dot{Q}_1^- = \mathcal{C}\left(T_1 - T_1^-\right)$과 $\dot{Q}_0^- = \mathcal{C}\left(T_0^- - T_0\right)$

열펌프 사이클: $\dot{Q}_0^+ = \mathcal{C}\left(T_0 - T_0^+\right)$과 $\dot{Q}_1^+ = \mathcal{C}\left(T_1^+ - T_1\right)$

카르노 동력 사이클의 효율 η는 다음과 같다.

$$\eta = 1 - T_0^- / T_1^- \equiv 1 - \tau$$

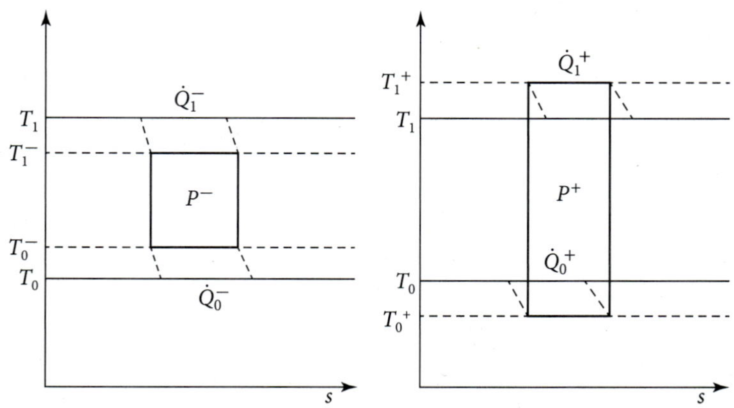

그림 10.14 (a) 동력 사이클; (b) 열펌프 사이클

전체 효율 η_r은 출력 대비 입력 효율의 비이다.

$\eta_r = (P^- / \dot{Q}_1^-)/(P^+ / \dot{Q}_1^+)$, 여기서 $P^- = \dot{Q}_1^- - \dot{Q}_0^-$이고 $P^+ = \dot{Q}_1^+ - \dot{Q}_0^+$

고온 열원에 들어가고 나오는 열이 같다면, 즉 $\dot{Q}_1^- = \dot{Q}_1^+$이면, 식 (10.21)과 같이 η_r이 다음과 같음을 보여라.

$$\eta_r = \frac{(1-\tau)\left(2 - \dfrac{\tau_c}{\tau}\right)}{2 - \dfrac{\tau_c}{\tau} - \tau_c}$$

여기서 $\tau_c = T_0/T_1$이다.

10.34 환형 판의 내부 반경이 a, 바깥 반경은 $a + t(t << a)$, 단면이 사각형이며 각속도 ω로 회전한다. 이 소재의 최대 인장강도는 σ_m이고 밀도는 ρ이다. 최대 각속도 ω_m이 $\omega_m^2 = \sigma_m/(a^2\rho)$이며, 질량당 최대 운동에너지는 $\frac{1}{2}\sigma_m/\rho$임을 보여라.

10.35 질량 10 kg, 반경 10 cm의 균일한 원통형 플라이휠이 100,000 rpm으로 회전한다. 이 플라이휠의 운동에너지를 계산하라.

10.36 저탄소 사회에서 우리의 행동을 바꾼다면 에너지 저장의 필요성이 줄어들 수 있는가?

아래 사이트를 방문하면 더 많은 정보와 자료를 볼 수 있습니다.
www.oup.com/he/andrews_jelley4e

11 건축물, 산업, 운송에서의 에너지 수요

Energy Demand in Buildings, Industry, and Transport

주제 목록

- □ 건축물 에너지 수요
- □ 고효율 에너지 건축물
- □ 도일수(degree-day)
- □ 패시브 건축물 설계
- □ 기존 건축물 개축
- □ 운송 에너지 수요량
- □ 전력 대 가스(power-to-gas)
- □ 산업 공정에서의 탄소 포집
- □ 철강, 시멘트, 화학 산업
- □ 열의 전력화
- □ 프라이부르크의 운송
- □ 산업 내 에너지 수요
- □ 전기자동차
- □ 바이오연료 및 연료전지

서론

전 세계 최종에너지 소비량은 1970년대 중반 이후 2배 증가했으며, 2010~2018년 동안 매년 1.5%씩 증가했다. **건축물**(주거 및 상업), **산업** 및 **운송**은 최종에너지 사용량의 약 89%를 차지하며, 에너지 관련 CO_2 배출의 90%를 차지하였다(2016년 기준 약 36 $GtCO_2$). 지구온난화를 1.5°C로 제한하기 위해서 이러한 배출량은 2050년까지 거의 수치 0으로 줄어들어야 한다. 이 목표를 달성하기 위해, 향후 수십 년 동안 **저탄소 에너지원으로의 전환**과 **에너지 수요 절감** 및 그에 따른 요구 발전용량 절감에 대한 과감한 조치가 필요하다.

전기는 세계 최종에너지 소비량의 약 4분의 1을 차지한다. 화석연료 발전소의 고유한 비효율성으로 인해, 발전은 전 세계 에너지 관련 CO_2의 3분의 1을 생성한다. 나머지 CO_2 배출량의 3분의 1은 산업용 난방, 건축물 난방 및 산업용 프로세스 배출에 사용되는 석탄, 가스 및 석유의 연소에서 배출되며, 나머지 10분의 1은 다른 프로세스에서 배출된다. CO_2 배출량의 나머지 4분의 1은 엔진에서 동력 수송을 위해 사용되는 석유에서 파생된 연료에서 나온다.

특히 **철강**과 같은 열 집약적 산업은 엄청난 오염과 이산화탄소 배출에 책임이 있는데, 이는 재생에너지로 전환함으로써 피할 수 있다. 그러나 고온의 열(예: 산업용 오븐)을 생산하기 위해 재생에너지로부터 전기를 사용하는 것은 가스나 다른 화석연료를 태우는 것보다 더 비싸며, 더 저렴한 **전력 대 가스**(power-to-gas) 대체물의 개발이 매우 중요하다.

전 세계 에너지 소비량의 약 20%가 **건축물** 냉난방과 난방 용수로 사용된다. 열은 적당한 온도로 요구되며, 재생 가능한 전기를 사용하여 이를 제공할 수 있는 매우 효율적인 저탄소 기술인 **히트펌프**(5.2절 참조)가 이미 존재한다.

운송의 경우 내연기관의 효율이 낮고, 도로 차량이나 선박이 배출하는 CO_2를 포집하는 것이 현실적으로 불가능하다는 점이 큰 어려움이다. **바이오연료**와 **전력 대 연료**(power-to-fuel)는 특히 항공, 선박 및 운송 분야에서 한 몫을 할 수 있지만, 이산화탄소 배출량을 줄이는 가장 효과적인 방법 중 하나는 **운송의 전기화**로 연소를 완전히 없애는 것이다.

산업, 건물 및 운송 부문의 탈탄소화에 필요한 막대한 재생 가능 전력 생산 능력을 제공하는 것은 에너지 수요를 줄임으로써 더 쉬워질 것이며, 잠재적인 절감효과는 매우 크다.

우리는 먼저 건물의 에너지 수요와 그것이 어떻게 현저하게 감소될 수 있는지를 살펴볼 것이다.

11.1 건축물의 에너지 수요

2016년 건축물 부문은 약 120 EJ(~30%)의 최종에너지 사용과 약 9.7 $GtCO_2$(~28%)의 에너지 관련 탄소 배출을 차지했다. 건물의 단열재 및 유리의 개선은 2000~2017년 동안 세계 인구, 소득의 증가에 따른 더 큰 생활 공간 및 에어컨 사용 증가로 인한 에너지 수요 증가를 20%로 제한하는 데 도움이 되었다. 냉각은 현재 전 세계 전력 수요의 약 10%를 차지하며, 중국과 인도에서 증가 폭이 크다. 일부 개발도상국은 **바이오매스**에 의존하고 있으며, 바이오매스는 건축물의 수요를 충족시키는 데 중요한 역할을 하지만, 오염과 비효율이 가장 큰 과제이다(4.5절 참조).

대부분의 에너지는 건축물의 건설보다는 사용에서 소비된다. CO_2 배출은 에너지 효율(열과 전기 모두) 개선으로 줄어들 수 있다. 또한 현재 소비되는 모든 전기의 약 절반이 건축물에 있기 때문에 에너지 공급(전기 및 열)을 탈탄소화하고, 건축물의 단열 및 설계를 개선하여 수요를 감소시킴으로써 CO_2 배출을 감소시킬 수 있다.

라이프스타일과 행동의 변화는 건축물의 에너지 소비에 상당한 차이를 만들 수 있다. 예를 들어 건축물의 해당 부분을 난방과 조명만 사용하고 실내 온도를 낮추면서 기계 시스템에 대한 의존도를 낮추는 것이다. 관련된 대부분의 기술은 잘 개발되었지만, 이를 구현하기 위해서는 상당한 장벽이 있다. 여기에는 높은 초기 비용, 해당 기술의 잠재력에 대한 대중의 인식 부족, 고착된 관행, 분할된 인센티브, **탄소 가격** 부족 등이 포함된다. 게다가 저탄소 기술의 혜택이 완전히 실현되기 위해서는 건축업계의 새로운 기술 습득이 필요하다. 또한 더 높은 기기 표준, 건축물 코드 및 에너지 효율 요구사항이 필요하다. 예를 들어 매년 설치되는 약 1억 3천 5백만 대의 에어컨 중 많은 에어컨의 효율은 가용한 최고 효율의 절반보다 낮다.

주거용 건축물에 재생에너지를 훨씬 더 많이 사용할 수 있는 엄청난 여지가 있다. 2009~2019년 사이에 미국의 6 kW **주거용 태양열 시스템**의 설치 비용은 51,000달러에서 17,760달러로 떨어졌다. 그러나 여름과 겨울 사이에 태양에너지 공급에 상당한 차이가 있을 수 있으므로 일반적으로 대체적 형태의 난방이 필요하다. (장기 축열 시스템은 값비싼 옵션이다.) 영국에서 일반 가정의 온수 **난방용 태양열 시스템** 비용(5.1절 참조)은 태양열 집열기, 제어판, 배관, 온수 탱크 및 설치를 포함하여 3000~6000파운드이다. 비교하자면, 새로운 가스 보일러의 비용은 약 1500~3000파운드이고, 연평균 가스 비용은 550파운드이므로 태양열 시스템의 생애주기 비용은 경쟁력이 있으며 CO_2 배출량이 전혀 발생하지 않는다!

난방에 화석연료를 사용하는 것에서 히트펌프(5.2절 참조) 사용으로 이동하면 저탄소 전기에 대한 필요성이 증가할 것이며, 충분한 공급이 구축될 수 있도록 하기 위해서는 수요를 줄이는 것이 필수적이다. 더 통합적인 도시 설계는 지역 난방을 가능하게 할 수 있다. 열병합 발전이 더 높은 효율을 제공하지만, 화석연료 공장을 사용하는 데 있어 저탄소 해결책을 제공하지는 않는다. 바이오매스 보일러는 임업 부산물과 같은 지속 가능한 공급이 가능하다면 매우 효과적일 수 있다.

수요를 변화시킬 수 있는 스마트 제어는 추가 발전용량 필요성을 줄이는 데 도움이 된다. 우선순위는 나라마다 다르며 기후, 경제 발전, 인구에 따라 달라질 것이다. 수요 E는 다음과 같이 유용하게 이해할 수 있다.

$$E = h \times \frac{p}{h} \times \frac{\text{면적}}{p} \times \frac{E}{\text{면적}} \tag{11.1}$$

여기서 h는 가구 수, p/h는 가구당 인구 수, 면적$/p$는 1인당 면적, $E/$면적은 단위 면적당 에너지 수요이다. 더운 기후에서 냉방에 대한 수요는 2050년까지 3배가 될 것으로 예상되므로 건물 외피(벽, 창문, 지붕, 문 및 바닥)를 더 나은 단열재와 반사 표면으로 조정하고 매우 효율적인 에어컨을 사용하는 것이 중요하다. 자연 조명과 LED를 더 잘 사용하는 것도 도움이 될 것이다(박스 11.1 참조).

박스 11.1 LED

발광다이오드(light-emitting diode, LED)는 전류가 전방 바이어스 다이오드를 통과할 때 광자를 방출하는 반도체이며, 파장과 그에 따라서 방출되는 빛의 색상은 밴드갭에 따라 달라진다(8.2절 참조). 최초의 LED는 1963년 닉 홀로냑(Nick Holnyak)에 의해 발명되었으며 적색으로 방출되는 반도체 GaAs를 사용했다. 청색 GaN LED는 1992년 아카사키 이사무, 아마노 히로시, 나카무라 슈지(2014년 노벨상 수상)에 의해 발명되었다. 청색의 일부를 흡수하고 녹색과 붉은 빛을 내는 인광물질들 사용함으로써, 방출된 빛은 하얗게 보인다. 흰색 LED는 청색, 적색, 녹색 LED를 조합하여 만들 수 있으며, (색온도라 불리는) 2700~3000 K 온도의 흑체와 유사한 출력을 가진 따뜻한-백색 LED도 현재 가용

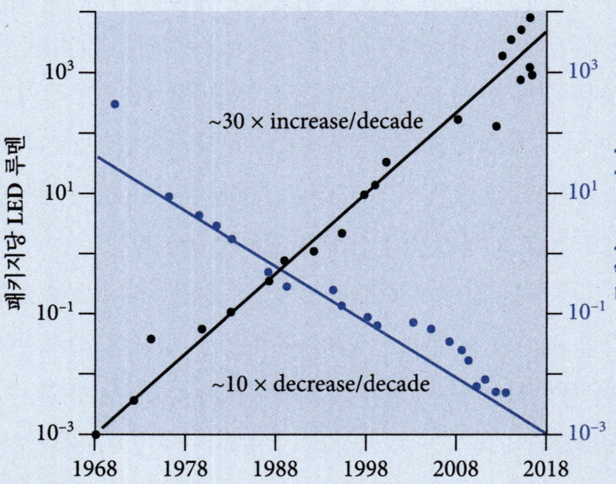

그림 11.1 지난 50년간 LED 비용 대비 광 출력 (LED 2017) (c.f. 60 W 전구: 500 lm, ~1달러; 5 W LED: 500 lm, ~4달러)

하다.

그림 11.1에서 볼 수 있듯이 LED의 광 출력(루멘)은 극적으로 증가했지만, 루멘당 비용은 지난 50년 동안 엄청나게 감소했다(하이츠의 법칙, Haitz's law).

고출력 백색 LED는 백열등과 형광등(각각 120 lm W^{-1}, 15 lm W^{-1}, 60 lm W^{-1})보다 훨씬 효율적이며 약 25,000시간 지속된다. 높은 자본 비용에도 불구하고 LED는 전통적인 조명 장치보다 전반적으로 더 경제적이며, 건축물 및 기타 수많은 적용 분야의 조명 방식을 변화시키고 있다. 조명은 전 세계 전력 소비의 약 15%를 차지하는데 LED의 광범위한 채택은 이 비율을 상당히 줄일 수 있다. 전 세계적으로 10% 절약을 가정하면, 2018년 전력 수요는 23,000 TWh에서 약 2300 TWh까지 크게 감소했을 것이며, 이는 총 약 37 $GtCO_2$ 중 약 1.2 $GtCO_2$의 에너지 관련 CO_2 배출량을 감축했을 것이다.

바이오매스 또는 바이오매스 파생 제품의 연소는 일차에너지 수요의 약 8%를 차지하는데(2016년 ~46 EJ), 그중 많은 부분이 매우 비효율적이고 오염이 심한 스토브를 이용한 **요리**에 사용된다(4.2.2절 참조). 아프리카 일부 지역에서 장작을 모으는 데 드는 시간을 줄일 수 있는 더 효율적이고 건강에 좋은 스토브를 개발할 수 있는 엄청난 여지가 있다.

현재, **건축물**에서 난방과 냉방, 급탕은 전 세계 에너지 소비의 약 절반을 차지한다. 가장 중요한 것은 건물 외피를 개선하는 것이지만, 전기 저항 가열식 히터 및 백열 전구를 단계적으로 줄이는 것도 중요하다. 모든 신축 건물은 저에너지 소비, 패시브 냉난방 기술, 저탄소 기술을 사용해야 한다. 또한 유럽연합, 러시아, 미국에서는 현재 건물의 60% 이상이 2050년에도 여전히 사용될 것이기 때문에, 그러한 건물을 에너지 절약 기술로 개축하는 것이 매우 중요하다.

이제 어떻게 건물을 더 에너지 효율적으로 만들 수 있는지와 오래된 건물 개축의 어려움을 고려해 보고자 한다. 또한 더운 기후에서 천연 자원을 최대한 활용하여 에너지 수요를 크게 줄일 수 있는 방법을 살펴보고자 한다.

11.1.1 고효율 에너지 건축물

겨울철 난방과 여름철 냉방을 통해 건물을 쾌적한 온도로 유지하는 것은 에너지 사용의 가장 큰 부분 중 하나이며, **패시브 설계**(passive design)는 필요한 에너지양을 줄이는 매우 효과적인 방법이다. 패시브 설계는 에너지 요구량을 최소화하기 위해 건물의 기본 설계에서 차양, 방향, 자연 환기, 단열 및 열용량의 영향을 최적화하여 편안한 온도를 유지하는 데 도움이 되는 지역 환경 조건과 적절한 재료를 사용하는 것이다. 이 아이디어는 1970년대 석유 통상 금지령 동안 북미에서 에너지 소비를 최소화하면서 집을 짓기 위해 시작되었다. 이 개념은 1990년대에 독일에서 더욱 발전되었으며, 다름슈타트에 주택 및 환경 연구소가 설립되었고, 이 연구소에서 **패시브 하우스 표준**(Passivhaus standard)을 제정하였다.

그림 11.2는 24시간 동안의 **열용량**의 효과를 나타낸 것이다. 열용량이 낮은 건물의 내부 온도(예: 목재 피복재 및 스터드 벽)와 열용량이 큰 건물의 내부 온도(예: 벽돌 또는 콘크리트 블록)를 비교해 보자. 낮은 열용량을 가진 건물은 외부 온도를 근접하게 따르는 반면에, 큰 용량을 가진 건물은 반응성이 떨어지고 최대 온도를 보이는 시점이 상당한 시간 지연을 보인다.

더운 여름날 큰 창문이 있는 넓은 사무실이나 학교 교실을 적당한 온도로 유지하기 위해서는 큰 열제거원(heat sink) 역할을 하는 두꺼운 콘크리트 바닥이 도움이 될 수 있다(낮에 흡수한 열을 밤 동안 냉각시킴). 실내 벽과 바닥, 가구 등이 창문을 통해 태양 복사를 흡수하고, 이후 기온이 떨어지면 실내로 열을 방출하는 겨울철에도 열용량이 중요하다.

열용량은 낮과 밤의 온도차가 큰 지역에서 더 중요하다. 덥고 건조한 기후 지역의 전통 가옥들은 매우 두꺼운 벽으로 지어지는 경향이 있다. 낮 동안 태양열은 건물 내부로 많이 전달되지 않고 벽의 바깥층에 의해 흡수된다. 외부 온도가 훨씬 낮은 밤에는 열이 다시 주변 환경으로 복사되고 전도에 의해 건물 내부로 전달된다.

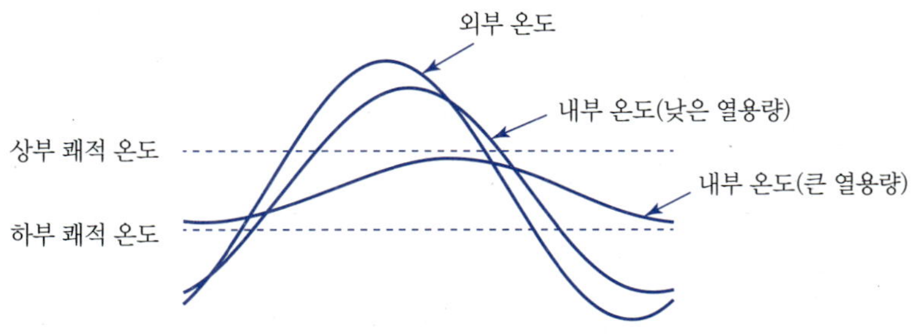

그림 11.2 24시간 동안의 열용량의 영향

건물의 재실자를 시원하게 하기 위해서는 증발 냉각이 효과적이며, 적당히 건조한(습도 60% 미만) 공기가 필요하다. 공기는 습한 패드를 통과함으로써 냉각되는데, 공기가 물을 증발시키기 위한 잠열을 공급한다. 특히 뜨거운 사막 기후에서 지붕 연못을 사용하면 비교적 시원한 물을 얻을 수 있다. (연못은 밤 동안 복사에 의해 냉각되고 낮에는 단열된다.)

11.1.2 단열

건물 외피(벽, 창문, 지붕, 문 및 바닥)의 단열은 대부분의 건축물에서 우수한 성능을 얻기 위해 매우 중요하며, 이제부터는 **단열**이 정량화되는 방법을 설명하고자 한다.

재료를 통한 열 전달 속도를 식으로 표현해 보자.

$$\dot{Q} = UA\Delta T = \frac{1}{R}A\Delta T \tag{11.2}$$

여기서 A는 면적이고, U는 열관류율 또는 U 값($\mathrm{Wm^{-2}\ K^{-1}}$)이고, R은 열저항 또는 U 값($\mathrm{m^2\ K\ W^{-1}}$)이며, ΔT(K)는 재료(예: 유리 또는 정지해 있는 공기를 통한)에 따른 온도차이다. U와 R은 열전도율 k 및 두께 d(식 2.4 참조)와 관련된 식이다.

$$U = \frac{1}{R} = \frac{k}{d} \tag{11.3}$$

절연층이 여러 개일 때, 총 열저항은 개별 열저항 합계와 같다. 단일 유리창의 경우 유리의 열저항뿐만 아니라, 대류에 의해 열을 전달하는 공기층의 저항이 포함되어야 한다. 예제 11.1에서 이에 대해 다룬다.

예제 11.1

창의 U 값은 $1/U = 1/h_i + 1/h_o + d/k$로 주어지며, 여기서 $(1/h_i + 1/h_o)$는 내측 및 외측 표면 공기층($\sim 0.16\ \mathrm{W^{-1}\ m^2\ K}$)의 열저항이고, d/k는 창의 열저항이다. 두꺼운 유리 2장이 공극 d_a로 분리된 이중 유리 유닛(unit)의 경우, 창의 열저항은 $0.16 + 2(d_g/k_g) + d_a/k_a$로 주어진다. 여기서 k_g와 k_a는 각각의 열전도율이다(문제 11.3 참조). (a) 단일 유리창 및 (b) 이중 유리창의 유리 구성요소(단, 프레임 무시)에 대한 U 값을 계산하라. $d_g/2 = d_a = 5$ mm, $k_g = 1.5\ \mathrm{W\ m^{-1}\ K^{-1}}$, $k_a = 2.1 \times 10^{-2}\ \mathrm{W\ m^{-1}\ K^{-1}}$이다.

$$1/U = 0.16 + 0.005/1.5 = 0.163\ \mathrm{W^{-1}m^2K} \quad \text{따라서 } U = 6.1\ \mathrm{W\ m^{-2}K^{-1}}$$

$$1/U = 0.16 + 0.01/1.5 + 0.1/0.021 = 0.643\ \mathrm{W^{-1}\ m^2\ K} \quad \text{따라서 } U = 1.6\ \mathrm{W\ m^{-2}\ K^{-1}}$$

영국에서는 중앙 난방의 설치로 인해 노후 주택의 평균 온도가 12°C에서 18°C로 상승했으며, 전체 가정용 에너지의 약 60%가 난방에 사용되었다. 더 두꺼운 지붕과 바닥 단열재 설치,

이중벽 단열재 설치, 이중창 또는 삼중창 설치 등 건축 요소의 U 값을 줄임으로써 주택 난방비와 탄소 배출량을 크게 줄일 수 있었다. 그러나 건물 외피의 틈새로 인해 상당한 양의 따뜻한 공기가 빠져나가고 외부로부터 더 차가운 공기가 환기 형태로 대체되어 공급된다. 이 **환기는 중요한 열손실**이다.

11.1.3 환기

대기압에서 공기의 비열은 1000 J kg^{-1} K^{-1}에 가깝고, 밀도는 1.2 kg m^{-3}이다. 시간당 공기 교체 횟수가 N, 집의 부피가 V, 바닥 면적이 A라면, 바닥의 제곱미터당 열손실은 $0.33N \times V/A$ W m^{-2} K^{-1}과 같다. V/A 비율은 건물의 바닥 간격(방 높이)과 같으며, 일반적으로 약 2.5 m이다. 따라서 환기로 인한 열손실은 다음과 같다.

$$H_V = 0.33N \times V/A \sim 0.8N \text{ Wm}^{-2}\text{K}^{-1} \tag{11.4}$$

웰빙(well-being)을 위해 권장되는 시간당 최소 공기 교체 횟수는 N = 0.35회이다(재실자 수에 따라 더 높을 수 있음). 열손실을 더욱 줄이기 위해 열 회수를 이용한 기계적 환기(MVHR)를 사용할 수 있다. 외부로 나가는 따뜻하지만 신선하지 않은 공기는 열교환기를 통해 전달되며, 열교환기에서 대부분의 열을 외부로부터 들어오는 차가운 신선한 공기로 전달하여 에너지를 절약한다. 예를 들어 N ~0.4, H_v ~0.08 W m^{-2} K^{-1}인 경우 열전달 효율은 75%가 될 수 있으며, 이 경우 환기로 인한 열손실은 ~$0.2N$ W m^{-2} K^{-1}로 감소한다.

이제 세 가지 다른 종류의 집에 대한 단열과 환기의 효과를 보자.

11.1.4 주거용 건축물에서의 열손실

단열이 잘 되지 않는 오래된 주거용 건축물에서의 일반적인 열손실 백분율을 그림 11.3에 나타냈는데, 벽돌 2개 두께의 단단한 벽과, 단일유리 유리창이 있고, 지붕 단열재가 없는 집이다.

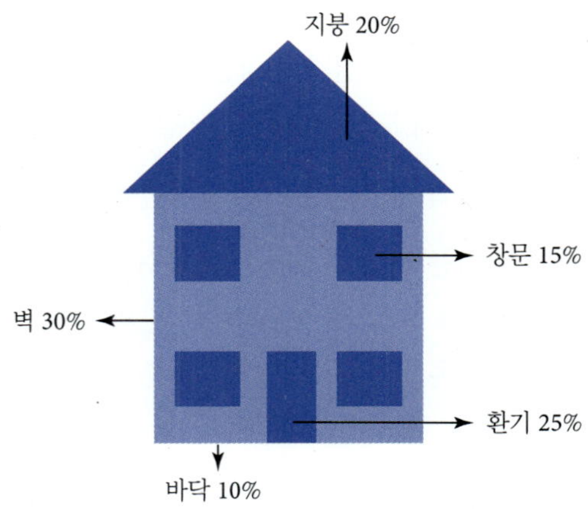

그림 11.3 오래된 가정집에서 발생하는 전형적인 열손실

표 11.1 건축물 요소 및 열손실 비율(HHLC)에 대한 전형적인 U 값(W m^{-2} K^{-1})

건축물 요소	패시브 하우스		새로운 단독주택		오래된 단독주택	
벽	0.15	25%	0.4	21%	1.5	30%
지붕	0.15	11%	0.3	7%	2.3	19%
바닥	0.12	8%	0.24	5%	0.8	7%
창문	0.8	22%	2.0	17%	4.8	15%
문(유리문 제외)	1.5	8%	3	5%	3	2%
공기 교체/시간	0.4	12%	1	36%	1.5	21%
열교	0.04	14%	0.08	9%	0.15	6%
총 손실 W °C^{-1}	69		223		589	

표 11.1은 오래된 단독주택, 새로운 단독주택, 그리고 패시브 하우스 표준을 충족하는 단독주택의 열손실을 비교한 것이다(단열성, 기밀성이 우수하며 MVHR을 사용한다; 박스 11.2 참조). 세 집 모두 7 m × 7 m의 동일한 면적을 가지고 있으며, 두 층의 천장 높이가 2.5 m이다. 이 표에는 또한 다양한 건물 요소에 대한 U 값 추정치와 각 경우에 대한 손실 비율도 나와 있다.

열교는 집을 지을 때 이루어지는 내 · 외부 건물 표면 사이의 열전달률이 높은 연결부를 말한다. 이는 열손실을 유발하며, U 값 추정치는 건물 외피의 전체 표면적에 대한 값이다. 패시브 하우스의 경우 MVHR과 낮은 열교가 모두 적절한 단열 못지않게 중요하다는 것을 알 수 있다. 1년 동안의 총 손실을 계산하려면 집 안팎의 평균 온도 차이를 알아야 한다. 이 값은 위치에 따라 다르며, 도일수(degree-day)에 의해 주어진다.

11.1.5 도일수 및 성능곡선

난방 도일수는 특정 지리적 위치에 있는 건축물의 난방부하를 측정할 때 유용하게 사용된다. 건물 외기온도가 기준온도 이하로 떨어질 때만 난방이 되는 것으로 가정한다. 단열 상태가 양호하고 내부 열 획득이 높은 영국의 건물의 경우 기준온도는 10°C까지 낮을 수 있지만, 그 외에는 15.5°C로 간주된다. 내부 열 획득에는 재실자가 방출하는 열(1인당 약 80 W), 기기 및 모든 태양열 획득이 포함된다. 주어진 기간의 도일수는 다음과 같이 정의된다.

도일수 = (평균 외기온도 − 주택 내 기준온도) × (기간에 의해 점유된 일수의 비율)

평균 외기온도가 기준온도를 초과하는 기간의 경우, 도일수는 0으로 간주된다. (동일한 정의가 여름철 건물 냉방을 위해 에너지(주로 전기)가 사용되는 기간의 **냉방 도일수**에도 적용된다.)

예를 들어, 30분 동안 평균 외기온도가 10.7°C이고 기준온도가 15.5°C인 경우, 도일수는 (15.5 − 10.7) × (1/48) = 0.1°C이다. 하루 전체에 대한 수는 각 30분 기간의 도일수의 합이 된다. 해당 빈도의 온도 측정값을 사용할 수 없는 경우, 하루의 평균 외기온도를 사용할 수 있다.

매일 에너지 소비량에 대한 데이터를 수집하기보다는, 해당 월의 도일수에 대한 월별 소비

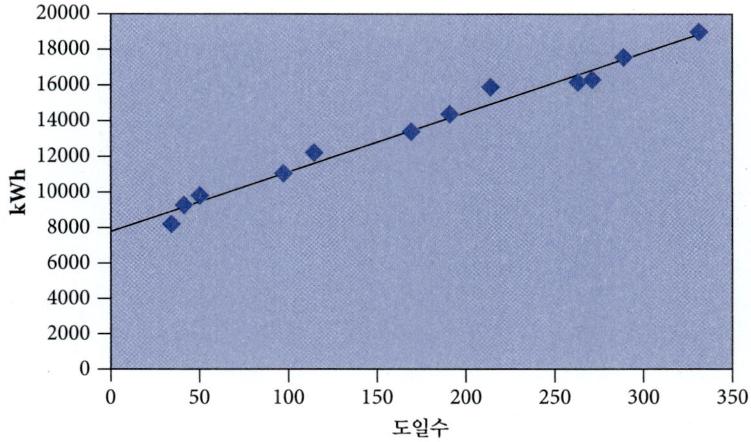

그림 11.4 월별 도일수 및 1년간 성능곡선

량 그래프를 사용하는 경우가 많다. 영국의 한 주택의 예가 그림 11.4에 나와 있다. 주말 점유율 변화, 열용량 효과, 열 획득 변동의 변화가 한 달에 걸쳐 스무딩(smoothing)되기 때문에 산포도는 일일 데이터보다 훨씬 감소한다. 가장 높은 정확도를 보이는 회귀직선은 **성능곡선**으로 불리며, 직선의 절편과 기울기는 각각 비난방부하와 도일수당 열손실을 의미한다.

예제 11.2

18.5°C, 15.5°C, 10°C의 기준온도의 영국의 평균 도일수는 각각 3422일, 2463일, 1060일이다. 그림 11.4에 나타낸 데이터에 해당하는 주택의 기준온도는 15.5°C^{-1}이고, 바닥 면적은 200 m^{2}이다. 도일수당 열손실은 33.3 kWh d^{-1}이다. 평방미터당 온도당 난방 손실을 구하라.

난방 손실은 평균 1.39 kW의 열손실에 해당한다. 기준온도가 15.5°C인 경우, 외기온도와 기준온도 사이의 평균 온도 차이는 2463/365 = 6.75°C이다. 따라서 온도당 열손실은 206 W °C^{-1}이고, 제곱미터당 온도당 열손실은 1.03 W °C^{-1} m^{-2}이다.

기준온도를 변수로 하여 도일수를 계산한 다음 회귀직선이 월별 소비 값을 가장 잘 예측할 수 있도록 하는 기준온도 값을 찾음으로써, 주택에 대한 월별 성능 데이터는 알 수 없는 기준온도를 추정하는 데 사용될 수 있다.

11.1.6 패시브 건축물로의 전환

전 세계 대부분의 주택 재고는 에너지 효율적이지 않으며 2050년에도 여전히 그럴 것이다. 게다가 기후변화는 건물 난방과 냉방에 대한 에너지 수요에 영향을 미치고 있다. 그림 11.5는 유럽의 난방 및 냉방에 대한 인구 가중 도일수를 보여 준다. 1981~2017년 동안 난방 도일수(주

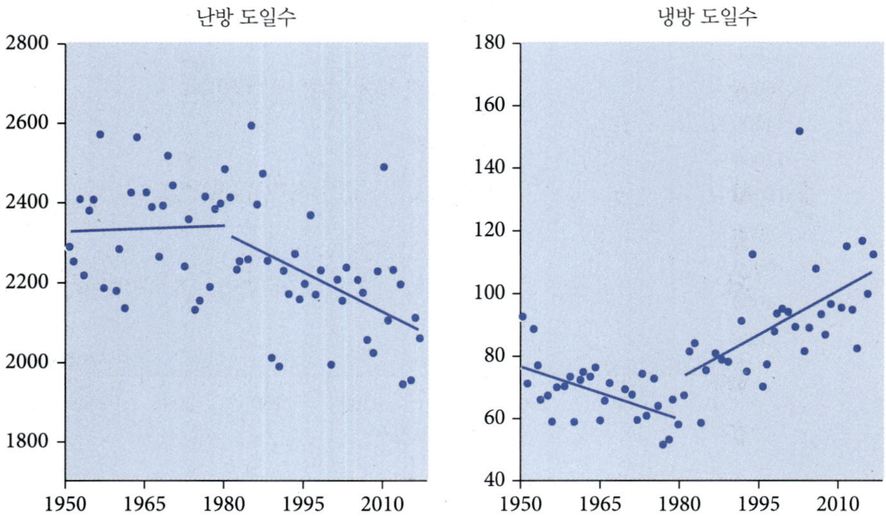

그림 11.5 유럽의 냉난방 도일수 추이(HCE)(출처: 유럽연합 통계청에서 제공하는 GEOSTAT 2011 그리드 데이터 세트)

로 북유럽)는 6% 감소한 반면, 냉방 도일수(주로 남유럽)는 같은 기간 동안 33% 증가했다.

냉방을 위한 전력 수요는 앞으로 수십 년 동안, 특히 여름 폭염 기간 동안 더욱 증가할 것으로 예상된다. 이는 주요 전력원으로서 재생에너지가 화석연료를 대체하고, 더 많은 새 주택을 패시브 하우스 표준(박스 11.2)에 따라 건설하며, 오래된 건물을 더 높은 에너지 표준으로 개축해야 할 필요성을 더욱 강조한다(11.1.7절 참조).

박스 11.2 패시브 건축물(패시브 하우스) 설계

건축물은 에너지 손실을 최소화하고 패시브 에너지 투입을 최대화함으로써 에너지 절약을 가장 크게 달성할 수 있다. 손실이 충분히 작을 때, 각각 약 80 W를 방출하는 재실자, 가전제품 및 햇빛과 같은 수동적 공급원은 대부분의 난방부하를 충족할 수 있다.

건물은 건물 외피의 불투명 부분에 대한 U 값이 0.15 W m^{-2} K^{-1} 미만, 창문의 경우 0.8 W m^{-2} K^{-1} 미만으로 매우 잘 단열되어야 한다. 열교도 최소화해야 한다. 공기 침입은 일반적으로 상당한 열손실을 차지하기 때문에 건물은 기밀 상태로 유지되어야 하며, 열 회수를 포함한 기계적 환기(mechanical ventilation, with heat recovery, MVHR)를 통해 신선한 공기가 집으로 유입되어야 한다. 패시브 하우스의 훨씬 더 나은 단열은 그림 11.6에서 재래식으로 건설된 두 인접 주택 사이의 열 사진에 나타나 있다. MVHR에서, 집에서 나가는 따뜻한 공기는 집으로 들어오는 차가운 신선한 공기로 온기의 75%를 전달하는 열교환기를 통과한다. 자연 채광을 사용하는 것은 인공 조명의 필요성을 줄일 수 있고

그림 11.6 패시브 하우스의 열 이미지(밝은 영역이 어두운 영역보다 따뜻함)

표 11.2 독일의 다양한 건축물 설계 조건에 따른 평균 에너지 소비량

기존 독일 주택	니데른하우젠 저에너지 주택	비스바덴 패시브 하우스	하노버 패시브 하우스	슈투트가르트 패시브 하우스
112 kWh $m^{-2}y^{-1}$	65 kWh $m^{-2}y^{-1}$	13.4 kWh $m^{-2}y^{-1}$	12.8 kWh $m^{-2}y^{-1}$	12.8 kWh $m^{-2}y^{-1}$

태양열을 얻는 데 도움을 줄 수 있다.

증발 냉각이나 태양열 데시칸트(건조제) 제습과 같은 다른 패시브 설계 개념을 통합할 수 있다. 후자의 방법은 물을 제거하고 태양열에 의해 재생되는 물질을 사용하여 에너지를 50% 이상 절약할 수 있다(5.1.1절 참조). 고온다습한 지역에서는 증발식 냉각과 결합하여, 냉방 공조 시스템에 대한 대안을 제공한다. 태양열 집열기와 PV 패널과 같은 충분한 재생가능 에너지원을 통합함으로써 제로 에너지 소비를 실현할 수 있다.

표 11.2에서 독일의 세 패시브 하우스의 평균 난방 소비량을 저에너지 주택 및 기존 주택과 비교한다. 모든 패시브 하우스의 난방 소비량이 '패시브 하우스' 기준인 15 kWh m^{-2} y^{-1}보다 낮고 절약되는 에너지양도 상당함을 알 수 있다.

11.1.7 기존 건축물의 개축

먼저 집을 개축하려면 현재 에너지 사용을 모니터링하고 거주자의 요구사항을 기록해야 한다. 열 이미지를 사용하여 건물 외피에 무엇이 필요한지 확인할 수 있다. 그런 다음 에너지 손실을 줄이고, 저탄소 기술을 추가하고, 적절한 방법으로 집을 개축할 수 있다. 예를 들면, 견고한 벽돌 벽, 슬레이트 지붕 및 침실 2개가 있는 준 분리 단독주택의 경우 다음과 같은 조치를 취할 수 있다. 건물 외벽의 단열은 단열 패널, 삼중 유리, 단열 외부 문을 추가하고 열교를 최소화함으로써 크게 개선될 수 있었다. 기밀 개선과 MVHR을 통한 환기를 통해 공기 변화를 줄일 수 있었고, 효율적인 기기, LED 조명, 태양열 온수, PV 패널 등을 설치할 수 있었다.

더 큰 오피스 빌딩의 경우 지붕에 녹색 지붕과 PV 패널을 설치할 수 있으며, 기밀 개선과 자연채광 증가를 위한 이중 유리창 추가, 자연 환기 및 교차 환기를 활용, 최상층의 과열을 줄이기 위해 상변화 물질 활용, 그리고 바이오매스를 연료로 하는 열병합 발전에서 공급하는 난방을 활용할 수 있다. 지역 난방 또한 비용효율적일 경우 고려될 수 있다. 태양열 집열기는 급탕을 위해 설치될 수 있다.

실험을 통해 단독주택은 50~75%, 아파트 건물은 80~90%의 난방 에너지를 줄일 수 있어 패시브 하우스 기준을 달성할 수 있다는 사실이 검증되었다. 중국과 같은 개발도상국에서는 건물 외피 개선으로 냉방에 사용되는 에너지는 절반까지, 난방용으로 사용되는 에너지는 3분의 2만큼 감소했다. 상업용 건물의 경우 냉동공조(HVAC) 장비를 개선하면 에너지 소비를 최대 50%까지 줄일 수 있으며 특히 유리가 주를 이루고 태양열 획득이 큰 경우, 건물 외피 개선을 통해 더 많은 것을 달성할 수 있다. 효율적인 조명을 사용하면 상당한 비용 절감을 달성할 수 있다.

하지만 대부분의 건물이 오래된 영국의 사례를 보면, 개축 프로젝트에서 예상된 개선과 실현된 개선 사이에 상당한 차이가 있으며, 50%의 에너지 절감이 더 흔한 것을 볼 수 있다. 이러한 이유 중 하나는 열적 쾌적성 후퇴 효과 때문인데, 개축 후 재실자가 더 많은 난방을 사용했기 때문이다. 열교 및 단열재의 간극도 성능을 저하시킨다. 또 다른 요인은 필요한 기술 중 몇 가지가 건설업계에 새로운 기술이고 재실자들이 신기술에 익숙하지 않은 경우가 많기 때문에, 설치와 사용이 최적이 아니라는 점이다. 더 나은 건축 규제(예: 최소 기준을 설정하고 건축물의 에너지 사용에 대한 명확한 라벨 표시)가 도움이 될 수 있는데, 이는 유럽에서 가전제품에 대해 효과적인 것으로 입증되었다.

더운 지역에서는 패시브 에너지 절약을 통해 냉방 수요를 상당히 줄일 수 있다. 식물은 잎에서 나오는 물의 증발, 그늘, 그리고 바람의 통과를 통해 환경을 시원하게 만들 수 있다. 직사광선이 실내로 들어오는 것을 피하고 밝은 색의 건물 외피를 갖는 것은 태양열 획득을 감소시킨다. 2021년 퍼듀대학의 과학자들에 의해 98%를 반사하는 흰색 페인트가 개발되었는데, 이것은 에어컨의 필요성을 줄이는 데 도움이 될 수 있다. 공기 습도를 줄이고 적절한 공기 흐름을 갖는 것은 인체의 땀 배출을 돕기 때문에 쾌적성 측면에서도 중요하다.

더운 기후에서 상대적으로 낮은 비용으로 에너지 수요를 줄이는 문제가 어떻게 해결되었는지는 태국 Shinawatra대학교에서 수행된 사례 연구에서 설명된다(사례 연구 11.1 참조).

사례 연구 11.1 태국 Shinawatra대학교의 고효율 에너지 건물

태국은 덥고 습한 나라로, 최근 몇 십 년 동안 급속한 도시화를 겪었고, 대부분의 사람들은 현재 고밀도 주택가에 살고 있다. 태양을 피할 수 있는 그늘진 공간과 자연 환기가 가능한 태국의 전통적인 목조 주택과는 달리 에어컨은 시원함을 유지하는 표준 방법이 되었다. 도시 건물들은 일반적으로 열을 머금는 역할을 하는 철근 콘크리트, 벽돌, 석고, 콘

그림 11.7 태국 Shinawatra대학교의 메인 홀 건물[출처: Wikimedia Commons (Vincentvalentine289)]

크리트 기와로 지어지기 때문에 상황은 더욱 악화된다. 에어컨을 비롯하여 현대적 라이프스타일을 위한 여러 에너지 소비 장치들은 최근 몇 년 사이 엄청난 에너지 소비의 증가를 이끌었다. 건설업에서 고질적인 숙련된 노동자 부족 문제와 고품질 단열재가 수입되어야 한다는 점을 고려할 때, 천연 자원을 가장 잘 활용하고 에너지 수요를 크게 감소시키는 새로운 건설 접근법이 필요하다.

방콕에 있는 Shinawatra대학교에서 여러 가지 기능을 통합한 에너지 효율적인 건물을 위한 새로운 해결책을 개발했다. 가장 도전적인 과제는 냉각을 위한 에너지 사용을 크게 줄일 수 있는 매력적이고 다양한 기능을 할 수 있는 환경을 만드는 것이었다. 제시된 설계는 강의실, 실험실, 매점 등 3개의 분리된 구역에서 안락한 미기후(microclimate) 조성을 위해 건물 외부에 있는 딱딱한 표면의 양을 최소화하고 자연 식물과 수자원을 사용했다. 각 구역의 특정 요구사항(조명, 온도, 습도 및 공기 흐름)은 건물의 전체 에너지 소비를 최소화하는 방식으로 충족되었다. 강의실 및 연구실 내 컴퓨터 센터의 냉방 비용을 줄이기 위해 연못 냉각을 사용하고, 냉기류를 바꾸어 식당 공간을 냉방하고, 매점에서 발생한 열은 자연대류 효과를 이용하여 건물의 상부 개구부를 통해 배출되며, 콘크리트의 큰 열용량을 이용하여 열적 안정성을 제공하고, 적외선이 아닌 가시광선 스펙트럼만 투과할 수 있는 유리 재료가 선택되었다. 최종 결과는 조명과 에어컨 시스템이 일반적인 건물의 전기에너지의 약 6분의 1만을 사용한다는 것이다. 자본 비용은 일반 건물의 경우보다 다소 크지만, 이는 운영 비용의 절감으로 곧 보상된다. 따라서 제시된 개념은 경제적으로 타당하고, 탄소 발자국을 줄이고, 건물을 사용하는 사람들의 삶의 질을 크게 향상시킨다(그림 11.7 참조). 이것은 비슷한 기후를 가진 다른 나라들을 위한 모델을 제공한다.

11.1.8 건축물의 에너지 저장장치

전기 구동식 히트펌프의 대규모 배치는 저탄소 전기에 대한 수요를 증가시킬 것이다. 태양광 발전은 낮 동안 이러한 전력을 제공하는 경우가 많아지고 있으므로 에너지 저장을 이용해 저녁 부하를 낮으로 전환하는 것이 바람직하다. 가격경쟁력이 있다면 리튬이온 배터리를 사용하거나 흐름 배터리를 사용할 수 있다. 그러나 훨씬 더 저렴한 대안은 히트펌프에 의해 공급되는 열에너지 저장장치를 사용하는 것일 수 있다. 물은 이미 가정용 온수 탱크와 계절 간 보관을 위해 큰 용량(~75,000 m^3)이 사용되고 있다. 잠열과 열화학 저장장치는 더 높은 에너지밀도를 가지고 있지만, 잘 개발되어 있지 않다. 표 11.2의 열손실 추정치를 보면 필요한 열 저장량을 추정할 수 있다(예제 11.3 참조).

또는 건물 전체를 에너지 저장소로 사용할 수 있다. 단열이 잘 되는 건물의 에너지 저장에 관한 이탈리아 연구에 따르면, 바깥온도가 7°C일 때 4층 건물의 내부 온도가 24°C에서 19.5°C로 감소하는 시간을 측정한 결과, 보수 전에는 12시간이 걸렸던 것에 비해, 보수 후에는 5일이 걸렸다.

예제 11.3

영국의 저탄소 주택은 난방부하량 100 W K^{-1}이다. 수요가 적은 기간 동안 온수 탱크(60°C)를 가열하는 히트펌프에 의해 겨울철 난방 수요가 충족되기 위해 필요한 온수 탱크의 크기를 추정하라.

영국은 15.5°C의 기준온도에 대해 내부와 외부의 차이는 평균 6.75도를 보인다. 70% 점유율을 가정하면 평균 난방부하 S는 $S = 100 \times 6.75 \times 0.7 = 0.47$ kW로 주어진다. 난방은 주택 전체 에너지 수요의 약 60%, 급탕은 약 25%를 차지해 총 난방수요가 약 0.67 kW에 달한다. 겨울 부하가 평균보다 약 2배 높기 때문에 일일 열 요구량 R은 약 32 kWh이다. 주변 온도가 20°C라고 가정할 때, 60°C의 온수 V m^3 탱크는 $E = 4.18 \times 10^6 \times (60 - 20) \times V$ J의 열저장을 제공할 것이다. $E = 32 \times 3.6 \times 10^6$ J을 대입하면 $V = 0.69$ m^3가 된다. 수요가 적은 기간 동안 보수적으로 COP를 2로 가정하면 6 kW의 공기열원 히트펌프를 사용하여 3시간 이내에 탱크를 충전할 수 있었다.

11.1.9 열원으로서의 저탄소 수소

낮은 CO_2 배출로 만들어진다고 가정한다면, 수소는 저탄소 열을 제공하는 데 사용될 수 있을 뿐만 아니라, 전기를 공급하는 연료전지에 사용될 수 있다. 천연가스에서 수소로 전환함으로써 가정용 난방을 탈탄소화하는 것이 가능한지 알아보기 위한 흥미로운 프로젝트가 영국에서 진행 중이다. 자세한 내용은 사례 연구 11.2에 설명되어 있다. 수소가 탈탄소를 도울 수 있다고 간주되는 가정과 산업 모두에서 난방으로 인한 탄소 배출을 줄이는 방법으로서, 수소(순수 수소 또는 천연가스와 혼합된 수소)를 수송하기 위한 가스 그리드의 사용에 대한 다양한 연구가 유럽에서 진행되었다.

사례 연구 11.2 H21 수소 프로젝트

2050년까지 영국은 탄소 배출을 0으로 줄이는 데 전념한다. 영국의 최종에너지 소비량의 약 30%는 가정용 난방에 사용되며, 이것은 주로 북해 가스전에서 나오는 천연가스(주로 메탄)에 의해 공급되어, 가스 그리드를 통해 영국 전역에 분배된다. 천연가스는 약 180 gm kWh^{-1} CO_2eq를 배출하며, 가정용 난방 부문의 탈탄소는 영국의 2050년 및 파리협약을 이행하는 데 크게 기여할 것이다.

수소를 태우면 이산화탄소가 아닌 수증기가 생성되며, **H21 Leeds City Gate Project**로 알려진 최근 타당성 조사에서 다음과 같은 사실이 확인되었다.

i. 메탄은 **표준 증기 메탄 개질 기술**(standard steam-methane reforming technology)*을 사용하여 수소로 변환될 수 있다.
ii. 폴리에틸렌 파이프의 기존 가스 네트워크는 수소 네트워크로 사용될 수 있다.
iii. 근처의 소금 동굴은 수개월 동안 수소 저장을 위해 사용될 수 있다.
iv. 이 시스템은 리즈(인구 475,000)의 전체 열 수요를 충족할 수 있는 용량을 갖추고 있다.

(*700~1000℃의 고온 증기는 가압 조건에서 메탄과 반응하여 수소와 일산화탄소를 생성한다.

$$CH_4 + H_2O\ (+\ \text{heat}) \rightarrow CO + 3H_2$$

일산화탄소는 물의 이동 반응에서 이산화탄소와 수소로 전환된다.

$$CO + H_2O \rightarrow CO_2 + H_2$$

이산화탄소는 수소로부터 분리되어 북해 아래의 고갈된 암석층으로 주입될 것이다.)

이 프로젝트는 현재 H21 Northern Cities Project라고 불리며, 잉글랜드 북부의 많은 도시들에 공급하는 것을 고려하기 위해 확장되었다. 만약 성공한다면, 그 나라의 나머지 지역도 2050년까지 바뀔 수 있을 것이다. 가전제품(조리기기 및 보일러)은 변경이 필요하지만, 기존 가스망을 사용하는 편의성과 다량의 에너지를 저장할 수 있는 능력은 이 지역의 탈탄소화를 위한 전반적인 비용을 매력적으로 만든다. 채택될 경우, 네트워크는 고객에 대한 지장이 없이 점진적으로 전환될 수 있다. 비용은 모든 고객에게 분산되어 40년에 걸쳐 상각되며 결과적으로 난방 비용에 거의 영향을 미치지 않는다. 또한 저비용 수소의 이용은 수소 연료 차량의 개발에 도움이 될 수 있다.

11.1.10 건축물의 이산화탄소 배출량 및 에너지 사용량을 줄이기 위한 조치 요약

지구 온난화와 싸우기 위해 건물에서 이산화탄소 배출과 에너지 사용을 현저하게 줄이기 위해 많은 강력한 조치가 필요하다. 여기에는 다음이 포함된다.

히트펌프(공기열 또는 지열원, 5.2절 참조), **태양열 패널** 및 **수소**를 통해 전기 및 냉난방의 **재생 가능한 공급원으로 전환**하기.

기존 건물을 높은 표준에 맞게 **개축**하고 **단열재** 및 **유리**를 개선함을 통해 새 주택의 에너지 소비량이 **거의 0에 가까움**을 공개하기.

행동 바꾸기(예: 사용 중인 공간만 난방 및 조명 사용, 온도조절기의 온도 낮추기, 더 따뜻한 옷 입기, 의류 건조기 사용하지 않기).

에너지 수요를 줄이기 위해 **패시브 설계 개념** 사용하기; 특히 **기후변화**에 따른 추가적 냉각.

건축물의 이산화탄소 배출 및 에너지 사용을 줄이기 위한 목표에 부합하도록 **건축 규제 준수**하기.

스마트 제어와 **계량기**를 **설치**하고, **더 효율적인 가전제품** 설치하기.

이러한 조치의 시행 장벽을 극복할 수 있는 정부 정책이 도입되어야 하며, 이는 2050년까지 전 세계 건물 에너지 수요가 2배로 증가할 가능성을 뒤집고 현재 사용량에 비해 비슷하거나 심지어 감소하는 에너지 수요를 실현하기 위함이다. 추가적으로, 사용된 에너지는 탈탄소화가 되어야 한다.

에너지 사용을 피크 시간에서 벗어나도록 하면 발전용량 요구량이 줄어들고 더 많은 PV를 사용할 수 있다. 에너지 비용은 산업화된 사회의 다른 생활 비용에 비해 상대적으로 저렴하기 때문에 저녁에 더 많은 요금을 부과하는 것은 효과적이지 않을 수 있다. 보조 저장소(배터리 및/또는 온수 탱크)는 비용효율적일 수 있다.

11.2 산업에서의 에너지 수요

2016년 산업 부문은 약 116 EJ(29%)의 최종에너지 사용과 약 13.5 $GtCO_2$(~39%)의 에너지 관련 탄소 배출을 차지했다. 그림 11.8에서 볼 수 있듯이 시멘트, 철 및 철강, 화학 및 석유화학 제품의 생산은 직접(현장에서 발생) 및 간접(공정에서 발생) CO_2 배출의 대부분을 꾸준하게 담당하고 있다. (약 5 $GtCO_2$의 간접 배출은 현장에서의 전기, 연료 및 재료 공급에서 발생하는 배출이다.)

최근 몇 년 동안 중국과 인도 및 개발도상국의 경제가 크게 성장했으며 시멘트, 철강 및 기타 재료에 대한 수요가 급격히 증가했다. 결과적으로 상당한 감축이 이루어지지 않는 한 배출량은 2050년까지 2배가 될 수 있다. 게다가 산업 생산이 극동지역으로 크게 이동했다. 2050년

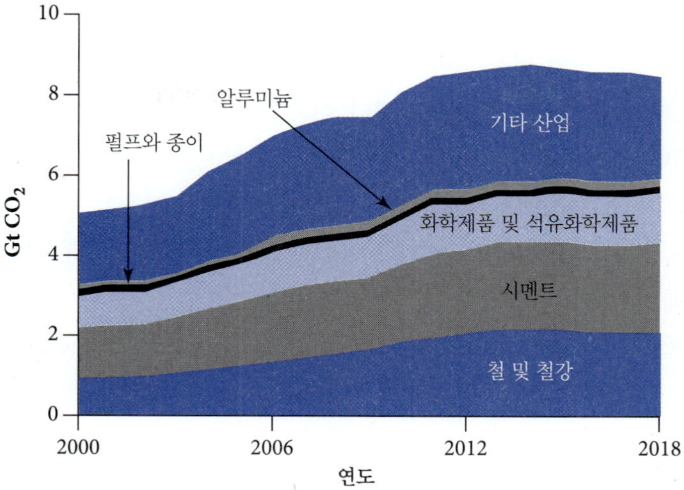

그림 11.8 산업에서의 직접(공정 포함) CO_2 배출량(IEA 2019)

까지 지구온난화를 1.5℃ 미만으로 줄이기 위해 **산업 배출량을 최소한 90%까지 줄여야 한다.**

탈탄소 산업을 위한 기술적 옵션은 건물이나 운송에 대한 것보다 훨씬 덜 개발되어 있다. 배출량을 줄이는 것을 어렵게 만드는 원인은, 산업에는 많은 다양한 공정들이 있고, 그중 많은 공정들이 에너지 집약적이며, 많은 공정이 화석연료 연소에 의한 열 발생을 수반한다는 것이다. 더욱이 산업에서의 투자기간은 일반적으로 20~40년이므로, 따라서 작업 관행이 더 고착되어 있다. 새로운 공장이 더 높은 탄소 집약적 공정에 얽매이지 않도록 하는 것이 중요하다.

산업 역시 국제적 경쟁의 영향을 많이 받고 산업의 경쟁력을 떨어뜨리는 것을 꺼린다. 더 엄격한 배출량 통제를 통해 비용이 증가하면 **탄소 누출**이 발생할 수 있다. 생산 비용이 더 낮고 탄소 배출에 대한 제한이 덜 엄격한 다른 국가로 생산을 이전하는 것은 전체 배출량의 증가를 초래할 수 있다.

저탄소 공급원으로 전환하여 kWh당 CO_2(**탄소 강도**)를 감소시키고, **에너지 효율** 개선을 통해 **에너지 강도**(산업 생산 단위당 에너지 사용량)를 증가시킴으로써 완화가 이루어질 수 있다[예: 모터와 같은 교차 편집(cross-cutting) 기술들]. 전기 공급을 탈탄화하면 간접 배출량이 감소한다. 이는 전 세계 전력 생산의 3.5%를 차지하며, 막대한 전력 소비로 인해 배출량의 80% 이상이 간접 배출인 알루미늄 산업에서 특히 중요하다.

에너지 절약은 열 회수 확대, 용광로 및 증기 시스템에서의 단열 증가, 구동장치의 손실을 줄임으로써 달성될 수 있다. 또한 중요한 것은 '**절감, 재사용, 재활용**'을 통해 재료를 사용하는 효율성을 증가시키는 것이다. 예를 들어, 구성요소를 재사용하고, 물체를 경량화하고, 저탄소 재료로 대체하고, 개별 구성요소를 대체하여 물체의 수명을 연장하는 것이다. IPCC는 5차 평가 보고서(AR5)에서 산업 **에너지 강도**를 최고의 기술을 사용하여 25% 향상하고, 혁신을 통해 20%를 향상할 수 있다고 추정했다. 따라서 제조된 제품의 **탄소 강도**를 개선하는 것은 1.5℃ 이하로 지구온난화를 제한하는 목표에 도달하기 위해 필수적이다.

모터와 증기 발생은 산업 최종 소비 에너지의 약 40%를 차지하며, 약 15%의 절약이 가능하다. 전기 발생 시 상당한 양의 열이 발산되며, 이를 활용할 수 있는데, 열병합 발전을 예로 들 수 있다. 도시 주택의 90%가 지역 난방 시스템과 연결되어 있는 핀란드 등 몇몇 나라에서 열병합 발전이 널리 사용되고 있으며 산업 공정에도 열병합 발전을 적용할 수 있다. 그러나 일반적으로 열원이 열을 필요로 하는 곳과 가까워야 하고 열병합 발전소의 자본 비용이 기존 발전소보다 높기 때문에 세계적으로 열방합 발전의 사용은 낮다.

연료 전환의 옵션은 바이오연료, 태양열, 탄소 포집, 전력 대 가스(power-to-gas) 및 저탄소 전기이다.

바이오연료는 저온 및 고온 열을 모두 공급할 수 있지만 가용성과 비용이 바이오연료의 잠재성을 제한한다. 게다가 바이오연료는 토지 사용과 식량 생산과 경쟁 관계가 될 수 있다는 우려가 있다. 그러나 농업 부산물을 활용한 동시 연소(co-firing)를 통해 이러한 문제를 피할 수 있을 것이다.

태양열은 공정 열을 제공할 수 있지만 상당한 수준의 태양광 조사량을 필요로 하며, 시장 침투가 작다.

탄소 포집 및 저장 비용은 높으며 활용 속도는 매우 느리다. 누설 가능성으로 인한 책임 문제가 있을 수 있고, 내륙 지하 저장장소에 대한 대중의 우려가 있었다. 또한 일부 중요한 지역에서 적합한 저장장소의 수가 제한적인 것으로 확인되었다. 그렇지만 탄소 포집 및 저장(CCS)은 시멘트 생산과 같은 특정 산업 공정에는 가치가 있을 수 있다. 그리고 CCS는 바이오연료(BECCS)와 결합하면 부정적인 배출물들을 생산할 수 있다.

PV 및 **풍력**을 통한 경쟁력 있는 가격의 재생가능 전기의 가용성이 증가함에 따라, **전력 대 가스**(power-to-gas) 및 **전열 공정**을 화석연료 열에너지의 대안으로 사용할 수 있다.

특정 산업에서 연간 온실가스 배출량인 G는 제품에서 다음과 같이 표현할 수 있다.

$$G = \frac{G}{E} \times \frac{E}{M} \times \frac{M}{P} \times P \tag{11.5}$$

여기서 G/E는 에너지원의 탄소 강도이고, E/M은 생산되는 재료의 톤당 산업의 에너지 소비량(에너지 강도), M/P는 제품당 재료량(재료 강도), P는 제품 수이다. 따라서 에너지 효율 향상 및 수명 주기 변화를 구현함으로써 탄소, 에너지 및 재료 강도를 감소시키고, 새로운 제품의 수량을 감소시키는 것은 매우 효과적일 수 있다(예제 11.4 참조).

예제 11.4

CCS와 재생에너지는 철강(25%), 시멘트(27%), 화학(14%) 산업의 배출량을 70%까지, 기타 배출량(34%)은 50%까지 줄이기 위해 사용된다. 산업 전반에 걸쳐 에너지 강도와 재료 집약도가 20% 향상되었다. 총 배출량 80% 감소를 위해 철강 제품 사용의 어떤 감소가 필요한가?

시멘트, 화학 및 기타 산업에서의 배출량의 분율은 $(0.41 \times 0.3 + 0.34 \times 0.5) \times 0.8 \times 0.8 \times 1 = 18.8\%$이다. 철강 생산량의 분율 x에서 방출되는 양은 1.2% 미만이어야 하므로 $0.30 \times 0.3 \times 0.8 \times 0.8\ x = 0.012$이다. 이 경우 $x = 0.14$가 산출된다. 따라서 총 배출량 80% 감소를 달성하려면 철강 생산량이 14% 감소해야 한다.

이제 전력 대 가스, 전열 및 CCS 공정을 좀 더 자세히 살펴보자.

11.2.1 전력 대 가스

전력 대 가스(power-to-gas) **기술**은 저탄소 에너지원(특히 풍력 및 태양광)에서 나오는 잉여 에너지를 이용하여 **수소, 메탄, 암모니아**와 같은 가스 연료를 생산하여 운송 또는 열 발생을 위해 저장 및 사용할 수 있다(사례 연구 11.3, 11.4 참조).

수소는 전기분해에 의해 만들어질 수 있다. 전기분해는 전기를 사용하여 물을 수소와 산소의 기본 원소로 나누는 잘 확립된 기술이다(박스 10.2 참조). 재생 가능한 발전된 전력으로 생산될 때 그것을 **녹색 수소**라고 하며, 세계적으로 많은 녹색 수소 프로젝트가 진행 중이다. 중공업 제조 및 장거리 운송, 장기 에너지 저장과 같이 쉽게 전기화되거나 배터리를 사용하여 구동될 수 없는 것들을 위해 청정에너지를 제공하는 것은 비용효율적인 방법으로 점점 더 주목받고 있다. 또한 암모니아처럼 수소 수송을 위한 파이프라인, 선박, 트럭 등의 인프라가 있으며, 화석연료에서 녹색 수소로 전환되면 많은 일자리가 창출되고 지역 대기질을 개선할 수 있다. 현재 가장 큰 규모의 산업용 전해조는 알칼리성 전해질을 사용하고 있으며 약 50 MW의 용량으로 설계되어 있다. 독일에서는 그리드 용량 부족을 극복하기 위해 해상 풍력으로부터 수소를 대량으로 발전시키는 제안이 있지만, 간헐적인 공급원으로 작동할 수 있는 전해 공정이 필요하다(사례 연구 11.3 참조). 고온에서 작동하며 훨씬 더 높은 효율을 가지는 고체산화물 전해조(11.4.4절 참조)가 개발 중에 있다.

수소는 현재 거의 대부분 화석연료에서 생성되는데, 주로 메탄의 증기 개질에 의해 생성된다(사례 연구 11.2 참조). 일반적으로 CO_2를 포집하지 않을 때는 **회색 수소**라고 불리며, CO_2를 포집할 때는 **청색 수소**인데, 이는 CO_2의 80~90%만 포집되기 때문에 저탄소이다. 그러나 녹색 수소 가격은 빠르게 떨어지고 있다. 예를 들면, 노르웨이의 전해조 회사인 넬(Nel)은 재생 가능한 전기를 MWh당 20달러로 가정하면, 2025년까지 kg당 1.5달러로, 회색 수소와 가격이 같은 녹색 수소를 생산할 수 있는 2 GW 공장을 건설할 계획이라고 2021년에 발표했다. 수소는 전기를 발생시키기 위한 연료전지 또는 가열용 가스 연료 또는 내연기관(ICE)에 사용될 수 있다.

사례 연구 11.3 풍력 대 수소(Wind power-to-hydrogen)

알칼리성 전해조는 효율이 50~80%에 이르지만, 일반적으로 상당히 지속적인 전기 공급이 필요하기 때문에 풍력이나 태양과 같은 간헐적인 공급원은 문제를 일으킬 수 있다. 변동하는 에너지 입력으로 동작할 수 있는 전해조를 제조하는 것이 과제이며, 고분자 전해질막(PEM)을 사용하는 장점 중 하나는 저전류밀도와 고전류밀도를 모두 동작시킬 수 있다는 것이다.

전 세계의 많은 시범 프로젝트가 간헐성 문제를 극복하는 기술을 개발하고 있다. 그중 하나가 ITM Power, Ørsted, Phillips 66, Element Energy가 영국 정부로부터 자금을 지원받아 합작한 **Gigastack 프로젝트**이다. 2019년 완료된 1단계는 5 MW급 PEM 전해조 저비용 스택 설계로, 북해의 세계 최대 해상 풍력 발전소인 Hornsea Two에서 공급되는 전기를 이용해 전해조를 성공적으로 작동시킬 수 있음을 보여 주었다. 컨소시엄은 규모의 경제와 대량 생산을 활용하면 기존 전해조 기술 대비 경쟁력을 갖출 수 있고, 이에 따라 미래의 난방과 운송 수요를 변화시킬 규모의 녹색 수소를 생산할 수 있을 것이라고 주장한다.

유럽의 철강 제조업체 대부분은 CCS 대신 수소를 탈탄소 방법으로 사용할 것을 제안하고 있다. 예를 들어 Thyssen Krupp은 용광로에서 수소를 이용한 탈탄소 방법으로 전환하기 시작했다. 수소는 화학 산업에서도 사용되며, 전 세계 전해조 용량의 현저한 증가는 수소의 보급이 크게 증가했음을 나타낸다.

독일 정부가 탄소 중립 항공 연료를 생산하기 위해 독일 북서부에 있는 녹색 수소 발전소에 전용으로 전력을 공급하는 해상 풍력 발전소를 지원하는 계획도 있다. 시범 프로젝트에서 30 MW 알칼리 전해조에서 수소와 함께 생성된 산소는 시멘트 공장에서 사용되며, 이를 통해 배출된 CO_2를 쉽게 포집할 수 있으며(3.7절 참조), 전기분해 과정에서의 폐열은 지역 난방 시스템에 판매된다. 녹색 수소 발전소의 위치는 소금 동굴과 가까운데, 그 이유는 수소를 저장할 수 있고, 다른 곳에서 사용하기 위해 파이프라인을 통해 수소를 수송할 수 있기 때문이다. 또한 사용하지 않는 석유 시추 시설에서 바닷물을 전기분해하는 기술 또한 개발 중인데, 해양 풍력 발전소에서 동력을 공급받고, 생산된 수소가 기존 가스 파이프라인을 통해 해안으로 운송되는 방식이다. 이는 육상에서 수소 생산을 위한 수중 전기 케이블을 짓는 것보다 더 경제적일 수 있다. 물에 있는 염소 이온에 의한 부식에 저항하는 특수 전극이 개발되고 있어 바닷물을 먼저 탈염할 필요가 없다.

메탄은 니켈 촉매의 존재하에서 높은 온도(300~400°C)와 압력에서 수소와 이산화탄소를 반응시킴으로써 형성할 수 있다(사바티에 공정, Sabatier process). 반응은 다음과 같다.

$$CO_2 + 4H_2 \rightarrow CH_4 + 2H_2O \quad \Delta H = 165 \text{ kJ mol}^{-1} \tag{11.6}$$

메탄이 연소될 때(즉, 산소와 함께 연소될 때), 메탄을 생산할 때 사용된 양과 동일한 이산화탄소 양이 배출되므로, 이러한 방식으로 생산된 메탄은 저탄소 에너지 저장소로 사용이 가능하고, 열을 발생시키는 목적으로 천연가스를 대체할 수 있다. 메탄은 여러 공정에 의해 올레핀으로 전환될 수 있는데, 올레핀은 많은 플라스틱 생산의 기본 화학물질이다.

핀란드에 제안된 전력 대 메탄(power-to-methane) 발전소는 수소와 기존 발전소에서 발생되는 이산화탄소로부터 천연가스를 생산할 계획이다. 이 프로젝트의 상업적인 실행가능성은 전기분해 과정에 사용되는 전기 비용에 의해 결정된다.

사례 연구 11.4 전력 대 암모니아(Power-to-ammonia)

암모니아를 만들기 위해 하버 공정(Haber process)에서 재생 가능한 수소를 사용하는 공정이 개발 중에 있다. 암모니아는 값지고 비싼 제품이므로 효율적인 저탄소 제조 방법은 단기적으로 수익성 있는 사업을 제공할 수 있다. 연간 약 160 Mt의 NH_3가 생산되며, 가격은 약 550달러/톤이었다(2016년). 게다가 암모니아는 연간 약 450 Mt의 이산화탄소 배출을 줄일 것이고, 저장과 운송이 용이하다. 암모니아는 비료의 필수적인 구성요소이다. 암모니아는 먼저 연간 약 200 Mt의 CO_2와 결합되어 요소를 생성하며(문제 11.20 참조), 이후 비료를 만들기 위해 추가로 가공된다.

하버 공정은 공기 중에서 질소를 포집하여 철 기반 촉매의 존재하에 고압(~200 bar) 및 고온(400~450°C)에서 수소와 결합하여 발열반응으로 암모니아를 생성한다.

$$N_2 + 3H_2 \rightleftharpoons 2NH_3 \quad \Delta H = -92 \text{ kJ mol}^{-1}$$

암모니아 가스는 액체상태로 냉각되고, 반응하지 않은 질소와 수소는 재활용된다(약 85%). 르샤틀리에(Le Chatelier)의 원리에 따르면, 반응을 오른쪽으로 이동시키려면 가능한 한 낮은 온도가 필요한데, 이는 반응이 발열반응이기 때문이다. 하지만 시간당 적절한 양의 암모니아를 생성하기 위해서는 높은 반응속도가 필요한데, 이를 위해서는 높은 온도가 유리하므로 반응온도는 적절히 조절되어야 한다. 또한 고압의 환경이 암모니아 생산에 더 유리한데, 이는 더 적은 분자를 생성하는 반응이 더 유리할 뿐만 아니라 속도를 향상시킬 수 있기 때문이다. 약 200 bar는 고압 파이프와 원자로 용기의 비용과 반응속도를 절충한 값이다.

연구 중인 매력적인 방법 중 하나는 전기분해로 수증기와 질소로부터 직접 암모니아를 만드는 것인데, 이는 고압이 필요 없고 저탄소 과정일 수 있기 때문이다. 반응은 다음과 같다.

$$N_2 + 3H_2O \rightarrow 2NH_3 + \frac{3}{2}O_2$$

암모니아는 내연기관, 가스터빈, 연료전지에 에너지를 공급하기 위해 사용될 수 있다. 연소 시 N_2 및 H_2O를 생성한다.

$$4NH_3 + 3O_2 \rightarrow 2N_2 + 6H_2O(g) \quad \Delta H = -1267 \text{ kJ mol}^{-1}$$

응축수(44 kJ mol^{-1})의 에너지를 포함하는 연소열은 암모니아의 경우 380 kJ mol^{-1} 또는 22.5 MJ kg^{-1}로 휘발유 또는 디젤의 약 절반이다. 암모니아는 적은 NO_x 오염물질을 배출하므로 깨끗하게 연소될 수 있으며, 자동차는 이미 암모니아로 구동된 적이 있다. 암모니아는 장거리 운송을 탈탄성화하는 연료로도 고려되고 있다.

연료전지의 연료로서 암모니아는 10 bar와 실온에서 액체이고 11.5 MJ L^{-1}을 가지고 있는 데 비해, 액체 수소의 경우 −253°C(20 K)에서 8.5 MJ L^{-1}을 가지고 있고, 압축된 수소의 경우 690 bar와 15°C에서 4.5 MJ L^{-1}을 가지고 있으며, 금속 수소화물보다 암모니아의 에너지밀도가 높다. 그러나 고농도에서는 독성이 있다는 단점이 있지만 아주 작은 농도에서도 사람이 탐지할 수 있다. 암모니아를 수송하는 인프라는 수소와 달리 이미 존재하기 때문에 연료전지에 적합한 후보이다. 또한 암모니아는 적당한 온도에서 가벼운 금속 이미드화물을 사용하여 수소를 생성하기 위해 분해될 수 있다. 즉, 암모니아 합성이 충분히 저렴하다면, 액체 암모니아가 수소의 효과적인 저장소가 될 수 있다.

재생 가능한 생산과 함께, 암모니아는 가치 있는 연료, 에너지 벡터, 그리고 에너지 저장소가 될 수 있다.

11.2.2 열의 전기화

산업에서는 낮은(100°C 미만), 중간(100~400°C), 높은(400~2000°C) 온도의 열이 필요하며, 이는 전체 온실가스 배출량의 약 10%를 차지한다. 이 열은 전기로(복사 및 대류 가열)와 히트펌프(저온에서 중온)를 통해 공급될 수 있다. 유도 가열, 마이크로파, 레이저, 전자빔 및 플라즈마 기술도 사용할 수 있으며 국부 가열이 가능하므로 효율적이다. 전기 아크 용광로는 이미 고철 이용 강철생산방식으로 생산하는 데 사용되고 있으며, 전기 아크 가열 이온화 가스인 플라즈마 가열은 2000°C 이상의 온도를 공급할 수 있다. 이들 중 대부분은 특정 산업 공정에 맞게 조정되어야 한다.

EU의 한 연구에서는 완벽한 전기화에 의한 유럽의 에너지 집약적 산업의 탈탄소화 영향을 조사했다. 전력 수요는 약 50% 증가하며 산업에서의 사용은 거의 150% 증가할 것으로 추정했다. 강철과 시멘트 같은 기본 재료의 비용은 탄소 가격이 톤당 100유로라고 가정할 때 20~100% 정도 상승할 수 있다. 이것은 탈탄소화를 어렵게 만들지만, 전체 가격에 미치는 영향은 일반적으로 매우 작다—시멘트 비용의 2배로 증가해도 주거용 건물 가격이 1% 미만으로 상승한다.

재생 가능한 전기 가격이 가장 경제적인 에너지원이 될 수 있을 정도로 떨어짐에 따라, 에너지 집약적 산업은 만약 전기화된다면 과잉 태양광과 풍력 생산의 유연한 소비자가 될 수 있다.

11.2.3 산업 공정에서의 탄소 포집

CO_2 배출의 가장 큰 국지적 원천 중 일부는 산업 부문이다. 예를 들어 대형 철강 공장은 각각 연간 3.5 $MtCO_2$를 생산하는 5개의 용광로를 포함할 수 있다. 이는 총 17.5 $MtCO_2$인데, 1 GW 용량의 석탄 화력 발전소에서 7.6 $MtCO_2$를 배출하는 것을 감안한다면, 산업 부문은 CCS에 규모의 경제를 제공할 수 있다. CCS 사용 비용은 CO_2 농도 및 통합 용이성에 따라 달라진다. 예를 들어 전통적인 암모니아 생산은 압축만 필요한 거의 순수한 CO_2를 생산한다. 그러나 대부분의 산업 분야에서는 화학적 또는 압력 변동 흡수를 위해 저농도의 CO_2를 생산하는데, 이는 막 또는 극저온 분리를 통해 85~90%를 제거할 수 있다. 100%에 가까운 제거를 달성하기 위해 연소 시 공기 대신 순수한 산소를 사용하여 배기가스가 질소와 희석되지 않도록 하거나 바이오매스의 가스화와 같이 과정 내에서 분리가 발생하도록 한다(CCS에 대한 자세한 내용은 3.7절 참조).

CCS 적용은 일반적으로 복잡할 수 있는데, 동일한 현장에 서로 다른 농도의 CO_2 공급원(그림 11.9 참조)이 있기 때문이다. (예를 들어 철강 공정은 10개의 연기 굴뚝을 사용한다.) 포집 과정에는 흡수제 재생이나 가압과 같은 에너지가 필요하다. 100%에 가까운 포집을 목표로 하려면 공정 내 또는 산소 연소가 요구되므로, 기존 발전소에 상당한 변화가 필요하다. 몇 가지

그림 11.9 다양한 배출원을 포함하는 산업 플랜트(zhaojiankang/istock)

시범 프로젝트가 진행 중이지만 주로 배출량의 90%를 확보하도록 설계되어 있다. CO_2의 수송은 매우 직관적이고 간단한 것으로 볼 수 있으며, CCS의 전체 비용 중 작은 부분을 차지한다. 전 세계적으로 여러 저장 장소(예: 북해)가 확인되었지만 모두 가까운 것은 아니며 장기적인 보안도 여전히 검토 중이다.

철강 및 시멘트 산업의 추정치에 따르면, 산업 공정에서 CCS를 개조한다면 최대 65~85%의 배출물만 포집할 수 있으며, 그 비용은 포집된 CO_2 톤당 약 100유로 정도로 추정된다. 산업용 공장이 재설계되고 재건된다면 비용은 더 낮아질 것이고, 그 비율은 더 높아질 것이다. 탄소 포집 및 활용(CCU)을 구현하면 CO_2를 매장하는 대신 제품을 만드는 데 사용되므로, 일부 비용을 상쇄할 수 있다.

전 세계적으로 산업 공정에서 발생하는 CO_2를 포집하기 위한 수많은 계획들이 진행되고 있다.

일본(Mitsubishi): 석유 정제소의 CO_2와 전기분해로부터 나오는 수소를 사용하여 메탄올을 생산하며, 휘발유 대용품 및 화학공학 산업의 공급 원료로 사용한다.

캐나다(Svante): 시멘트 제조 공장 및 기타 산업으로부터 CO_2를 포집하기 위해 나노물질을 사용한다.

노르웨이(Northern Lights project): 북해 해저 2.6 km에 있는 저장소에 노르웨이와 유럽의 산업 현장에서 발생하는 CO_2를 저장하며, 2024년 중반까지 1단계가 예상된다.

영국(Net-zero Teesside): 2030년까지 영국 NE에서 청색 수소(증기 개질 천연가스의 H_2) 생산자를 포함한 산업용 배출물 클러스터를 탈탄소화하는 것을 목표로 한다.

그러나 이것들은 모두 비교적 작은 규모이며 산업용 배출량에서 CCS에 의한 현저한 감소를 달성하려면(아마도 2050년까지 5%가 될 것이다) 많은 개발과 투자가 필요하다.

이제 2018년에 산업에서 직접(공정 포함) 배출의 66%를 차지했던 철강, 시멘트, 화학 산업에서의 완화 옵션에 대해 좀 더 자세히 살펴보자.

11.2.4 철강 산업

세계 철강 협회에 따르면 철강 생산은 화석연료로부터 CO_2 배출량의 약 7~9%를 차지하는데, 이는 전체 산업 배출량의 약 5분의 1에 해당하며 강철 1톤당 1.8톤의 CO_2를 생성한다. 현재 연간 1억 3천만 톤 이상의 강철이 생산되고 있으며, IEA는 2050년까지 3억 톤으로 증가할 것으로 예측하고 있다.

용광로에서 코크스(석탄으로 만들어진 탄소가 풍부한 고체)를 사용하여 철광석을 철로 환원시키는 과정은 철강 생산에서 CO_2 배출량의 약 80%를 차지한다. 용광로 내 열과 가스의 회수율을 높이면 용광로 효율이 향상되고 최종 처리 시 에너지 사용량을 줄이는 것도 도움이 된다. 강철은 또한 전기 아크로를 통해 강철을 재활용하여 생산할 수 있으며, 아크로에서는 매우 높은 전류를 흘려 재료가 용해된다. 강철의 55% 이상은 용광로에서, 약 40%는 전기 아크로에서 나오지만, 고철의 가용성은 제한적이다.

코크스로 강철을 만드는 것의 대안은 수소, 전기분해 또는 바이오 숯을 이용하는 것이다. 코크스에 비해 수소가 있으면 환원 속도가 훨씬 빠르지만, 열이 추가되어야 한다. 철광석을 철로 전기분해하는 것은 가능하며, 전해 채취(electrowinning)라고 알려져 있다. 철광석은 산 또는 알칼리성 용액에서 부유할 수 있는데, 이 용액은 스펀지 같은 철을 생성하며 최종적으로는 합금화를 위해 용융된다. 용융을 위해서는 플라즈마 또는 유도가열 오븐 또는 가스화된 바이오매스를 사용할 수 있다. 수소 사용은 전력망의 부하 평준화(load levelling)를 위한 에너지 저장 방법으로 활용될 수 있다.

다만 기존 철강 공장과 경쟁할 수 있을 만큼 대규모로 대체 기술을 개발하는 데 걸리는 시간은 10년이 훨씬 넘을 것으로 보인다. 한편 일부 제조업체는 CO_2 배출량을 줄이기 위해 제강 공정을 수정할 방법을 모색하고 있다. 예를 들어 Tata Steel은 원료 제조를 간소화하고 탄소 포집 및 저장을 사용함으로써 CO_2 배출량을 80%까지 줄일 수 있다고 주장한다. 그러한 조치들은 비용을 상승시킬 수 있으므로, 보다 친환경적인 세계 철강 산업을 창출하기 위한 국제 협약이 필요하다. 하지만 이미 2020년에 독일의 Thyssenkrupp은 철광석을 줄이기 위해 녹색 수소를 사용할 계획을 발표했고, 일본의 Nippon Steel은 2050년까지 탄소 중립을 약속했다.

11.2.5 시멘트 산업

현재 전 세계 시멘트 생산량은 연간 약 3억 3천만 톤이며, 2050년에는 연간 약 4억 5천만 톤에 이를 것으로 추정된다. 전 세계적으로 시멘트 생산은 산업에서 발생하는 모든 CO_2 직접 배출의 약 27%를 생산하며(그림 11.8 참조), 그중 60%는 $CaCO_3$에서 CaO로부터, 40%는 열을 위한 화석연료의 연소에서 발생한다. 시멘트는 석회암, 점토, 기타 물질들의 혼합물로 만들어지는데, 먼저 석회암을 건조하고 하소(calcinate)하기 위해 가열한 다음, 가마에 넣고 약 1500°C까지 가열하면 석회가 반응하여 규산칼슘 및 다른 화합물을 생성한다. 그 결과는 클링커(clinker)라고 부르는데, 이것을 석고와 함께 분쇄하고 혼합하여 시멘트를 만든다.

과정상 탄소 배출을 방지하기 위해 석회석 기반 시멘트의 대안이 연구되고 있다. 새로운 예는 소비자 플라스틱 쓰레기를 사용하는 **플라스틱 도로** 아이디어이다. 네덜란드 도시 즈볼러(Zwolle)와 히트호른(Giethorn)은 모듈식 플라스틱 요소를 사용하여 자전거 도로를 만들었다. 그리고 인도는 도로 건설을 위해 아스팔트와 플라스틱 합성 혼합물을 개발했는데, 2019년까지 33,700 km의 플라스틱 도로를 건설하기 위해 1 km당 100만 개의 비닐봉지가 필요했다.

또 다른 예는 사례 연구 11.5에서와 같이 목재와 같은 천연 재료를 훨씬 더 많이 사용하는 것이다.

사례 연구 11.5 세계에서 가장 높은 목조 건물(노르웨이 브루문달)

브루문달은 오슬로 북쪽에 위치한 작은 마을로, 새로운 관광명소를 가지고 있다. 그것은 공학 목재(cross-laminated timber, CLT 포함)를 사용하여 건설된 18층 구조물로 세계에서 가장 높은 목조 건물이다(그림 11.10). 목재는 탄소 저장소이고 노르웨이의 40%는 숲으로 덮여 있으며, 이 천연 자원을 사용하여 목조 건물을 건설하고 대기의 더 많은 이산화탄소를 흡수하기 위해 묘목을 재배하는 것은 명백한 승자처럼 보인다.

정부 정책과 친환경 경제로의 세계적 움직임에 고무된 노르웨이는 제로 에너지 빌딩 건축에서 세계적인 리더가 되는 것을 목표로 하고 있다. 프랑스는 2022년까지 모든 공공 투자 건물 구조의 최소 50%를 천연 자재로 만들어야 한다고 규정했고, 다른 나라들도 같은 방향으로 움직이고 있다. 제대로 제조하고 처리한다면 그러한 천연 자재로 만든 건물도 요구되는 안전 표준, 특히 화재 규정을 충족할 수 있다. (나무 기둥은 내화성 페인트로 처리하거나 내화성 건식 벽으로 덮을 수 있다. 또한 강철 기둥은 열에 의해 연화되거나 일반적으로 화염에 직접 노출되는 것을 방지하고 강도를 높이기 위해 콘크리트로 둘러싸여 있다.)

목재를 포함한 식물 기반 재료로 지은 친환경적인 건물은 오늘날 지구를 지배하는 높은 탄소 배출량을 가지는 전통적인 에너지 집약적인 벽돌, 강철, 콘크리트 구조물에 대한 진지한 대안이 되고 있다.

그림 11.10 세계에서 가장 높은 목조 건물인 노르웨이 브루문달의 미에스토르네(Mjøstårnet)(사진 제공: Arkitekter AS and VizWorks)

11.2.6 화학 산업

철강 및 시멘트 산업과 달리 화학 산업은 매우 다양한 공정이 사용된다. 그러나 많은 최종 제품의 주요 공급 원료인 몇 가지 화학 물질 그룹이 있다. 이는 그림 11.11에 나타나 있으며, 또한 사용된 화석연료 기반 원료 및 에너지의 상대적인 양을 나타낸다. '기타'라고 표시된 무기물 그룹은 카본 블랙, 소다 재(soda ash), 염소, 수산화나트륨을 포함한다. 중요한 올레핀은 에틸렌이다. 약 0.85 $GtCO_2eq$는 매년 플라스틱과 섬유에 저장된다. 플라스틱은 특히 의학적인 응용 분야에서 많은 이점을 가지고 있지만, 플라스틱의 처리는 특히 어려운 과제인 엄청난 오염을 야기했다.

석유화학 산업에서 중요한 공정은 증기의 존재하에서 탄화수소가 가열되고 종종 촉매의 존재하에 가벼운 탄화수소로 전환되는 **증기 분해**이다. 암모니아는 비료의 필수 원료이며, 75% 이상이 천연가스의 증기 개질로부터 생산된 수소를 사용하여 생산되고 나머지는 석탄, 석유 또는 바이오매스를 사용하여 생산된다.

많은 공정의 효율은 열 및 에너지 회수의 증가, 보다 효과적인 촉매의 사용, 새로운 막 분리 방법의 사용을 통해 증가될 수 있다. 올레핀 생산은 가장 많은 에너지를 소모하며, 전 세계 평균 에너지 강도는 톤당 약 ~23 GJ인데, 가장 효율적으로 획득했을 때의 에너지 강도는 톤당 16 GJ이다. 바이오매스 기반 생산은 또한 탄소 강도를 개선하고 석탄 사용을 줄이는 데 도움을 줄 수 있다. 그러나 문제는 친환경 생산 공정을 비용경쟁력 있게 만드는 것이며, 여기서 탄소 가격이 큰 도움이 될 것이다.

11.2.7 산업용 배출물 및 수요 감소 요약

산업계는 상당한 배출량 절감을 달성하고 더 많은 탄소 집약적 기술에 얽매이지 않기 위해 전 세계적인 규모의 상당한 투자가 필요할 것이다. 산업 내 및 산업 간 협업을 통해 모든 곳에서 모범 사례를 달성할 수 있다. 수많은 프로세스로 인해 작업이 매우 까다로워진다.

CCS의 적극적 적용이 주장되어 왔지만 현재는 비용이 많이 든다. 저탄소 전기가 매우 저렴하고 풍부해짐에 따라 전기화의 광범위한 보급은 더욱 쉬워질 것이다. 재생가능 전력 대 가스(power-to-gas), 특히 재생 가능한 에너지로 생산한 전기를 사용하여 물을 전기분해하여 저탄

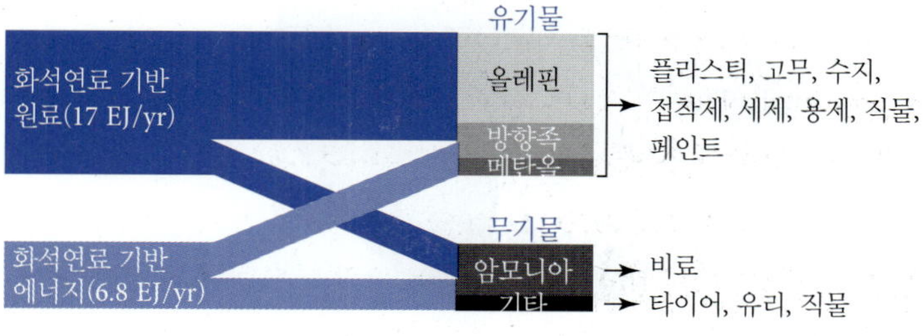

그림 11.11 화학 산업의 1차 공정(1 Gtoe ≈ 42 EJ) (GICC 2012)

소 수소를 생산하는 것은 큰 도움이 될 수 있다.

에너지 절약은 또한 열 회수 개선, 단열 증가 및 손실 감소를 통해 달성될 수 있다. **재료를 줄이고, 재사용하고, 재활용**하기 위해 상당한 노력을 기울여야 한다. 배출량에 큰 원인이 되고 일반적으로 재활용할 수 없는 **콘크리트에 대한 대안**을 찾는 것이 주요 우선 과제이다.

11.3 운송에서의 에너지 수요

운송에서의 배출량은 2000년 5.8 $GtCO_2$에서 2018년 8.2 $GtCO_2$로 증가하며 지난 20년 동안 크게 증가하고 있다. 2016년 운송 부문은 약 116 EJ(~29%)의 최종에너지 사용량과 약 7.9 $GtCO_2$(~22%)의 에너지 관련 배출을 차지했다. 향후 수십 년 동안 경량차(light duty vehicle, LDV)의 수는 현재의 총합인 약 10억 대에서 2배로 증가할 것으로 예상되며, GDP가 증가함에 따라 OECD 이외의 국가들에서 증가의 3분의 2가 나올 것이다. 지구온난화를 1.5°C로 제한하려면 2050년까지 운송 배출량을 0에 가깝게 줄여야 한다.

운송 분야에서 사용되는 에너지의 약 95%는 석유에서 나오며, 전 세계 석유 소비량의 약 60%를 차지한다. 2012년 이 에너지가 다른 운송 방식들에 어떻게 분배되었는지를 그림 11.12에 나타냈다.

점유율은 LDV가 46%로 가장 높았고, 그다음으로는 트럭이 22%, 해운과 항공이 각각 12%, 버스, 철도, 파이프라인 등 기타가 8%로 뒤를 이었다. 그림 11.13과 같이 화물의 단위 승객-km와 단위 톤-km당 일반적인 탄소 배출량은 상당히 다르다.

완화 조치는 저탄소 기술(EV 및 Airbus가 계획 중인 수소 동력 제트기 등)과 정책 및 행동 변화를 통해 도입될 수 있다. 후자의 예로는 도시 설계, 지역 제조, 인터넷 쇼핑, 화상 회의 사용 등과, 대중교통 및 보행 및 자전거 이용 증대가 있다. 더 저렴한 대중교통을 갖춘 더 콤팩트한

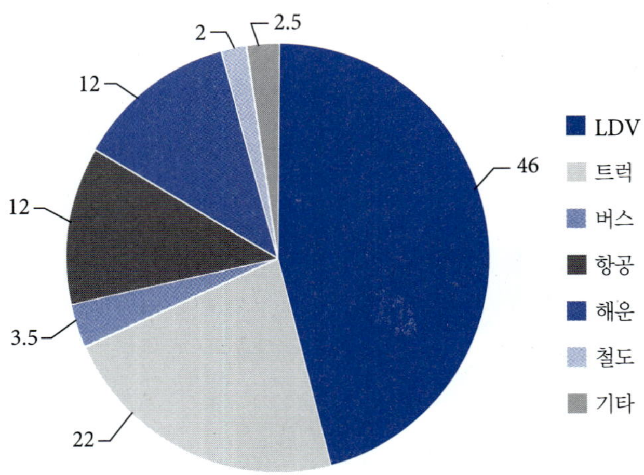

그림 11.12 2012년 총 운송 에너지 비율(EIA)

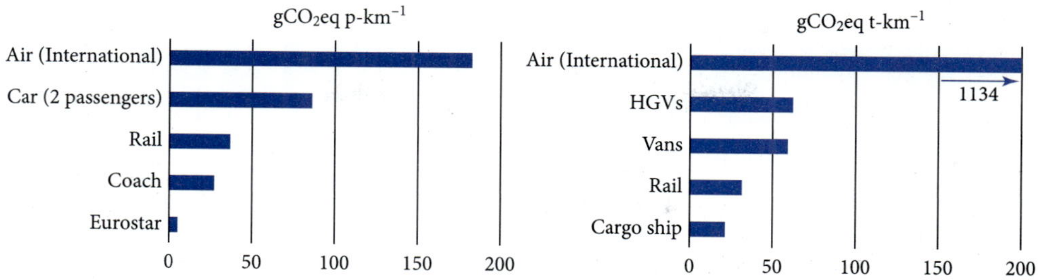

그림 11.13 단위 승객-km 및 단위 톤-km당 GHG 배출량(CO_2eq). 항공 운송의 경우, CO_2와 높은 고도의 영향에서 오는 기여도는 거의 같다. (BEIS Defra Conversion Factors 2020)

도시들은 생산성과 시설 접근성을 향상시키는 추가적인 이점을 가질 것이다. 독일 프라이부르크를 그 예로 들 수 있다(사례 연구 11.6 참조).

사례 연구 11.6 독일 프라이부르크의 운송

1970년대에 프라이부르크는 자동차들로 꽉 막힌 나머지 '그린 시티'가 되기로 결심했다. 다른 독일 도시들이 차를 선호하여 전차를 없애고 있을 때 프라이부르크는 반대로 가기로 결정한 것이다. 그것은 헌신적인 도시 계획이 어떻게 에너지 사용, 탄소 배출, 그리고 운송으로 인한 오염을 현저하게 저감하고, 그 과정에서 삶의 질을 향상시킬 수 있는지에 대한 모델이 되었다.

현재 인구 224,000명 중 70%가 전차 정류장에서 500 m 이내에 살고 있다. 트램은 저렴하고 광범위하며 러시아워에 매 7.5분마다 서비스를 제공한다. 대중교통 이용권 가격을 3분의 1로 인하하기로 한 결정이 대중교통 이용객을 2배 이상 늘렸다.

자동차보다는 도보, 자전거, 대중교통을 선호하며, 걷기 쉬운 거리에 상점을 제공하기 위해 이웃 센터가 건설되었다. 자전거 전용 차선이 도로에 명확하게 표시되어 있고, 자전거 타는 사람들은 교차로에서 우선권이 있다. 프라이부르크는 또한 400 km가 넘는 자전거 도로와 9000대를 수용할 수 있는 자전거 주차 공간을 가지고 있다. 대부분 도로의 제한 속도는 시속 20마일이며, 일부 도로에서는 걷는 정도의 속도로 제한된다.

Vauban 주택지구 개발에서, 많은 부분이 차 없는 공간으로 만들어졌고, 그 지역의 외곽에만 주차가 되었다. 그리고 대중교통에 대한 향상된 접근성, 카 셰어링의 도입, 그리고 자전거의 장려는 그 지역의 자동차 소유를 상당히 감소시켰다.

정책 변경은 혼잡통행료 도입으로 자동차를 억제시킬 수 있고, 트럭이나 항공기보다는 고속철도나 해운화물 이용을 장려할 수 있다. 효율 향상과 탑승자 수 증가로 에너지 강도(단위 승객–km당 kWh 또는 단위 톤–km당 kWh)가 줄어들 수 있지만, 대부분의 트럭은 이미 매우 효율적인(~45%) 디젤엔진을 갖추고 있으며 종종 효율화된다. 따라서 배출량을 더 많이 줄이려면, 예를 들어 전기, 저탄소 원천에서 나오는 수소, 암모니아, 바이오메탄, 바이오연료 또는 (현재는 비용경쟁력이 없지만) 저탄소 합성 연료를 사용하여 연료의 탄소 강도를 낮춰야 한다.

이러한 조치의 장애물은 높은 초기 자본 비용, 기존 시설의 긴 수명, 기존 소비자 선호도(예를 들면, 카 셰어링보다는 차를 소유하는 것) 등이다. 에너지(및 비용) 절약의 역효과 중 하나는 절약된 돈이 다른 에너지 소비 활동에 사용되는 반동 효과(rebound effect, 12.6.1절 참조)이다. 실제로 효율성 향상은 반동 효과에 의해 완전히 역전되는 것이 아니라 일반적으로 5~40% 감소한다. 운송 부문에서는 휘발유 및 디젤 ICE의 효율성을 개선함으로써 즉각적인 이득을 달성할 수 있다. 예제 11.5 및 문제 11.23을 보라.

예제 11.5

1600 kg의 자동차는 항력 계수가 0.4, 정면 면적이 2.5 m^2, 그리고 굴림 저항은 무게의 1%이다. (a) 100 km를 67 mph로 이동하는 데 필요한 에너지(kWh), (b) 소비되는 휘발유 리터, (c) 배출되는 CO_2의 양(kg)을 추정하라.

(a) 식 (2.41)로부터 항력 = $0.5 \times 0.4 \times 1.2 \times 30^2 \times 2.5 = 540$ N, 굴림 저항 = 157 N, 에너지 = 힘 × 거리 = 6.97×10^7 J = 19.4 kWh이다.

(b) 휘발유 ICE에 대해 효율 20%를 가정하면 필요한 에너지 = 3.49×10^8 J = 8.0 kg = 11 L이다.

(c) 휘발유가 옥탄과 같은 역할을 한다고 가정하면 배출량은 24.7 kg CO_2이다.

지난 20년 동안의 개선은 연비보다 차량 크기, 중량, 출력을 증가시키는 데 사용되는 경향이 있었다. 예를 들어 중량이 10% 증가하면 연비가 최대 7% 감소한다. 자동차가 km당 배출량이 낮도록 높은 연비를 갖도록 하는 규제는 이러한 추세를 역전시킬 것이다. 궁극적으로 탈탄소 전기 공급과 결합된 전기자동차나, 또는 저탄소 에너지로 만들어진 값싼 수소를 이용할 수 있거나 적절한 바이오매스를 지속해서 생산할 수 있는 경우, 연료전지 또는 바이오연료로 구동되는 자동차의 도입이 필요할 것이다.

이제 전기자동차부터 살펴보자.

11.3.1 전기자동차

전기자동차의 경우, 전기모터는 정지상태에서 좋은 회전력을 제공할 수 있으며(최소 작동 rpm을 갖는 내연기관과는 달리), 모터를 발전기로 작동시켜 제동(회생제동)을 제공할 수도 있다. 점점 더 많이 사용되는 모터의 한 유형은 고정자의 한 쌍의 극 AA, BB, CC에 의해 일정한 자

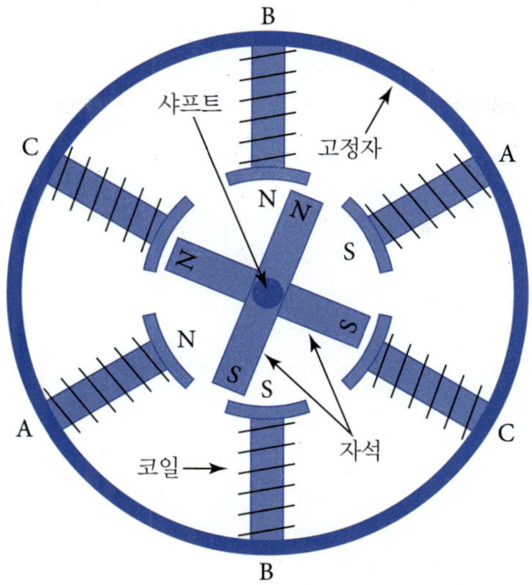

그림 11.14 직류 브러시리스 모터

기장이 차례로 생성되는 직류 브러시리스 모터이다(그림 11.14 참조). 2개의 영구자석이 회전자에 부착되어 있다. 극 AA와 BB 쌍을 통과하는 전류가 그림과 같을 때, 극 사이의 힘은 축을 회전시킨다. 센서는 회전자 자석의 각도 위치를 감지하고, 전류를 다음 한 쌍의 고정자 코일로 전환하여 회전력을 유지한다. 한 번에 두 쌍의 고정자 코일만 켜진다. 이러한 모터 효율은 일반적으로 80~90%로 양호하고, 출력밀도가 높다. 또한 코일에 적용되는 전압을 변경하기만 하면 속도를 쉽게 제어할 수 있다(박스 11.3 참조).

박스 11.3 직류 브러시리스 모터

회전자의 회전하는 영구자석은 고정자 코일에 변화하는 전기장을 만든다. 그림 11.15는 하나의 코일이 상대속도 v로 회전자의 영구자석 중 하나가 만든 자기장으로부터 떠나는 모습을 보여 준다. 자석 끝의 자기장은 균일하거나 0이라고 근사한다. 즉, 자속 변화 $\Delta\phi = -BLv\mathrm{d}t$이다. 따라서 역기전력 $\varepsilon = BLv$(식 10.2 참조)이다. 전류 I가 흐르는 도체에 작용하는 힘 F는 $F = BIL$로 주어진다. 뉴턴의 제3법칙에 따르면 회전자 자석에는 동력과 동일하지만 방향이 반대인 힘이 있다.

회전자에 의해 생성되는 전력 P_R은 $P_R = Fv$이고, 역기전력 ε을 극복하고 전류 I를 흐르게 하기 위한 전력 P_S는 $P_S = \varepsilon I$이다. 즉,

$$P_R = Fv = BILv \quad P_S = \varepsilon I = BILv \tag{11.7}$$

따라서 역기전력을 극복하기 위해 공급되는 전력은 발생된 기계적 일률과 같다.

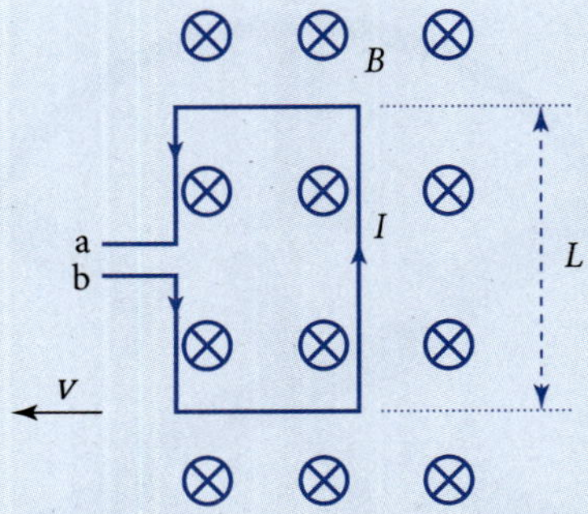

그림 11.15 상대속도 v로 자기장 B를 떠나는 코일

일반적으로 직류 브러시리스 모터의 회전자의 경우, 코일과 자석의 상대속도는 회전자의 각속도(ω)에 비례하기 때문에, 역기전력은 $\varepsilon = k\omega$ 형태이다. 저항이 R인 코일의 경우, 코일을 통과하는 전류 I는 다음과 같은 식으로 전압 V_P와 관련된다.

$$V_P - k\omega = IR \tag{11.8}$$

전류가 2개의 동일한 코일을 통해 흐르기 때문에 전력 $P_S = 2\varepsilon I$이다. 전기 및 기계 출력을 같게 하면 회전자에 의해 생성되는 회전력 토크 τ는 다음과 같이 된다.

$$P_R = \tau\omega = P_S = 2\varepsilon I = 2k\omega I \quad \text{따라서} \quad \tau = 2kI$$

직류 브러시리스 모터가 장착된 전기자동차에서는 고정자 코일에 적용되는 전압을 변경하는 것만으로 속도가 변경된다. 전압이 역기전력 전압 이하로 감소하면 식 (11.8)에 의해 전류 I의 기호가 변경되고, 생성되는 토크는 반대방향이 된다. 즉, 제동이 발생한다. 이제 모터가 발전기 역할을 하며 생성된 전하를 배터리 또는 슈퍼커패시터에 저장할 수 있다. 이 회생제동은 자동차 효율을 향상시킨다.

예제 11.6

직류 브러시리스 모터는 1500 rpm으로 구동되며 역기전력은 40 V이다. 각 코일의 저항은 0.6 Ω이다. (a) 코일 전류, (b) 모터가 2 Nm의 토크를 발생시켰을 때 모터의 효율, (c) 3000 rpm과 2 Nm로 모터를 구동하는 데 필요한 DC 전압의 최솟값을 구하라.

(a) 1500 rpm이면 $\omega = 157.1 \text{ rad s}^{-1}$, $I = \tau/2k = 2/(2 \times 0.255) = 3.92$ A에 해당하므로 $k = \varepsilon/\omega = 40/157.1 = 0.255 \text{ Nm A}^{-1}$이다.

(b) 기계적 출력은 $2\varepsilon I$이고, 저항성 손실은 $I^2 2R$이므로 효율 $2\varepsilon I/(2\varepsilon I + I^2 2R) = \varepsilon(\varepsilon + IR) = 40/42.35 = 94.5\%$이다.

(c) $V_P = k\omega + IR = (3000/1500)40 + 3.92 \times 0.6 = 82.35$ V. DC 공급기가 한 번에 두 코일에 걸쳐 있으므로 $V_D = 2V_P = 164.7$ V이다.

11.3.2 전기자동차

20세기 초반에는 전기자동차가 내연기관차(ICE)보다 더 인기를 끌었지만, 특히 헨리 포드의 조립라인 도입에 따른 내연기관차의 낮은 가격, 석유 이용 가능성의 증가, 훨씬 더 긴 주행거리가 ICE를 지배적이 되도록 만들었다. 그러나 1990년대까지 전 세계 CO_2 배출에 대한 우려로 인해, 자동차 제조업체가 ZEV(zero emission vehicle)의 시장점유율을 높여야 한다는 캘리포니아 ZEV 규제 스케줄에서 알 수 있듯, 전 세계적으로뿐만 아니라 지역적으로 EV에 대한 관심이 다시 높아졌다.

상대적으로 적은 수의 순수 또는 배터리 EV(BEV) 외에도, 전기모터와 배터리로 내연기관과 연료탱크를 결합한 하이브리드 전기자동차(HEV)가 생산되었으며, 이는 유사한 기존 자동차에 비해 최대 35%의 CO_2 배출량을 감소시켰다. 플러그인 하이브리드 전기차(PHEV)도 순수 장거리 EV의 보급화를 위해 중간 단계의 기술로서 도입되었다. 하이브리드 전기차는 많은 사람들의 일일 운행 상당부분을 오로지 전기의 배터리 공급만으로 가능하게 하였고, 더 긴 운행에서는 발전을 위해서는 ICE를 사용하고 있다. 유럽에서는 운행의 50%가 10 km 이하이고, 80%가 25 km 이하이며, 미국에서는 60%가 50 km 이하이고, 85%가 100 km 이하이다. 플러그인 전기 경량차 BEV 및 PHEV를 PEV라고 한다.

순수 또는 배터리 전기자동차는 배출량 저감을 위한 가장 큰 기회를 제공하지만, 그 저감량은 전기 그리드의 탈탄소화에 따라 달라진다(예제 11.7 참조). 2010년 닛산 Leaf와 같은 100마일의 주행가능 거리를 갖는 전기자동차가 출시되었지만, 충전소가 거의 없었고, 특히 BEV의 가격이 여전히 높았기 때문에 때때로 장거리 이동에서 충전이 부족할 수 있다는 '거리 불안'이 여전히 있었다. 그러나 2020년까지 전형적인 주행가능 거리는 200마일이 넘었고 BEV는 더욱 경쟁력을 갖추기 시작했다.

예제 11.7

자동차가 0.5 $kgCO_2\ kWh^{-1}$의 탄소 강도를 가진 전기 공급 장치에 의해 전기화되고 충전된 경우, 탄소 배출량의 전 지구적 감소를 추정하라. EV는 100 km당 바퀴를 통과하는 15 kWh를 필요로 하고, 휘발유 자동차는 100 km당 9리터를 필요로 한다. 전 세계적으로는 10억 대의 자동차가 있으며, 각 차량은 연간 평균 15,000 km를 주행한다. 충전 및 모터의 전반적인 전기적 효율을 80%로 계산하라.

휘발유(리터당 밀도 0.73 kg)가 옥탄과 같은 역할을 한다고 가정하자. 즉, 옥탄 114 kg당 352 $kgCO_2$가 리터당 2.25 kg, 100 km당 20.3 kg에 해당한다. 전 세계 자동차 배출량은 3.05 $GtCO_2$이다. 전기자동차는 100 km당 $\left(15\times\frac{0.5}{0.8}\right)$ $kgCO_2$를 배출하므로, 전 세계적 배출량은 1.41 $GtCO_2$가 된다. 연간 1.64 $GtCO_2$ 저감 효과가 있다.

11.3.3 전기자동차의 미래

전기차(PEV) 판매량은 2020년 전체 자동차 판매량의 4.2%에 그쳤지만 성장세가 두드러진다(2020년 전 세계 43%). 배터리의 비용 및 용량 측면에서 지속적으로 개선되었고, CO_2 배출량을 대폭 줄여야 한다는 압력이 증가했기 때문이다. 정부가 화석연료를 단계적으로 없애기 위해 탄소세를 부과하는 것보다 ICE를 금지하는 것이 더 쉽고, 노르웨이는 2025년 이후 새로운 ICE 판매를 중단시키고 있다. 다른 14개국은 2030년까지 영국과, 2035년까지 캘리포니아와 함께 향후 20년 동안 이 법안을 따를 것을 약속했다. 그리고 중국도 2035년까지 재래식 ICE 자동차의 생산을 중단할 계획이다.

EV가 ICE와 동등한 수준에 도달하기 위해서는 리튬이온 배터리 팩의 가격이 약 100달러/kWh까지 감소해야 하는데, 이는 2023년에 가능하게 될 전망이다(10.12.1절 참조). 그러나 전기자동차는 전기모터의 높은 효율과 단순성으로 인한 연료 및 유지 비용의 상당한 전체 비용 절감 때문에 일반적으로 동등한 ICE보다 더 저렴하다. 폭스바겐의 ID.3는 최대 340마일을 주행하며 가격은 30만 파운드이고, 게다가 성능까지 좋다.

기후변화를 줄이기 위한 목표 달성을 돕는 것 외에도, 전기자동차로 바꾸면 엔진, 특히 디젤 엔진에 의해 배출되는 해로운 미립자와 아산화질소가 제거된다. 이것들은 천식과 같은 건강 문제를 일으키며 전 세계 도시 오염에 크게 영향을 미친다. 전기자동차는 주로 모터를 발전기로 사용하여 브레이크를 작동하기 때문에 브레이크 패드에서 더 적은 미립자를 방출한다. 타이어 마모의 기여도는 모든 자동차에서 유사하지만, 향후 자동차를 경량화하고 아마존의 Zoox EV와 같은 자율 주행 차량에 의해 가속과 감속을 줄일 수 있다면, 이는 더 개선될 것이다.

많은 자동차 배터리에 사용되는 코발트의 채굴에 대한 규제는 인권 유린을 피하기 위해 필요하다. 그러나 리튬 철 인산염과 같이 코발트가 없는 리튬이온 배터리가 개발 중에 있으며, 특히 재활용이 규범이 될 때 배터리 수요는 지속 가능한 방향으로 충족될 수 있어야 한다.

주요 자동차 제조업체들은 현재 전기자동차 생산에 막대한 돈을 투자하고 있다. 2020년에 신형 전기차의 주행거리는 일반적으로 200마일 이상이었는데, 이는 '거리 불안'을 극복하는 데 도움이 되었다. 그러나 화석연료 주유소의 거대한 인프라를 대체하기 위해 국가들은 도시와 시골에 엄청난 수의 급속 충전소를 설치해야 할 것이다(그림 11.16 참조). 배터리 개선으로 충전 시간 단축도 기대된다. 일반적으로 배터리는 급속 충전기를 사용하는 경우 80%가 충전되는 데 약 30분이 소요된다(2020). 그러나 2021년에 충전시간이 5분인 최초의 리튬이온 배터리가 생산되었다. 이스라엘 StoreDot이 개발하고 중국 Eve Energy가 만든 이들 전지에서 흑연은 게르마늄계 나노 입자로 대체되지만 비용 절감을 위해 실리콘을 사용할 계획이다. 또한 오버헤드 충전 와이어는 트럭에 대한 적용가능성이 있다.

미국의 GM이 2021년에 모든 전기 LDV를 2035년까지 생산하기로 하면서, 모든 대형 자동차 회사들이 현재 전기자동차를 생산하고 있다. 하이브리드 및 플러그인 하이브리드 자동차는

그림 11.16 전기자동차 충전소(출처: Wikimedia Commons under creative commons license 2.0: https://creativecommons.org/licenses/by-sa/2.0/deed.en)

임시 해결책에 불과하다. (너무 복잡해서 너무 비싸다.) EV는 2020년에 4.2%의 시장점유율을 기록했으며 빠른 확장이 예상된다. 뱅크오브아메리카 메릴 린치는 2025년, 2030년, 2050년까지 EV 판매가 각각 12%, 34%, 90%의 시장점유율을 기록할 것으로 전망했다. 블룸버그 또한 전기자동차에 대한 비슷한 전망을 가지고 있는데, 2035년까지 BEV의 수가 ICE와 동일할 것으로 예상하며, PHEV는 그때까지 매출의 불과 몇 퍼센트밖에 되지 않을 것으로 전망한다.

전기버스, 오토바이, 모페드, 자전거, 스쿠터 등도 전 세계적으로 이루어지고 있어 친환경 교통이 현실화되고 있다. 중화물 차량, 선박 및 항공기로의 전환은 더 문제가 된다. 현재 일부 전기트럭, 도시 폐기물 차량, 단거리 선박 및 일부 소형 전기 항공기가 시험 운행 되고 있지만, 중화물 차량과 장거리 운송에 대해서는 암모니아(사례 연구 11.4 참조), 연료전지 및 바이오연료 전지가 상당한 차이를 가져올 수 있다.

11.3.4 바이오연료 및 연료전지

바이오연료는 운송 에너지 수요의 약 3%를 담당하지만, 연료전지 구동 차량의 보급률은 여전히 매우 낮다. 연료전지를 위한 바이오연료와 수소의 사용은 저렴하고 지속 가능한 (저탄소) 공급의 가용성 부족으로 인해 영향을 받았다. 4.5절에서 논의한 바와 같이, 바이오매스로부터 1세대 바이오연료의 생산은 토지 이용의 변화로 인한 CO_2의 상당한 배출로 이어질 수 있으며 식품 생산과도 경쟁할 수 있다. 그들은 상당한 토지 면적을 요구할 것이다(예제 11.8 참조).

예제 11.8

사탕수수 농장은 연간 헥타르당 4톤의 에탄올을 생산한다. (a) 연간 4×10^{10}리터의 휘발유(프랑스의 연간 소비량)를 바이오에탄올로 대체하기 위해 필요한 농장의 면적은 얼마인가? (b) 이 영역을 프랑스(6.45×10^5 km^2)와 비교하라. (휘발유의 밀도는 0.73 kg L^{-1}이다.)

(a) 휘발유의 LHV는 약 43.5 MJ kg^{-1}이므로 리터당 약 32 MJ이다. 따라서 휘발유 4×10^{10} L의 에너지 함량은 1.28×10^{12} MJ이다. 사탕수수의 면적 A ha는 연간 $4000A$ kg의 에탄올을 생산한다. 에탄올의 LHV는 약 27 MJ kg^{-1}이다. 더 높은 압축비가 가능하기 때문에 에탄올에 최적화된 ICE의 열효율은 약 40%이며, 휘발유에 최적화된 ICE의 열효율은 약 25%이다. 따라서 필요한 영역은 다음과 같이 주어진다.

$$4000 \times 27 \times A \times 1.6 = 1.28 \times 10^{12}, \text{ 따라서 } A = 7.41 \times 10^6 \text{ ha} = 7.41 \times 10^4 \text{ km}^2$$

(b) 즉, 프랑스 면적의 11.5%인 345 × 345 km(215 × 215마일)의 정사각형.

바이오연료

바이오연료는 내연기관에 사용될 수 있지만, 종종 엔진에 대한 개조가 필요하다. 오토 사이클 스파크 엔진에 메탄이 사용되기 위해서는 작은 변화만이 필요하지만 디젤 엔진의 경우에는 더 큰 변화가 필요하다. 메탄의 탄소 강도는 휘발유와 디젤보다 낮으며, 배출량은 최대 25%까지 감소한다(gCO_2 km^{-1}). 혐기성 소화기로부터 발생하는 바이오메탄이 사용될 수 있다. 바이오연료는 항공에서 나오는 배기가스를 줄이는 데 도움을 줄 수 있으며, 2021년 보잉은 2030년까지 100% 바이오연료로 운행할 수 있는 비행기를 제공할 것이라고 발표했다.

바이오에탄올은 브라질에서 오랫동안 사용되어 왔으며, 넓은 땅 면적과 적절한 기후로 사탕수수의 지속 가능한 재배가 가능하다. 그러나 다른 곳에서는 1세대 바이오연료 생산이 제한되며 2세대 또는 고급 바이오연료의 필요성이 대두된다. 이것들은 많은 양을 제공할 수 있지만 여전히 개발 중에 있는 목질섬유소, CAM 식물, 또는 변두리 땅(또는 물)에서 자라는 조류에서 나오는 바이오연료이다(4.5절 참조). 그러나 내연기관의 바이오연료는 여전히 유해한 미립자와 아산화질소를 생성한다.

연료전지

연료전지는 전기를 깨끗하게 생산하는 데 사용될 수 있는 전기화학 기기이다. 배터리와 달리 연료전지는 화학 물질에 의해 연속적으로 공급된다. 화학적 공급은 수소와 산소로 이루어져 있으며, 연료전지는 이들을 결합하여 물을 만드는 수단, 즉 **전기분해**의 반대를 제공한다. 화학반응이 일어나는 전극은 2개(음극과 양극)이며, 촉매는 전극에서의 반응속도를 높인다. 사실상 오염이 없고, 유일한 부산물은 물이다. 또한 연료전지는 밀폐 사이클에서 작동하는 열엔진이 아니므로 효율에 대한 카르노 한계(Carnot limit)는 적용되지 않는다.

연료전지는 1839년 **윌리엄 그로브**(William Grove)에 의해 발명되었지만, 값싼 화석연료가 널리 보급되면서 이에 대한 관심은 곧 사라졌다. 1920년대와 1930년대에 이르러서야 그들의 발전에 상당한 진전이 있었다. 1960년대 초, NASA는 제미니 우주캡슐과 아폴로 우주캡슐에 전기를 공급하기 위해 연료전지를 사용하기로 결정했고, 이것은 추가적인 개선으로 이어졌다. 탄소 없는 에너지와 높은 효율로 연료전지에 대한 관심이 높다. 연료전지 개발은 전극, 촉매, 전해질의 선택에 중점을 두고 있다. 일부 장치는 액체 전해질(알칼리, 용융 탄산염, 인산)을 사용하는 반면, 다른 장치는 고체 전해질(양성자 교환막(PEM) 및 고체산화물)을 사용한다. 그림 11.17에 표시된 주요 특징이 관련된 물리적 원리를 설명하기 때문에 여기서는 PEM 전지에 초점을 맞춘다(박스 11.4 참조). 수소 연료전지는 잘 개발되어 있으며, 영향력을 갖추기 시작하는 중형 차량과 열차에 사용하기에 적합하다. 압축 수소 실린더를 저장할 수 있는 공간을 사용할 수 있으며, 중량과 연료 주입 속도에 따른 높은 에너지밀도가 매력적이다(10.16절 및 문제 10.26 참조). 수소 연료전지는 또한 조용하고 신뢰성이 높다.

하나의 셀에서 출력전압은 약 1 V이고 수소가 산소와 함께 물을 형성하기 위해 연소하는 에너지(엔탈피)의 전기로 변환하는 효율은 약 60%이며, 나머지는 열로 방출된다. 산소는 공기에서 공급될 수 있지만, 수소는 생성된 후 저장되어야 한다. 수소는 주로 수증기 개질법에 의해 상업적으로 생산되며, 이 과정에서 탄화수소가 물과 반응하여 H_2와 CO_2를 생성한다. 이 공정이 깨끗해지려면 이산화탄소를 포집하여 저장해야 한다. 또는 재생 가능한 방식으로 발전된 전기를 사용하여 전기분해를 통해 수소를 깨끗하게 생산할 수 있으며(박스 10.2 참조), 이러한 생산은 탈탄소 노력이 빨라짐에 따라 빠르게 증가하고 있다.

박스 11.4 양성자 교환막(PEM) 연료전지

수소는 셀의 한쪽 면에 주입되어 다공성 음극을 통해 흐르며, 촉매와 접촉 시 수소 이온과 전자로 분리된다(그림 11.17 참조). 다공성 전극은 다공성 탄소가 스며든 천이나 100~300 μm 두께의 종이로 이루어지는 경우가 많다. 막은 수소 이온에는 투과성이지만 전자에는 투과성이 없기 때문에 전해질 역할을 한다. 전자는 외부 회로를 통해 흐른 후 촉매상에서 플라스틱 전해막을 통과한 산소와 수소 이온과 결합하여 물을 형성한다. 전체적인 반응은 다음과 같다.

$$H_2 + \frac{1}{2}O_2 \rightarrow H_2O, \quad \Delta H = -285.8\,\mathrm{kJ\,mol^{-1}}$$

여기서 ΔH는 엔탈피의 변화이다. 반응은 일정한 압력에서 발생하므로, $-\Delta H$는 수소와 산소가 결합할 때 방출되는 에너지에 가스의 부피가 변할 때 수행되는 작업을 더한다(유도 2.1 참조). 이 과정에서 기체의 엔트로피는 감소하는데 이는 몰수가 감소하기 때문이다. 가역적인 과정에서 반응물과 주변 환경의 전체 시스템의 엔트로피는 일정하게 유지된다. 그 결과 $-T\Delta S$와 같은 양의 열이 주변으로 전달되는데, 여기서 ΔS는 기체의 특정

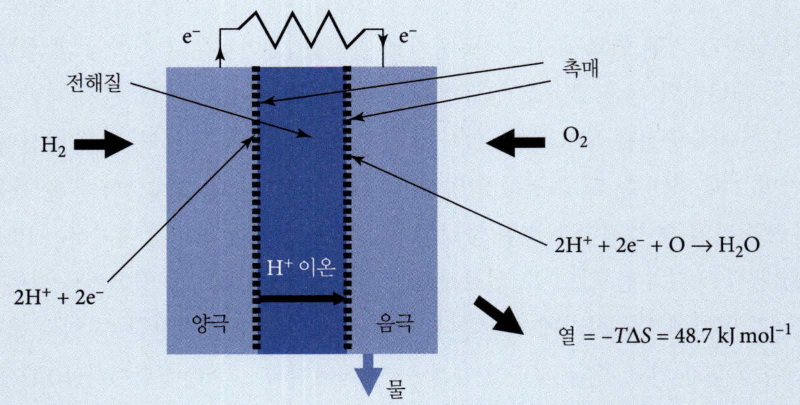

그림 11.17 PEM 연료전지(개략도). 전해질은 얇은 플라스틱 막이고, 음극과 양극은 다공질이다. 입력은 H_2와 O_2이고 출력은 물과 열이다.

엔트로피의 변화이다. 전기에너지로 사용할 수 있는 에너지양은 기브스자유에너지 $-\Delta G$의 변화를 뺀 값이다.

$$\Delta G = \Delta H - T\Delta S = (-285.8 + 48.7) = -237.1\,\text{kJ}\,\text{mol}^{-1}$$

이 가역적(이상적) 공정에서 변환 효율은 $\Delta G/\Delta H$ = 83%이다. 생성된 전압 V는 ΔG에 흐르는 총 전하 ΔQ를 나눔으로써 구할 수 있다. 즉,

$$\Delta G = \Delta QV = nN_A eV$$

여기서 n은 1몰당 방출되는 전자의 수이고, N_A는 1몰의 분자 수이며(아보가드로 상수), e는 전자의 전하량이다. 생성물 $-N_A e \equiv F$(**패러데이 상수**)는 전자 1몰의 전하량과 같으며, 몰당 9.65×10^4쿨롱의 값을 갖는다. 수소 분자당 2개의 전자가 방출되기 때문에, $n = 2$이며 생성된 전압은 다음과 같다.

$$V = 237.1 \times 10^3 / (2 \times 9.65 \times 10^4) = 1.23\ \text{volts}$$

PEM 셀의 개방 회로 전압이지만 외부 회로를 통해 전류가 흐르면 반응속도를 높이고 내부 저항을 극복하기 위해 전압이 떨어진다. 결국 촉매에 수분이 반응하지 못하게 되는 영역이 발생하여 전류가 제한된다.

11.3.5 운송 배출량 감소 요약

도로 및 **철도** 운송에서 상당한 배출량 감소를 얻기 위해 한 연구는 전기 구동, 첨단 바이오연료 및 연료전지를 결합한 다각적인 전략이 필요하다고 결론지었다. 경량차(LDV)와 철도는 대부분 EV인 반면, 중형차(트럭)는 첨단 바이오연료, 수소 및 전력을 사용한다. 바이오연료에 대한

세계적인 투자는 감소하고 있지만, 배터리의 급속한 개선 및 중수송에 대한 비중을 차지하는 연료전지로 인해 LDV의 전기화를 더욱 현실성 있게 만들었다.

연소 동력 차량과 선박에서 배출되는 CO_2 속도 제한을 부과하고, 연비가 낮은 차량에 대한 과세를 늘리고, 자동차의 무게를 줄임으로써 줄일 수 있다.

행동 변화는 또한 도시 재설계와 공공(저탄소) 교통, 자전거, 전기자동차 및 걷기를 촉진하기 위한 정책에 의해 장려되고 화상 회의와 인터넷 쇼핑을 사용하여 장거리 이동을 피함으로써 추가적인 절감 효과를 제공할 수 있다.

그다음으로 에너지 사용량이 많은 **비행기**의 경우(그림 11.12 참조), 바이오매스에서 파생된 연료로 이동하거나 전력 대 가스(power-to-gas)/연료 사용을 통해 배출량을 줄일 수 있다. 암모니아, 바이오연료 및 연료전지 또한 **선박** 운송에 사용될 수 있으며, 돛과 선내 PV 발전은 어느 정도의 전력을 제공할 수 있다. 그러나 장거리 선박 운송을 위한 전기화는 배터리 저장에 상당한 개선이 필요하다.

규모의 경제와 '학습효과'는 EV와 더 나은 배터리로의 전환을 촉진할 것이다. LDV의 전기화는 상당한 배출량 감소를 가져올 것이다.

요약

- 건물, 산업 및 운송은 전 세계 최종에너지 수요의 89%를 차지하고, 전기 사용은 25%를 차지하며, 지구온난화를 1.5°C로 제한하려면 2050년까지 탄소 배출량을 거의 0으로 줄여야 한다.
- 수요를 줄이고 전환하기 위한 조치는 전기와 열의 공급을 탈탄소화하는 것만큼이나 중요하다.
- 산업 내 열을 탈탄화시키는 것은 특히 어려운 과제이며 히트펌프, 바이오연료의 사용 증가와 재생가능 전력 대 가스(power-to-gas), 특히 수소의 개발이 필요할 것이다.
- 건물의 단열과 기계와 공정의 효율성 개선, 그리고 좋은 도시 설계가 재료의 재사용과 재활용, 자원 공유와 마찬가지로 수요를 줄이는 데 크게 도움이 될 것이다.
- 수소 생산을 통한 CCS가 탈탄소 열의 중요한 원천이 될 수 있지만, 탄소 포집은 산업 공정의 배출을 감소에 가장 많이 기여할 수 있다.
- 전기 운송 수단은 탄소 배출을 크게 줄일 수 있으며, 교통수단을 도로와 항공으로부터 철도 및 해운으로 이동시킬 수 있다.
- 이러한 조치들은 저탄소 전기와 열의 발생, 열과 전기 저장의 개발, 효과적인 규제와 정책의 시행에서 매우 큰 증가를 필요로 할 것이다.

추천 문헌

BloombergNEF, Electric vehicle outlook 2021.

Brown, T. et al. (2012). *Reducing CO2 emissions from heavy industry: a review of technologies and considerations for policy makers.* Grantham Institute for Climate Change, Imperial College, London (GICC2012).

Cho, J. et al., *White light-emitting diodes,* Laser & Photonics Reviews (2017) (LED2017).

Fulton, F. and Miller, M. (2015). *Strategies for transitioning to low-carbon emission trucks in the United States.* Institute of Transportation Studies, University of California at Davis.

IEA Tracking Industry 2019 (IEA2019).

Lechtenböhmer, S. et al. *Decarbonising the energy intensive basic materials industry through electrification*, SDEWES (2015).

REN21 Renewables 2019 Global Status Report, Energy Efficiency.

World Resources Institute, Global greenhouse gas emissions in 2016 by sector.

nicola.qeng-ho.org/housemodel/interactive.php Home heat-loss calculator (HHLC).

www.carboncommentary.com/Goodall, C. Useful source of information about low-carbon issues.

www.ecotippingpoints.org/our-stories/indepth/germany-freiburg-sustainability-transportation-energy-green-economy.html Freiberg: a Green City.

www.eea.europa.eu/data-and-maps/indicators/heating-degree-days-2/assessment (HCE)

www.eia.gov/outlooks/ieo/pdf/transportation.pdf (EIA).

www.ipcc.ch/report/ar5/ IPCC's Fifth Assessment Report, Working Group III contributions on buildings, industry, and transport (IPCC-AR5).

www.h21.green/projects/h21-leeds-city-gate/ (H21Leeds).

www.siemens-energy.com/global/en/offerings/renewable-energy/hydrogen-solutions.html Information on green hydrogen.

? 문제

11.1 회의실은 9000 lm의 조명이 필요하며 20%의 시간 동안 사용된다. 90 lm W^{-1} 등급의 형광등이 300 lm W^{-1} 등급의 흰색 LED로 대체될 경우 연간 얼마나 많은 전기(kWh)를 절약하는가?

11.2 내측면과 외측면의 공기층의 열저항이 각각 0.12 m^2 K W^{-1}, 0.06 m^2 K W^{-1}이라고 가정하고 두께 100 mm, 열전도율 0.132 W m^{-1} K^{-1}의 열 차단벽의 U 값(W m^{-2} K^{-1})을 구하라.

11.3 3중 유리창의 유리 요소(단, 프레임 무시)에 대한 U 값을 계산하라. 단, 치수는 $d_g/2 = d_a = 8$ mm, $k_g = 1.5$ W m^{-1} K^{-1}, $k_a = 2.1 \times 10^{-2}$ W m^{-1} K^{-1}이다. 여기서 d_g 및 d_a는 유리 및 공극(에어갭)의 두께이며, 내측 및 외측 표면 공기층의 저항률은 0.16 W^{-1} m^2 K이다.

11.4 오래된 주택은 지붕을 통해 열의 25%를 잃고 창문을 통해 열의 10%를 잃는다. 공간 난방에 사용되는 에너지의 감소율을 추정하라.

(a) 기존 보일러(효율 75%)를 응축 보일러(효율 95%)로 교체

(b) 지붕 단열재의 U 값을 60%, 창문의 U 값을 70%까지 감소(이중 유리를 설치함으로써)

(c) 내부와 외부 사이의 평균 온도 차이를 12°C에서 10°C로 감소(공기 온도 조절 장치를 낮춤)

11.5 표 11.1에서 집은 높이가 2.5 m로 분리된 2개의 층이 있고 벽, 바닥, 창문, 문 면적은 각각 117.9, 98.6, 18.8, 3.7 m^2이다. 주어진 값을 사용하여 '최근 건물'에 대한 에너지 손실 비율을 확인하라.

11.6 공기 이동을 통한 열손실은 $\dot{Q} = V\rho c_P\left(T_i - T_o\right)$로 나타내며, 여기서 V는 시간당 교환되는 공기량이고, ρc_P는 공기의 열용량(0.018 Btu °F^{-1} ft^{-3}), T_i와 T_o는 집 안팎의 공기 온도이다. 바닥 면적이 2000평방피트이고 천장이 8피트인 주택의 열손실을 계산하라. T_i = 65°F이고 T_o = 10°F이다. 시간당 공기 변화 횟수를 0.5로 가정한다.

11.7 다음 표의 데이터를 사용하여 (a) 롱아일랜드, (b) 샌프란시스코의 연간 총 도일수를 계산하라. 기본 온도는 60°F이다.

Long Island	Jan	Feb	Mar	Apr	May	Jun	Jul	Aug	Sep	Oct	Nov	Dec
High °F	37	40	50	61	71	80	85	84	76	65	54	42
Low °F	25	26	34	44	54	64	68	67	60	48	41	30
San Francisco	**Jan**	**Feb**	**Mar**	**Apr**	**May**	**Jun**	**Jul**	**Aug**	**Oct**	**Sep**	**Nov**	**Dec**
High °F	55	58	60	64	66	70	71	72	74	70	62	56
Low °F	41	45	45	47	48	52	54	55	55	51	47	42

11.8 실외온도가 4°F로 설계된(온도가 이보다 낮은 경우는 1%의 시간에 불과함) 피츠버그의 한 주택은 실내 온도가 65°F일 때 36 MJ h^{-1}의 난방부하를 가진다. 5500 도일수(기준온도 65°F)로 1년 동안 필요한 난방(kWh)을 계산하라.

11.9 기준온도가 16°C인 경우 평균 2000 도일수가 있는 장소에서 바닥 면적이 100 m^2인 주택은 20 kWh d^{-1}의 도일수당 열손실이 발생한다. 바닥 면적의 제곱미터당 온도당 열손실을 계산하라.

11.10 건물 시공 시 축열의 관점에서 다음 표에 제시된 재료의 상대적 장점을 평가하라.

	융해점(°C)	잠재 융해점(kJ kg^{-1})
불화칼륨4수화물	18.5	231
질산아연6수화물	36.4	147
스테아린산부틸	19	140
1-도데카놀	26	200

출처: Feldman et al. (1991). *Solar Energy Materials* 22, 231~42

11.11 건물에 사용할 수 있는 완화 옵션을 설명하고 거주지에 가장 적합한 옵션에 대해 논의하라.

11.12 2012년 영국의 약 2600만 가구의 총 공간 난방 요구량은 330 TWh였다. 각 가정의 온도당 평균 열손실을 구하라. 평균 도일수를 2463일로 하고, 재실을 0.7로 가정한다.

11.13 낡은 집을 좋은 기준에 맞게 개축하는 것의 어려움은 무엇이며, 개축하는 것이 왜 중요

한가?

11.14 건물에서 에어컨의 필요성을 줄이기 위해 사용할 수 있는 기술은 무엇인가?

11.15 어떤 지역에는 1000만 채의 집이 있고 각 집에는 1 m^3의 온수 탱크가 있다. 각 탱크는 성능 계수(COP)가 3인 5 kW의 공기원 히트펌프로 한낮에 4시간 동안 충전할 수 있다. (a) 저장되는 열량과 사용 전력량을 추정하라. (b) 이 작업이 재생에너지 침투도가 높은 그리드 관리에 어떤 도움이 될 수 있는가?

11.16 재생 가능하게 생성된 수소를 사용한 난방 건물의 장단점을 설명하라.

11.17 산업 탈탄소화가 특히 어려운 이유를 설명하라.

11.18 제조품의 탄소 및 에너지 강도를 낮추기 위해 어떤 옵션을 사용할 수 있는가?

11.19 풍력 발전에서 수소를 발생시키는 산업의 이점에 대해 논의하라.

11.20 요소(urea)는 암모니아와 이산화탄소의 반응으로 생성된다. 요소는 다음과 같이 2단계 반응으로 형성된다.

$$2NH_3 + CO_2 \rightleftarrows NH_2COONH_4 \text{ (ammonium carbamate)}$$

$$NH_2COONH_4 \rightleftarrows H_2O + NH_2CONH_2 \text{ (urea)}$$

암모니아 160 Mt의 경우, 필요한 이산화탄소의 톤과 생산되는 요소의 톤은 얼마인가?

11.21 전력 대 가스(power-to-gas)의 의미와 이 과정에서 메탄과 암모니아가 어떻게 생성될 수 있는지, 그리고 그렇게 함으로써 얻을 수 있는 이점을 설명하라.

11.22 시멘트 제조가 왜 그렇게 많은 CO_2를 배출하는지, 그리고 어떻게 CO_2 배출을 줄일 수 있는지 설명하라.

11.23 유럽의 산업에서 열의 전기화가 재생 가능한 에너지 생산에 미치는 영향에 대해 논의하라.

11.24 (a) 증기 개질 메탄을 통해 생산된 수소의 연소, (b) 메탄의 연소에서 열을 탈탄소하기 위해 열 MWh당 몇 kg의 이산화탄소를 포집하여 저장해야 하는가? CCS의 영향은 어떠한가?

(LHV: H_2 120 MJ kg^{-1}; CH_4 50 MJ kg^{-1})

11.25 건축 자재로 목재를 사용할 경우의 이점에 대해 논의하라.

11.26 행동 변화가 운송에서 배출량을 어떻게 줄일 수 있는지 설명하라.

11.27 모든 것이 0.05 $kgCO_2$ kWh^{-1}의 탄소 강도를 가진 공급 장치에서 전기를 공급하고 충전된 경우 자동차에서 발생하는 배출량의 전 세계적 절약량을 추정하라.

11.28 108 km h^{-1}과 86.4 km h^{-1}로 주행할 때 휘발유 L당 킬로미터 수의 차이를 추정하라.

11.29 직류 브러시리스 모터의 작동 원리 및 모터가 회생제동에서 사용되는 방법을 설명하라.

11.30 영국의 가구당 평균 전력 소비량은 연간 약 3700 kWh이다. EV가 40 km의 왕복 여정을 가능하게 할 수 있는 충분한 에너지를 공급하고 또한 밤에 가정에서 필요한 전기를 공급하는 데 필요한 배터리의 크기를 추정하라. 배터리 비용으로 인한 가정용 전기의 추가

비용을 추정하고 의견을 제시하라.

11.31 도시 계획이 탄소 배출량의 상당한 감소를 촉진할 수 있는 범위를 논의하라.

11.32 차량의 전기화가 2035년까지 상당한 수준으로 일어날 것인지를 논의하라.

11.33 연료전지가 탈탄소 운송에 가장 큰 영향을 미치는 곳은 어디인가?

아래 사이트를 방문하면 더 많은 정보와 자료를 볼 수 있습니다.
www.oup.com/he/andrews_jelley4e

12 에너지와 사회: 화석연료에서 재생에너지로의 전환

Energy and Society: Making the Transition from Fossil Fuels to Renewables

주제 목록

- □ 더 많은 CO_2의 영향
- □ 재생에너지 지원 정책
- □ 탄소 가격 설정
- □ 탄소 감축 정책
- □ CO_2 배출량 및 카야 항등식(Kaya identity)
- □ 에너지 수요 감소
- □ 탈탄소 에너지 공급
- □ 세계적 탈탄소 경제
- □ 적응 및 지구공학
- □ 현재 세계 정세
- □ 필요한 조치

서론

한 국가에서 **1인당 소비하는 에너지**의 양은 그 나라의 **생활 수준**과 밀접한 관련이 있다(그림 1.7 참조). 개발도상국들이 더 산업화되고 그들의 인구가 증가함에 따라 에너지와 삶의 수준에 대한 그들의 요구가 증가했다. 하지만 세계 대부분의 에너지는 여전히 주로 화석연료로부터 생산되며, 이 상황이 향후 수십 년간 아주 크게 변하지 않는 한, 대기 중 이산화탄소의 예상된 증가는 추가적인 지구온난화로 인해 세계가 위험한 기후변화를 경험할 것이라는 것을 의미한다.

이 장에서는 검토할 내용은 다음과 같다.

- 에너지 생산이 환경 및 지구온난화에 미치는 영향과 기후변화를 제한하기 위해 이산화탄소의 누적 배출량을 제한하는 다양한 조치
- 1970년대 석유 위기 이후 저탄소 에너지원, 특히 재생가능 에너지의 성장을 촉진하기 위한 정책
- 1997년 **교토 의정서**(지구온난화와 기후변화에 대처하기 위한 최초의 국제적 노력)와 그것이 왜 전 세계적 배출을 늦추는 데 실패했는지에 대한 이유
- 국가적 목표를 도입한 2015년 **파리협약**—2050년까지 이산화탄소 배출량을 0으로 만들고 온난화를 1.5°C(기후변화를 억제하는 데 요구되는 한계) 이하로 유지하기에는 아직 미흡하다.

우리는 기후변화를 제한하기 위해 취해야 할 조치, 특히 에너지 공급에 있어 필수적인 탈탄소화를 촉진하기 위해 전반적인 에너지 수요를 줄이는 것의 중요성을 개략적으로 설명한다.

또한 탈탄소 운송과 열이 탈탄소 전기만큼 중요한 이유를 설명하고, 전기화 및 전력 대 가스(power-to-gas) 기술에 의해 어떻게 탈탄소화를 달성할 수 있는지에 대해 요약한다.

화석연료에 대한 우리의 중독을 타파하고 그들의 보조금을 없애는 것은 엄청난 사회적, 경제적 도전 과제들을 야기한다. 세계 화석연료 산업은 거대하고 다른 곳에서 고용되어야 할 많은 사람들을 고용하고 있다. 우리는 **카야 항등식**(Kaya identity)을 통해 한 나라의 생활 수준, 에너지 요구량 및 에너지 공급과 관련된 탄소 배출 간의 상관관계를 설명한다.

다행히도 풍력과 태양 에너지는 현재 그리드 패리티 수준까지 왔고, 그들이 세계의 주요 에너지원인 화석연료를 대체할 수 있는 기술은 이제 비용효율적이다. 하지만 현재의 예측이 나타내는 파괴적인 기후변화를 피하기 위해서는 화석연료에서 재생에너지로의 전환을 가속화할 필요가 있고, **녹색 뉴딜**과 같은 몇 가지 주요 조치와 제안을 확인할 필요가 있다.

12.1 지속적인 화석연료 배출에 의한 예측 가능한 영향

지구 대기의 이산화탄소 농도는 지난 50년 동안 급격히 증가했다. 1.3절에서 설명한 바와 같이, **수증기**와 **이산화탄소**는 지구에 의해 방출되는 적외선을 가둬서 지구 표면의 온도를 상승시키는 두 가지 주요 온실가스이다. CO_2의 현재 수준(2019)은 410 ppmv로 1955년 315 ppmv, 1750년 이전 산업화 시대 280 ppmv에 비해 확연히 차이가 난다.

지난 50년 동안 CO_2 농도는 약 85 ppmv 증가했으며 지구 평균 온도는 약 0.7°C 상승했다. 이 두 가지 효과는 이 기간 동안의 **인위적인 원인**(인간에 의해 유발됨)과 강한 상관관계가 있다. 이 온난화는 지질학적으로 매우 빠르다. 관측된 온도 변화 중 일부(그림 1.10 참조)는 태양 복사 조도의 변화 및 화산 활동과 같은 자연 현상에 기인하지만, 1970~2019년 동안의 상승은 CO_2 농도에 대한 인위적 영향을 고려해야만 설명할 수 있다. 이산화탄소가 대기 중에 수백 년 동안 남아 있기 때문에 이 문제를 무시할 수 없다. 그리고 우리가 앞으로 수십 년 동안 이산화탄소에 대해 무엇을 할 것인가가 다음 세대들의 삶의 질을 크게 좌우할 것이기 때문이다.

게다가 **지구온난화는 가속화**되고 있다. 2015~2019년 평균 기온은 2011~2015년 평균과 비교하여 약 0.2°C 상승했다. 지구 온도는 현재 산업화 이전 기간보다 1.1°C가 높다. (육지에서는 해당 온도는 1.7°C 더 높아졌다.) 또한 해수면이 더 빠르게 상승했고, 북극과 남극의 해빙 범위, 빙하의 얼음의 양, 그린란드와 남극의 얼음의 양은 계속 감소하고 있다. (육지 얼음이 녹고 열팽창이 해수면 상승을 야기한다.)

지구온난화는 사회와 세계 경제에 피해를 주는 중요한 **기후변화**를 일으키고 있다. 극심한 폭염이 모든 대륙에 영향을 미쳐 북미, 유럽, 호주 등지에서 전례 없는 산불(그림 12.1 참조)을 일으켰으며, 2018년 캘리포니아 산불로 인한 피해만 1500억 달러로 추산된다. 특히 2021년 유럽과 중국에서 극심한 강우 및 관련 홍수가 자주 발생했다. 열대성 사이클론도 상당한 피해를 입혔으며, 2017년 **허리케인 하비**의 피해액만 1250억 달러가 넘을 것으로 추정된다. 또한 아프리

그림 12.1 2019년 호주 퀸즐랜드 산불(Getty Images/iStock photo)

카는 특히 가뭄의 영향을 심하게 받았다. 가장 가난한 사람들이 가장 큰 영향을 받았고, 기후변화는 부분적으로 전 세계의 정치를 불안정하게 만드는 난민들의 발생에 책임이 있다. 이러한 극단적인 날씨 재해 중 많은 것들이 지구온난화의 증가로 인해 발생할 가능성이 매우 높아졌다.

해양 온도를 분석한 결과 약 0.7°C의 표면온도 증가를 보였는데 이는 인위적인 CO_2 증가를 포함하는 기후 모델의 예측과 일치한다. 해양 생물이 큰 영향을 받았는데, 알래스카 해안에서 바다코끼리의 개체수가 급격히 감소하여 에스키모인들의 생활에 영향을 미치고 있으며, 플랑크톤(바다 먹이사슬의 중요한 부분)의 많은 종들이 더 차가운 바다로 이동하고 있다. 해양 온난화와 산성화는 전 세계적으로 많은 산호를 죽이고 있으며, 푸에르토리코 앞바다의 카리브해, 버진 아일랜드, 그리고 호주 앞바다의 그레이트배리어리프에서는 많은 산호초가 손실되었다. **생물 다양성** 또한 심각한 영향을 받아 수백만 종이 멸종 위기에 처해 있다.

화석연료, 숲, 농작물 폐기물의 연소는 건강에 매우 해롭고 도시에 사는 수백만 명의 사람들에게 영향을 미치는 거대한 오염을 일으키고 있다. 이러한 오염물질은 **에어로졸**(공기 중에 떠다니는 작은 액체 및 고체 입자)을 형성하여 전 세계로 흩어질 수 있다. 그들의 전반적인 영향은 태양빛을 가림으로써 지구온난화를 늦추는 것이다. 다만 에어로졸 수치 증가는 배출량 조절 때문에 CO_2의 상승량과 맞먹기 힘들 것으로 예상되므로, 온도에 미치는 CO_2의 영향은 더욱 악화될 것으로 보인다. 에어로졸은 대기 중 이산화탄소보다 수명이 훨씬 짧다.

12.1.1 세계가 3도 더워진다면 어떨까?

2014년 5차 평가(AR5)에서 IPCC는 21세기 말까지 현재 상태(이른바 여느 때와 다름없는 시나리오)를 유지한다면 1861~1880년 평균에 비해 2100년의 온도 상승이 약 **4°C**가 될 것이라고 밝혔다(IPCC-AR5).

이러한 무서운 결과를 막기 위해, 2015년 **파리 COP 21 회의**는 지구온난화를 **2°C**로 제한하기 위해 배출량을 줄여야 한다는 데 동의하고, **가능한 경우 1.5°C**로 감축하기로 약속했다(COP 21). 그러나 지금까지 약속한 무조건적인 국가 온실가스 감축 목표(NDC)는 지구온난화를 2100년까지 단지 약 3.2°C로 제한할 가능성이 높다(UN 2019). 이는 여전히 더 광범위하고 파괴적인 영향을 초래할 것이며, 재앙적인 기후변화의 가능성을 감수해야 할 것이다.

이 시나리오에서 화석연료의 상당한 연소는 계속될 것이다. 그 결과, 많은 도시의 오염과 더위는 견딜 수 없게 되고, 적도 지역은 가장 심각한 영향을 받게 된다. 산불과 벌목이 2100년까지 광범위한 삼림 파괴를 일으킬 것이고 산호초 또한 사라질 것이다. 지구온난화는 여름에 북극 얼음이 더 이상 존재하지 않게 되어 더 악화될 것이고 런던과 뉴욕 같은 가장 큰 도시들을 포함한 전 세계 많은 해안 도시들에서 극단적이고 광범위한 홍수가 발생할 것이다. 폭염과 가뭄은 대량 이주를 야기하고 광범위한 난민 문제와 정치적 불안을 촉발하며 견딜 수 없게 될 것이다. 물의 가용성은 빙하가 녹고 강과 물이 줄어들면서 심각한 영향을 받게 될 것이며, 일부 개발도상국들은 만성적인 식량 부족을 겪게 될 것이다. 수확량은 작물의 종류(밀, 쌀, 옥수수, 콩)와 지역에 따라 1도당 약 3~7%씩 감소하여, 식량 생산은 지역의 기후변화, 더 높은 온도, 그리고 극단적인 날씨로 인해 피해를 입을 것이다. 열대성 질병 또한 더 널리 퍼질 것이고 종들의 대량 멸종이 있을 것이다.

훨씬 더 걱정스러운 것은 온난화가 되돌릴 수 없는 변화가 되었고, 지구상의 생명체가 극도로 위험해지는 한계점을 넘어섰을 수도 있다는 것이다.

12.1.2 지구 기후가 티핑포인트에 도달할 수 있을까?

기후변화의 원동력(예: 지구 평균 온도)의 작은 변화가 기후 시스템에 불균형한 반응을 일으킬 때, 기후는 **티핑포인트**(tipping point)에 있다고 한다. 만약 이 사건이 스스로 강화되고 배출량이 줄었는데도 지구 온도가 계속 상승하게 만든다면, 그것은 **온실 지구**(HE 2018)로 이어질 수 있다. 이 경우, 온난화는 결국 오늘날보다 해수면이 10~60 m 더 높고 산업화 이전의 온도보다 약 4~5°C 높은 온도에서 안정될 것으로 예상된다. 즉, 이러한 조건은 많은 세계 인구가 식량을 생산하며 살아가게 하는 능력을 약화시킨다.

5°C 이상으로 추정되는 이러한 티핑포인트의 예는 지구온난화가 시베리아 영구 동토층 아래에서 얼어붙은 **메탄**을 상당한 비율로 배출하는 경우일 것이다. 메탄은 대략 이산화탄소보다 25배 더 강력한 온실가스이다. 그래서 메탄 배출은 지구온난화를 가속하고, 이것은 또 차례로 더 많은 메탄 배출을 일으킬 것이다. 이러한 양성 피드백 효과는 화석연료 배출이 없어도 지구 기온의 위험할 정도로 빠른 상승으로 이어질 수 있다. 또 다른 기후변화의 원동력은 농사를 짓

기 위해 **아마존 열대우림**을 개간하는 것이다. 이는 온난화가 약 3~5°C에 이르거나 넓은 지역이 건조한 사바나로 전환되어 방대한 양의 이산화탄소를 배출할 때 티핑포인트를 야기할 것으로 전망된다. 지구온난화가 속도를 내면서 온실 지구의 위험을 증가시키면, 이것들과 다른 티핑포인트들의 연속이 있을 수 있다. 이 가능성은 이러한 위험을 최소화하기 위해 지구온난화를 최대 2°C로 제한하려는 시도를 강화시킨다.

12.2 재생에너지 활성화를 위한 경제 정책

1970년대에는 OPEC에 의해 석유 가격이 크게 올랐고, 이로 인해 서방 정부들은 재생 가능한 에너지 자원과 원자력을 개발하고, 북해 석유 탐사와 같은 다른 화석연료 공급원을 찾게 되었다. 초기 목표는 OPEC으로부터의 석유 의존도를 줄이고 에너지 안보를 제공하는 것이었다. 후에 그것은 탄소 배출량을 줄임으로써 지구온난화와 기후변화의 위협을 제거하는 전투 수단으로 보이게 되었다. 초기에는 재생에너지 발전기(수력 발전기 제외)가 화석연료 발전소보다 더 비쌌고, 경쟁하기 위해 보조금을 요구하였다. 재생에너지 개발을 장려하고 화석연료에 대한 의존도를 줄이기 위한 다양한 경제 계획이 제안되었다. 이제 제로 배출로의 전환을 가속화하기 위해 에너지 공급을 탈탄소화하고 수요를 줄이는 방법을 논의하기 전에, 배출을 억제하기 위한 이러한 정책과 국제적 노력을 설명하고자 한다.

12.2.1 발전차액지원제도(FIT)

발전차액지원제도(feed-in tariff, FIT)는 재생가능 전력 생산자가 장기간에 걸쳐 받게 되는 보장가격으로, 생산자가 합리적인 수익을 낼 수 있는 수준으로 책정된다. 발전차액지원제도의 장기적인 기간은 투자자들의 위험을 감소시키고 화석연료 생산에 대한 추가 생산 비용은 보통 지방 정부 또는 국가의 모든 전기 소비자에 의해 공유된다. 독일('Energiewende' 정책), 덴마크, 스페인, 미국은 재생에너지 시장을 개척하여 기술과 규모의 경제를 발전시켰다. 재생가능 에너지의 제조와 설치는 이제 중국이 지배하고 있다. 발전차액지원제도의 수준은 평준화된 비용에 기초할 수 있으므로 기술마다 다르다. 또한 중앙집중형 발전기와 분산형 발전기 모두를 장려하기 위해 발전소의 크기에 따라 값이 달라질 수 있다. 학습효과로 인한 비용 감소도 감안해 변경될 수 있다. 발전차액지원제도는 많은 국가에서 사용되어 왔으며 재생가능 에너지를 홍보하는 데 성공적이었다. 또한 이 제도의 준비 비용은 상대적으로 낮다.

12.2.2 거래 가능한 녹색 인증서(TGC)

거래 가능한 녹색 인증서(Tradeable Green Certificate, TGC)는 전기 공급자에게 재생가능 에너지의 특정 부분을 얻었음을 증명하도록 요구하는 장치이다. 일반적으로 발전 전력의 MWh당 1개의 TGC가 존재하며(이러한 발전 기술은 개발이 덜 된 기술을 장려하기 위해 달라질 수 있지만), 공급자는 재생가능 발전 회사로부터 직접 또는 오픈 마켓에서 이를 구입할 수 있다. 추가 수입원은 재생에너지 회사가 화석연료 회사와 경쟁할 수 있게 하고, 비용은 소비자에게 전가된다. 시장의 힘이 TGC 가격을 결정하며 투자는 가장 경쟁력 있는 회사들에게 돌아간다. 또한 재생에너지 비율이 증가함에 따라 생산량이 증가하면 학습효과를 통해 기술이 향상됨에 따라 전기 가격을 낮추는 데 도움이 된다(1.5.8절 참조). 그러나 실제로는 TGC의 가격 변동성은 투자자들을 단념시켰고, 발전차액지원제도가 TGC 계획보다 낮은 비용으로 재생가능 전력 발전기의 대규모 시공을 달성했다.

12.2.3 재생에너지 경매

2015년경에는 세계 여러 지역의 풍력 및 태양광 발전소에서 발생하는 전기 비용이 화석연료에서 발생하는 전기 비용에 근접하기 시작했다. 향후 5년 동안 비용이 더 떨어짐에 따라 현재 많은 국가에서 풍력과 태양광 발전이 **그리드 패리티**(grid parity, 화석연료 발전단가와 신재생 발전단가가 같아지는 지점)를 달성했으며, 일부는 기존 화석연료 공장보다 전기를 더 저렴하게 생산하고 있다. 경매는 이제 재생에너지 배치를 촉진하는 방법으로 더욱더 인기를 얻고 있다. 이들 경매에서 발전기 업체들은 일정 전력량에 대해 킬로와트시(kWh)당 가격을 매겨 입찰서를 제출한다. 이러한 경매의 경쟁적 특성은 종종 규제기관이 결정하기 어려운 실제 발전 가격을 제시한다. 게다가 성공한 회사의 수익은 일정기간 보장되기 때문에 투자자들에게 매력적이다. 이러한 경매는 지난 몇 년간 상당한 비용 절감으로 이어졌다.

12.2.4 차액계약(CfD)

영국에서 재생에너지 투자를 지원하기 위해 사용되는 또 다른 메커니즘은 발전 회사가 예를 들어 고정된 기간인 15년 동안, kWh당 합의된 가격을 받도록 보장하는 것이다. 시장 가격이 이 '스트라이크' 가격보다 낮으면 발전 회사가 차액을 받지만, 더 높으면 고객보다는 발전 회사가 돈을 낸다. 이러한 방식으로 고객은 높은 가격으로부터 보호되고 발전 회사는 안정적인 수입을 보장받고 이는 투자를 장려한다. 발전 회사들은 경매에서 차액계약(Contract for Difference, CfD)을 입찰하는데, 스트라이크 가격(발전 회사가 지불하기를 원하는 MWh당 금액)을 기준으로 한 최저 입찰이 가장 높은 순위를 차지한다. 그 계획은 모든 전기 공급자에게 부과되는 부담금으로 자금을 조달한다.

12.3 탄소 배출량에 가격을 매기는 방법

재생에너지를 촉진할 필요성 외에도, 1990년대에는 지구온난화를 제한하기 위해 이산화탄소 배출을 억제해야 한다는 것이 인식되었고 일부 경제학자들은 탄소에 가격을 부과하는 아이디어를 장려하기 시작했다. 그들은 탄소에 대한 가격이 없다면 배출량을 줄일 동기가 별로 없을 것이며 오염자 부담 원칙이 적용되어야 한다고 주장했다. 이것은 배출에 책임이 있는 당사자가 환경과 인류의 건강에 가해진 손해를 배상해야 한다는 것을 의미한다. 효과적인 가격은 배출량을 충분히 빠르게 감소시키는 가격일 것이다.

탄소에 가격을 매기기 위해 두 가지 다른 시스템이 제안되었다. 즉, 정부가 탄소 배출량에 세금을 부과하는 것(즉, 탄소세)과 배출총량거래(또는 배출권 거래)로 알려진 할당 체계이다.

탄소세는 감소 비용이 세금보다 적은 곳이면 어디든 탄소 배출량을 줄일 수 있는 동기를 부여한다. 그러나 세금이 너무 낮으면 감면이 없고, 너무 높으면 비용이 생산성과 가격에 심각한 영향을 미칠 수 있다. 한편 탄소세는 덜 잘사는 사람들에게 부정적인 영향을 미칠 수 있지만, 이것은 가장 불리한 사회적 약자들에게 세수를 돌림으로써 상쇄될 수 있다.

대안으로서, **배출총량거래** 시스템은 배출량에 대한 제한을 설정하고 이 한도까지 총량을 기업이 배출할 수 있는 허가를 분배한다. 이러한 허가들은 경매, 초기 할당 또는 다른 회사와의 거래를 통해 얻을 수 있는데, 일부 회사들은 다른 회사들보다 더 쉽게 배출량을 줄일 수 있기 때문이다. 가격은 수요가 결정하는데, 경제가 성장할 때 상승하고 불황일 때 하락한다.

처음에는 종종 허가를 무료로 배포했는데, 이를 **그랜드파더링**(grandfathering)이라고 부른다. 이것은 정치적으로 더 쉽게 받아들여질 수 있는데, 왜냐하면 기업들은 단지 추가 허가를 위해 돈을 지불하기만 하면 되지만, 정부는 녹색 에너지를 촉진할 수 있는 초기 수입을 놓치기 때문이다. 더 나은 허가 할당 시스템은 희소성과 높은 탄소 가격을 보장하므로 실제로 감축이 발생한다. 수요 변동으로 인한 인허가 가격의 변동성을 극복하기 위해 하한 또는 상한 가격을 도입할 수 있다. 반면에 세금은 정부에 즉각적인 수익을 창출하고 수요와 무관하게 탄소를 감소하도록 동기부여를 할 수 있다. 필요한 배출량을 줄이기 위해 세금 수준을 조정할 수 있다. 거래는 이윤의 가능성이 있기 때문에 기업들 입장에서 매력적이다. 배출가스 상한제 역시 세금보다 합의하기 쉬운 경향이 있지만 시장 위험을 줄이기 위해서는 장기적인 거래 기간이 필요하다. 기록을 유지하고 배출량을 모니터링해야 하기 때문에 이 계획을 세우는 것은 어려울 수 있다.

저탄소 해결책이 현재 존재하지 않는 활동(예: 피할 수 없는 장거리 비행)의 경우, **상쇄**는 과도기적 해결책으로, 탄소 배출은 다른 지역의 배출량 감소에 자금을 지원함으로써 보상된다. 이는 효과적이고 지속 가능한 재조림(reforestation)을 통해 이산화탄소를 포집하거나 재생 가능한 발전을 통해 이산화탄소를 대체하는 독립적인 인증 계획에 지원하는 것이 최선이다. 상쇄는 저탄소 대체물이 가용할 때, 화석연료를 계속 사용할 수 있도록 할 수 있다는 비판을 받아왔는데, 이는 특히 상쇄 계획이 추가적이지 않을 때, 즉 어떤 경우에도 탄소 감소가 일어날 수 있을 때이다. 인증된 계획에서 배출되는 양보다 더 많은 양을 상쇄하면(예를 들어 2배) 여전히 배출량이 상당할지라도 어느 정도 감소의 확실성을 제공할 수 있다.

정부는 또한 탄소 배출을 줄이는 다음과 같은 **규제**를 부과할 수 있다.

- **건물 기준** 향상(예: 건물 내 최소 단열량 증가), 이를 통해 난방용 화석연료 사용 감소

• 차량에 대한 **연비**(mpg 또는 리터당 km) 요구 사항 제정

일반적인 시장의 힘은 최대한 비용효율적으로 표준을 충족시키기 위한 동기를 제공하지만, 혁신을 하고 표준을 넘어서기 위한 시장 동기는 없다. 따라서 규제만으로는 탄소 배출을 줄이는 가장 비용효율적인 방법을 찾을 수 없을 것 같지만, 가격 메커니즘과 함께 매우 유용할 수 있다. 또한 효율적인 기술의 배치와 비용 절감을 위한 연구를 장려할 수 있다.

12.4 탄소 저감 정책

1980년대 들어 세계는 화석연료 연소로 인한 CO_2의 지속적인 배출에 대한 위험성을 깨닫기 시작했다. 이산화탄소 배출을 억제하기 위한 첫 번째 계획 중 하나는 배출권 거래 계획보다 설정하기 쉬운 탄소세의 도입이었다(12.3절 참조). CO_2를 배출하는 모든 연료에 대해 세금(정부에서 징수)이 부과되며, 그 수준은 연료의 탄소 강도를 기준으로 하기 때문에 석탄은 가스보다 kWh당 세금이 더 높다. 이 제도는 1990년대에 핀란드, 네덜란드, 노르웨이, 스웨덴, 덴마크에서 도입되어 모든 사람이 배출량을 줄이도록 유도했고, 운송 부문, 국내 소비자, 산업 소비자들에게 적용되었다. 이 제도는 낮은 탄소 에너지를 이용할 수 있는 북유럽 국가들에서 성공적이었다. 그러나 그것은 잠재적으로 생산 단위당 배출량이 많은 국가들의 경쟁력을 훼손하는데, 이것은 미국이 탄소세보다 배출권 거래를 선호하고, 1990년대에 유엔에 의해 설정된 협상에서 탄소 거래 체계가 채택된 이유 중 하나이다.

12.4.1 교토 의정서가 비효율적인 이유

1980년대에 지구온난화에 대한 과학적 우려가 커졌고, 1988년 세계 기상 기구(World Meteorological Organization, WMO)와 유엔에 의해 **기후변화에 관한 정부간 협의체**(Intergovernmental Panel on Climate Change, IPCC)가 설립되었다. 제1차 유엔 지구 정상 회의가 1992년 브라질 리우데자네이루에서 열렸으며, 이곳에서 유엔 기후변화 협약(UNFCCC)이 채택되었다. 기후변화 협상을 지원하기 위해 **당사국 총회**(Conference of Parties, COP)라고 불리는 일련의 연례 회의도 설치되었다. 유엔 기후변화 협약은 온실가스의 농도를 위험한 기후변화를 막을 수 있는 수준으로 안정시킨다는 목표를 명시했지만, 그 수준은 명시되지 않았다. 개발도상국들의 우선순위는 경제 · 사회 개발이며 선진국들이 배출량 감축에 앞장서야 한다는 점을 인정한 것이다. 이것은 1997년 COP3에서 **교토 의정서**로 이어졌다. 이 의정서에 따라 선진국들 사이에 배출권 거래 체계가 수립되었고, 1990년과 비교하여 2008~2012년 기간 동안 온실가스 배출량을 5.2% 줄이기로 합의했다. 대기 중 증가된 CO_2의 대부분이 선진국들에 의해 생산되었다고 인식되었기 때문에 **중국, 인도, 그리고 다른 개발도상국들은 배출량을 줄일 필요가 없었다.** 또한 부유한 선진국들은 기후변화에 적응하기 위한 가난한 국가들의 노력에 자금을 지원

하도록 도와야 한다는 데 동의했다.

상쇄도 허용되었는데, 이를 통해 각국은 숲 조성이나 비용이 가장 낮은 개발도상국의 탄소 배출 감소에 대한 공로를 인정받았으며 그들이 개발한 모든 CO_2 흡수원에 대한 공제를 받았다. 이러한 청정 개발 메커니즘(clean development mechanism, CDM)에 대한 비판은 상당수 프로젝트가 '비추가적'이라는 것이었다. 또 다른 중요한 비판은 제조 품목에 대한 것이었으며, 탄소 배출량을 제품을 수입하는 국가보다 생산하는 국가에 할당하는 것이었다. 이는 몇몇 선진국들이 실제로 책임이 있는 것보다 더 낮은 배출량을 가지도록 하는 결과를 낳았다!

교토 의정서는 2005년 2월에 발효되었다. 160개 이상의 국가들이 이 협정을 비준했는데(배출량 감소가 자국 경제에 피해를 줄 것을 우려한 미국을 제외하고), 이 의정서는 선진국뿐만 아니라 개발도상국을 위한 목표도 포함했어야 했다고 생각한다. 교토 의정서 하에 선진국들이 합의한 소규모 감축은 대부분 충족되었지만, 이 협정은 전 세계 배출량 증가를 늦추는 데 실패했는데, 이는 협정에서 면제된 개발도상국들의 거대한 경제 확장(특히 중국)에서 비롯된 것이다. 2000년에 중국은 미국의 6.0 Gt과 비교하여 약 3.35 Gt의 CO_2를 배출했지만, 2010년에 중국은 8.5 Gt으로 증가한 반면 미국은 5.7 Gt으로 감소했다. 배출권 거래 계획도 2005년에 유럽연합에 의해 수립되었다. 그러나 초기에 초과 할당한 공제권은 잉여를 초래했고, 그 결과 낮은 탄소 가격으로 배출량에 거의 영향을 미치지 않았다. 교토 의정서의 전반적인 영향은 실망스러웠으며, 전 세계 CO_2 배출량은 2000년 25.2 Gt y^{-1}에서 2013년 35.0 Gt y^{-1}로 증가했다.

2009년 코펜하겐에서 열린 UNFCCC 회의에서 2012년에 종료된 교토 의정서를 준수하기 위한 합의를 도출하여 배출량을 줄이기 위한 더욱 국제적이고 보다 효과적인 약속을 수립할 것이라 기대되었다. 그러나 **코펜하겐 합의**는 배출 목표에 대한 어떠한 합의도 도출하지 못했고, 오직 지구온난화의 과학적 증거에 근거하여, 세계는 산업화 이전부터의 온도 상승을 **2°C** 이하로 유지하기 위해 노력해야 한다는 것에 겨우 합의했다. 그것은 1990년에 처음 제시되었던 기후변화의 최악의 영향을 피하기 위해 선택된 목표이다. 그것은 또한 **기후변화 부정자**들에 의한 왜곡된 캠페인의 주제였다. 코펜하겐 회의 이후, 부분적으로 2008년의 세계 경제 위기 때문에 더 이상의 진전은 거의 없었다. 이렇다 할 진전이 없다가 **2015년에 파리에서 COP21**이 열렸고 그 결과 **파리협약**이 성사되었다. 그러나 이마저도 배출량 증가를 막지 못했다.

12.4.2 CO_2 배출 억제에 대한 진전이 느린 이유

1990년까지 지속적인 배출이 환경을 파괴시킬 것이라는 과학적 사실이 분명했음에도 불구하고 모든 나라들은 화석연료 기술에 뿌리를 둔 경제 성장을 원했다. 이것은 리우 회담 이후 장기간의 협상을 이끌었고, 교토 의정서에 있는 선진국들만 배출량을 약간 줄였을 뿐 개발도상국들은 전혀 줄이지 않았다. 게다가 교토 의정서 이후 **석유 업계가 그 연관성을 부인하기 위해 로비**를 열심히 하는 가운데, 지구온난화를 인간에 의한 배출 탓으로 돌리는 과학적 근거에 대해 많은 논쟁이 있었다.

극단적인 날씨가 잦아지고 과학적 증거가 축적되면서, 특히 2007년 IPPC 4차 평가에서 더 많은 사람들이 위험을 깨닫기 시작했지만, 정부들은 여전히 행동을 꺼렸다.

풍력과 태양 에너지는 여전히 화석연료보다 더 비쌌고, 에너지는 개발도상국들의 경제 확장과 그들의 생활 수준을 높이는 데 필수적이었다. 게다가 이 국가들은 배출량의 대부분을 책임지지 않았으며, 종종 기후변화 영향에 훨씬 덜 취약한 선진국들이 감축의 가장 큰 타격을 감수해야 한다고 생각했다. 그러나 이 부유한 나라들은 깨끗한 대안이 비싸기 때문에 배출량을 줄이는 데 투자함으로써 그들의 경제적 경쟁력과 성장을 훼손시키고 싶지 않았다. 기후변화는 여전히 대부분의 정부들에게 즉각적인 대응을 보장하지 않는 먼 위협으로 보였다. 현 세대에 대한 책임과 미래 세대에 대한 책임의 균형을 맞추는 것은 특별한 도전이었고, 경제 성장에 대한 열망은 환경을 희생시켰다.

세계 부의 85%(총 GDP)를 차지하는 G20 국가들이 이런 보조금이 단계적으로 폐지되어야 한다는 공약을 거듭했음에도 불구하고 정부가 **화석연료**(및 화석연료 회사)**에 보조금을 지급**해 자국민을 도우려 하는 바람에 탈탄소 시도도 차질을 빚고 있다. 대부분은 연료에 대한 정부의 가격 통제를 통해 가격을 낮추는 소비자 보조금이다. 이것들은 예를 들어 자동차를 통한 이동이나 요리를 더 싸게 만들 수 있기 때문에 인기 있는 정책이다. 그러나 종종 부유한 사람들만이 연료를 감당할 수 있고, 이러한 보조금을 마련하기 위해 정부는 가난한 사람들을 돕거나 교육이나 건강 같은 다른 우선순위 재원에서 빼돌린다. 그러한 보조금은 또한 저탄소 기술이 경쟁하는 것을 더 어렵게 만든다.

12.4.3 2015년 파리협약 및 1.5°C를 향한 개정 목표

2015년 12월 파리에서의 COP21에 의해 탈탄소화에 대한 태도가 변화되고 있다. 이번에는 국가 간 배출량 감축의 공정한 배분이라는 성가신 문제로 협상이 다시 흔들리는 것을 피하기 위해 **각국이 분담금을 결정해야 한다**는 제안이 나왔다. 그 주장은 다른 나라들뿐만 아니라 자국의 이익에도 부합한다는 것이었다. 즉, 탈탄소 에너지는 위험한 기후변화의 위험을 줄일 수 있을 뿐만 아니라, 점점 더 경제적이고, 새로운 일자리와 효율적인 운송 수단을 갖추고, 대기오염이 줄어든 더 살기 좋은 도시를 만들 것이라는 주장이다(그림 12.2 참조).

이는 각국이 **지구온난화를 2°C 이하로 유지하는 동시에 1.5°C를 향해 이동한다는 목표**를 재확인하고 두 가지 배출 목표를 합의한 파리협약의 기초가 되었다. 두 가지 배출 목표란 가능한 한 빨리 배출량의 정점을 찍고, 탄소 배출량이 탄소 흡수원에 의해 균형을 이루는 탄소 중립을 금세기 후반에 마련하는 것이다. 이 협정은 2016년 11월에 발효되었다. 2021년 미국이 재가입하면서 배출량이 많은 모든 국가, 특히 중국, 미국, 인도 등이 이 협정에 동참하기로 했다.

그러나 지금까지 제안된 국가 온실가스 감축 목표(NDC)가 모두 이행되더라도 지구온난화

그림 12.2 2020년 COVID-19로 인한 셧다운 이전과 셧다운 기간 동안의 델리의 대기오염(SAJJAD HUSSAIN/AFP via Getty Images)

를 **2100년까지 단지 약 3.2°C로 제한**하는 것으로 추정되었다(UN 2019). IPCC의 2018년 추가 보고서는 2°C 온난화의 영향은 1.5°C에 비해 훨씬 더 심각할 것이라고 결론지었다. 예를 들어 극도의 폭염의 빈도, 식물, 척추동물, 곤충, 해양 어업, 농작물 수확량의 손실 모두 2~3배이며, 수억 명의 사람들에게 홍수, 극도의 더위, 가뭄, 빈곤의 위험을 현저하게 악화시킨다. 보고서는 또한 1.5°C의 온난화를 유지하는 것과 호환되는 이산화탄소 배출량 제한을 두었다.

2.3.4절에서 설명한 바와 같이, 지구온난화의 온도 상승은 이산화탄소의 **누적 배출량**에 의해 근사치를 구한다. 2018년 IPCC 1.5°C 논문은 일부 비-CO_2 효과를 허용한 후 **2017년 이후 CO_2 추가 배출에 대한 한계를 580 Gt으로 추정하여 지구온난화를 1.5°C로 제한**하고, 50% 확률로 제한하였다. 그러면 1.2~1.9°C 범위 내에 위치할 확률이 약 90%가 된다. 오차는 온실가스의 농도 증가에 대한 탄소 순환과 기후의 반응의 불확실성, 그리고 비-CO_2 온실가스와 에어로졸의 영향 때문에 발생한다.

특히 **구름**은 복사 균형에 영향을 미치는 중요한 역할을 한다. 그것들은 지구 적외선의 흡수로부터 온기에 의해 부분적으로 상쇄되는 햇빛을 반사함으로써 구름 덮개가 없는 것에 비해 상당한 냉각을 일으킨다. 지구온난화에 수반되는 구름의 특성 변화는 구름으로부터의 전체적인 냉각을 감소시키지만 불확실성이 크고 기후 민감도를 결정하는 데 중요한 요소이며, 따라서 일정량의 지구온난화를 제한할 수 있는 탄소 예산에 있다.

지구온난화는 이미 2017년에 1.1°C였고, 이대로 간다면(화석연료에서만 연간 약 37 Gt의 이산화탄소를 배출) 2035년에는 1.5°C를 넘어서게 되므로 우리에게 남은 시간이 많지가 않다. 우리는 2050년경까지 탄소중립에 도달해야 하며, 이것이 가능하게 하기 위해서는 각국이 기여도를 높여야 한다. 그리고 배출량은 앞으로 10년 동안 크게 감소해야 한다.

12.5 미래 이산화탄소 배출량 추정: 카야 항등식

매년 총 CO_2 배출량은 세계 연간 에너지 수요와 **탄소 강도**라고 불리는 단위 생산 에너지당 배출되는 CO_2의 양에 따라 달라지는데, **석탄 화력 발전소**의 탄소 강도는 kWh당 약 1 kg의 CO_2로 가장 오염이 심하다. 총 에너지수요 예측은 특히 향후 수십 년 동안 세계 경제가 어떻게 성장하느냐에 달려 있다. 모든 국가의 국내총생산(GDP)으로 측정되는 세계의 부는 매년 약 3%씩 증가하고 있는데(COVID-19 이전), 주로 개발도상국에서는 인구 증가 및 생활 수준 향상은 국가의 1인당 에너지 소비와 상관관계가 있다(1.2절 **인간개발지수** 참조). 그들의 GDP가 증가함에 따라, 그들의 에너지 요구량도 증가한다. GDP의 단위 증가당 필요한 에너지양(**에너지 강도**)은 중국, 인도에서 볼 수 있는 것처럼 산업 경제에서 서비스 경제로의 전환과 공정 효율성 향상을 통해 시간이 지남에 따라 감소하며, 현재 전 세계적으로 평균 1.8%의 비율로 감소하고 있다. 최종적으로는 2050년의 에너지 소비량이 2015년의 에너지 소비량보다 약 40% 더 높을 것으로 예상된다는 것이다.

에너지 소비와 탄소 강도에 대한 전 세계 배출량의 의존성은 **카야 항등식**(Kaya identity)에서 간결하게 요약된다.

$$\begin{aligned} CO_2\ \text{배출량} &= \text{인구} \times \frac{\text{GDP}}{\text{인구}} \times \frac{\text{에너지}}{\text{GDP}} \times \frac{CO_2\ \text{배출량}}{\text{에너지}} \\ &= \text{인구} \times \text{풍요} \times \text{에너지 강도} \times \text{탄소 강도} \end{aligned}$$

세계의 증가하는 도시화, 가족계획 프로그램, 그리고 여성에게 더 많은 교육과 권한을 부여하는 것에 의해 도움을 받는 **인구 제한**은 배출량 증가와 자원에 대한 압박을 낮출 것이다. 전 세계 출산율은 떨어지고 있고 지금은 가구당 2명에 가깝지만, 현재 노인보다 젊은 인구가 더 많고, 유엔은 전 세계 인구가 2019년 76억 명에서 2050년 약 97억 명으로 증가하고, 금세기 말에는 거의 110억 명을 정점으로 할 것으로 추산하고 있다. (COVID-19 유행의 영향은 들어가지 않았다.) 가족의 크기를 제한함으로써 인구를 통제하려는 시도는 윤리적, 사회적 우려를 불러일으킨다. 또한 전 세계적으로 생활 수준이 향상됨에 따라 사람들의 개인적인 부나 **풍요**가 증가하고 있다. 따라서 관심은 **에너지 강도**(에너지/GDP)와 **탄소 강도**(CO_2 배출량/에너지)에 집중되어 왔다. 에너지 강도는 에너지 효율과 에너지 수요 감소를 통해 개선되며, 탄소 강도는 저탄소 에너지원으로의 에너지 공급 전환(예: 석탄에서 가스 또는 재생에너지)을 통해 개선된다.

2015년 지구온난화를 줄이기 위한 파리협약에서 약속한 모든 것(현재 진행 중인 정책과 더불어 계획된 정책까지)이 제정된다면, 2050년에는 전 세계 에너지 공급의 약 70%(80%가 아닌)가 여전히 화석연료에서 나온다는 것을 의미하며, 석탄 사용은 훨씬 줄어들 것이다. 그러나 에너지 수요의 예상치 증가를 고려할 때 화석연료 소비의 변화는 이산화탄소 배출량을 지금과 거의 동일하게 만들 것이다. 2017~2050년 사이에 배출되는 CO_2의 누적량은 1200 Gt 이상일 것이며, 지구온난화를 2°C 가까이 가져갔을 것이다.

필요한 것은 2050년까지 순 배출량을 0으로 줄이는 것이고, 이를 달성하기 위해서는 탄소 배출의 주요 원천을 먼저 파악하는 것이 필요하다.

12.5.1 현재 전 세계 에너지 관련 CO_2 배출량

2016년 화석연료의 일차에너지 소비량은 471 EJ에 가까우며, 576 EJ의 일차에너지 공급량의 82%를 차지했다. 석유, 석탄, 가스의 탄소 강도는 MJ당 ~0.06~0.11 $kgCO_2$이며, EJ당 평균 ~0.075 $GtCO_2$의 열로 예상된다. 전기 소비의 경우 평균 탄소 강도는 kWh당 ~0.6 $kgCO_2$이며, 이는 전기 EJ당 ~0.16 $GtCO_2$에 해당한다. 에너지 관련 CO_2 배출량은 화석연료의 연소에서 나오므로 전 세계 배출량을 $471 \times 0.075 \approx 35$ $GtCO_2$로 추정하면 2016년 실제 배출량은 ~36 $GtCO_2$에 근접한다.

11장에서는 2016년 에너지 관련 CO_2 배출량 중 건물, 산업, 운송 부문이 각각 약 28%, 39%, 22%를 차지하여 최종 에너지 수요의 각각 30%, 29%, 29%에 해당하는 것을 살펴보았다. 배출량과 최종 에너지 수요의 비율은 2010~2016년 기간에 걸쳐 소폭 변화했을 뿐 운송 수요는 1% 이상 증가했고, 건물과 산업 부문은 각각 약 1% 감소했다. 2010년과 2016년 세계 일차에너지 수요의 화석연료 공급 비중도 0.5% 차이 이내이고, 화석연료의 전력 발전 비중도 67.5%에서 65.7%로 소폭 낮아져, 재생에너지뿐만 아니라 화석연료의 소비도 이 기간 동안 증가했다는 것을 반영했다(그림 1.6 참조).

우리는 이제 배출물이 다양한 부문에 걸쳐 대략적으로 어떻게 분포되어 있는지에 대한 표를 작성할 수 있으며, 2016년의 최종 에너지 수요도 결정할 수 있다. 전력 소비량은 약 22,000 TWh 또는 80 EJ였으며, 약 절반이 건물 부문에서 소비되었다. 최종 에너지 수요는 열이 전기로 변환되거나 다른 과정에서 손실되는 양을 1차 소비량에서 차감한 것이다. 그 결과, 수요와 배출량은 각각 5 EJ, 0.5 $GtCO_2$로 추정되며, 표 12.1에 나타나 있다. 최종 에너지 수요는 약 400 EJ였으며, 이는 576 EJ의 1차 에너지 소비량의 약 4분의 3이었다. 사용되지 않은 약 175 EJ의 에너지 중 대부분은 전기 발전에서 손실되었다.

건물에 사용되는 바이오매스는 난방과 취사를 위한 개발도상국의 전통적인 바이오매스를 포함하며, 이는 최종에너지의 약 7%에 해당한다. 최종에너지 수요의 약 10%는 플라스틱, 아스팔트, 윤활제와 같은 비에너지(또는 내장 에너지)이다. 산업, 건물, 운송 부문이 수요와 배출량의 약 90%를 차지하며, 농업이 포함된 기타 활동이 나머지 10%를 차지한다. 저장되지 않고 사용된 최종에너지인 최종에너지 소비량(TFEC)은 2016년에 약 360 EJ, 또는 10만 TWh였다. 열의 탈탄소화는 건물 및 산업 부문에서 전기의 탈탄소화만큼이나 중요하다는 것을 알 수 있는데, 그것들의 관련 배출이 모두 중요하기 때문이다. 또한 운송은 주로 화석연료에 의해 움직인다. 이 세 부문은 최종에너지 수요를 지배한다.

모든 부문에서 미래의 에너지 수요는 기술 개선을 의미하는 **변환 효율 개선**(예: 백열전구나 휘발유 자동차 대신 LED 및 전기자동차)을 통해 효율적으로 절감함으로써 매우 크게 감소할 수 있다. 또는 수동적 장치 수요 감소를 의미하는 **서비스 제공 비용 절감**(예: 건물을 편안하게 따뜻하게 하기 위한 열 수요 감소), 또는 **행동 변화**를 통한 수요 감소(예: 자동차 운전보다는

표 12.1 2016년 전 세계 에너지 관련 배출량 및 최종에너지 수요 추정치

부문	$GtCO_2$	EJ	% CO_2	% 최종
산업(열)	5.5	75	37	30
산업(전기)	5.5	35		
산업(바이오매스)		10		
산업(공정)	2.5			
운송(열)	8.5	110	23	29
운송(바이오연료)		5		
건물(열)	4.0	50	29	30
건물(전기)	6.5	40		
건물(바이오매스)		30		
기타 수요(열)	3.0	40	11	11
기타 수요(전기)	1	5		
합계	36.5	400	100	100

대중교통 이용)를 통해 매우 크게 감소할 수 있다.

이제 탄소 강도를 향상시키는 탈탄소화에 대해 논의하기 전에 에너지 강도를 낮추는 에너지 수요 감소 방법을 설명한다. 에너지 강도의 향상은 효율적 절감에 의해 발생된 것을 설명할 수 있지만, 예를 들어 경제가 중공업보다는 서비스와 상업에 더 의존하게 되면서 야기된 GDP의 변화는 설명할 수 없을 것이다.

12.6 에너지 수요 감소

11장에서 논의한 바와 같이 건물, 운송, 산업에서 에너지 사용을 줄일 수 있는 큰 여지가 있다. 건물을 쾌적한 온도로 유지하는 등의 서비스를 수행하기 위한 에너지 제공은 많은 단계를 포함한다. 우선, 에너지의 1차 공급(연료 또는 재생가능 에너지원)은 보다 유용한 형태로 전환되어야 한다. 연료 정제소, 화력 발전소, 전기모터, 히트펌프, 가스 버너, 압축기, 내연기관 등이 모두 **에너지 변환 장치**의 예이다. 이러한 장치들이 연결된 시스템은, 예를 들어 연료 정제소, 화력 발전소, 전기모터와 같은 주로 운동, 열 또는 빛의 형태로 최종 사용 에너지를 제공한다. 그런 다음 이 에너지는 자동차나 세탁기와 같은 기계를 작동시키거나 용광로 또는 오븐을 가열하는 데 또는 일반적인 **에너지 소비 장치**에 사용될 수 있다.

이러한 에너지 소비 장치가 사용하는 에너지의 양, 예를 들어 자동차의 킬로미터당 휘발유의 양 또는 건물의 온도를 유지하기 위한 연간 바닥 면적 1평방미터당 에너지의 양에서 상당한

절약을 할 수 있다. 이는 에너지가 변환되지 않고 사용되기 때문에 **패시브 시스템**이며, 일반적으로 낮은 등급의 열 또는 내재된 전위 또는 화학 에너지로 끝나게 된다. 운송, 산업, 건물에서 에너지 수요를 줄이는 실질적인 상한선에 대한 연구(UCamb 2011)는 손실을 줄이는 실질적인 설계 변경, 에너지 소비 장치의 기계적, 열적 관성을 통해 전 세계 에너지의 약 73%를 절약할 수 있다고 결론 내렸다. **83%가 건물**에서 가장 많이 절약되었으며, **63%가 운송**, **62%가 산업**에서 절약되었다.

또한 **변환 장치**의 효율성을 개선할 수 있는 상당한 여지가 있다. 대개 변환 장치가 용량을 초과하여 설계되지 않고 최적의 효율성 지점에서 작동하게 함으로써 이러한 장치의 효율성을 개선할 수 있다. 대부분은 화석연료로 구동되며, 이 경우 열전달 및 연소에서도 상당한 손실이 발생한다(2.6절 참조). 케임브리지대학교 연구(UCamb 2011)는 개선을 통해 변환 장치의 손실을 56%까지 줄일 수 있다고 추정했다.

이러한 상당한 전환 개선은 운동과 열을 제공하기 위해, 연소 엔진과 뜨거운 가스를 풍력 및 태양열 발전소에서 나오는 전기로 구동되는 전기모터와 히트펌프로 변경함으로써 더 쉽게 이루어질 수 있다. 전기모터와 히트펌프는 내연기관과 직접연소 난방보다 각각 3배 정도 높은 효율을 낼 수 있다. 풍력 터빈과 상업용 실리콘 태양전지에 의한 풍력 및 태양광을 전기로 전환하는 것 또한 매우 효율적이다. 현재 풍력 및 상업용 실리콘 태양전지는 이론 최대치인 Betz 한계와 Shockley-Queisser 한계의 약 85%와 75% 수준이다(각각 7.5절과 유도 8.1 참조). (그들의 탄소 강도 또한 현저하게 낮다.)

12.6.1 경제적 고려사항

변환 장치의 효율성 향상과 수동적인 시스템에서의 절감 효과를 결합하면 수요가 약 85% 감소한다(UCamb 2011). 이는 실질적인 상한선이기는 하지만, 수요 감소로 인한 엄청난 잠재적 이득을 보여 준다. 경제적 고려사항으로 일부 조치를 제한할 수 있지만(12.8절 참조) 에너지 절약뿐만 아니라 비용효율적일 수 있는 조치도 많다(예: 주택 절연 개선 또는 재생에너지 전환). 그러나 이중벽 단열재 설치 후 재장식 비용, 신기술 설치 시 생산 중단 등 효율성 향상에도 숨겨진 비용이 있을 수 있다.

개발도상국의 자본 부족 또한 기존 시스템의 개선을 방해할 수 있다. 아마도 개발도상국보다 선진국에서 절감을 감소시키는 또 다른 효과는 **반등 효과**라고 불리는 것이다. 효율성 개선을 통해 발생하는 에너지 서비스의 비용이 낮아지면 추가적인 활동이나 대상에 사용되는 지출 비용이 발생되는 상황을 말하는데, 관련 배출량(e_a)이 효율성 개선을 통해 절감된 비용(e_s)을 상쇄하는 경우 $e_a > e_s$를 **제본스 역설**(Jevons paradox)이라고 한다.

예를 들어, 선박 엔진의 효율을 개선하면 총 주행거리가 동일하게 유지된다면 배출량을 줄일 수 있다. 그러나 운송비 절감으로 선박의 총 주행거리를 크게 증가시키는 새로운 시장이 열린다면 배출량은 증가할 것이다. 그러나 실제로 효율 향상으로 인한 이득이 반등 효과에 의해 완전히 역전되지는 않으며, 평가하기는 어렵지만 일반적으로 5~40% 정도 감소한다. 따라서 증가하는 에너지 수요를 충족시키는 데 상당한 도움이 될 효율성과 에너지 절약 가능성이 있으며, 동일한 에너지 공급이 더 많은 서비스를 제공할 수 있다.

12.6.2 에너지 강도 향상

국제 재생에너지 기구는 특히 운송(전기자동차)과 난방(히트펌프) 등 여러 분야에서 에너지 수요를 줄이기 위한 조치와 함께 **재생에너지와의 전기화가 더 큰 효율성을 가져오는 시너지**가 전 세계 에너지 강도의 더 큰 하락을 달성하는 데 도움이 될 수 있다고 추정했다. 현재 연간 1.8%보다 전 세계 에너지 강도의 연간 약 2.8% 감소(탄소 강도의 감소뿐만 아니라)를 달성하는 데 도움이 될 수 있다. (수요가 2020~2050년 30년 기간에 85% 감소하면 에너지 수요의 연간 6% 감소에 해당한다.) 이것은 산업, 건축, 운송 부문의 세계 에너지 수요를 연간 약 10만 TWh로 일정하게 유지할 것이다.

그러나 2015년 파리 회의에서 각국이 했던 약속이 달성되었다 하더라도 **2050년 우리의 에너지 대부분은 여전히 화석연료에서 나올 것**이기 때문에 우리가 지금 논의하는 것처럼 에너지 공급을 빨리 탈탄소하는 것이 시급하다.

12.7 세계 에너지 공급의 탈탄소화

BP나 셸과 같은 화석연료 회사부터 국제 에너지 기구(IEA) 또는 국제 신재생에너지 기구(IRENA)에 이르기까지 여러 기관은 이러한 배출에 영향을 미치는 특정 가정 하에서 인공 온실가스 총 배출량의 증가에 대한 예측(시나리오)을 제공한다. 여기에는 예측 기간 동안의 인구, 경제 활동, 생활 방식, 토지 사용, 기술 및 기후 정책이 포함될 수 있다. 기준 또는 **BAU**(business-as-usual, 과거와 동일하게 달라지는 것 없이 행동하는) **시나리오**는 배출량을 제한하기 위한 추가적인 노력이 이루어지지 않는 시나리오이며, 따라서 파리협약 이후 지구온난화는 2100년까지 약 3.2°C가 될 것이다.

IEA 시나리오 중 하나인 **지속가능성 개발 시나리오**(SDS)에서, 에너지 효율(44%)과 재생에너지(36%)는 2040년 BAU 배출량 대비 감축량의 80%를 차지한다. (SDS는 UN의 세 가지 지속가능성 목표인 지구온난화 제한, 대기오염 저감, 보편적 에너지 접근을 실현하는 것을 다룬다.) 이러한 변화는 오염으로 인한 조기 사망자를 16억 명 줄이고, 10억 명 이상의 사람들이 전기와 깨끗한 요리에 접근할 수 있게 할 것이다.

불행하게도 이 IEA 시나리오에서 배출량은 2040년까지 절반까지밖에 감소되지 않을 것이고, 세계는 여전히 화석연료, 특히 천연가스에 의존하고 있으며, 온난화를 1.5°C에 가깝게 제한하기 위해서는 2050년 이후 상당한 양의 배출 감축 기술이 필요할 것이다. **더 빠른 전환 시나**

리오(faster transitions scenario, FTS)에서도 배출량은 2060년까지 탄소중립에 도달하지 않으며, CCS는 온난화를 1.5°C로 제한하기 위해 배출량을 포집하기 위해 산업에서 광범위하게 사용될 것으로 가정한다. 그러나 CCS와 배출 감축 기술에 대한 의존은 해당 기술들이 대규모로 적용된 적이 없기 때문에 매우 위험하며, 그것은 또한 화석연료로부터의 전환을 지연시킨다. 그러므로 이 절에서 설명한 시나리오에서 CCS와 배출 감축 기술이 배출량 감소의 10%를 차지하는 비교적 작은 범위에서만 사용되는 이유가 여기에 있다. 그렇다면 **2050년까지 탄소중립을 달성하고 온난화를 약 1.5°C로 제한**하기 위해 세계는 무엇을 할 수 있을까?

본질적으로, 동일한 결과를 초래하는 저탄소 기술과 수요 제한의 다양한 조합이 있다. 아래 처방은 TFEC가 100,000 TWh인 **IRENA(2018) 시나리오**를 기반으로 한다. 바이오매스의 기여는 현재와 거의 같지만 전통적인 자원보다는 현대적인 자원이다. 바이오매스는 저장될 수 있어 매력적이며 따라서 수요와 공급의 균형을 맞추는 데 사용될 수 있는 조절 가능한 공급원이다. 그러나 4장에서 본 바와 같이 바이오매스의 지속가능성에 대한 우려가 있으며, 재생가능 공급의 큰 증가는 풍력 및 태양광 발전에서 비롯된다.

관련 기술에 대한 장들에서 논의한 바와 같이, 대규모 투자로 인해 풍력과 태양광 발전의 성장은 그들의 총 설치 용량이 2050년까지 연간 6만 TWh를 생산할 수 있는 수준이었다. 바이오매스, 수력 발전, 집중 태양열 발전, 지열 발전, 해양 전력의 생산과 함께, 2050년까지 재생 가능한 공급의 총 생산량은 연간 90,000 TWh가 될 수 있다. 원자력은 연간 약 5000 TWh를 발생시키고, 화석연료 연소는 10,000 TWh를 발생시키며, 직접 또는 대기 탄소 포집으로 총 105,000 TWh의 저탄소 공급량을 생산할 수 있다. 모든 저탄소 기술의 2050년까지 접근 가능한 잠재량이 표 12.2에 제시되어 있다.

2015년, 재생에너지에서 나오는 에너지의 비율은 약 18%였으며, 대부분은 바이오 에너지와 수력 발전에서 나왔다. 2050년까지 배출량 제로 궤도에 오르기 위해서는 2037년까지 재생에너지 비율이 60%에 가까워져야 하며 화석연료 비율은 약 35%로 떨어져야 한다. 2050년에는 에너지 수요의 약 85%가 재생에너지, 5%가 원자력이며, 탄소 포집으로 화석연료의 잔여 배출량이 제거된다. 탄소 강도를 낮추는 것은 석탄에서 가스, 풍력, 태양열과 같은 낮은 배출량을 가

표 12.2 저탄소 전력원의 2050년까지 접근 가능한 잠재량

저탄소 전력원	전위(TWh y^{-1})	저탄소 전력원	전위(TWh y^{-1})
CCS*	10,000	태양광 PV	40,000
수력	7000	태양열 CSP***	5000
해양**	1000	바이오매스	15,000
지열	1800	원자력	5000
풍력	20,000	**합계**	**104,800**

*산업 및 대기 포집, **조수와 파도, ***태양열 포함

진 연료로 바꾸거나 CCS와 원자력을 사용함으로써 달성될 수 있다.

그림 12.3은 2037년에 세계가 예정 방향으로 나아가기 위해 전 세계 최종에너지 소비에 대한 재생에너지 기여도가 어떻게 될지를 보여 준다. 2037년까지 화석연료 소비량은 운송용 석유와 난방용 가스, 그리고 일부 전력으로 제한되며, 석탄은 더 이상 사용되지 않는다. 이 시나리오에서 배출량은 약 9 $GtCO_2\ y^{-1}$이다. 2060년까지 이 목표에 도달하지 못하고, 2090년까지 제로 배출이라면, 온난화는 약 2°C로 제한될 것이지만, 기후변화의 결과는 훨씬 더 심각할 것이다.

전기자동차, 히트펌프, 전력 대 가스(power-to-gas)의 성장은 2037년까지 연간 50,000 TWh의 전기 수요를 2배로 증가시킨다. 전기모터의 높은 효율은 운송 수요를 거의 동일하게 유지한다. 개발도상국에서 전통적인 바이오매스 사용은 크게 감소하는데, 태양전지판은 취사와 조명을 위한 전기 공급을 제공하지만, 난방과 운송을 위한 현대적인 바이오매스는 그 비중이 증가했고, 바이오매스(전통적 및 현대적)는 2015년과 같이 대부분 열로 연간 약 15,000 TWh를 제공한다.

원자력과 수력 발전은 각각 4000과 6000 TWh y^{-1}의 전기를 더 생산하지만, 가장 큰 증가는 풍력 발전이 10,000 TWh y^{-1}이며 태양광 발전소가 20,000 TWh y^{-1}에 달하며, 2037년 목표 전력 소비량인 50,000 TWh의 약 80%를 공급할 것이다. 풍력과 태양광 발전소의 건설은 배터리 저장 비용이 급격히 하락해 공급 변동성 관리에 도움을 받을 것으로 보인다. 나머지 전력 발전량은 주로 다른 재생에너지와 가스 발전소에서 나올 수 있다. 재생가능 발전소의 적극적인 확장이 필요하며, 유지된다면 2050년까지 약 75,000 TWh y^{-1}의 전기 발전을 가능하게 하고 그때까지 탄소중립을 달성할 수 있을 것이다.

열을 탈탄소하는 기술의 발전 외에도, 특히 일부 산업 공정에 대해서는, 전기 그리드의 균형을 맞추기 위해 사용되는 일부 가스 연소 발전기의 경우처럼, **탄소 포집 및 저장**이 필요할 것이

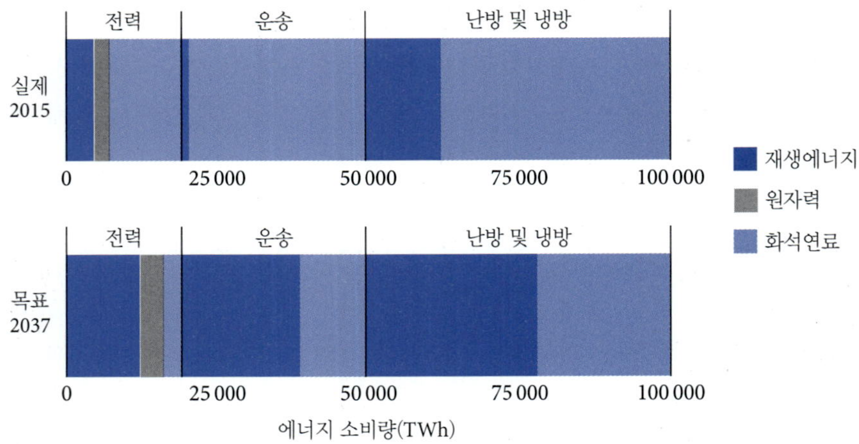

그림 12.3 2050년까지 지구온난화 1.5°C 제한을 목표로 하는 재생가능 에너지의 2037년 증가폭. 2015년에는 기계, 가전, 조명용 전력 공급량이 생산된 전력의 약 80%를 차지했으며, 나머지 20%는 냉난방에 사용되었다.

다. 이 기술은 개발은 되었지만 현재 널리 사용되지 않기 때문에 보조금, 규제 및 탄소 가격의 일부 조합을 통해 촉진되어야 한다(3.7절 참조). 그러나 CO_2 배출량이 온난화를 1.5°C로 제한할 정도로 빠르게 감소하지 않을 것이라는 매우 현실적인 위험이 존재하기 때문에, 그것은 생산 현장에서 포집하는 것뿐만 아니라 대기 포집 규모의 포집 또한 필요할 것이다.

12.7.1 자연기반 솔루션 및 배출 저감 기술

자연기반 솔루션(Nature-based Solution, NbS)은 CO_2 배출량을 흡수 및 감소시키고 극한 기후에 대한 보호를 제공하여 완화 및 적응을 모두 제공할 수 있다. 이러한 행동들은 또한 생물다양성과 복지를 향상시킬 수 있다. NbS 추정 10 $GtCO_2\ y^{-1}$ 경감 중(모든 비용은 \$100 tCO_2^{-1} 미만, 3분의 1은 \$10 tCO_2^{-1} 미만) 토지 보호와 관리는 각각 4 $GtCO_2\ y^{-1}$에 기여하고 숲 복원은 2 $GtCO_2\ y^{-1}$에 기여할 수 있다. 이 행동들은 지구온난화를 2075년까지 0.3°C만큼 줄일 수 있지만, 급격한 탈탄소화와 결합할 경우에만 그러하며, 그렇지 않으면 상승하는 온도는 생태계로 하여금 순수 배출자가 되도록 만들 것이다. 2050년 이후에는 NbS의 일부가 포화된다.

더 많은 나무를 심는 것은 대기에서 이산화탄소를 제거하는 가장 쉽고 저렴한 방법 중 하나이고, 세계적으로 900 밀리언 헥타르(Mha)를 이용할 수 있다고 추정되어 왔지만, 우선 과제는 나무들의 막대한 연간 손실을 막는 것이다. 이미 매년 1000만 헥타르 정도의 숲이 콩이나 팜유나 기타 작물들을 위해, 그리고 소의 방목을 위해 개간되고 있다. 이 손실은 연간 전 세계 이산화탄소 배출량의 약 10분의 1이며, 생물 다양성의 커다란 손실을 초래한다. 또한 나무가 많은 양의 CO_2를 격리하는 데 필요한 면적은 매우 크다(성숙한 나무가 200 $GtCO_2$를 흡수하기 위해서는 약 250 Mha ; 미국 면적의 약 4분의 1). 이후 다 자란 나무들은 예를 들어 건물에 사용되는 목재로 대체되어야 할 것이다. 임업 부산물은 에너지(열 또는 전기)를 생산하기 위해 연소될 수 있으며, 배출되는 CO_2는 포집하여 저장할 수 있다고 제안되었다. 이 **바이오 에너지 탄소 포집**(bioenergy carbon capture, BECC)은 논란의 여지가 있으며, 토지 사용의 변화가 배출량의 순 감소를 초래하도록 보장하기 위해 주의를 기울여야 할 것이다. 게다가 그것은 아직 개발되지 않았고 경작지와 담수에 대한 다른 수요들과 경쟁할 수 있다.

기후변화로 인해 산불의 위험도 증가하고 있다. 하지만 화학 흡수제를 사용하여 공기에서 이산화탄소를 직접 채취하는 **직접 대기 포집**(direct air-capture, DAC)이라고 하는 방법이 가능하다. 바이오매스를 사용하는 것보다 훨씬 더 간편하고 확실한 공정이지만 현재 가격이 비싸다. Origen Power는 탄소 포집과 상업적 가치가 있는 석회 생산을 결합해 비용 절감을 노리고 있다. Carbon Engineering에서 개발 중인 또 다른 방법은 수산화칼륨(KOH)을 사용하는데, 수산화칼륨은 이산화탄소와 접촉하면 탄산칼륨(K_2CO_3)이 만들어진다. 석회($Ca(OH)_2$)는 수산화칼륨을 재생하고 탄산칼슘($CaCO_3$)을 형성하는 데 사용되며, 석회는 압축 및 저장을 위해 가열되고, 이때 이산화탄소를 배출한다. 이 후자의 과정에서 석회가 재생된다(그림 12.4 참조).

그림 12.4 연간 약 100만 톤(연간 25만 대의 자동차가 배출하는 탄소량)의 CO_2를 집합적으로 포집하는 Carbon Engineering 공기 접촉기의 디자인[R. de Richter et al. Progress in Energy and Combustion Science 60 (2017) 68~96]

그들은 이산화탄소를 포집하는 비용이 톤당 100달러까지 낮아질 수 있다고 추정한다. 관련된 반응은 다음과 같다.

$$CO_2 + 2KOH \rightarrow K_2CO_3 + H_2O; \quad K_2CO_3 + Ca(OH)_2 \rightarrow 2KOH + CaCO_3$$

$$CaCO_3 \rightarrow CaO + CO_2; \quad CaO + H_2O \rightarrow Ca(OH)_2$$

이미 운용 중인 또 다른 DAC 방식은 Climeworks의 방법으로, 선택적 필터에 의해 공기 중에서 이산화탄소가 흡수되어 필터가 80~100°C로 가열되면 배출된다. 순수한 이산화탄소는 물과 섞여서 지하에 퍼져 뜨거운 현무암과 반응하고 몇 년 후에 돌로 변한다. 가열된 물은 선택적 필터를 가열하는 데 사용되는 표면으로 다시 보내진다. 또 다른 회사인 Global Thermostat은 실험 공장의 공기에서 이산화탄소를 흡수하기 위해 아민 기반 흡수제를 사용하고 있으며, 거대 석유 회사인 ExxonMobil과 협력하여 기술 확장을 돕고 있다.

이산화탄소를 분리하는 대신 이산화탄소를 수소와 반응시켜 연료 또는 화합물로 전환할 수 있다. 최근 옥스퍼드대학의 한 연구그룹은 값싼 철 기반 촉매를 사용하는 항공 제트 연료의 높은 생산량을 보고했다. 녹색 수소를 사용하는 경우, 연료는 탄소 중립이 될 것이다. 독일 카를스루에공과대학에서 개발 중인 또 다른 방법은 대기에서 이산화탄소를 포집하고 이를 카본 블랙으로 변환하여 타이어를 생산하는 것이다.

배출되는 CO_2가 대기 전체에 분산되어 있기 때문에 공기 포획 공장은 어디든 위치할 수 있으며 바람이 많이 불거나 높은 태양 복사량을 가진 지역에서처럼 값싼 저탄소 에너지원에 근접할 수 있다. 연구 중인 다른 방법으로는 감람석과 같은 규산 마그네슘 암석을 채굴하여 주로 습한 지역에 미세하게 퍼뜨림으로써 풍화를 강화하는 방법이 있다. 풍화작용은 이산화탄소를 중탄산염으로 변환시키고, 중탄산염은 비에 씻겨 강으로 바다로 보내져서, 결국 탄산염으로 침전한다. 바이오 숯 매장(바이오매스 및 바이오 숯 생산에 사용될 수 있는 토지의 양은 불확실함)은 이산화탄소의 흡수를 증가시키기 위해 해양의 일부를 영양소(특히 철)로 비옥하게 하는 것인데, 바람직하지 않은 부작용이 우려된다. 그리고 해양의 알칼리성을 증가시켜 CO_2 흡수를 증가시키고 해양 산성화를 상쇄시킨다. 이러한 모든 방법의 과제는 규모와 비용이며, 환경에 위험이 있을 수 있다. 게다가 배출 흡수 기술(negative emission technologies, NET)의 적용 실패는 기후변화에 가장 취약한 사람들에게 가장 큰 영향을 미치기 때문에 완화 노력을 게을리하는 **도덕적 해이**를 피해야 한다.

12.8 글로벌 탈탄소 경제

국가들은 에너지를 깨끗하게 생산하고, 필요한 곳에서 기술을 바꾸고, 필요한 모든 서비스를 제공하기 위해 에너지를 사용해야 한다. 이러한 전환 비용은 특히 산업에서의 발전 비용과 전환 기술의 비용과 필요한 에너지양에 따라 달라질 것이다. 미국의 현재 평준화 발전 비용 추정치를 그림 12.5에 나타냈다.

한계 비용은 연료비와 운영 및 유지보수(operation and maintenance, O&M) 비용을 더한 비용이다. 한계 비용에 있어서 기존 발전소의 경우 연료비가 지배적이지만, 재생에너지는 연료비가 없고 원자력 연료 비용이 상대적으로 적기 때문에 재생 및 원자력 발전소의 경우 O&M 비용이 지배적이다. 한계 비용은 기존 발전기에서 1 MWh씩 전력 공급을 늘리는 비용으로 정의된다. 높은 균등화 발전 비용(LCOE)을 갖는 석탄 발전소의 탄소 포집 비용 비율은 90%이지만 CO_2의 운송 및 저장 비용은 포함되지 않는다.

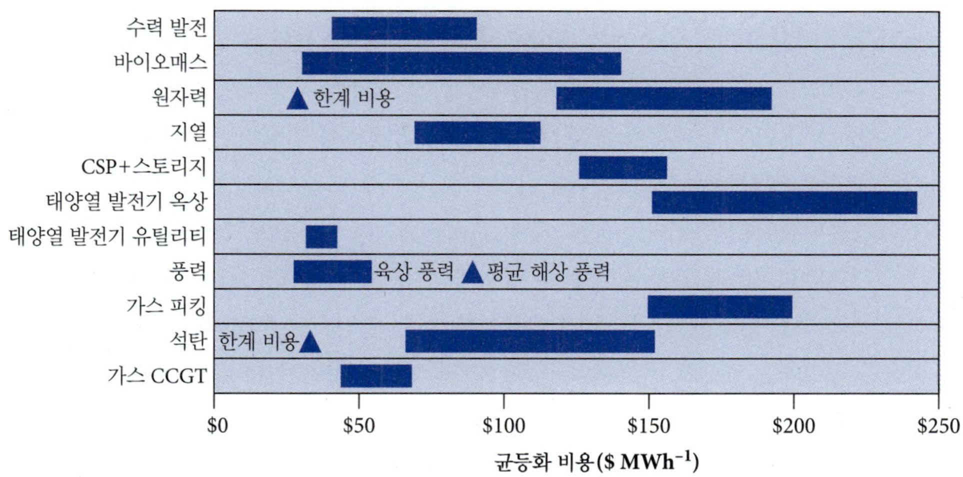

그림 12.5 미국 LCOE(보조금 미지원)(출처: Lazard 2019; IRENA for hydropower and biomass LCOE)

해상 풍력 비용은 최근 몇 년 동안 급격히 하락하고 있으며 2020년대 중반에는 기존 발전소와 경쟁할 수 있을 것으로 보인다. 풍력 및 태양광 발전기는 저장장치가 없으면 기존 발전기를 대체할 수 없지만, 가스 피킹 발전소(피크 수요에만 가동되는 발전소)에 비해 비용이 낮기 때문에, 배터리를 사용한다면 단기간의 피크 수요를 담당하기 위한 경쟁력이 점점 높아지고 있는데, 이는 배터리(주로 리튬이온)의 가격이 떨어지고 있기 때문이다. 우리는 몇 년 전 많은 나라에서 새로운 재래식 발전소와 비교하여 비용경쟁력을 갖게 된 육상 풍력 발전소 및 대규모 태양광 발전소가 현재 재래식 발전소의 한계 비용과 함께 경쟁력을 갖추게 되었으며, 그들이 세계의 총 필요 에너지를 공급할 수 있다는 것을 알 수 있다.

최종에너지 총 수요는 인구, 경제 성장, 정책, 라이프스타일 요인에 의해 영향을 받을 것이다. 이 전환은 또한 화석연료 산업에 일자리 감소를 야기할 것이다. 하지만 재생가능 에너지 산업에는 많은 새로운 일자리가 생길 것이다. 이러한 사회적 비용과 격변은 재정적 지원과 재교육을 통해 해결되어야 할 것이다. 이 비용은 개별 화석연료 노동자가 아닌 정부가 부담해야 한다는 '정의로운 전환'의 개념이 파리협약을 통해 인식되었다.

전 세계 재생에너지 회사는 수십억 달러의 투자를 요구할 것이다. (그중 일부는 화석연료 회사로부터 박탈된 것으로부터 올 수 있다.) 하지만 화석연료에 대한 우리의 의존을 지속하는 데 드는 총 비용은, 건강에 미치는 영향과 기후변화로 인한 환경 훼손으로 인해 재생에너지에 필요한 비용보다 몇 배 더 많을 것이다. 이러한 외부 효과는 탄소 가격을 부과함으로써 충분히 인식하고 고려할 필요가 있다. 탄소 배출에 대한 가격 외에도, 화석연료에 대한 많은 보조금은 없어질 필요가 있다.

12.8.1 완화 정책의 탄소 가격

대부분의 국가에서는 저탄소 또는 에너지 효율 기술에 보조금을 지급하거나 고탄소 기술을 제한하는 완화 정책이 있다(예: 전기자동차 또는 가정용 단열재 보조금, 또는 연료 효율 표준). 이러한 조치들이 이산화탄소 배출량을 줄이고 있기 때문에, 그 비용은 절약된 이산화탄소의 톤당 파운드나 달러로 표현될 수 있다. 예를 들어 7펜스(100펜스 = 1파운드) kWh^{-1}로 전기를 공급하고 1 $kgCO_2\,kWh^{-1}$의 배출량을 가진 석탄 화력 발전소를 건설하는 것과 비교하여 3펜스 kWh^{-1}로 전기를 생산하는 새로운 수력 발전소를 가정해 보자. 절약량(음의 비용이라고도 불림)은 CO_2 1톤당 40파운드이다. 마찬가지로, 500파운드의 비용으로 건물을 단열하면 건물의 수명 동안 25,000 kWh의 열을 절약할 수 있는데, 이는 4펜스 kWh^{-1}로 0.25 $kgCO_2\ kWh^{-1}$을 배출하는 가스가 난방을 위해 연소되기 때문이다. 이는 할인율을 무시하면 CO_2 1톤당 80파운드의 비용을 절감하는 것으로 해석할 수 있다. 반면 자본 비용은 이미 상환되었고 전기 가격은 오로지 석탄의 비용만을 반영하는 배출량 1 $kgCO_2\ kWh^{-1}$과 발전 단가 3펜스 kWh^{-1}인 기존 석탄 화력 발전소와 비교하여, 5펜스 kWh^{-1}로 발전하는 새로운 육상 풍력 발전소의 경우,

비용은 CO_2 1톤당 20파운드이다. 그러나 비용 절감은 이익의 일부를 상쇄하는 행동 변화(반등 효과)를 초래할 수 있다. 예를 들어, 단열 개선을 통해 절약되는 난방 비용 중 일부는 집을 더 따뜻하게 유지함으로써 줄어들 수 있다.

Lazard는 풍력 및 태양광 발전소를 장려하기 위한 정책이 석탄 대비 톤당 36~41달러 및 가스 CCGT 대비 톤당 23~32달러로, CO_2 배출을 줄이는 데 특히 비용효율적일 수 있다고 추정했다(통합 비용은 무시)(Lazard 2019). 이러한 **감축 비용**은 프로젝트의 전체 기간을 커버하기 때문에 CO_2를 감소시키는 단기적 또는 고정적 비용이라고 불리는 비용이다. **비용 중립 탄소 가격**이라고도 할 수 있는데, 이는 톤당 CO_2의 가격이며, 여기에 CO_2의 평생 절약량을 곱하면 프로젝트의 비용과 같다. 그러나 프로젝트의 효과가 프로젝트 수명을 초과할 수 있기 때문에 장기적이거나 동적인 비용도 있다. 특히 CO_2 배출량 감소로 인한 기후변화 피해의 감소는 장기적이며 **탄소의 사회적 비용**이라고 한다. 그것은 CO_2의 톤당 손상의 현재 가치로 표현된다. 이는 기후 손상의 경제적 효과, 변화하는 기후에 대한 적응 비용, 미래 세대의 피해에 대한 가치를 포함하기 때문에, 즉 누적 배출량이 증가함에 따라 CO_2 1톤당 피해가 증가할 것이기 때문에 적용할 적절한 할인율을 정량화하기 굉장히 어렵다. 또한 사회적 비용에 포함되지 않은 CO_2 배출량 감소로 인한 공기질 개선으로 인한 건강상의 이점이 있으며, 이는 상당할 수 있고 즉각적인 조치를 촉진할 수 있다.

미국 오바마 행정부는 2017년 탄소의 사회적 비용을 이산화탄소 톤당 46달러로 계산했다. 이 값보다 낮은 정적 저감 비용을 갖는다고 최근에 예측된(Gillingham 2018) 발전 기술은 육상 풍력, 천연가스 복합 발전, 대규모의 태양광, 90%의 CCS가 적용된 새로운 천연가스 발전으로 추정된다(CCS 비용 추정이 낙관적일 수 있다는 점에 유의). 탄소 가격을 탄소의 사회적 비용과 동일하게 책정하는 것이 경제적으로 가장 좋은 조치가 될 수 있다. 왜냐하면 탄소 배출로 인한 피해를 가장 저렴하게 완화하는 조치를 촉진할 것이기 때문이다. 그러나 이는 화석연료에 대한 기득권이 강해 정치적으로 어려울 수 있으며, 실제 사회적 비용에 대한 불확실성도 상당하다.

최근 연구(Ricke 2018)는 탄소의 전 세계 사회적 비용이 약 200~800달러 사이로 훨씬 더 높다고 밝혔고, CO_2 1톤당 400달러 가까이 될 가능성이 높다고 밝혔다. 추가적인 지구온난화는 개발도상국들이 일반적으로 선진국들보다 더 덥기 때문에, 개발도상국들을 불리하게 만드는데, 왜냐하면 낮은 농업 생산량과 홍수로 인해 더 높은 기온이 그들에게 더 많은 영향을 미치기 때문이다. 이 연구는 인도가 가장 큰 영향을 받을 것이며, 사회적 비용은 CO_2 1톤당 90달러라는 것을 발견했다. 그리고 비록 GDP에 대한 비율의 영향은 인도보다 미국이 더 적지만(미국이 더 시원하기 때문에), 미국의 높은 GDP(세계 최고)는 미국을 인도 다음인 CO_2 1톤당 50달러로 만들었다. 이에 따라 배출을 억제하는 것이 미국의 장기적 이익에 부합할 것이라고 주장한다.

그러나 고려해야 할 것은 장기적인 사회적 또는 건강 비용뿐만이 아니다. 단기적으로는 비용이 많이 드는 신기술로부터 장기적인 경제적 이익이 있을 수 있지만, 대량 생산으로 인한 학습

효과와 규모의 경제는 매우 경쟁력 있는 것으로 입증될 수 있다. 주목할 만한 예는 2000년대 독일, 캘리포니아, 중국의 태양광 패널 제조에 대한 정부와 국가의 지원으로 막대한 비용 절감으로 이어졌고, 현재 세계 곳곳에서 화석연료 생산과 경쟁하고 있는 태양광 발전으로 이어졌다. 반면에 단기적으로는 석탄에서 천연가스로의 연료 전환은 매력적일 수 있지만, 화석연료 인프라에 갇혀 재생에너지의 확장과 잠재적 비용 절감을 감소시키고 탄소의 사회적 비용을 소홀히 하는 투자가 될 수 있다. EV 충전소에 보조금을 지급하는 것은 비용이 많이 드는 것처럼 보일 수 있지만, 배터리 수요를 증가시키는 EV 판매를 장려한다. 이에 따라, 대량 생산으로 인한 배터리 가격 인하로 인해 배터리 저장소를 사용하는 태양열 및 풍력 발전소를 그들이 대체할 수 있는 기존의 발전소와 비교하여 더욱 경쟁력 있게 만들고, 이는 재생에너지를 촉진한다. 따라서 단기적으로 비용이 많이 드는 보조금은 매우 큰 장기적 또는 동적 비용 절감으로 이어질 수 있다.

지구온난화를 1.5°C 이내로 유지하기 위한 광범위한 탄소 가격이 추정되고 있으며, 2020년 CO_2 1톤당 105달러의 중간 정도의 탄소 가격이 2030년 CO_2 1톤당 145달러로 상승하고 있다. 연구에 따르면 탄소 가격은 가장 비용효율적인 최소 성능 표준 및 건축 법규와 같은 엄격한 규제 정책으로 보완되어야 한다. 그리고 탄소 집약적 제조업이 배출 기준이 낮은 국가로 이전하는 등 '탄소 누출'을 피하기 위해 EU는 주요 배출국들이 탄소 가격 책정에 동의하지 않는 한 수입품에 **탄소 국경세**를 부과할 것을 2020년에 제안했다.

12.8.2 전환에 필요한 투자

BAU 시나리오에 따르면, 국제 재생에너지 기구(IRENA 2019)는 2050년까지 세계 에너지 부문에 대한 투자가 총 95조 달러에 이를 것으로 추정했다. 그들은 저탄소 기술로 전환하려면 15조 달러가 추가로 필요할 것으로 추정하는데, 이는 이 기간 동안 세계 GDP의 연평균 2%에 해당하는 금액이다. 투자는 화석연료에서 재생에너지 관련 인프라 및 에너지 효율로 이동할 것이다. 재생에너지 비용과 전기화 비용의 급격한 하락은 전환 비용을 낮추는 데 도움이 되었지만, 특히 향후 10년 동안 추가 투자가 일찍이 필요할 것이다.

에너지 분야 보조금은 2015년 최소한 총 6050억 달러로 BAU 시나리오에서는 연간 8500억 달러로 증가할 것으로 예상된다. 그러나 화석연료에서 재생에너지로의 저탄소화 전환 과정에서(주로 운송 및 산업 분야 기술), 에너지 분야 보조금은 2050년에는 연간 4700억 달러로 감소할 것이다. BAU 시나리오에서 전환에 따른 추가 에너지 부문 비용은 환경 및 보건 피해와 화석연료 보조금의 총 비용보다 3~7배가량 적은 것으로 추산된다.

이러한 전환은 건강과 GDP 혜택을 약속하고, 화석연료 산업에서 잃은 것보다 재생에너지, 에너지 효율 및 유연성 향상에서 더 많은 일자리를 창출할 것을 약속한다. 이러한 작업은 지역적으로 연결되거나 동시에 발생하지 않으며 일부 다른 작업은 감소할 수 있다. 전환에 대한 폭넓은 지지, 즉 공정한 전환으로 만들기 위해서는, 이러한 문제를 해결하기 위한 정책이 필요할 것이다. 게다가 저탄소 기술에 대한 투자를 보장하기 위해 덜 부유한 국가들의 충격을 완화하기 위한 자금이 제공되어야 한다.

12.9 적응 및 지구공학

하지만 세계가 위험한 양의 이산화탄소를 배출하지 않고 이 목표를 달성할 수 있을지는 확실하지 않다. 우리는 이미 불리한 기후변화를 일으켰고 배출 목표를 훨씬 초과할 수 있기 때문에, **적응**과 완화에 힘써야 할 것이고, 지구온난화를 줄이는 수단으로서 지구공학에 대한 연구도 수행해야 할 것이다.

12.9.1 적응

이미 발생한 배출량 때문에 지구 평균 온도가 더 높고, 홍수가 더 심하며, 산불이 더 잦아진 상황에서 적응할 필요가 있다. 그러한 기후 영향에 적응하는 것은 배출량이 많을수록 심각성 또한 증가하기 때문에 지체할수록 비용이 더 많이 든다. 배출량을 줄이는 것이 필수적인 것이 되면서 적응은 종종 피할 수 없는 기후변화에 대한 항복으로 간주되어 왔다. 그러나 더 극단적인 날씨와 함께, 기후변화의 영향에 대한 회복력을 키우는 것은 이제 필수적인 것이 되었다.

예를 들어 석탄 화력 발전소에서 나오는 전기를 이용한 냉방과 같은 일부 적응은 지구온난화를 악화시킬 수 있지만, 다른 적응은 홍수를 완충하고 이산화탄소를 흡수하여 완화하고 생물다양성을 증가시키는 해안 맹그로브숲의 재배와 같은 몇 가지 이점을 가질 수 있다(그림 12.6

그림 12.6 사우스 비스케인만을 둘러싼 플로리다주 카드사운드의 맹그로브 해안

참조). 맹그로브숲은 **녹색 탄소**가 아닌 **청색 탄소** 저장소의 한 예이다. 청색 탄소 저장소는 육지와 생태계가 아닌 해안이나 해양에 있다. 연안 지역사회는 홍수 위험이 가장 크지만, 적응에 있어 높은 초기 비용(예: 높은 지대로의 이전이나 홍수 방어물을 건설하는 데 필요한 비용)은 장기적인 경제, 환경 및 개선된 안전으로 상쇄될 수 있다. 하지만 무엇을, 누구를 보호해야 하는지에 대한 어려운 선택을 할 수도 있다.

다른 적응 사례로는 가뭄에 강한 작물로 전환하기, 극한 날씨에 대한 조기 경보 시스템 만들기, 정전 대응 계획, 기후변화로 예상되는 더 더운 여름 동안 시원하게 지낼 수 있도록 설계된 건물로 바꾸는 것 등이 있다. 더 가난한 나라에서는 이러한 프로젝트에 자금을 대는 것이 어려울 수 있으며, 제한된 자금으로 최상의 전략을 세우는 것은 큰 도전이다.

12.9.2 지구공학

지구공학은 CO_2를 제거하는 방법 이외에 CO_2의 증가로 인한 지구 기후에 대한 영향을 줄이려는 행동[예: 지구의 알베도(태양광 반사율)를 증가시켜 CO_2를 제거하는 것]으로 정의할 수 있다. 한 가지 방법은 **황산염 에어로졸**을 상층 대기에 주입하는 것인데, 이것은 햇빛의 일부를 반사하여 지구를 식히는 것이다. 또는 표면을 흰색으로 만들어 **지표면의 반사율**을 높이거나 **공간 반사기**를 배치할 수 있다. 그러나 이러한 작용은 일부 지역에서 강수량과 기온에 상당한 변화를 일으킬 수 있으며 바다의 산성화를 감소시키지는 않을 것이다. 그러나 비용 절감의 필요성 외에도 많은 지구공학 계획이 넓은 지역에 영향을 미치므로, 해결해야 할 중대한 문제가 있다.

CO_2의 대기 포집은 종종 지구공학의 한 예로 포함되지만, 그것은 단지 증상뿐만 아니라 지구온난화의 근본 원인을 다루기 때문에 배출 흡수 기술의 한 예로 12.7.1절에서 별도로 논의되었다. 이러한 이유로 인해 이런 기술들이 일반적으로 선호된다.

12.10 현재 글로벌 상황

세계 주요 경제권인 중국, 유럽연합, 미국, 인도에서 막대한 재생에너지 투자가 일어나고 있으며, 2019~2024년 5년 동안 중국이 재생에너지 증가의 40%를 차지할 것으로 예상된다. 미국에서도 트럼프 행정부의 부정적 태도에도 불구하고 국가, 도시, 기업의 결단력을 통해 상당한 성장이 있었다. 풍력 및 태양열 발전소는 가장 빠르게 성장하는 부문이며, 송전망에 도움을 주고 있다. 많은 그리드가 업그레이드 또는 확장되고 있다. 예를 들어, 2018년에 유럽 전역에 걸쳐 4개의 새로운 상호 연결 업체가 더 많은 재생가능 전력의 통합을 돕기 위해 자금을 지원받았다.

가스와 석유가 풍부한 러시아에서는 재생에너지 보급이 더디게 진행되고 있다. 다만 후쿠시마 사고 이후 원자력에 대한 의존도가 낮아졌지만 여전히 석탄에 상당히 의존하고 있는 일본에서 일부 성장이 이루어졌다. 좋은 수력 발전과 바이오매스 자원이 존재하는 중남미에 대한 투자가 빠르게 증가하고 있지만 브라질, 특히 베네수엘라는 상당한 석유자원을 보유하고 있어

그림 12.7 태양전지판이 있는 인도의 전원 주택(Tibor Bognar/Alamy Stock Photo)

재생 가능 발전으로의 전환이 더뎌질 수 있다. 세계 개발도상국에서는 재생에너지에 대한 투자가 빠르게 증가하고 있으며, 태양광 패널이 있는 분산 발전으로 수백만 명이 전기에 접근할 수 있게 되었다(그림 12.7 참조).

배출량이 가장 많은 국가에서 일어나고 있는 일은 가장 중요한 것이며, 2018년 국가별 CO_2 배출량은 다음과 같다: 중국(28%), 미국(15%), 인도(7%), 러시아 연방(5%), 일본(3%), 독일(2%), 이란(2%), 한국(2%), 사우디아라비아(2%), 인도네시아(2%), 캐나다(2%), 멕시코(1%), 남아프리카공화국(1%), 브라질(1%), 터키(1%), 호주(1%), 영국(1%), 폴란드(1%), 이탈리아(1%), 프랑스(1%), 그리고 세계의 나머지 21%였다. **중국, 미국, 인도는 전 세계 배출량의 50%를 차지한다**. IEA는 2019년 배출량이 풍력 및 태양광 발전의 경제적 성숙, 석탄에서 가스로의 연료 전환, 원자력 발전의 증가에 힘입어 2년간의 성장 끝에 감소했다고 보고했다. 이들 국가의 발전량의 평균 탄소 강도는 2019년 약 6.4% 감소한 kWh당 0.34 $kgCO_2$를 기록했다. 미국은 그 어느 나라보다 배출량이 가장 많이 감소했으며, 이는 2.7% 감소와 맞먹는데, EU(영국 포함)의 배출량 감소는 5.7%이다. 일본도 후쿠시마 사고 이후 원자로를 재가동하면서 배출량이 4.9% 하락했다. 선진 경제권 외의 배출량은 주로 아시아에서 증가했는데, 석탄 수요가 지속적으로 증가하여 에너지 사용의 50% 이상을 공급하며, 전 세계 배출량의 약 10 $GtCO_2$(약 30%)를 차지했다. 그럼에도 불구하고, 단순히 이산화탄소 배출량을 줄이는 것만으로는 충분하지 않다.

12.11 온도 상승을 억제하기 위해 필요한 조치

세계는 2050년까지 화석연료에서 저탄소 에너지, 특히 재생가능 에너지원으로 전환해야 한다. 이는 전 세계적으로 에너지 접근성을 높이는 동시에 에너지 수요를 최대한 줄여야 하는 엄청난 도전이 될 것이다. 세계 생활 수준(1인당 평균 GDP로 측정)은 에너지 공급의 증가를 통해 지난 50년간 2.8배 향상되었다. 하지만 그 에너지는 주로 화석연료의 연소에서 나오고 지구온난화와 기후변화로 이어져 세계의 인구와 환경을 큰 위험에 빠뜨렸다.

2020년 전 세계를 휩쓴 **COVID-19 유행**은 엄청난 인명 손실을 초래했고 세계 경제는 심대한 영향을 받을 것이다. 점차 세계가 회복됨에 따라 국가들은 일자리와 그들이 필요로 하는 에너지 안보를 제공하기 위해 재생가능 에너지에 관심을 기울이기를 희망한다. 그러나 경제 활동의 급격한 하락은 현 세대의 곤경을 해결하기 위해 자금이 필요할 것이기 때문에 이 변화를 이루기가 더 어려워질 것이다. 그렇지만 기후변화는 실존적 위협이기 때문에, 우리는 가능한 한 빨리 에너지 공급을 탈탄소화하고 소비와 화석연료를 줄이는 것을 가속화해야 한다.

12.11.1 화석연료 감축

당면한 주요 과제 중 하나는 석탄 사용을 줄이는 것인데, 석탄의 연소는 전 세계 이산화탄소 배출량의 3분의 1을 야기한다. 석탄 화력 발전소의 용량은 2000~2019년 동안 거의 2배가 되어 2000 GW까지 치솟았는데, 중국 경제가 매우 빠르게 성장했기 때문이다. 중국은 현재 세계 총 생산 능력의 절반을 보유하고 있으며 미국과 인도가 또 다른 쿼터를 차지하고 있다. 석탄 사용도 인도에서 빠르게 증가했지만 중국과 인도 모두 재생에너지가 저렴해지고 대기오염과 기후변화에 대한 우려로 인해 증가가 둔화되고 있다. 그러나 중국의 '**일대일로 프로젝트**'와 관련된 새로운 석탄 화력 발전소가 걱정거리이다. 미국과 유럽의 석탄 수요는 감소하고 있고(비록 독일에서 부분적으로 원자력의 단계적 폐기 때문에 빠르지는 않음), 석탄 연소로 인한 배출량은 거의 정점에 도달한 것처럼 보인다. 그러나 세계적으로 석탄 연소로 인한 배출량은 1.5°C 목표를 달성할 만큼 충분히 빠르게 떨어지고 있지 않다. 따라서 **새로운 석탄 발전소가 지어지지 않아야 하고 기존 석탄 발전소는 더 빨리 단계적으로 폐지되어야 한다**. 석유 수요가 감소해야 되는데 이는 휘발유 및 디젤 자동차와 밴(전 세계 CO_2 배출량의 약 10%를 차지하는)에서 전기자동차로 전환되면서 일어나기 시작하고 있으며, 수압 파쇄법(fracking, 셰일가스 시추기술) 중단을 통해 가스 수요 또한 감소해야 한다. 그리고 산업과 건물에서 전력 대 가스(power-to-gas) 및 히트펌프를 통해 깨끗한 열을 공급하는 기술의 변화 속도는 더욱 빨라져야 한다. 수소 생산을 위해 재생에너지로부터 전기를 사용하는 수전해 기술의 발전이 가속되고 있는 것은 고무적이다.

재생에너지로의 전환 속도는 특히 미국에서의 영향력 있는 위치에 있는 **기후변화 부정자**(climate change denier)로 인해 크게 방해받았다. 기후변화가 이산화탄소 배출에 의해 야기된 것이 아니라는 이러한 부정은 현상 유지를 위한 기득권자들, 특히 화석연료 산업에 의해 촉진되었다. 지속적인 화석연료 추출은 이미 전 세계 CO_2 배출량의 상당부분을 탄소 포집에 의존함으로써 정당화되고 있다. 그러나 탄소 포집을 위한 기술이 대규모에서 확립되지 않았고 일반적으로 재생에너지를 더 많이 사용하는 것만큼 저렴하지도 않기 때문에 이는 매우 현명하지 못할 것이다. 즉, 그것은 선택된 공정에 대해서만 비용효율적이고 전 세계 배출량의 10%만 제거할 수 있다. 예를 들어 유나이티드항공은 2020년에 직접 대기 포집 기술에 대한 투자를 통해 2050년까지 탄소 중립을 달성하겠다고 발표했다.

지하에 남겨야 할 화석연료 매장량을 보유한 기업에는 수십억 달러가 묶여 있고, 2020년 주요 석유회사인 BP와 쉘은 2050년까지 탄소중립 목표를 발표했다. 이러한 '**좌초 자산**'은 많은 화석연료 발전소들처럼 가치가 없어질 것이다. 그뿐만이 아니라, 화석연료 연소에 의존하는 많은 직업들이 사라질 것이고, 이 문제를 해결하는 한 가지 방법은 탄소 가격에서 나오는 수입의 일부를 저탄소 경제로의 전환으로 인해 실업자가 된 사람들을 지원하기 위해 사용하는 것일지도 모른다. 현재 **탄소 배출에 대한 가격**은 탄소세 또는 배출권 거래 제도를 통해 여러 계획을 통해 제시되고 있다. 유럽연합의 계획에서, 정치적 압력으로 인해 탄소 배출에 대한 가격은 화석연료에 제동을 걸기에는 너무 낮은 가격(배출되는 CO_2 톤당)으로 이어졌다. 그 결과 영국은 석탄 화력 발전소의 조기 폐쇄(2025년까지)를 야기하는 데 도움이 되는 최소한의 탄소 가격을 도입했다. 미국에서는 일부 주(및 바이든 대통령 치하의 연방정부)가 주도권을 가지고 있으며, 북동부와 캘리포니아에서는 이미 계획이 진행되고 있다. 중국은 배출량을 줄이고 재생에너지로 전환하는 데 도움이 될 대규모 배출권 거래 계획을 도입할 계획이다.

탄소 배출에 대한 가격 외에도, **화석연료에 대한 많은 보조금**은 없어질 필요가 있다. 화석연료의 연소로 인한 전 세계 연간 건강 비용만 적어도 이 보조금의 6배로 추정되고 있으며, 재생에너지로의 전환을 가속화하는 것이 얼마나 중요한지를 보여 준다. 기후 관련 소송은 탄소 배출 회사와 국가에 압력을 가하며, 세계적으로 그러한 소송이 크게 증가하고 있다. 화석연료 회사가 기후변화 관련 피해를 배상해야 한다는 소송이 제기되었지만 2019년 12월 네덜란드 대법원은 국가가 인권 의무에 따라 자국민을 기후변화로부터 보호할 주의 의무가 있다고 판결했다. 많은 회사들이 이제 기후변화의 위협을 인정하고 2050년까지 탄소중립에 도달하겠다고 약속했다. 그러나 계획이 현실적이고, 정밀 감사에 개방적이며, 입증되지 않은 기술에 의존하지 않는 중간 이정표를 두는 것이 중요하다. 또한 그러한 목표와 연계된 투자를 하는 것이 행동을 장려할 것이다.

12.11.2 소비 감축

소비량과 에너지 수요를 줄일 수 있는 방법을 찾는 것은 필수적인데, 이는 전력 공급의 탈탄소화에 필요한 속도를 감소시키기 때문이다. 1970년 이래로 세계 인구는 2배로 증가했고, 연간 이산화탄소 배출량은 250% 증가했으며, 세계의 부(GDP)도 4.5배 증가했다. 화석연료 사용을 통해 평균적인 생활 수준은 증가했지만, 그것은 전 세계 자원의 엄청난 고갈과 악화를 초래했다. 1970~2014년 동안 척추동물 개체수는 평균 60% 감소했고, 현재 약 100만 종의 동식물이 멸종 위기에 처해 있으며, 광대한 숲이 소실되었다. 또한 해양과 대기의 심각한 오염과 집중적인 농업(특히 농약)과 지구온난화로 인한 곤충의 급격한 감소는 생물 다양성의 재앙적 손실을 위협한다.

많은 제품이 버려지고 재사용되지 않는 제품 자체의 노후화로 인해 엄청난 폐기물(특히 플라스틱)이 발생하고 있다. 우리가 소비주의에서 벗어나 좀 더 지속 가능한 생활방식으로 옮겨 가고, 재활용과 재사용으로 순환 경제를 장려하는 것이 중요하다. 토지 개간에서 발생하는 배출은 중단되어야 하며, 상당한 재식림을 조성해야 한다. 그리고 특히 여성들에게 더 많은 교육을 제공하고 권한을 부여함으로써 이루어지는 인구 제한은 배출량과 자원에 대한 압박을 줄일 것이다.

12.11.3 탈탄소화를 촉진하기 위한 실천적 조치

주, 도시 및 개인은 **재생가능 에너지** 사용을 촉진함으로써 막대한 기여를 할 수 있다. 이미 캘리포니아와 뉴욕 주, 샌디에이고, 자이푸르, 함부르크, 토론토, 방갈로르 및 기타 많은 지역에서 그렇게 하고 있다. 도시 교통(버스와 기차)과 자동차와 자전거의 전기화는 탄소 발자국을 줄이겠다고 약속하는 기업들과 도시들과 마찬가지로 전환을 가속화할 것이다. 그리고 도로와 항공에서 철도와 선박으로 하는 상품 운송 방식을 바꾸는 것도 도움이 될 것이다. 2021년까지 800개 이상의 도시, 100개 지역, 그리고 1500개 기업이 배출량 제로화를 약속했다.

개인은 재생에너지 기업으로부터 전기와 가스를 공급받거나 옥상 태양광 PV와 태양열 패널을 통해 재생에너지를 자체 생산하는 방식을 선택할 수 있다. 또한 에너지 소비를 줄이고 대중교통을 이용하거나 전기자동차를 빌릴 수 있다. 장거리 비행과 같이 현재 저탄소 솔루션이 존재하지 않고 피할 수 없는 활동의 경우, 탄소 배출을 **상쇄**하는 것이 중간단계적 해결책이다. 그러나 이것은 개인 배출량을 가능한 한 모두 줄이기 위한 대체가 아니다. **지역사회의 참여**는 풍력이나 태양열 발전소를 훨씬 더 많이 수용하도록 이끌 수 있다. 그레타 툰베리(Greta Thunberg)와 그녀의 학생 파업 옹호처럼 'Sunrise Movement'와 같은 사회 운동은 사람들이 기후변화에 대한 조치를 취하도록 고무할 수 있다.

에너지 정책은 화석연료에서 재생에너지로의 거대하고 빠른 전환을 시급히 촉진해야 하며, 이는 전쟁으로 가는 것과 비슷한 격변이다. 미국에서 매우 야심찬 제안은 10년 내에 에너지 공급을 탈탄소시키는 대규모 투자를 하는 것이며, 일자리 창출은 불평등을 해소하는 데 사용된다. 1930년대 루스벨트 대통령의 경기 부양책인 뉴딜 정책과 유사해서 '**그린 뉴딜 정책**'으로 불린다. 2019년 12월, 유럽연합은 2050년까지 순 배출이 없고 경제 성장이 자원 사용과 분리되고 환경이 보호되는 것을 목표로 '**그린 딜**'이라고 불리는 유사한 목표를 가진 계획을 발표했다. 그러한 계획은 성과를 내고 투자자들에게 신뢰를 주기 위한 장기적인 약속이 되어야 한다. 자금 회수가 더디거나 주주들을 위한 민간 기업의 단기 이익과 상충될 수 있는데, 이 경우 강력한 규제나 국가의 개입이 요구된다. 경제학자 마리아나 마추카토(Marianna Mazzucato)는 자본주의가 주주 중심보다 이해관계자에 중점을 두고, 정부가 적극적으로 시장을 형성해 전환을 촉진하는 '**미션 이코노미**'를 주장한다.

가축의 메탄과 같은 비-CO_2 배출량은 식물성 또는 배양된 단백질을 사용함으로써 줄일 수 있다. **육류를 적게 섭취**하면 식량에 필요한 육지 면적이 줄어들고 생태계가 복원될 수 있으며, 재식림을 통해 이산화탄소를 포집하는 데 도움이 될 것이다. 그리고 농업에서는 땅을 갈아엎지 않고 씨앗을 심는 보존 경작이 이산화탄소 배출을 크게 줄일 수 있다. **식품과 소모품에 탄소 발자국을 표시**하면(생산 방법의 광범위한 다양성을 고려하기는 어려울 수 있지만) 일부 제품의 관련 배출량이 높다는 것을 사람들에게 인식시키는 데 도움이 되고, '녹색' 소비에 도움이 될 것이다.

기후변화의 결과는 이미 전 세계적으로, 예를 들면 홍수 위험이 현저하게 증가한 일부 해안 지역이나 극심한 폭염의 위험이 훨씬 더 높은 일부 열대 지역에서 감지되고 있다. **적응**에 대한 투자는 반드시 이러한 지역에서 일어나야 하지만, **완화**의 중요성만을 강조한다. 인공적으로 증가하는 대기 에어로졸을 통해 지구온난화를 줄이기 위해 고안된 계획들도 고려되고 있지만, **지구공학**의 이점이 의도하지 않은 극한 날씨의 위험보다 더 큰지 여부를 평가하기 위해서는 훨씬 더 많은 연구가 필요하며, 그것들이 CO_2 배출을 억제하기 위한 주의를 분산시켜서는 안 된다.

개인은 가족, 친구, 동료들과 재생에너지 지원의 중요성, 화석연료 감축, 긴급한 조치의 필요성에 대해 논의해야 한다. 그리고 시민들의 기후 집회는 효과적인 정책 개발을 도울 수 있다. 산불과 심각한 홍수 같은 극단적인 날씨의 증가는 사람들로 하여금 훨씬 더 많은 합심하는 행동이 필요하다는 것을 깨닫게 하고 있다. 2021년 초에 온실가스 배출의 약 2/3를 담당하는 100개 이상의 국가들이 21세기 중반까지 배출량을 '순-제로'로 줄이겠다는 계획을 발표했다. 이들 국가에는 영국, 일본, 한국, EU, 중국(2060년까지)이 포함되며, 미국은 2021년에 조 바이든 신임 대통령 하에 2030년까지 온실가스 배출량을 2005년 수준에서 50% 줄이겠다는 중간 목표를 발표했다. 이러한 약속은 녹색 투자를 위한 자본 비용을 줄이는 데 도움이 될 것이다.

우리는 이미 지구온난화 문제를 해결하기 위한 기술을 가지고 있다. 전력은 재생에너지에 의해 탈탄소할 수 있으며, 건물, 운송, 산업은 전기화와 녹색 수소 사용으로 탈탄소화할 수 있다. 그러나 우리는 그런 기술의 적용을 위해 더 많은 추진력을 주입할 필요가 있다. 2030년까지 상당한 진전이 중요하다. 풍력 및 태양열 발전소의 전기 비용이 급격히 감소함에 따라 재생에너지 비용은 이제 감당할 수 있게 되었다(지난 몇 년 내에 일부 지역에서는 절반으로 감소). 또한 배터리 저장 비용이 급격히 하락하여 이러한 제품의 적용에 도움이 되고 있고, 전기화는 큰 에너지 절약을 가져온다. 또한 막대한 투자(많은 새로운 일자리 또한 창출)가 필요하겠지만, 아무것도 하지 않는 데 따른 비용 같은 것은 없다. 그리고 화석연료에서 재생에너지로 전환하는 것은 지속 가능할 뿐만 아니라 가장 경제적인 선택이 빠르게 되고 있다.

세계가 COVID-19 전염병으로부터 회복됨에 따라 우리의 환경을 손상시키지 않거나 우리의 삶에 심각한 영향을 미치는 기후변화를 야기하지 않는 힘을 전 세계가 가질 수 있도록 전 세계의 에너지 공급은 저탄소가 되어야 한다.

요약

- 화석연료 연소로 인한 전 세계 이산화탄소 배출은 위험한 기후변화를 위협하며, 온난화가 산업화 이전 수준보다 1.5℃로 제한될 수 있다면 그 피해는 상당히 완화될 것이다.
- 기후변화는 이미 더 빈번한 극단적인 날씨와 생물 다양성의 상실을 초래했다.
- 재생에너지에 대한 보조금, 특히 관세에 대한 보조금은 학습효과와 규모의 경제를 통해 생산량을 증가시키고, 막대한 비용 절감을 초래하여 현재 세계 많은 지역에서 풍력 및 태양광 발전량이 그리드 패리티이거나 또는 그 이하이다.
- 2000~2013년 동안 전 세계 이산화탄소 배출량이 40% 증가하면서 탄소 배출을 줄이려는 세계적인 시도는 효과가 없었다. 2015년 파리협약에서 국가들은 온난화를 산업화 이전 수준보다 1.5℃ 이하로 유지해야 한다고 인정했다.
- 그러나 CO_2 배출을 줄이는 데 대한 국가적 기여는 2050년까지 탄소중립에 도달하기에는 현재 불충분하다. 그것은 전 세계적으로 엄청난 노력과 투자를 필요로 할 것이며, 전기와 열을 모두 탈탄소시키는 것과 더불어 에너지 수요의 매우 큰 감축을 요구할 것이다.
- 탈탄소 전력에 대한 진전은 고무적이지만 산업, 운송, 건축 부문에서 저탄소 기술로의 전환 속도가 급격히 빨라져야 한다.
- 더 엄격한 규제와 함께 탄소 가격을 부과하는 것(대규모 화석연료 보조금 철폐와 함께)은 저탄소 기술로 전환하는 데 도움이 될 것이다.
- 정부는 전환에 추진력을 주어야 하지만, 주, 도시, 지역사회, 그리고 개인은 모두 상당한 기여를 할 수 있다.

추천 문헌

Affordable and clean energy: *www.undp.org/content/undp/en/home/sustainable-development-goals/.*

Bach, L.T. et al. CO_2 removal with enhanced weathering and Ocean Alkalinity enhancement, Front. Clim.(2019), *doi.org/10.3389/fclim.2019.00007.*

Figueres, C. and Rivett-Carnac, T. *The Future We Choose* (Manilla Press 2020).

Gillingham, K. and Stock, J.H. The cost of reducing greenhouse gas emissions, Journal of Economic Perspectives 32 (2018) 53; *pubs.aeaweb.org/doi/pdf/10.1257/jep.32.4.53* (Gillingham 2018).

Goodall, C. *What we need to do now* (Profile Books 2020).

Haszeldine, R. S. et al. Negative emissions technologies and carbon capture and storage to achieve the Paris Agreement commitments. *Phil. Trans. R. Soc. A* 376 (2018): *dx.doi.org/10.1098/rsta.2016.0447*.

Hove, A. Current direction for renewable energy in China, Oxford Institute for Energy Studies (2020); *www.oxfordenergy.org/wpcms/wp-content/uploads/2020/06/Current-direction-for-renewable-energy-in-China.pdf*.

IEA World Energy Outlook 2019; *www.iea.org/reports/world-energy-outlook-2019*.

IRENA, *Global Energy Transformation: A roadmap to 2050* (International Renewable Energy Agency): *www.irena.org/publications* (IRENA2018 and IRENA2019).

Jelley, N. *Renewable Energy: A Very Short Introduction* (Oxford University Press 2020).

Mazzucato, M. *Mission Economy – A Moonshot Guide to Changing Capitalism* (Allen Lane, 2021).

REN21 Renewables 2019 Global Status Report; *www.ren21.net/gsr-2019/*

Ricke, K. et al. Country-level social cost of carbon, Nature Climate Change (2018) *pinguet.free.fr/ricke918.pdf* (Ricke 2018).

Special report on Global Warming of 1.5°C, Intergovernmental Panel on Climate Change, 2018: *research.un.org/en/climate-change/reports*.

Standard of living, the human development index: *hdr.undp.org/en/content/human-development-index-hdi*.

Steffen, W. et al. Trajectories of the Earth System in the Anthropocene (2018): *www.pnas.org/* (HE2018).

Twidell, J. and Weir, T. (2015). *Renewable energy resources*, 3rd ed. Taylor & Francis, London.

UN emissions gap report 2019: *www.unenvironment.org/resources/emissions-gap-report-2019* (UN2019).

https://ourworldindata.org/ Very useful data on Energy and Environment.

https://ukcop26.org/ 26th UN Climate Change Conference, COP26, Glasgow, 2021.

https://unfccc.int/climate-action/race-to-zero-campaign Global campaign to encourage net-zero carbon emissions by 2050 in support of the Paris Agreement.

https://www.ipcc.ch/assessment-report/ar6/ IPCC Sixth Assessment Report (2021/2022). Unequivocal that human influence has warmed the atmosphere, ocean and land.

pubs.acs.org/doi/abs/10.1021/es102641n Reducing energy demand: what are the practical limits? Cullen, J.R. et al. (UofCamb2011).

www.c2es.org/international/negotiations/cop21-paris/summary (COP21).

www.ipcc.ch/report/ar5/ IPCC's Fifth Assessment Report (2013–2014) (IPPC-AR5).

www.lazard.com Levelized cost of energy version 13.0 (Lazard2019).

문제

12.1 지구온난화가 가속화되고 있다는 증거에 대해 토의하라.

12.2 지구온난화를 막기 위해 아무 조치도 취하지 않을 경우 일어날 수 있는 세 가지 지구 재

양을 설명하라.

12.3* 405 ppmv 농도는 대기 중 약 3250 Gt의 CO_2에 상응함을 보여라.

12.4 대기 중 CO_2 농도가 증가하여 발생하는 지구 온도 상승을 증폭시킬 수 있는 효과의 두 가지 예와 '티핑포인트'가 될 수 있는 두 가지 예를 제시하라.

12.5 재생가능 에너지 개발을 촉진하고 화석연료 사용을 막기 위해 채택된 경제 정책은 무엇인가? 이것들은 어느 정도까지 성공했는가?

12.6 교토 의정서가 효과적이지 않은 이유는 무엇인가?

12.7 COVID-19 전염병의 영향에서 기후변화에 대한 긍정적인 결과가 나오고 있는가?

12.8 카야 항등식(Kaya identity)을 설명하고 탄소 강도와 에너지 강도에 초점을 맞춘 이유를 설명하라.

12.9 전기화가 많은 분야에서 에너지 강도를 향상시키기 위해 중요한 이유는 무엇인가?

12.10 프로젝트가 불러올 수 있는 NIMBY(not in my back yard) 태도에 대응하기 위해 정부가 BANANA(build absolutely nothing anywhere near anywhere) 정책을 채택할 필요가 있는가?

12.11 탄소 배출량을 줄이는 방법으로서 규제, 탄소 배출권 거래, 탄소세, 반입관세의 상대적 장점에 대해 논의하라.

12.12 (a)~(d)의 방법으로 탄소 약 1 Gt y^{-1}의 감소를 달성할 수 있음을 보여라. (a) 연간 주행거리 10,000마일에서 연비를 30 mpg에서 60 mpg로 개선한다(전 세계에 2×10^9대의 자동차가 있다고 가정). (b) 약 1400 GWe의 석탄 기반 발전 용량을 가스 기반 전력으로 대체한다(발전소 효율 50%, 효율 33%의 발전소는 석탄으로부터 kWh당 1 kg의 CO_2를, 가스로부터 kWh당 0.5 kg의 CO_2를 발생시킨다고 가정). (c) 풍력 터빈을 약 4000만 헥타르에 설치한다. (d) 셀룰로오스 기반 작물을 약 4억 헥타르의 땅에 심는다.

12.13 왜 에너지 절약이 지구온난화와 싸우기 위해 중요한지, 그리고 왜 보존 조치를 통해 탄소 배출을 줄이는 데 어려움이 있는지 설명하라.

12.14 IEA는 2030년에도 전 세계 에너지의 75%가 여전히 화석연료에서 나올 것이라고 예측했다. 에너지 제공 업체에 관련 배출물의 작지만 증가하는 부분을 제거하도록 요구하는 정책이 효과적인 완화 전략이 될 수 있는가? 탄소 배출량 10 Gt마다 포집 비율을 1%씩 증가시키면 온도 상승이 2°C 미만으로 유지될 수 있는가?

12.15 연속적인 에너지 변환은 100단위의 입력 연료 에너지를 10단위의 에너지 출력으로 제공한다. 최종 사용 효율성 개선이 특히 중요한 이유를 설명하라.

12.16 신흥국들은 부유한 나라들에 비해 어느 정도까지 환경 유해 가스에 대한 제한을 준수할 것으로 예상되어야 하는가?

12.17 건물, 산업, 운송 부문에서 탄소 배출을 줄이기 위해 취해야 할 주요 조치는 무엇인가?

12.18 미래 세대에 대한 책임과 현재의 (에너지) 수요의 균형을 어떻게 맞출 것인가?

12.19 많은 나라에서 건물용 난방에 대한 계절적 수요가 강하다. 이것이 히트펌프를 이용한 전

기 난방을 어렵게 만드는 이유는 무엇인가? 수소를 생산하기 위해 재생 가능한 전기를 사용하는 것이 더 나은 전략이 될 것인가?

12.20 재생에너지 비용의 학습효과를 통한 예상된 감소가 전력 대 가스(power-to-gas)를 CCS보다 더 나은 완화 전략으로 만드는가?

12.21 CO_2 배출량이 2075년까지 0에 도달했을 때 어느 정도로 지구온난화가 제한될지 추정하라. 배출 흡수 기술을 사용하여 온난화를 1.5℃까지 낮출 수 있는지 조사하라.

12.22 지구온난화에 대한 해결책으로서의 지구공학의 전망에 대해 비판적으로 설명하라.

12.23 다음 문장들에 대해 비판적으로 논평하라.

(a) 화석연료의 연소와 관련된 위험은 원자력과 관련된 위험보다 훨씬 더 크다.

(b) 지구온난화를 타개하기 위해서는 탄소 포집 기술을 대규모로 개발하는 것이 필수적이다.

(c) 돈은 지구온난화를 막기보다는 제방을 쌓거나 낮은 지대의 땅에서 사람들을 이주시킴으로써 지구온난화의 영향을 완화하는 데 지출되어야 한다.

(d) 저비용 에너지 저장소의 개발은 지속 가능한 저탄소 에너지를 제공하는 데 있어 핵심 과제이다.

12.24 그림 12.5에 제시된 LCOE 값이 미국의 에너지 정책에 미치는 영향에 대해 논의하라.

12.25 기후변화에 대처하기 위해 전 세계 탄소 가격을 설정하는 것의 중요성에 대해 논의하라.

12.26 그린 뉴딜 정책은 화석연료에서 재생에너지로의 빠른 전환을 가능하게 하는 효과적인 정책인가?

12.27 정부가 채택하도록 당신이 조언하는 완화 전략은 무엇인가? 이유를 제시하라.

12.28 지구온난화 방지를 위해 물 전기분해로부터의 수소의 잠재력을 평가하라.

아래 사이트를 방문하면 더 많은 정보와 자료를 볼 수 있습니다.
www.oup.com/he/andrews_jelley4e

찾아보기

(국문)

ㄱ

가스 수화물 93
가스 터빈 109
가스통 플랑테 383
가압경수로 332
가역 과정 59
갈바닉 배터리 381
감속 331
감속재 331
강제 대류 43
개방 사이클 110
거래 가능한 녹색 인증서 455
건물 일체형 태양광 314
걸프 스트림 20
경제적 잠재력 28
경질성 원유 91
고분자막 수전해 394
고속로 331, 344
고속 핵분열 인자 334
고온 건조 암석 180
고정자 368
고체산화물 전해조 394
공명 탈출 확률 335
공핍 영역 288
관성밀폐 353
광기전력 효과 290
광합성 124
광호흡 125
교토 의정서 451
규모의 경제 30
규제기관 25
균등화 발전 비용 24, 28, 116
그리드 패리티 268, 456
그린 뉴딜 정책 480
극 순환 235
금속의 피로 109
기브스에너지 62
기술적 잠재력 28
기온 감률 50
기후변화에 관한 정부 간 협의체 21

ㄴ

나셀 237
나트륨황 배터리 385
난류 71
난방 도일수 414
납축전지 384
내부에너지 56
내연기관 8
냉각재 상실 사고 334
네른스트 식 382, 383
녹색 수소 425
농축 331
누셀트수 43
니켈수소 배터리 385
니콜라우스 오토 114
니콜라 테슬라 369

ㄷ

다니엘 배터리 381

닫힌 사이클 54
달랑베르의 역설 73
대규모 수력학 기술 94
대류 43
대류 열전달 43
대수층 180
덕 커브 377
두 번째 산업혁명 8
등압선 103

ㄹ

라곤도 391
랭킨 사이클 107
레독스 흐름 배터리 389
레이놀즈수 44, 71
레일리 분포 254
레일리 분포법 256
로슨 조건 354
루돌프 디젤 114
르샤틀리에 원리 62
리튬공기 배터리 388
리튬이온 배터리 386

ㅁ

마그녹스 원자로 345
매그너스 효과 74
맨해튼 프로젝트 345
밀도 67

ㅂ

바이오가스 133
바이오디젤 142
바이오매스 9, 123
바이오에너지 123
바이오 에너지 탄소 포집 469
바이오에탄올 142
바이오연료 123, 424
반동 터빈 196
반등 효과 465
반응도 338
반투과성 이온 교환막 389
반환율 38
발전기 회전력 254
발전차액지원제도 455
방사능 343
방사능 차폐 343
방사율 45
배출총량거래 457
배출 흡수 기술 471
배터리 381
밴드갭 287
베르누이 방정식 69
베르누이의 정리 69
베츠 한계 212, 240
베타-지발 중성자 329, 330
변환 효율 125
보 195
보상점 126
복사 45
복사강제력 16, 51
복사 냉각 306
복합 사이클 가스 터빈 91, 111
볼타의 배터리 381
부트스트랩 전류 358
부하 계수 27
부하이동 377
분리 지점 73
분산 발전 28, 310
브레이턴 사이클 109
블록체인 378

비가역 과정 59
비등경수로 346
비압축성 흐름 67
비열 42
비용 중립 탄소 가격 473
비정상 열전도 43

ㅅ

사이리스터 373
산성비 88, 98
산화환원반응 382
상 경계 103
상변화 45
상쇄 457, 480
생애주기분석 24, 25
석유 91
석탄 88
선형 흡수체 219
설비이용률 27, 252
세대시간 338
세포 호흡 125
셰일 가스 92
셰일 오일 92
소형원자로 347
수력 191
수력 발전소 8
수력 직경 43
수력 터빈 196
수소 393
수요반응 377
수은 아크 정류기 373
수직축 풍력 터빈 238
수평 시추 기술 94
수평축 풍력 터빈 237
순 현재가치 38
순환 73, 74
슈테판-볼츠만 법칙 45
슈퍼커패시터 390
스마트 그리드 377
스마트 전력망 시스템 10
스털링 엔진 138
스텔러레이터 357
슬릭 워터 94
신재생에너지 374
실리콘 태양전지 9

ㅇ

아르키메데스의 나선식 펌프 2
악티니드 342, 350
알베도 48
알칼리 수전해 394
압력 68
압축공기 에너지 저장 397
액체금속 배터리 385
양력 73
양수 발전 395
양수 저장 수력 201
양자 터널링 329
양항비 247
에너지 가둠시간 354
에너지 강도 423, 462
에너지 변환 장치 464
에너지 보존 69
에너지 안보 24
에너지 저장 381
에너지 트릴렘마 24
에너지 회수 시간 314
엑서지 60
엔탈피 56
엔트로피 55, 59

연료 재처리 342
연료전지 442
연료 전환 23
연쇄반응 330
열광전지 305
열교환기 44
열병합 발전 111, 132
열사이펀 162
열에너지 31
열역학 제1법칙 54
열역학 제2법칙 55
열염분 20
열 이용 인자 335
열저장 399
열전달 42
열전달계수 43
열전도율 43
열 핵분열 인자 335
열 확산성 43
오푼티아 선인장 136
온실가스 15
온실 지구 454
온실효과 15, 47
와상 전류 369
요금 상계 제도 379
용량 시장 380
운동에너지 31
원자력 8
웨이브롤러 223
웰스 터빈 222
위치에너지 31
유관 68
유동층 113
유럽공동핵융합장치 358
유선 68
유효 복사 레벨 50
육상 풍력 발전 단지 259
융합 잠열 42
응축기 5
이산화탄소의 누적 배출량 16
이용가능 잠재력 28
이중설계 25
익단속도비 243, 247
인간개발지수 10
인공저류층 지열 시스템 180
인터칼레이션 386
잃어버린 돈문제 380
임계 330
임계크기 334

ㅈ

자기밀폐 353
자발 핵분열 329
자본 비용 29
자연 대류 43
작물 수확량 124
잠열 42
재가열 랭킨 사이클 109
재생에너지 12
저속 중성자 329
전기분해 393
전기 절연 파괴 강도 372
전기화학 포텐셜 288
전도 42
전력거래시장 379
전력 대 가스 425
전력망 배후 378
전력망-차량 389
전력손실 371

전류형 컨버터 374
전압원 컨버터 374
전자기 유도 법칙 7
전환율 340
절연 게이트 바이폴라 트랜지스터 10
절연 게이트 양극성 트랜지스터 374
점감 변압기 372
점성 68
점성 경계층 73
점성계수 71
점증 변압기 372
점 흡수체 219
정격 풍속 254
제본스 역설 465
제어봉 332
제트 터빈 엔진 109
조력 191
조력댐 210
조류석호 210
조석 범위 208
줄 사이클 109
중국 증후군 334
중력 에너지 저장 397
중수소-삼중수소 핵융합 352
중질성 경유 91
증기 건도 103
증기기관 3
증기 발전소 54
증기 분해 433
증기엔진 5
증기표 103
증발 잠열 42
증배 상수 334
증식비 340
증식 획득 340
지구온난화 49, 85, 88
지역난방 열 111
지열 178
직접 대기 포집 469
진공관형 집열기 162
질량 보존 68
질량 연속성 68
집광형 태양열 발전소 168

ㅊ

차액계약 456
차원 분석 33
천연가스 91
천해파 209
청산호 136
청색 수소 425
초수력 발전 설비 201
초임계 플랜트 114
초전도 자기에너지 저장 402
초초임계 플랜트 114
촉매 변환기 115
총 결합에너지 328
최대 설비 이용 27
최종에너지 수요 13
추진제 94
충동 터빈 196
충전식 리튬이온 배터리 9
층류 71

ㅋ

카르노 사이클 55, 104
카르노 효율 59
카야 항등식 462
카플란 터빈 198

칼로리 6, 42
캘빈(C3) 사이클 124
케로겐 92
코로나 방전 372
코리올리 힘 234
쿠타-쥬코스키 양력 정리 74, 76

ㅌ

타르 샌드 92
탄소 강도 26, 423, 461
탄소 국경세 474
탄소 발자국 23
탄소세 457
탄소중립 467
탄소 포집 26
탄소 포집 및 저장 99, 424, 468
탄소 포집 및 활용 99
태양 굴뚝 176
태양 복사 스펙트럼 285
태양 상수 48
태양열 424
태양열 에너지 162
태양 열전 발전 175
태양전지 9, 283
터보차저 115
토카막 357
티핑포인트 454

ㅍ

파력 191
파력 발전 9
파리 COP 21 회의 454
파리협약 21, 451
파쇄법 92
패러데이 법칙 367
패시브 설계 411
패시브 하우스 표준 411
페렐 순환 235
페로브스카이트 301
페일 세이프 25
펠턴 수차 197
평판형 집열기 162
폐기물로부터의 에너지 26
포화 126
포화 전류 289
표준 전위 382
표준 증기 메탄 개질 기술 421
푸르네롱 터빈 2
푸리에 열전도 법칙 43
풍동 68
풍력 2, 424
풍력 발전기 370
풍력 발전 단지 259
풍력 제한 379
풍력 터빈 236
프란틀수 44
프랜시스 공식 196
프랜시스 터빈 198
플라이휠 401
플라즈마 353, 355
피동안전 346
핀치효과 359

ㅎ

학습곡선 30
한계 비용 374, 380, 471
할인율 29
항력 73
해들리 순환 235
해상 풍력 발전 단지 260

해양 산성화 53
해양 온도차 발전 177
핵에너지 31
핵융합 351
핵자 328
허버트의 피크 이론 95
현재가치 38
혐기성 소화 133
화석연료 85
화학에너지 31
환경방사선 344
환경영향평가 24, 266
회색 수소 425
회전자 368
흐름 배터리 389
흑체 45
히트파이프 45, 162
히트펌프 165, 422

(영문)

A

actinide 342
activity 343
albedo 48
aquifer 180
Archimedes 2
AWE 394

B

band gap 287
behind-the-meter 378
beta-delayed neutron emission 329
Betz limit 212, 240
bioenergy carbon capture, BECC 469
block chain 378
boiling water reactor, BWR 346
bootstrap current 358
Brayton cycle 109
breeding gain 340
breeding ratio 340
building-integrated PV, BIPV 314

C

CAES 397
calorie 42
capacity factor 252
capacity market 380
carbon capture and storage, CCS 99
carbon capture and utilization, CCU 99
Carnot cycle 55, 104
Carnot efficiency 59
chain reaction 330
China syndrome 334
circulation 73, 74
combined cycle gas turbine, CCGT 91, 111
combined heat and power, CHP 111, 132
concentrated solar thermal power, CSP 168
Contract for Difference, CfD 456
control rod 332
conversion ratio 340
Coriolis force 234
corona discharge 372
C-rate 392
criticality 330
critical size 334

D

d'Alembert's paradox 73
demand response 377
depletion zone 288

direct air-capture, DAC 469
drag force 73
duck curve 377

E

eddy current 369
EIA 24, 266
electrical breakdown strength 372
emf 367
energy containment time 354
energy from waste, EfW 26
energy payback time, EPBT 314
enhanced geothermal system, EGS 180
enrichment 331
ERL 50
Euphorbia tirucalli 136
evacuated tube collector 162

F

fail-safe 25
fast fission factor 334
fast reactor 331
feed-in tariff, FIT 455
Ferrell cell 235
flat plate collector 162
fossil energy replacement ratio, FER 142
fuel reprocessing 342

G

Gaston Planté 383
generation time 338
grid parity 456

H

Hadley cell 235
HAWT 237
HDI 10
HE 2018 454
heat pipe 162
Horns Rev 2 260
hot dry rock 180
HVAC 372
HVDC 373

I

inertial confinement 353
integrated gate bipolar transistor, IGBT 374
intercalation 386
intraday market 379
ion-exchange membrane, IEM 390
IPCC 21
ITER 361

J

Jevons paradox 465
Joint European Torus, JET 358
Joule cycle 109

K

Kaya identity 462
Kutta-Joukowski 74

L

Lawson criterion 354
LCOE 24, 28
lead-acid battery 384
levelized cost of energy, LCOE 116
life-cycle analysis, LCA 24
lift force 73
lift-to-drag ratio 247
linear absorber 219
line-commutated converter, LCC 374

loading shift 377
loss-of-coolant accident, LOCA 334

M

magnetic confinement 353
Magnox reactor 345
Magnus effect 74
Manhattan Project 345
marginal cost 375, 380
mercury arc rectifier 373
micro-hydropower installations 201
missing money problem 380
moderation 331
multiplication constant 334

N

nacelle 237
negative emission technologies, NET 471
Nernst equation 383
net metering 379
Nikola Tesla 369
Nikolaus Otto 114
Nusselt number 43

O

ocean thermal energy conversion, OTEC 177
Opuntia ficus-indica 136

P

passive design 411
passive safety 346
Passivhaus standard 411
PEM 394
perovskite 301
photovoltaic effect 290
pinch effect 359
plasma 353
point absorber 219
polar cell 235
power-to-gas 425
Prandtl number 44
pumped storage hydropower, PSH 201
PV 424
PV cell 283
PWR 332

Q

quantum tunnelling 329

R

radiative cooling 306
Ragone 391
Rayleigh distribution 256
reactivity 338
redox reaction 382
resonance escape probability 335
Reynolds number 44
rotor 368
Rudolf Diesel 114

S

Salter duck 220
saturation current 289
SeaGen 212
separation point 73
slow neutron 329
smart grid 377
SMR 347
SOEC 394
solar thermoelectric generation, STEG 175
spontaneous fission 329

standard steam-methane reforming technology 421
stator 368
Stefan-Boltzmann law 45
stellarator 357
step-down transformer 372
step-up transformer 372
streamline 68
stream-tube 68
supercritical plant, SCP 114

T

thermal fission factor 335
thermal utilization factor 335
thermosiphon 162
three phase current 369
thyristor 373
tidal barrage 210
tidal lagoon 210
tipping point 454
tip-speed ratio 243, 247
tokamak 357
total binding energy 328
TPV 305
Tradeable Green Certificate, TGC 455

U

ultrasupercritical plant, USCP 114

V

VAWT 238
vehicle-to-grid, V2G 389
viscous boundary layer 73
voltage-source converter, VSC 374

W

Wave Dragon 221
WaveRoller 223
weir 195
Wells turbine 222
wind curtailment 379
wind tunnel 68

(기타)

1세대 바이오연료 142
3상 전류 369
4인자 증배율 공식 334
α-글리코시드 결합 151
β-글리코시드 결합 151
CAM 식물 135
p-n 접합 287
Shockley-Queisser 한계 292

정수, 기호, 그리고 전환 계수

kilo (k) = 10^3; mega (M) = 10^6; giga (G) = 10^9;
tera (T) = 10^{12}; peta (P) = 10^{15}; exa (E) = 10^{18};
femto (f) = 10^{-15}; pico (p) = 10^{-12}; nano (n) = 10^{-9};
micro (μ) = 10^{-6}; milli (m) = 10^{-3}; centi (c) = 10^{-2};
deci (d) = 10^{-1}; 1 billion = 1000 million

1 kilowatt-hour (kWh) = 3.6 MJ
1 British thermal unit (Btu) ≈ 1.055 kJ
1 therm = 10^5 Btu ≈ 105.5 MJ
1 quad = 10^{15} Btu ≈ 1.055 EJ
1 EJ ≈ 278 TWh
1 barrel of oil equivalent (boe) ≈ 6 GJ
1 tonne of oil equivalent (toe) = 41.868 GJ = 11.63 MWh
1 calorie (cal) ≈ 4.18 J
1 Calorie (food) ≈ 4.18 kJ
1 megaelectron volt (MeV) = 10^6 eV ≈ 1.602×10^{-13} J
1 horsepower (hp) ≈ 0.746 kilowatts (kW)
1 TWh per year ≈ 114 MW

1 metric tonne (t) = 1000 kg ≈ 2205 lb
1 US ton = 2000 lb
1 imperial ton = 2240 lb
1 mile ≈ 1.609 km
1 mph ≈ 0.447 m s^{-1}
0 °C = 32 °F ≈ 273 K
100 °C = 212 °F ≈ 373 K

1 barn (b) = 10^{-28} m^2
1 hectare (ha) = 10^4 m^2 ≈ 2.47 acres
1 acre ≈ 0.405 ha
1 square kilometre = 10^6 m^2 = 100 ha ≈ 0.386 square miles
1 US ton per acre ≈ 2.24 t ha^{-1}
1 MW per square kilometre = 10 kW ha^{-1}
1 kW m^{-2} = 100 mW cm^{-2}

1 m^3 = 1000 litres = 1000 dm^3 ≈ 35.3 ft^3
1 US gallon ≈ 3.79 litres
1 imperial gallon ≈ 1.20 US gallons ≈ 4.55 litres
1 barrel of oil = 42 US gallons of oil

1 mile per gallon (US) ≈ 0.425 km $litre^{-1}$
1 pascal (Pa) = 1 N m^{-2}
1 bar = 10^5 Pa
1 atmosphere (atm) ≈ 1.013 bar

1 US dollar ($) ≈ 0.8 UK pound (£) ≈ 0.9 euro (€) (2019)

Densities:
air ≈ 1.2 kg m^{-3} (20 °C); water ≈ 1000 kg m^{-3};
natural gas ≈ 0.8 kg m^{-3}
petrol (gasoline) ≈ 730 kg m^{-3};
ethanol ≈ 790 kg m^{-3}; diesel ≈ 840 kg m^{-3};
biodiesel ≈ 880 kg m^{-3}

Energy densities (LHV):
carbohydrates ≈ 15 MJ kg^{-1}; ethanol ≈ 27 MJ kg^{-1};
biodiesel ≈ 38 MJ kg^{-1}; diesel ≈ 43 MJ kg^{-1};
petrol (gasoline) ≈ 43.5 MJ kg^{-1};
coal (bituminous) ≈ 27 MJ kg^{-1};
natural gas ≈ 34.6 MJ m^{-3}

Avogadro number $N_A \approx 6.022 \times 10^{23}$ mol^{-1}
Gas constant $R \approx 8.314$ J mol^{-1} K^{-1}
Boltzmann constant $k \approx 1.381 \times 10^{-23}$ J K^{-1}
Stefan–Boltzmann constant $\sigma \approx 5.67 \times 10^{-8}$ J K^{-4} m^{-2} s^{-1}
speed of light $c \approx 2.998 \times 10^8$ m s^{-1}
Planck's constant $h \approx 6.626 \times 10^{-34}$ J s
$hc \approx 1240$ eV nm
magnitude of electron charge $e \approx 1.602 \times 10^{-19}$ C
$e^2/4\pi\varepsilon_0 \approx 1.44$ MeV fm
Faraday constant ≈ 96 485 C mol^{-1}

gravitational constant $G \approx 6.674 \times 10^{-11}$ m^3 $kg^{-1}$$s^{-2}$
acceleration due to gravity $g \approx 9.81$ m s^{-2}
radius of Earth ≈ 6378 km
Solar constant ≈ 1.37 kW m^{-2}

mass of electron $m_e \approx 9.109 \times 10^{-31}$ kg
mass of proton $m_p \approx 1.673 \times 10^{-27}$ kg
mass of neutron $m_n \approx 1.675 \times 10^{-27}$ kg
permittivity of vacuum $\varepsilon_0 \approx 8.854 \times 10^{-12}$ C V^{-1} m^{-1}
permeability of vacuum $\mu_0 = 4\pi \times 10^{-7}$ V s^2 C^{-1} m^{-1}